CAXA 电子图板2018工程制图

完全自学手册

钟日铭◎编著

清華大学出版社
北京

内 容 简 介

CAXA 电子图板是一款具有我国自主版权的优秀 CAD 软件系统。本书以 CAXA 电子图板 2018 版为软件操作基础，并以其应用特点为知识主线，结合设计经验，全面而循序渐进地介绍 CAXA 电子图板的实战应用知识。具体内容包括 CAXA 电子图板 2018 入门基础，CAXA 电子图板设置，图形绘制，使用编辑修改功能，工程标注，图层应用、块与图库操作，图幅操作，查询及其他实用工具，零件图绘制，装配图绘制。

本书图文并茂，结构清晰，重点突出，实例典型，应用性强，是一本很好的从入门到精通的 CAXA 电子图板学习教程和实战手册。

本书适合从事机械设计、建筑制图、电气绘图、广告制作等工作的专业技术人员阅读使用。同时，本书还可作为 CAXA 电子图板培训班及大、中专院校相关专业的培训教材。

图书在版编目（CIP）数据

CAXA 电子图板 2018 工程制图完全自学手册/钟日铭编著.—北京：清华大学出版社，2018（2024.2重印）
（清华社“视频大讲堂”大系　CAD/CAM/CAE 技术视频大讲堂）
ISBN 978-7-302-50585-3

Ⅰ.①C…　Ⅱ.①钟…　Ⅲ.①工程制图-自动绘图-软件包　Ⅳ.①TB237

中国版本图书馆 CIP 数据核字（2018）第 153375 号

责任编辑： 贾小红
封面设计： 杜广芳
版式设计： 魏　远
责任校对： 马子杰
责任印制： 宋　林

出版发行： 清华大学出版社
　　网　　址： https://www.tup.com.cn，https://www.wqxuetang.com
　　地　　址： 北京清华大学学研大厦 A 座　　**邮　　编：** 100084
　　社 总 机： 010-83470000　　**邮　　购：** 010-62786544
　　投稿与读者服务： 010-62776969，c-service@tup.tsinghua.edu.cn
　　质 量 反 馈： 010-62772015，zhiliang@tup.tsinghua.edu.cn
印 装 者： 天津鑫丰华印务有限公司
经　　销： 全国新华书店
开　　本： 203mm×260mm　　**印　　张：** 23.5　　**字　　数：** 613 千字
版　　次： 2018 年 9 月第 1 版　　**印　　次：** 2024 年 2 月第 5 次印刷
定　　价： 69.80 元

产品编号：078934-01

前 言

CAXA 电子图板是我国一款具有自主版权的优秀 CAD 软件系统。它功能齐全，性能稳定，符合我国工程设计人员的使用习惯；它提供形象化的设计手段，帮助设计人员发挥创造性，使工作效率得到提高，使新产品的设计周期缩短，同时有助于促进产品设计的标准化、系列化、通用化，使整个设计规范化。CAXA 电子图板主要被用来绘制零件图、装配图、工艺图表、包装平面图和电气设计图等。

本书以 CAXA 电子图板 2018 版为软件平台，并以其应用特点为知识主线，结合设计经验，注重以应用实战为导向来介绍相关知识。在内容编排上，讲究从易到难，注重基础、突出实用，力求与读者近距离接触，使本书如同一位近在咫尺的资深导师在为身边学生指点迷津，传授应用技能。

本书内容框架

本书图文并茂，结构清晰，重点突出，实例典型，应用性强，是一本很好的从入门到精通类学习教程和实战手册。本书共分 10 章，各章的内容如下。

第 1 章　主要介绍 CAXA 电子图板软件概述、运行与关闭 CAXA 电子图板 2018、CAXA 电子图板基本操作、图层基础知识、颜色设置、线型与线宽、用户坐标系等。

第 2 章　介绍 CAXA 电子图板系统设置的实用知识。

第 3 章　首先简单介绍图形绘制工具，接着介绍基本曲线、高级曲线和文字的绘制方法，最后介绍一些图形综合绘制实例。

第 4 章　重点介绍基本编辑、图形编辑和属性编辑这 3 个方面的内容，并介绍了一个图形绘制与修改综合实例。

第 5 章　详细介绍 CAXA 电子图板关于工程标注方面的应用知识，内容包括工程标注概述、尺寸类标注、坐标类标注、工程符号类标注、文字类标注、标注编辑、通过属性选项板编辑、尺寸驱动、标注风格编辑和标注综合实例等方面。

第 6 章　主要介绍图层应用、块操作与图库操作等知识。

第 7 章　全面而系统地介绍图幅设置、图框设置、标题栏、零件序号和明细栏这方面的知识，最后还介绍了一个典型的图幅操作范例。

第 8 章　主要介绍系统查询及其他实用工具的知识。

第 9 章　重点介绍零件图综合绘制实例，具体内容包括零件图内容概述和若干个典型零件（顶杆帽、主动轴、轴承盖、支架和齿轮）的零件图绘制实例。

第 10 章　介绍装配图绘制的实用知识，包括装配图概述和装配图绘制实例。

另外，本书提供了附录内容，并附赠一份配套资源，资源中包含配套实例文件以及部分典型的操作视频文件（MP4 格式），可以帮助掌握 CAXA 电子图板 2018 的基础操作和应用技巧等。

配套资源使用说明

为了便于读者学习，强化学习效果，本书特意附赠一份配套资源，可扫描封底“文泉云盘”二维码下载。里面包含了本书所有的配套实例文件、电子附录（PDF 格式的 CAXA 电子图板命令集，适用于 CAXA 电子图板 2009～2018 版本）、教学用参考 PPT（电子教案），以及一组超值的视频教学文件，可以帮助读者快速掌握 CAXA 电子图板 2018 的操作和应用技巧。

配套资源中原始实例模型文件及部分制作完成的参考文件均放置在“CH#”(#为相应的章号）素材文件夹中；视频教学文件放置在“附赠操作视频”文件夹中。视频教学文件采用 MP4 格式，可以在大多数的播放器中播放，例如 Windows Media Player、暴风影音等较新版本的播放器。还可在学习过程中扫描书中二维码观看，随时随地强化学习效果。

在阅读本书时，配合书中实例进行上机操作，学习效果更佳。

技术支持说明

如果您在阅读本书时遇到什么问题，可以扫描封底二维码，点击页面下方的“读者反馈”留下您的问题和联系方式。对于提出的问题，我们会尽快答复。

本书主要由钟日铭编写，另外，肖秋连、钟观龙、庞祖英、钟日梅、钟春雄、刘晓云、肖世鹏、肖宝玉、陈忠、肖秋引、陈景真、张翌聚、朱晓溪、肖钊颖、陈忠钰、肖君秀、陈小敏、王世荣、陈小菊等人也参与了编写工作，他们在资料整理、视频录制和技术支持等方面做了大量细致的工作，在此一并向他们表示感谢。

书中如有疏漏之处，请广大读者不吝赐教。谢谢！

天道酬勤，熟能生巧，以此与读者共勉。

钟日铭

目　录

第1章 CAXA电子图板2018入门基础

本章导读

本章介绍的主要内容有 CAXA 电子图板软件概述、运行与关闭 CAXA 电子图板 2018、CAXA 电子图板基本操作、图层基础知识、颜色设置、线型与线宽、用户坐标系等。

认真学习好本章知识,将为后面深入学习使用 CAXA 电子图板 2018 进行工程制图打下扎实的基础。

1.1 CAXA电子图板软件概述

CAXA 电子图板是一款优秀的国产 CAD 软件，是由北京数码大方科技股份有限公司推出的，目的是将工程师从纷繁复杂的工程图纸绘制工作中解脱出来，以便工程师能全身心地投入到设计开发工作中，使创意得以高效转化，提升企业的研发创新能力。

CAXA 电子图板的优势在于其强大的二维制图功能，并且制图符合中国机械设计的国家标准或其他设定的标准。可以说，CAXA 电子图板充分考虑了国内设计师的使用习惯，并提供专业的绘图编辑和辅助设计工具，使设计工程师轻松实现“所思即所得”。CAXA 电子图板易学易用，高效稳定。在使用时，用户结合专业知识，通过简单的绘图操作（无须花费大量时间创建几何图形），便可将新品研发、改型设计等工作迅速完成，因而有更多时间去关注和处理项目要解决的技术难题。

CAXA 电子图板可以零风险、高效率地替代各类 CAD 平台。CAXA 电子图板曾荣获中国软件行业一系列创新大奖，并且在汽车、造船、航天航空、家电、化工、矿山机械、电子等行业得到广泛应用。

CAXA 电子图板 2018 是当前较新的版本，该版本提供了更友好的界面布局，支持 Windows 10 操作系统，优化 CRX 二次开发平台并提升了稳定性，性能得到优化，支持快捷键和快捷命令的数据迁移。图库功能得到改进，优化样条功能，增加新的样条编辑功能，优化局部放大图序号编辑功能，剖面线支持夹点编辑边界，添加图片多边形裁剪功能，提升表格功能。在标注方面，支持创建多标准，通过标准管理可以修改相应设置，基准代号增加用于调整引线长度的夹点，增加新的剖切符号编辑功能，标高对象支持双击编辑修改参数，符号标注支持添加多条引线，改进自动列表和自动孔表。在图幅方面，增加明细表夹点用于更方便地定位，添加调整明细表的表头位置功能，添加序号合并功能等。

1.2 运行与关闭 CAXA 电子图板 2018

正常安装好 CAXA 电子图板 2018 软件后，在 Windows 桌面上会出现“CAXA CAD 电子图板 2018”的图标，此时双击此图标便可运行 CAXA 电子图板 2018 软件。初次运行时，会弹出一个“日积月累”对话框，该对话框提供很多电子图板的使用技巧，通过单击该对话框上的“下一条”按钮可以逐条浏览这些技巧提示，单击“关闭”按钮则可以关闭“日积月累”对话框。

另外，以 Windows 操作系统为例，也可以单击桌面左下角的“开始”按钮，接着选择“所有应用”→CAXA→“CAXA CAD 电子图板 2018”命令来运行软件。

要关闭 CAXA 电子图板 2018 软件，则可以单击“菜单”按钮，接着单击“退出”按钮。按 Alt+F4 快捷键，亦可关闭 CAXA 电子图板 2018 软件。

扫码看视频

绘图入门体验

1.3 CAXA 电子图板 2018 用户界面

CAXA 电子图板 2018 用户界面包括两种风格：一种是 Fluent 风格界面，另一种是经典界面。

Fluent 风格界面拥有较高的交互效率，它主要使用功能区、快速启动工具栏和菜单按钮访问常用命令，如图 1-1 所示。用户可以根据个人喜好，修改整体界面元素的配色风格，其方法是在电子图板 Fluent 风格界面右上角区域单击“风格”按钮以打开界面配色风格下拉菜单，从中选择“蓝色”“深灰色”“白色”3 种默认风格颜色之一。

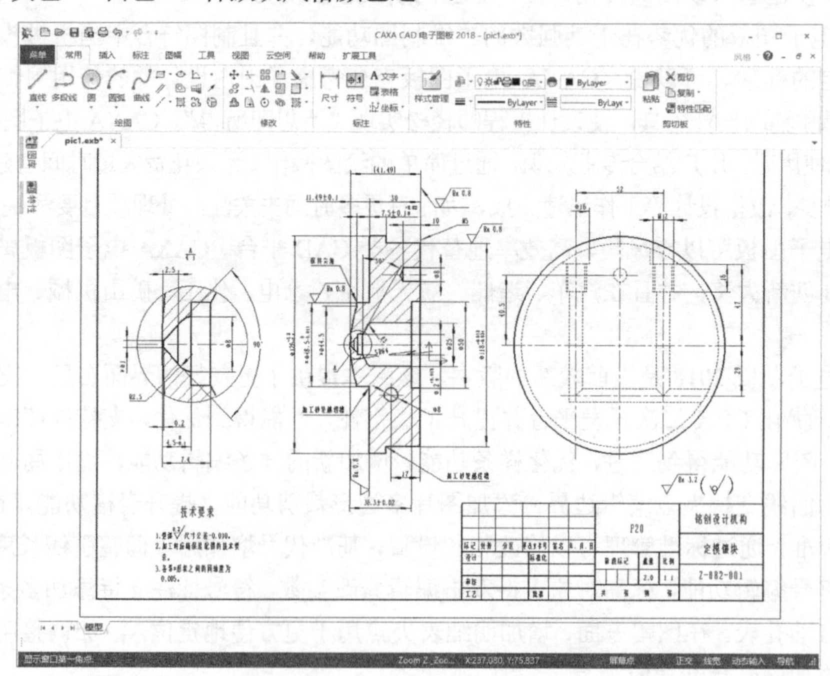

图 1-1 电子图板 Fluent 风格界面

为了照顾老用户的使用习惯，电子图板 2018 也提供了经典风格的界面。经典风格界面主要通过主菜单和工具条访问常用命令，如图 1-2 所示。按 F9 键，可以在经典风格界面和 Fluent 风格界面之间切换。

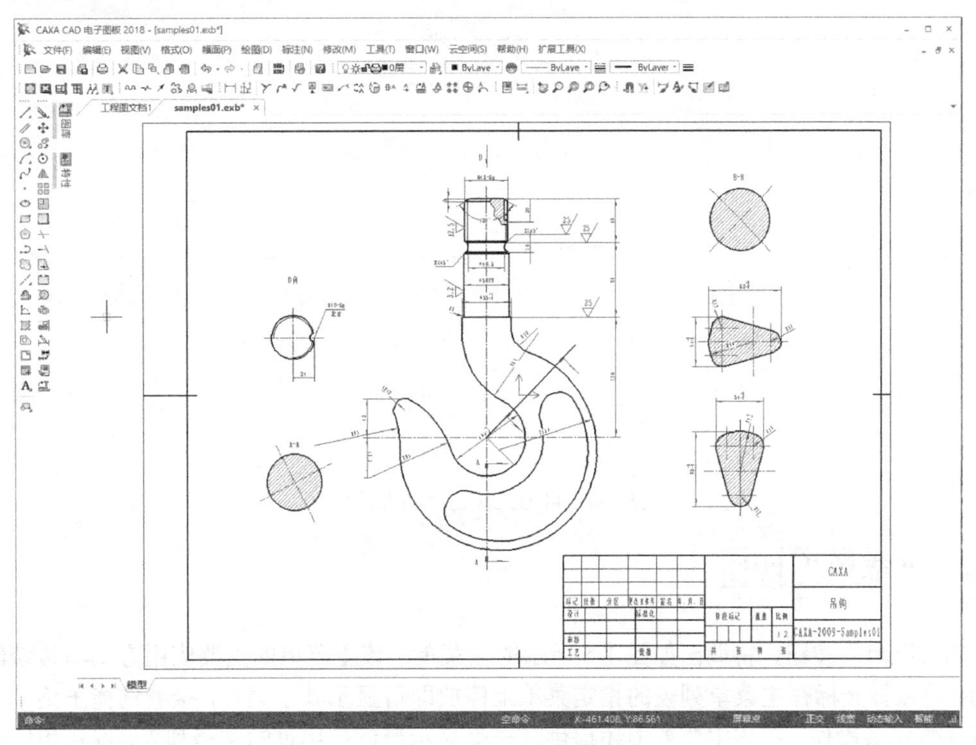

图 1-2　电子图板经典风格界面

下面以 Fluent 风格界面为例，介绍一些界面元素，包括标题栏、快速启动工具栏、“菜单”按钮、功能区、状态栏、立即菜单、工具选项板等。

1.3.1　标题栏与快速启动工具栏

标题栏位于 CAXA 电子图板 2018 用户界面的最顶端，主要显示了软件版本和文件名（打开文件时），在标题栏右侧还提供了“最小化”按钮 - 、“最大化”按钮 □/“还原”按钮 ▫ 和“关闭”按钮 ×，分别用于最小化、最大化/向下还原和关闭软件窗口。

快速启动工具栏初始默认时被嵌入标题栏中，用于组织经常使用的命令，如图 1-3 所示。在快速启动工具栏中单击所需按钮即可执行对应的命令。

图 1-3　位于标题栏中的快速启动工具栏

可以自定义快速启动工具栏，其方法是在快速启动工具栏中单击“自定义快速启动工具栏”按钮 ▾，打开如图 1-4 所示的菜单，从中可以设置快速启动工具栏显示或移除哪些常用命令，可以设置调出哪些工具条，还可以设置快速启动工具栏在功能区下方显示等。

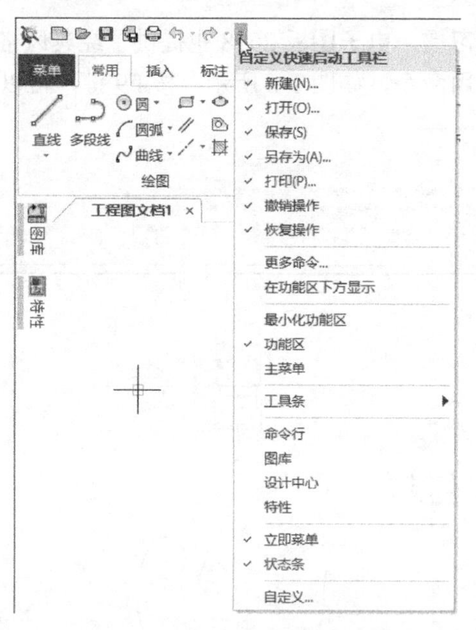

图 1-4　自定义快速启动工具栏

1.3.2　“菜单”按钮

单击“菜单”按钮，将调出如图 1-5 所示的主菜单，该主菜单的主要应用方式与传统的主菜单相同，将鼠标光标在主菜单列表的指定菜单上停放即可显示其子菜单，接着选择子菜单中的命令即可执行相关操作。在该主菜单中还提供了一个显示最近使用过的文档列表，选择相应的文档名称即可直接将相应文档打开。

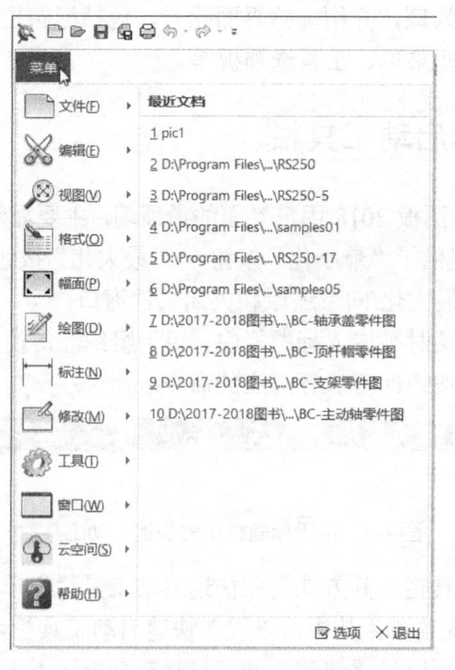

图 1-5　单击“菜单”按钮

1.3.3 功能区

功能区是 Fluent 风格界面中最重要的界面元素，如图 1-6 所示，它通常包括多个功能区选项卡，每个功能区选项卡由多个面板组成，而各种功能命令均根据使用频率、设计任务被有序地排布到功能区的选项卡和相应面板中。

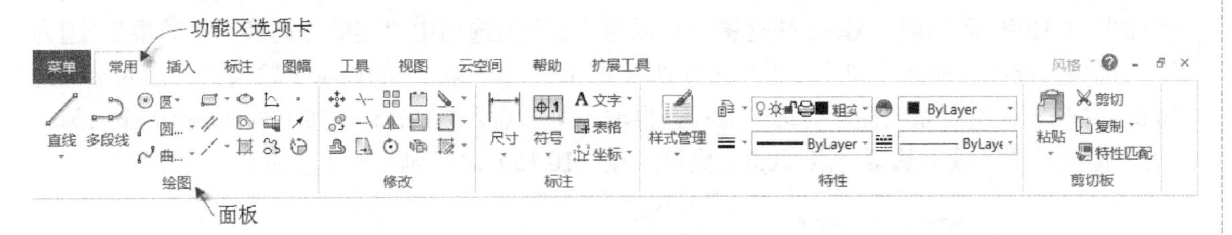

图 1-6　功能区

CAXA 电子图板 2018 的功能区提供了“常用”“插入”“标注”“图幅”“工具”“视图”“云空间”“帮助”“扩展工具”选项卡。要想在不同的功能区选项卡之间切换，单击要使用的功能区选项卡即可，当然使用鼠标滚轮也可以切换不同的功能区选项卡。打开所需的功能区选项卡后，接着在该功能区选项卡的相应面板中找到所需的功能命令或控件去单击，这实际上和在主菜单或工具条上执行相应命令工具是一样的。

1.3.4 状态栏

状态栏位于 CAXA 电子图板 2018 用户界面的最底部区域，它包含屏幕状态显示、操作信息提示、当前工具点设置及拾取状态显示等，如图 1-7 所示。在状态栏的左侧区域主要用于提示当前命令执行情况或提醒用户输入，以及由键盘输入命令或数据等；在状态栏中部是当前点的坐标显示区，当前点的坐标值会随鼠标光标在绘图区内的移动做动态变化；在状态栏的右部，提供了“正交”按钮、“线宽”按钮、“动态输入”按钮和点捕捉状态设置区，其中，“正交”按钮用于打开或关闭正交模式，“线宽”按钮用于在“按线宽显示”和“细线显示”状态间切换，“动态输入”按钮用于打开或关闭“动态输入”工具，点捕捉状态设置区位于状态栏的最右侧，用于设置点的捕捉状态为智能、自由、导航或栅格。

图 1-7　状态栏

1.3.5 立即菜单

立即菜单是电子图板提供的一种独特的交互方式，它用来替代传统的逐级查找的问答式交互，具有交互过程直观和快捷的应用特点。

用户在执行某些命令后，在绘图区域的底部会弹出一行立即菜单，以提供当前命令执行的各种情况和使用条件。用户可以根据当前的作图要求，在立即菜单中正确地选择某一选项，便可获得准确的响应。可以通过鼠标单击立即菜单中的某一个下拉按钮或用快捷键“Alt+数字键”进行激活，如果下拉菜单中有很多可选项，可以使用快捷键“Alt+连续数字键”进行选项的循环。

例如，要绘制一条直线，可以在功能区的“常用”选项卡的“绘图”面板中单击“直线”按钮╱，则在绘图区域的底部弹出如图 1-8 所示的一行立即菜单。此立即菜单表示当前待画的直线为“角度线”，用户可以从立即菜单中选择当前命令的不同功能。这里，在立即菜单环境下，单击“1.”的下拉按钮，则打开“1.”的下拉菜单，如图 1-9 所示，接着选择“两点线”选项，则立即菜单变为如图 1-10 所示，再按 Alt+2 快捷键则可以将“2.”的选项由“连续”切换为“单根”（因为“2.”选项只能在“连续”和“单根”之间切换），在“第一点:”的提示下输入第一点的坐标为“0,0”，按 Enter 键，系统提示“第二点:”，再输入第二点为“10,15”，按 Enter 键确认输入第二点后，便在绘图区域上从第一点（0,0）到第二点（10,15）之间画出一条直线。

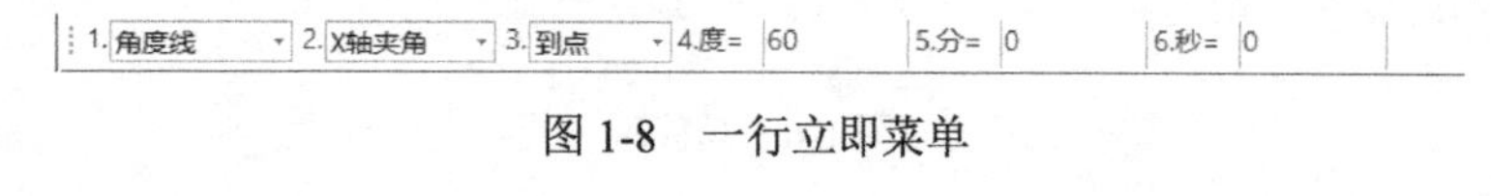

图 1-8　一行立即菜单

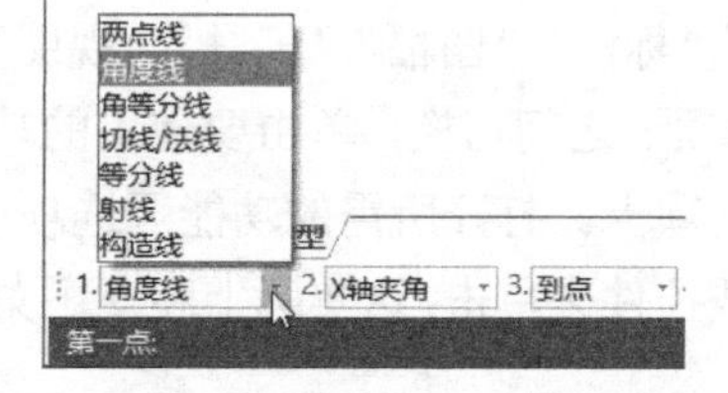

图 1-9　单击立即菜单“1.”的下拉按钮

图 1-10　切换用“两点线”选项

1.3.6　工具选项板

工具选项板主要用来组织和放置图库、属性修改等工具，它属于一种特殊形式的交互工具。工具选项板主要有“图库”和“特性”等，平时隐藏在界面左侧的工具选项板工具条内。将鼠标指针移动至左侧竖向工具条的工具选项板按钮上，对应的工具选项板便会显示，如图 1-11 所示。此时，单击工具选项板右上角的图标，可以使工具选项板一直显示，如果想使工具选项板处于自动隐藏状态，则单击工具选项板右上角出现的图标。

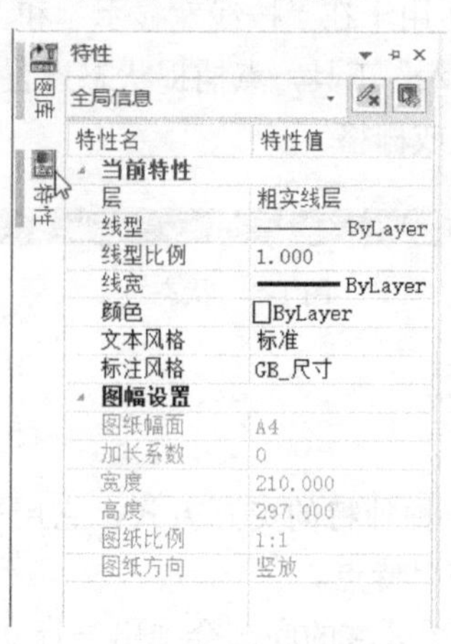

图 1-11　工具选项板

1.4 CAXA 电子图板 2018 基本操作

本节介绍的 CAXA 电子图板的基本操作包括文件操作、对象操作、视图基本操作和点输入。

1.4.1 文件操作

文件操作主要有新建文件、打开文件、保存文件、部分存储以及多文档操作。

1. 新建文件

要新建一个文件，可以在快速启动工具栏中单击“新建”按钮，或者单击“菜单”按钮并选择“文件”→“新建”命令（对应快捷键为 Ctrl+N），系统弹出如图 1-12 所示的“新建”对话框。在该对话框的“工程图模板”选项卡的“当前标准”下拉列表框中选择 GB 选项，对应的“系统模板”列表框则列出了国标规定的若干模板文件和一个名称为 BLANK.tpl 的空白模板文件。模板实际上相当于已经印制好图框和标题栏的空白图纸。从“系统模板”列表框中选择好所需要的模板后，单击“确定”按钮，则该模板文件便被调出，并显示在界面绘图区，即建立了一个使用预定义模板的文件，之后用户可以根据设计要求，运用图形绘制、编辑、标注等各项功能进行图形设计操作。

图 1-12 “新建”对话框

2. 打开文件

要打开一个图形文件，可以在快速启动工具栏中单击“打开”按钮，或者单击“菜单”

按钮并选择“文件”→“打开”命令（对应快捷键为Ctrl+O），系统弹出如图1-13所示的“打开”对话框。在“文件类型”下拉列表框中可以指定要打开数据文件的类型（可供选择的类型有“电子图板文件（*.exb）”“模板文件（*.tpl）”“DWG文件（*.dwg）”“DXF文件（*.dxf）”“所有支持的文件”。也就是说，电子图板支持直接打开的文件格式有电子图板EXB文件、电子图板TPL模板文件、DWG文件和DXF文件等），通常默认的文件类型为“所有支持的文件”。指定文件类型选项后，设定查找范围，接着在该查找范围目录下选择要打开的文件，然后单击“打开”按钮。

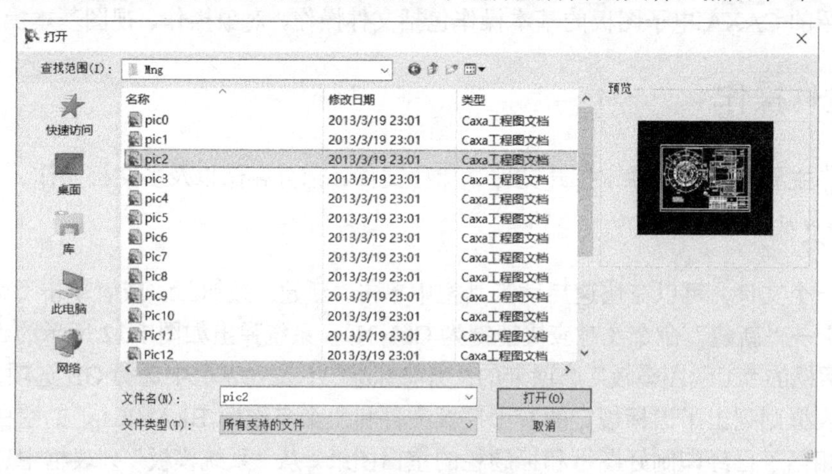

图1-13 “打开”对话框

3. 保存文件

保存文件是指将当前绘制的图形以文件形式存储到磁盘上。适当进行保存操作，可以在出现电源故障或发生其他意外事件时防止图形及其他数据丢失。在设计过程中，时不时地进行保存操作是一个好习惯。

对于尚未存盘的文件，在快速启动工具栏中单击“保存”按钮（其快捷键为Ctrl+S），系统弹出“另存文件”对话框，如图1-14所示。接着设定保存类型，选择存盘路径，以及在“文件名”文本框中输入一个所需的文件名，然后单击“保存”按钮，便可按指定文件名存盘。如果在当前目录中已经有同名文件，那么系统会提示是否要覆盖已有文件。

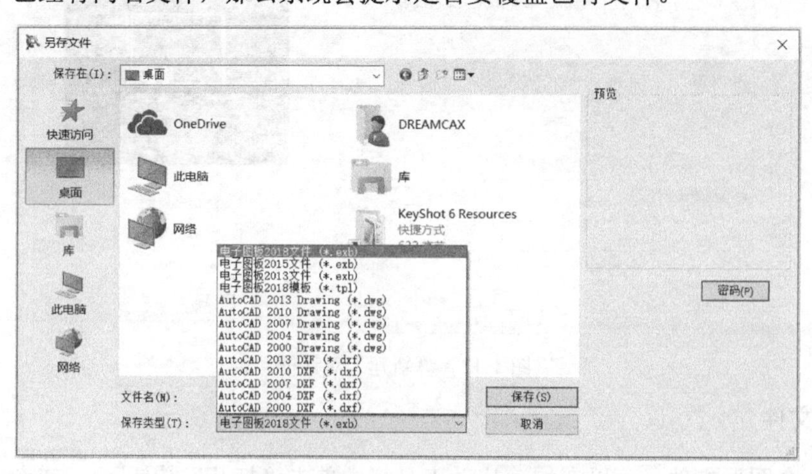

图1-14 “另存文件”对话框

如果要为文件设置密码，则在“另存文件”对话框中单击“密码”按钮，弹出如图 1-15 所示的“设置密码”对话框，在该对话框中设置所需的文件密码，然后单击“确定”按钮。以后打开有密码的该文件时，需要输入密码才能将其打开。

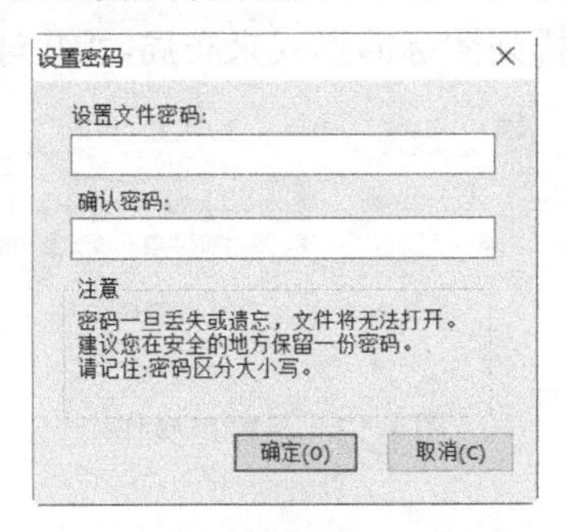

图 1-15　“设置密码”对话框

如果要保存一个已存盘文件的副本，那么在快速启动工具栏中单击“另存文件”按钮，或者单击“菜单”按钮并选择“文件”→“另存为”命令。

4. 部分存储

在 CAXA 电子图板 2018 中，可以将图形的一部分存储为一个文件，这就是“部分存储”的概念。

在一个打开的文件中，单击“菜单”按钮并选择“文件”→“部分存储”命令，接着选择对象并按鼠标右键确认，然后指定图形基点，此时系统弹出如图 1-16 所示的“部分存储文件”对话框，指定存储路径、保存类型和文件名，然后单击“保存”按钮，即可将图形中选定的一部分存储为一个命名文件。

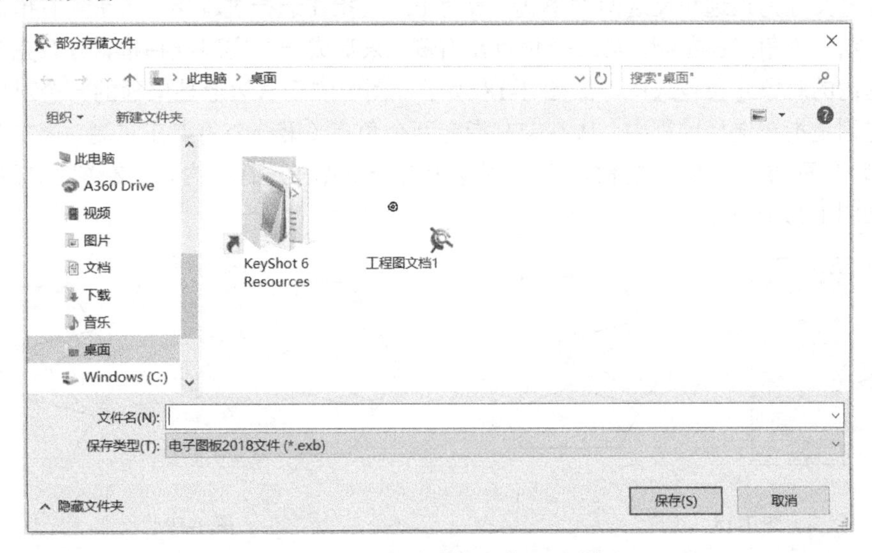

图 1-16　“部分存储文件”对话框

5. 多文档操作

在 CAXA 电子图板 2018 中可以同时打开多个文件，每个文件均可以独立设计和保存。用户

可以使用 Ctrl+Tab 快捷键在不同的文件间循环切换。对于多文档窗口的情形，用户可以在功能区的“视图”选项卡的“窗口”面板上单击相关按钮来在各个文档间切换，以及指定窗口的排列方式，如图 1-17 所示。其中，“层叠”按钮用于层叠窗口，“横向平铺”按钮用于横向排布窗口，“排列图标”按钮用于以排列图标的形式来布局，“纵向平铺”按钮用于纵向平铺窗口。

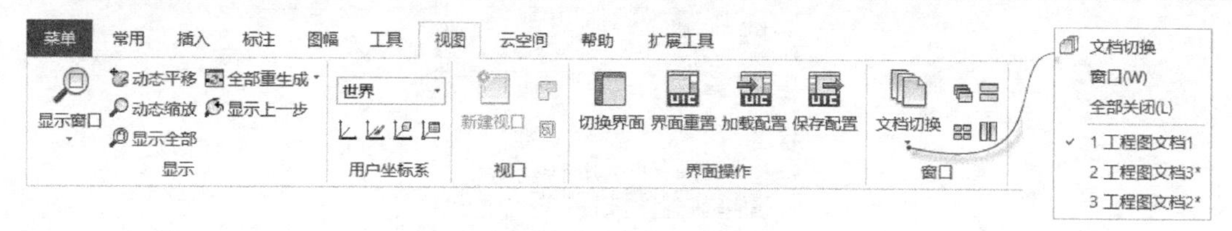

图 1-17　多窗口操作

1.4.2 对象操作

在 CAXA 电子图板中，图元对象（这里将其简称为对象）是指绘制在绘图区中的各种曲线、文字、块等绘图元素实体。一个能够被单独选择的实体便是一个对象，有些诸如块之类的对象还可以包含若干个子对象。

1. 选择对象

在电子图板中选择对象的方法有很多种，包括点选（单击）、框选和全选等，被选择的对象会被加亮显示，用户可以在系统选项中设置加亮显示的具体效果。

☑ 点选：指将鼠标光标移动到对象内的线条或实体上单击，以使该对象处于被选中的状态。

☑ 框选：指在绘图区域通过指定两个对角点形成一个选择框来选择一个对象或多个对象。框选又分为正选和反选两种形式。所谓正选是指在选择过程中，从左到右指定两个角点（第一个角点在左侧，第二个角点在右侧）来形成一个实线选择框，只有完全位于选择框内的对象才会被选中，如图 1-18 所示，图中的正六边形是单独的一个对象。所谓反选则是指在选择过程中，从右向左指定两个角点（第一个角点在右侧，第二个角点在左侧）来形成一个虚线选择框，只要对象上有一个点在选择框内，那么该对象便会被选中，如图 1-19 所示。

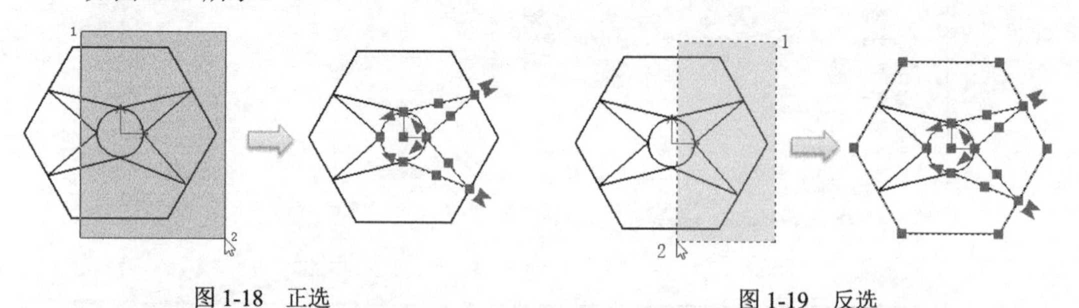

图 1-18　正选　　　　图 1-19　反选

☑ 全选：是指将绘图区中能够选中的对象一次全部选中。通常使用 Ctrl+A 快捷键来实现全选，但要注意的是拾取过滤设置等会影响到对全选能选中的对象。

如果要取消当前选择集中的某一个或某几个对象的选择状态，那么按住 Shift 键的同时单击

选择需要剔除的对象即可。如果要取消当前选择的全部对象，那么按 Esc 键即可完成。

2. 命令操作

在 CAXA 电子图板中，调用命令的方法主要有以下 3 种。

☑ 单击按钮图标或主菜单。
☑ 输入键盘命令。
☑ 使用快捷键。

1.4.3 视图基本操作

在图形绘制和编辑过程中，为了查看图形的细节，免不了要经常进行一些视图基本操作，例如缩放或平移当前视图窗口。这些视图基本操作只改变图形在屏幕上的显示情况（也就是只改变主观视觉效果），而不能让图形产生实质性的变化。

视图基本操作的各项工具主要位于功能区“视图”选项卡的“显示”面板上，如图 1-20 所示。

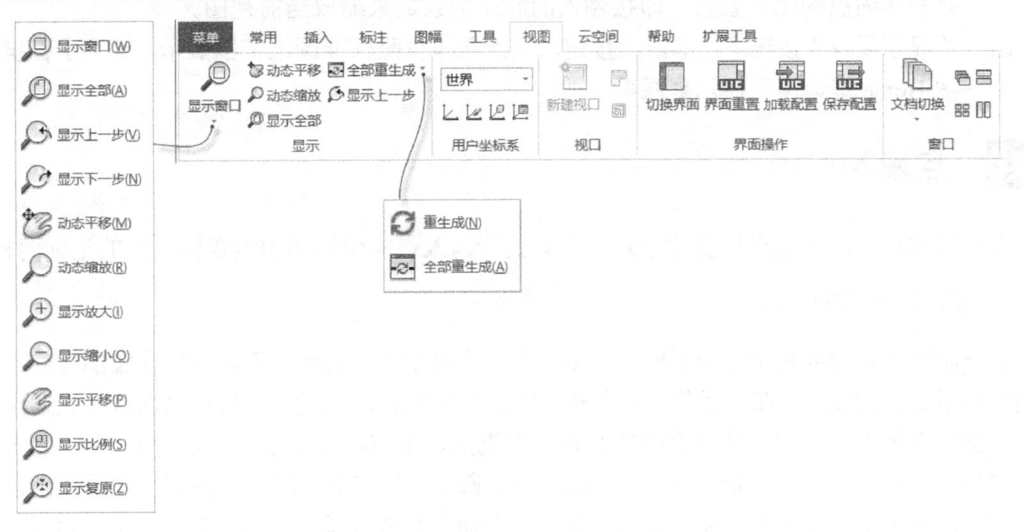

图 1-20　功能区“视图”选项卡

下面简要地介绍“显示”面板。

☑ “重生成”按钮：对显示失真的图形按当前窗口的显示状态进行重新生成处理。单击此按钮，需要拾取要操作的对象然后右击来确认。
☑ “全部重生成”按钮：单击此按钮，将绘图区内显示失真的图形全部重新生成。
☑ “显示窗口”按钮：通过指定一个矩形窗口区域的两个角点，放大该区域的图形至充满整个绘图区，注意该矩形窗口的中心将成为新的屏幕显示中心。
☑ “显示全部”按钮：单击此按钮，系统按尽可能大的原则，将当前绘制的所有图形全部显示在屏幕绘图区内。
☑ “显示上一步”按钮：单击此按钮，系统取消当前显示，并立即将视图按上一次显示状态显示出来。
☑ “显示下一步”按钮：单击此按钮，系统将图形按下一次显示状态显示出来。此功能可与“显示上一步”功能配套使用。

☑ “动态平移”按钮：单击此按钮，置于图形窗口中的光标变成“动态平移”图标，此时按住鼠标左键移动鼠标便能将视图平行移动，按 Esc 键或右击可以结束动态平移操作。要平移视图，也可以通过按住鼠标中键（滚轮）并移动鼠标来实现。

☑ “动态缩放”按钮：单击此按钮，置于图形窗口中的光标变成“动态缩放”图标，此时按住鼠标左键，向上移动鼠标实现视图放大，向下移动鼠标实现视图缩小，按 Esc 键或右击可以结束动态缩放操作。平时按住鼠标滚轮上下滚动也可以缩放视图。

☑ “显示放大”按钮：单击此按钮，单击鼠标左键即可将视图放大一次。

☑ “显示缩小”按钮：单击此按钮，单击鼠标左键即可将视图缩小一次。

☑ “显示平移”按钮：单击此按钮，根据系统提示在绘图区内指定一个显示中心点，则以该点为屏幕显示的新中心来平移显示图形。另外，可以在键盘上使用上、下、左、右方向键使屏幕中心进行显示的平移。

☑ “显示比例”按钮：单击此按钮，接着输入一个（0,1000）范围内的数值，该数值便是视图缩放的比例系数，即按输入的此比例系数来缩放当前视图。

☑ “显示复原”按钮：单击此按钮，视图立即按照标准图纸范围显示。等同于在键盘上按 Home 键调用“显示复原”功能。

1.4.4 点输入

在绘图过程中，指定点位置的方式主要有鼠标输入点的坐标和由键盘输入点的坐标两种。

1. 鼠标输入点的坐标

在绘制图形并需要指定点位置时，在图形窗口中移动十字光标，可以在屏幕底部观察到相应的坐标显示数字的变化，在合适位置处单击，则该点的坐标即被输入。鼠标输入点方式通常与工具点捕捉配合使用，以便准确地定位特征点（如端点、中点、垂足点、切点等），所谓的工具点是指在作图过程中具有几何特征的点，例如端点、圆心、切点等，而工具点捕捉则是使用鼠标捕捉在工具点菜单中设定的某个特征点。在执行作图命令且需要输入特征点时，按下空格键，那么便弹出如图 1-21 所示的工具点菜单，工具点的默认状态为屏幕点。如果用户在工具点菜单中选择了其他的点状态，则在状态栏的提示区中显示出当前工具点捕捉的状态，如图 1-22 所示（示图中显示的工具点捕捉状态为“中点”），但这种点的捕捉只能一次有效，捕捉完所需点后系统立即回到“屏幕点”状态。

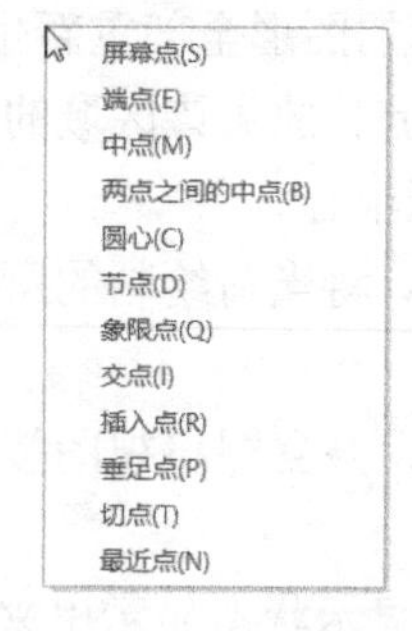

图 1-21　工具点菜单

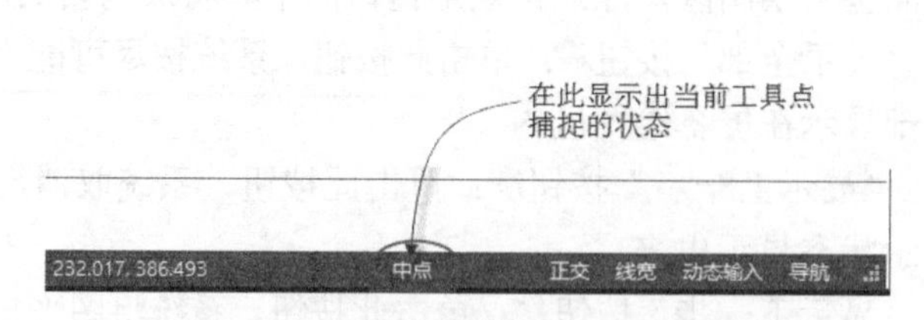

图 1-22　显示出当前工具点捕捉的状态

2. 由键盘输入点的坐标

点的坐标分绝对坐标和相对坐标两种，用户一定要正确掌握它们的输入方法。

绝对坐标是指相对绝对坐标系原点的坐标。绝对坐标的输入格式为“X,Y”，X 和 Y 坐标值之间必须用逗号隔开。例如通过键盘输入“50,60”，表示 X 坐标值为 50，Y 坐标值为 60。

相对坐标与坐标系原点无关，它是指相对系统当前点（参考点，是系统自动设定的相对坐标的参考基准，它通常是用户最后一次操作点的位置）的坐标。输入相对坐标时必须在第一个数值前面加上一个符号@，用以表示相对，例如输入“@80,32”表示它相对当前参考点来说，输入了一个在 X 轴方向上偏移了 80，在 Y 轴方向上偏移了 32 的点。相对坐标也可以以极坐标的方式表示，例如输入“@100<60”，表示相对当前点的极坐标半径为 100，半径与 X 轴的逆时针夹角为 60°。

1.5 图　层

CAXA 电子图板提供了分层功能，其每个图层都有唯一的层名，每一层都可以放置不同的对象信息。图层的属性包括层名、线型、颜色、层描述、打开与关闭以及是否为当前图层等，每个图层对应一套由系统设定的颜色和线型、线宽等属性。注意图层的属性是可以被改变的。

本节介绍图层基本操作、图层设置和图层工具应用。

1.5.1 图层基本操作

CAXA 电子图板 2018 提供预定义好的 8 个图层，分别是“0 层”“中心线层”“粗实线层”“细实线层”“尺寸线层”“剖面线层”“虚线层”“隐藏层”，每个图层都按其名称设置了相应的线型和颜色，默认模板的初始当前图层是“粗实线层”。

用户可以根据设计要求将某个图层设置为当前图层，这样在后面绘制的图形元素都将被放置在此当前图层上。要重新设置当前图层，则在没有选择任何实体对象的情况下，从功能区“常用”选项卡的“特性”面板的“图层”下拉列表框中选择所需的图层，即可完成当前图层选择的设置操作，如图 1-23 所示。

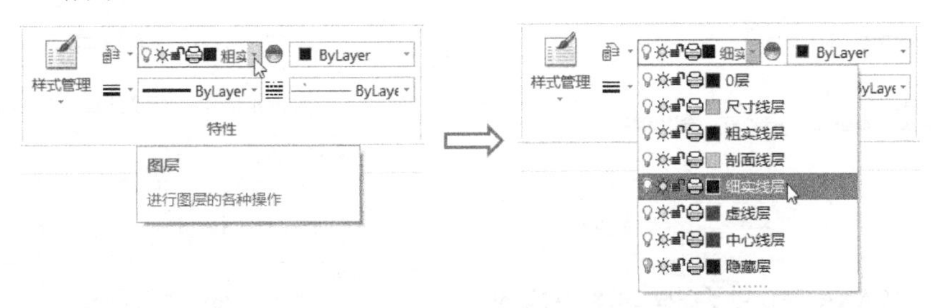

图 1-23　利用“图层”下拉列表框设置当前图层

知识点拨： 如果在绘图区中先选择了图形对象，那么此时在“图层”下拉列表框中显示的将是当前选中图形对象的图层属性，之后使用“图层”下拉列表框进行图层切换操作改变的也仅仅是当前选中图形对象的属性，而不是改变当前图层。

用户也可以这样设置当前图层：在功能区“常用”选项卡的“特性”面板中单击“图层”按钮，弹出如图 1-24 所示的“层设置”对话框，接着在图层列表中选择要设置的图层，单击“设为当前”按钮即可。

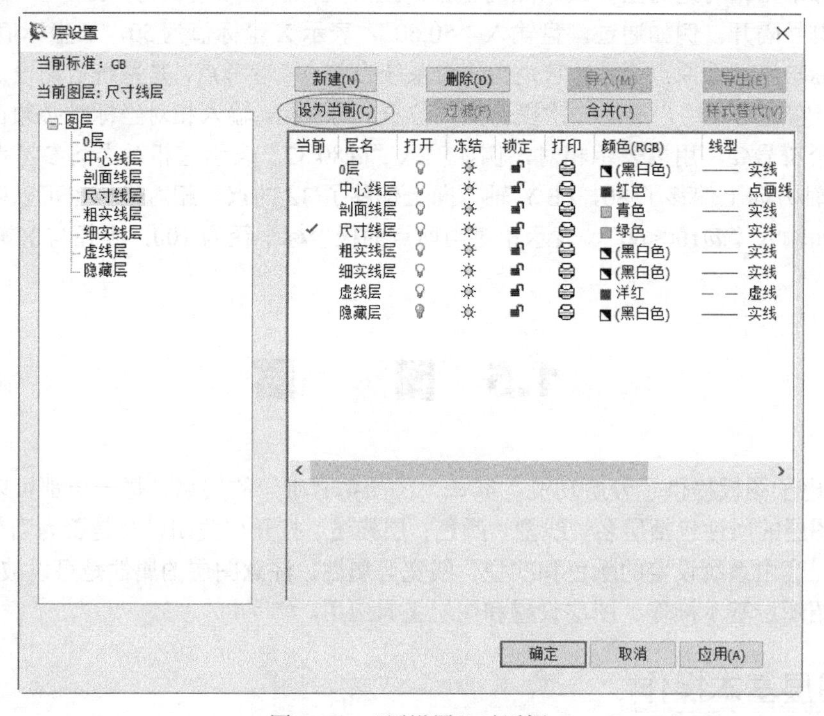

图 1-24 “层设置”对话框

用户创建一个新的图层，其方法是在“层设置”对话框中单击“新建”按钮，接着在弹出的如图 1-25 所示的“CAXA CAD 电子图板 2018”对话框中单击“是”按钮，系统此时会弹出如图 1-26 所示的“新建风格”对话框，在“风格名称”文本框中输入一个新图层名称，并在“基准风格”下拉列表框中选择一个基准图层，然后单击“下一步”按钮，则完成创建一个新图层，该图层的设置默认使用所选的基准图层的设置。

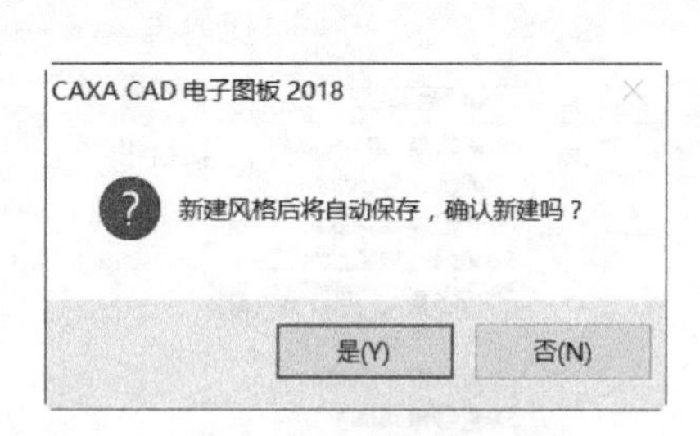

图 1-25 “CAXA CAD 电子图板 2018”对话框

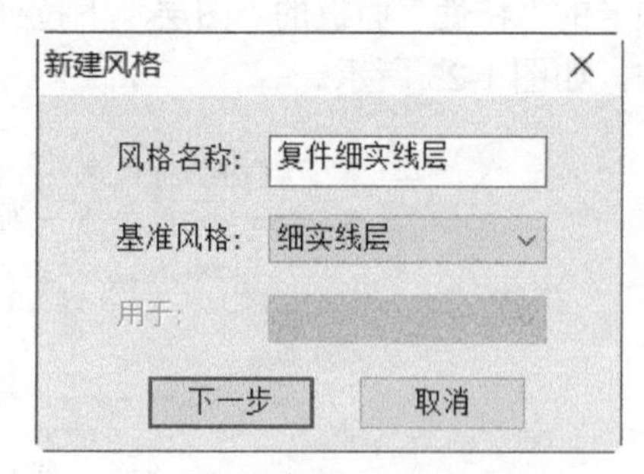

图 1-26 “新建风格”对话框

如果对自己建立的图层不满意，可以将该图层删除。删除该图层的方法很简单，就是在“层设置”对话框的图层列表中选择要删除的图层，接着单击“删除”按钮，然后在弹出的提示对话框中单击“是”按钮，便可删除图层。

知识点拨： 只能删除用户自己创建的图层，而不能删除系统提供的原始图层。图层被设置为当前图层的，或者图层上有图形并使用的，也不能被删除。

1.5.2 图层设置

在功能区“常用”选项卡的“特性”面板中单击“图层”按钮，系统弹出“层设置”对话框，利用该对话框除了可以设置当前图层、新建图层、删除图层之外，还可以重命名图层，对图层进行打开/关闭、冻结/解冻、锁定/解锁、设置颜色、设置线型、设置线宽、是否打印本层等。

1. 重命名图层

层名是图层的代号，是层与层之间相互区别的唯一标志。在同一个图形文件中，不允许有相同层名的图层存在。

要重命名图层，则可以在“层设置”对话框左侧的图层列表树（可简称图层列表）中选择要改名的图层，接着右击，如图 1-27 所示，并在弹出的快捷菜单中选择“重命名”命令，则该图层名称变为可编辑状态，然后输入新的图层名称。

图层还有一项“描述”，即层描述，所谓层描述是对图层的形象描述，它尽可能体现图层的性质，不同图层之间的层描述是可以一样的。“修改层描述”的操作示例如图 1-28 所示。

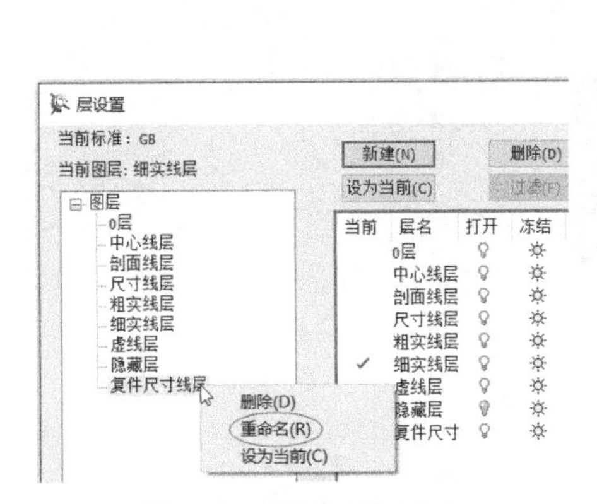

图 1-27　重命名图层操作

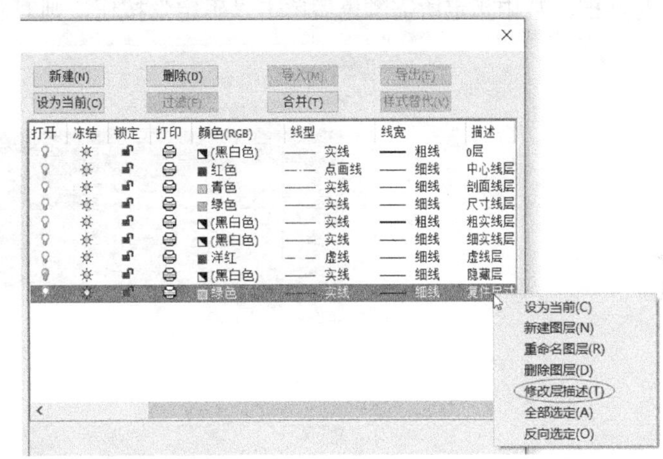

图 1-28　“修改层描述”操作

2. 打开或关闭图层

可以根据设计情况来打开或关闭图层，但需要注意的是当前图层不能被关闭。当图层处于打开状态时，该图层上的对象被显示在绘图区域；当图层处于关闭状态时，该图层上的对象处于不可见的状态（注意对象并没有被删除，而是被隐藏）。

单击“打开”单元格中的 / 图标，便可以进行图层打开或关闭的切换。

3. 冻结或解冻图层

在一些大型图形中，可以通过冻结不需要的图层来加快显示和重新生成的操作速度。当图层处于已冻结状态时，该图层上的对象不可见，并且不会遮盖其他图层上的对象；而解冻一个或多

个图层，可能会使图层重新生成。

图层处于解冻状态时，“冻结”单元格中显示有“太阳”图标，而图层处于冻结状态时，“冻结”单元格中显示有“雪花”图标。在要冻结或解冻图层的层状态处单击相应的“太阳”图标或“雪花”图标，可以进行图层冻结或解冻的切换。

4. 锁定或解锁图层

图层分锁定和解锁状态，处于解锁状态的图层在“解锁”单元格中用“解锁”图标标识，处于被锁定状态的图层在“解锁”单元格中用“锁定”图标标识。

5. 图层打印设置

设置是否打印所选图层中的内容。在图层的层状态列表中，可以通过单击其“打印”单元格里的相应图标来进行图层打印或不打印的切换。系统允许打印的图层在“打印”单元格里显示的层状态图标是，而图层不打印的层状态图标变为。

6. 设置图层颜色

为每个图层设置一种颜色，其方法是在“层设置”对话框右边的“层状态”列表框中单击要改变颜色的图层的“颜色（RGB）”单元格中的颜色图标，系统弹出如图 1-29 所示的“颜色选取”对话框，从中指定所需颜色后单击“确定”按钮，则对应图层的颜色已被改为用户选定的颜色。

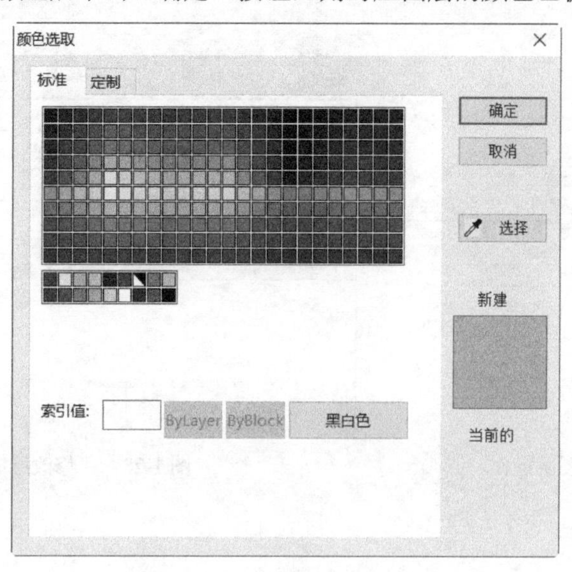

图 1-29 “颜色选取”对话框

7. 设置图层线型

CAXA 电子图板 2018 已经为已有的图层设置了不同的线型。在新建一个图层后，用户可以为该新图层设置新线型。

打开“层设置”对话框，在要改变线型的图层行中单击其对应的线型按钮，系统弹出如图 1-30 所示的“线型”对话框，在此对话框中选择所需选型，单击“确定”按钮，返回到“层设置”对话框，此时对应图层的线型已然被更改为选定的线型。

8. 设置图层线宽

为选定图层设置新的线宽，其方法是在“层设置”对话框右边的“层状态”列表框中单击指定图层对应的线宽按钮，弹出如图 1-31 所示的“线宽设置”对话框，在此对话框中选择所需线宽，单击“确定”按钮，则此时对应图层的线宽便被改为选定的线宽。

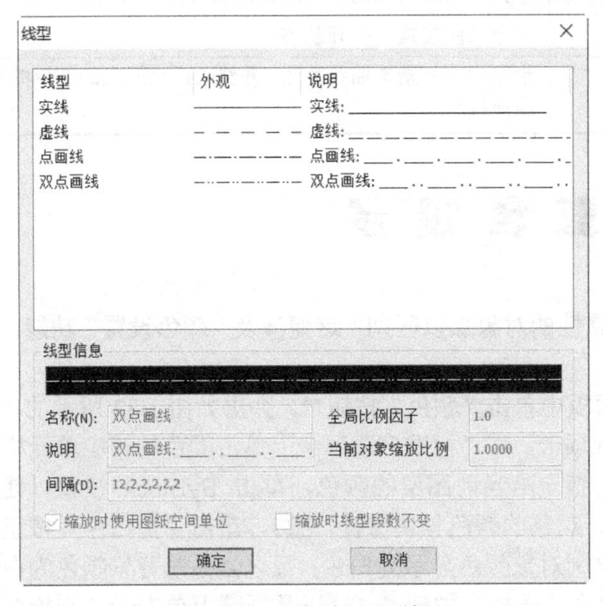

图 1-30 “线型”对话框

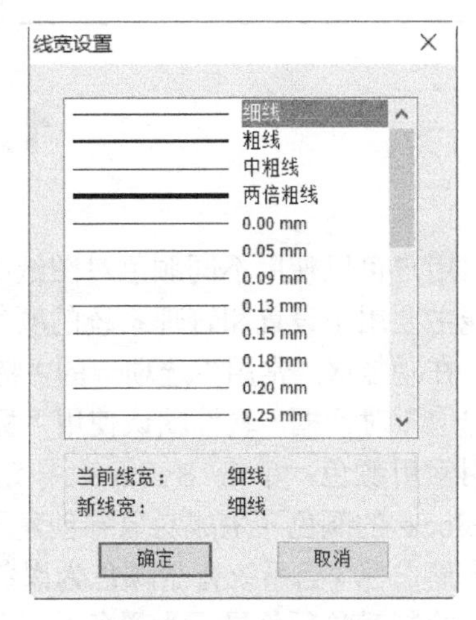

图 1-31 “线宽设置”对话框

1.5.3 图层工具应用

CAXA 电子图板 2018 还提供了一些实用的图层工具用于方便绘图中的图层操作，这些图层工具如表 1-1 所示，它们可以在功能区“常用”选项卡的“特性”面板中被找到，也可以在主菜单的“格式”→“图层工具”级联菜单中被找到。

表 1-1 常用的图层工具

序 号	命 令	按 钮	功能含义
1	移动对象到当前图层		将选定的对象全部置于当前图层上
2	移动对象到指定图层		将选定的对象全部置于指定图层上
3	移动对象图层快捷设置		将选择的对象使用快捷键移动至相应的图层上，需要选择要指定快捷键的目标图层并指定快捷键
4	对象所在图层设置为当前图层		将当前图层设置为拾取对象所在的图层
5	图层隔离		调用此功能后，可以选择或框选若干个对象，则各个对象所在的图层将保持打开状态，而其余图层将全部被关闭
6	取消图层隔离		取消图层隔离对图层的关闭

续表

序　号	命　令	按　钮	功能含义
7	合并图层		将被合并图层的全部对象移动合并到图层中，并将被合并图层删除
8	拾取对象删除图层		将拾取对象所在的图层及该图层上的全部对象删除
9	图层全开		将全部图层置于打开状态
10	局部改层		拾取两点将基本曲线截断，并修改两点间夹的部分的图层属性

1.6 颜色设置

用户可以使用不同颜色对图纸中不同属性的对象加以区别，这便涉及“颜色设置”功能，此功能主要用于设置和管理系统的颜色。

在功能区“常用”选项卡的“特征”面板中单击“颜色”按钮，弹出如图 1-32 所示的“颜色选取”对话框，软件默认使用“标准”选项卡。在“标准”选项卡上单击颜色的相应单元格来使用索引颜色，单击 ByLayer 按钮来使用指定给当前图层的颜色，单击 ByBlock 按钮以使用 ByBlock 的颜色（生成对象并创建为块时，对象的颜色与块保持一致），单击“黑白色”按钮以使用黑白色（当系统背景颜色为黑色时，绘制对象颜色显示为白色；反之当系统背景颜色为白色时，绘制对象颜色显示为黑色），还可以单击“选择”按钮以从屏幕上单击一点来拾取一个颜色。选择一个颜色后，“索引值”文本框便显示出索引名称，并在对话框右下区域预览选择的颜色和当前的颜色，单击“确定”按钮，则系统当前颜色便被设置为选择的颜色。

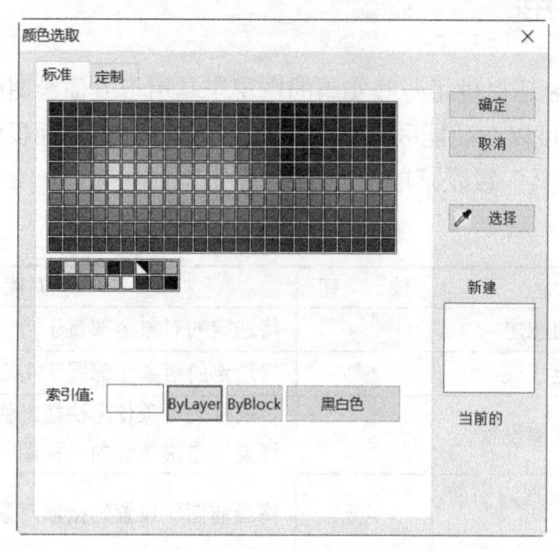

图 1-32　“颜色选取”对话框

如果要使用标准颜色为当前颜色，那么在“颜色选取”对话框中切换至“定制”选项卡，如图 1-33 所示，使用鼠标直接在“颜色”框中单击选择颜色，也可以使用 HSL 模式（在“色调 H”“饱和度 S”“亮度 L”数值框中指定数值）或 RGB 模式（在“红色 R”“绿色 G”“蓝色 B”数

值框中指定数值）定制颜色，还可以单击“选择”按钮 以在屏幕上拾取一个所需颜色。

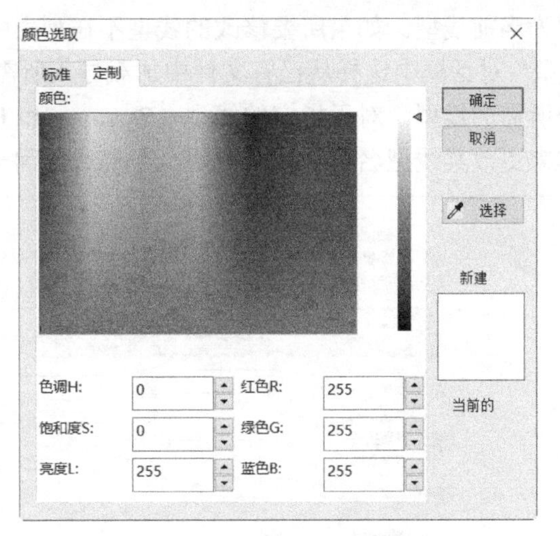

图 1-33　“定制”选项卡

1.7　线型与线宽

线型和线宽都是电子图板对象的基本属性，下面将逐一介绍。

1.7.1　线型

在工程图中，用不同的线型表示不同的外部轮廓和实体形状等。CAXA 电子图板 2018 提供的线型包括以下 3 类。

☑　ByLayer：使用当前图层的线型绘制图形元素。

☑　ByBlock：绘制图形元素被定义为块后，使用块所应用的线型。

☑　ByLayer 和 ByBlock 以外的线型：使用所选的线型来绘制图形元素。

要更改当前线型，则在功能区“常用”选项卡的“特性”面板中打开“线型”下拉列表框，如图 1-34 所示，接着从该“线型”下拉列表框中选择所需的线型，即可完成对当前线型修改的设置操作。

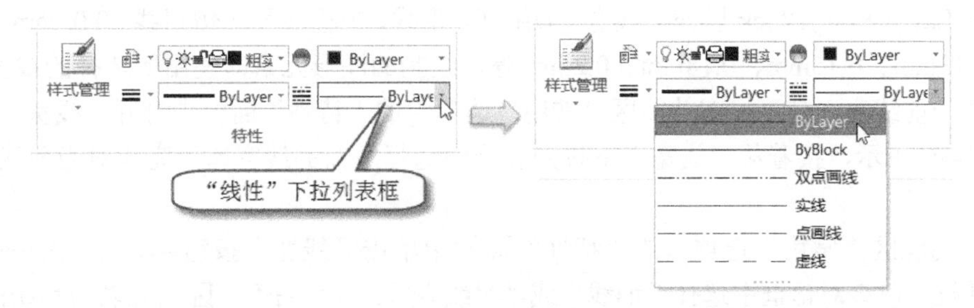

图 1-34　更改当前线型

也可以在功能区“常用”选项卡的“特性”面板中单击“线型设置”按钮，打开如图 1-35

所示的“线型设置”对话框，在该对话框的线型列表中选择要设置的线型，单击“设为当前”按钮，便可将所选线型设置为当前线型。如果所要修改的线型不在列表中，那么可以单击“加载”按钮，在弹出的“加载线型”对话框中选择从已有文件中加载导入所需线型。当然，也可以单击“新建”按钮来新建一个所需的线型。对于指定的线型（ByLayer 和 ByBlock 线型除外），可以通过“线型设置”对话框来更改其线型名称、线型说明、全局比例因子、当前线型缩放比例等。

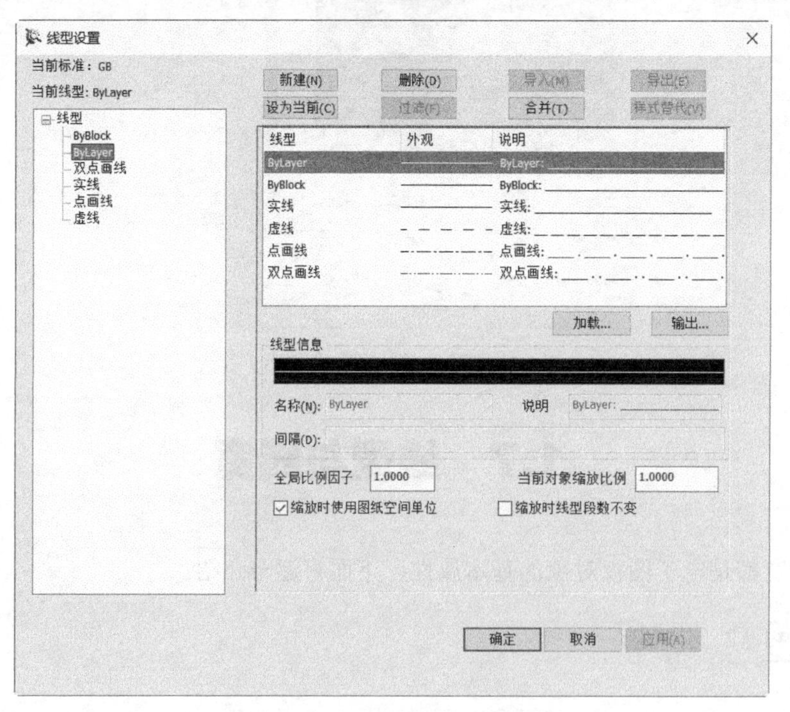

图 1-35　“线型设置”对话框

1.7.2　线宽

本小节主要介绍如何设置当前线宽和线宽比例。

CAXA 电子图板 2018 的线宽包括以下几种。

☑　ByLayer：绘制图形元素使用当前图层的线宽。

☑　ByBlock：绘制图形元素被定义为块后，使用块所应用的线宽。

☑　ByLayer 和 ByBlock 以外的线宽：如细线、粗线、中粗线和两倍粗线、0.05mm、0.09mm、0.13mm、0.15mm、0.18mm、0.2mm 等，绘制的图形元素即使用所选择的线宽。

要更改当前线宽，则可以在功能区“常用”选项卡的“特性”面板中打开“线宽”下拉列表框，如图 1-36 所示，接着从“线宽”下拉列表框中选择所需的线宽即可完成对当前线宽修改的设置操作。

如果在功能区“常用”选项卡的“特性”面板中单击“线宽”按钮☰，则系统弹出“线宽设置”对话框。在该对话框中选择“细线”或“粗线”后，在“右侧”区域可以为系统的“细线”或“粗线”设定线宽实际数值，拖曳“显示比例”处的滑块（或称手柄）可以调整系统所有线宽的显示比例，其中向右拖曳滑块提高线宽显示比例，反之降低线宽显示比例。单击“设为默认值”

按钮，可以将当前设定设为默认状态；单击“恢复默认值”按钮，则将显示比例恢复到默认状态。

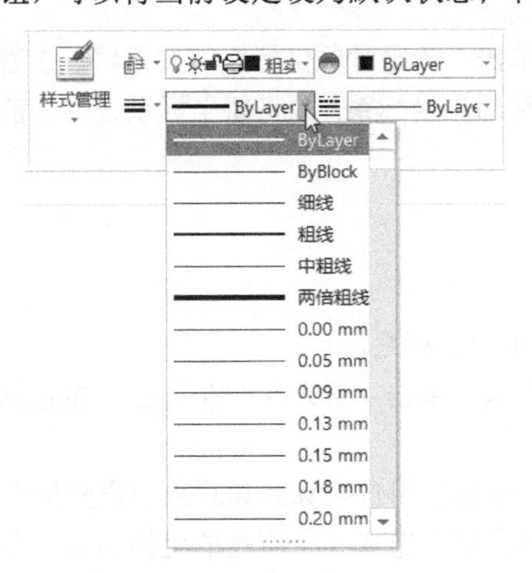

图 1-36　打开“线宽”下拉列表框

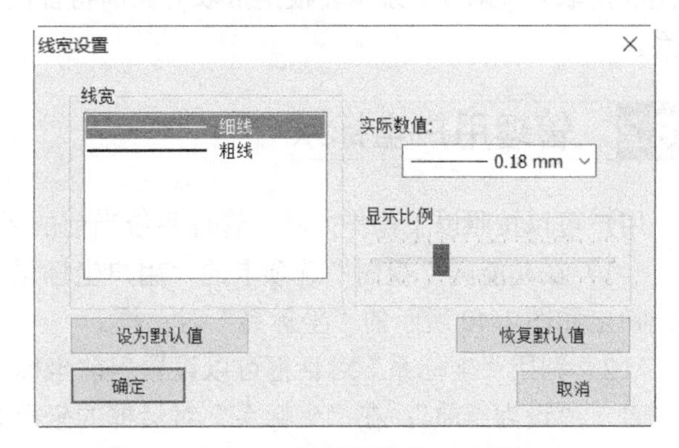

图 1-37　“线宽设置”对话框

1.8　用户坐标系

CAXA 电子图板 2018 的坐标系包括世界坐标系和用户坐标系。所谓的世界坐标系是 CAXA 电子图板 2018 的默认坐标系，其 X 轴水平，Y 轴垂直，原点为 X 轴和 Y 轴的交点（0,0）。但在很多设计场合下，使用用户坐标系可以方便地进行坐标输入、栅格显示和捕捉等操作，有利于用户更方便地进行对象编辑。本节将介绍用户坐标系的基本操作，包括新建用户坐标系、管理用户坐标系和切换坐标系。

1.8.1　新建用户坐标系

新建用户坐标系包括新建原点坐标系和新建对象坐标系。

1. 新建原点坐标系

新建原点坐标系的操作方法如下。

（1）在功能区“视图”选项卡的“用户坐标系”面板中单击“新建原点坐标系”按钮。

（2）指定新用户坐标系的名称，如图 1-38 所示。

（3）指定该用户坐标系的原点。可以通过键盘输入坐标值，所输入的坐标值为新坐标系原点在原坐标系中的坐标值。

（4）系统提示输入旋转角，如图 1-39 所示。在该提示下输入旋转角度后，新坐标系便创建好了，新用户坐标系被设为当前坐标系。

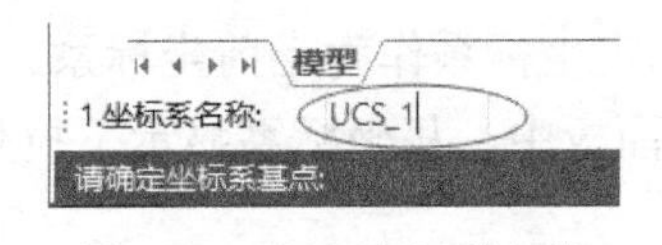

图 1-38　指定坐标系名称

图 1-39　提示输入旋转角

2. 新建对象坐标系

在功能区“视图”选项卡的“用户坐标系”面板中单击“新建对象坐标系”按钮，接着在绘图区拾取有效对象，系统会根据拾取对象的特征建立新用户坐标系，并将新坐标系设为当前坐标系。

1.8.2 管理用户坐标系

用户可以按照以下操作方法来管理系统当前的所有用户坐标系。

（1）在功能区“视图”选项卡的“用户坐标系”面板中单击“管理用户坐标系”按钮，系统弹出如图 1-40 所示的“坐标系”对话框。

（2）利用“坐标系”对话框可以设置当前坐标系、重命名用户坐标系和删除用户坐标系。

☑ “设为当前”：在“坐标系”对话框的坐标系列表框中选择一个所需的坐标系后，单击“设为当前”按钮则将该坐标系设为当前坐标系。要注意的是，被设为当前的坐标系在绘图区以系统设定的颜色（如品红色）显示，其余坐标系在绘图区显示为红色。

☑ “重命名”：在“坐标系”对话框的坐标系列表框中选择一个用户坐标系，接着单击“重命名”按钮，打开“重命名坐标系”对话框，如图 1-41 所示，在文本框中输入一个新的名称，然后单击“确定”按钮即可。

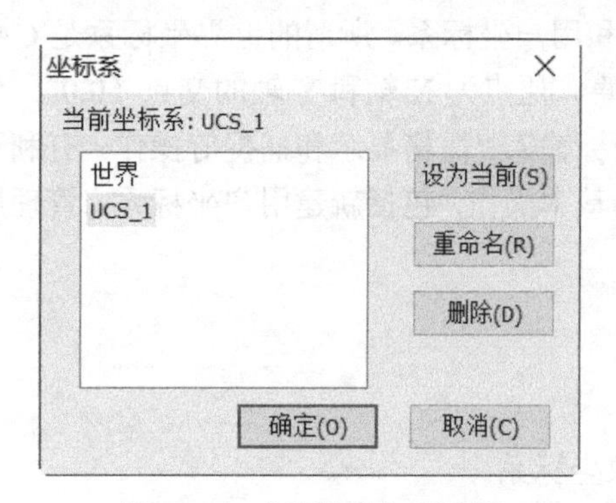

图 1-40 “坐标系”对话框

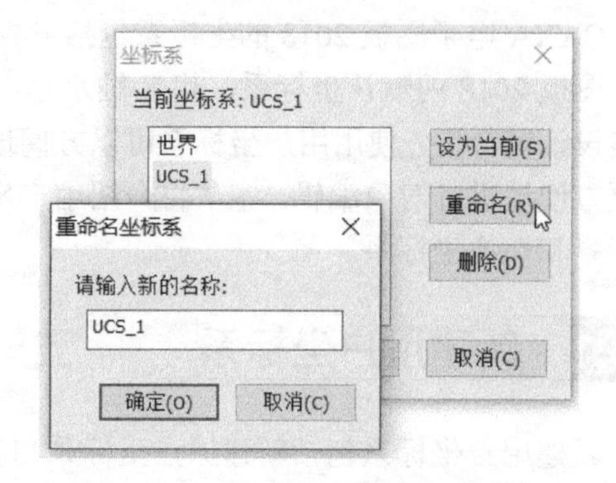

图 1-41 “重命名坐标系”对话框

☑ “删除”：在“坐标系”对话框的坐标系列表框中选择一个用户坐标系，接着单击“删除”按钮便可直接将该用户坐标系删除。

1.8.3 切换坐标系

在实际的设计工作中，有时需要切换系统当前的坐标系。例如在世界坐标系与各用户坐标系间进行切换。调用“切换坐标系”功能的典型方法有如下几种。

方法 1：在功能区“视图”选项卡的“用户坐标系”面板中单击“管理用户坐标系”按钮，打开“坐标系”对话框，利用“设为当前”按钮来切换选定坐标系作为当前坐标系。

方法 2：在功能区“视图”选项卡的“用户坐标系”面板中，从坐标系显示下拉列表框中选择要切换的坐标系，如图 1-42 所示。

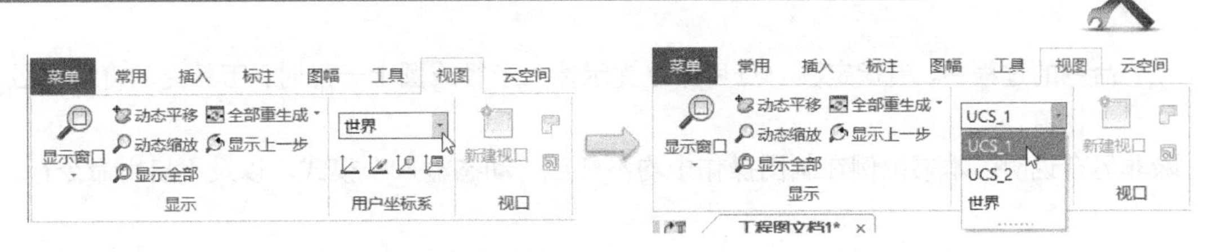

图 1-42　从坐标系显示下拉列表框中切换坐标系

方法 3：按 F5 键在不同的坐标系间循环切换。

1.9 动态输入

在 CAXA 电子图板 2018 图形窗口下方的状态栏中提供有一个“动态输入”开关按钮。启用“动态输入”模式后，可以在光标附近显示命令界面以进行命令和参数的输入，其优点在于使得用户可以专注于绘图区。启用“动态输入”模式时，状态栏或命令行仍然会有命令提示。

知识点拨： 命令行用于显示当前命令的执行状态，并且可以记录本次程序开启后的操作，在命令行中可以输入完整命令，也可以输入缩写的命令。要想使用命令行输入，首先要打开命令行，其方法是在快速启动工具栏中单击“自定义快速启动工具栏”按钮，接着从弹出的菜单中选择“命令行”命令即可。

动态输入的内容包括动态提示、输入坐标和标注输入。

☑ 动态提示：工具提示将在光标附近显示信息，该信息会随着光标的移动而动态更新。当执行某命令时，工具提示将为用户提供输入的位置，例如在键盘上输入“CIRCLE”并按 Enter 键后，依附于鼠标光标的工具提示如图 1-43 所示。

☑ 输入坐标：使用鼠标在图形窗口预定位置处单击可以确定坐标点，也可以在动态输入的坐标提示框中直接输入坐标值，而不用在命令行中输入。在输入过程中，使用 Tab 键可以在不同的输入框内切换，输入最后一个坐标后按 Enter 键。如果输入第一个值后按 Enter 键，则第二个输入字段将被忽略而采用当前默认值。这里以在键盘上输入“CIRCLE”并按 Enter 键后为例，输入圆心的 X 坐标为 100，按 Tab 键切换至第二个输入框（Y 值），输入 Y 坐标为 30，如图 1-44 所示，然后按 Enter 键确认该点坐标“100,30”的 X 和 Y 值的输入。

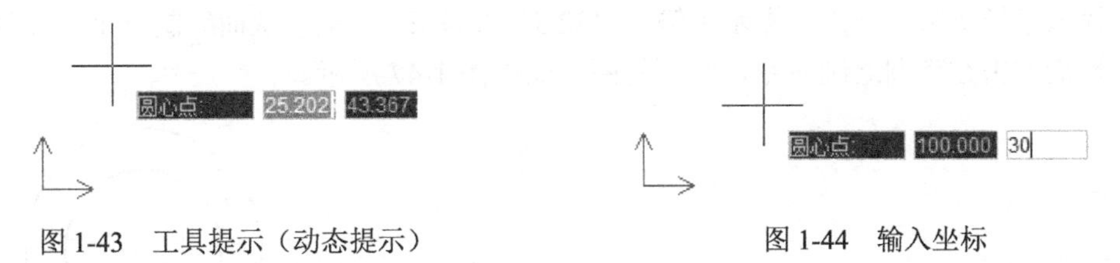

图 1-43　工具提示（动态提示）　　图 1-44　输入坐标

☑ 标注输入：在命令输入过程中，工具提示将会动态显示一些参数值。例如执行“直线”命令的过程中，当命令提示输入第二点时，工具提示将动态显示距离和角度值，此时根据提示分别输入所需的值，按 Tab 键可以切换到要更改的值字段。又如，在执行“圆”

命令的过程中，当指定圆心点后命令提示输入半径或圆上一点时，工具提示将动态显示半径值。

除非另有说明，本书范例在制图操作中均不开启“动态输入”模式，以及不启用命令行。

1.10 制图入门体验范例

为了让读者对使用 CAXA 电子图板进行工程制图工作有一个较为清晰的认识，下面以一个简单图形为例进行介绍。本例要完成的制图入门体验范例如图 1-45 所示，在该范例中主要学习新建文件、观察图层、执行命令操作、坐标点输入、工具点菜单应用、视图操作、保存文件等知识点。

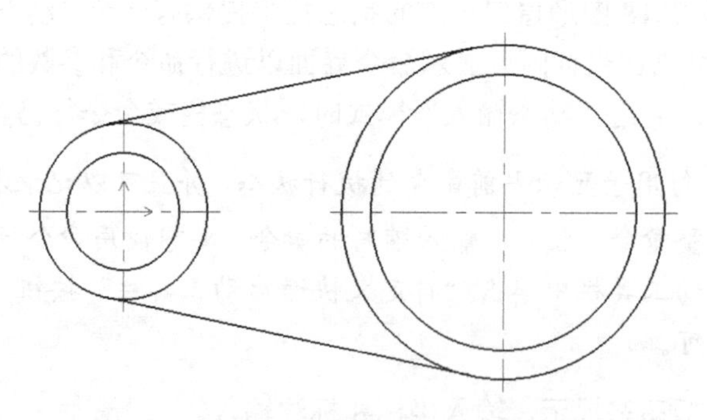

图 1-45　制图入门体验范例完成效果

本范例具体的制图步骤如下。

（1）启动 CAXA 电子图板 2018，在快速启动工具栏中单击“新建”按钮，弹出“新建”对话框。在“工程图模板”选项卡的“当前标准”下拉列表框中选择 GB，在“系统模板”列表框中选择 BLANK 模板，然后单击“确定”按钮，从而创建一个图纸文档。确保使用新 Fluent 风格界面，不使用“动态输入”模式，在功能区“常用”选项卡的“特性”面板的“图层”下拉列表框中选择“粗实线层”。

（2）在功能区“常用”选项卡的“绘图”面板中单击“圆”按钮，接着在立即菜单中设置如图 1-46 所示的选项。通过键盘输入圆心点坐标为（0,0）并按 Enter 键，接着在“输入半径或圆上一点”提示下输入“15”并按 Enter 键，从而绘制一个圆心在原点、半径为 15 的圆，接着再在“输入半径或圆上一点”提示下输入“22.5”并按 Enter 键，从而绘制一个半径为 22.5 的同心圆，然后右击结束圆绘制命令，绘制的两个圆如图 1-47 所示。

图 1-46　在立即菜单设置相关选项和参数

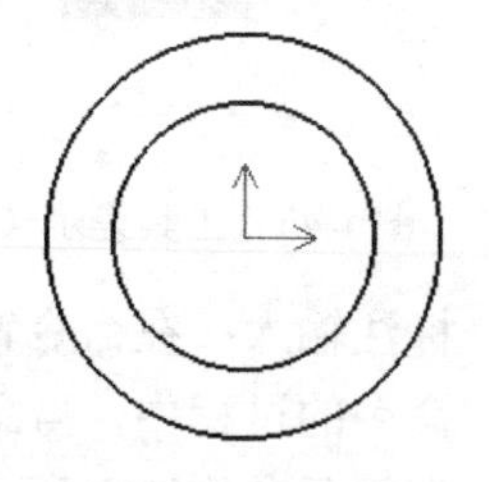

图 1-47　绘制两个圆

（3）使用同样的方法，单击“圆”按钮⊙，指定圆心点坐标为（100,0），绘制半径分别为 35、42.5 的两个同心圆，如图 1-48 所示。

（4）在功能区“常用”选项卡的“绘图”面板中单击“直线”按钮⁄，在直线立即菜单中设置“1.”为“两点线”、“2.”为“单根”，如图 1-49 所示。此时，还要在状态栏中确保使用非正交模式。

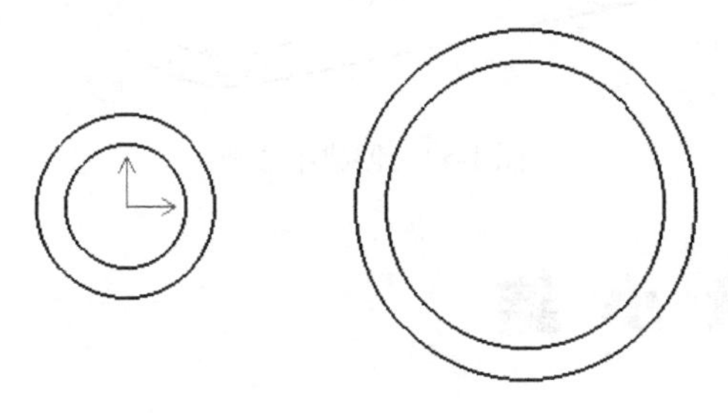

图 1-48　绘制两个同心圆

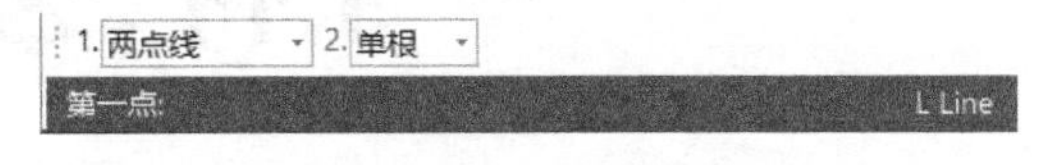

图 1-49　直线立即菜单

在“第一点”提示下，按空格键使系统弹出工具点菜单，如图 1-50 所示，接着从工具点菜单中选择“切点”命令，拾取第一个圆（拾取位置为如图 1-51 所示的“1”处）以获取切点 1；系统出现“第二点”的提示，此时按空格键弹出工具点菜单，从中选择“切点”命令，拾取第二个圆（拾取位置为如图 1-51 所示的“2”处）以获取切点 2。

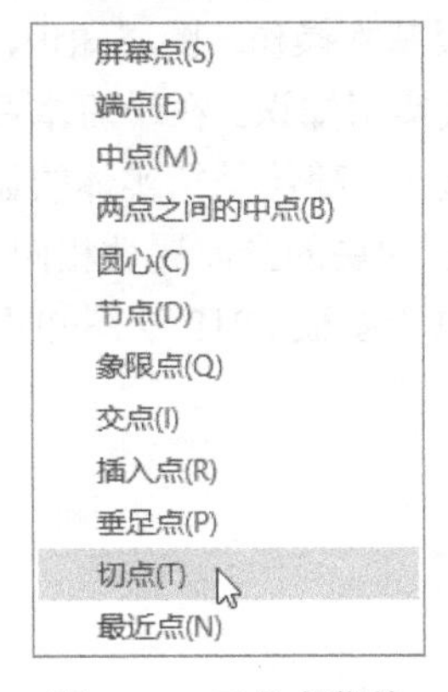

图 1-50　工具点菜单

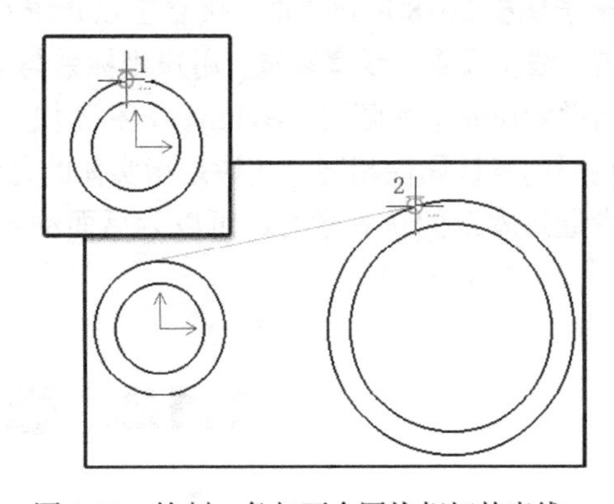

图 1-51　绘制一条与两个圆均相切的直线

（5）结合使用工具点菜单（按空格键弹出），为另一条相切直线分别指定切点 3 和切点 4，如图 1-52 所示，右击结束直线绘制命令。

（6）在功能区“常用”选项卡的“绘图”面板中单击“中心线”按钮⁄，在立即菜单中分别设置“1.”为“指定延长线长度”、“2.”为“快速生成”、“3.”为“使用默认图层”、“4.延伸长度”为“3”，分别单击左边大圆和右边大圆为各自生成相应的中心线，完成效果如图 1-53 所示。

（7）在功能区中切换至“视图”选项卡，从“显示”面板的显示列表菜单中单击“显示全部”按钮。

（8）在快速启动工具栏中单击“保存”按钮，弹出“另存文件”对话框，默认保存类型为“电子图板 2018 文件（*.exb）”，自行指定文件名和要保存到的文件夹（保存路径），然后在对话框上单击“保存”按钮。

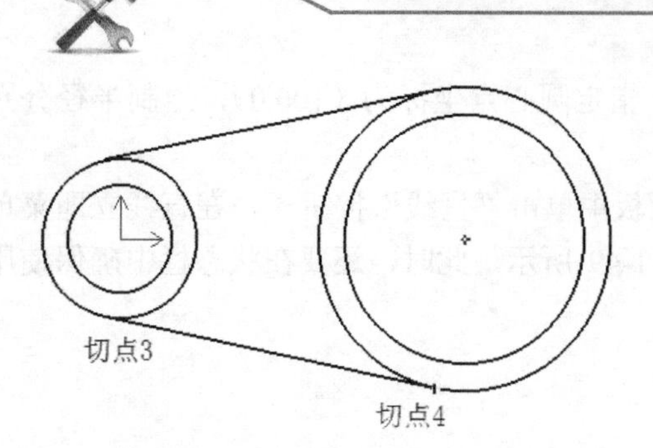

图 1-52　绘制另一条相切直线

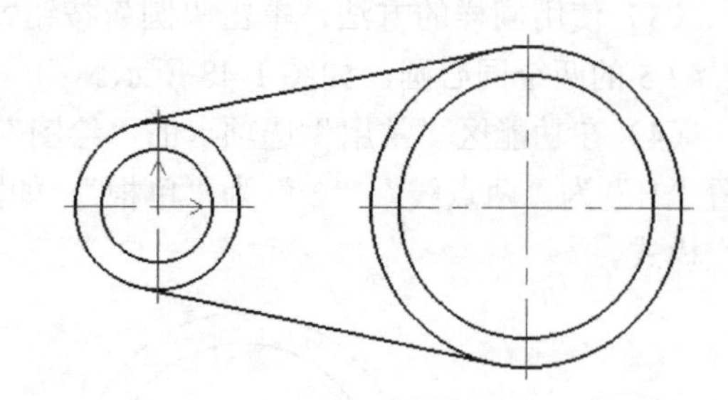

图 1-53　创建中心线

1.11　本 章 小 结

CAXA 电子图板 2018 是一款值得称赞的计算机辅助设计软件，它采用耳目一新的界面风格，打造全新交互体验，全面兼容 AutoCAD，综合性能得到实际提升，拥有专业的绘图工具以及符合国标的标注风格，提供开发幅面管理和灵活的排版打印工具，并针对机械专业设计的要求，提供了符合最新国标的参量化图库，并提供完全开放式的图库管理和定制手段。

本章首先介绍的内容包括 CAXA 电子图板软件概述、运行与关闭 CAXA 电子图板 2018、CAXA 电子图板 2018 用户界面，接着重点介绍 CAXA 电子图板基本操作、图层知识，最后介绍颜色设置、线型设置、线宽设置、用户坐标系与动态输入等相关实用知识。在学习本章知识的过程中，初学者还要了解随层（ByLayer）和随块（ByBlock）的概念，随层是指实体的显示属性与其所在图层的默认属性相同，随块是指实体的显示属性与其所在的块的当前属性相同。

读者通过本章的认真学习，可以为后面深入学习 CAXA 电子图板 2018 绘图知识打下扎实的基础。

1.12　思考与练习

（1）什么是立即菜单？
（2）如何理解 CAXA 电子图板的图层？
（3）如何设置和管理系统的颜色？
（4）如何将某个线型设置为当前线型？
（5）如何将某个线宽设置为当前线宽？
（6）如何理解 CAXA 电子图板中的随层（ByLayer）和随块（ByBlock），可以举例说明。
（7）什么是 CAXA 电子图板的世界坐标系与用户坐标系？
（8）如何新建、管理用户坐标系？
（9）什么是动态输入？

第 2 章　CAXA 电子图板设置

本章导读

本章介绍的主要内容是 CAXA 电子图板 2018 设置知识，具体包括界面配置、系统选项设置、拾取过滤设置、相关风格样式设置、三视图导航、调用设计中心和打印配置。

2.1　界 面 配 置

CAXA 电子图板 2018 界面配置包括界面定制与界面操作两方面的知识点。

2.1.1　界面定制

这里所述的界面定制是指自定义界面元素和界面状态，其界面元素主要包括主菜单、工具栏、快捷键、外部工具、键盘命令等。

进行界面定制操作，可以在功能区上右击，在弹出的如图 2-1 所示的快捷菜单中选择“自定义”命令，系统弹出如图 2-2 所示的“自定义”对话框，该对话框提供了“命令”“工具栏”“工具”“键盘”“键盘命令”“选项”6 个选项卡，分别用于控制不同的界面元素。

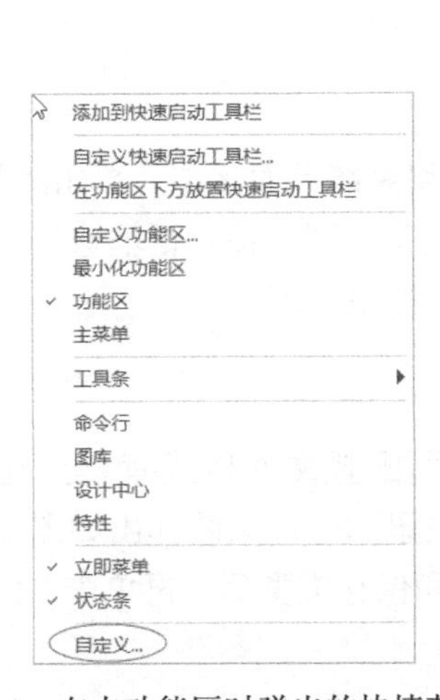

图 2-1　右击功能区时弹出的快捷菜单

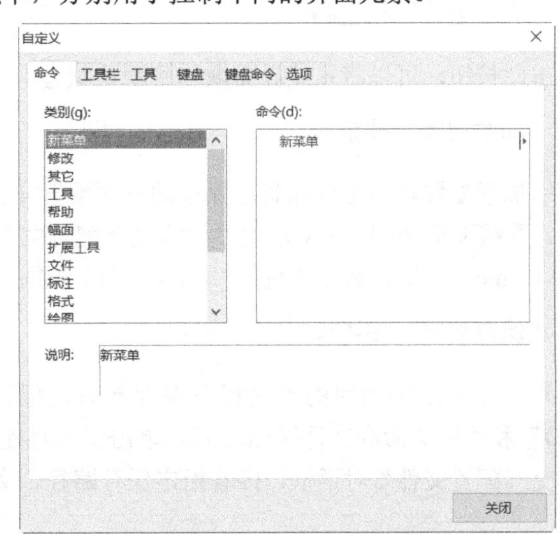

图 2-2　“自定义”对话框

以使用“键盘”选项卡来定制快捷键为例。在“自定义”对话框中切换至“键盘”选项卡，如图 2-3 所示。从“类别”下拉列表框中选择命令的分类，则在“命令”列表框中显示该类别下的各种命令。在“命令”列表框中选择所需的一个命令后，单击“请按新快捷键”下方的输入框后，接着按键盘组合键，再单击“指定”按钮即可。如果要删除已指定的快捷键，那么可以在“快捷键”列表框中选择一个已指定的快捷键，然后单击“删除”按钮，从而对其进行删除操作。

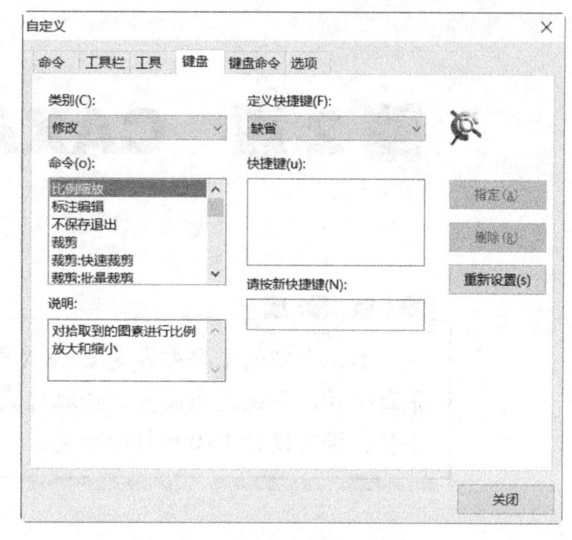

图 2-3　“自定义”对话框的“键盘”选项卡

2.1.2　界面操作

在功能区中切换至“视图”选项卡，可以看到“界面操作”面板中提供了 4 个实用按钮，即“切换界面”按钮、“界面重置”按钮、“加载配置”按钮和“保存配置”按钮，如图 2-4 所示。下面介绍这 4 个按钮的功能含义。

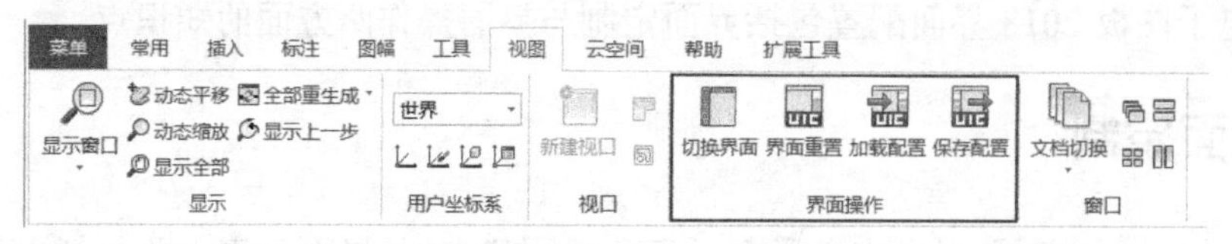

图 2-4　“视图”功能区选项卡

1. “切换界面”按钮

单击此按钮，可以在经典风格界面和 Fluent 风格界面之间切换，其快捷键为 F9。

2. “界面重置”按钮

单击此按钮，可以将系统界面恢复到默认状态。

3. “加载配置”按钮

使用加载配置功能可以加载已保存的界面配置文件来调用系统界面状态。单击“加载配置”按钮，系统弹出如图 2-5 所示的“加载交互配置文件”对话框，利用该对话框选择一个交互配置文件（*.uic）或键盘命令文件（*.uik），然后单击“打开”按钮即可。

4. “保存配置”按钮

用户可以将系统当前的界面状态保存起来，保存的界面配置文件格式有“交互配置文件（*.uic）”和“键盘命令文件（*.uik）”。单击“保存配置”按钮时，系统弹出如图 2-6 所示的“保存交互配置文件”对话框，接着指定保存路径、文件名和保存类型后，再单击“保存”按钮即可。

图 2-5 “加载交互配置文件”对话框

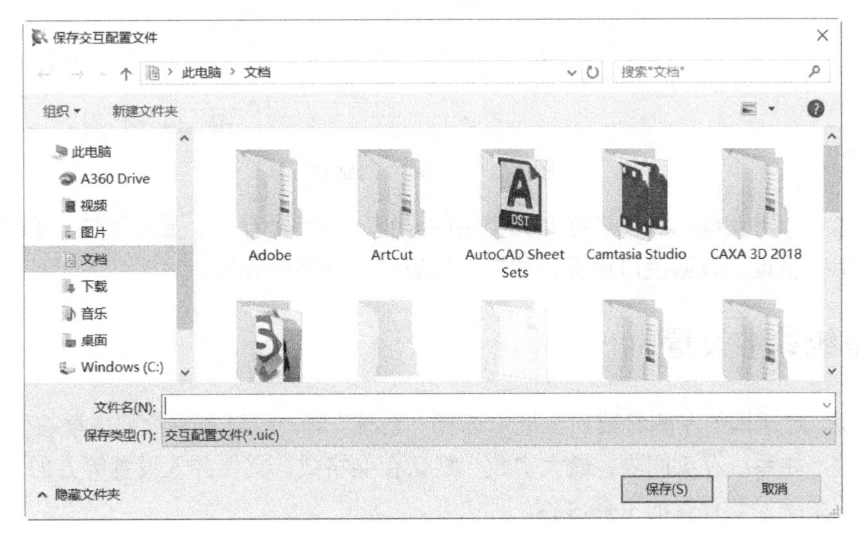

图 2-6 “保存交互配置文件”对话框

2.2 系统选项配置

用户可以根据设计需求对 CAXA 电子图板 2018 系统的常用参数进行设置。系统常用参数设置包括文件路径设置、显示设置、系统参数设置、交互设置、文字设置、数据接口设置、智能点工具设置和文件属性设置。

在功能区“工具”选项卡的“选项”面板中单击“选项”按钮，弹出如图 2-7 所示的“选项”对话框。该对话框的左侧区域为参数类别列表框（可简称为参数列表框），在参数列表框中单击选中每项参数类别后，便可以在右侧区域进行相关设置。“选项”对话框提供“恢复缺省设置”“从文件导入”“导出到文件”3 个实用按钮：“恢复缺省设置”按钮用于撤销参数修改，恢复默认设置；“从文件导入”按钮用于加载已保存的参数配置文件，载入保存的参数设置；“导出

到文件”按钮用于将当前的系统设置参数保存到一个参数文件中。

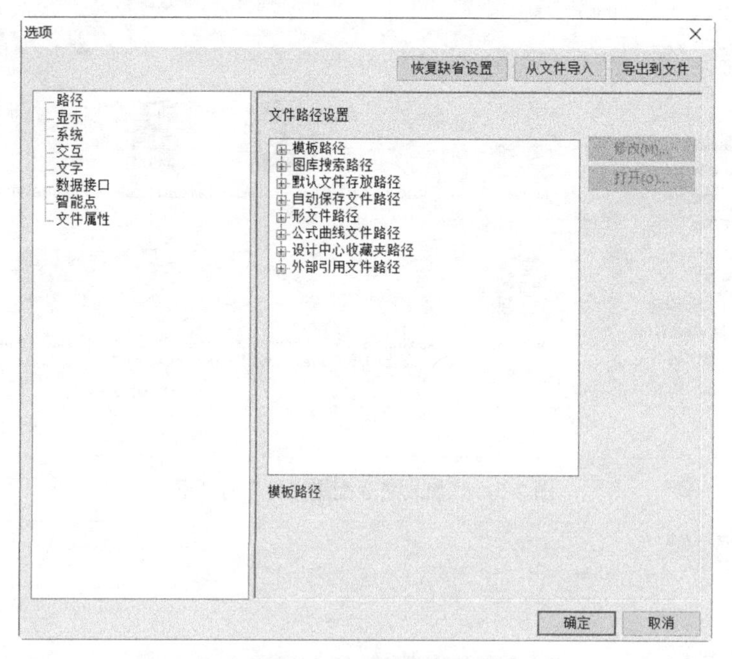

图 2-7 “选项”对话框

利用“选项”对话框，可以进行 8 大类别的设置，即路径设置、显示设置、系统参数设置、交互设置、文字设置、数据接口设置、智能点设置和文件属性设置。

2.2.1 系统参数设置

在“选项”对话框的左侧参数列表框中选择“系统”时，可以在参数列表框右侧的区域设置系统常用参数，如系统存盘间隔、最大实数、默认存储格式、文件并入设置等方面，如图 2-8 所示。下面介绍系统参数设置的主要内容。

☑ “存盘间隔”：用于设置存盘间隔分钟数，这样在达到所设置的值时，系统将自动把当前图形保存到临时目录中。设置合适的存盘间隔时间数可以使用户尽可能地避免在系统非正常退出情况下丢失全部图形数据。

☑ “最大实数”：用于设置系统立即菜单中所允许输入的最大实数。

☑ “缺省标准”：从该下拉列表框中设定打开老文件时的默认标准为 GB、ISO、JIS 或 ANSI。

☑ “缺省存储格式”：用于设置 CAXA 电子图板保存时默认的存储格式。CAXA 电子图板 2018 初始默认的存储格式为“电子图板 2018”。

☑ “实体自动分层”：选中该复选框时，自动把中心线、剖面线、尺寸标注等放在各自对应的层中。

☑ “生成备份文件”：选中该复选框时，在每次修改后自动生成后缀名为.bak 的文件。

☑ “创建块时自动命名块”：选中此复选框时，创建块系统会为要创建的块自动命名，否则会提示输入块的名称。

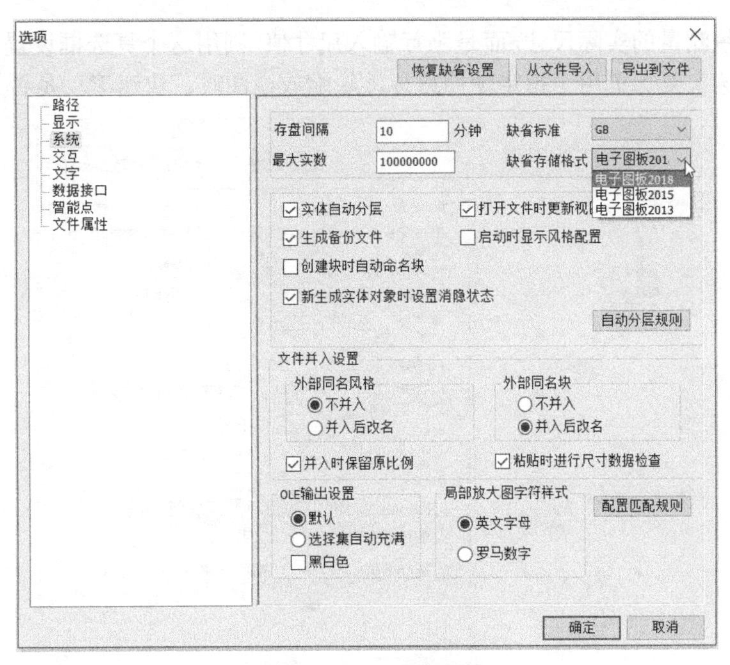

图 2-8　系统参数设置

☑　“新生成实体对象时设置消隐状态”：选中此复选框，在创建新的可以消隐的对象时，对象默认为消隐状态。

☑　“打开文件时更新视图”：选中此复选框可打开视图文件，系统自动根据三维文件的变化对各个视图进行更新。

☑　“启动时显示风格配置”：设置启动软件时，是否显示风格配置对话框。

☑　“文件并入设置”：在此选项组中可以设置当并入文件或粘贴对象到当前的图纸时，外部同名的风格或块是否被并入，以及并入时是否保留原比例。

☑　“OLE 输出设置”：在该选项组中选中“默认”或“选择集自动充满”单选按钮，并决定“黑白色”复选框的状态。

☑　“局部放大图字符样式”：指定局部放大图符号的形式，可以为英文字母或者罗马数字。

☑　“配置匹配规则”：单击此按钮，弹出“配置匹配规则”对话框，利用该对话框指定匹配规则。

2.2.2　显示设置

在“选项”对话框的左侧参数列表框中选择“显示”时，可以在参数列表框右侧的区域设置系统的显示参数，如图 2-9 所示。在“颜色设置”选项组中显示了当前坐标系、非当前坐标、当前绘图、拾取加亮以及光标的颜色。用户可以在“颜色设置”选项组中更改这些项目的颜色设置，如果要恢复系统默认的颜色设置，可单击该选项组中的“恢复缺省设置”按钮。显示设置的内容还包括设置十字光标大小、文字显示最小单位、显示操作和剖面线生成密度等。如果选中“大十字光标”复选框，则设置系统的光标变成大十字光标方式显示；如果选中“显示视图边框”复选框，则设置显示三维视图的边框。另外，如果选中“显示尺寸标识”复选框，则尺寸标注时若基本尺寸值不用系统测量的实际尺寸，而是强行输入尺寸值，则用这个复选框设置可以被标识出来。“滚轮缩放时加速”复选框用于指定使用鼠标滚轮缩放视图时，快速滚动是否加速。

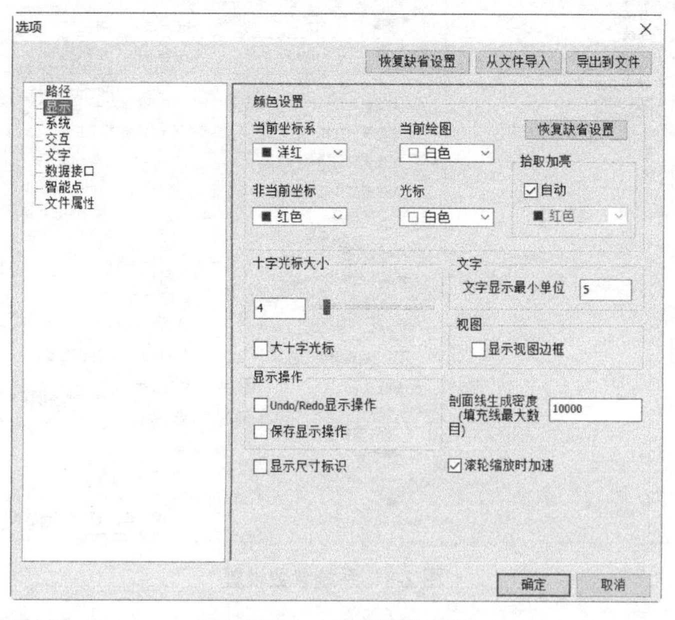

图 2-9　显示设置

2.2.3　文字设置

在“选项”对话框左侧参数列表框中选择“文字”时，可以在右侧区域设置系统的文字参数，如图 2-10 所示，包括中文缺省字体、英文缺省字体、缺省字高、老文件代码页设置和文字镜像方式等。

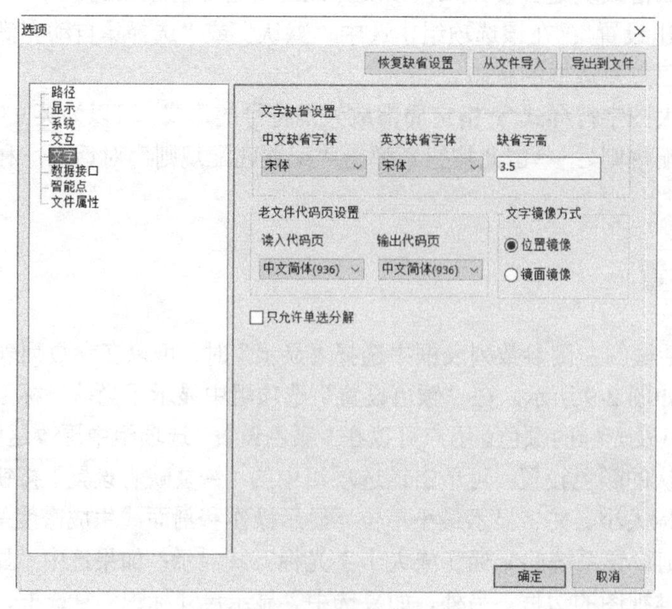

图 2-10　设置系统的文字参数

知识点拨： 如果选中“只允许单选分解”复选框，那么在电子图板中如果同时选择多个对象并进行“分解”操作，则其中的文字不会被打散，而只有单独选中一个文字时才能被“分解”操作打散。

2.2.4 数据接口设置

切换到“数据接口”参数类别，可以设置 DWG 文件输入和输出的相关选项和参数，如图 2-11 所示。

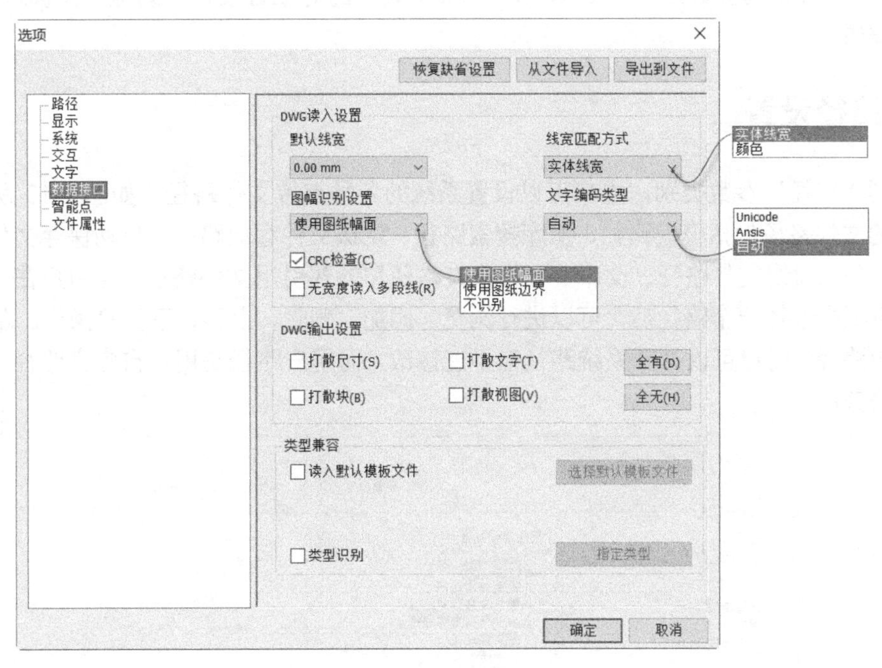

图 2-11 DWG 数据接口设置

在“DWG 读入设置”选项组中可以设置默认线宽、线宽匹配方式、图幅识别设置、文字编码类型、是否进行 CRC 检查等，其中线宽匹配方式可以为“实体线宽”或“颜色”。当从“线宽匹配方式”下拉列表框中选择“颜色”选项时，系统弹出如图 2-12 所示的“按照颜色指定线宽”对话框，从中可以按照 AutoCAD 中的线型颜色指定线型的宽度。“CRC 检查”复选框用于设置读入 DWG 文件时是否进行数据检查。

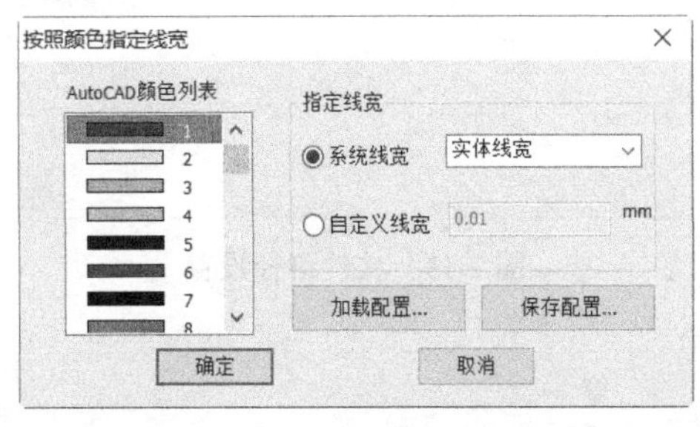

图 2-12 按照颜色指定线宽

在“DWG 输出设置”选项组中可以设置输出 DWG 时是否打散对象，可以打散的对象包括尺寸、文字、块和视图。

如果选中“读入默认模板文件”复选框，则电子图板在启动时不会弹出“新建文件”对话框，直接用选定的默认模板新建当前图纸。选中此复选框后，对话框中的“选择默认模板文件”按钮可用。单击该按钮可以选择默认的模板。如果不选择，将使用电子图板内置模板作为默认模板。

如果选中“类型识别”复选框并单击“指定类型”按钮，打开对 DWG 文件的特殊对象识别设置文件，指定好识别参数后，读入 DWG 文件后，其中的对象直接识别为电子图板对应的对象，可以直接编辑。

2.2.5 路径设置

切换到“路径”参数类别，用户可以设置系统的各种支持文件路径，如图 2-13 所示。用户可以设置的文件路径包括模板路径、图库搜索路径、默认文件存放路径、自动保存文件路径、形文件路径、公式曲线文件路径、设计中心收藏夹路径和外部引用文件路径。当用户在“文件路径设置”列表框中选择一个路径后，可以进行浏览、添加、删除、上移、下移等操作。路径分系统路径和用户路径，用户可以打开系统路径但不能修改，而用户路径是用户自定义路径，该路径是可以任意修改的。

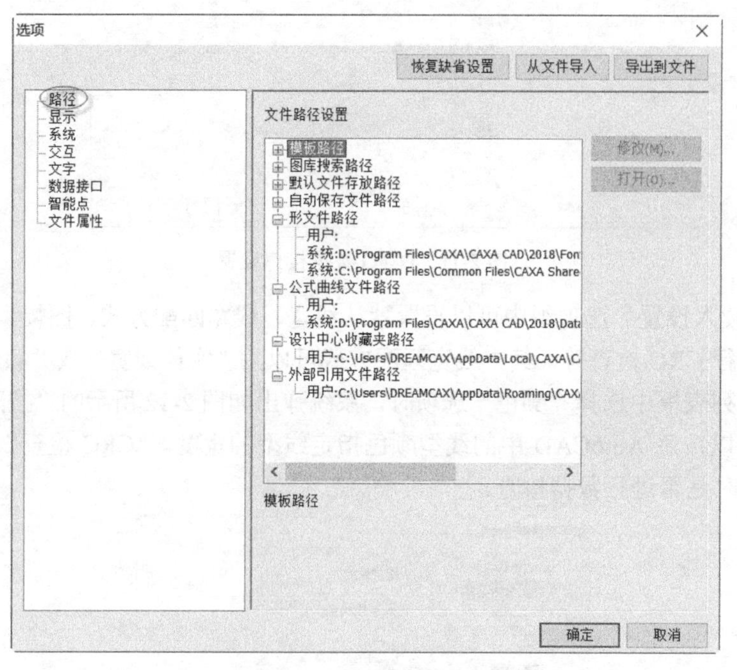

图 2-13　文件路径设置

2.2.6 交互设置

切换到“交互”参数类别，可以设置系统的选取工具参数，包括拾取框、夹点大小、选择集

预览、夹点颜色、命令风格、夹点延伸模式和自定义右键单击等，如图 2-14 所示。

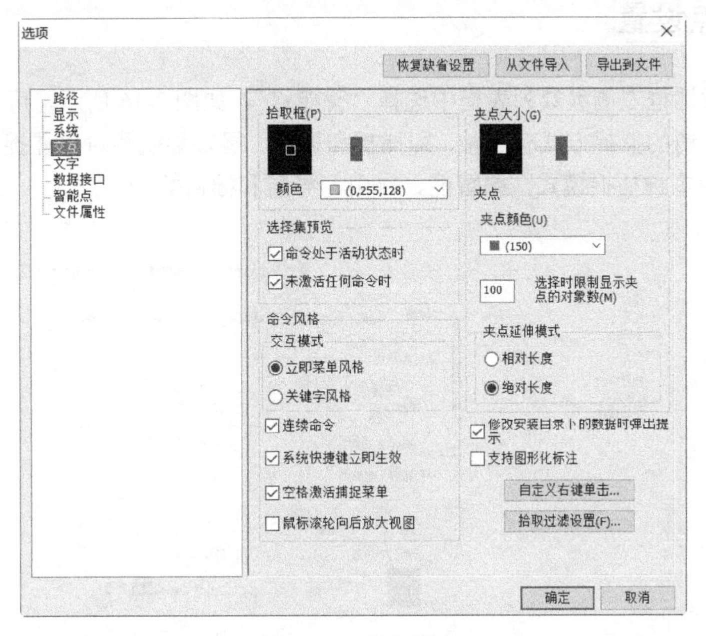

图 2-14　交互设置

2.2.7　文件属性设置

切换到“文件属性”参数类别，可以设置系统的文件属性参数，包括图形单位（长度图形单位和角度图形单位）、关联和区域覆盖边框等，如图 2-15 所示。

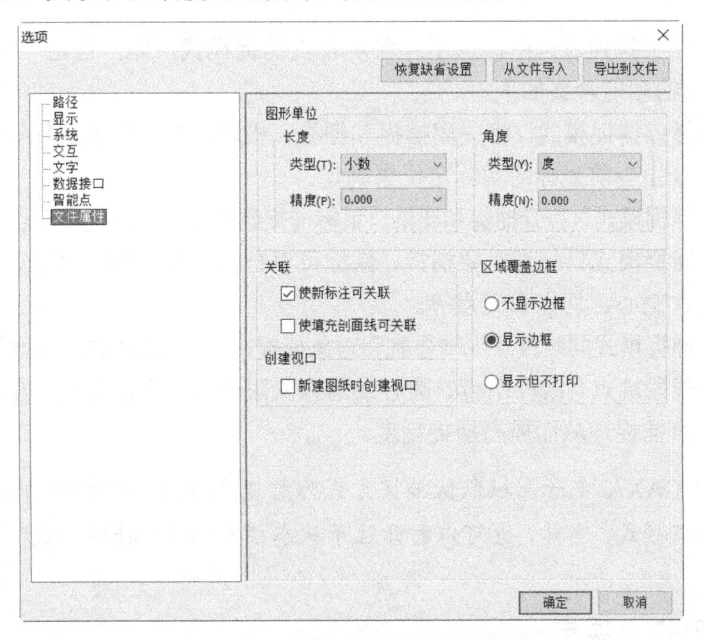

图 2-15　系统的文件属性设置

2.2.8 智能点设置

在“选项”对话框左侧参数列表框中选择“智能点”，如图 2-16 所示，可以设置鼠标在屏幕上的捕捉方式。所谓的捕捉方式有 3 种，即捕捉和栅格、极轴导航和对象捕捉。这 3 种方式可以灵活设置并组合为多种捕捉模式，如智能、自由、导航和栅格等。

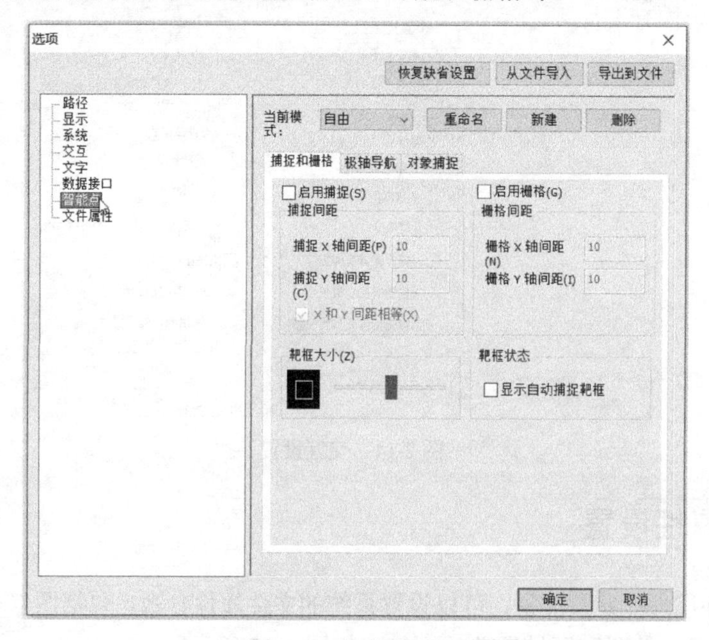

图 2-16　智能点设置

在“当前模式”下拉列表框中提供了 4 种屏幕点捕捉模式，即“自由”“栅格”“智能”“导航”。这些捕捉模式的功能含义如下。

☑ 自由：选择该捕捉模式，将关闭捕捉和栅格、极轴导航、对象捕捉等所有捕捉方式，点的输入完全由当前光标的实际定位来确定。

☑ 栅格：该捕捉模式只打开捕捉和栅格，鼠标捕捉删格点并可设置栅格点可见或不可见。

☑ 智能：该捕捉模式只打开对象捕捉，鼠标可以自动捕捉一些特征点，例如捕捉端点、中点、垂点、圆心、切点和交点等。

☑ 导航：该捕捉模式同时打开极轴导航和对象捕捉，可以通过鼠标光标对若干种特征点（如孤立点、线段端点、线段中点、圆心或圆弧象限点等）进行导航，在导航的同时也可以执行智能点捕捉，从而提高捕捉精度。

知识点拨： CAXA 电子图板默认捕捉方式为智能点捕捉。在平时的设计过程中，按 F6 键可以快速切换捕捉模式。当然，也可以打开位于状态栏右侧的“捕捉模式”下拉列表框来设置捕捉模式。

1.“捕捉和栅格”选项卡

该选项卡主要用于设置间距捕捉和栅格显示等。

当选中“启用捕捉”复选框时，则启用间隔捕捉模式，此时可以在“捕捉间距”选项组中设置捕捉 X 轴间距和捕捉 Y 轴间距参数值。

选中“启用栅格”复选框则打开栅格显示，此时可以在“栅格间距”选项组中设置栅格 X 轴间距和栅格 Y 轴间距。

在“靶框大小”选项组中拖曳滑块手柄可以设置捕捉时的拾取框的大小。在“靶框状态”选项组中可以通过“显示自动捕捉靶框”复选框来设置在自动捕捉时是否显示靶框。

2. “极轴导航”选项卡

该选项卡主要用于设置极轴导航的相关参数，如图 2-17 所示。用户可以根据制图情况决定是否启用极轴导航或特征点导航。

启用极轴导航后，可以设置极轴角参数来指定极轴导航的对齐角度。极轴角参数包括增量角、附加角和极轴角测量方式，其中增量角是设置用来显示极轴导航对齐路径的极轴角增量，附加角则是对极轴导航使用列表中的任何一种附加角度（可以添加或删除），而极轴角测量方式有“绝对”和“相对上一段”。

启用特征点导航时，可以设置特征点大小、特征点显示颜色、导航源激活时间，还可以设置启用三视图导航模式等。

3. “对象捕捉”选项卡

该选项卡用于设置对象捕捉的相关参数，如图 2-18 所示。选中“启用对象捕捉”复选框可打开或关闭对象捕捉模式。当选中“启用对象捕捉”复选框时，表示打开对象捕捉功能，此时可以选择“捕捉光标靶框内的特征点”或“捕捉最近的特征点”选项，还可以选中“自动吸附”复选框以设置对象捕捉时光标具有自动吸附功能。在“对象捕捉模式”选项组中可以按需设置捕捉哪些特征点，如端点、中点、圆心、节点、象限点、交点、插入点、垂足、切点和最近点等。

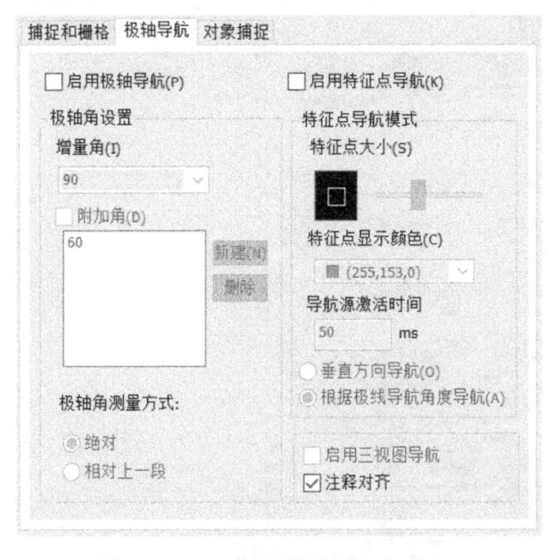

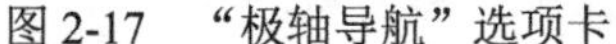
图 2-17　“极轴导航”选项卡

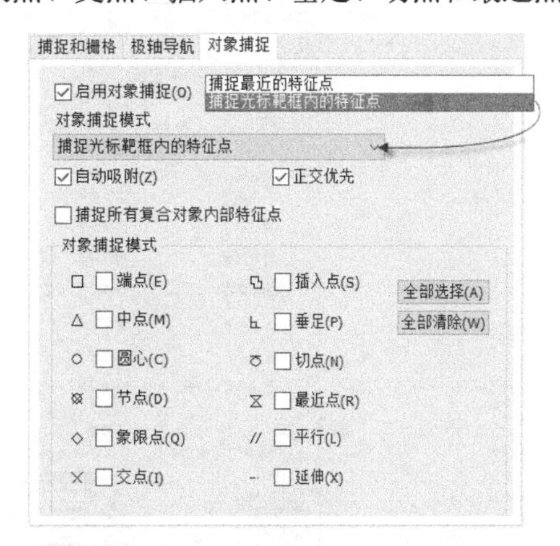

图 2-18　“对象捕捉”选项卡

用户也可以在功能区“工具”选项卡的“选项”面板中单击“捕捉设置”按钮，弹出如图 2-19 所示的“智能点工具设置”对话框。利用该对话框同样可以设置鼠标在屏幕（指绘图区域）上的捕捉方式，包括捕捉和栅格、极轴导航和对象捕捉等。

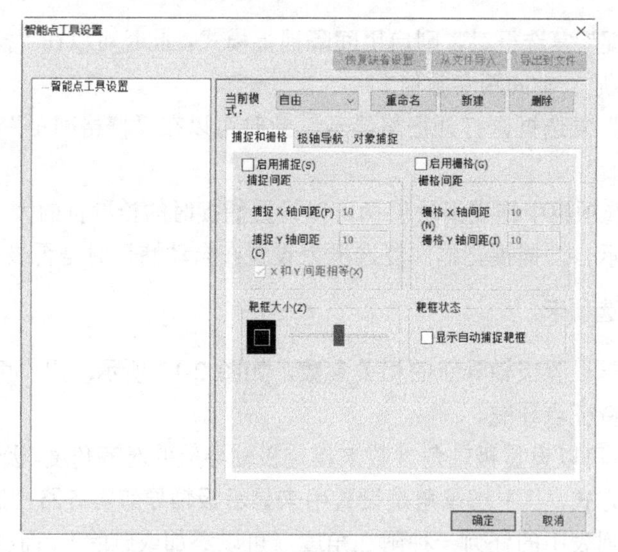

图 2-19 “智能点工具设置”对话框

2.3 拾取过滤设置

设置拾取过滤是指设置拾取图形元素的过滤条件。

在功能区“工具”选项卡的“选项”面板中单击“拾取设置”按钮，弹出“拾取过滤设置”对话框，如图 2-20 所示。利用该对话框可以设置 5 类过滤条件，即实体拾取过滤条件、尺寸拾取过滤条件、图层拾取过滤条件、颜色拾取过滤条件和线型拾取过滤条件。这 5 类过滤条件的交集为有效拾取。通过对这 5 类条件进行过滤设置，可以快速和准确地从图中拾取到想要的图形元素。

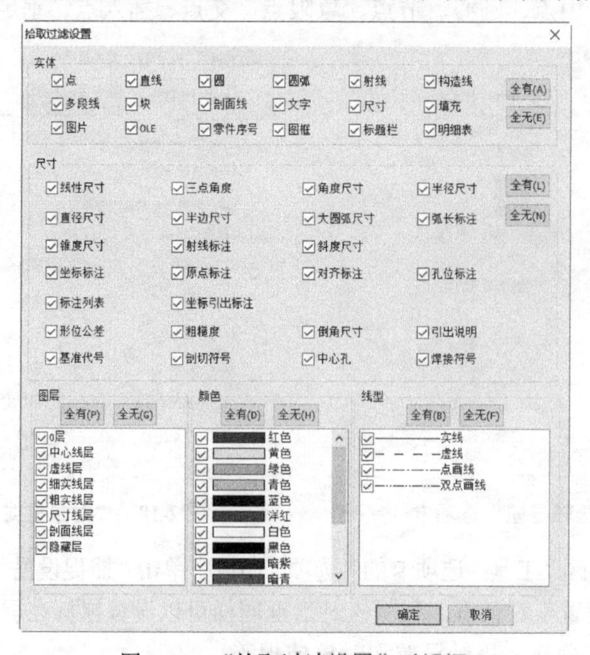

图 2-20 “拾取过滤设置”对话框

拾取过滤条件的设置很方便，就是在“拾取过滤设置”对话框的相应选项组中选中或取消选中各项条件前的复选框便可添加或过滤拾取条件。

2.4 相关风格样式设置

本节主要介绍文字风格设置、标注风格设置、点样式设置和样式管理等知识。

2.4.1 文字风格设置

在功能区“标注”选项卡的“标注样式”面板中单击“文本样式”按钮，弹出如图 2-21 所示的“文本风格设置”对话框。下面介绍该对话框各主要组成部分的功能含义。

1.“文本风格”列表框

“文本风格”列表框位于“文本风格设置”对话框的左侧区域，在该列表框中列出了当前文件中所有已定义好的文本风格。其中系统预定义了两种默认文本风格，即“标准”和“机械”，系统默认文本风格不能被删除，但可以被编辑。在该列表框中选择不同的文本风格名称时，对话框右侧便相应地显示所选文本风格对应的参数，而预显框用来显示当前文本样式的示例。在“文本风格”列表框上方标明了当前文本风格是哪个文本风格。

2.“新建”按钮

单击“新建”按钮，弹出如图 2-22 所示的“CAXA CAD 电子图板 2018”对话框。单击“是”按钮后，弹出“新建风格”对话框，输入新风格名称，设定基准风格，如图 2-23 所示。单击“下一步”按钮，从而创建了一个新文本风格，并在“文本风格设置”对话框中为该新文本风格设置中文字体、西文字体、中文宽度系数、西文宽度系数、字符间距系数、行距系数、倾斜角和缺省字高。

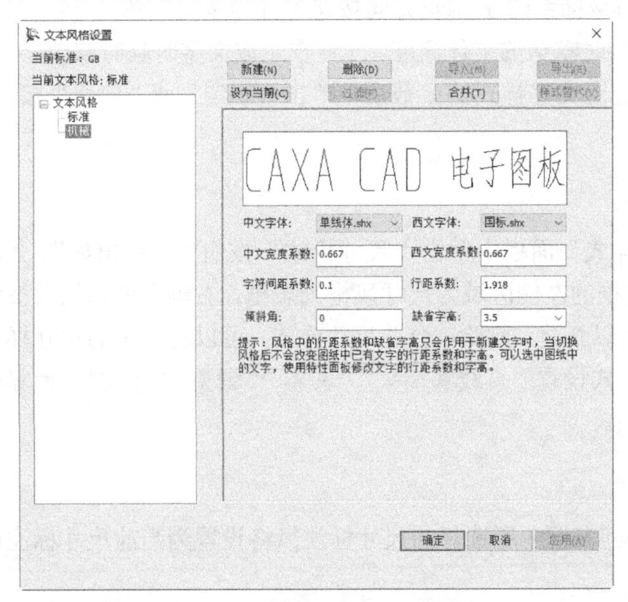

图 2-21 “文本风格设置”对话框

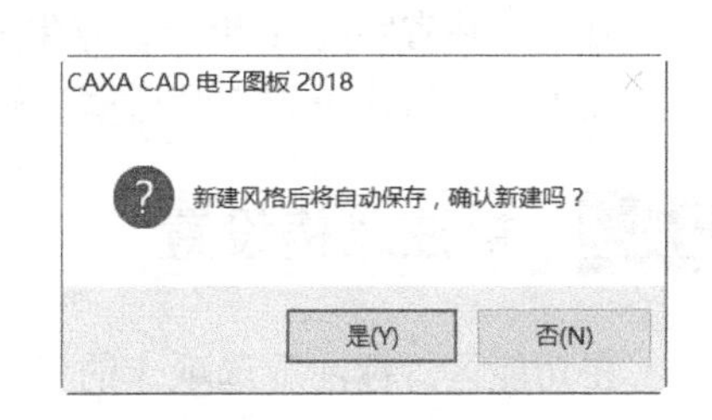

图 2-22 “CAXA CAD 电子图板 2018”对话框

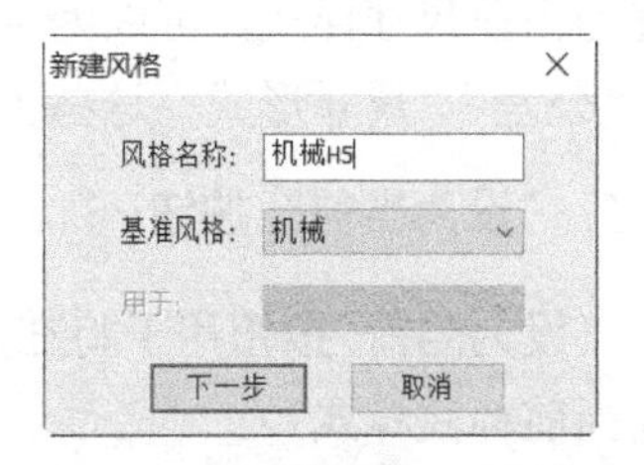

图 2-23 “新建风格”对话框

3. “删除”按钮

单击“删除”按钮，删除当前所选择的命名文字样式。

4. “设为当前”按钮

在“文本风格”列表框中选择所需的命名文字样式，单击“设为当前”按钮，从而将所选的命名文字样式设置为当前文本风格（即当前文字样式）。当然，也可以直接利用位于功能区“标注”选项卡的“标注样式”面板中的“文字风格”下拉列表框来切换当前文字风格样式。

5. “合并”按钮

“合并”按钮用于合并文本风格。

6. 编辑文本风格参数

在“文本风格”列表框中选择一个文字样式后，可以设置其字体、宽度系数、字符间距系数、行距系数、倾斜角、字高等参数，并可以在对话框中动态预览。下面介绍这些参数。

- ☑ “中文字体”：用于选择中文文字所使用的字体，包括 Windows 自带的 TrueType 字体和单线体（形文件）文字。
- ☑ “西文字体”：用于选择文字中的西文字体。
- ☑ “中文宽度系数”和“西文宽度系数”：用于指定文字的宽度系数。当宽度系数为 1 时，文字的长宽比例与 TrueType 字体文件中描述的字形保持一致；当宽度系数为其他值时，文字宽度在此基础上缩小或放大相应的倍数。
- ☑ “字符间距系数”：用于设置同一行或列中两个相邻字符的间距与设定字高的比值。
- ☑ “行距系数”：用于设置横写时两个相邻行的间距与设定字高的比值。
- ☑ “倾斜角”：横写时为一行文字的延伸方向与坐标系的 X 轴正方向按逆时针测量的夹角；竖写时为一列文字的延伸方向与坐标系的 Y 轴负方向按逆时针测量的夹角。
- ☑ “缺省字高”：用于设置生成文字时默认的字体高度。允许在生成文字时临时修改字高。

在“文本风格设置”对话框中修改选定文字样式的参数后，单击“确定”或“应用”按钮。

2.4.2 标注风格设置

在功能区“标注”选项卡的“标注样式”面板中单击“尺寸样式”按钮，弹出如图 2-24 所示的“标注风格设置”对话框。该对话框的左侧区域为尺寸风格列表框，右侧区域为相关按钮及选项卡参数设置区域。利用该对话框可以新建、删除、合并尺寸样式，可以将选定的尺寸样式设置为当前尺寸样式，可以为选定尺寸样式设置“直线和箭头”“文本”“调整”“单位”“换算单位”“公差”“尺寸形式”这些方面的参数。

1. “设为当前”按钮

“设为当前”按钮用于将在尺寸风格列表框中所选择的尺寸标注风格设置为当前尺寸标注风格（当前标注样式）。

2. “新建”按钮

“新建”按钮用于创建新的尺寸标注风格。单击该按钮，弹出如图 2-25 所示的“CAXA CAD 电子图板 2018”对话框，单击“是”按钮确认创建新尺寸标注风格；系统弹出如图 2-26 所示的“新建风格”对话框，指定风格名称和基准风格（必要时可在“用于”下拉列表框中更改选项）后，单击“下一步”按钮，从而新建一个尺寸标注样式。

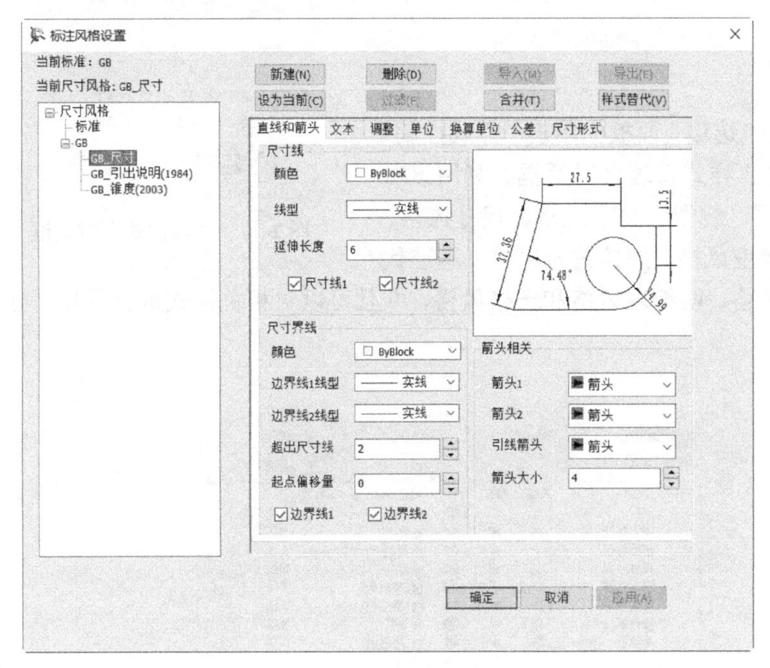

图 2-24 “标注风格设置”对话框

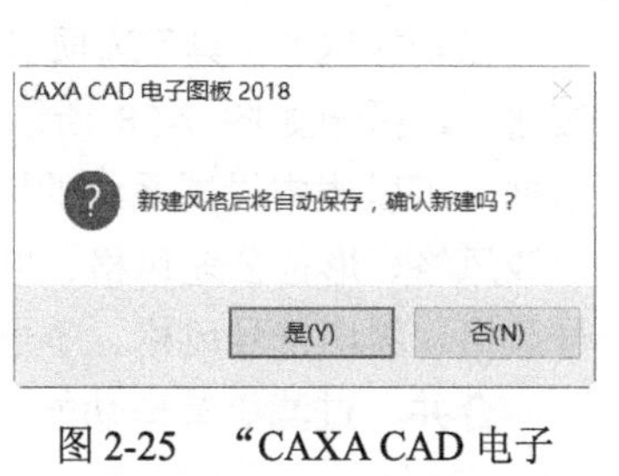

图 2-25 “CAXA CAD 电子图板 2018”对话框

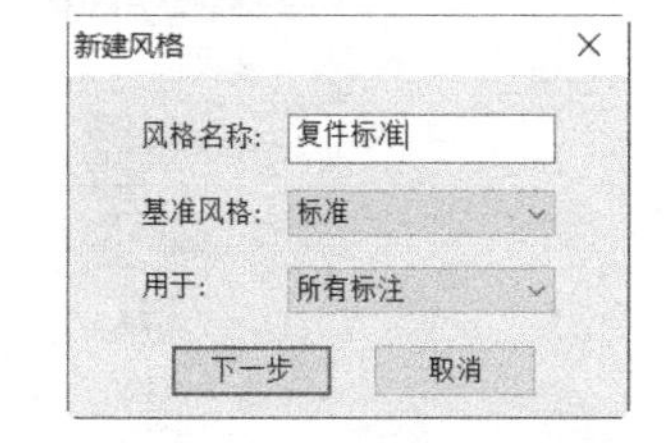

图 2-26 “新建风格”对话框

3. “删除”按钮

“删除”按钮用于删除在尺寸风格列表框中选定的一个尺寸标注样式。在执行该删除命令时，系统会弹出一个对话框询问：“删除风格后将自动保存，确认删除吗？”。

4. “合并”按钮

“合并”按钮用于合并尺寸样式。

5. 尺寸风格的相关参数

在“标注风格设置”对话框的尺寸风格列表框中选择一个尺寸标注样式后，用户可以在对话框右侧的选项卡参数区域设置它的相关参数，一共可以设置“直线和箭头”“文本”“调整”“单位”“换算单位”“公差”“尺寸形式”这 7 个选项卡的参数。在设置这些尺寸标注参数时，一定要遵守相关的制图标准，如国家标准、行业标准等。对于初学者而言，使用系统提供的“标准”标注风格或 GB 标注风格基本上可以满足学习任务。

2.4.3 点样式设置

点样式设置是指设置点在屏幕中的显示样式与大小。

在功能区“工具”选项卡的“选项”面板中单击“点样式”按钮，弹出如图 2-27 所示的“点样式”对话框。从点样式列表中选择其中一种点样式图例，接着选中“按屏幕像素设置点的大小（像素）”或“按绝对单位设置点的大小（毫米）”单选按钮，并输入点大小的相应数值。

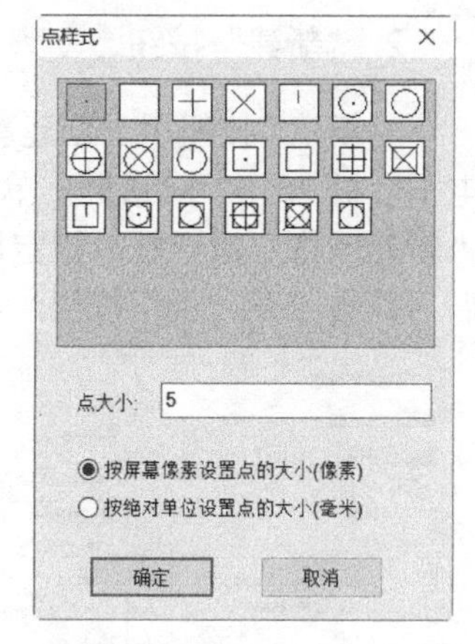

图 2-27 “点样式”对话框

2.4.4 样式管理

在功能区“工具”选项卡的“选项”面板中单击“样式控制”按钮，弹出如图 2-28 所示的“样式管理”对话框。利用该对话框，可以集中设置系统的图层、线型、文本风格、尺寸风格、引线风格、形位公差风格、粗糙度风格、焊接符号风格、基准代号风格、剖切符号风格、序号风格、明细表风格和表格风格，并且可以对相关样式进行导出、导入、合并、过滤等管理功能。

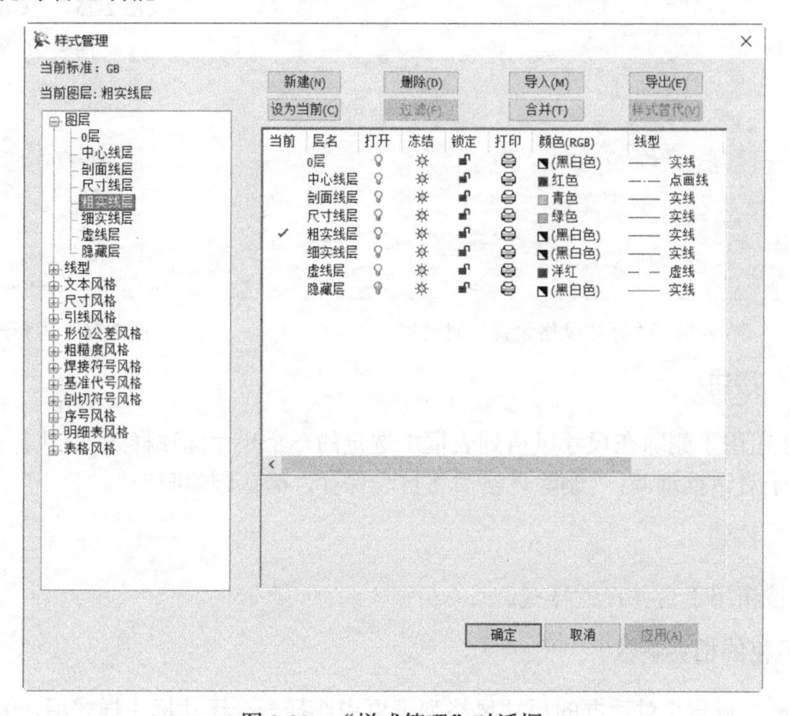

图 2-28 “样式管理”对话框

在“样式管理”对话框内左侧的列表框中列出了所有的样式或类别，从该列表框中选中一个样式或类别后，在该列表框右侧会出现该样式或类别的状态，例如在左侧列表框中选中“尺寸风格”时，在右侧显示了该样式或类别的状态，如图 2-29 所示。

下面以利用“样式管理”对话框修改“机械”文本风格为例说明如何修改样式参数。在左侧列表框中单击“文本风格”左边的“+”符号，使系统展开“文本风格”的子级，接着选择“机械”文本风格，此时在左侧列表框的右边区域显示该文本风格的参数，如图 2-30 所示，根据需求用户进行直接修改，修改完成后可单击“确定”按钮。

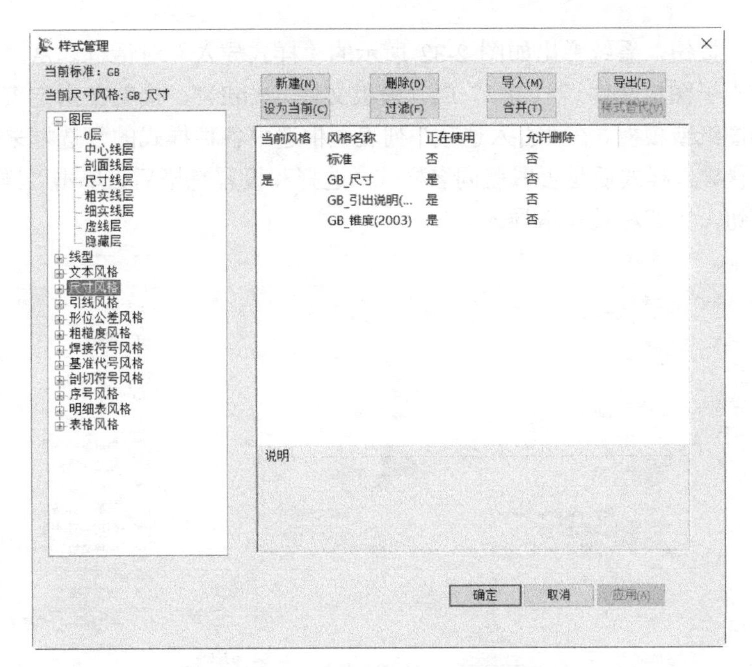

图 2-29　显示所选样式或类别的状态

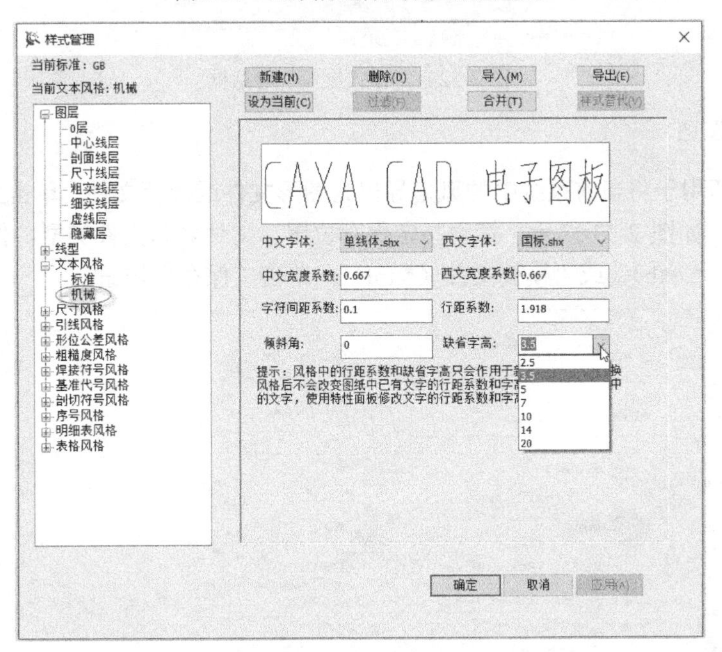

图 2-30　利用“样式管理”对话框修改样式参数

“样式管理”对话框提供了“导入”“导出”“合并”“过滤”4 个按钮，它们的功能含义如下。

1. “导入”按钮

“导入”按钮用于将已经存储的模板或图纸文件中的风格导入当前的图纸中。单击该按钮，弹出如图 2-31 所示的对

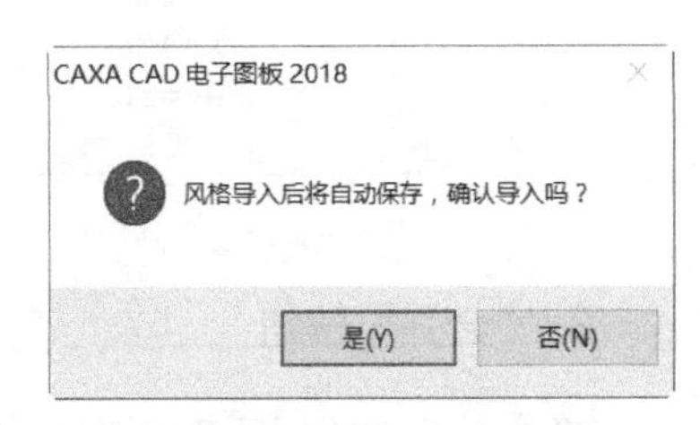

图 2-31　确认导入

话框，单击“是”按钮，系统弹出如图 2-32 所示的“样式导入”对话框。从“文件类型”下拉列表框中选择“电子图板文件（*.exb）”或“模板文件（*.tpl）”，接着在指定查找范围下选择要从中导入风格的图纸或模板。在“引入选项”列表框中选中各种样式的复选框来确定要导入的样式类别，还要设置导入样式后是否覆盖同名样式。选择和设置完毕后，单击“样式导入”对话框中的“打开”按钮，完成相关风格导入。

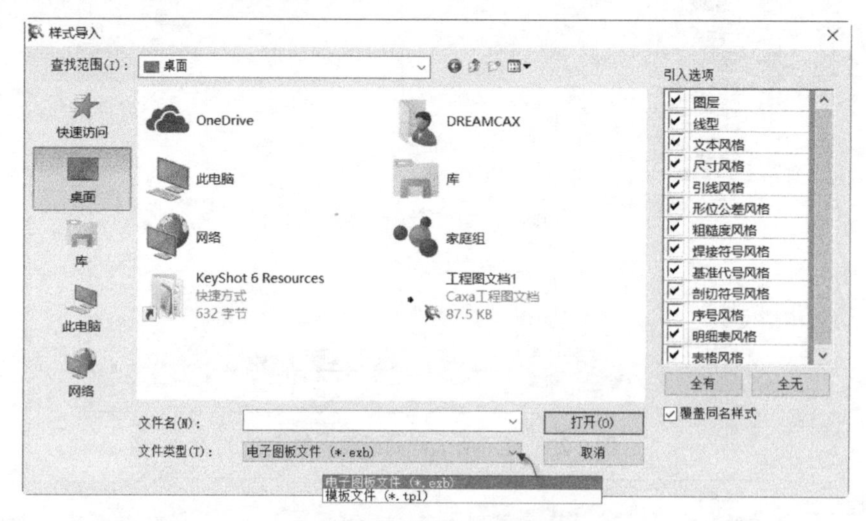

图 2-32　“样式导入”对话框

2. “导出”按钮

“导出”按钮用于将当前系统中的风格导出为图形文件或模板文件。单击此按钮，弹出“样式导出”对话框，如图 2-33 所示，接着指定保存位置、文件名和文件类型，保存的文件类型为“电子图板文件（*.exb）”或“模板文件（*.tpl）”，单击“保存”按钮。

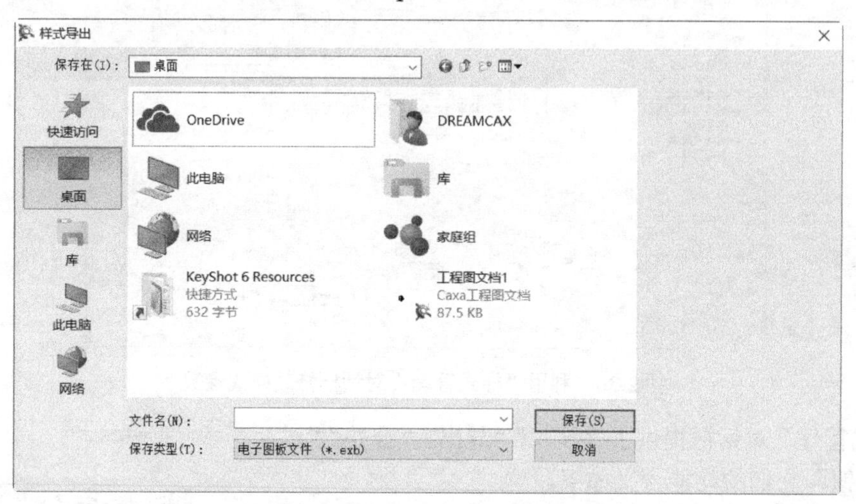

图 2-33　“样式导出”对话框

3. “合并”按钮

“合并”按钮用于对现有系统中的图形进行选定风格的合并管理。例如，假设系统中有两种

标注风格（A 和 B）分别被尺寸标注引用，要想使 A 标注风格的尺寸标注转换为 B 标注风格的尺寸标注，则在“样式管理”对话框中选择“尺寸风格”，接着单击“合并”按钮，系统弹出“风格合并”对话框，在“原始风格”列表框中选择“A”风格，在“合并到”列表框中选择“B”风格，如图 2-34 所示，然后单击“合并”按钮，从而完成样式风格合并操作，原来使用 A 样式的对象将改为使用 B 样式。

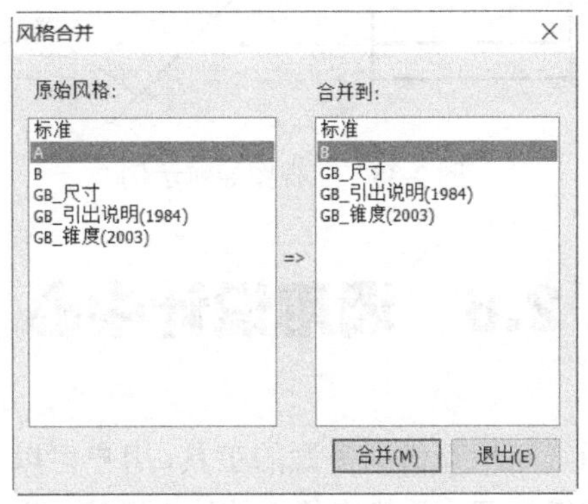

图 2-34　“风格合并”对话框

4. “过滤”按钮

“过滤”按钮用于把系统中未被引用的风格过滤出来。通常执行此功能把未被引用的风格过滤出来，然后单击“删除”按钮把不会被使用的风格快捷地删除。

2.5　三视图导航

CAXA 电子图板提供“三视图导航（投影规律）”功能，帮助用户确定视图间的投影关系，为绘制三视图或多视图提供既实用又方便的导航制图方式。

要创建三视图导航线，可以按照以下典型方法进行操作。

（1）单击“菜单”按钮并接着选择“工具”→“三视图导航”命令，或者按 F7 键。

（2）在系统的“第一点”提示下输入第一点。

（3）在系统的“第二点”提示下输入第二点，从而在屏幕上画出一条 135° 或 45° 的浅色导航线。

（4）确保系统处于导航状态，那么系统将以此导航线为视图转换线进行三视图导航，这为绘制三视图或多视图提供了方便。

使用三视图导航的制图示例如图 2-35 所示。

如果之前已经建立了某导航线，那么在单击“菜单”按钮后选择“工具”→“三视图导航”命令，或者按 F7 键，将删除文件中存在的原导航线，即取消三视图导航操作。如果下次再执行“三视图导航”命令功能，则系统出现“第一点<右键恢复上一次导航线>”的提示，此时如果想恢复上一次导航线，则右击即可。

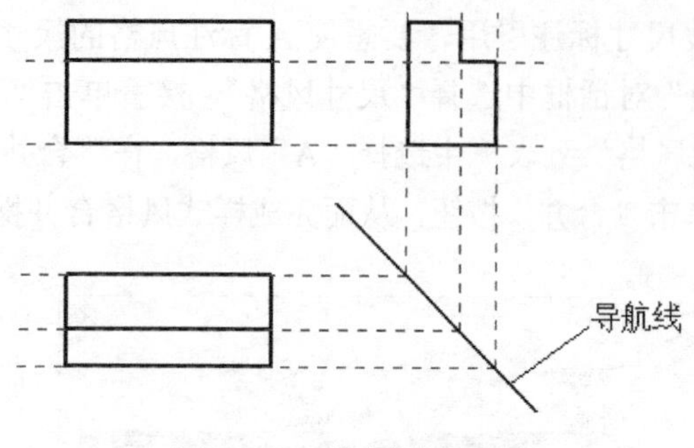

图 2-35　三视图导航示例

2.6　调用设计中心

设计中心是电子图板在图纸间相互借用资源的工具，用户可以通过设计中心从本地硬盘或可用局域网内找到已经存盘的图纸资源，并能将其中的块、样式、文件信息等资源在其他图纸文件中进行共享。

要调出设计中心，可以单击“菜单”按钮并选择“工具”→“设计中心”命令，或者按 Ctrl+2 快捷键，此时，“设计中心”工具选项板在界面左侧弹出，如图 2-36 所示。

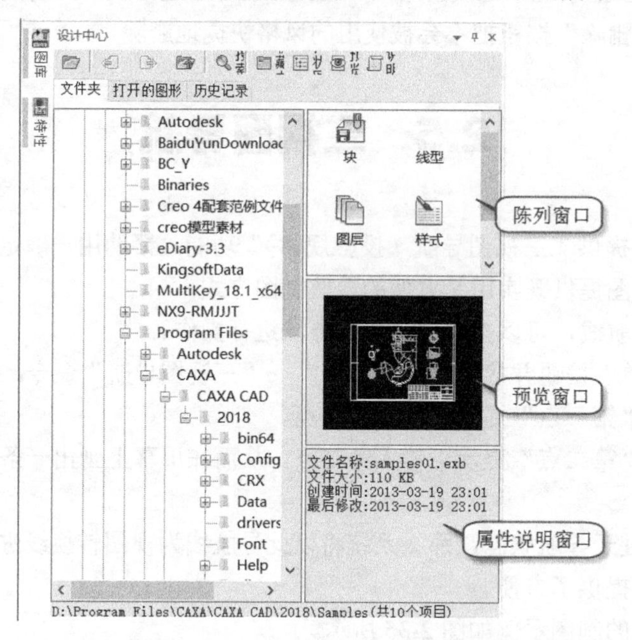

图 2-36　“设计中心”工具选项板

“设计中心”工具选项板含有“文件夹”“打开的图形”“历史记录”3 个选项卡，这 3 个选项卡的功能含义如下。

1. “文件夹”选项卡

“文件夹”选项卡用于在硬盘和可用网络上查找已经生成的图纸，并从中提取可以借用到当

前图纸中的元素。在“文件夹”选项卡界面的左侧是文件结构树，可以用于浏览本地硬盘和局域网的图纸资源。在文件结构树（目录树）中，系统会自动筛选出 exb、dwg 等含有可借用资源的图纸文件，在这些图纸文件下可能会含有包含块、各种风格样式及图纸信息的子节点。

在“文件夹”选项卡界面的右侧是 3 个竖向排列的窗口，其中最上方的窗口是陈列窗口，中间的窗口是预览窗口，最下方的窗口是属性说明窗口。

☑ 陈列窗口：在选择目录结构时，在该窗口中会显示下一级目录中含有的文件夹结构或可识别的图纸文件；当选择图纸或图纸中的借用信息时，则会显示当前图纸或借用信息内包含的样式或属性。在该窗口中，用户可以直接将所需的块、不同名的风格样式等元素拖曳到绘图区并添加到当前图纸内。

☑ 预览窗口：预览窗口用于预览当前选择的图纸或其他元素。

☑ 属性说明窗口：在该窗口中会显示诸如选定图块的属性说明等信息。

2. “打开的图形”选项卡

“打开的图形”选项卡如图 2-37 所示，它的使用方式与“文件夹”选项卡的使用方式类似，只是左侧的文件结构树仅会显示当前打开的图纸。

3. “历史记录”选项卡

“历史记录”选项卡如图 2-38 所示，利用此选项卡可查看在设计中查看过的图纸的历史记录。在该选项卡中双击某条记录，则可以跳转到“文件夹”选项卡对应的文件中去。

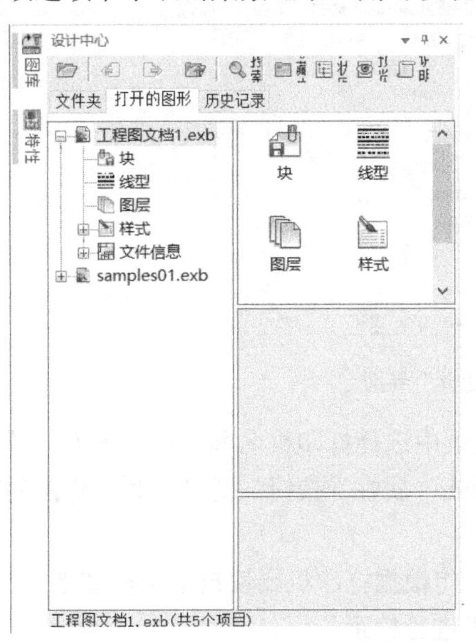

图 2-37　“打开的图形”选项卡

图 2-38　“历史记录”选项卡

2.7 打印配置

在 CAXA 电子图板 2018 中，可以利用自带的打印功能实现单张图纸打印和小批量图纸打印。

本节主要介绍 CAXA 电子图板 2018 中的相关打印功能，包括打印机设置和打印预览。

2.7.1 打印机设置

在快速启动工具栏中单击“打印”按钮，或者按 Ctrl+P 快捷键，系统弹出“打印对话框”，如图 2-39 所示。用户可以根据当前绘图输出的需要，在“打印对话框”中进行打印参数设置，主要包括打印机设置、纸张设置、输出图形设置、图形方向设置、拼图设置、定位方式设置、打印偏移设置、线型设置等。“打印对话框”各选项的使用方式和注意事项如下。

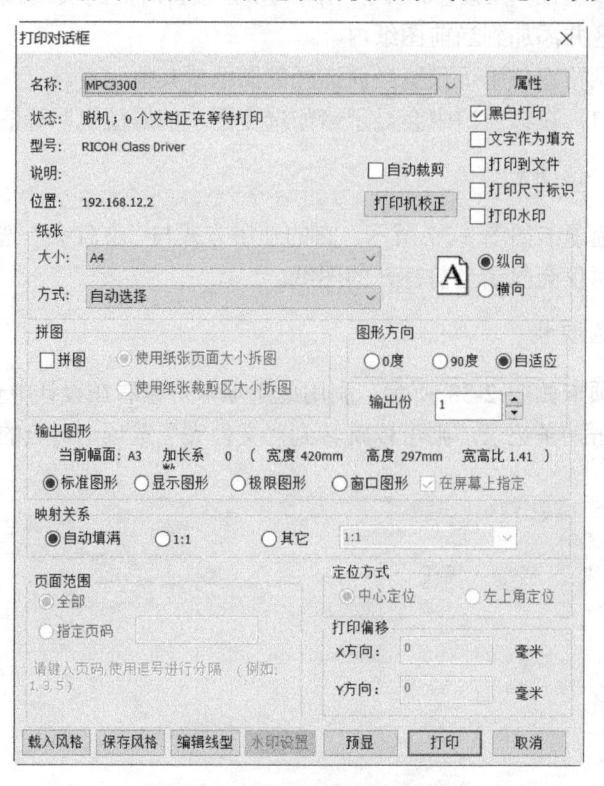

图 2-39 “打印对话框”界面

（1）“名称”下拉列表框：在“名称”下拉列表框中选择打印机名称时，其下方区域相应地显示打印机的状态、型号、说明信息和位置。如果单击“属性”按钮，则可以利用弹出的对话框来设置相应打印文档的属性。

（2）“自动裁剪”复选框：当选中此复选框时，将根据打印机属性自动裁剪图纸。

（3）“打印机校正”按钮：用于对选择的打印机进行校正。

（4）“黑白打印”复选框：当选中此复选框时，在不支持无灰度的黑白打印的打印机上可以达到更好的黑白打印效果，不会出现某些图形颜色变浅的问题。

（5）“文字作为填充”复选框：设置在打印时是否对文字进行消隐处理。

（6）“打印到文件”复选框：如果不将文档发送到打印机上打印，而将结果发送到文件中，可选中“打印到文件”复选框。选中该复选框后，系统将控制绘图设备的指令输出到一个扩展名

为.prn 的文件中，而不是直接送往绘图设备。输出成功后，用户可单独使用此文件。

（7）“打印尺寸标识”复选框：用于设置是否打印尺寸标识。

（8）“打印水印”复选框：用于设置是否打印水印。

（9）“纸张”选项组：在此选项组中设置当前打印机的纸张大小、纸张来源方式，以及设置纸张的方向（纵向或横向）。

（10）“图形方向”选项组：在此选项组中设置图形的旋转角度为“0 度”“90 度”或“自适应”。

（11）“拼图”选项组：在此选项组中选中“拼图”复选框时，系统自动用若干张小号图纸拼出大号图形，拼图的张数根据系统当前纸张大小和所选图纸幅面的大小来决定。当选中“使用纸张页面大小拆图”单选按钮时，表示在拼图打印时按照打印机的可打印区大小而不是按照纸张大小进行拆图；当选中“使用纸张裁剪区大小拆图”单选按钮时，表示按照打印机的实际裁剪区大小进行拆图打印。

（12）“输出图形”选项组：用于设定待输出图形的范围，主要有以下 4 种。

☑ 标准图形：指输出当前系统定义的图纸幅面内的图形。

☑ 显示图形：指输出在当前屏幕上显示出的图形。

☑ 极限图形：指输出当前系统所有可见的图形。

☑ 窗口图形：指输出在用户指定的矩形框内的图形。当选中此范围方式时，可以设置是否在屏幕上指定。

（13）“映射关系”选项组：用于设定图形与图纸的映射关系，即设定屏幕上的图形与输出到图纸上的图形的比例关系。其中，“自动填满”单选按钮用于设定输出的图形自动地完全在图纸的可打印区内；“1∶1”单选按钮用于设定输出的图形按照 1∶1 的关系进行输出，如果图纸幅面与打印纸大小相同，由于打印机有硬裁剪区，可能导致输出的图形不完全；“其它”单选按钮用于输出的图形按照用户自定比例进行输出。

（14）“定位方式”选项组：当在“映射关系”选项组内选中“1∶1”或“其它”单选按钮时，“定位方式”选项组可用，此时可以选择“中心定位”或“左上角定位”两种定位方式。“中心定位”用于设置图形的原点与纸张的中心相对应，打印结果是图形在纸张中间；“左上角定位”用于设置是图框的左上角与纸张的左上角相对应，打印结果是图形在纸张的左上角。

（15）“页面范围”选项组：对于输出多张图纸时，可选中“全部”或“指定页码”单选按钮。

（16）“打印偏移”选项组：用于将打印定位点移动（X,Y）距离。

（17）“载入风格”按钮：加载保存过的打印配置。

（18）“保存风格”按钮：对“打印对话框”当前配置进行保存。

（19）“编辑线型”按钮：单击此按钮，系统弹出如图 2-40 所示的“线型设置”对话框，从中设置相关的打印线型参数。在需要输出与图形中不同效果的线条（如调整线条宽度、线型比例、按颜色调整线宽和颜色等）时，使用“线型设置”对话框是很有用的。

（20）“预显”按钮：单击此按钮后系统在屏幕上模拟显示真实的绘图输出效果。

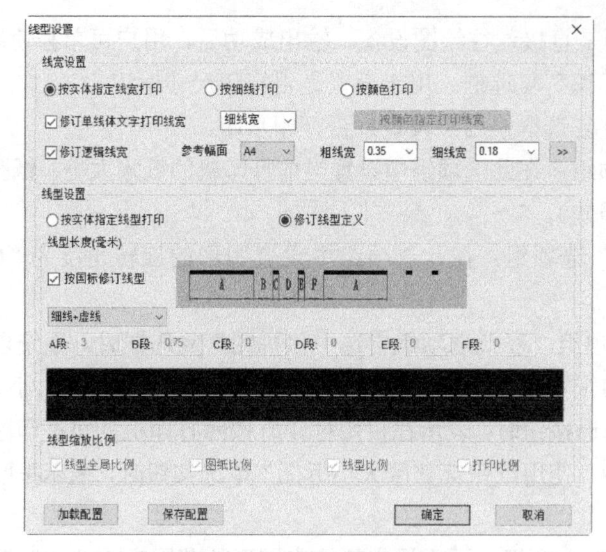

图 2-40 “线型设置”对话框

2.7.2 打印预览

在确定打印参数之后以及在进行实际打印操作前，通常要进行打印预览操作，以模拟真实的打印效果。要进行打印预览，可以在“打印对话框”中单击“预显”按钮，系统弹出如图 2-41 所示的打印预览窗口。

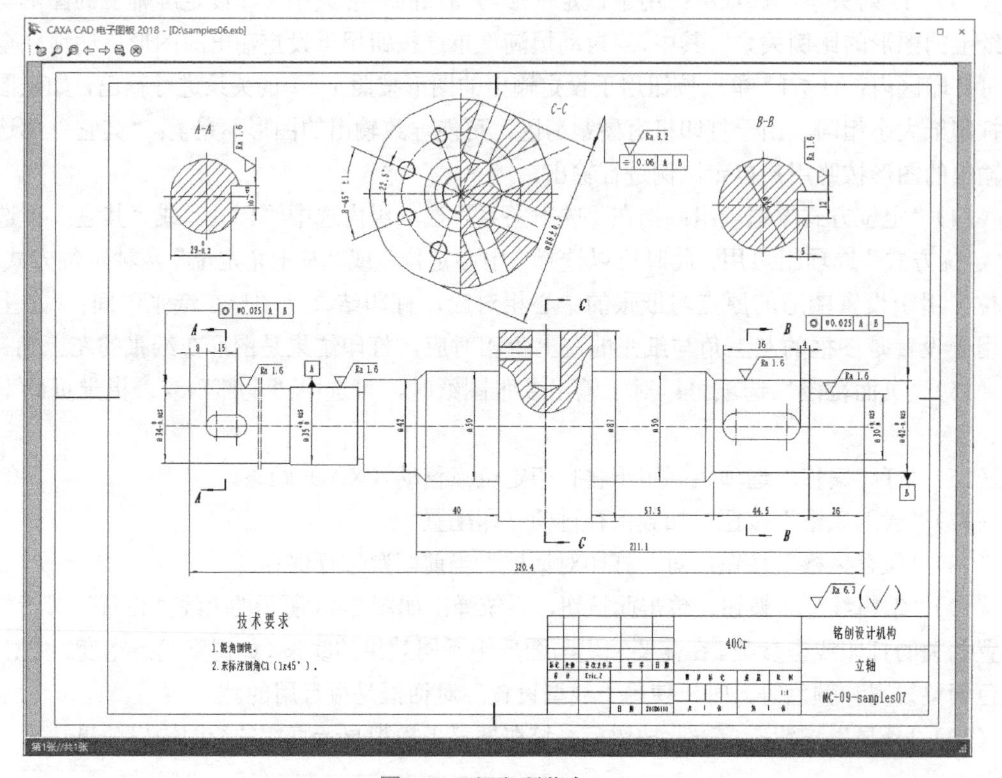

图 2-41 打印预览窗口

在打印预览窗口的上方提供了一个工具栏，在该工具栏中单击“平移”按钮、“缩放”按钮、“显示窗口”按钮等可浏览相应的打印窗口。使用鼠标滚轮或鼠标中键也可以进行窗口平移或缩放。

预览满意后，单击“打印”按钮，便可直接进行实际打印操作。当打印的图形为多张时，可以通过单击“上一页”按钮或“下一页”按钮来进行切换。如果要关闭打印预览窗口，则单击“关闭”按钮⊗。

2.8　本章小结

本章介绍 CAXA 电子图板系统设置的实用知识，具体的内容包括 CAXA 电子图板界面配置、系统选项设置、拾取过滤设置、相关风格样式设置（文字风格设置、标注风格设置、点样式设置和样式管理）、三视图导航设置、设计中心调用和打印配置等。

通常而言，初学者采用系统默认的设置便可以满足工程制图的学习要求。建议用户要了解系统设置这些环境条件，这样有助于更好地掌握软件设计功能，以及提升软件的专业应用水平。

初学者可以先学习本章内容，也可以跳过本章先学习后面章节的内容，待具备一定操作能力和设计技巧之后再回过头来学习本章知识，从而对系统设置的内容和条件掌握得更加具体、透彻。

2.9　思考与练习

（1）在 CAXA 电子图板中如何进行界面定制？

（2）如何设置系统的当前颜色？

（3）智能点设置主要包括哪些内容？

（4）请简述文字风格参数设置和标注风格参数设置的相关操作方法。

（5）如何定制点样式？

（6）三视图导航功能主要用在什么设计情况下？

（7）如何设置每隔 15 分钟自动存盘一次？

（8）如果想将经典风格界面切换为 Fluent 风格界面，那么如何操作？反之呢？

（9）课外研习：学习自定义快捷键的典型方法，并说明定义快捷键的注意事项。

（10）设计中心的主要功能用途是什么？

（11）掌握图纸打印的一般过程。

第3章 图形绘制

本章导读

CAXA电子图板提供了功能齐全的二维图形绘制功能。在CAXA电子图板中，可以绘制各种各样复杂的二维工程图纸。本章先简要地介绍图形绘制工具，接着介绍基本曲线、高级曲线和文字的绘制方法，最后介绍两个图形综合绘制实例。

3.1 初识图形绘制的命令工具

CAXA 电子图板为用户提供了先进的计算机辅助技术和简捷的操作方式，以代替传统的手工绘图。在CAXA电子图板2018的Fluent风格界面中，用户在功能区“常用”选项卡的“绘图”面板中可以找到相应的基本绘图和高级绘图的工具图标，如图3-1所示。

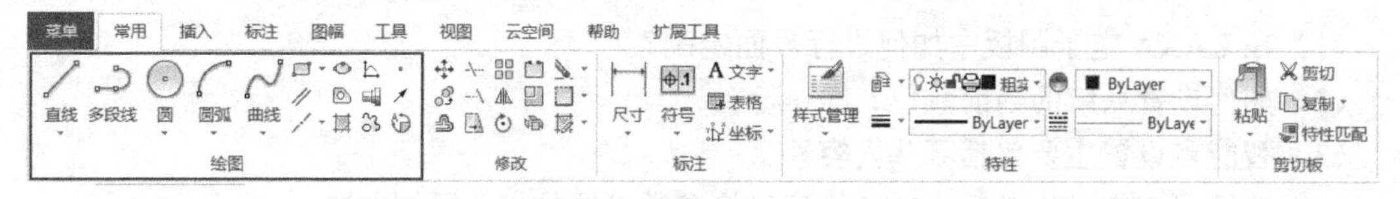

图3-1 用于二维图形绘制的工具按钮

在CAXA电子图板中，用户可以使用鼠标和键盘两种输入方式。实践证明，要想成为一名出色的绘图设计者，应该熟练掌握鼠标输入和键盘输入两种操作方式，两者巧妙结合应用会使得设计工作得心应手。本书将主要以Fluent风格界面和鼠标方式作为主要操作方式来介绍相关知识。

3.2 基本曲线绘制

本书所指的基本曲线包括直线、平行线、圆、圆弧、矩形、中心线、等距线、多段线、剖面线、填充等。下面结合一些简单的图形实例为读者进行相关介绍。

3.2.1 绘制直线类图形

直线是图形构成的基本要素。绘制直线的关键在于点的选择，而点的选择可以充分利用工具

点菜单、智能点、导航点、栅格点等工具。

CAXA 电子图板提供了直线类图形的几种绘制方式，包括“两点线”“角度线”“角等分线”“切线/法线”“等分线”“射线”“构造线”，如图 3-2 所示。

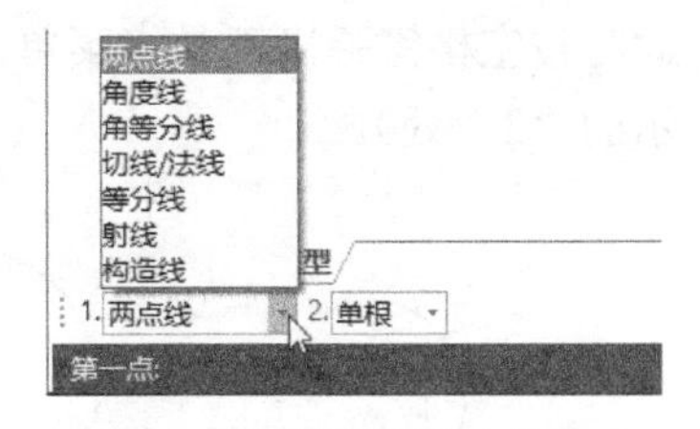

图 3-2　绘制直线的几种方式

1. 两点线

用户可以在屏幕上通过指定两点绘制一条直线段，还可以按照给定的连续条件绘制连续的直线段，并可以对每条线段单独进行编辑。

使用“两点线”绘制直线的方法和步骤如下。

（1）在功能区“常用”选项卡的“绘图”面板中单击“直线”按钮 。

（2）单击立即菜单“1.”，在弹出的下拉菜单中选择“两点线”选项。

（3）单击立即菜单“2.”，则其选项从弹出的下拉菜单中可以在“连续”和“单根”两个选项之间切换。

☑ 连续：将绘制相互连接的直线段，前一根直线段的终点为下一根直线段的起点。

☑ 单根：每次绘制的直线段相互独立，互不相关。

（4）在状态栏中单击“正交”按钮，从而在“非正交”模式和“正交”模式之间切换。

☑ 非正交：绘制自由的平面直线，在非正交情况下，第一点和第二点均可以为 3 种类型的点，即切点、垂足点、其他点（工具点菜单中所列出来的点）。

☑ 正交：将绘制具有正交关系的直线段（简称为“正交线段”），此正交线段与坐标轴平行。按 F8 键可以快速在“正交”和“非正交”模式之间切换。采用“正交”模式时，可以通过输入坐标值或直接输入距离来确定直线的后续点。

（5）在提示下使用鼠标指定两个点，则完成绘制一条直线。在需要精确制图时，则采用键盘输入两个点的坐标或相应距离。

（6）可以继续绘制直线。若右击则结束该命令操作。

在如图 3-3 所示的示例中，左边绘制的为连续直线段（可采用正交模式绘制），绘制时依次单击点 1、2、3、4、5、6、7、8 和 9；右侧绘制的为两根非正交直线。

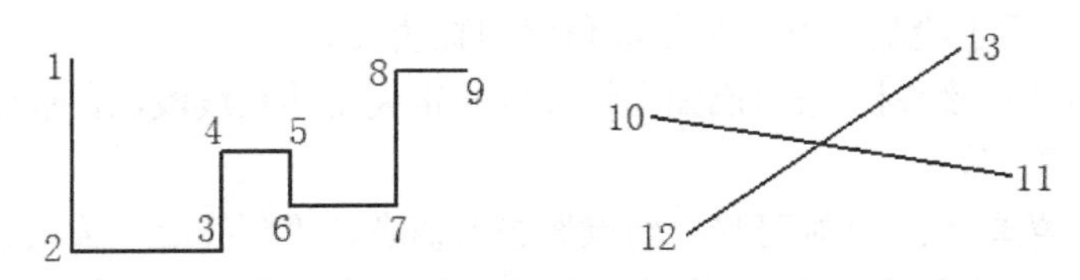

图 3-3　绘制直线的示例

在采用“两点线”方式绘制直线时，利用工具点菜单，可以绘制出多种特殊关系的直线，例如绘制两个圆的公切线。请看下面的一个典型操作实例。

（1）假设在绘图区已经绘制好两个圆，如图 3-4 所示。接着在“常用”选项卡的“绘图”面板中单击“直线”按钮 。

（2）在立即菜单中设置“1.”为“两点线”、“2.”为“单根”，采用非正交模式。

（3）在“第一点”提示下，按空格键使系统弹出工具点菜单，接着从工具点菜单中选择“切点”选项，拾取第一个圆（拾取位置为如图 3-5 所示的“1”处）；系统出现“第二点”的提示，

此时按空格键弹出工具点菜单，从中选择“切点”选项，拾取第二个圆（拾取位置为如图 3-5 所示的“2”处）。

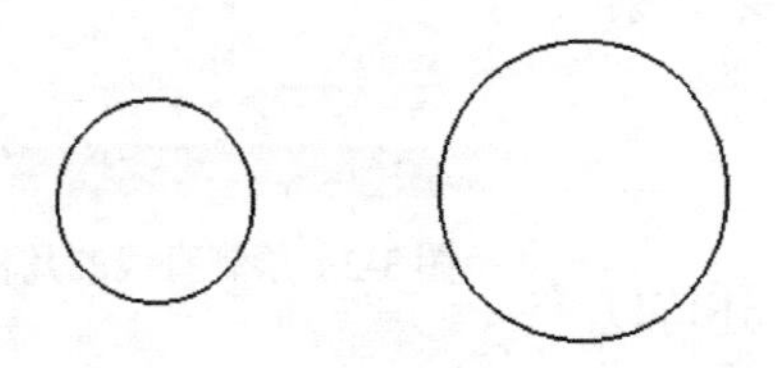

图 3-4　绘制好的两个圆

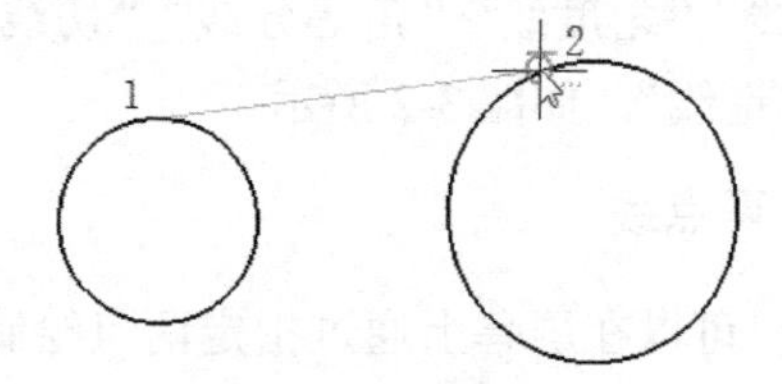

图 3-5　拾取第二个圆

为两个圆绘制的一条公切线如图 3-6 所示，该公切线一般被称为外公切线。

在拾取圆或圆弧时，拾取位置不同，则绘制的切线位置也可能有所不同。如果在上述例子中，拾取第二个圆的位置在如图 3-7 所示的“3”处，那么绘制的则为两个圆的内公切线。

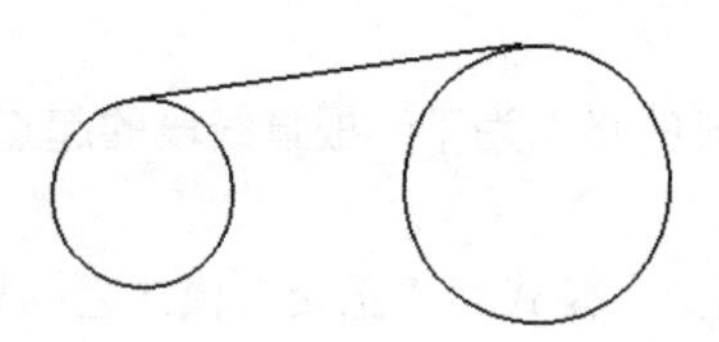

图 3-6　绘制圆的外公切线

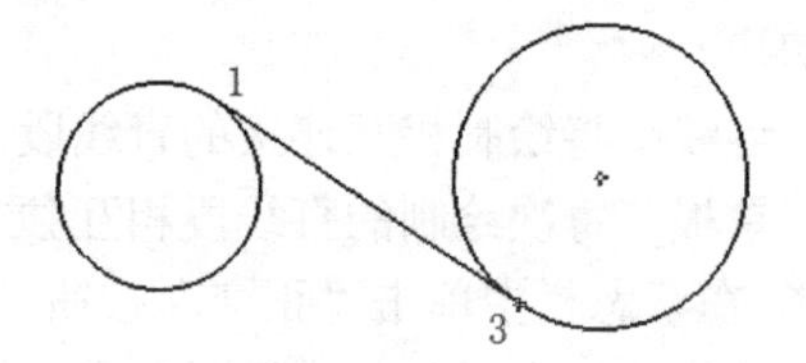

图 3-7　绘制两圆的内公切线

2. 角度线

绘制角度线是指按给定角度、给定长度绘制一条直线段。

绘制角度线的方法和步骤如下。

（1）在功能区“常用”选项卡的“绘图”面板中单击“直线”按钮，并在立即菜单中选择“角度线”选项。也可以在“绘图”面板的“直线”功能按钮下拉菜单中单击“角度线”按钮。

（2）单击立即菜单中“2.”的下拉按钮，弹出其下拉菜单选项，可供选择的夹角类型选项有“X 轴夹角”“Y 轴夹角”“直线夹角”。

☑ X 轴夹角：用于绘制一条与 X 轴成角度的直线段。

☑ Y 轴夹角：用于绘制一条与 Y 轴成角度的直线段。

☑ 直线夹角：用于绘制一条与已知直线段成指定夹角的直线段，选择此夹角类型时需要拾取一条已知直线段。

（3）单击立即菜单“3.”，则可将“到点”选项切换到“到线上”选项。当选择“到线上”选项时，系统将不提示输入第二点，而是提示拾取曲线来定义角度线的终点位置。在这里以选择“到点”选项为例。

（4）在立即菜单“4.度”文本框中输入一个介于（-360,360）的角度值。使用同样的办法，分别输入“5.分”值和“6.秒”值，如图 3-8 所示。

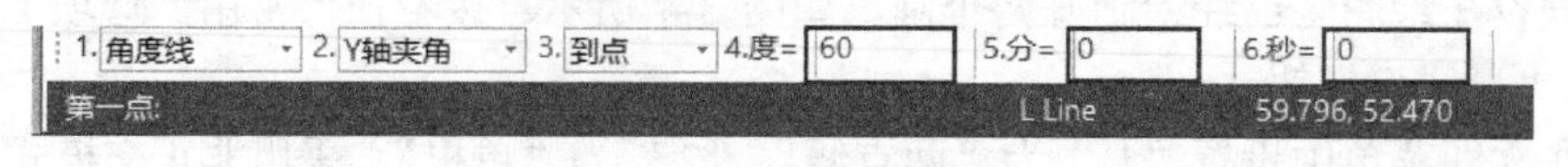

图 3-8　定义角度

（5）根据提示指定第一点，系统操作提示为“第二点或长度”。此时，用户可以利用键盘输

入一个长度数值并按 Enter 键，则绘制一条由用户设定长度值的直线段；用户也可以移动鼠标，移动鼠标时会动态随光标出现一条角度线，确定光标位置时单击，即绘制出一条角度线。

（6）继续绘制角度线的操作，要想结束绘制操作，右击即可。

绘制角度线的示例如图 3-9 所示，该直线段与 Y 轴成 60 度，其长度为 80。

3. 角等分线

绘制角等分线是指按给定参数（给定等分份数、给定长度）绘制一个夹角的等分直线。

绘制角等分线的方法和步骤如下。

（1）在功能区“常用”选项卡的“绘图”面板中单击“直线”按钮，接着在立即菜单中选择“角等分线”选项，如图 3-10 所示。也可以在“绘图”面板的“直线”功能按钮下拉菜单中单击“角等分线”按钮。

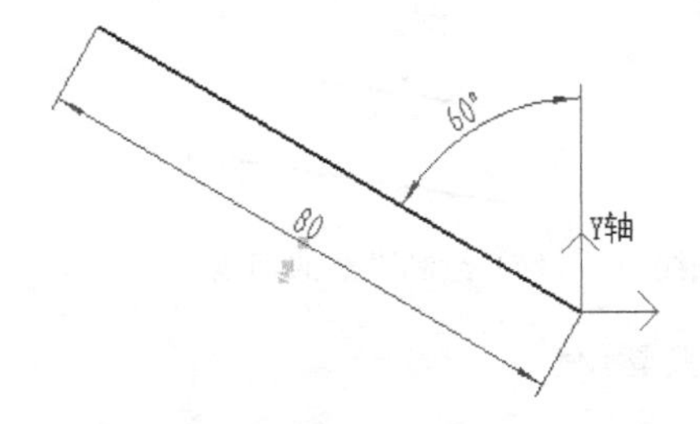

图 3-9 绘制与 Y 轴成指定角度的角度线

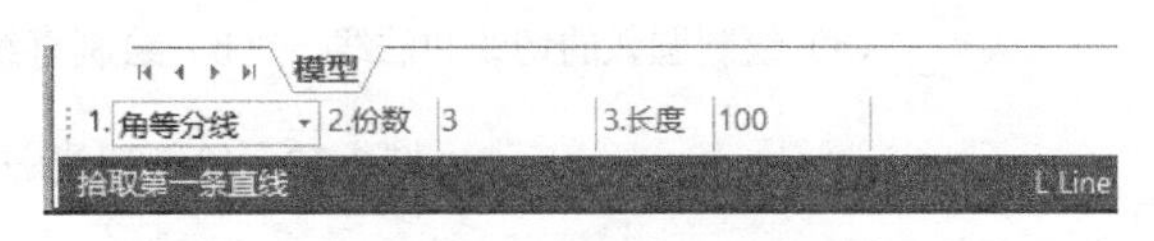

图 3-10 角等分线立即菜单

（2）在立即菜单“2.份数”文本框中输入一个等分份数值。

（3）在立即菜单“3.长度”文本框中输入一个等分线长度值。

（4）在提示下选择第一条直线和第二条直线，从而完成角等分线的绘制。

绘制角等分线的示例如图 3-11 所示，将两条直线构成的夹角等分成 3 份，等分线长度为 100。

图 3-11 绘制角等分线的示例

4. 切线/法线

过给定点绘制已知曲线的切线或法线，其典型的绘制方法和步骤如下。

（1）在功能区“常用”选项卡的“绘图”面板中单击“直线”按钮，接着在立即菜单中选择“切线/法线”选项。也可以在“绘图”面板的“直线”功能按钮下拉菜单中单击“切线/法线”按钮。

（2）通过立即菜单在“切线”和“法线”选项之间切换。

（3）通过立即菜单在“非对称”和“对称”选项之间切换。当选择“非对称”选项时，则表示选择的第一点为所要绘制的直线的一个端点，选择的第二点为另一个端点；当切换为“对称”选项时，则表示选择的第一点为所要绘制的直线的中点，第二点为直线的一个端点。

（4）通过立即菜单在“到点”和“到线上”选项之间切换。当切换为“到线上”选项时，表示绘制一条到已知线段为止的切线或法线，即所画切线或法线的终点在一条已知线段上。

（5）如果选择了“到点”选项，则按照当前提示拾取一条曲线，接着指定第一点，系统将出现“第二点或长度”的提示，在该提示下指定第二点或线段长度。其中长度可以由鼠标或键盘输入数值来决定；如果选择了“到线上”选项，接着选择一条曲线，并输入点，然后再选择要将切线/法线画到其处的曲线。

值得注意的是，如果拾取的是圆弧，那么圆弧的法线必在所选第一点与圆心所决定的直线上，而切线则垂直于法线。

绘制切线/法线的典型示例如图 3-12 所示。

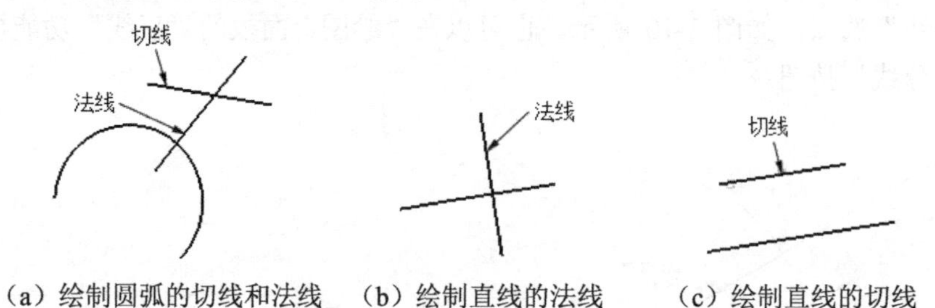

（a）绘制圆弧的切线和法线　（b）绘制直线的法线　（c）绘制直线的切线

图 3-12　绘制切线/法线的典型示例

5. 等分线

绘制等分线是指在拾取的两条线段间绘制一系列的线，这些线将两条线之间的部分等分成 n 份。下面结合一个简单的操作实例介绍如何创建等分线。在该实例中，要求在平行的两条直线之间创建等分线，等分量为 3，操作图解如图 3-13 所示。

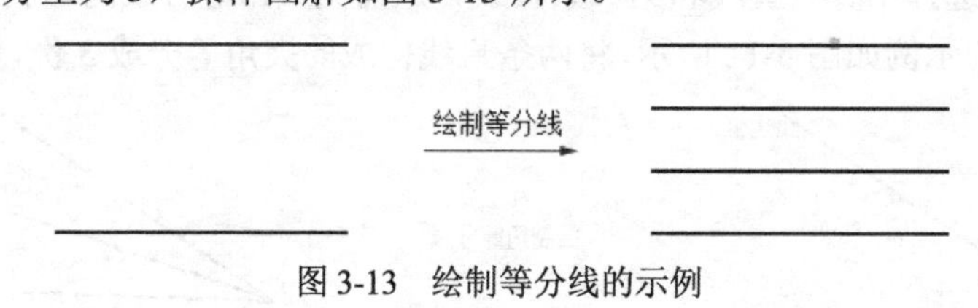

图 3-13　绘制等分线的示例

（1）在功能区“常用”选项卡的“绘图”面板中单击“直线”按钮，接着在立即菜单中选择“等分线”选项，如图 3-14（a）所示。也可以在“绘图”面板的“直线”功能按钮下拉菜单中单击“等分线”按钮，此时打开的立即菜单如图 3-14（b）所示。

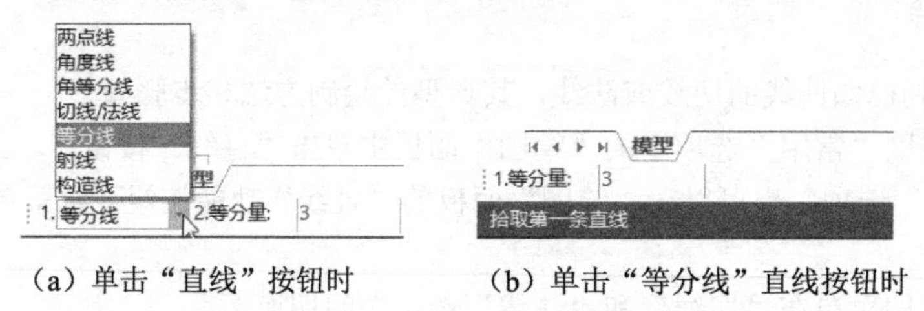

（a）单击“直线”按钮时　（b）单击“等分线”直线按钮时

图 3-14　“直线：等分线”立即菜单

（2）在立即菜单“2.等分量”文本框中输入等分量实数，这里以输入等分量实数为 3 为例。

（3）拾取第一条直线，接着拾取第二条直线，从而完成绘制等分线的操作。

知识点拨：不平行、不相交且其中任意一条线的延长线不与另一条直线本身相交，这样的两条直线段也可以用于创建等分线，如图 3-15（a）所示；另外，不平行且一条线的某端点与另一条线的端点重合，而两直线夹角不等于 180°，这样的两条直线段同样可以用于创建等分线，如图 3-15（b）所示。对于具有夹角的直线而言，其等分线是按照端点连线的距离等分的，这与角等分线在概念上来说明显不同。

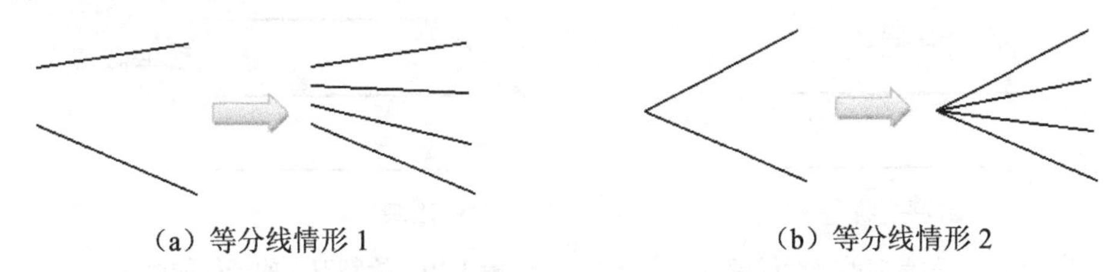

（a）等分线情形 1　　（b）等分线情形 2

图 3-15　绘制等分线其他实施例

6. 绘制射线

射线是由某个特征点向一端无限延伸的直线，而构造线是由某个点向两端无限延伸的直线。这两类线通常用于辅助制图。

创建射线需要指定射线的特征点（起点）和延伸方向（由起点和通过点确定延伸方向）。

要创建射线，则在“绘图”面板中单击“直线”功能按钮下拉菜单中的“射线”按钮⟋，接着分别指定射线的起点和通过点即可绘制一条射线，用户还可以继续指定其他通过点来创建均从同一个起点出发的其他射线，右击结束命令操作。绘制射线的示例如图 3-16 所示，在该示例中一共绘制了 3 条射线，它们均通过指定的第一点（起点）。

7. 构造线

要创建构造线，则在功能区“常用”选项卡的“绘图”面板中单击“直线”功能按钮下拉菜单中的“构造线”按钮⟋，接着在立即菜单“1.”中选择“两点”“水平”“垂直”“角度”“二等分”或“偏移”选项，如图 3-17 所示，然后依据所选的选项并根据提示进行相应的操作来创建所需的构造线。

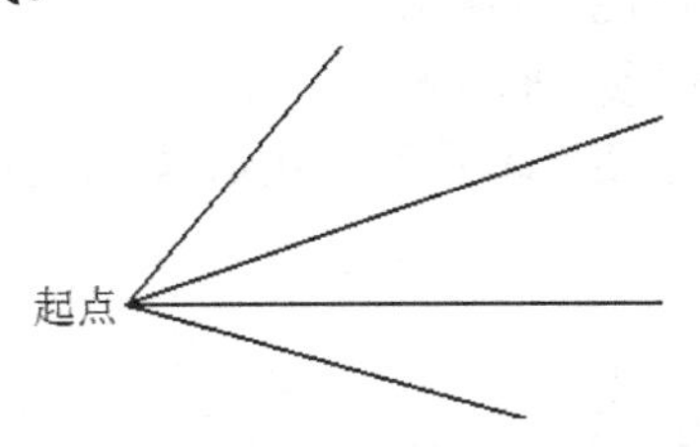

图 3-16　绘制射线的典型示例

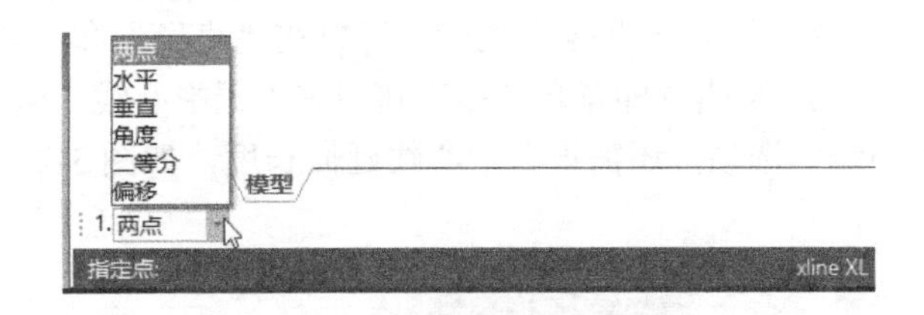

图 3-17　绘制构造线的立即菜单

3.2.2 绘制平行线

绘制平行线是指绘制与已知直线平行的直线。绘制平行线的典型方法及步骤如下。

（1）在功能区“常用”选项卡的“绘图”面板中单击“平行线”按钮⫽。

（2）单击立即菜单“1.”，可以在“偏移方式”和“两点方式”选项之间切换。

（3）当选择“1.偏移方式”选项时，单击立即菜单“2.”，可以在“单向”和“双向”之间切换。

☑ 单向：在一侧绘制与已知线段平行的线段，如图 3-18 所示。在单向模式下，使用键盘输入距离时，系统首先根据十字光标在所选线段的哪一侧来判断绘制线段的位置。

☑ 双向：绘制与已知线段平行、长度相等的双向平行线段，如图 3-19 所示。

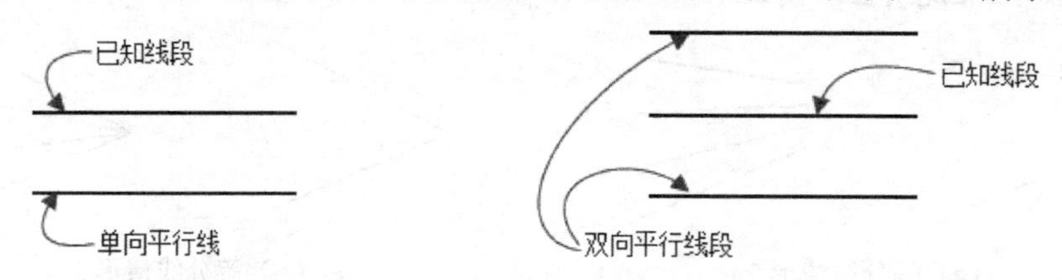

图 3-18 绘制单向的平行线段　　图 3-19 绘制双向的平行线段

设置偏移方式下的“单向”或“双向”选项后，使用鼠标拾取一条已知线段。拾取已知线段后，系统提示“输入距离或点（切点）”。此时在绘图区移动鼠标光标时，跟随光标动态显示与已知线段平行、长度相等的线段，在合适位置处单击即可完成平行线绘制，也可以输入一个距离值来确定平行线位置。

（4）当选择“1.两点方式”选项时，还需要单击立即菜单“2.”以选择“点方式”选项或“距离方式”选项。接着根据情况设置其他选项及参数，并根据系统提示进行拾取对象和输入参数来绘制相应的平行线。

3.2.3 绘制圆

绘制圆的方式包括“圆心_半径”“两点”“三点”“两点_半径”方式。

1.“圆心_半径”方式

可以根据已知圆心和半径来绘制一个圆或多个同心的圆。

（1）在功能区“常用”选项卡的“绘图”面板中单击“圆”按钮⊙。

（2）单击立即菜单“1.”，选择“圆心_半径”选项，如图 3-20 所示。

（3）单击立即菜单“2.”，可以在“直径”和“半径”选项之间切换。

（4）单击立即菜单“3.”，可以在“无中心线”和“有中心线”选项之间切换。如果选择“有中心线”选项，还需设置中心线延伸长度，如图 3-21 所示。

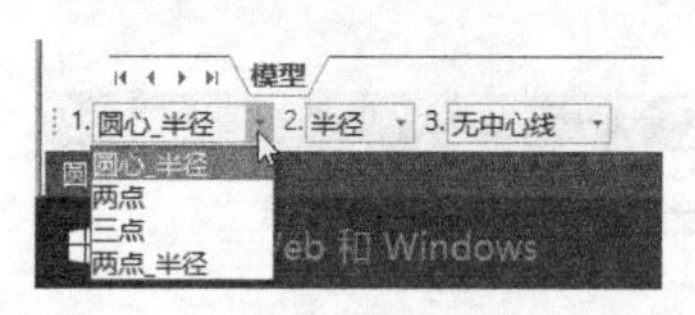

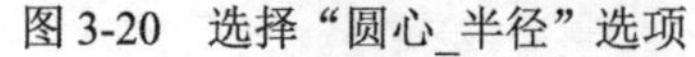

图 3-20 选择“圆心_半径”选项　　图 3-21 设置有中心线

（5）在提示下指定圆心点，接着输入半径/直径或圆上一点，从而绘制一个圆，如图 3-22 所示。可以继续指定半径/直径或圆上一点来绘制圆，后续圆默认为同心圆，如图 3-23 所示。

2.“两点”方式

通过两个已知点绘制圆，这两个已知点定义了圆的直径。

（1）在功能区“常用”选项卡的“绘图”面板中单击“圆”按钮。

（2）单击立即菜单“1.”，选择“两点”选项。

（3）单击立即菜单“2.”，可以在“有中心线”和“无中心线”选项之间切换。如果选择“有中心线”选项，那么还需要设置中心线延伸长度。

（4）按提示要求分别输入第一点和第二点，如图3-24所示，从而绘制一个圆。

3. “三点”方式

通过指定3个点来绘制一个圆，其方法和步骤如下。

（1）在功能区“常用”选项卡的“绘图”面板中单击“圆”按钮。

（2）单击立即菜单“1.”，选择“三点”选项。

（3）单击立即菜单“2.”，可以在“有中心线”和“无中心线”选项之间切换。如果选择“有中心线”选项，那么还需要设置中心线延伸长度。

（4）按提示要求分别输入第一点、第二点和第三点，从而绘制一个圆，如图3-25所示。

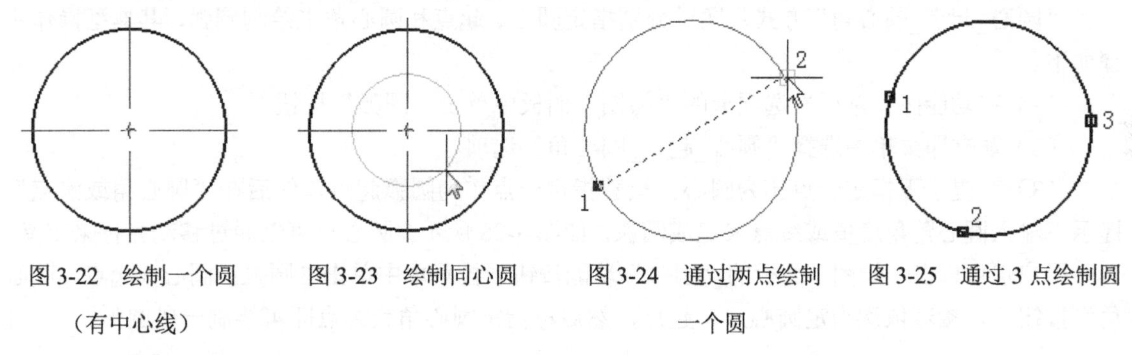

图3-22 绘制一个圆（有中心线） 图3-23 绘制同心圆 图3-24 通过两点绘制一个圆 图3-25 通过3点绘制圆

4. “两点_半径”方式

可以过两个已知点和给定半径绘制一个圆，其方法和步骤如下。

（1）在功能区“常用”选项卡的“绘图”面板中单击“圆”按钮。

（2）单击立即菜单“1.”，选择“两点_半径”选项。

（3）单击立即菜单“2.”，可以在“有中心线”和“无中心线”选项之间切换。如果选择“有中心线”选项，那么可设置中心线延伸长度。

（4）根据提示分别输入第一点和第二点，然后在“第三点（半径）”提示下指定第三点或者利用键盘输入一个半径值，从而绘制一个圆。

在功能区“常用”选项卡的“绘图”面板的“圆”功能按钮下拉菜单中还提供有“圆心、半径”按钮、“两点”按钮、“三点”按钮和“两点、半径”按钮这些绘制圆的工具按钮，使用这些工具按钮省去在立即菜单中指定绘制圆的方法选项（即“圆心_半径”“两点”“三点”或“两点_半径”）。

3.2.4 绘制圆弧

在CAXA电子图板2018中绘制圆弧是比较灵活的。绘制圆弧的方式包括“三点圆弧”“圆心_起点_圆心角”“两点_半径”“圆心_半径_起终角”“起点_终点_圆心角”“起点_半径_起终角”。

1. “三点圆弧”方式

使用“三点圆弧”方式绘制圆弧其实就是分别指定 3 个有效点，以第一点为起点，第二点决定圆弧的位置和方向，第三点为圆弧的终点，如图 3-26 所示。

使用该方式绘制圆弧的典型操作步骤如下。

（1）在功能区“常用”选项卡的“绘图”面板中单击“圆弧”按钮。

（2）从立即菜单中选择“三点圆弧”选项，如图 3-27 所示。

（3）在提示下分别指定第一点和第二点，此时移动光标可以动态显示一条经过上述两点和当前光标位置的圆弧，确定第三点后即可完成一条圆弧。

用户也可以在“绘图”面板的“圆弧”功能按钮下拉菜单中单击“圆弧：三点”按钮，接着分别指定 3 个点即可绘制一条圆弧。

2. “圆心_起点_圆心角”方式

“圆心_起点_圆心角”方式是通过分别指定圆心、起点和圆心角来绘制圆弧，其典型操作步骤如下。

（1）在功能区“常用”选项卡的“绘图”面板中单击“圆弧”按钮。

（2）从立即菜单中选择“圆心_起点_圆心角”选项。

（3）在提示下指定一点作为圆心，接着指定一点作为圆弧起点，然后在“圆心角或终点”提示下输入圆心角角度值或终点来完成圆弧，如图 3-28 所示。圆心角可以通过移动光标来定义。

用户也可以在“绘图”面板的“圆弧”功能按钮下拉菜单中单击“圆弧：圆心、起点、圆心角”按钮，接着依次指定圆心点和起点，然后再指定圆心角或终点即可绘制一段圆弧。

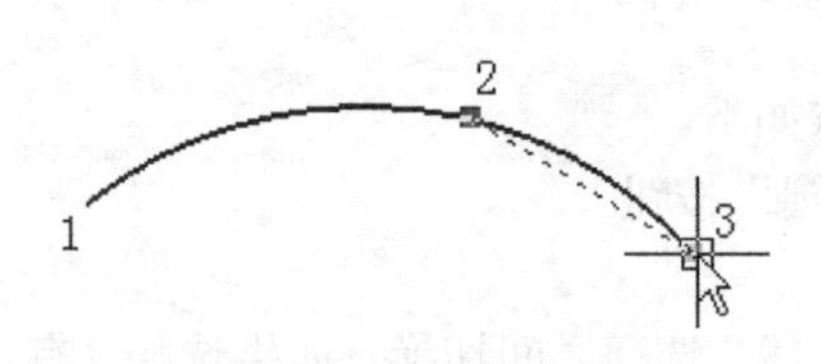

图 3-26　三点圆弧

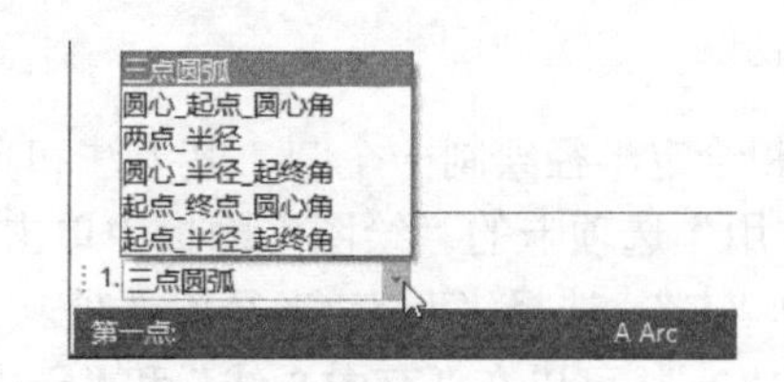

图 3-27　选择“三点圆弧”

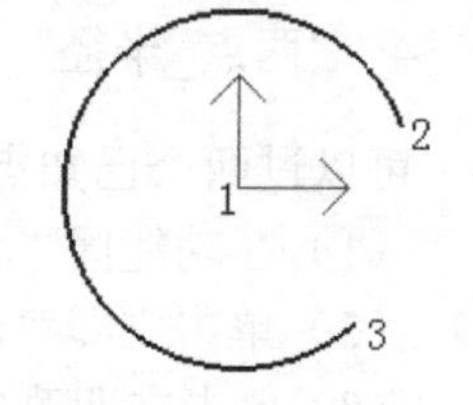

图 3-28　使用“圆心_起点_圆心角”绘制圆弧

3. “两点_半径”方式

“两点_半径”方式是通过指定两点及圆弧半径绘制一个圆弧。采用该方式绘制圆弧的典型操作步骤如下。

（1）在功能区“常用”选项卡的“绘图”面板中单击“圆弧”按钮。

（2）从立即菜单中选择“两点_半径”选项。

（3）在提示下分别指定第一点和第二点，然后在“第三点（半径）”的提示下输入一个半径值，则系统根据十字光标当前的位置判断圆弧的绘制方向，即十字光标当前位置处在第一点和第二点所在直线的哪一侧，那么圆弧就绘制在哪一侧，如图 3-29 所示。

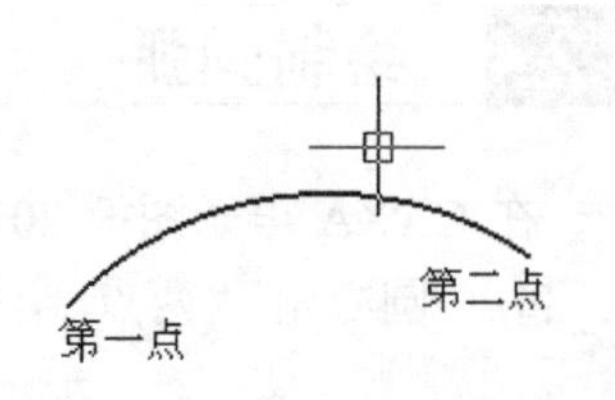

图 3-29　“两点_半径”绘制示例

如果在指定两点后移动光标，则在绘图区出现一段由输入的两点和光标所在位置处形成的3点动态圆弧，单击则间接确定半径来完成圆弧绘制。在“绘图”面板的“圆弧”功能按钮下拉菜单中也提供有专门的“圆弧：两点、半径”按钮。

4. “圆心_半径_起终角”方式

“圆心_半径_起终角”方式是通过指定圆心、半径和起终角来绘制圆弧的。要注意起始角和终止角均是从X方向开始的，逆时针方向为正，顺时针方向为负。采用该方式绘制圆弧的典型操作步骤如下。

（1）在功能区“常用”选项卡的“绘图”面板中单击“圆弧”按钮，接着从立即菜单“1.”中选择“圆心_半径_起终角”选项。等同于在“绘图”面板的“圆弧”功能按钮下拉菜单中单击“圆弧：圆心、半径、起终角”按钮。

（2）在立即菜单“2.半径”文本框中输入半径值。

（3）在立即菜单“3.起始角”文本框中输入起始角度，其范围为（0,360）。

（4）在立即菜单“4.终止角”文本框中输入终止角度，其范围为（0,360）。

（5）在提示下输入圆心点即可绘制一段圆弧。

5. “起点_半径_起终角”方式

“起点_半径_起终角”方式是通过指定起点、半径和起终角来绘制圆弧。典型的操作步骤如下。

（1）在功能区“常用”选项卡的“绘图”面板中单击“圆弧”按钮。

（2）从立即菜单“1.”中选择“起点_半径_起终角”选项。

（3）在立即菜单“2.半径”文本框中输入半径值。

（4）分别单击立即菜单“3.起始角”和“4.终止角”，根据制图需要分别设定起始角度和终止角度。

（5）在系统提示下指定圆弧起点，从而完成一段圆弧。

用户也可以在“绘图”面板的“圆弧”功能按钮下拉菜单中单击“圆弧：起点、半径、起终角”按钮，接着指定半径值、起始角和终止角，然后指定圆弧起点即可绘制一段圆弧。

6. “起点_终点_圆心角”方式

“起点_终点_圆心角”方式是指通过指定起始点、终点和圆心角来绘制圆弧，典型的操作步骤如下。

（1）在功能区“常用”选项卡的“绘图”面板中单击“圆弧”按钮。

（2）从立即菜单“1.”中选择“起点_终点_圆心角”选项。

（3）在立即菜单“圆心角”文本框中输入圆心角的数值，其范围为（-360,360）。

（4）根据系统提示分别输入起点和终点，从而完成绘制一段圆弧。

使用“起点_终点_圆心角”方式绘制圆弧的操作图解如图3-30所示。用户也可以直接单击“圆弧：起点、终点、圆心角”按钮创建圆弧。

图3-30 使用“起点_终点_圆心角”方式绘制圆弧的操作图解

3.2.5 绘制矩形

绘制矩形（指矩形形状的闭合多义线）分两种方式：一种是“两角点”方式，另一种是“长度和宽度”方式。下面结合典型操作范例来分别介绍使用这两种方式绘制矩形的典型方法和步骤。

1. “两角点”方式

（1）在功能区“常用”选项卡的“绘图”面板中单击“矩形”按钮▭。

（2）单击立即菜单“1.”，切换到“两角点”选项。

（3）单击立即菜单“2.”，切换到“无中心线”选项。

（4）使用键盘输入第一点的坐标为（100,0），按 Enter 键。

（5）使用键盘输入第二点的坐标为（300,125），按 Enter 键。绘制的矩形如图 3-31（a）所示。

如果在上述步骤（3）的立即菜单“2.”中选择“有中心线”选项，并设置中心线延伸长度为 5，那么最终绘制的矩形带有中心线，如图 3-31（b）所示。

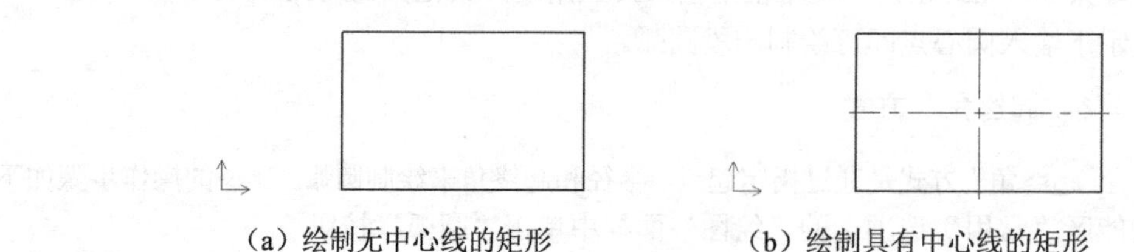

（a）绘制无中心线的矩形　　（b）绘制具有中心线的矩形

图 3-31　采用“两角点”方式绘制矩形

2. “长度和宽度”方式

（1）在功能区“常用”选项卡的“绘图”面板中单击“矩形”按钮▭。

（2）单击立即菜单“1.”，切换到“长度和宽度”选项。

（3）单击立即菜单“2.”，从中可以选择“中心定位”“顶边中点”或“左上角点定位”选项。在本例中选择“中心定位”选项。

（4）单击立即菜单“3.角度”“4.长度”“5.宽度”来分别定义角度、长度和宽度。在本例中设置的角度、长度和宽度值如图 3-32 所示。

1. 长度和宽度 ▾　2. 中心定位 ▾　3.角度 30　4.长度 200　5.宽度 100　6. 无中心线 ▾

图 3-32　分别定义角度、长度和宽度

（5）单击立即菜单“6.”，可以在“无中心线”和“有中心线”选项之间切换。在本例中选中“无中心线”选项。

（6）使用鼠标输入定位点的坐标为（0,0），按 Enter 键。

绘制的矩形如图 3-33 所示。

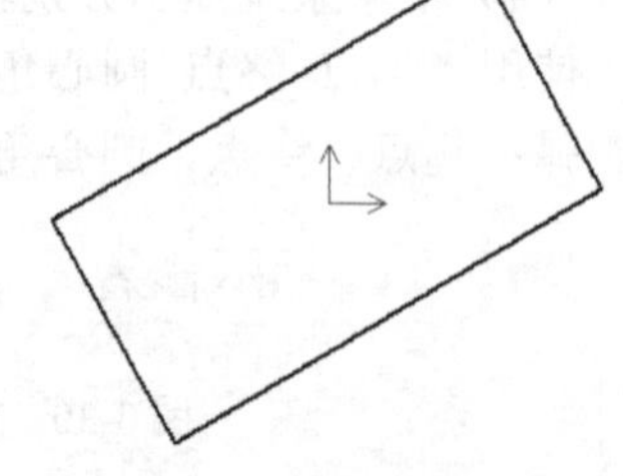

图 3-33　绘制的矩形

3.2.6 绘制中心线与圆心标记

在 CAXA 电子图板 2018 中与绘制中心线与圆心标记相关

的工具有“中心线”按钮⁄、“圆心标记”按钮⊕和“圆形阵列中心线”按钮⛶。

1. “中心线”按钮⁄

该按钮用于为指定对象绘制中心线，例如，通过拾取一个圆、圆弧或椭圆来直接生成一对相互正交的中心线，如图3-34（a）所示，也可以为两条相互平行的或特定非平行线（如锥体）创建它们的中心线，如图3-34（b）所示。

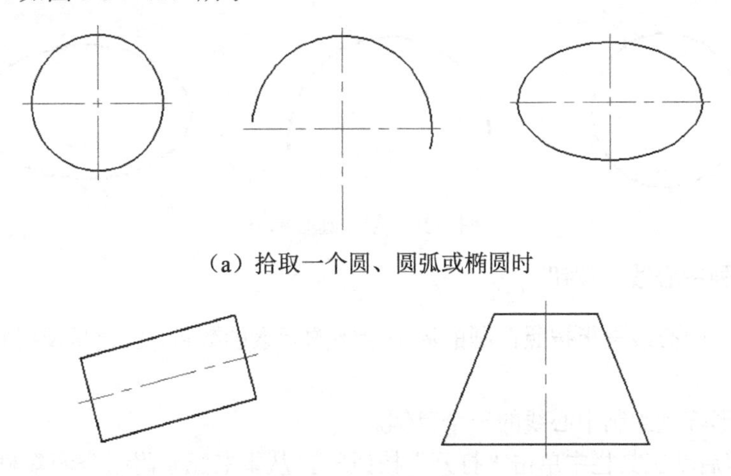

（a）拾取一个圆、圆弧或椭圆时

（b）拾取两条相互平行或非平行线（如椎体）时

图3-34 创建中心线示例

为对象绘制中心线的典型方法和步骤如下。

（1）在功能区“常用”选项卡的“绘图”面板中单击“中心线”按钮⁄，打开如图3-35所示的立即菜单。

图3-35 立即菜单

（2）单击立即菜单“1.”，可以在“指定延长线长度”和“自由”选项之间切换。当选择“指定延长线长度”选项时，需要在立即菜单“2.”中选择“快速生成”或“批量生成”选项，其中“快速生成”指单个元素的中心线生成，而“批量生成”则指框选元素的批量生成。在立即菜单“3.”中可选择“使用默认图层”、“使用当前图层”或“使用视图属性中指定的图层”。另外，选择“指定延长线长度”选项时，还需要在立即菜单“4.延伸长度”文本框中指定超过轮廓线的长度（即延伸长度），该框中的数字表示当前延伸长度的默认值，亦可通过键盘重新输入。而“自由”选项则用于以手动移动鼠标来指定超过轮廓线的长度。

（3）以步骤（2）中选择“指定延长线长度”并设置相关选项和参数为例，按命令输入区提示拾取圆（弧、椭圆、圆弧形多段线）或第一条直线，若拾取的是圆（弧、椭圆、圆弧形多段线），则在被拾取的圆或圆弧上画出一对相互正交垂直且超出其轮廓线一定长度的中心线；若拾取的是第一条直线，提示变为拾取另一条直线，当拾取完以后，在被拾取的两条直线之间画出一条中心线。

如果在步骤（2）中选择了“自由”选项，那么拾取所需对象后，还需要手动移动鼠标来指定超过轮廓线的长度。

（4）可以重复操作，右击结束操作。

2. “圆心标记”按钮

为圆、圆弧或椭圆创建圆心标记，其方法是在功能区“常用”选项卡的“绘图”面板中单击“圆心标记”按钮，接着选择所需要的圆、圆弧或椭圆即可。创建圆心标记的示例如图 3-36 所示。

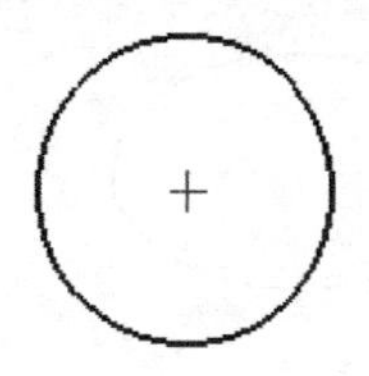

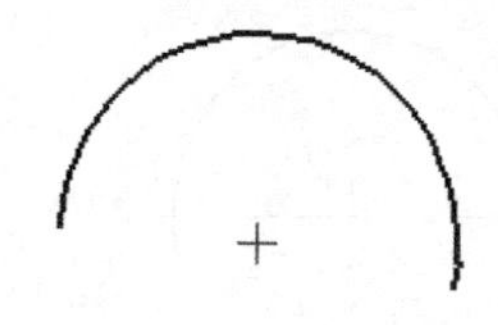

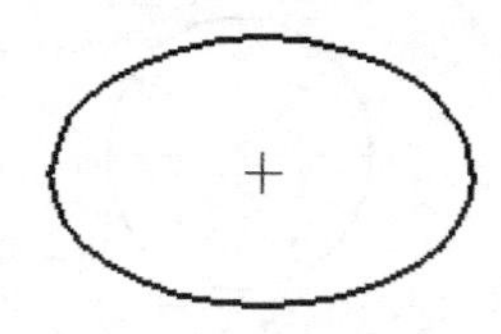

图 3-36 创建圆心标记

3. “圆形阵列中心线”按钮

绘制圆形阵列中心线是指按照在圆的周围绘制的元素的数目，创建呈反射状的中心线，并在圆上均布分布。

下面是为圆形阵列绘制中心线的一个范例。

（1）在快速启动工具栏中单击“打开”按钮，从本书配套附赠资源素材中选择位于 CH3 文件夹下的“绘制圆形阵列中心线范例.exb”文件，单击“打开对话框”中的“打开”按钮，该文件中已有的图形如图 3-37 所示。

（2）在功能区“常用”选项卡的“绘图”面板中单击“圆形阵列中心线”按钮，打开一个立即菜单，该立即菜单只有两项，第 1 项用于设置使用默认图层、使用当前图层还是使用视图属性中指定的图层，第 2 项要求设定延伸长度。本例使用默认图层，并接受默认的延伸长度为 3。

（3）在绘图区拾取要创建环形中心线的若干个圆形（不少于 3 个）。在本例中，分别拾取 6 个所需的小圆。

（4）右击结束操作，结果如图 3-38 所示。

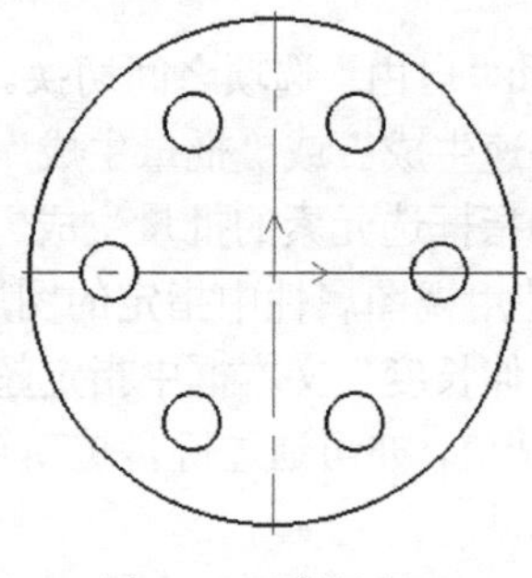

图 3-37 原始图形

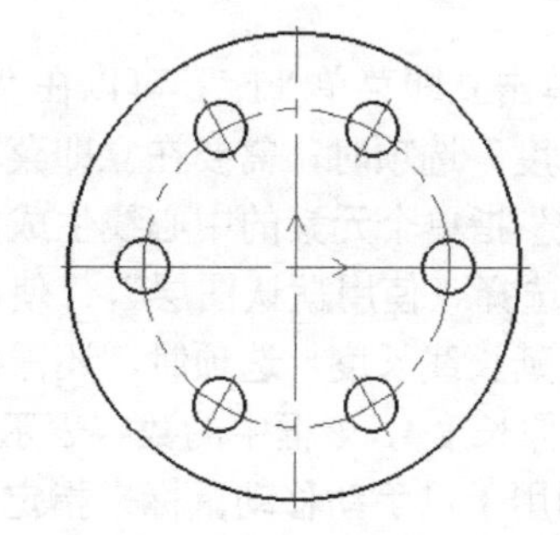

图 3-38 完成圆形阵列中心线

3.2.7 绘制等距线

等距线是根据选定的曲线经过偏移一定的距离来创建的，如图 3-39（a）所示。用户可以将首尾相连的图形元素作为一个整体进行等距操作，如图 3-39（b）所示。还可以生成等距线的曲

线对象有直线、圆弧、圆、椭圆、多段线、样条曲线。

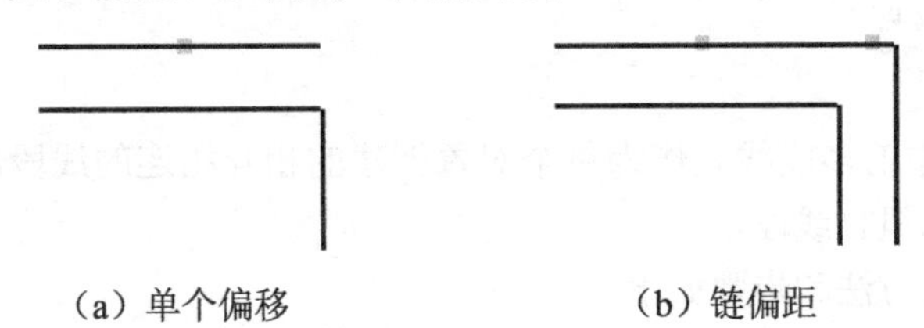

（a）单个偏移　　　（b）链偏距

图 3-39　创建偏距线

绘制等距线的典型方法及步骤如下。

（1）在功能区“常用”选项卡的“修改”面板中单击“等距线”按钮。

（2）根据制图需求，在立即菜单“1.”中选择“单个拾取”或“链拾取”选项。

☑ 单个拾取：只选取一个元素。

☑ 链拾取：选择元素时，把与该元素首尾相连的元素也一起选中。

（3）单击立即菜单“2.”，选择“指定距离”或“过点方式”选项。

☑ 指定距离：选择该选项时，选择箭头方向确定等距方向，根据给定距离的数值来生成选定曲线的等距线。

☑ 过点方式：选择该选项时，通过某个给定的点生成给定曲线的等距线。

（4）单击立即菜单“3.”，可以选择“单向”或“双向”选项。

☑ 单向：该选项用于只在用户选定曲线的一侧绘制等距线。

☑ 双向：该选项用于在曲线两侧均绘制等距线。

（5）对于“单个拾取”情形，在立即菜单“4.”中选择“空心”或“实心”选项。对于“链拾取”情形，在立即菜单“4.”中设置选项为“尖角连接”或“圆弧连接”，而此时在立即菜单“5.”中才是选择“空心”或“实心”选项。

☑ 空心：只绘制等距线，不进行填充。

☑ 实心：绘制等距线，并在原曲线和等距线之间进行填充。

（6）如果设置“2.”为“指定距离”方式，那么还需要在立即菜单“距离”中设置偏移距离，在立即菜单“份数”中设置份数值。

（7）如果在立即菜单“1.”中选择“单个拾取”选项，并且在立即菜单“4.”中选择“空心”选项，那么需要在立即菜单“份数”中设置偏距份数。

（8）在立即菜单中设置保留源对象还是删除源对象。对于“单个拾取”的情形，还可以设置使用源对象属性或使用当前属性。

（9）在提示下拾取曲线等操作，最后完成等距线的创建。可以继续创建等距线，右击结束命令操作。

创建等距线的一个典型示例如图 3-40 所示。

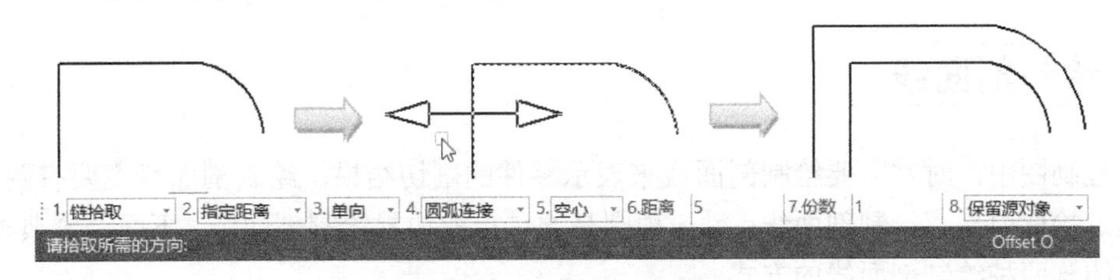

图 3-40　等距线的创建示例

3.2.8 绘制多段线

CAXA 电子图板中的多段线是作为单个对象创建的相互相连的线段序列，多段线可以是直线段、弧线段或两者的组合线段。

绘制多段线的典型方法和步骤如下。

（1）在功能区“常用”选项卡的“绘图”面板中单击“多段线”按钮，打开如图 3-41 所示的立即菜单。

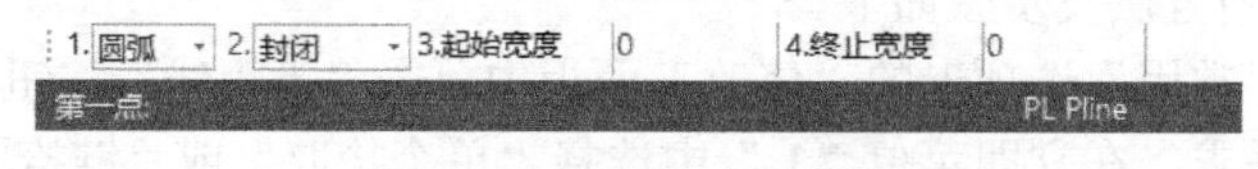

图 3-41　多段线立即菜单

（2）单击立即菜单“1.”可以切换为“直线”或“圆弧”选项。单击立即菜单“2.”可以在“封闭”与“不封闭”选项之间切换。立即菜单“3.起始宽度”和“4. 终止宽度”分别用于指定多段线的起始宽度和终止宽度。

（3）依据提示指定所需的点绘制多段线。根据制图要求设定绘制直线段还是绘制圆弧段。通过立即菜单进行切换可以很方便地绘制由直线段和圆弧段组成的连续复合线段。绘制多段线的示例如图 3-42 所示，其起始宽度和终止宽度均为 0。

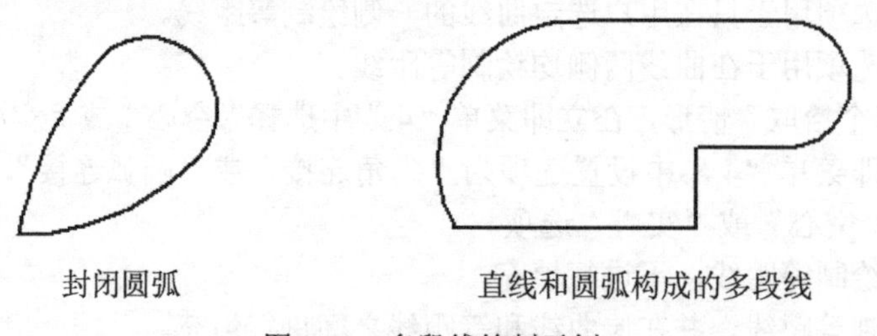

封闭圆弧　　直线和圆弧构成的多段线

图 3-42　多段线绘制示例

再看绘制多段线的一个典型示例，该示例在多段线立即菜单中设置的参数如图 3-43（a）所示，注意设置其起始宽度为 0，终止宽度为 5，接着指定第一点为（200,10），第二点为（210,10），完成绘制的具有宽度的多段线图形如图 3-43（b）所示。

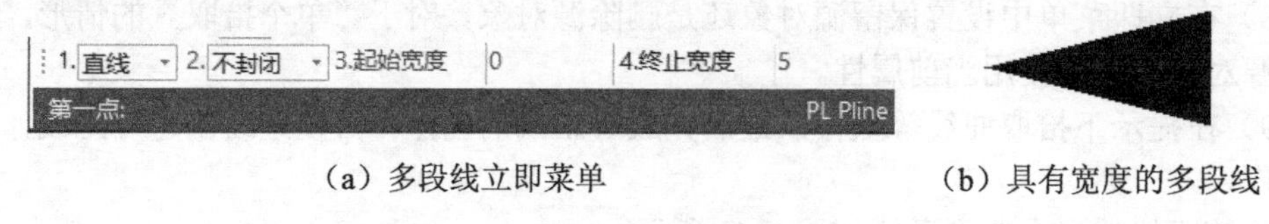

（a）多段线立即菜单　　（b）具有宽度的多段线

图 3-43　绘制具有宽度的多段线

3.2.9 绘制剖面线

在工程制图中，时常需要绘制剖面线来表示零件的剖切结果。绘制剖面线主要有两种方式：一种是通过拾取内部点绘制剖面线；另一种则是通过拾取边界绘制剖面线。下面结合典型的操作实例来介绍这两种绘制剖面线的方式。

1. 通过拾取内部点绘制剖面线

（1）在功能区“常用”选项卡的“绘图”面板中单击“剖面线”按钮。

（2）在立即菜单“1.”中选择“拾取点”选项。

（3）在立即菜单“2.”中选择“不选择剖面图案”，以按默认图案生成；在立即菜单“3.”中选择“非独立”或“独立”选项，并分别设置“4.比例”“5.角度”“6.间距错开”数值等，如图3-44所示。

图3-44　立即菜单中的设置

（4）使用鼠标左键在封闭环内拾取一点，系统会自动默认从拾取点开始并从右向左搜索最小的封闭内环，右击，从而在该封闭环内绘制出一组按照立即菜单中设定参数的剖面线。

如果在一组封闭环内还有一组封闭环，那么在拾取环内点时要注意拾取位置。拾取点位置不同，则绘制的剖面线区域也会有所不同。

请看一个通过拾取点绘制剖面线的范例。未绘制剖面线之前的图形如图3-45（a）所示（随书附赠资源提供了配套练习文件“绘制剖面线范例.exb”。

（1）在功能区“常用”选项卡的“绘图”面板中单击“剖面线”按钮。

（2）在立即菜单中设置“1.”为拾取点”、“2.”为不选择剖面图案”、“3.”为非独立”、“4.比例”数值为5、“5.角度”数值为135、“6.间距错开”数值为0，并接受默认的允许间隙公差。

（3）在“拾取环内一点”提示下依次在如图3-45（b）所示的区域1、2、3和4中单击。

（4）右击，绘制的剖面线如图3-45（c）所示。

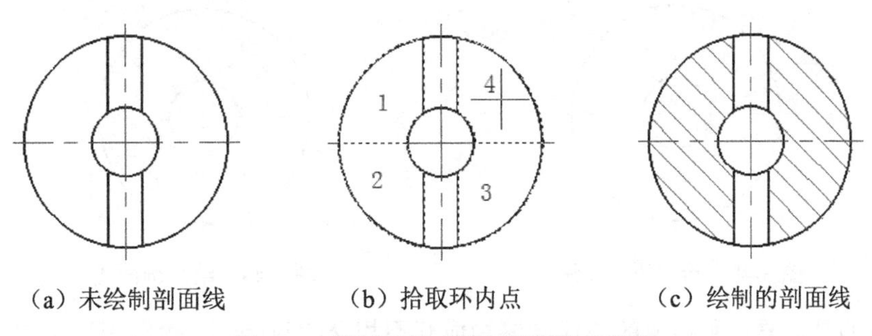

（a）未绘制剖面线　（b）拾取环内点　（c）绘制的剖面线

图3-45　通过拾取点绘制剖面线的范例

在执行“剖面线”命令的过程中，用户可以在立即菜单的“2.”中单击，切换选择“选择剖面图案”选项，接着拾取环内一点，右击确定后系统弹出如图3-46所示的“剖面图案”对话框。在该对话框中可以从图案列表中选择剖面线图案，并设置剖面线的比例、旋转角度和间距错开参数等。

在“剖面图案”对话框中单击“高级浏览”按钮，打开如图3-47所示的“浏览剖面图案”对话框，从“剖面图案”列表框中可以很直观地选择所要的一种剖面图案。

2. 通过拾取边界绘制剖面线

“拾取边界”方式根据拾取到的曲线搜索环来创建剖面线。

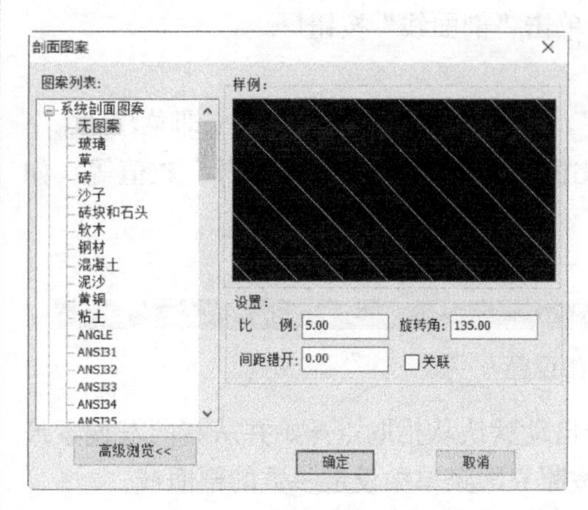

图 3-46 “剖面图案”对话框

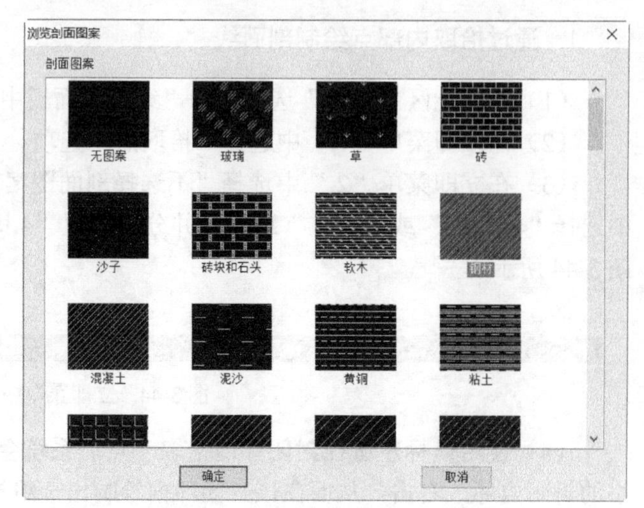

图 3-47 “浏览剖面图案”对话框

（1）在功能区“常用”选项卡的“绘图”面板中单击“剖面线”按钮。

（2）在立即菜单“1.”中选择“拾取边界”选项。

（3）确定剖面图案及参数。例如设置“2.”为“不选择剖面图案”，并分别设置“3.比例”“4.角度”“5.间距错开”参数值。

（4）通过鼠标拾取构成封闭环的若干条曲线，如图 3-48 所示。在拾取边界时，既可以单个拾取每一条曲线，也可以使用窗口快速拾取。

（5）右击确认，完成剖面线绘制，如图 3-49 所示。

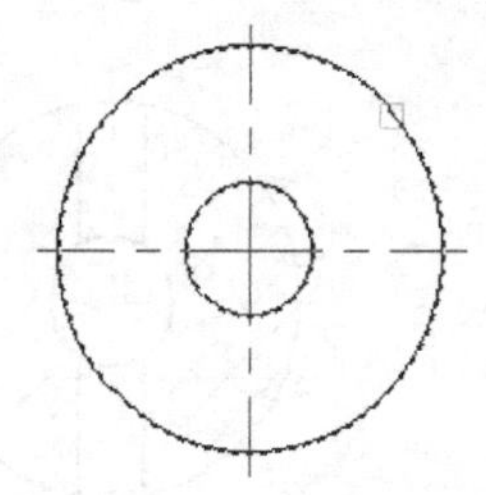

图 3-48 拾取边界曲线

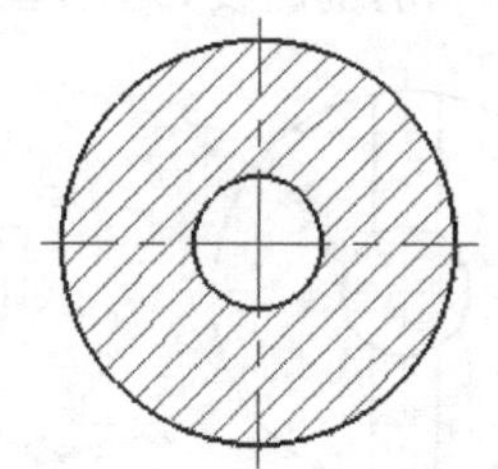

图 3-49 绘制剖面线

需要注意的是，要求所拾取的曲线能够构成互不相交的封闭环，否则无法生成剖面线。如果碰到拾取边界曲线不能生成互不相交的封闭的环的情况，那么应该改为采用拾取点的方式。

3.2.10 填充

用户可以对封闭区域的内部进行实心填充。填充实际是一种图形类型，它可对封闭区域的内部进行填充，多用于涂黑某些制件剖面。填充示例如图 3-50 所示。

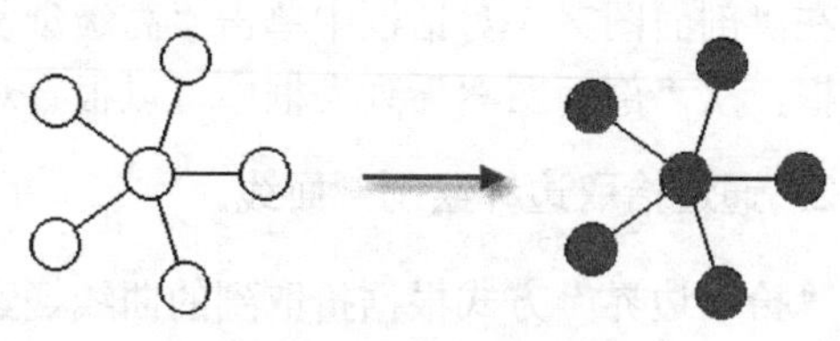

图 3-50 填充示例

填充操作比较简单，即在功能区“常用”选项卡的“绘图”面板中单击“填充”按钮，接着在立即菜单“1.”中设置“独立”或“非

独立”，在“2.允许的间隙公差”中设置允许的间隙公差，然后在要填充的封闭区域内任意拾取一点，可以连续拾取其他封闭区域内任意一点，右击即可完成填充操作。“独立”选项用于使每个封闭区域的填充都是一个独立对象，而“非独立”选项则用于使此次操作所有封闭区域的填充都属于一个填充对象。

3.3 高级曲线绘制

通常将由基本图形元素组成的一些特定的图形（或曲线）统称为高级曲线。本书将点、正多边形、椭圆、波浪线、孔/轴、双折线、局部放大图、公式曲线、箭头、齿形和圆弧拟合样条等归纳在高级曲线的范畴里，并对这些高级曲线的绘制方法及技巧进行详细介绍。

3.3.1 绘制点

绘制点包括两种典型情形，即在屏幕指定位置处绘制一个孤立的点，或者在曲线上创建等分点和等距点。在绘制点之前先定制好所需的当前点样式。

绘制点的典型方法和步骤如下。

（1）在功能区“常用”选项卡的“绘图”面板中单击“点”按钮·。

（2）在立即菜单“1.”中可以选择“孤立点”“等分点”或“等距点”选项，如图3-51所示。

图3-51　绘制点的立即菜单

（3）根据设计需求，执行以下操作之一。

❶ 选择“孤立点”选项，则可以使用光标在绘图区拾取点，或通过键盘直接输入点坐标。在一些设计场合可利用工具点菜单，捕捉端点、中点、圆心点等特征点来绘制一个孤立点，可以继续绘制其他孤立点。

❷ 选择“等分点”选项，接着在立即菜单“2.等分数”文本框中输入等分数，然后拾取要在其上创建等分点的曲线并右击，则在该曲线上创建出等分点，如图3-52所示的示例。

（a）在立即菜单中操作　　（b）选择要等分的曲线

图3-52　创建等分点的示例

❸ 选择“等距点”选项，此时单击立即菜单“2.”，可以在“指定弧长”和“两点确定弧长”方式之间切换。当选择“指定弧长”方式时，则需要在“3.弧长”文本框中设定每段弧的长度，在“4.等分数”文本框中设定等分份数，然后拾取要等分的曲线，并在提示下分别拾取起始点、等分方向，从而在所选的曲线上绘制出等弧长点；当选择“两点确定弧长”方式时，在“3.等分数”文本框中输入等分份数，接着在提示下依次拾取要在其上创建等距点的曲线、起始点、等弧长点（可输入弧长），则在该曲线上绘制出等弧长点。例如，在圆弧上创建出等弧长点的示例如图3-53所示。

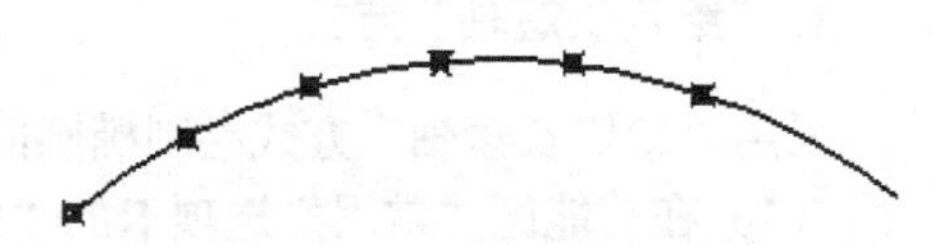

图3-53　在圆弧上绘制等距点的示例

3.3.2 绘制正多边形

在绘图区的指定位置处绘制一个给定半径、边数的正多边形，如正方形、正五边形、正六边形和正七边形等。多边形生成后属性为多段线。

（1）在功能区“常用”选项卡的“绘图”面板中单击“正多边形”按钮。

（2）在立即菜单“1.”中选择“中心定位”或“底边定位”选项。

（3）当设置为“1.中心定位”时，那么可以单击立即菜单“2.”以在“给定半径”和“给定边长”选项之间切换，选项不同则要设定的参数也会有所不同。如果选择“给定半径”选项，那么还需要在“3.”中选择“内接于圆”或“外切于圆”选项，并需要分别设置“4.边数”和“5.旋转角”等参数或选项，如图 3-54 所示。

图 3-54　按“中心定位”设置立即菜单参数和选项

然后在提示下输入中心点，并在提示下指定圆上点或外接圆（或内切圆）半径。

（4）当设置“1.”为“底边定位”时，则可根据制图需求分别设置“2.边数”、“3.旋转角”参数值和“4.”选项，如图 3-55 所示。

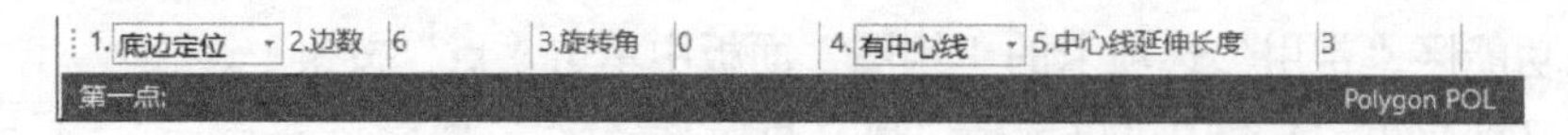

图 3-55　按“底边定位”设置立即菜单参数和选项

在提示下输入第一点，接着输入第二点或边长。

【课堂范例】：绘制 4 个正多边形

范例要求绘制的 4 个正多边形如图 3-56 所示。有兴趣的读者可以采用上述方法来绘制这些正多边形。

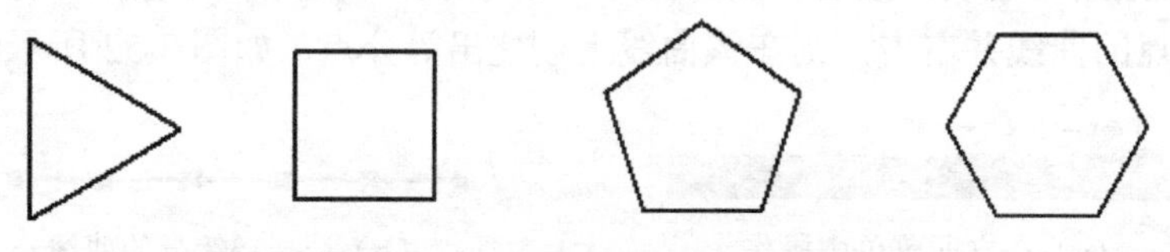

图 3-56　绘制正多边形的示例

3.3.3 绘制椭圆

绘制椭圆的方式包括“给定长短轴”“轴上两点”“中心点_起点”。下面结合实例介绍使用这些方式绘制椭圆。

1. “给定长短轴”方式

采用“给定长短轴”方式绘制椭圆的方法和步骤如下。

（1）在功能区“常用”选项卡的“绘图”面板中单击“椭圆”按钮。

（2）在立即菜单“1.”中选择“给定长短轴”选项。

（3）在立即菜单中设置“2.长半轴”“3.短半轴”“4.旋转角”“5.起始角”“6.终止角”参数，如图 3-57 所示。

（4）在“基准点：”的提示下输入基准点的坐标为（300,0），按 Enter 键确认后完成的椭圆如图 3-58 所示。

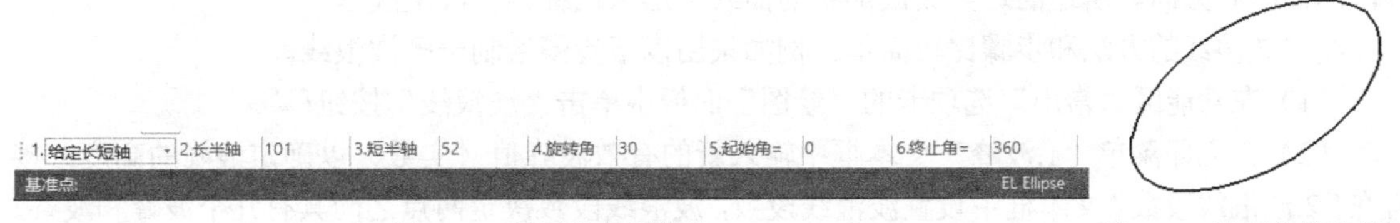

图 3-57 椭圆的立即菜单

图 3-58 绘制完整的椭圆

知识点拨： 如果在椭圆绘制的立即菜单中设置椭圆的起始角为 0，终止角为 270，那么绘制的椭圆弧如图 3-59 所示。

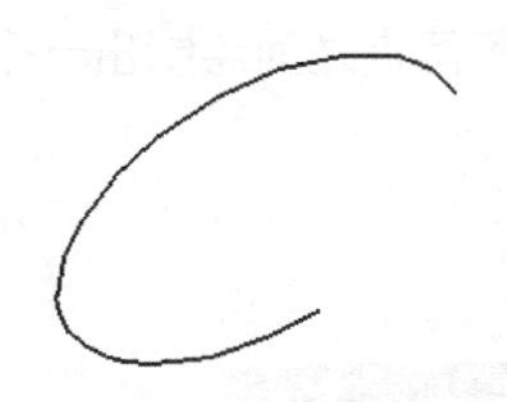

图 3-59 绘制一段椭圆弧

2. “轴上两点”方式

采用“轴上两点”方式绘制椭圆的方法和步骤如下。

（1）在功能区“常用”选项卡的“绘图”面板中单击“椭圆”按钮。

（2）在立即菜单“1.”中选择“轴上两点”选项。

（3）输入轴上第一点的坐标为（310,0），接着输入轴上第二点的坐标为（500,0）。

（4）输入另一半轴的长度为 65。完成绘制的椭圆如图 3-60 所示。

3. “中心点_起点”方式

采用“中心点_起点”方式绘制椭圆的方法和步骤如下。

（1）在功能区“常用”选项卡的“绘图”面板中单击“椭圆”按钮。

（2）在立即菜单“1.”中选择“中心点_起点”选项。

（3）在“中心点”提示下使用键盘输入“300,200”，按 Enter 键。

（4）在“起点”提示下使用键盘输入“360,119”，按 Enter 键。

（5）在“另一半轴的长度”提示下使用键盘输入“200”，按 Enter 键。

使用“中心点_起点”方式绘制的椭圆效果如图 3-61 所示。

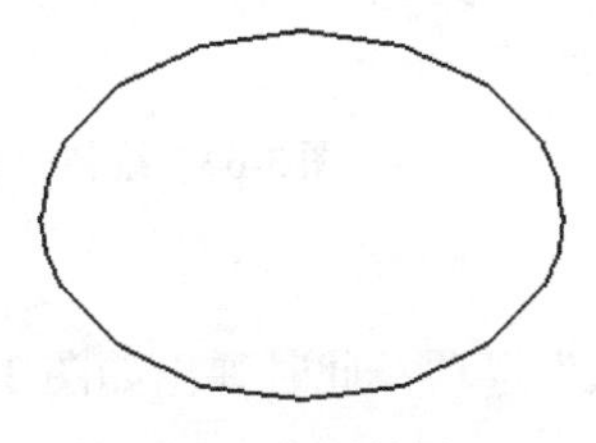

图 3-60 绘制的椭圆

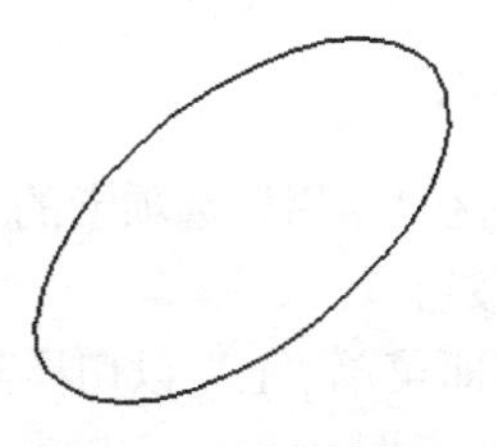

图 3-61 绘制的椭圆

3.3.4 绘制波浪线

用户可以按照给定的方式绘制波浪形状的曲线，改变该曲线的波峰高度则可以调整波浪曲线各段的曲率和方向。所述的这类波浪形状的曲线被形象地称为“波浪线”。

绘制波浪线的方法和步骤比较简单。例如采用以下步骤绘制一条波浪线。

（1）在功能区“常用”选项卡的“绘图”面板中单击“波浪线”按钮。

（2）在立即菜单“1.波峰”文本框中输入新的有效波峰值（实数）以确定浪峰的高度；接着在“2.波浪线段数”文本框中设置波浪线段数，波浪线段数决定两点之间具有几个波峰和波谷。例如，将波峰值设为值 10，波浪线段数设为 1，如图 3-62 所示。

（3）系统按照连续指定几个点，从而绘制出一条波浪线，其中每指定的两个相邻点之间会形成一个波峰和一个波谷（波浪线段数为 1 时）。例如在本例中用鼠标在图形区域连续指定几个点，那么一条波浪线便显示出来，在每两点之间绘制出一个波峰和一个波谷，右击结束命令，完成绘制的波浪线示例如图 3-63 所示。

图 3-62　设置波峰和波浪线段数

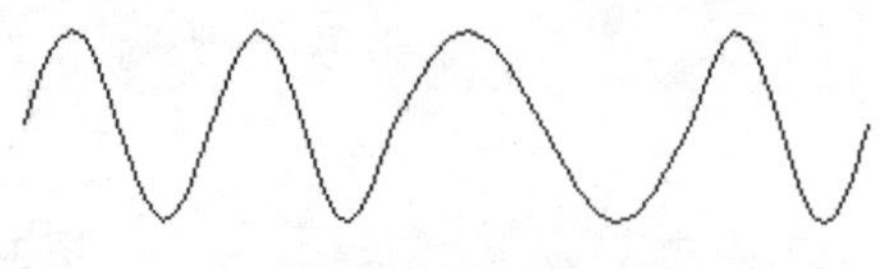

图 3-63　绘制的波浪线

3.3.5 绘制样条曲线

样条曲线在某些工程图中会使用到。用户可以通过若干点（样条插值点）来生成平滑的样条曲线。系统允许通过直接作图（点输入方式）来创建样条曲线，也允许从外部样条数据文件中直接读取数据来绘制样条曲线。

1. 直接作图

（1）在功能区“常用”选项卡的“绘图”面板中单击“样条”按钮。

（2）在立即菜单“1.”中接受默认的“直接作图”选项。

（3）在立即菜单“2.”中选择“缺省切矢”或“给定切矢”选项，在立即菜单“3.”中选择“开曲线”或“闭曲线”选项，在立即菜单“4.”中设定拟合公差（默认的拟合公差为 0）。

（4）在这里以选择“1.直接作图”“2.缺省切矢”“3.开曲线”为例，在“输入点”的提示下使用鼠标拾取或通过键盘输入一系列点，则系统绘制一条样条曲线，如图 3-64 所示。

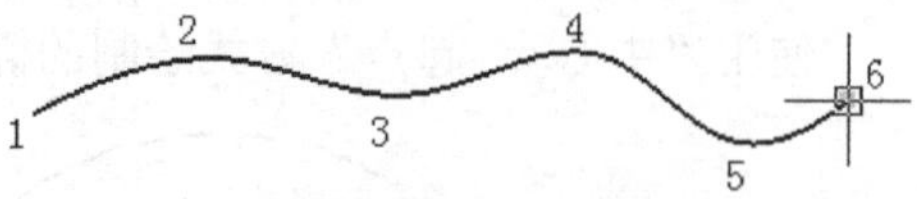

图 3-64　绘制一条样条曲线

2. 从文件读入

（1）在功能区“常用”选项卡的“绘图”面板中单击“样条”按钮。

（2）单击立即菜单“1.”以切换到“从文件读入”选项，此时弹出如图 3-65 所示的“打开样条数据文件”对话框。

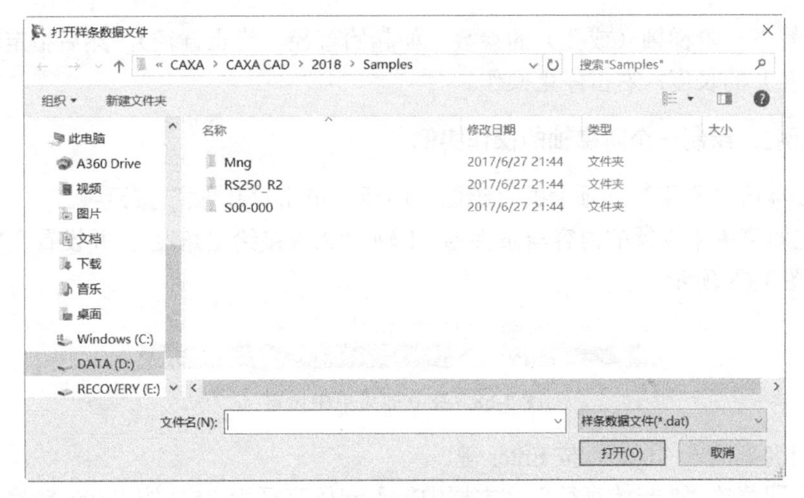

图 3-65　“打开样条数据文件”对话框

（3）通过“打开样条数据文件”对话框选择所需要的数据文件（格式为*.dat），单击“打开”按钮，系统将读取文件中的数据来绘制样条曲线。

3.3.6　绘制孔/轴

在 CAXA 电子图板中提供的“孔/轴”功能是很实用的，使用该功能可以在给定位置绘出带有中心线的轴和孔，也可以绘出带有中心线的圆锥孔和圆锥轴。

绘制孔/轴的典型操作方法和步骤如下。

（1）在功能区“常用”选项卡的“绘图”面板中单击“孔/轴”按钮。

（2）单击立即菜单“1.”，可以在“孔”和“轴”之间切换。轴和孔的绘制方法都是相同的，只是在绘制孔时系统省略孔两端的端面线，如图 3-66 所示。

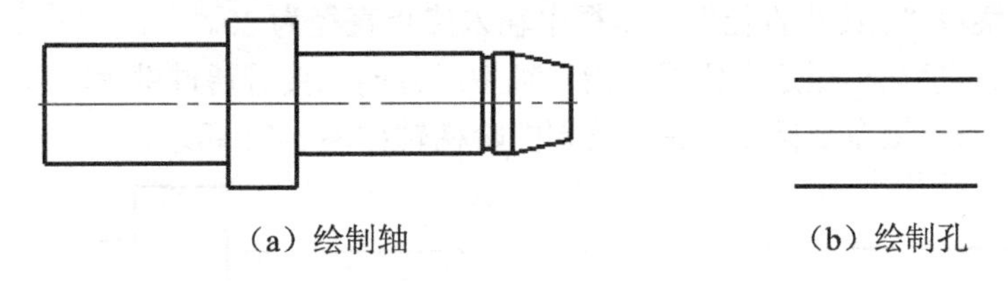

（a）绘制轴　　（b）绘制孔

图 3-66　绘制孔/轴

（3）单击立即菜单“2.”，可以在“直接给出角度”和“两点确定角度”选项之间切换。

（4）移动光标或使用键盘输入一个插入点。此时立即菜单出现的相关内容如图 3-67 所示。

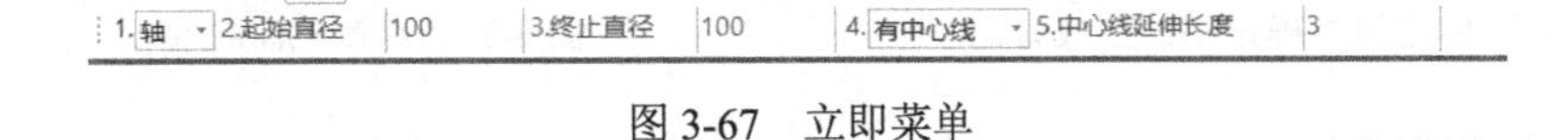

图 3-67　立即菜单

（5）分别设置起始直径、终止直径，并可以单击立即菜单“4.”以选择“有中心线”或“无中心线”选项。选择“有中心线”选项时，表示在要绘制的轴或孔上自动添加中心线，并可以设置中心线延伸长度；若选择“无中心线”选项时，则绘制的轴或孔上不会被添加上中心线。

（6）根据提示进行操作来绘制当前设定参数的一段轴或孔。完成一段轴（或孔）后，可根据设计要求设置下一阶梯轴（或孔）的参数（如起始直径、终止直径），然后指定轴（或孔）上一点或轴（或孔）的长度，右击停止操作。

【课堂范例】：绘制一个阶梯轴的操作实例

（1）在功能区“常用”选项卡的“绘图”面板中单击“孔/轴”按钮。

（2）在立即菜单中设置的内容与条件为“1.轴”“2.直接给出角度”，并设置“3.中心线角度”的值为 0，如图 3-68 所示。

图 3-68　在立即菜单中设置

（3）使用键盘输入“0,0”，按 Enter 键。

（4）在立即菜单“2.起始直径”文本框中输入起始直径为 25，按 Enter 键确认后，立即菜单如图 3-69 所示，终止直径也随之默认为 25。

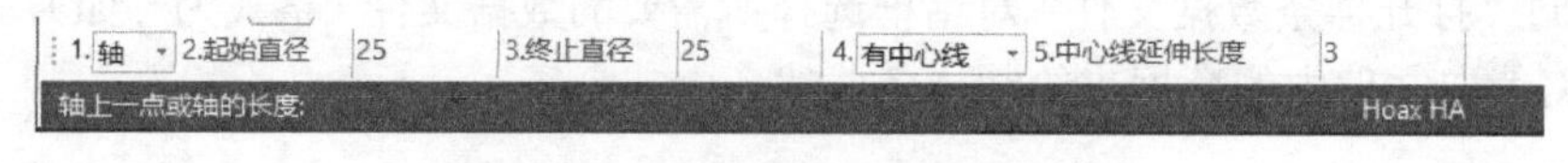

图 3-69　设置起始直径和终止直径

（5）移动光标至 X 轴正方向区域，在“轴上一点或轴的长度”提示下输入“38”，按 Enter 键。输入的“38”表示轴的长度为 38。

（6）在立即菜单“2.起始直径”文本框中输入新的起始直径为 45。系统自动也将终止直径设置为 45。

（7）将光标向要绘制轴的右侧方向移动，如图 3-70 所示，接着通过键盘输入轴的长度为 15，按 Enter 键。

（8）在立即菜单“2.起始直径”文本框中输入新一段的起始直径为 30。

（9）在立即菜单“3.终止直径”文本框中输入终止直径为 20。

（10）向右侧移动光标至适当位置以指示轴生成方向，接着通过键盘输入轴的长度为 30。

（11）右击，结束该命令操作。完成绘制的阶梯轴如图 3-71 所示。

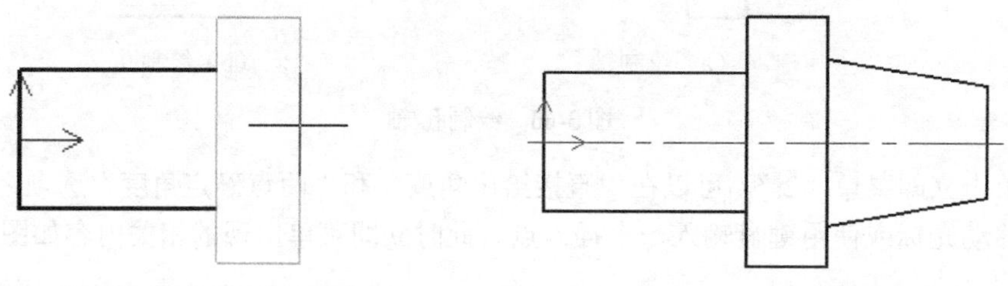

图 3-70　使用鼠标确定轴的生成方向　　　图 3-71　绘制的阶梯轴

3.3.7　绘制双折线

在实际设计中，使用双折线来表示一些按比例绘制会超出图幅限制的图形，使绘制的图形得以完全位于图幅图框内。用户可以通过直接输入两点来绘制双折线，也可以通过拾取现有的一条直线来将其改变为双折线。

绘制双折线的典型方法和步骤如下。

（1）在功能区“常用”选项卡的“绘图”面板中单击“双折线”按钮。

（2）在立即菜单“1.”中单击，可以切换为“折点个数”或“折点距离”选项。

☑ 折点个数：需要在立即菜单“个数”中设置折点的个数，并在“峰值”中设定双折线的峰值，然后拾取直线或点来生成给定折点个数的双折线。

☑ 折点距离：需要在立即菜单“长度（距离）”中设置折点的距离值，并在“峰值”中设定双折线的峰值，然后拾取直线或点来生成给定折点距离的双折线。

双折线的示例如图 3-72 所示。

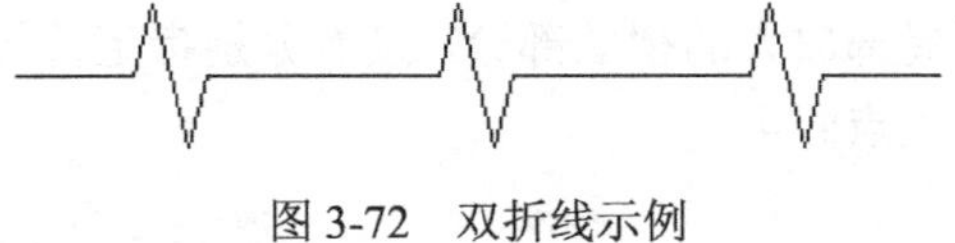

图 3-72 双折线示例

3.3.8 绘制局部放大图曲线

用户可以按照给定参数生成对局部图形进行放大的视图，设置边界形状圆形边界或矩形边界。对放大后的视图进行标注尺寸数值与原图形保持一致。图 3-73 是局部放大的典型示例，图中将六角头螺杆带孔螺栓中螺纹尾部处分别用圆形窗口和矩形窗口两种方式进行放大。

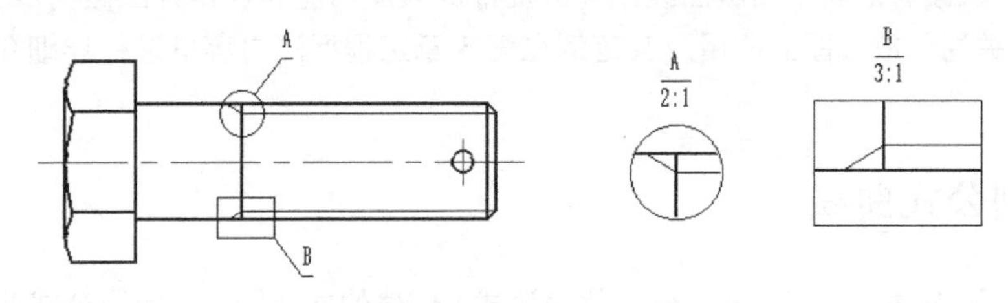

图 3-73 绘制局部放大图示例

要创建局部放大图曲线，可以在功能区“常用”选项卡的“绘图”面板中单击“局部放大”按钮，弹出立即菜单。在立即菜单项“1.”中可以选择“圆形边界”或“矩形边界”选项来设置局部放大图的边界。

1. 圆形边界

当在立即菜单项“1.”中选择“圆形边界”选项时，需要在“2.”中选择“加引线”或“不加引线”选项，在“3.放大倍数”文本框中输入放大比例（放大倍数），并在“4.符号”文本框中指定局部视图的名称符号，以及在“5.”中选择“保持剖面线图样比例”或“缩放剖面线图样比例”选项，如图 3-74 所示。接着在绘图区指定局部放大图形中心点，输入圆形边界上的一点或输入圆形边界的半径，此时系统提示“符号插入点”。如果不需要标注符号文字则右击，否则，移动光标在屏幕上选择合适的符号文字插入位置并单击插入符号文字，然后在屏幕上指定合适的位置作为实体插入点（放置放大视图位置点），并输入角度或根据实际需要进行确定。

图 3-74 采用圆形边界局部放大时

2. 矩形边界

当在立即菜单“1.”中选择“矩形边界”时，需要在“2.”中选择“边框可见”或“边框不可见”。如果在“2.”中选择“边框可见”时，则在“3.”中设置加引线或不加引线，在“4.放大倍数”中指定放大比例，在“5.符号”文本框中指定局部视图的名称，在“6.”中选择“保持剖面线图样比例”或“缩放剖面线图样比例”，如图 3-75 所示。如果在“2.”中选择“边框不可见”时，则不用设置是否加引线（此时立即菜单中没有这一项），而是直接在“3.放大倍数”文本框中指定放大比例，在“4.符号”文本框中指定局部视图的符号名称，在“5.”中选择“保持剖面线图样比例”或“缩放剖面线图样比例”，如图 3-76 所示。在立即菜单中设置相关的选项内容后，分别指定两个角点来表示要局部放大的视图部分，接着分别指定符号插入点、实体插入点、放置角度和带比例信息的符号插入点即可。

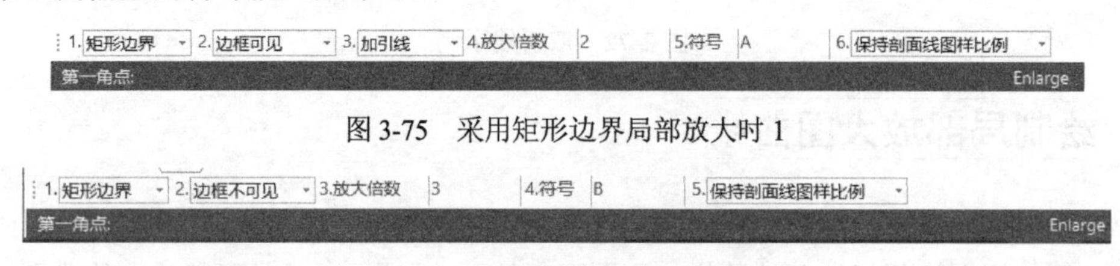

图 3-75　采用矩形边界局部放大时 1

图 3-76　采用矩形边界局部放大时 2

本小节只要求读者对属于高级曲线范畴的局部放大图功能和操作方法做初步了解（从曲线类别出发），而有关局部放大图的应用及其范例在第 5 章工程标注内容里进行详细介绍（从应用角度出发）。

3.3.9　绘制公式曲线

公式曲线是指根据数学表达式（或参数表达式）创建的曲线图形。使用公式曲线可绘制出更复杂的精确图形。在设计中，用户只需要在交互界面中输入数学公式，设定参数，系统便可以自动绘制出该数学公式描述的曲线。

【课堂范例】：通过三角函数绘制一条公式曲线的典型范例

范例步骤如下。

（1）在功能区“常用”选项卡“绘图”面板中单击“公式曲线”按钮，打开如图 3-77 所示的“公式曲线”对话框。

（2）在“坐标系”选项组中选中“直角坐标系”或“极坐标系”单选按钮，本例使用“直角坐标系”进行操作。

（3）在“参数”选项组中，设置参变量、起始值和终止值，定制单位。并在相应的编辑文本框中输入公式名、公式和精度，然后单击“预显”按钮，此时要绘制的公式曲线将显示在对话框中上部位的预览框中，如图 3-78 所示。

知识点拨： 在“公式曲线”对话框中还提供了“存储”和“删除”两个按钮。“存储”按钮用于保存当前设置的曲线公式，“删除”按钮用于删除从列出的已存在公式曲线库中选定的曲线。

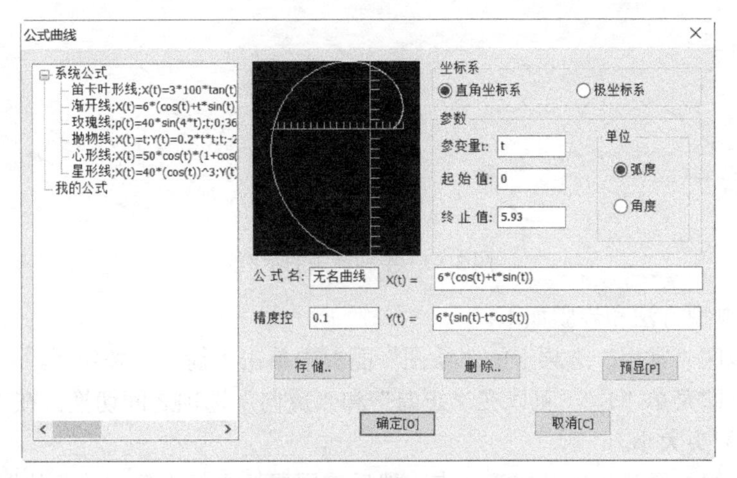

图 3-77　“公式曲线”对话框

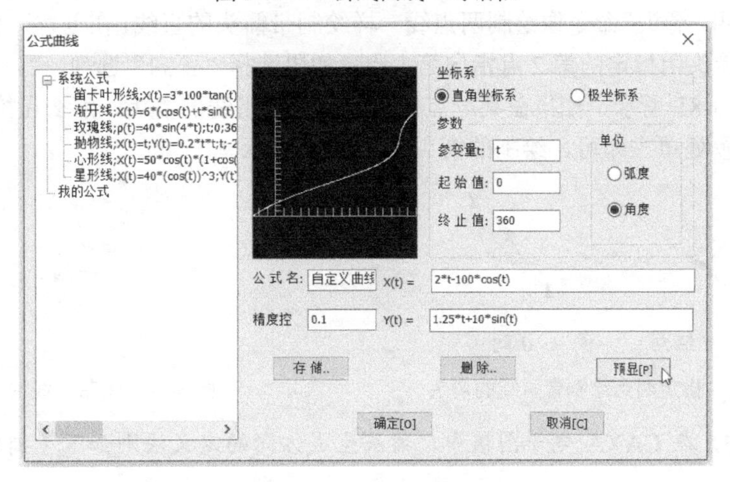

图 3-78　定制公式曲线

（4）在“公式曲线”对话框中单击“确定”按钮。

（5）指定曲线定位点。例如，通过键盘输入定位点的坐标为（500,102），确认后在绘图区可以看到绘制好的公式曲线，如图 3-79 所示。

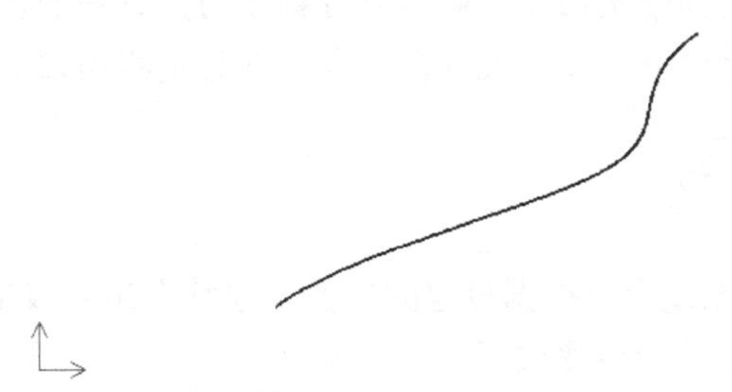

图 3-79　绘制的公式曲线

3.3.10　绘制箭头

用户可以在样条、圆弧、直线或某一个点处绘制指定正方向或反方向的一个实心箭头，如

图 3-80 所示。

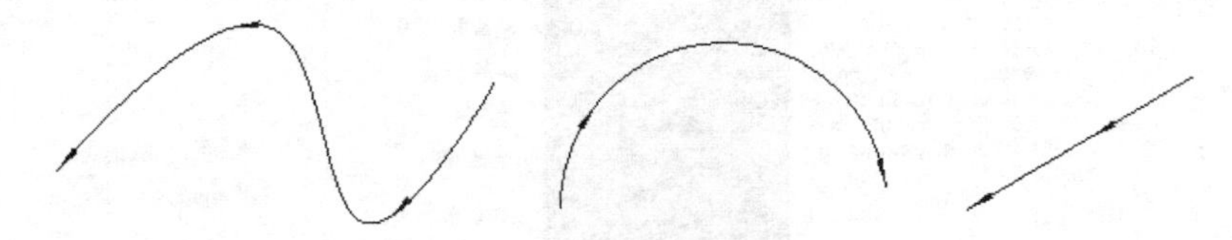

图 3-80　绘制箭头的示例

绘制箭头的典型方法和步骤如下。

（1）在功能区“常用”选项卡的“绘图”面板中单击“箭头”按钮。

（2）单击立即菜单“1.”，可以在“正向”和“反向”选项之间切换。在“2.箭头大小”文本框中可以设置箭头大小。

（3）拾取直线、圆弧、样条或第一点，然后使用鼠标光标来确定箭头位置。

用户可以使用“箭头”命令像绘制两点线一样绘制带箭头的直线，在创建过程中如果选择“反向”选项，那么箭头由指定的第 2 点指向第 1 点；如果选择“正向”选项，那么箭头由第 1 点指向第 2 点，如图 3-81 所示。如果在某一点处要绘制不带引线的箭头，那么在拾取该点后移动光标至箭头适当位置处单击即可，绘制的箭头如图 3-82 所示。

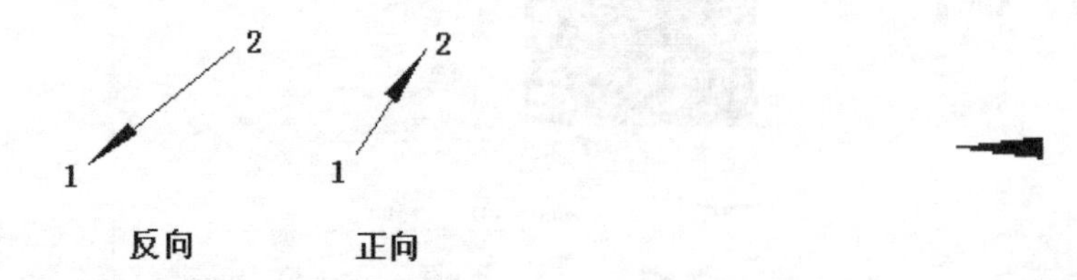

图 3-81　指定两点绘制带引线的箭头　　　　图 3-82　不带引线的箭头

知识点拨： 在 CAXA 电子图板中，箭头生成方向的定义法则如下（摘自 CAXA 电子图板帮助文件）。

☑ 直线：当箭头指向与 X 正半轴的夹角大于等于 0°，小于 180° 时为正向，大于等于 180° 小于 360° 时为反向。

☑ 圆弧：逆时针方向为箭头的正方向，顺时针方向为箭头的反方向。

☑ 样条：逆时针方向为箭头的正方向，顺时针方向为箭头的反方向。

☑ 指定点：指定点的箭头无正、反方向之分，它总是指向该点的。

3.3.11 绘制齿轮齿形

在 CAXA 电子图板中系统允许根据设定的参数生成整个齿轮或生成给定个数的齿形。

绘制齿轮齿形的典型方法和步骤如下。

（1）在功能区“常用”选项卡的“绘图”面板中单击“齿形”按钮。

（2）在打开的“渐开线齿轮齿形参数”对话框中设置齿轮的基本参数（包括齿数、压力角、模数和变位系数）以及其他参数（如齿顶高系数和齿顶隙系数等），如图 3-83 所示。

（3）设置好齿轮的相关参数后，单击“下一步”按钮，系统弹出“渐开线齿轮齿形预显”对话框，如图 3-84 所示。

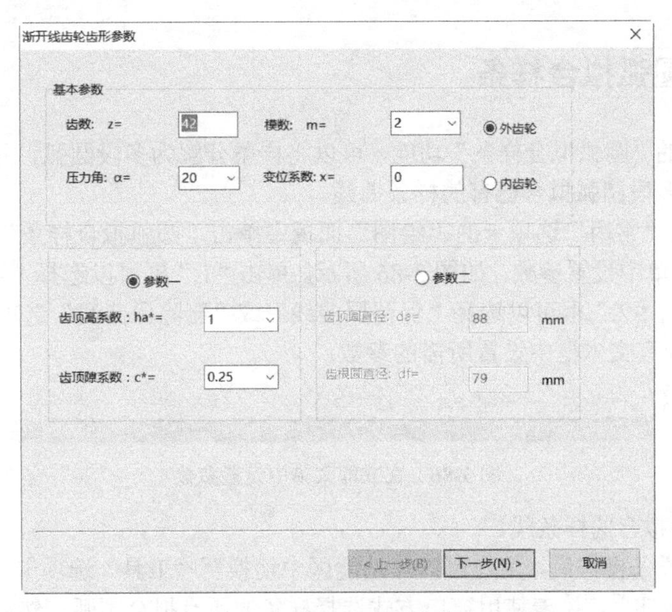

图 3-83 “渐开线齿轮齿形参数”对话框

在该对话框中，可以根据经验或设计手册设置齿顶过渡圆角半径、齿根过渡圆角半径、有效齿数、有效齿起始角和精度等。设定参数后单击“预显”按钮来观察要生成的齿形。

如果要修改上一步设置的参数，那么可以单击“上一步”按钮返回到“渐开线齿轮齿形参数”对话框进行设置操作。

在“渐开线齿轮齿形预显”对话框中单击“完成”按钮，然后指定齿轮定位点即可完成绘制按照参数设定的齿轮形状。齿轮绘制示例如图 3-85 所示。要绘制完整齿形，需要在先前的“渐开线齿轮齿形预显”对话框中取消选中“有效齿数”复选框。

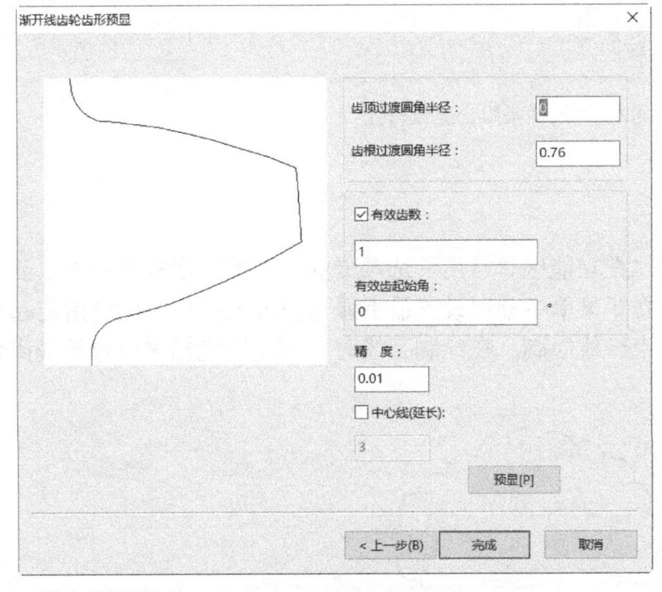

图 3-84 “渐开线齿轮齿形预显”对话框

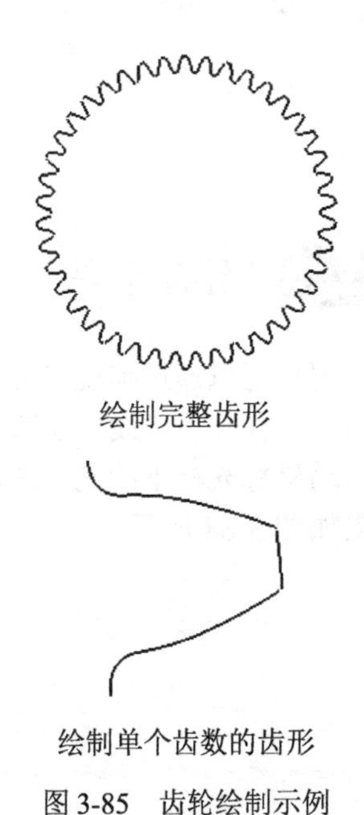

图 3-85 齿轮绘制示例

3.3.12 绘制圆弧拟合样条

使用系统提供的“圆弧拟合样条”功能，可以将样条分解为多段圆弧，并且可以指定拟合精度，也就是可以用多段圆弧拟合已有的样条曲线。

（1）在功能区“常用”选项卡的“绘图”面板中单击“圆弧拟合样条”按钮。

（2）在立即菜单中设置参数，如图 3-86 所示。单击“1.”框可以选择“不光滑连续”或“光滑连续”选项；单击“2.”框可以选择“保留原曲线”或“删除原曲线”选项；在“3.拟合误差”和“4.最大拟合半径”文本框中设置所需的参数。

图 3-86　在立即菜单中设置参数

（3）拾取需要拟合的样条线。

完成圆弧拟合样条操作后，用户可以在功能区中切换至“工具”选项卡，从“查询”面板中单击“元素属性”按钮，接着使用窗口方式选择样条的所有拟合圆弧，然后右击确定，则系统弹出一个记事本窗口，显示各拟合圆弧的属性，如图 3-87 所示。

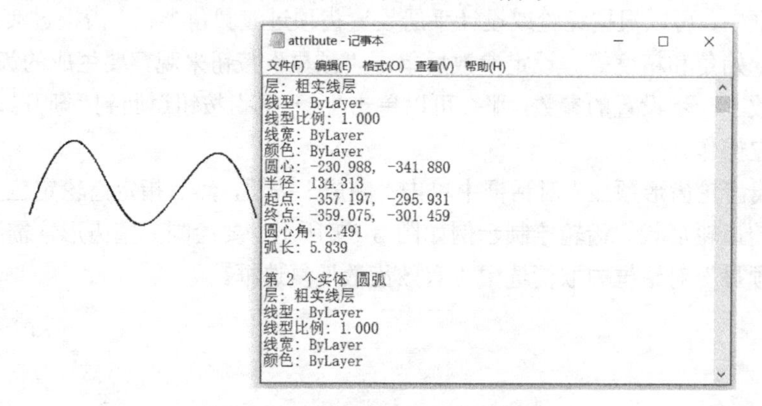

图 3-87　查询样条拟合圆弧属性

3.3.13 绘制云线

用户可以通过拖曳光标创建云线。在功能区“常用”选项卡的“绘图”面板中单击“云线”按钮，打开“云线”立即菜单，在立即菜单中分别设置最小弧长和最大弧长，接着指定起点，并移动鼠标光标来绘制云线，右击结束云线绘制。在绘制云线时，可使用光标来引导云线闭合，结果如图 3-88 所示。

图 3-88　绘制云线

3.4　绘制文字

在工程制图工作中，通常需要在图纸上注写各种技术说明，包括常见的技术要求等。

在功能区“常用”选项卡的“标注”面板中单击“文字”按钮A，出现立即菜单，在“1.”下拉菜单中提供了文字的 4 种绘制方式，即“指定两点”“搜索边界”“曲线文字”“递增文字”。

1. 指定两点

当选择“指定两点”方式时，接着根据提示使用鼠标指定要标注文字的矩形区域的第一角点和第二角点，系统弹出“文本编辑器”对话框和文字输入框，如图 3-89 所示。在“文本编辑器”对话框中设置文字参数，在文字输入框中输入文字，然后单击“确定”按钮即可。

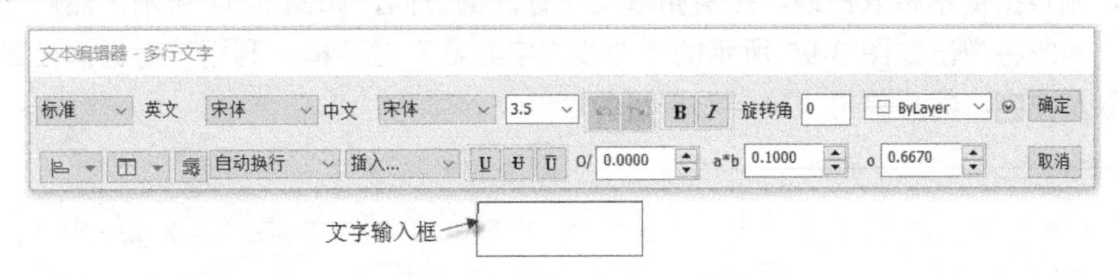

图 3-89　文字编辑器与文字输入框

利用“文本编辑器”对话框可以单独编辑在文字输入框内选择的文字的相关属性，如字高、颜色、字体等，如图 3-90 所示的文本编辑示例。

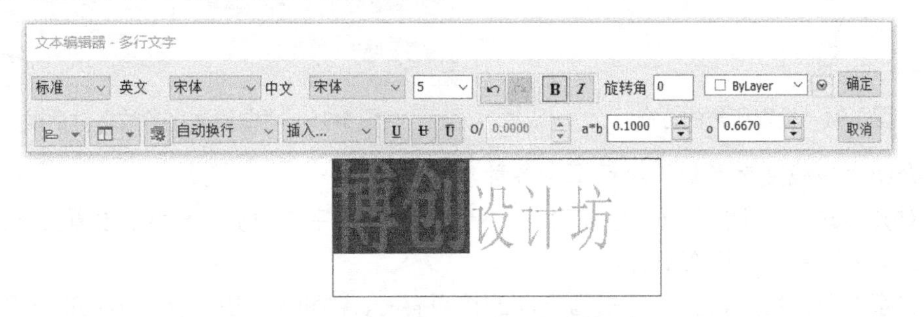

图 3-90　编辑指定文字的字高等属性

文字创建好了之后，如需修改可以在绘图区双击当前文字，弹出“文本编辑器”对话框与当前文本的输入框，然后即可修改文字的相关属性，如颜色、字体或字高等。

2. 搜索边界

当选择“搜索边界”方式时，需要设置边界缩进系数（见图 3-91），以及拾取环内一点，系统在封闭环内根据边界缩进系数而出现一个矩形的文字输入框，同时将弹出“文本编辑器”对话框，如图 3-92 所示。输入文字和编辑文本属性，然后单击“确定”按钮即可。

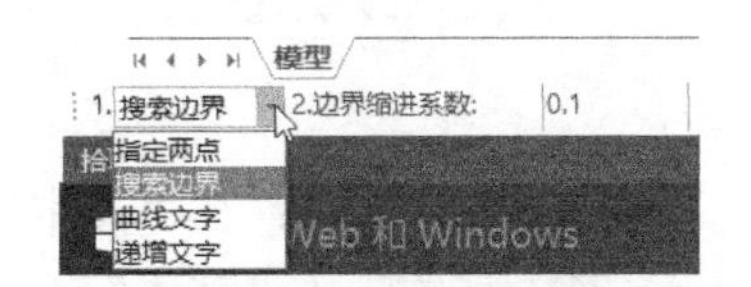

图 3-91　设置边界间距

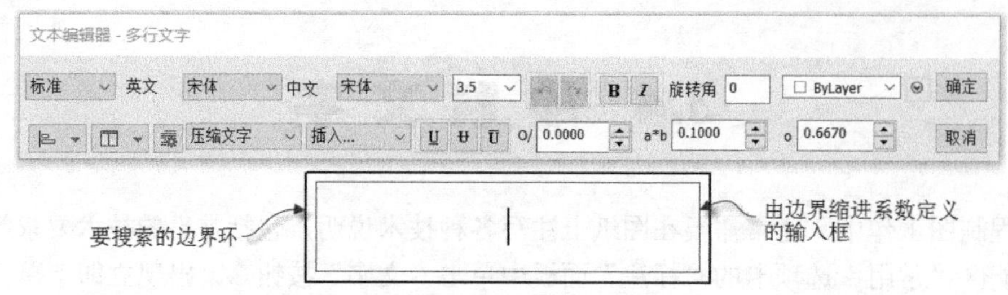

图 3-92　文本编辑器与文字输入框

在矩形边界内绘制文字的示例如图 3-93 所示。

3. 曲线文字

当选择“曲线文字”方式，或者在功能区“常用”选项卡的“标注”面板中单击“曲线文字”按钮时，则根据提示拾取曲线，接着拾取文字标注的方向，如图 3-94 所示，然后分别指定起点和终点，系统将弹出如图 3-95 所示的“曲线文字参数”对话框，利用该对话框设置曲线文字的相关参数及内容，然后单击“确定”按钮即可。

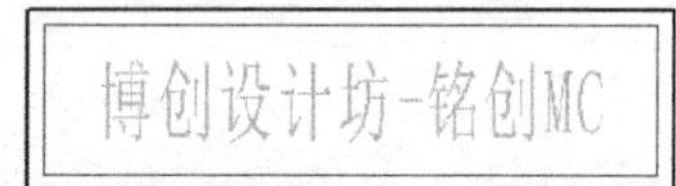

图 3-93　以“搜索边界”方式完成的文字

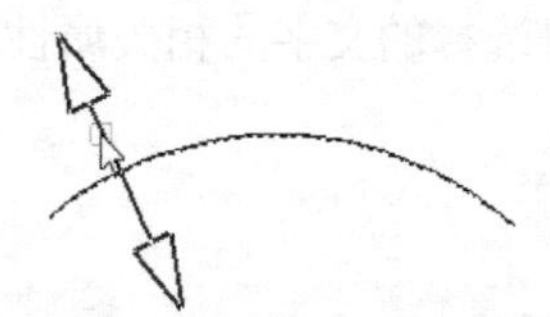

图 3-94　拾取所需的方向

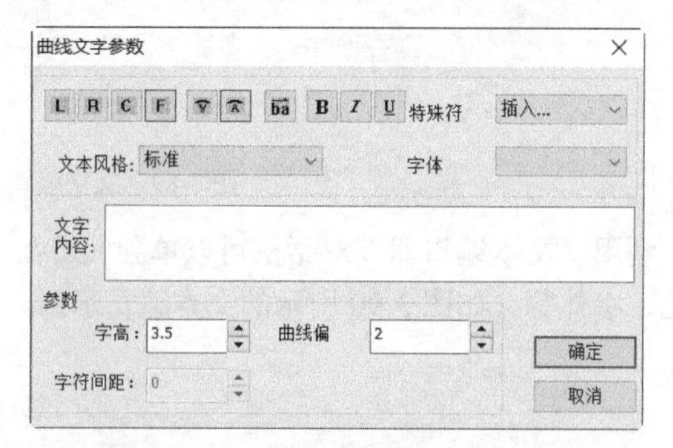

图 3-95　“曲线文字参数”对话框

下面介绍“曲线文字参数”对话框中各种参数和含义。

☑ 对齐方式：用于设置文字左对齐，用于设置文字右对齐，用于设置文字居中对齐，用于设置文字均布对齐。

☑ 文字方向：用于设置文字书写方向的按钮有、和。应用文字方向的典型示例（提供 3 种情形图例）如图 3-96 所示，三者的对齐方式均为（文字均布对齐）。

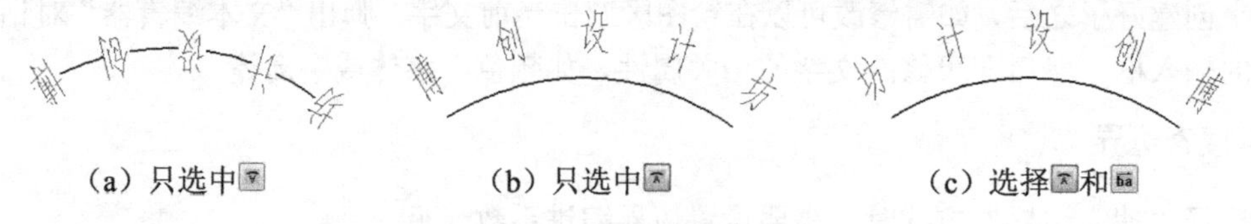

（a）只选中　（b）只选中　（c）选择和

图 3-96　文字书写方向的典型示例

☑ 文本风格：在“文本风格”下拉列表框中选择所需的文本风格。

☑ 字体：从“字体”下拉列表框中可以根据需要更改字体。

☑ 文字内容：在“文字内容”文本框中输入文字，如果需要则可以使用“插入”下拉列表框来插入一些特殊符号，如“Φ”“° ”“±”“×”“%”“偏差”“上下标”“分

数”“粗糙度”“尺寸特殊符号”“约等于”“开始上画线”“开始下画线”等。

☑ 文字参数：在“参数”选项组中可以设置字符间距、字高和曲线偏移参数（即文字与曲线的偏移距离）。

使用“曲线文字”方式绘制的一个文本效果如图 3-97 所示。

图 3-97 绘制的文本效果

4. 递增文字

当选择“递增文字”方式，或者在功能区“常用”选项卡的“标注”面板中单击“递增文字”按钮时，接着在图形窗口中拾取带有可递增字母或数字的单行文字，例如选择字母“A”（所选单行文字只有此字母），则立即菜单变为如图 3-98 所示，在此立即菜单中分别设置递增文字参数，包括距离、数量、增量，然后在图形窗口中确定递增文字的放置方位即可。这里所谓的“距离”是指生成的递增文字与原文字之间的距离，“数量”是指生成递增文字的数量（例如，数量为 2 时，表示生成两个递增文字）。

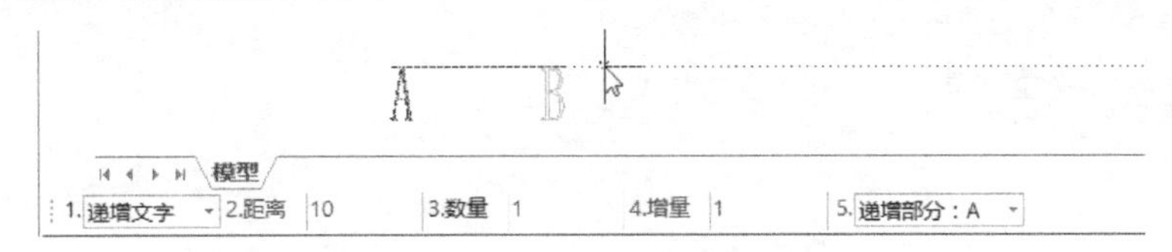

图 3-98 设置递增文字参数

生成递增文字的示例如图 3-99 所示。

图 3-99 生成递增文字的示例

【课堂范例】：在绘图区绘制如图 3-100 所示的标注文本

该范例标注文本的绘制步骤如下。

（1）在功能区“常用”选项卡的“标注”面板中单击“文字”按钮**A**。

（2）单击立即菜单“1.”，选择“指定两点”选项。

（3）在绘图区域分别指定两点来定义标注文字的矩形区域，如图 3-101 所示。

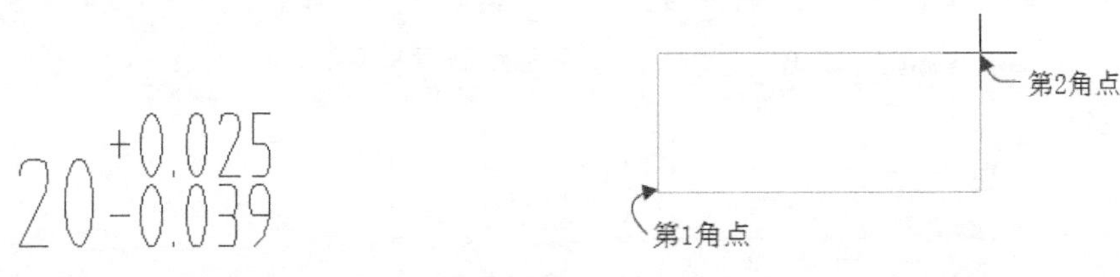

图 3-100 绘制文本示例

图 3-101 指定矩形区域

（4）系统弹出一个文字输入框和“文本编辑器”对话框。在“文本编辑器”对话框的文本样式下拉列表框中选择“机械”，单击“对齐方式”按钮并接着从其下拉列表中选择“居中对齐”，单击“分栏设置”按钮并接着选择“不分栏”选项，以及设置字高等，接着在文字输入框中输入“20”，如图 3-102 所示。

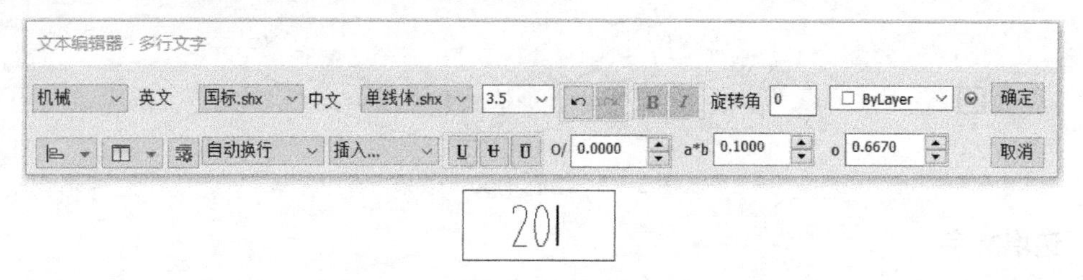

图 3-102　设置文本属性和输入基本文本

（5）在“文本编辑器”对话框的“插入”下拉列表框中选择“偏差”，如图 3-103 所示，系统弹出“上下偏差”对话框。设置上偏差为“+0.025”，下偏差为“−0.039”，如图 3-104 所示，然后单击“上下偏差”对话框中的“确定”按钮。

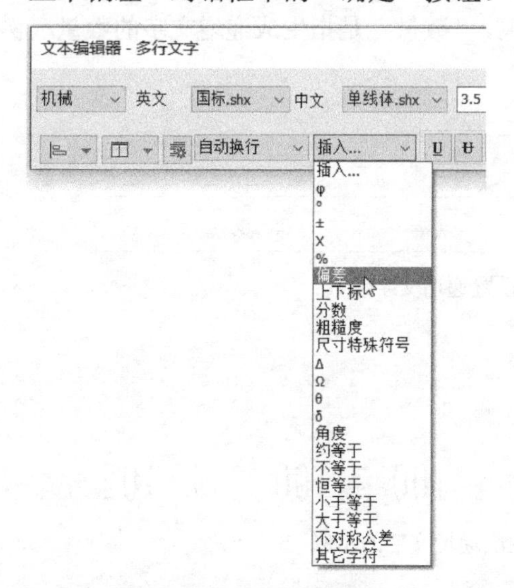

图 3-103　选择“偏差”

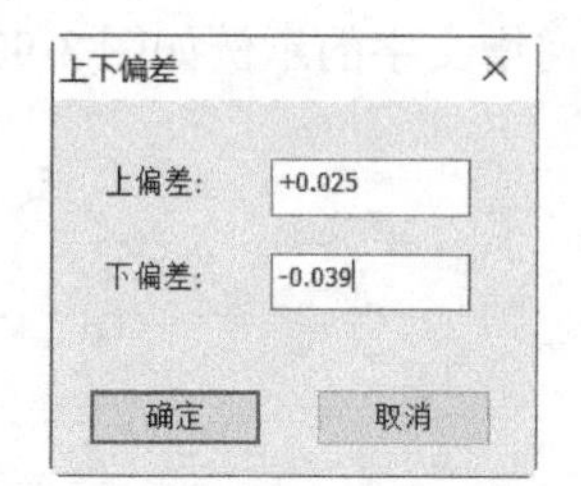

图 3-104　设置上下偏差

（6）此时在文字输入框中可以看到预览的尺寸偏差显示效果，如图 3-105 所示。然后单击“确定”按钮，完成本例文本的输入操作。

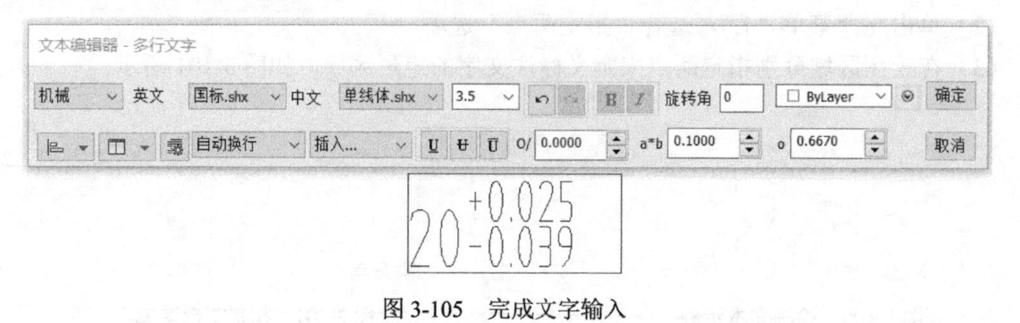

图 3-105　完成文字输入

知识点拨：使用同样的方法，可以绘制如图 3-106 所示表示表面结构要求的组合符号文字。在绘制该表示表面结构要求的符号文字的过程中需要在“文本编辑器”对话框的“插入”下拉列表框中选择“粗糙度”，系统弹出“表面粗糙度（GB）”对话框，接着进行相关的参数设置，如图 3-107 所示。

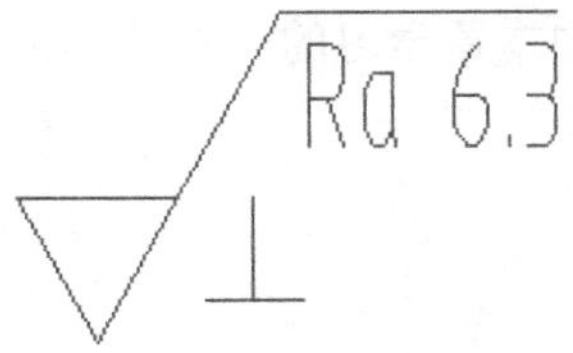

Ra 6.3

图 3-106　绘制表面结构要求符号

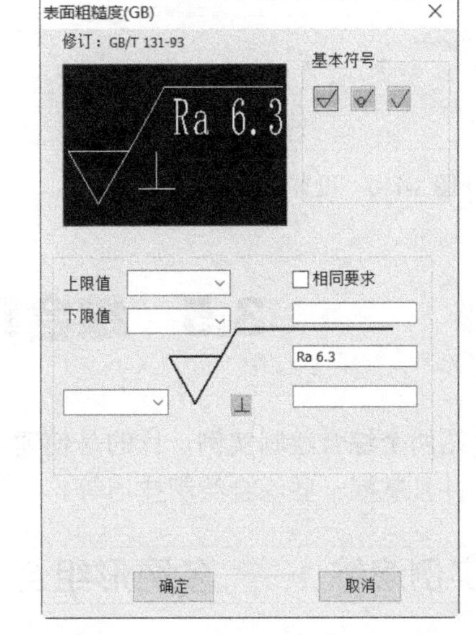

图 3-107　“表面粗糙度（GB）”对话框

【课堂范例】：在绘图区的曲线上方绘制文字

该范例的绘制步骤如下。

（1）打开随书附赠资源提供的配套文件“曲线文字范例.exb”，该文件已经绘制好了一个波浪线，如图 3-108 所示。

（2）在功能区“常用”选项卡的“标注”面板中单击“文字”按钮A。

（3）单击立即菜单“1.”，选择“曲线文字”选项。

（4）在绘图区选择原始波浪线，如图 3-109 所示，在所选曲线上出现两个箭头，在状态栏中显示“请拾取所需的方向”提示信息。在波浪线上方区域单击确定文字生成方向。

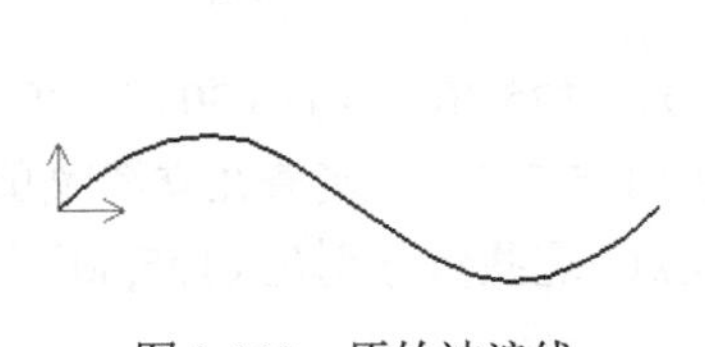

图 3-108　原始波浪线

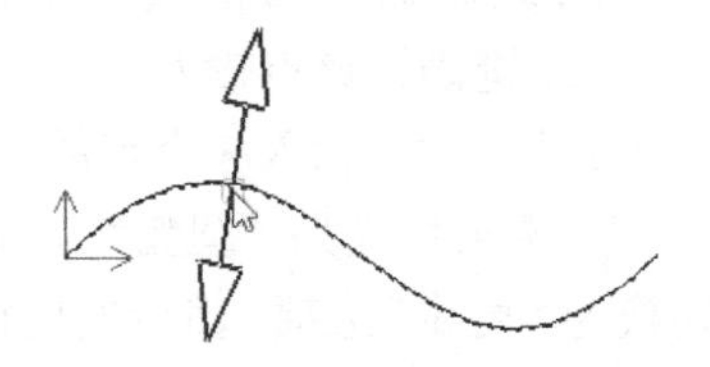

图 3-109　选择原始波浪线

（5）选择波浪线左端点作为起点，选择波浪线右端点作为终点，系统弹出“曲线文字参数”对话框。

（6）在“曲线文字参数”对话框中设置如图 3-110 所示的参数和文字内容，注意文字风格采用“机械”，字高为 7，曲线偏移值为 2。

（7）在“曲线文字参数”对话框中单击“确定”按钮，创建的文字如图 3-111 所示。

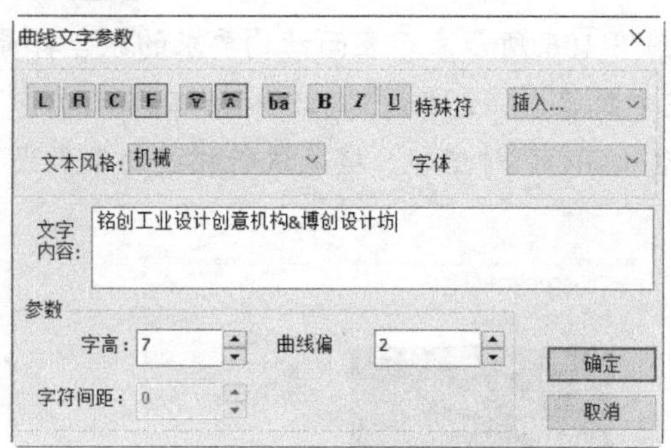

图 3-110　设置曲线文字参数

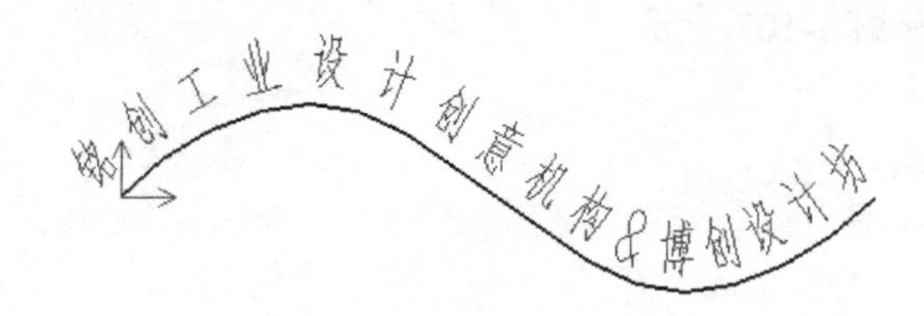

图 3-111　完成的文字效果

3.5　综合绘制实例演练

本节介绍两个综合绘制实例，目的是使读者温习和巩固本章学习的一些绘制命令，并且掌握一些综合绘制技巧等。

扫码看视频

多图形组合

3.5.1　实例演练 1——多图形组合

多图形组合最终效果如图 3-112 所示。在该实例中主要应用到“多段线”“圆”“矩形”“等矩线”“中心线”等绘制命令。

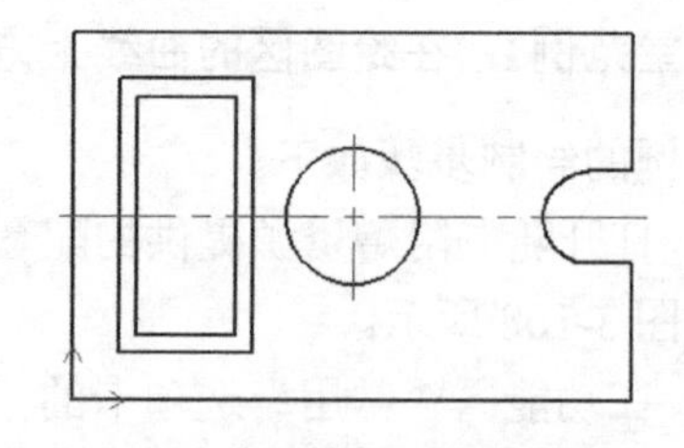

图 3-112　多图形组合最终效果

步骤 1：绘制轮廓线。

（1）新建一个使用系统模板 BLANK 的工程图文档，在功能区“常用”选项卡的“绘图”面板中单击“多段线”按钮。

（2）在“多段线”立即菜单中的设置如图 3-113 所示。

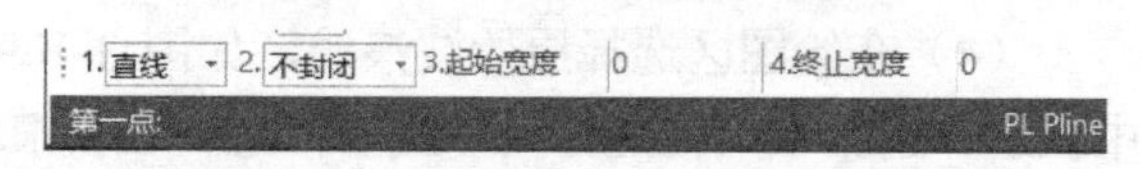

图 3-113　在“多段线”立即菜单中的设置

（3）使用键盘输入第一点的坐标为（0,0），按 Enter 键确认该点输入。

（4）继续使用键盘输入 3 个点的坐标依次是（125,0）、（125,30）、（115,30），此时在立即菜单中将“直线”选项切换为“圆弧”选项，再输入坐标为（115,50），并接着在立即菜单中将“圆弧”选项切换为“直线”选项，然后使用键盘依次输入其他点，这些点分别是（125,50）、（125,80）、（0,80）和（0,0）。

知识点拨： 可以在状态栏中启用“正交”模式，那么在绘制下一条直线时可以先使用鼠标确定下一条直线的生成方向，然后输入直线长度，按 Enter 键即可绘制这一段直线。

（5）右击结束多段线的绘制，绘制的多段线如图 3-114 所示。

步骤 2：绘制圆。

（1）在功能区“常用”选项卡的“绘图”面板中单击“圆”按钮。

（2）在“圆”立即菜单中设置如图3-115所示的选项及参数。

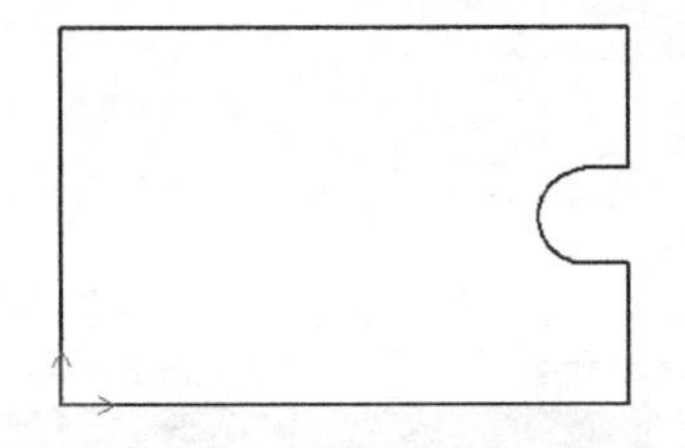

图3-114　绘制的多段线

图3-115　“圆”立即菜单的设置

（3）使用键盘输入圆心点的坐标为（62.5,40）。

（4）使用键盘输入半径为15。

（5）右击结束圆的绘制。绘制的圆如图3-116所示。

步骤3：绘制矩形。

（1）在功能区“常用”选项卡的“绘图”面板中单击“矩形”按钮▭。

（2）在“矩形”立即菜单中设置的选项及参数如图3-117所示。

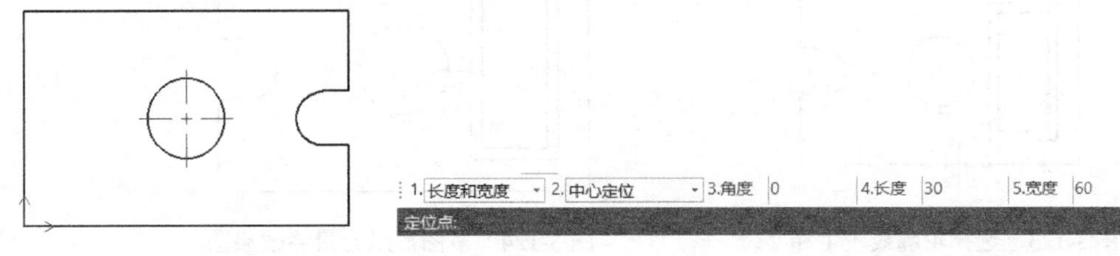

图3-116　绘制的圆

图3-117　“矩形”立即菜单设置

（3）输入定位点的坐标为（25,40）。完成绘制的矩形如图3-118所示。

步骤4：绘制等距线。

（1）在功能区“常用”选项卡的“修改”面板中单击“等距线”按钮。

（2）在“等距线”立即菜单中设置如图3-119所示的选项和参数

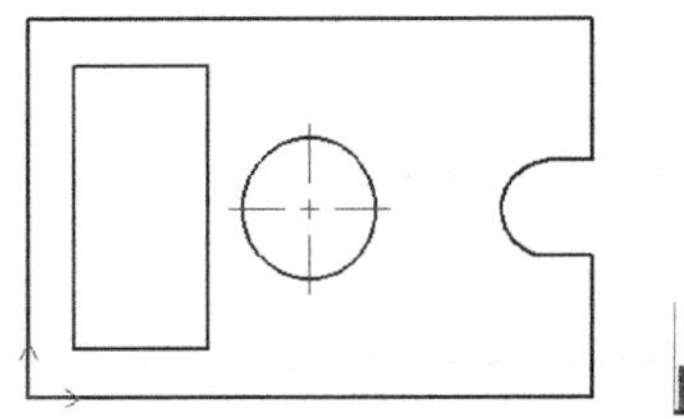

图3-118　绘制的矩形

图3-119　在“等矩线”立即菜单中的设置

（3）使用鼠标拾取矩形。

（4）在“请拾取所需的方向”提示下单击矩形内部区域一点，如图3-120所示。

（5）右击结束等矩线操作。完成该等距线的图形效果如图3-121所示。

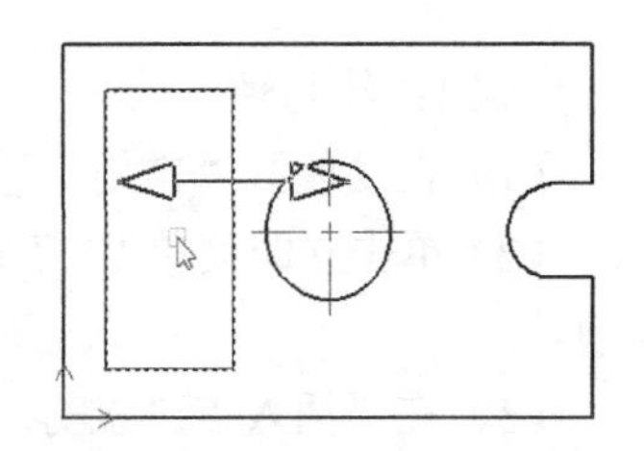

图3-120　设置所需的方向

步骤5：绘制中心线。

（1）在功能区“常用”选项卡的“绘图”面板中单击“中心线”按钮⁄。

（2）在“中心线”立即菜单中设置如图 3-122 所示的选项和参数。

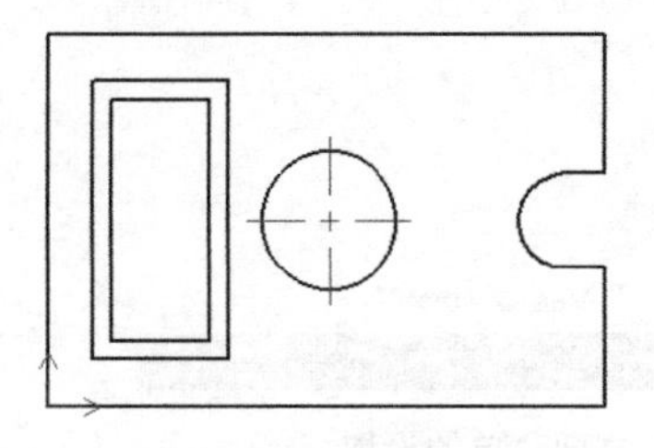

图 3-121　绘制等距线

图 3-122　“中心线”立即菜单设置

（3）在提示下分别单击如图 3-123 所示的轮廓线段 1 和轮廓线段 2。

（4）右击确认。

可以以框选方式选择圆的水平中心线（短），按 Delete 键将其删除。最终完成的图形如图 3-124 所示。

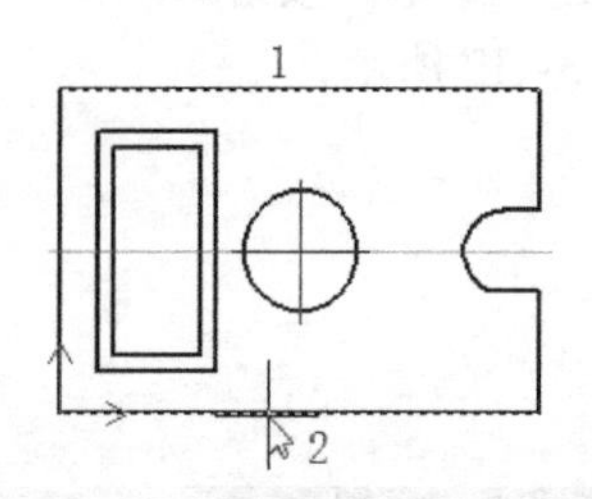

图 3-123　选择轮廓线段 1 和 2

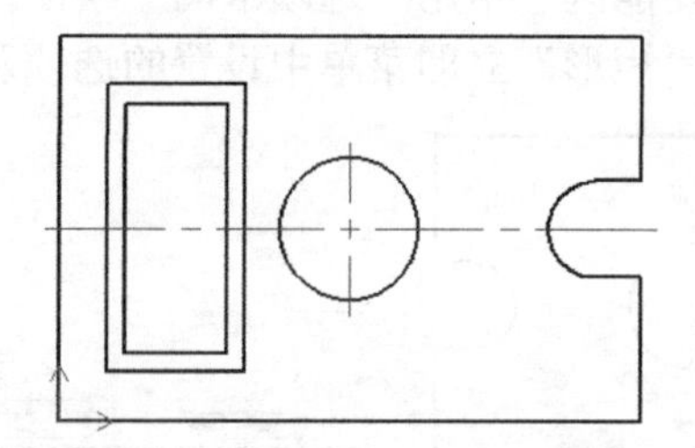

图 3-124　多图形组合最终效果图

3.5.2　实例演练 2——轴的视图绘制

要绘制的轴的视图如图 3-125 所示。在该实例中主要应用到“孔/轴”“多段线”“直线”“圆弧”命令，并注意线型设置和图层应用。开始绘制图形之前，确保将线型设置为“粗实线”。

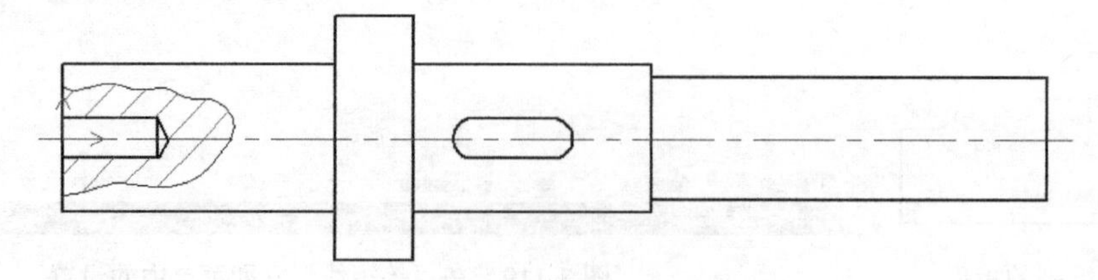

图 3-125　要绘制的轴的视图

步骤 1：绘制轴。

（1）在功能区“常用”选项卡的“绘图”面板中单击“孔/轴”按钮。

（2）单击立即菜单“1.”切换到“轴”选项，接着在立即菜单“2.”中选择“两点确定角度”选项。

（3）在“插入点:”提示下输入“0,0”，按 Enter 键。

（4）在“2.起始直径”文本框中输入起始直径为 18，系统自动将终止直径也设置为 18，在“4.”中选择“有中心线”，如图 3-126 所示。

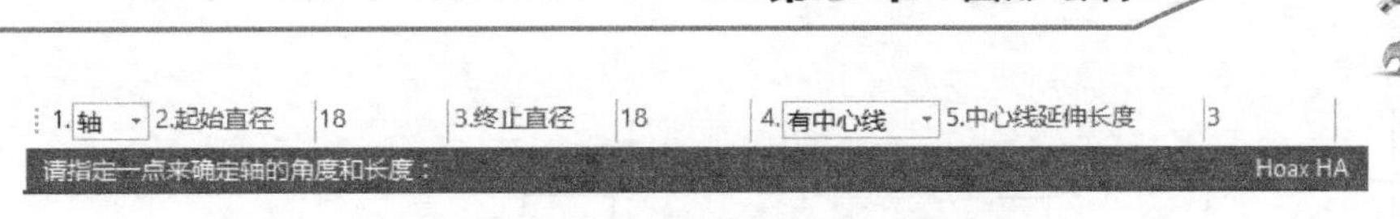

图 3-126 设置起始直径和终止直径等

（5）在屏幕右下角的下拉列表框中确保选择“导航”模式，接着使用光标在 X 轴正方向上放置以指示沿着 X 轴导航。在“请指定一点来确定轴的角度和长度”提示下输入“35”，按 Enter 键，绘制的该段长度为 35 的轴如图 3-127 所示。

（6）在立即菜单“2.起始直径”文本框中输入起始直径为 30，其终止直径也为 30。

（7）使用鼠标光标确定轴向方向，输入新轴段的长度为 10。

（8）在立即菜单“2.起始直径”文本框中输入起始直径为 18，其终止直径也为 18。

（9）使用鼠标光标确定轴向方向，在正轴向方向上指定新轴段的长度为 30。

（10）在立即菜单“2.起始直径”文本框中输入起始直径为 15，其终止直径也为 15。

（11）使用鼠标光标确定轴向方向，在正轴向方向上指定新轴段的长度为 50。

（12）右击结束“孔/轴”绘制命令。绘制的轴图形如图 3-128 所示。

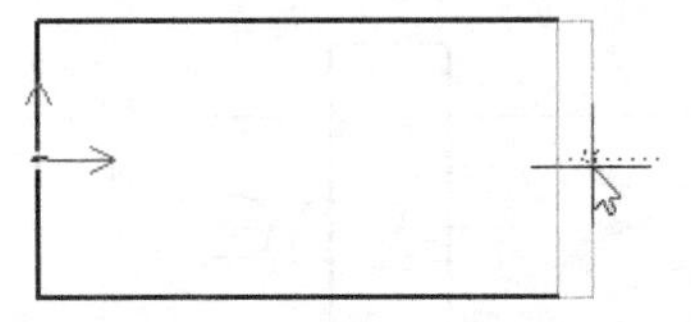

图 3-127 完成一段轴

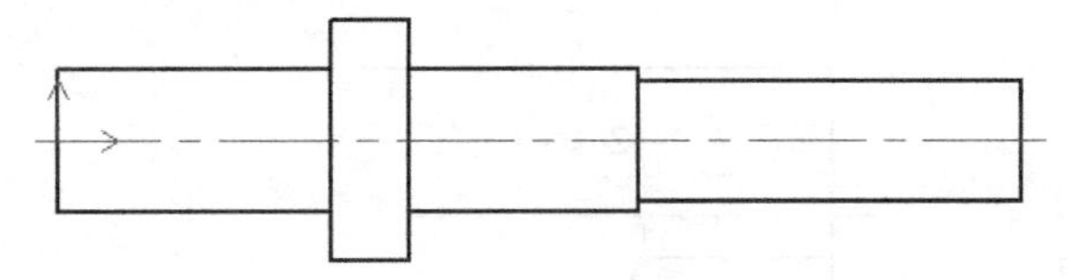

图 3-128 绘制的轴

步骤 2：绘制多段线。

（1）在功能区“常用”选项卡的“绘图”面板中单击“多段线”按钮。

（2）在立即菜单中设置“1.”为“直线”和“2.”为“不封闭”，并设置“3.起始宽度”的值为 0 和“4.终止宽度”的值为 0。不启用正交模式。

（3）输入第一点的坐标为（52.5,−2.5），输入第二点的坐标为（62.5,−2.5）。

（4）单击立即菜单“1.直线”，使其选项切换为“圆弧”。

（5）使用键盘输入下一点的坐标为（62.5,2.5）并确认。

（6）单击立即菜单“1.圆弧”，使其选项切换为“直线”。

（7）使用键盘输入下一点的坐标为（52.5,2.5）并确认。

（8）单击立即菜单“1.直线”，使其选项切换为“圆弧”。

（9）使用鼠标捕捉并单击如图 3-129 所示的端点。

（10）右击，完成的键槽轮廓线如图 3-130 所示。

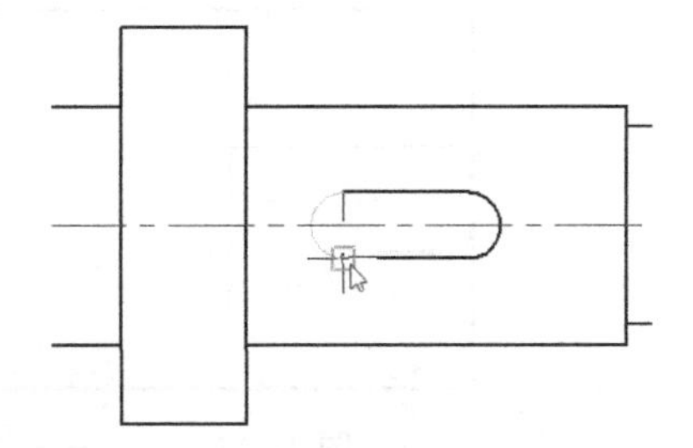

图 3-129 使用鼠标单击所需的端点

步骤 3：绘制孔。

（1）在功能区“常用”选项卡的“绘图”面板中单击“孔/轴”按钮。

（2）在立即菜单中设置“1.”为“孔”和“2.”为“直接给出角度”，并且设置“3.中心线角度”的值为 0。

（3）在“插入点:”提示下输入“0,0”，按 Enter 键。

（4）在立即菜单“2.起始直径”文本框中设置起始直径为 5，其终止直径也随之默认为 5。

（5）使用鼠标确定孔的角度并输入长度为 12，然后右击。绘制的孔如图 3-131 所示。

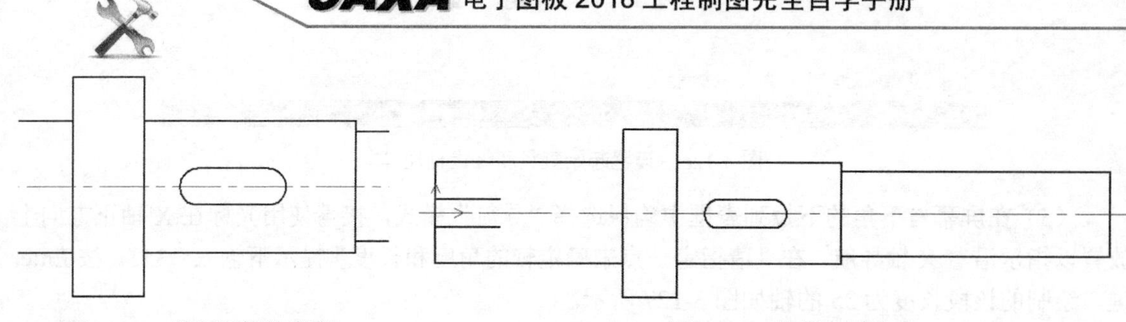

图 3-130　绘制键槽轮廓线　　　　图 3-131　绘制孔图形

步骤 4：绘制“两点”直线。

（1）在功能区“常用”选项卡的“绘图”面板中单击“直线”按钮⁄。

（2）单击立即菜单“1.”，选择“两点线”选项。使用同样的方法设置“2.”为“单根”，并且不启用“正交”模式。

（3）使用鼠标依次拾取如图 3-132 所示的点 1 和点 2。

（4）右击结束该直线绘制命令。绘制的该段直线如图 3-133 所示。

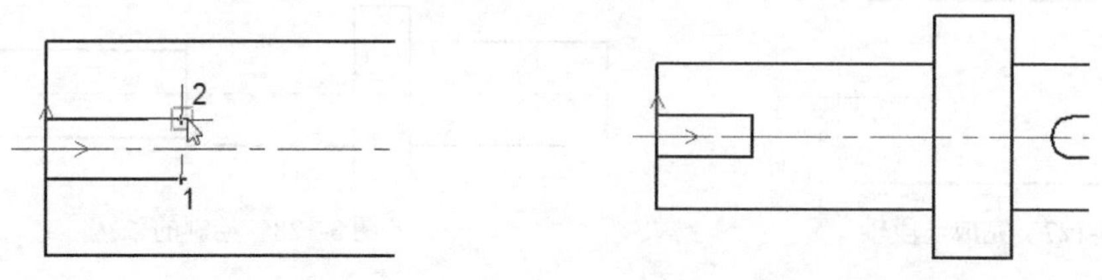

图 3-132　拾取两点绘制直线　　　　图 3-133　绘制的直线段

步骤 5：绘制角度线。

（1）在功能区“常用”选项卡的“绘图”面板中单击“直线”按钮⁄。

（2）在立即菜单中设置相关的选项及参数，如图 3-134 所示。

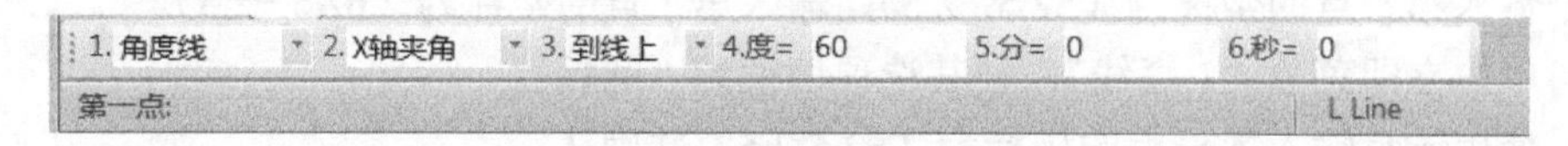

图 3-134　设置角度线参数

（3）单击如图 3-135 所示的 A 端点，接着再单击如图 3-136 所示的中心线以使角度线延伸到该中心线。

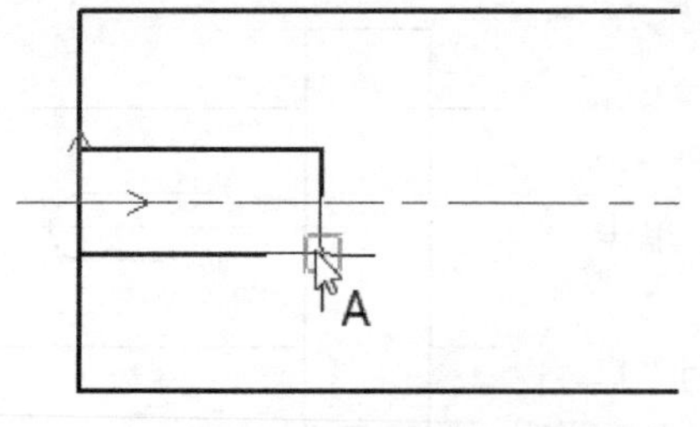

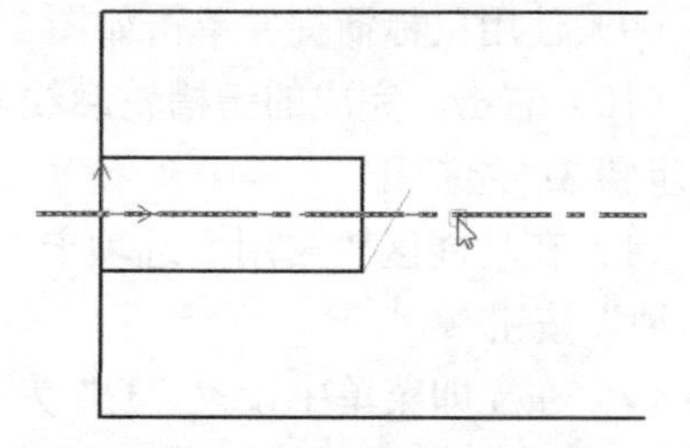

图 3-135　指定第一点　　　　图 3-136　选择要延伸到的线

使用同样的方法，绘制另一根角度线，完成的角度线如图 3-137 所示。

步骤 6：绘制样条曲线。

（1）绘制样条曲线之前，用户在功能区“常用”选项卡的“特性”面板的“图层”下拉列

表框中选择“细实线层”，如图 3-138 所示，以使接下来绘制的样条曲线采用“细实线”线型。

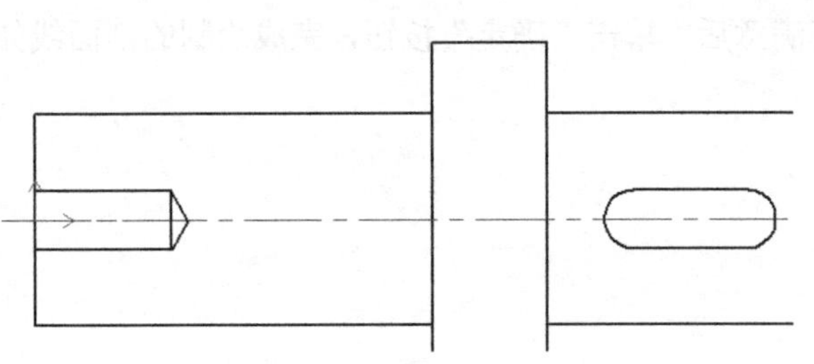
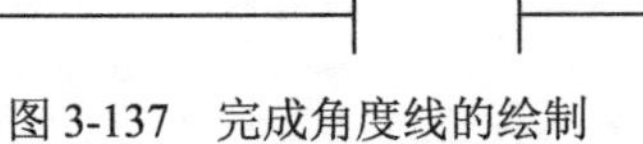

图 3-137 完成角度线的绘制

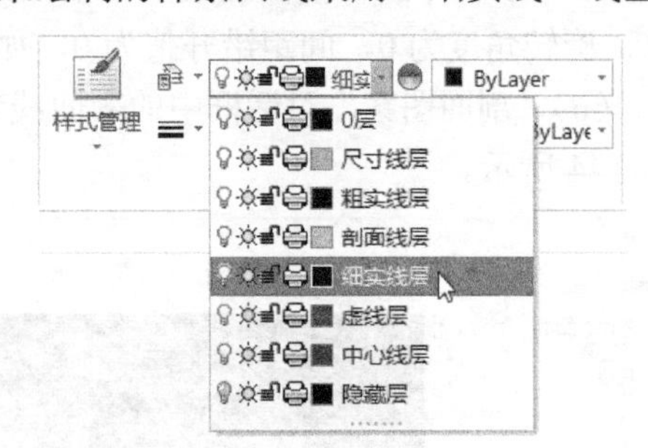

图 3-138 选择“细实线层”

（2）在功能区“常用”选项卡的“绘图”面板中单击“样条”按钮。

（3）在立即菜单中设置“1.”为“直接作图”、“2.”为“缺省切矢”、“3.”为“开曲线”，并接受“4.拟合公差”的值为 0。

（4）在状态栏的点捕捉状态设置区选择“导航”选项。

（5）使用鼠标并结合导航捕捉等功能依次指定若干点来绘制样条曲线，然后右击结束样条绘制命令。绘制的样条曲线如图 3-139 所示。

步骤 7：绘制剖面线。

（1）在功能区“常用”选项卡的“特性”面板的“图层”下拉列表框中选择“剖面线层”，并设置其他 3 个下拉列表框的选项为 ByLayer，如图 3-140 所示。

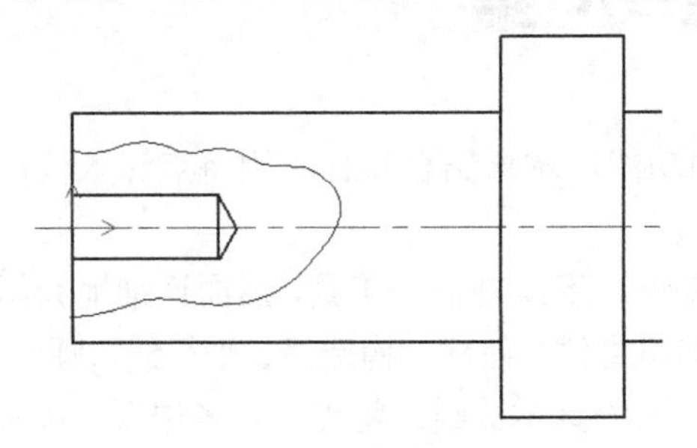

图 3-139 绘制样条曲线

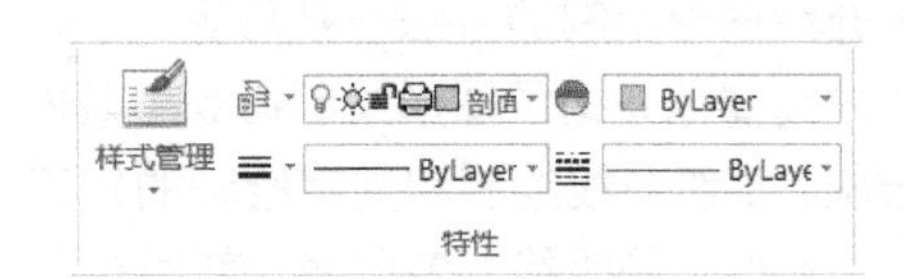

图 3-140 设置当前图层及线型类型

（2）在功能区“常用”选项卡的“绘图”面板中单击“剖面线”按钮。

（3）在立即菜单“1.”中选择“拾取点”选项，在“2.”中切换为“选择剖面图案”选项，在“3.”中切换为“非独立”选项，如图 3-141 所示。

（4）分别在如图 3-142 所示的区域 1 和区域 2 内单击，然后右击。

图 3-141 在“剖面线”立即菜单中设置

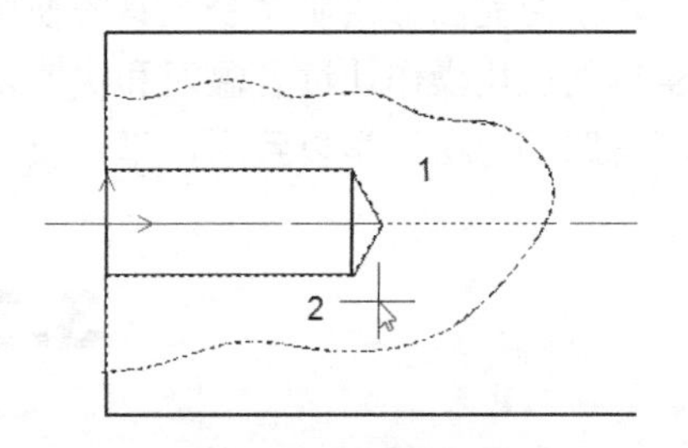

图 3-142 拾取环内点

（5）系统弹出“剖面图案”对话框，从“图案列表”列表框中选择 ANSI31，并设置比例为 1，旋转角度为 0，间距错开值为 0，如图 3-143 所示。

（6）“剖面图案”对话框中的剖面线预览满意后，单击“确定”按钮，完成绘制的剖面线如图 3-144 所示。

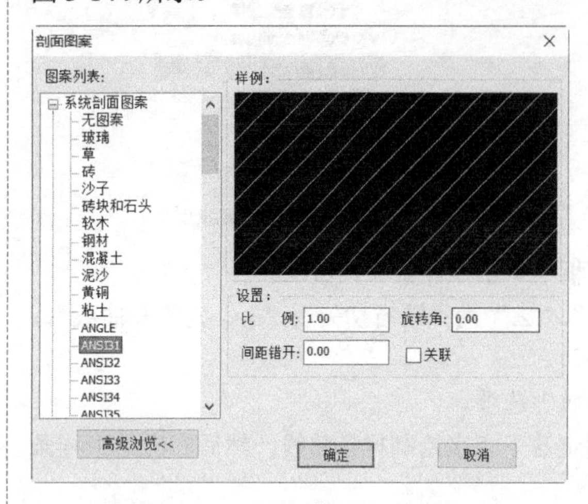

图 3-143 “剖面图案”对话框

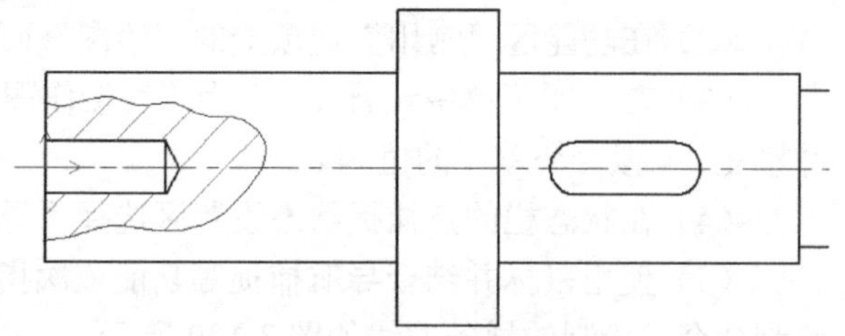

图 3-144 完成绘制剖面线

3.6 本 章 小 结

CAXA 电子图板的特点在于其强大的二维绘制功能。本章结合软件应用特点深入浅出地、全面地介绍图形绘制的方法与技巧等。

首先简要地介绍了图形绘制命令工具的出处。初识图形绘制命令工具，后面详细地介绍基本曲线绘制、高级曲线绘制和文字绘制的知识点。本书将直线、射线、构造线、平行线、圆、圆弧、矩形、中心线、等距线、多段线、剖面线和填充等归纳为基本曲线；将点、正多边形、椭圆、波浪线、样条曲线、孔/轴、双折线、局部放大图、公式曲线、箭头、齿轮齿形和圆弧拟合样条等归纳在高级曲线的范畴里。这些曲线的绘制方法读者一定要熟练掌握，它们是软件应用的基础所在。至于如何注写文字，也是很重要，例如在工程制图工作中，通常需要在图纸上注写各种技术说明，包括常见的技术要求等。系统提供了文字的 4 种绘制方式，即“指定两点”“搜索边界”“曲线文字”“递增文字”。

在学习完图形绘制命令工具的使用方法后，本章还为读者介绍了两个综合绘制实例演练，通过实例的应用操作让读者温习和快速掌握本章所介绍的一些重要知识点，并体会较为复杂的图形绘制思路和方法，学以致用，举一反三。

3.7 思考与练习

（1）用户绘制曲线的工具命令有哪些？

（2）绘制点包括哪两种典型情形？请举例来说明。

（3）在 CAXA 电子图板中，直线的绘制方式包括哪几种？这些绘制方式分别用在什么情况下？

（4）如何绘制圆和圆弧？可以举例进行说明。

（5）如何绘制中心线？可以举例进行说明。

（6）在什么情况下使用“多段线”命令绘制图形比结合使用“直线”和“圆弧”命令要方便？

（7）绘制矩形主要有哪几种方式？可以举例进行说明。

（8）想一想：您掌握了哪几种高级曲线的绘制方法？

（9）上机操作：绘制如图 3-145 所示的图形。

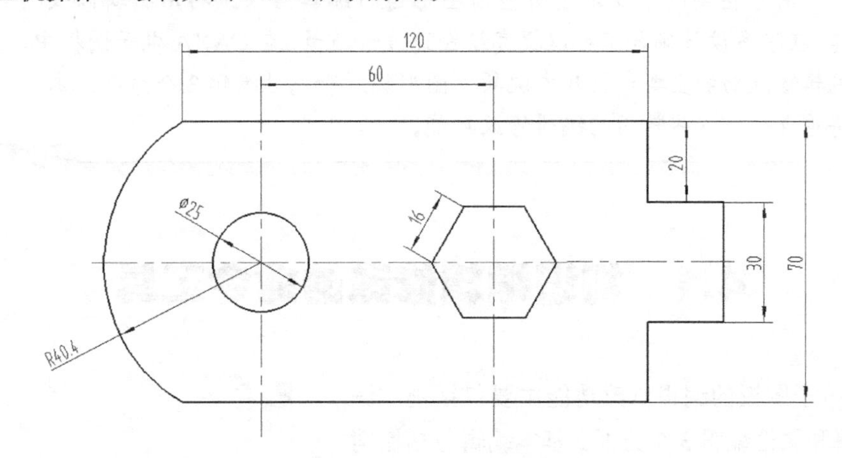

图 3-145　上机练习题（习题 9）

（10）上机操作：绘制如图 3-146 所示的图形，具体参数和尺寸自定。

（11）上机操作：绘制如图 3-147 所示的图形，具体尺寸由练习者自己确定。

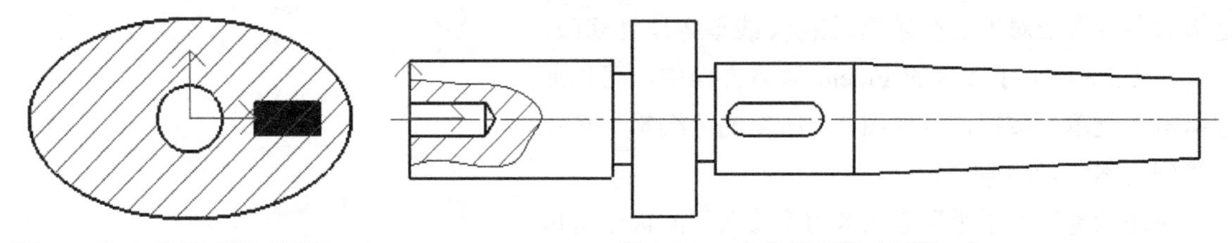

图 3-146　上机练习题（习题 10）　　图 3-147　上机练习题（习题 11）

（12）在绘图区绘制如图 3-148 所示的文字。

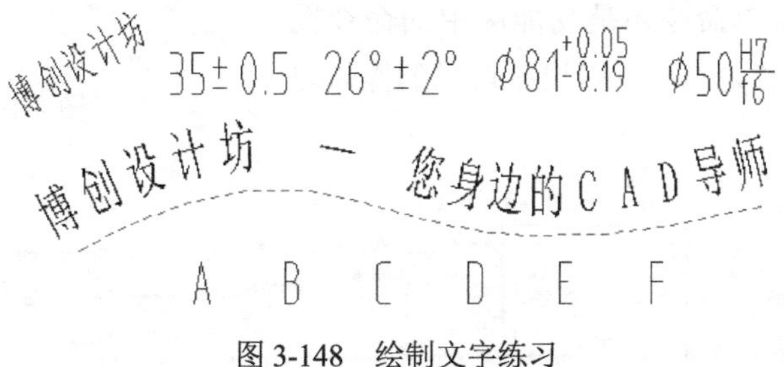

图 3-148　绘制文字练习

第 4 章　使用编辑修改功能

本章导读

用户在制图中少不了对当前图形进行编辑修改。巧用编辑修改功能，在很多设计场合下可以提高绘图速度和质量。在 CAXA 电子图板中，编辑修改功能主要包括基本编辑、图形编辑和属性编辑 3 个方面。本章将重点介绍这些常用的编辑修改功能。

4.1　初识编辑修改的命令工具

CAXA 电子图板的编辑修改功能主要包括基本编辑、图形编辑和属性编辑 3 个方面。基本编辑包括撤销与恢复、选择所有、剪切、复制、带基点复制、插入对象等常用编辑功能；图形编辑则包括对各种图形对象进行平移、旋转、镜像、阵列、裁剪等操作；属性编辑则是指对各种图形对象进行颜色、图层、线型等属性修改。

在 CAXA 电子图板的 Fluent 风格界面中，可以通过单击“菜单”按钮，从如图 4-1 所示的“编辑”菜单中找到基本编辑的命令。

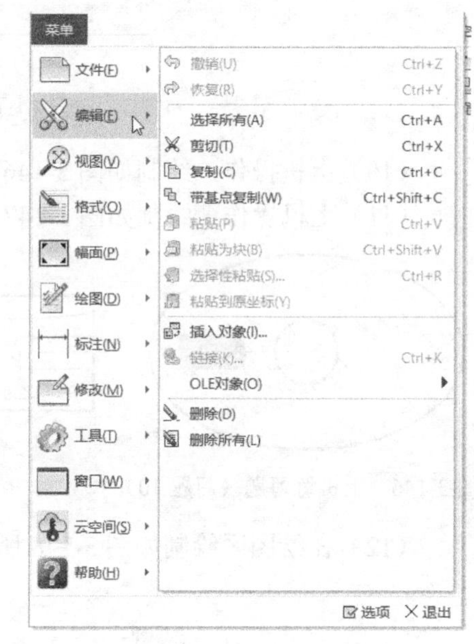

图 4-1　“编辑”菜单

而在功能区“常用”选项卡的“修改”面板中可以找到关于图形修改的命令图标，如图 4-2 所示。如果使用经典界面，那么可以在“修改”菜单中找到相关的图形修改命令。不管是菜单命令还是功能区中的命令图标，其功能应用都是一样，用户可以根据自己的操作习惯灵活选用。

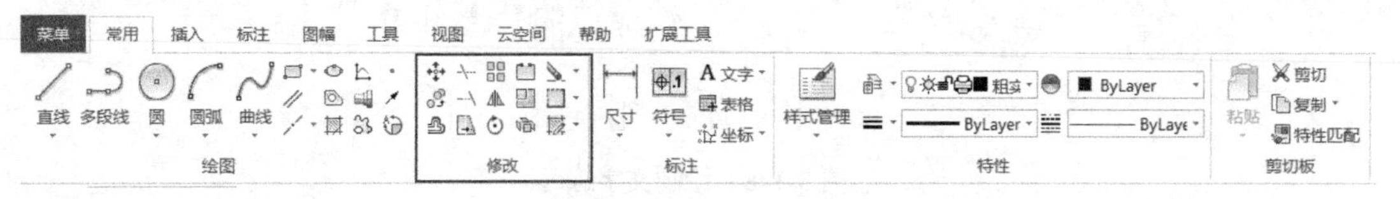

图 4-2　Fluent 风格界面的“常用”选项卡

4.2 基本编辑

基本编辑主要包括撤销与恢复、选择所有、剪切、复制、粘贴、插入对象、对象链接与嵌入（Object Linking and Embeding，OLE）、删除、删除所有等。这里提到的 OLE 是 Windows 提供的一种机制，可以使用户将其他 Windows 应用程序创建的“对象”（如图片、图表、文本、电子表格等）插入文件中。

4.2.1 撤销与恢复

撤销操作与恢复操作是相互关联的。在执行撤销操作后，如果需要则可以执行恢复操作来返回，也就是说恢复操作是撤销操作的逆过程。

1. 撤销操作

撤销操作用于取消最后一次发生的编辑动作。在快速启动工具栏中单击“撤销操作”按钮↶，或者在“编辑”菜单中选择“撤销”命令，或者按 Ctrl+Z 快捷键，可取消最后一次发生的编辑动作。通常，撤销操作用于取消当前一次误操作。另外，该命令具有多级回退功能，可以回退至当前进程中的某一次图形元素操作状态。

在快速启动工具栏“撤销功能”按钮的右侧还有一个下拉菜单，下拉菜单中记录着当前全部可以撤销的操作步骤。利用该下拉菜单可以在不用反复执行撤销命令的情况下，一步撤销到所需要的操作步骤。在没有可撤销操作的状态下，撤销功能及其下拉菜单均不会被激活。

2. 恢复操作

在快速启动工具栏中单击“恢复操作”按钮↷，或者在“编辑”菜单中选择“恢复”命令，或者按 Ctrl+Y 快捷键，可以取消最后一次的撤销操作，即将撤销操作恢复。恢复操作与撤销操作一样具有多级回退功能，能够退回到当前进程中的任意一次关于图形元素进行取消操作的状态。

在快速启动工具栏“恢复功能”按钮的右侧也有一个下拉菜单，该下拉菜单记录着全部可以恢复的操作步骤，利用该下拉菜单可以在不用反复执行恢复命令的情况下，一步恢复到所需要的操作步骤。在没有可恢复操作的状态下，恢复功能及其下拉菜单均不会被激活。

值得注意的是，在 CAXA 电子图板中，撤销操作与恢复操作只对在 CAXA 电子图板绘制、编辑的图形元素有效，而不能对 OLE 对象和幅面的修改进行撤销和恢复操作。

4.2.2 选择所有

选择所有是指选择打开的图层上并且符合拾取过滤条件的所有对象。

选择所有的操作步骤很简单，只需按 Ctrl+A 快捷键（对应的菜单命令为“编辑”→“选择所有”），则所有在打开图层上并且未被设置拾取过滤的对象都被一起选中。执行此操作，对于快

速选择所有满足要求的图形元素是很有用的。

4.2.3 剪切、复制、粘贴、选择性粘贴

在实际设计工作中，巧用“剪切”“复制”“带基点复制”“粘贴”“粘贴为块”“选择性粘贴”“粘贴到原坐标”这几个命令可以提高设计效率。用户可以在功能区“常用”选项卡的“剪切板”面板中找到这些工具命令，如图 4-3 所示。

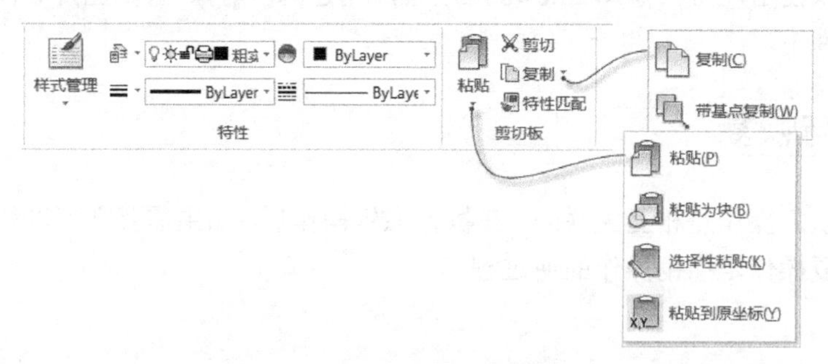

图 4-3 “剪切板”面板

1. 剪切、复制、带基点复制

“剪切”命令用于将选中的图形剪切到剪贴板，即选中的图形不再存在于当前绘图区界面中。图形存入剪贴板后，可以供图形粘贴时使用。在功能区“常用”选项卡的“剪切板”面板中单击“剪切”按钮，或者按 Ctrl+X 快捷键，使用鼠标光标选择所需的图形，然后右击确认，则所选择的图形对象被删除并且存储到 Windows 剪贴板。

“复制”命令用于将选中的图形存入剪贴板中，以供图形粘贴时使用。图形复制与图形剪切的命令操作方法是相同的，只是图形复制操作后仍然在屏幕上保留着用户拾取的图形。图形复制的典型操作方法是：在功能区“常用”选项卡的“剪切板”面板中单击“复制”按钮，或者按 Ctrl+C 快捷键，接着选择要复制的图形，右击确认，则所选择的图形对象被存储到 Windows 剪贴板，而绘图区中的这些图形也由被选中时的显示颜色恢复为原来的显示颜色。

另外，用户也可以先拾取要编辑的图形对象，然后再执行“剪切”或“复制”命令。

在功能区“常用”选项卡的“剪切板”面板中，与“复制”按钮属于同一个下拉菜单的另外一个工具命令是“带基点复制”按钮。“带基点复制”与“复制”的区别在于：“带基点复制”操作将含有基点信息对象存储到剪贴板以供图形粘贴时使用，即需要指定图形对象的基点，粘贴时也要指定基点放置位置；而“复制”操作时是不用指定基点的，其粘贴使用默认基点。

2. 粘贴

图形粘贴是指将剪贴板中存储的图形内容粘贴到用户所指定的位置。

在功能区“常用”选项卡的“剪切板”面板中单击“粘贴”按钮，或者按 Ctrl+V 快捷键，出现如图 4-4 所示的“粘贴”立即菜单。在“1.”中可以选择“定点”或“定区域”选项，在“2.”中可以选择“保持原态”或“粘贴为块”选项。当选择“定点”选项时，可以设置比例值，在提示下指定定位点和旋转角度便将该图形粘贴到当前的图形中。如果设置“粘贴为块”时，还可以由用户设置是否消隐。

图 4-4 “粘贴”立即菜单

3. 粘贴为块

粘贴功能按钮右侧下拉菜单中的“粘贴为块”按钮实际上相当于“粘贴”功能的一个拆分命令工具，其结果（成功粘贴后）是剪贴板中的对象将以块的形式存在于指定的位置上。执行粘贴为块操作时，可以在立即菜单内选择是否将粘贴出的块消隐，其他操作和“粘贴”功能相同，如图 4-5 所示。注意：此方法生成的块采用系统的默认命名，且不能修改，另外，此类块不能在“插入块”功能中直接调用。

图 4-5 “粘贴为块”立即菜单

4. 选择性粘贴

选择性粘贴是指将剪贴板中的内容按照所需的类型和方式粘贴到文件中。即选择性粘贴功能能够选择不同的粘贴方式，如 Windows 图元格式，这种格式也包含了屏幕矢量信息，而且此类文件可以在不降低分辨率的情况下进行缩放和打印，但是无法使用电子图板的图形编辑功能进行编辑。

在功能区“常用”选项卡的“剪切板”面板中，从粘贴功能按钮旁的下拉菜单中单击“选择性粘贴”按钮，系统弹出如图 4-6 所示的“选择性粘贴”对话框。在该对话框中列出了复制内容所在的源。如果用户在该对话框中选中“粘贴”单选按钮，则所选内容作为嵌入对象插入文件中，用户可以在列表框中选择作为什么类型插入文件中。用户可以在“结果”选项组中查看相关的粘贴类型说明。

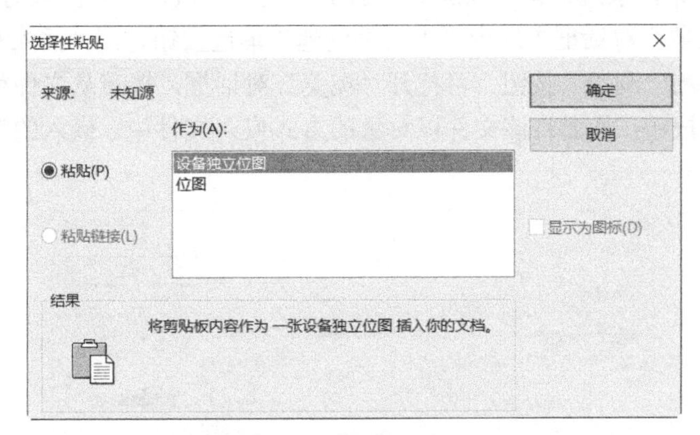

图 4-6 “选择性粘贴”对话框

如果在“选择性粘贴”对话框中选中“粘贴链接”单选按钮，则可将剪贴板的一个图片插入当前文档，图片与源文件链接，以使文件的更改反映在当前电子图板文档中。

5. 粘贴到原坐标

在功能区“常用”选项卡的“剪切板”面板中，从粘贴功能按钮右侧下拉菜单中单击“粘贴到原坐标”按钮，可以将存储在剪贴板中的当前图形对象以相同的坐标粘贴到绘图区。

4.2.4 插入对象

插入对象是指在文件中插入一个 OLE 对象，其概念本质是从支持 OLE 的其他应用程序向图形中输入信息。用户既可以新创建对象也可以从现有文件中创建，新创建的对象可以是链接的对象也可以是嵌入的对象。下面介绍插入对象的操作方法和注意事项。

（1）在 CAXA 电子图板 2018 功能区“插入”选项卡的“对象”面板中单击“插入对象”按钮，系统弹出如图 4-7 所示的“插入对象”对话框。

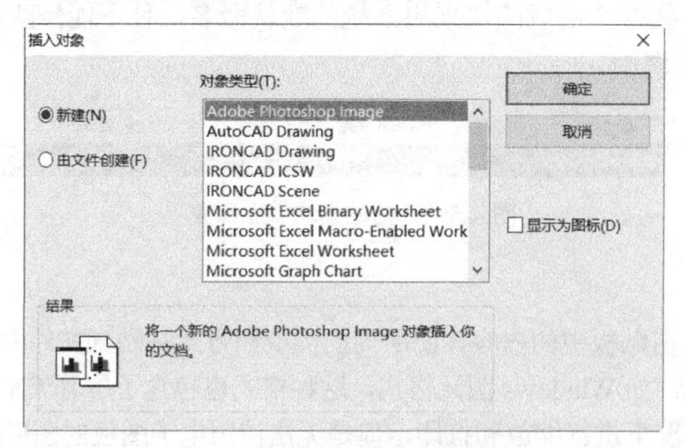

图 4-7 “插入对象”对话框

（2）在“插入对象”对话框中，默认选中的是“新建”单选按钮，表示以创建新对象的方式插入对象。在“对象类型”列表框中则列出了在系统注册表中登记的 OLE 对象类型，用户可以从该列表框中选择所需的一个对象，并可以在“结果”选项组中获知该对象的一些简要说明，然后单击“确定”按钮，系统则弹出相应对象的工作编辑窗口，以对插入对象进行编辑处理。

如果在“插入对象”对话框中选中“由文件创建”单选按钮，则“插入对象”对话框变为如图 4-8 所示。从中单击“浏览”按钮，可打开“浏览”对话框，接着从文件列表中选择所需要的文件，单击“打开”按钮，从而将该文件以对象的方式嵌入文件中。嵌入的对象成为电子图板文件的一部分。

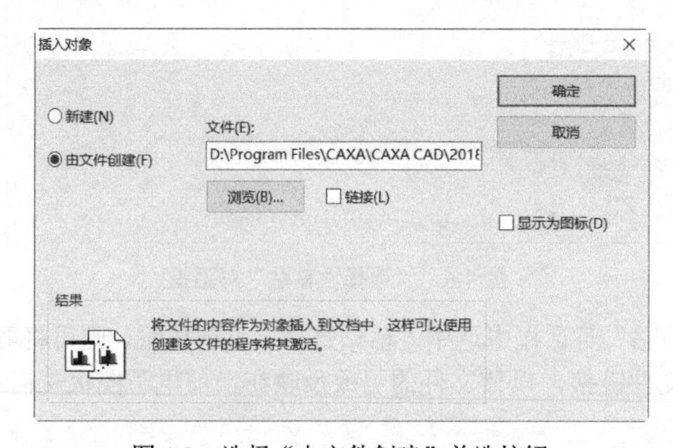

图 4-8 选择“由文件创建”单选按钮

另外，还可以采用链接的方式插入对象，链接方式与嵌入方式在本质上是不同的，链接方式的对象并不真正是电子图板文件的一部分，它只是存在于一个外部的文件中，并在电子图板文件

中保留一个链接信息，当外部文件被修改时，电子图板文件的该对象也自动被更新。要实现对象链接，则需要在如图 4-8 所示的“插入对象”对话框中选中“链接”复选框。

在“插入对象”对话框中，如果选中“显示为图标”复选框，则在文件中对象显示为图标，而不是对象本身的内容。

用户可以改变插入到文件中的对象的位置、大小和内容。这些编辑 OLE 对象的知识，本书不作进一步的介绍。

4.2.5 删除、删除所有与删除重线

在功能区“常用”选项卡的“修改”面板中，删除功能下拉菜单中提供了用于删除对象的 3 个按钮，即“删除”按钮、“删除所有”按钮和“删除重线”按钮。“删除”按钮用于删除所拾取的图形对象，“删除所有”按钮用于将所有已打开图层上的符合拾取过滤条件的实体全部删除，“删除重线”按钮用于从图形中删除与所选对象重合的基本曲线。

要删除绘图中的某些图形对象，则在功能区“常用”选项卡的“修改”面板中单击“删除”按钮，在提示下拾取要被删除的若干个图形对象，右击可结束拾取操作，同时被拾取的图形对象从当前屏幕中被删除。

如果要将所有已打开图层上的符合拾取过滤条件的实体全部删除，那么需要在功能区“常用”选项卡的“修改”面板中单击“删除所有”按钮，系统弹出如图 4-9 所示的“CAXA CAD 电子图板 2018”对话框，单击“确定”按钮则删除所有已打开图层上的符合拾取过滤条件的所有实体。如果单击“取消”按钮，则放弃此“删除所有”操作。

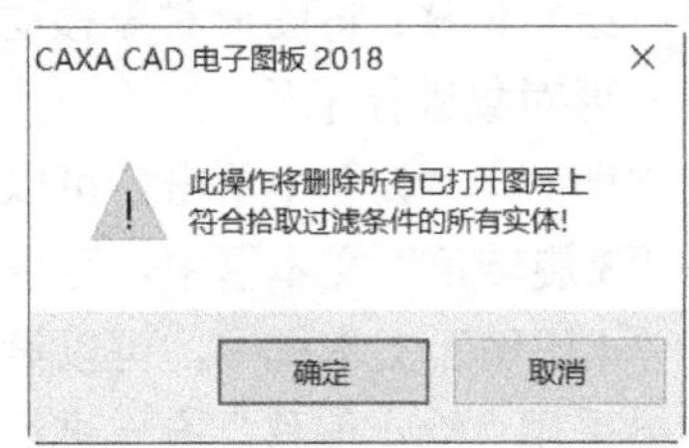

图 4-9 “CAXA CAD 电子图板 2018”对话框

4.3 图形编辑

图形编辑主要是指对 CAXA 电子图板生成的图形对象（如曲线、文字、块和标注等）进行相关的编辑。本节介绍的图形编辑知识包括右键拖曳、平移、平移复制、旋转、镜像、比例缩放、阵列、裁剪、过渡、齐边、打断、拉伸、打散（分解）和夹点编辑等。

4.3.1 右键拖曳

在电子图板中拾取对象后，可以按住鼠标右键对其进行拖曳，释放右键时（即松开右键时）弹出右键拖曳菜单，如图 4-10 所示。该右键拖曳菜单中各个选项的含义如下。

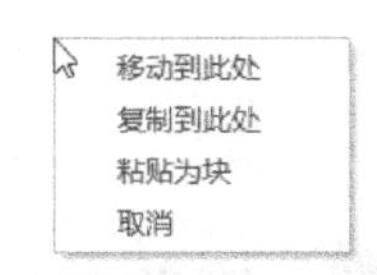

图 4-10 右键拖曳菜单

☑ 移动到此处：将被拖曳对象移动到当前拖曳位置。
☑ 复制到此处：将被拖曳对象复制到当前拖曳位置，而原对象仍然保留在原处。

☑ 粘贴为块：原对象仍保持不变，拖曳对象以块的形式放置在当前拖曳位置。生成的块效果同先前介绍的“粘贴为块”命令的操作结果，为系统自动命名，且不能被“插入块”功能调用。

☑ 取消：该选项用于撤销右键拖曳。

4.3.2 平移

以指定的角度和方向平移拾取到的图形对象。

在功能区“常用”选项卡的“修改”面板中单击“平移”按钮，弹出如图 4-11 所示的立即菜单。下面介绍相关选项的功能或应用概念。

图 4-11 “平移”立即菜单

在立即菜单“1.”中单击，可以通过选择“给定两点”或“给定偏移”选项定义偏移方式。

☑ 给定两点：通过两点的定位方式完成图形元素的移动。

☑ 给定偏移：将图形对象移动到一个指定偏移的位置上，即按照给定的偏移量将选定的图形对象进行平移。

在立即菜单“2.”中单击，可以在“保持原态”和“平移为块”选项之间切换。

在“3.旋转角”文本框中，可以通过键盘输入新的旋转角度。

在“4.比例”文本框中，可以设置被平移图形的缩放系数。

如果采用“给定偏移”方式进行曲线平移，那么当用户拾取曲线并右击确定后，系统会自动给出一个基准点，通常直线的基准点默认在中点处，圆、圆弧、矩形和椭圆等图形对象的基准点也定在中心处；另外，系统操作提示为“X 或 Y 方向偏移量”，在该操作提示下输入 X 和 Y 的偏移量或使用鼠标给出一个平移的位置点，从而完成曲线平移。在平移操作过程中，可以根据设计需求，在拾取曲线之前先设置旋转角度和缩放比例，以获得所需的平移效果。

对于一些曲线图元，用户还可以采用更为简便的操作方法来实现曲线的平移。以平移一条直线段为例，首先拾取该直线段，接着使用鼠标靠近该直线中点的位置，如图 4-12（a）所示，接着单击以拾取该直线中点位置，再次移动鼠标（以不启用正交功能为例）则拾取的直线段依附在十字光标上，如图 4-12（b）所示，此时指定移动到的新位置点即可快捷完成曲线平移。这便是所谓的夹点编辑方法，在本节的 4.3.14 小节中有专门的介绍。

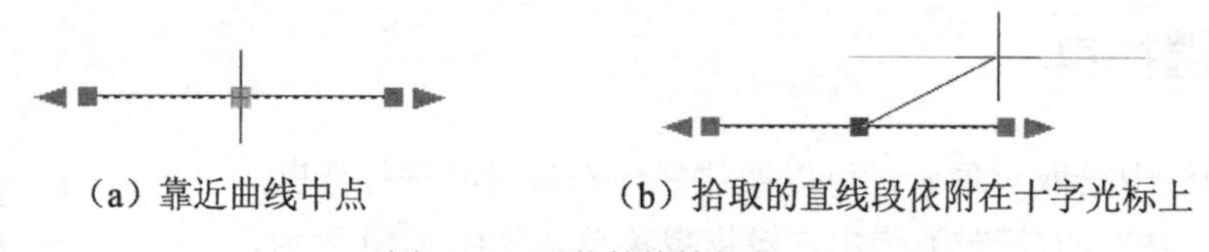

（a）靠近曲线中点　　（b）拾取的直线段依附在十字光标上

图 4-12 平移的快捷操作

4.3.3 平移复制

“平移复制”修改命令用于对拾取到的曲线进行复制粘贴，以指定的角度和方向创建拾取图

形对象的副本。该编辑命令的操作方法和“平移”修改命令的操作方法很相似，只是平移操作时没有份数设置的概念。另外，要搞清楚“平移复制”功能与基本编辑的“复制”功能的区别：“平移复制”是在同一个电子图板文件内对图形对象创建副本，所选择的对象并不存入 Windows 剪贴板；而“复制”将所选图形存储到 Windows 剪贴板上，与“粘贴”功能配合使用，“复制”既可以在不同的电子图板文件中进行复制粘贴操作，也可以将内容粘贴到其他支持 OLE 的软件（如 Word）中。

在功能区“常用”选项卡的“修改”面板中单击“平移复制”按钮，弹出如图 4-13 所示的立即菜单。

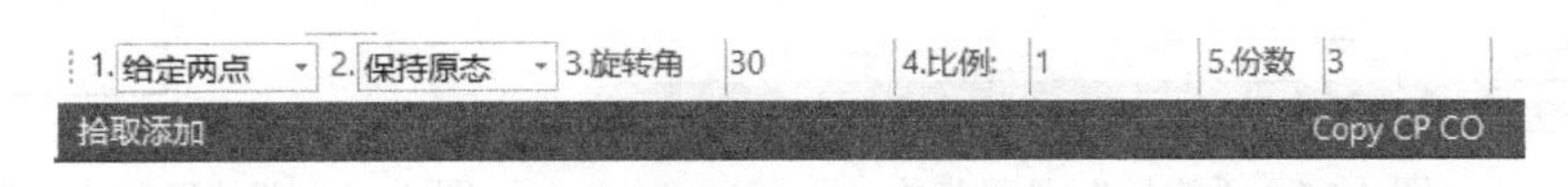

图 4-13　弹出的立即菜单

在立即菜单“1.”中单击，可选择“给定两点”或“给定偏移”选项定义偏移方式。

☑　给定两点：通过两点的定位方式来完成图形元素的平移复制。

☑　给定偏移：按照给定的偏移量对选定的图形对象进行平移复制。

在立即菜单“2.”中单击，可以在“粘贴为块”和“保持原态”选项之间选择。当选择“粘贴为块”选项时，还需要在立即菜单中设置是否消隐。

用户可以根据设计情况在立即菜单中设置旋转角、比例和份数，其中份数是指要复制的图形对象的数量。系统可根据用户设定的两点距离和份数，算出每份的间距，然后再进行复制。当设置份数大于 1 时，实际上就是将基准点和目标点之间所确定的偏移量和方向，朝着目标点方向排布若干个被复制的图形。另外，在功能区“常用”选项卡的“修改”面板中单击“平移复制”按钮，设置的选项及参数“1.”为“给定两点”、“2.”为“保持原态”、“3.旋转角”数值为 30、“4.比例”数值为 1、“5.份数”值为 3，以窗口方式拾取矩形，接着右击，然后在提示下指定第一点和第二点，从而完成平移复制操作，结果为如图 4-14 中箭头右侧的图形。

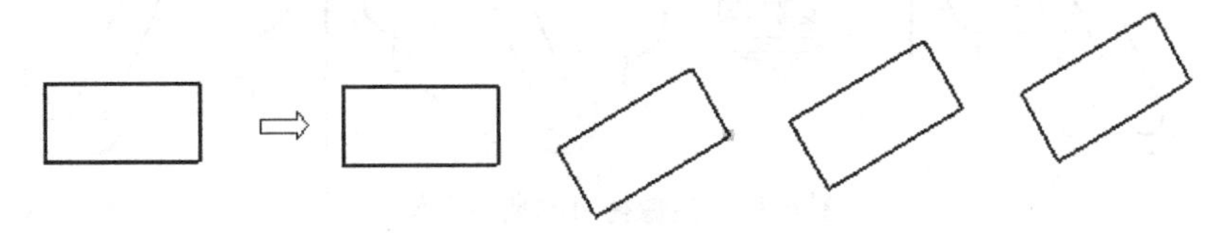

图 4-14　“平移复制”操作示例

4.3.4　旋转

用户可以对拾取到的图形进行旋转或旋转复制。下面介绍图形旋转的典型方法及步骤。

（1）在功能区“常用”选项卡的“修改”面板中单击“旋转”按钮。

（2）在立即菜单中分别设置“1.”和“2.”中的选项，如图 4-15 所示。单击立即菜单“1.”，可以选择“给定角度”或“起始终止点”选项；单击立即菜单“2.”，则可以选择“旋转”或“拷贝”选项，在这里选择“旋转”选项。至于要不要在状态栏中启用“正交”模式，那需要根据制图的具体情况来决定。

（3）在“拾取元素”提示下拾取要旋转的图形。在选择时，可以单个拾取，也可以采用窗口的方式进行拾取，拾取完成后右击确认。

（4）在提示下指定一个旋转基点，然后执行以下操作之一。

☑ 若之前设置立即菜单中“1.”为“给定角度”选项时，则此时操作提示变为“旋转角”，在该提示下使用键盘输入旋转角度，或使用鼠标移动来确定旋转角（要使用鼠标指定旋转角时，移动鼠标则拾取的图形对象随光标移动而旋转，如图 4-16 所示，单击确定旋转角）。

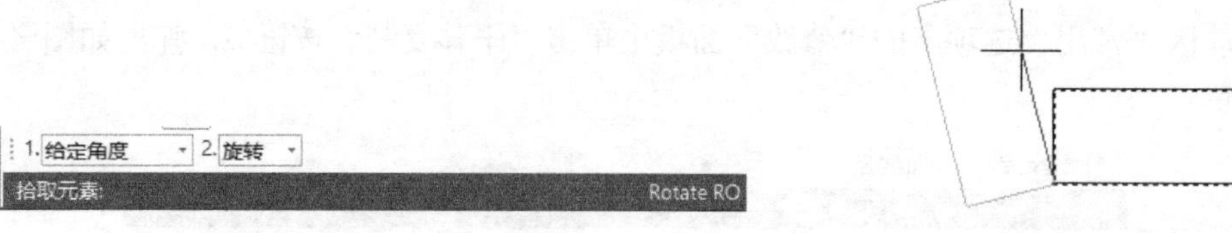

图 4-15　“旋转”立即菜单　　　　图 4-16　曲线跟随光标移动而旋转

☑ 若之前在立即菜单中设置“1.”为“起始终止点”选项时，则此时操作提示变为“拾取起始点”，在该提示下输入起始点，接着操作提示变为“拾取终止点”，由用户指定终止点即可完成旋转操作。

如果在立即菜单中设置“2.”为“拷贝”选项时，即用户进行的是旋转复制操作。旋转复制操作的具体方法与旋转操作的方法相同，只是操作结果有所区别，旋转复制操作的同时保留原图形。

4.3.5 镜像

镜像操作是指对拾取到的图素以某条直线作为镜像中心线来进行对称镜像或对称复制。镜像基本操作的典型示例如图 4-17 所示。

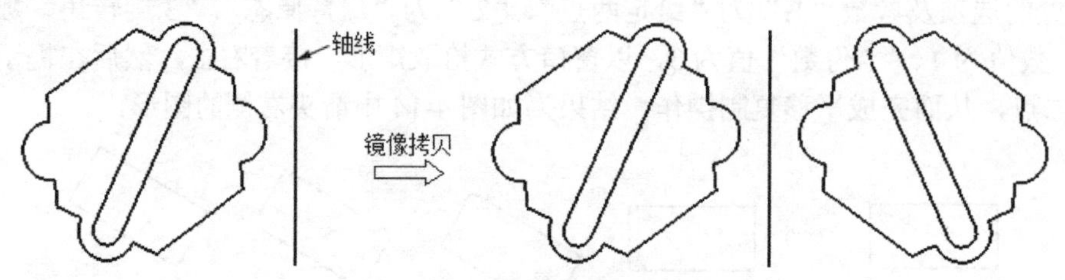

图 4-17　镜像拷贝的典型示例

下面介绍镜像操作的一般方法及步骤。

（1）在功能区“常用”选项卡的“修改”面板中单击“镜像”按钮，系统弹出如图 4-18 所示的立即菜单，并且提示“拾取元素”。

（2）单击立即菜单“1.”，可以在“选择轴线”和“拾取两点”选项之间切换，如图 4-19 所示。当切换为“拾取两点”选项时，还可以根据设计情况在状态栏中设置是否启用“正交”模式。

图 4-18　镜像立即菜单　　　　图 4-19　“拾取两点”设置时

（3）单击立即菜单“2.”，可以在“拷贝”和“镜像”选项之间切换。拷贝操作的方法和镜像操作的方法相同，只是拷贝操作后原图仍然保留。

（4）在“拾取元素”的提示下拾取要镜像的图素，既可以单个拾取，也可以使用窗口拾取，拾取完成后右击确认。

（5）如果之前在“1.”中指定“选择轴线”时，则此时使用鼠标拾取一条作为镜像操作的轴线，从而完成镜像操作。如果之前在“1.”中指定“拾取两点”时，那么分别指定第一点和第二点来定义镜像轴线。

【课堂范例】：一个简单的镜像实例

（1）打开位于随书附赠资源 CH4 文件夹中的“BC_镜像练习.exb”文件，该文件中存在着的原始图形如图 4-20 所示。

（2）在功能区“常用”选项卡的“修改”面板中单击“镜像”按钮。

（3）在立即菜单中设置“1.”为“选择轴线”、“2.”为“镜像”选项。

（4）用窗口拾取中心线左侧的所有曲线，右击确认。

（5）使用鼠标拾取中心线作为镜像轴线。得到的镜像结果如图 4-21 所示。

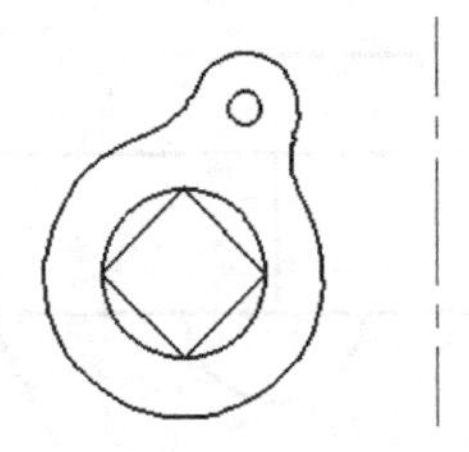

图 4-20　原始图形

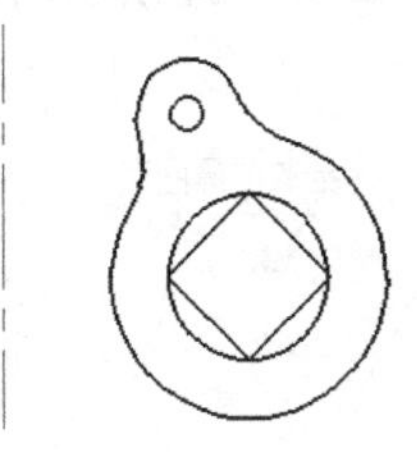

图 4-21　镜像结果

说明： *有兴趣的读者可以尝试采用“拾取两点”定义镜像线的方式来完成本镜像实例。*

4.3.6　比例缩放

“比例缩放”是对拾取到的图形对象进行按比例放大或缩小操作。进行比例缩放的操作方法和步骤如下。

（1）在功能区“常用”选项卡的“修改”面板中单击“缩放”按钮，弹出“比例缩放”立即菜单，如图 4-22（a）所示。

（2）在立即菜单的“1.”中单击，可以指定为“拷贝”或“平移”选项。“拷贝”选项用于在进行比例缩放时，除了生成缩放比例的目标图形，还保留着原始图形；“平移”选项用于进行比例缩放操作后只生成目标图形，原图在屏幕上消失。在立即菜单“2.”中单击，可以在“比例因子”和“参考方式”选项之间切换。

（3）在“拾取添加”提示下用鼠标拾取图形对象，拾取完成后右击确认。

（4）此时，“比例缩放”立即菜单如图 4-22（b）所示。

（a）未选择要编辑的图形对象前

1. 平移　2. 比例因子　3. 尺寸值变化　4. 比例变化
基准点:　Scale SC

（b）选择要编辑的图形对象后

图 4-22　“比例缩放”立即菜单

在立即菜单“3.”中单击，可以指定为“尺寸值不变”或“尺寸值变化”选项。当指定为“尺寸值变化”选项时，则尺寸值（拾取的元素中若包含尺寸元素）会根据相应的比例进行放大或缩小；反之，当指定为“尺寸值不变”选项时，则所选择尺寸元素不会随着比例变化而变化。

在立即菜单的“4.”中单击可以指定为“比例变化”或“比例不变”选项。当选择“比例变化”选项时，尺寸会根据比例系数发生变化。

（5）指定比例变换的基点。

（6）指定比例系数。在“比例系数:”提示下，在绘图区移动光标时，系统自动根据基点和当前光标点的位置来计算当前比例系数，并且会动态地在屏幕上显示比例变换的结果，如图 4-23 所示。当确定比例系数后，一个变换后的图形立即显示在屏幕上。对于比例系数，XY 方向的不同比例用分隔符隔开。

【课堂范例】：比例缩放范例

用户可以使用位于随书附赠资源 CH4 文件夹中的“BC_比例缩放练习.exb”文件来进行比例缩放练习，要求将如图 4-24 所示的原始图形放大至 1.5 倍。

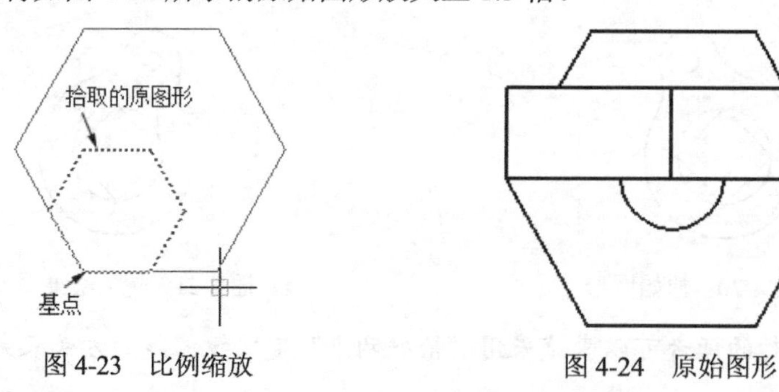

图 4-23　比例缩放　　　图 4-24　原始图形

4.3.7　阵列

阵列是经常使用的重要操作，它可以通过一次操作同时创建若干个相同类型的图形。在 CAXA 电子图板中，阵列的方式包括“矩形阵列”“圆形阵列”“曲线阵列”3 种。

1. 矩形阵列

对拾取到的图形按照矩形阵列的方式进行阵列复制。

首先介绍矩形阵列的操作方法及步骤。

（1）在功能区“常用”选项卡的“修改”面板中单击“阵列”按钮。

（2）在立即菜单“1.”中选择“矩形阵列”选项，如图 4-25 所示。

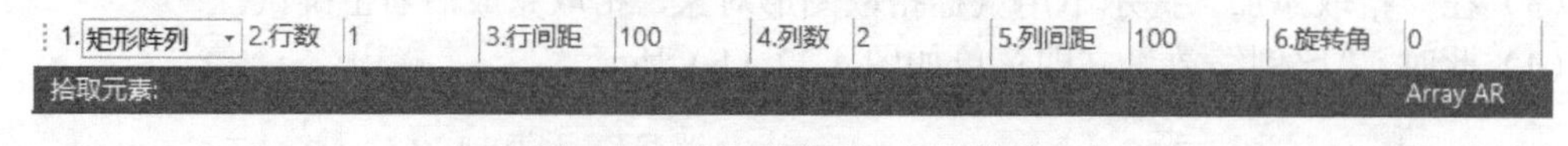

图 4-25　“矩形阵列”立即菜单

（3）当前矩形阵列的立即菜单给出了矩形阵列的默认行数、行间距、列数、列间距和旋转角。其中行间距和列间距是指阵列后各元素基点之间的相应间距，旋转角则指与 X 轴正方向的夹角。用户可以根据实际设计情况来修改这些值。

（4）拾取要阵列的曲线图形，右击确认，完成矩形阵列。

【课堂范例】：矩形阵列范例

新建一个使用模板名为 BLANK 的工程图文档，以原点位置处作为圆心绘制一个直径为 10 的圆，接着创建该圆的矩形阵列，要求该矩形阵列的行数为 3，行间距为 20，列数为 5，列间距为 25，旋转角为 15°，完成的矩形阵列效果如图 4-26 所示。

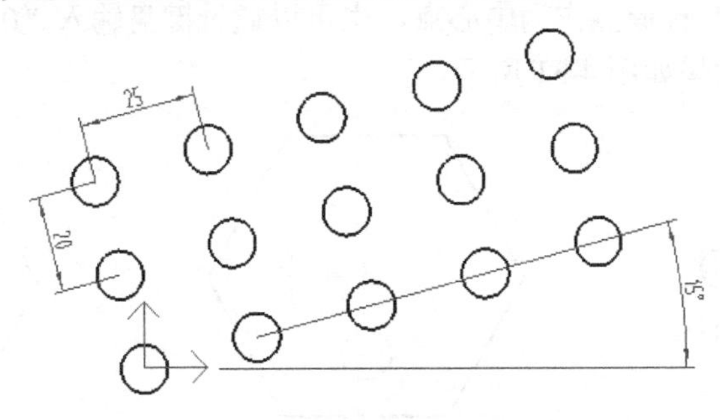

图 4-26 矩形阵列练习范例结果

2. 圆形阵列

可以对所选图形以指定的基点作为圆心进行圆形阵列复制。

创建圆形阵列的一般步骤和方法如下。

（1）在功能区“常用”选项卡的“修改”面板中单击“阵列”按钮。

（2）在立即菜单“1.”中选择“圆形阵列”选项，如图 4-27 所示。

图 4-27 “圆形阵列”立即菜单

（3）在立即菜单“2.”中可以选择“旋转”或“不旋转”选项。当选择“旋转”选项时，在阵列时自动对图形进行旋转。

（4）在立即菜单“3.”中可以选择“均布”或“给定夹角”选项。当选择“均布”选项时，系统将根据均布份数（包括用户拾取的图形）自动计算各插入点的位置，且各点之间夹角相等，各阵列图形均匀地排列在同一个圆周上。

如果在立即菜单“3.”中选择“给定夹角”选项时，需要分别设置相邻夹角和阵列填角，如图 4-28 所示，所谓的阵列填角是指从拾取的图形对象所在位置处开始，绕中心点逆时针方向转过的角度。图中的设置表示系统用给定夹角的方式进行圆形阵列，各相邻图形之间的夹角为 30°，阵列填角为 270°。以给定夹角方式创建的圆形阵列示例效果如图 4-29 所示。

图 4-28 给定夹点的圆形阵列设置

（5）在提示下进行相关的操作，如拾取添加、指定中心点和指定基点。

【课堂范例】：进行“均布”方式的圆形阵列操作练习

（1）打开随书附赠资源 CH4 文件夹中的“BC_圆形阵列练习.exb”文件，该文件中存在着的原始图形如图 4-30 所示。

（2）在功能区“常用”选项卡的“修改”面板中单击“阵列”按钮。

（3）在立即菜单中设置“1.”为“圆形阵列”、“2.”为“旋转”、“3.”为“均布”，并设置“4.份数”为5。

（4）使用鼠标拾取以粗实线表示的圆，右击确认。

（5）使用鼠标拾取坐标原点作为中心点，也可以通过键盘输入“0,0”并按 Enter 键。完成的均布方式的圆形阵列效果如图 4-31 所示。

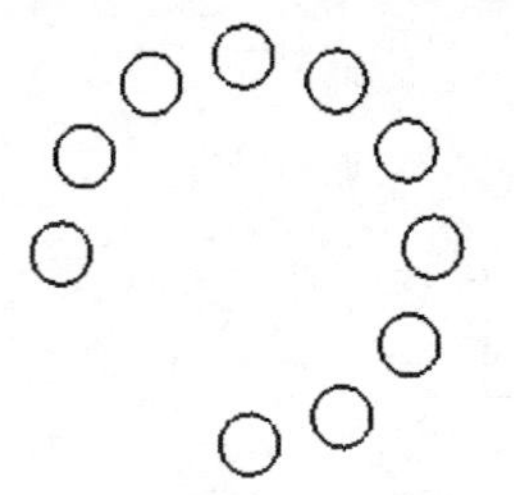

图 4-29　给定夹角的圆形阵列

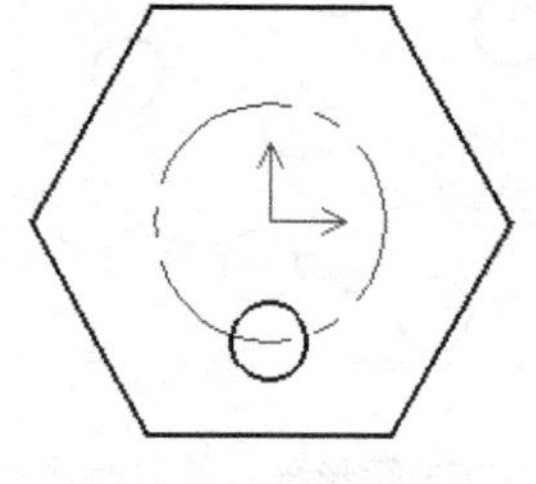

图 4-30　原始图形

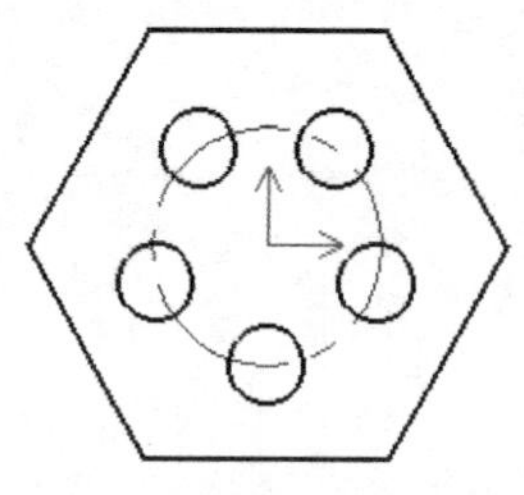

图 4-31　均布方式的圆形阵列

3. 曲线阵列

曲线阵列是在一条或多条首尾相连的曲线上生成均布的图形选择集，阵列成员的姿态是否相同取决于“旋转”和“不旋转”选项。

创建曲线阵列的操作方法和步骤如下。

（1）在功能区“常用”选项卡的“修改”面板中单击“阵列”按钮。

（2）在立即菜单“1.”中选择“曲线阵列”选项，如图 4-32 所示。从图 4-32 中可以看出，通过立即菜单可以设置曲线阵列的曲线拾取方式、是否旋转以及阵列份数。其中，在“2.”中可供切换的选项有“单个拾取母线”“链拾取母线”“指定母线”；在“3.”中可供切换的选项包括“旋转”和“不旋转”；在“4.份数”文本框中设置阵列份数。

图 4-32　选择“曲线阵列”时的立即菜单

操作点拨： 对于单个拾取母线，可拾取的曲线类型包括直线、圆、圆弧、样条、椭圆和多段线；对于链拾取母线，链中只能有直线、圆弧或样条。当单个拾取母线时，阵列从母线的端点处开始。当链拾取母线时，阵列从鼠标单击到的那根曲线的端点开始。如果母线不闭合，那么母线的两个端点均生成新选择集，新选择集的份数不变。

（3）对于“不旋转”方式而言（以设置“单个拾取母线”为例），首先拾取一个选择集 A，接着确定基点，然后选择母线，即可在母线上生成了均布的与原选择集 A 结构相同、姿态相同但位置不同的多个选择集，其典型示例如图 4-33 所示。

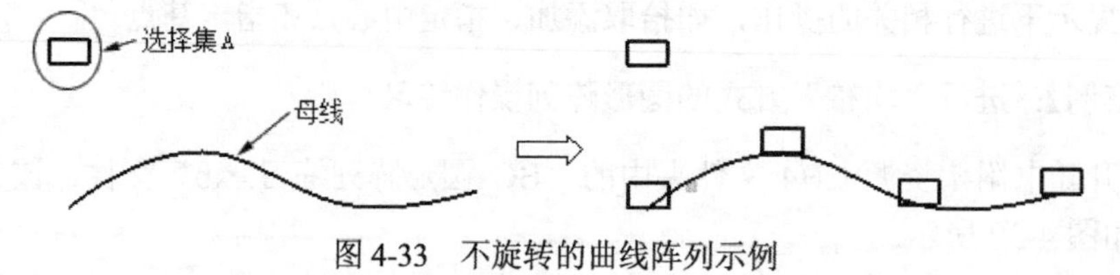

图 4-33　不旋转的曲线阵列示例

对于“旋转”方式而言（以设置“单个拾取母线”为例），首先拾取选择集 B ，接着确定基点，然后选择母线，并确定生成方向，完成的曲线阵列结果是在母线上生成了均布的与原选择集 B 结构相同但姿态与位置不同的多个选择集。例如，在某曲线阵列中，设置“1.”为“曲线阵列”、“2.”为“单个拾取母线”、“3.”为“旋转”、“4.份数”为 4，完成的该曲线阵列结果如图 4-34 所示。

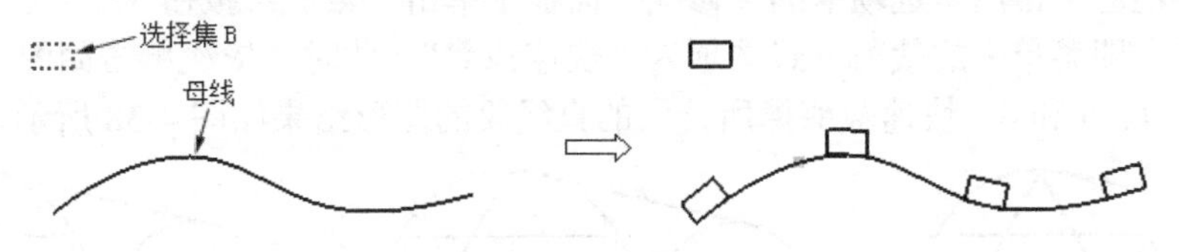

图 4-34　旋转的曲线阵列示例

【课堂范例】：曲线阵列范例

随书附赠资源的 CH4 文件夹中提供了相应的用于曲线阵列的练习文件“BC_曲线阵列练习.exb”，用户可以利用该文件练习创建旋转的或不旋转的曲线阵列。

4.3.8　裁剪

CAXA 电子图板中的裁剪操作分为快速裁剪、拾取边界裁剪和批量裁 3 种方式。

☑　快速裁剪：使用鼠标直接拾取要被裁剪的曲线，由系统自动判断边界并做出相应的裁剪响应。

☑　拾取边界裁剪：拾取一条或多条曲线作为剪刀线以构成裁剪边界，对一系列要被裁剪的曲线进行裁剪操作，系统将裁剪掉所拾取的曲线段，并保留在剪刀线另一侧的曲线段。根据需要，也可使剪刀线被裁剪。

☑　批量裁剪：主要用在曲线较多的场合，用于对这些曲线进行批量裁剪。

下面结合操作示例介绍上面 3 种裁剪的应用。

1. 快速裁剪

快速裁剪具有很强的灵活性，是最为常用的一种曲线裁剪方式，熟练掌握该方法可以在实践工作中大大提高制图工作的效率。

在功能区“常用”选项卡的“修改”面板中单击“裁剪”按钮，接着在立即菜单“1.”中选择“快速裁剪”选项（“快速裁剪”为系统默认的裁剪方式），然后直接在各交叉曲线中单击要被裁剪掉的线段，系统根据与该线段相交的曲线自动确定出裁剪边界，从而将被单击拾取的线段裁剪掉。

在进行快速裁剪时，一定要注意拾取曲线的位置段，如果拾取同一曲线的不同位置段，则将产生不同的裁剪结果，如图 4-35 所示。

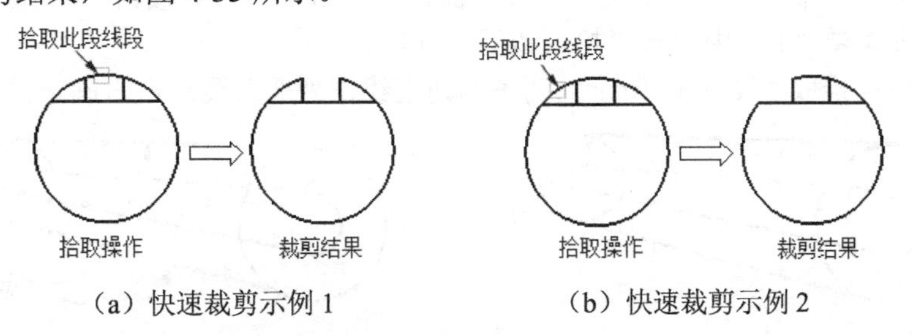

（a）快速裁剪示例 1　（b）快速裁剪示例 2

图 4-35　快速裁剪的拾取位置情况

【课堂范例】：通过范例掌握快速裁剪直线和圆弧的方法

（1）打开位于随书附赠资源 CH4 文件夹中的“BC_快速裁剪练习.exb”文件，该文件中存在着的原始图形如图 4-36 所示。

（2）在功能区“常用”选项卡的“修改”面板中单击“裁剪”按钮。

（3）确保立即菜单中的裁剪方式选项为“快速裁剪”。此时，依次单击如图 4-37 所示的直线段 1、2、3、4、5 和 6。快速裁剪掉所拾取的直线段的图形结果如图 4-38 所示。

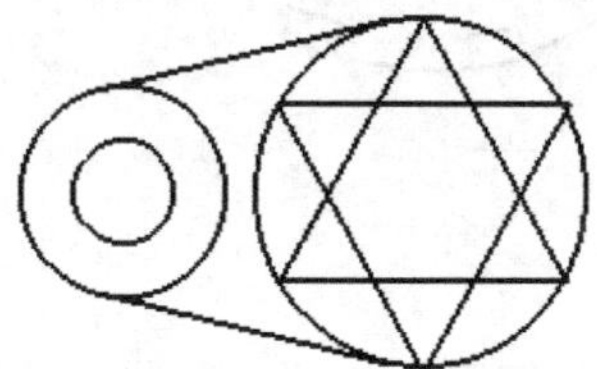

图 4-36 原始图形

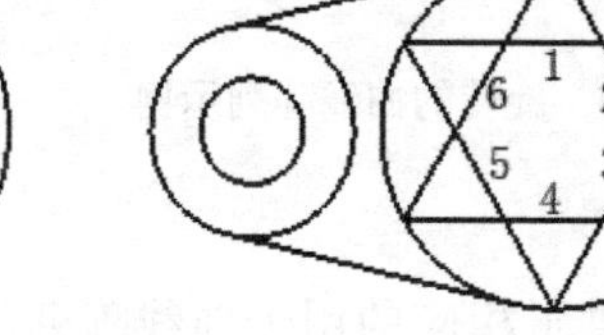

图 4-37 单击要被裁剪到的直线段

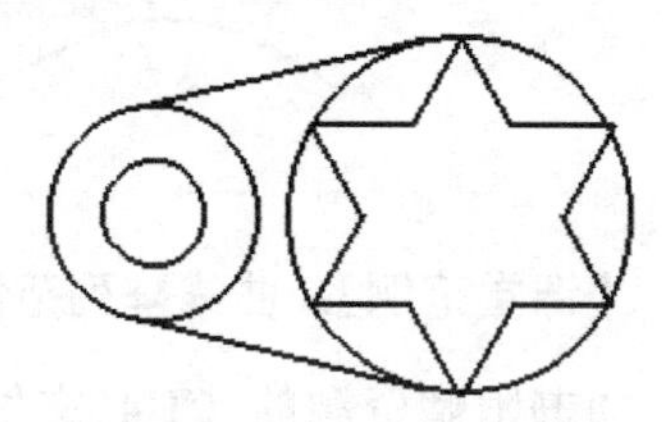

图 4-38 快速裁剪直线段

（4）在“拾取要裁剪的曲线”提示下，继续使用鼠标拾取如图 4-39 所示的一段圆弧段。

（5）右击结束裁剪操作。快速裁剪得到的图形结果如图 4-40 所示。

有兴趣的读者可以继续执行快速裁剪操作，使图形最终效果如图 4-41 所示。

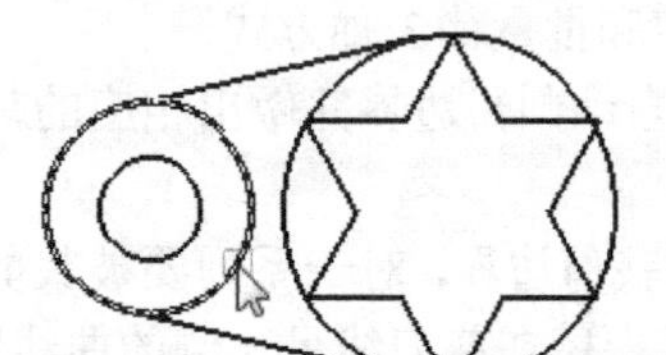

图 4-39 拾取要裁剪的圆弧段

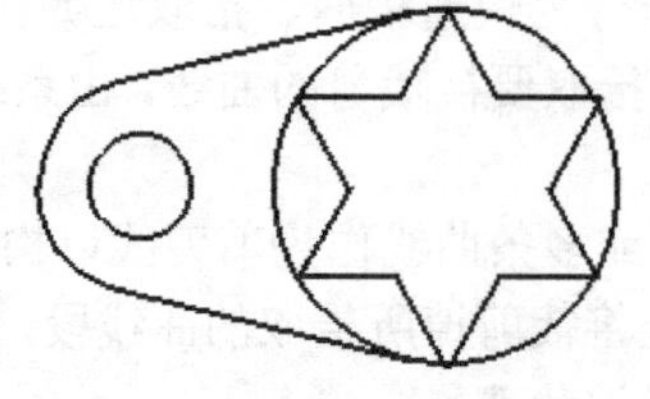

图 4-40 快速裁剪的图形结果

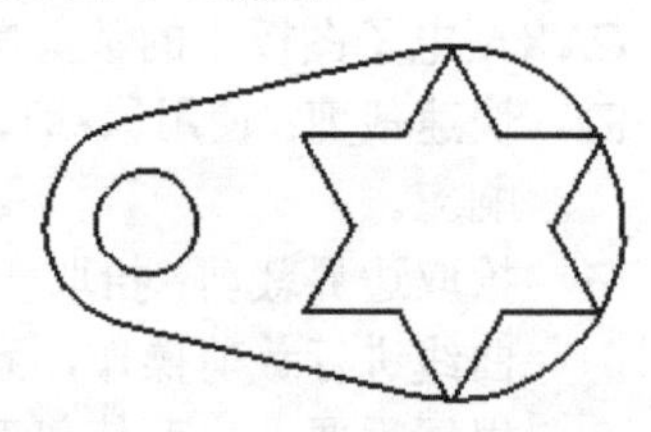

图 4-41 快速裁剪练习结果

2. 拾取边界裁剪

如果图形具有较为复杂的相交关系，可采用“拾取边界裁剪”方式对曲线进行相关的裁剪操作。采用此方式可以在选定边界的情况下对一系列的曲线进行精确的裁剪。在边界复杂的制图情况下，拾取边界裁剪将会比快速裁剪节省计算边界的时间，执行速度较快。当然，多种裁剪方式结合应用，才能够使设计真正变得得心应手。

【课堂范例】：拾取边界裁剪练习

（1）打开位于随书附赠资源 CH4 文件夹中的“BC_拾取边界裁剪练习.exb”文件，该文件中存在着的原始图形如图 4-42 所示。

（2）在功能区“常用”选项卡的“修改”面板中单击“裁剪”按钮。

（3）在立即菜单“1.”中选择“拾取边界”选项。

（4）使用鼠标拾取如图 4-43 所示的两条相切直线作为剪刀线，右击确定。

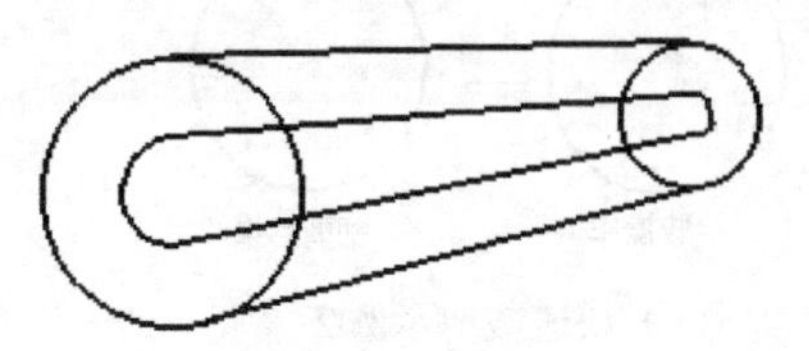

图 4-42 原始图形

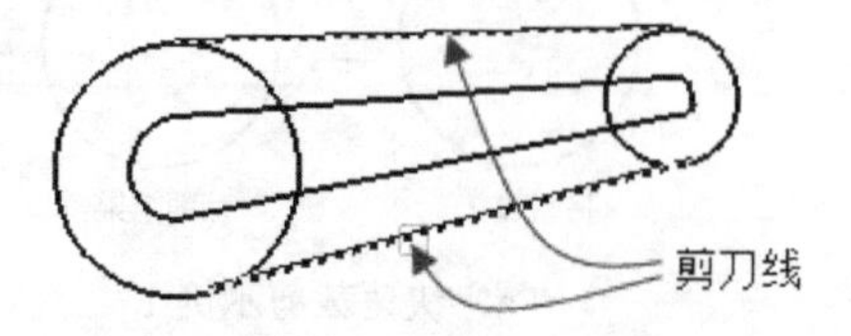

图 4-43 拾取剪刀线

（5）使用鼠标拾取要裁剪的曲线如图 4-44 所示。

（6）右击，结束边界裁剪操作。完成的裁剪效果如图 4-45 所示。

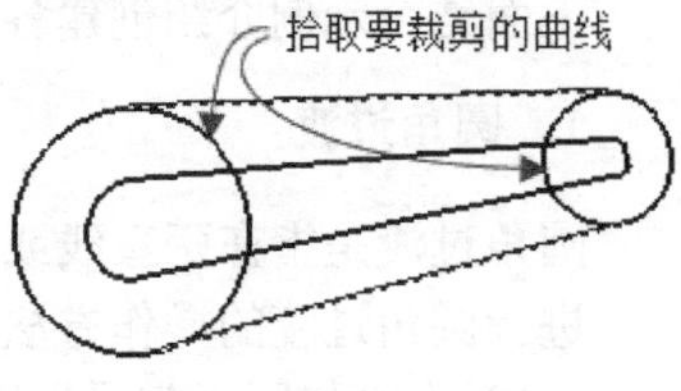

拾取要裁剪的曲线

图 4-44　拾取要裁剪的曲线

3．批量裁剪

批量裁剪的操作方法及步骤如下。

（1）在功能区“常用”选项卡的“修改”面板中单击“裁剪”按钮。

（2）在立即菜单“1.”中选择“批量裁剪”选项。

（3）拾取剪刀链。所拾取的剪刀链可以是一条曲线（包含多段线），也可以是首尾相切的多条曲线。

（4）使用窗口方式拾取要裁剪的曲线，拾取完成后右击来确认。

（5）选择要裁剪的方向，从而完成裁剪操作。

批量裁剪的示例如图 4-46 所示，矩形作为剪刀链，要裁剪的为 3 条直线，将裁剪方向设定为朝向矩形外侧。

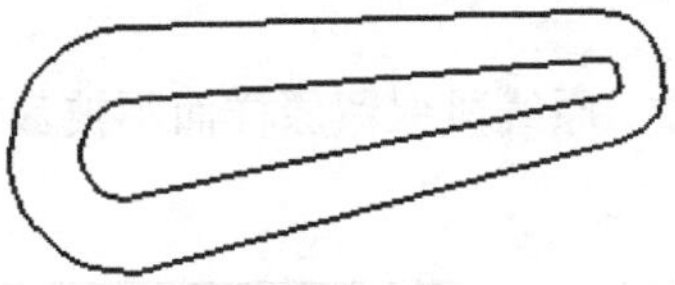

图 4-45　完成的裁剪效果

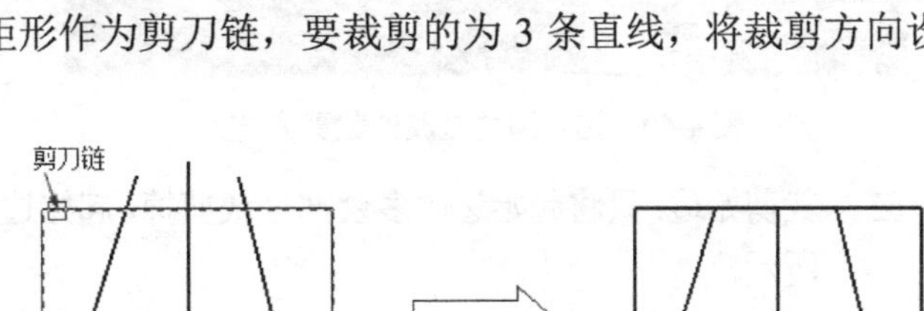

图 4-46　批量裁剪的示例

4.3.9　过渡

过渡操作主要包括圆角、多圆角、倒角、多倒角、外倒角、内倒角和尖角等这些过渡类型。在功能区“常用”选项卡的“修改”面板中单击“过渡”按钮，弹出一个过渡立即菜单，可以根据制图情况从“1.”中选择所需的过渡形式选项，如图 4-47 所示。用户也可以直接在“修改”面板的过渡功能按钮旁单击下三角按钮以打开其下拉菜单，从中单击所需的过渡工具按钮，而不必在立即菜单中选择过渡形式选项，如图 4-48 所示。

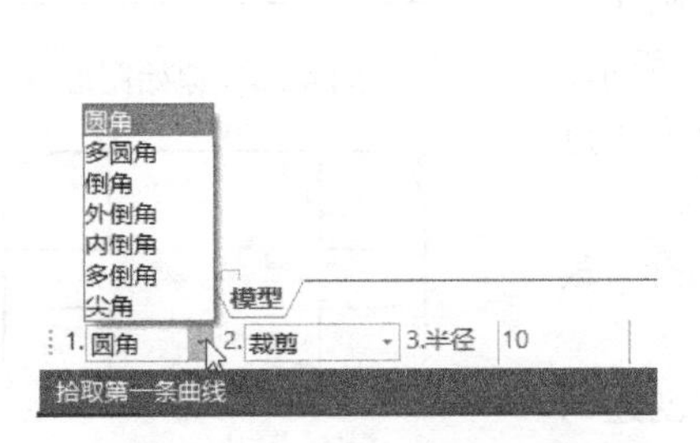

图 4-47　“过渡”立即菜单

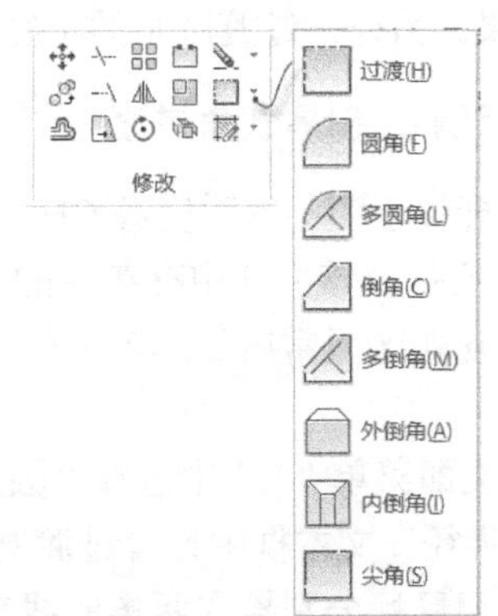

图 4-48　从“过渡”子菜单中选择过渡命令

下面结合示例介绍创建各种过渡的方法及技巧等。

1. 圆角过渡

圆角过渡是指在两直线或两圆弧之间进行圆角的光滑过渡。

进行圆角过渡的操作方法及步骤如下。

（1）在功能区“常用”选项卡的“修改”面板中单击“过渡”按钮□。

（2）从立即菜单“1.”中选择“圆角”选项。

（3）单击立即菜单“2.”，出现如图 4-49 所示的下拉菜单，从中选择所需的裁剪方式，可供选择的裁剪方式包括“裁剪”“裁剪始边”“不裁剪”。

☑ 裁剪：裁剪掉过渡后所有边的多余部分，如图 4-50 所示。

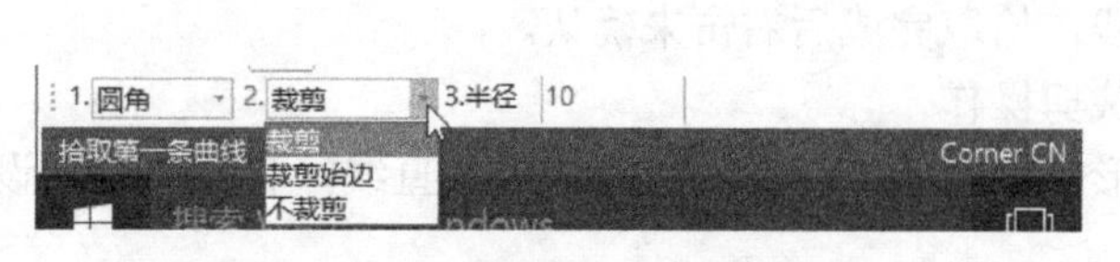

图 4-49 选择圆角过渡的裁剪方式

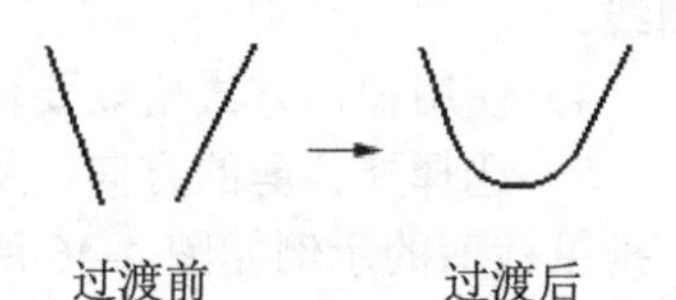

过渡前 过渡后

图 4-50 圆角过渡（裁剪）

☑ 裁剪始边：只将起始边的多余部分裁剪掉，起始边是用户拾取的第一条曲线。示例如图 4-51 所示。

☑ 不裁剪：在执行过渡操作的整个过程（包括完成操作）中，原线段保留原样而不被裁剪。示例如图 4-52 所示。

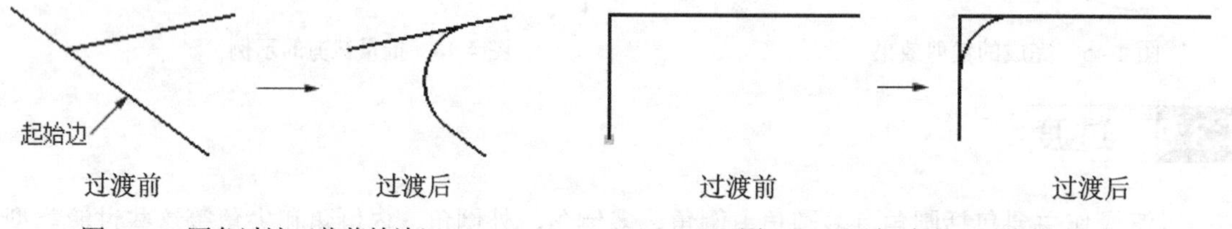

过渡前 过渡后

图 4-51 圆角过渡（裁剪始边）

过渡前 过渡后

图 4-52 圆角过渡（不裁剪）

（4）单击立即菜单“3.半径”文本框，可以更改系统默认的过渡圆弧的半径值。

（5）使用鼠标拾取第一条曲线，接着拾取第二条曲线，则在所选的两条曲线之间创建一个光滑的圆弧过渡。注意用鼠标拾取的曲线位置不同，则会生成不同的过渡结果。另外，过渡圆角的半径要设置合适。

【课堂范例】：创建圆角过渡

（1）打开位于随书附赠资源 CH4 文件夹中的“BC_圆角过渡练习.exb”文件，该文件中存在着的原始图形如图 4-53 所示。

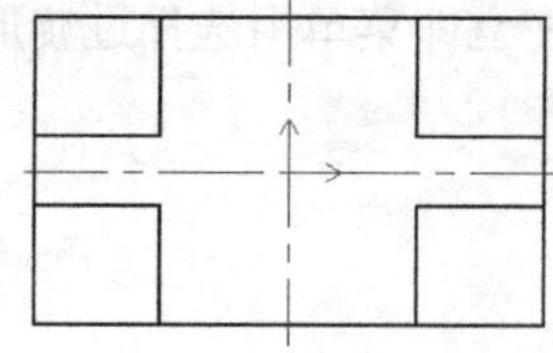

图 4-53 原始图形

（2）在功能区“常用”选项卡的“修改”面板中单击“过渡”按钮□。

（3）在立即菜单“1.”中选择“圆角”，在“2.”中选择“裁剪”，在“3.半径”文本框中设置过渡圆角半径为 16。

（4）使用鼠标分别拾取两条曲线来创建圆角，一共创建 4 个半径为 16 的圆角过渡，如图 4-54 所示。

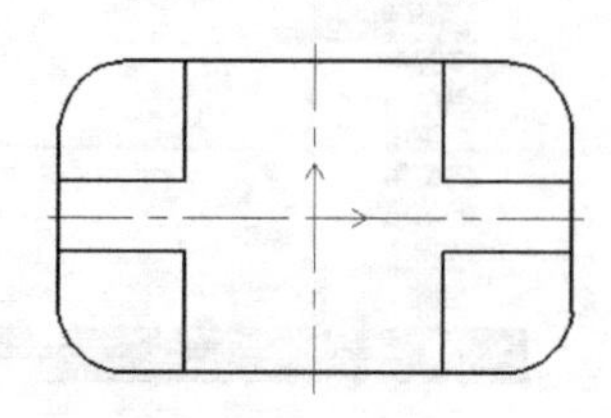

图 4-54 创建 4 个圆角过渡

（5）单击立即菜单“3.半径”的文本框，设置新的当前圆角半径为 8。

（6）使用鼠标分别拾取如图 4-55 所示的第 1 条直线和第 2 条直线来创建一个圆角。用同样的方法，创建其他 3 处半径相同的圆角过渡，结果如图 4-56 所示。

（7）单击立即菜单“2.”，从中选择“裁剪始边”选项。

（8）拾取第一条直线，如图 4-57 所示；接着拾取如图 4-58 所示的第二条直线。

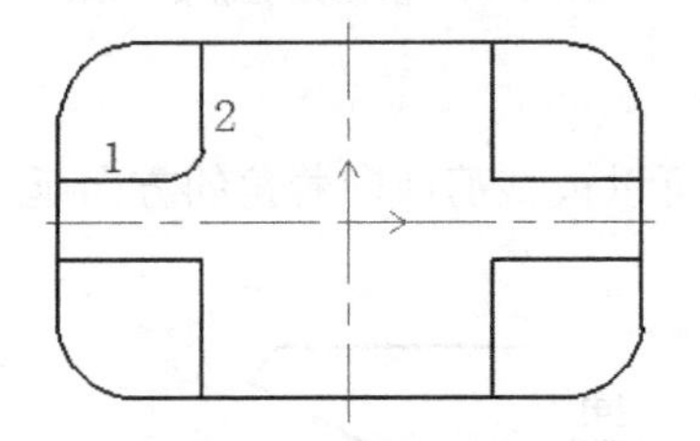

图 4-55　创建一个小圆角

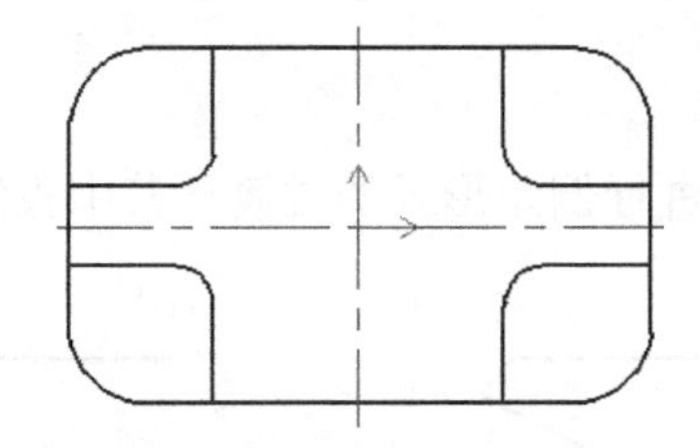

图 4-56　完成其他 3 处相同半径的圆角过渡

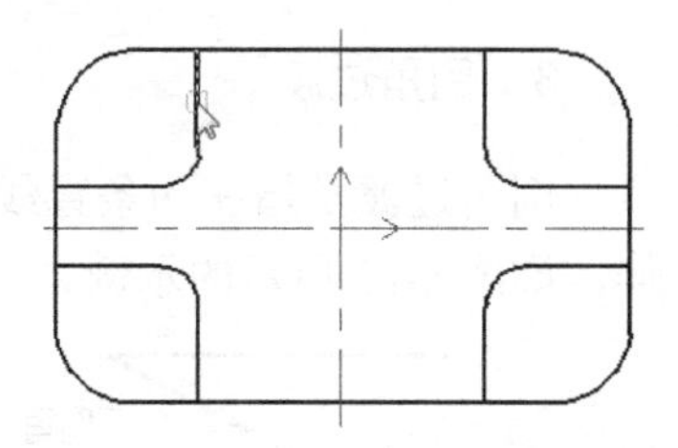

图 4-57　拾取第一条曲线

创建的“裁剪始边”方式的圆角如图 4-59 所示。

（9）使用同样的方法，以“裁剪始边”方式创建其他几处此类圆角。最后完成的效果如图 4-60 所示。

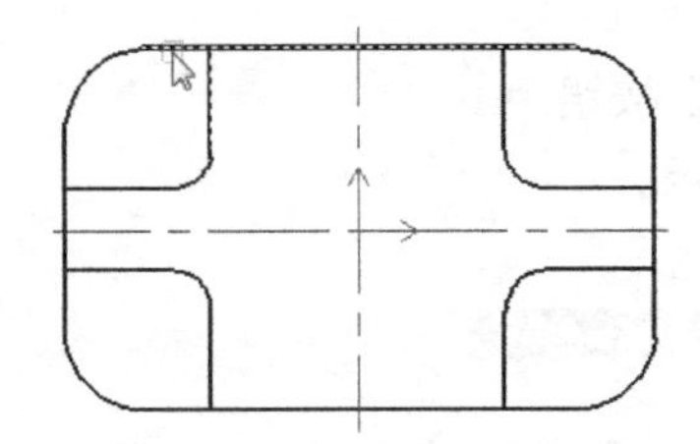

图 4-58　拾取第二条曲线

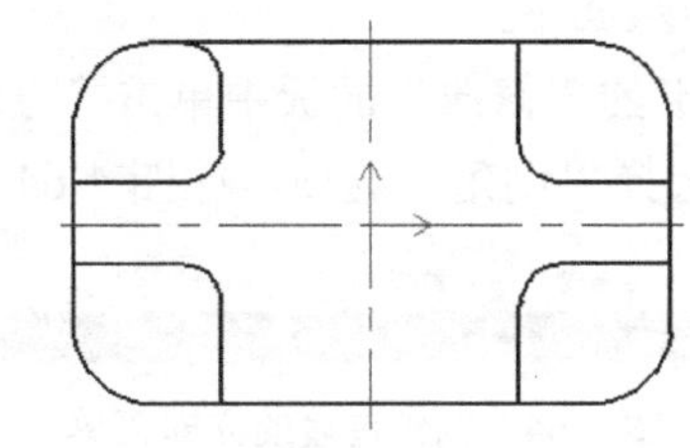

图 4-59　创建“裁剪始边”的一处圆角

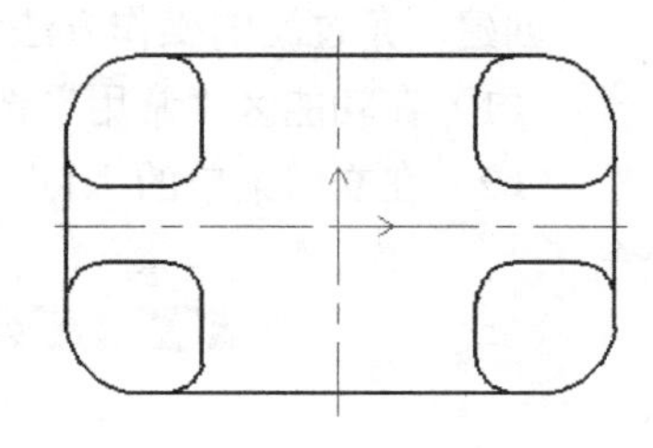

图 4-60　完成圆角的效果

2. 多圆角过渡

多圆角过渡是指用设定半径过渡一系列首尾相连的直线段，操作方法和步骤如下。

（1）在功能区“常用”选项卡的“修改”面板中单击“过渡”按钮。

（2）在立即菜单“1.”中选择“多圆角”选项。

（3）单击立即菜单“2.”文本框，输入一个实数定义新半径。

（4）使用鼠标拾取一系列的首尾相连的直线，在所选的这些首尾相连的直线中生成多圆角。值得注意的是，这一系列首尾相连的直线既可以是开放的（不封闭的）也可以是封闭的，如图 4-61 所示。

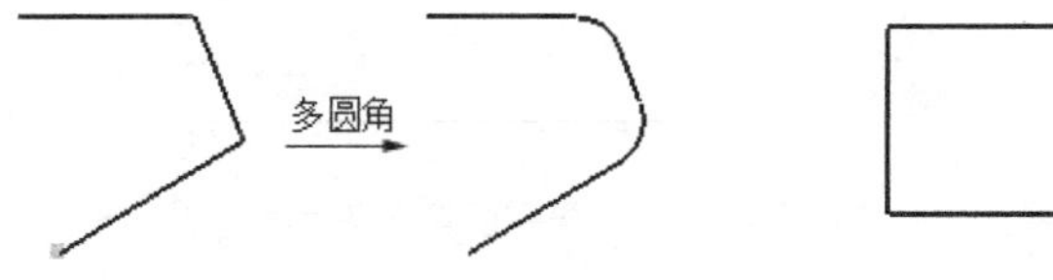

（a）开放的曲线链

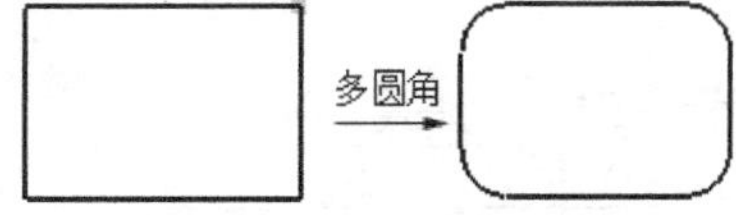

（b）封闭的曲线链

图 4-61　多圆角过渡的两种情形

【课堂范例】：要求熟悉如何创建多圆角过渡

（1）使用矩形工具在绘图区域绘制一个长为 30、宽为 25 的矩形。

（2）在功能区“常用”选项卡的“修改”面板中单击“过渡”按钮▢。

（3）选择“多圆角”和设置半径为 5。

（4）拾取矩形边，则将该矩形的直角连接变为圆角过渡，如图 4-62 所示。

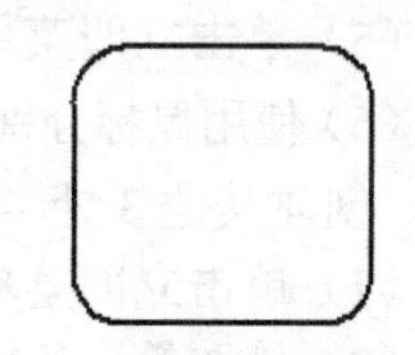

图 4-62　多圆角过渡的结果

3. 倒角过渡

倒角过渡是指在两条直线间进行倒角形式的过渡，其中直线可以被裁剪或向着角的方向延伸，如图 4-63 所示的示例。

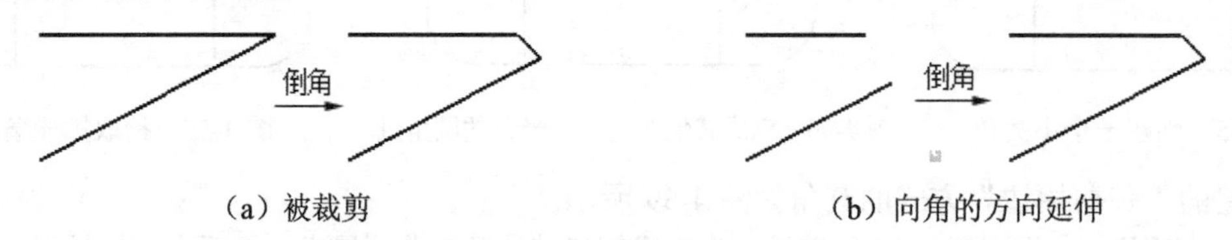

（a）被裁剪　　（b）向角的方向延伸

图 4-63　倒角过渡的两种典型情形

创建倒角过渡的操作方法和步骤如下。

（1）在功能区“常用”选项卡的“修改”面板中单击“过渡”按钮▢。

（2）在立即菜单的“1.”中选择“倒角”选项，如图 4-64 所示。

图 4-64　倒角过渡的立即菜单

（3）单击立即菜单“2.”，在“长度和角度方式”和“长度和宽度方式”选项之间切换。

（4）在立即菜单“3.”中指定裁剪的方式，如选择“裁剪”“裁剪始边”或“不裁剪”选项。这些选项的功能含义和圆角过渡的一样。

（5）在立即菜单中分别设置倒角的两项参数。当选用“长度和角度方式”定义倒角时，则在“4.长度”文本框中指定倒角结构的轴向长度（指从两直线的交点开始，沿所拾取的第一条直线方向的长度），在“5.角度”文本框中指定倒角结构的角度（指倒角线与所拾取第一条直线的夹角，其有效范围为 0～180 度），倒角的长度和角度相关定义如图 4-65（a）所示。当选用“长度和宽度方式”定义倒角时，则需要在“4.长度”文本框中指定倒角的长度，以及在“5.宽度”文本框中指定倒角的宽度，有关倒角的长度和宽度定义图解如图 4-65（b）所示。

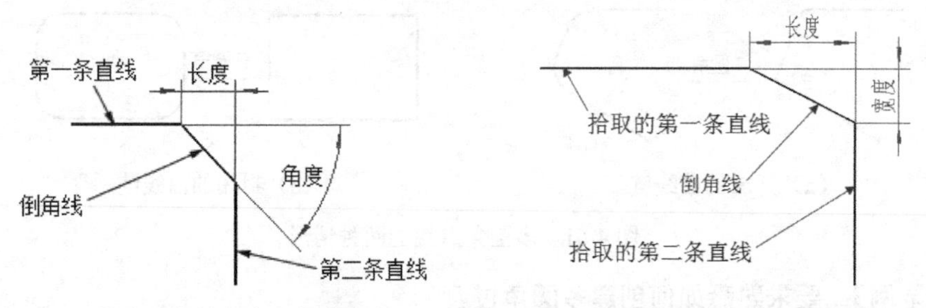

（a）倒角结构的长度和角度定义　　（b）倒角结构的长度和宽度定义

图 4-65　倒角结构的参数定义图解

（6）在提示下拾取第一条直线，接着再拾取第二条直线，从而完成倒角过渡。

【课堂范例】：倒角过渡练习

要求理解倒角的结构，注意倒角的轴向长度和角度的定义均与第一条直线的拾取有关，即若拾取两条直线的顺序不同，则创建的倒角会不同。

（1）打开位于随书附赠资源 CH4 文件夹中的“BC_倒角过渡练习.exb”文件，该文件中存在着的原始图形如图 4-66 所示。

（2）在功能区“常用”选项卡的“修改”面板中单击“过渡”按钮。

（3）在立即菜单“1.”中选择“倒角”选项，在“2.”中指定“长度和角度方式”选项，在“3.”中选择“裁剪”选项。

（4）在立即菜单中设置“4.长度”值为 10，“5.角度”值为 30（单位默认为“°”）。

（5）使用鼠标先拾取图 4-66 左侧图形的水平直线，接着拾取左侧图形的竖直直线，完成左侧图形的倒角过渡。再使用鼠标拾取图 4-66 右侧图形的竖直直线，然后拾取右侧图形的水平直线，从而完成右侧图形的倒角过渡。应该仔细观察这两处倒角过渡的结果有什么不同，倒角结果如图 4-67 所示。

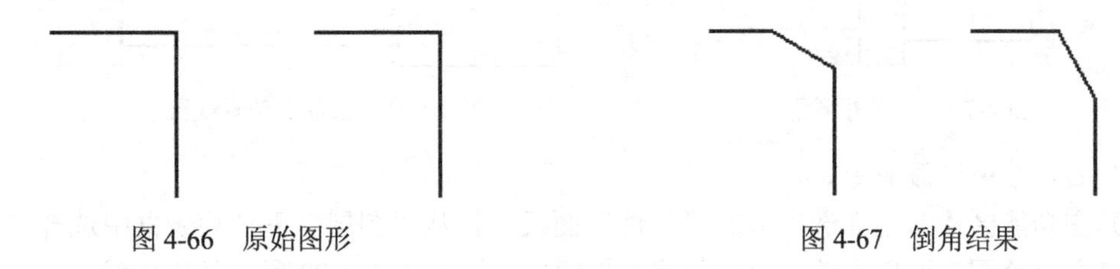

图 4-66　原始图形　　　　图 4-67　倒角结果

4. 外倒角过渡和内倒角过渡

可以为 3 条相垂直的直线进行外倒角过渡或内倒角过渡。外倒角过渡和内倒角过渡具有一定的共性，所谓的“外倒角”和“内倒角”是相对特定的位置而定的。

创建外倒角过渡或内倒角过渡的操作方法和步骤如下。

（1）在功能区“常用”选项卡的“修改”面板中单击“过渡”按钮。

（2）在立即菜单“1.”中选择“外倒角”或“内倒角”选项。

（3）在立即菜单“2.”中选择“长度和角度方式”或“长度和宽度方式”选项，并根据在“2.”中所选的方式指定相应的后两项参数。“长度和角度方式”对应的两项参数是“3.长度”和“4.角度”，而“长度和宽度方式”对应的两项参数是“3.长度”和“4.宽度”。

（4）在提示下拾取 3 条有效直线，从而在这 3 条直线之间创建外倒角或内倒角。

【课堂范例】：创建外倒角和内倒角

（1）打开位于随书附赠资源 CH4 文件夹中的“BC_内外倒角过渡练习.exb”文件，该文件中存在着的原始图形如图 4-68 所示。

（2）在功能区“常用”选项卡的“修改”面板中单击“过渡”按钮。

（3）在立即菜单“1.”中选择“外倒角”选项。

（4）在立即菜单“2.”中确保选择“长度和角度方式”选项，接着在“3.长度”文本框中设置轴向长度为 2，在“4.角度”文本框中设置角度为 45 度。

（5）根据提示分别单击如图4-69所示的直线段1、2和3，创建的外倒角图形如图4-70所示。

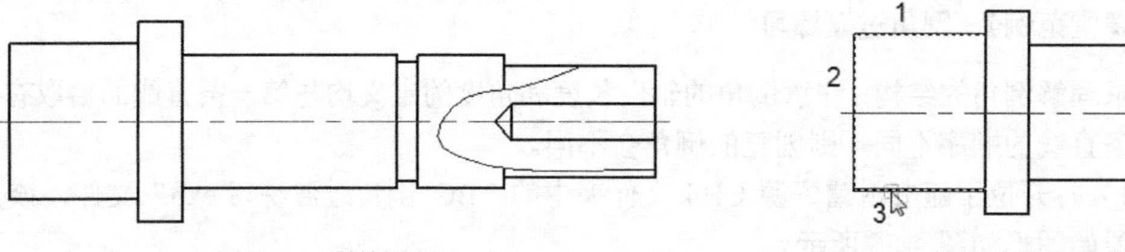

图4-68　原始图形　　图4-69　拾取3条直线段

（6）单击立即菜单“1.”，从中选择“内倒角”选项。同时，接受默认的轴向长度为2，倒角为45°。

（7）在提示下分别拾取如图4-71所示的直线段4、5和6，完成的内倒角如图4-72所示。

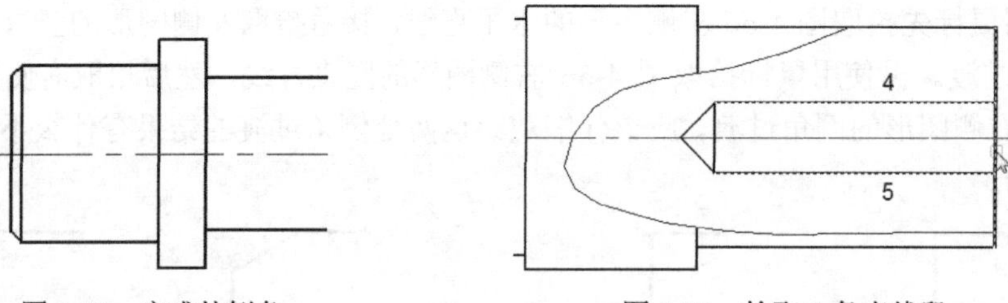

图4-70　完成外倒角　　图4-71　拾取3条直线段

（8）右击结束过渡命令。

（9）在功能区“常用”选项卡的“特性”面板中，从“图层”下拉列表框中选择“剖面线层”，接着在“绘图”面板中单击“剖面线”按钮，创建如图4-73所示的剖面线。

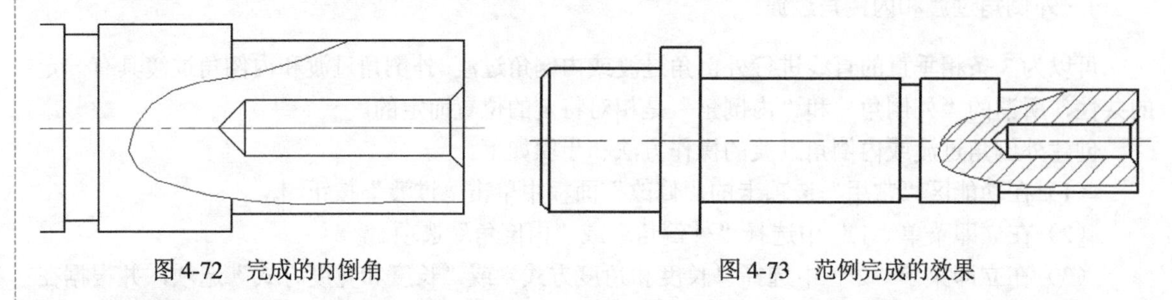

图4-72　完成的内倒角　　图4-73　范例完成的效果

5. 多倒角过渡

多倒角过渡是指倒角过渡一系列首尾相连的直线或多段线。创建多倒角过渡的操作方法及步骤如下。

（1）在功能区“常用”选项卡的“修改”面板中单击“过渡”按钮。

（2）在立即菜单“1.”中选择“多倒角”选项，接着分别设置轴向长度和倒角角度，如图4-74所示。

图4-74　多倒角设置

（3）在提示下拾取首尾相连的直线，则在所选直线链中创建多个倒角。

【课堂范例】：多倒角过渡范例

绘制一个长为 50、宽为 30 的矩形，然后在该矩形中创建多倒角过渡，其中倒角轴向长度为 5，角度为 45 度。该范例图解如图 4-75 所示。

图 4-75 创建多倒角过渡

6. 尖角过渡

可以在两条曲线（包括直线、圆和圆弧等）的交点处形成尖角过渡，主要有以下两种情形。

☑ 如果两曲线具有交点，则以交点为界，将多余的部分裁剪掉，如图 4-76 所示。注意，使用鼠标拾取曲线的位置不同，则会产生不同的结果。

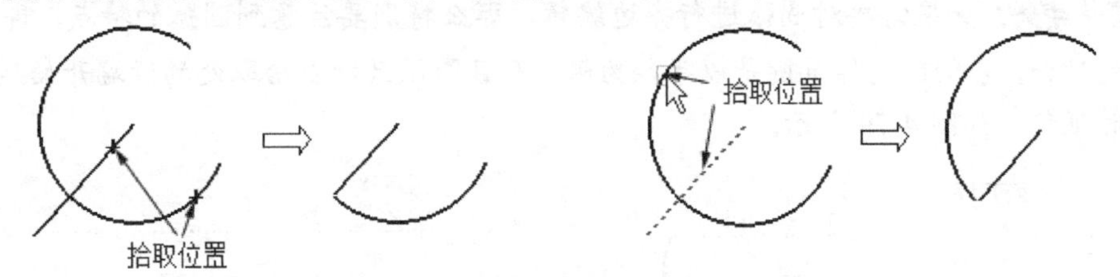

图 4-76 尖角过渡情形 1（相交）

☑ 如果两曲线没有交点，但延伸后相交，那么系统首先计算出两曲线的延伸交点，然后将两曲线延伸至交点处，如图 4-77 所示（注意拾取位置）。

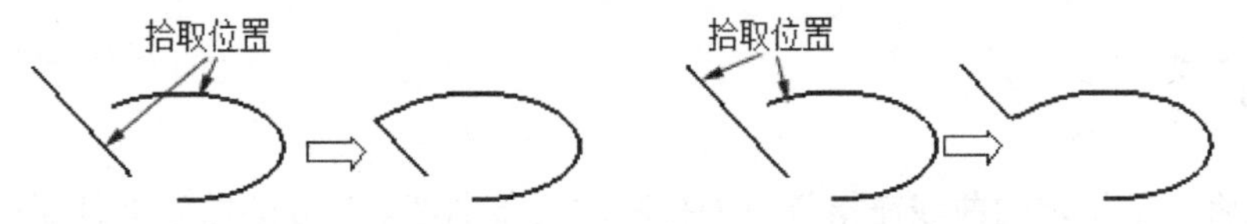

图 4-77 尖角过渡情形 2（尚未相交但延伸后相交）

4.3.10 齐边（延伸）

CAXA 电子图板 2018 软件提供的“齐边（延伸）”功能是很实用，该功能是以一条曲线作为边界对一系列曲线进行裁剪或延伸。

对曲线进行“齐边（延伸）”编辑的操作方法及步骤如下。

（1）在功能区“常用”选项卡的“修改”面板中单击“延伸”按钮。

（2）在立即菜单中选择“齐边”或“延伸”选项。

（3）当选择“齐边”选项时，系统出现“拾取剪刀线”的提示信息。此时，在图形窗口中拾取所需的曲线作为剪刀线，并在“拾取要编辑的曲线”提示下选择一系列要编辑的曲线进行齐边编辑修改（注意拾取点位置）。如果拾取的要编辑的曲线与剪刀线（边界线）有交点，那么系统按“裁剪”命令进行操作，系统将裁剪所拾取的曲线至边界线为止；如果拾取的要编辑的曲线与剪刀线不相交但延伸后相交，那么系统将把曲线按其本身的趋势延伸至边界。在如图 4-78 所

示的图解示例中，便具有上述的齐边情况。

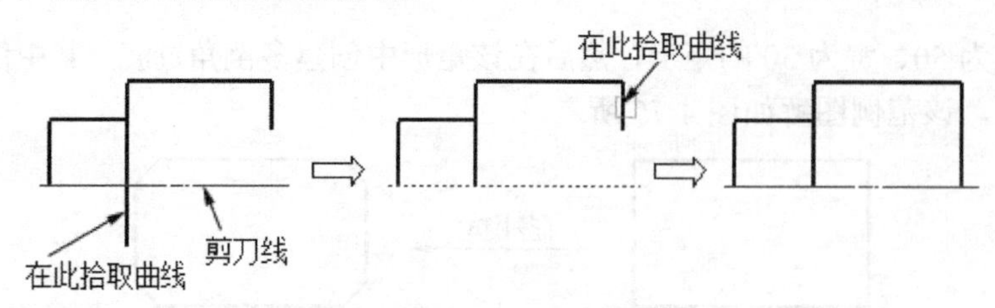

图 4-78　齐边操作示例

当选择“延伸”选项时，系统出现“选择对象或<全部选择>”的提示信息，此时可以选择对象或直接按空格键以默认全部选择，接着在提示下选择要延伸的对象，或者按住 Shift 键选择要裁剪的对象。

（4）右击结束操作。

操作点拨： 如果需要对圆弧进行齐边编辑，那么特别要注意到圆弧的特点，即圆弧无法向无穷远处延伸，它们的延伸范围是以半径为限，而且圆弧只能以拾取处的近端开始延伸，而不能两端同时延伸，如图 4-79 所示。

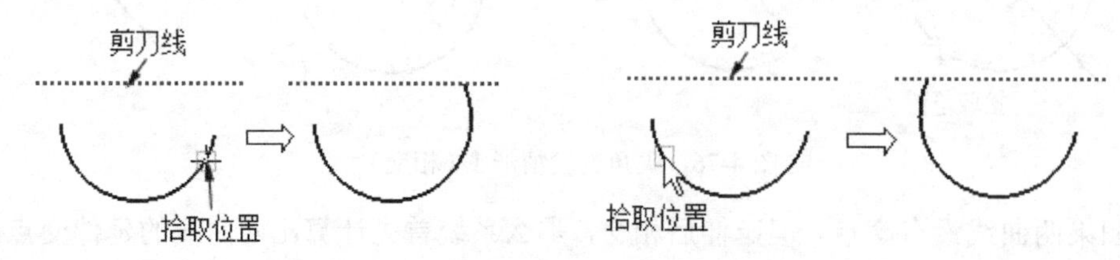

图 4-79　圆弧的齐边延伸

4.3.11　打断

用户可以将一条指定的曲线在指定点处打断成两条曲线。开放的曲线被打断后，相当于一条独立的曲线变成了两条独立的曲线。打断对象分一点打断和两点打断。

1. 一点打断

一点打断选定对象的操作方法及步骤如下。

（1）在功能区“常用”选项卡的“修改”面板中单击“打断”按钮。

（2）将立即菜单“1.”切换为“一点打断”选项，以启用一点打断模式。

（3）使用鼠标拾取一条要打断的曲线。

（4）拾取打断点。为了作图准确，通常要充分利用智能点、栅格点、导航点等来辅助拾取打断点，尽量在需要打断的曲线上拾取打断点。

系统允许将打断点拾取在曲线之外，其应用规则如下（摘自 CAXA 电子图板用户手册）。

☑　若欲打断线为直线，则系统自动从用户选定点向直线作垂线，设定垂足为打断点。

☑　若欲打断线为圆弧或圆，则系统从圆心向用户设定点作直线，该直线与圆弧交点被设定为打断点。

【课堂范例】：将一个完整的圆分成 3 段等分的圆弧

（1）绘制一个默认半径的圆。

（2）创建等分点。在功能区“常用”选项卡的“绘图”面板中单击“点”按钮◦，接着在立即菜单中设置“1.”为“等分点”，“2.等分数”的值为 3，然后拾取圆。右击结束点命令操作，在圆周上创建的等分点如图 4-80 所示。为了看清楚等分点，可以事先设置合适的点样式。

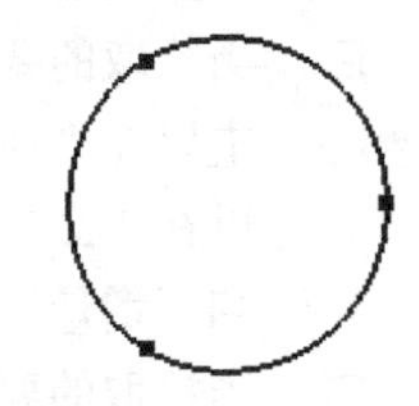

图 4-80 创建等分点

（3）在功能区“常用”选项卡的“修改”面板中单击“打断”按钮，将立即菜单“1.”切换为“一点打断”，拾取圆作为要打断的曲线，接着拾取其中一个等分点（可借助工具点菜单的“屏幕点”来辅助选择）。

（4）使用和步骤（3）相同的方法在第 2 个等分点处打断圆弧。

（5）使用和步骤（3）相同的方法在第 3 个等分点处打断大圆弧，从而获得 3 段等长的圆弧。

2. 两点打断

在功能区“常用”选项卡的“修改”面板中单击“打断”按钮后，将立即菜单“1.”切换为“两点打断”，即使用两点打断模式。两点打断模式提供了“伴随拾取点”和“单独拾取点”两种打断点拾取模式。当立即菜单“2.”切换为“伴随拾取点”时，则需要拾取需打断的曲线，在拾取完毕后，系统直接默认将拾取点作为第一打断点，接着选择第二打断点。当立即菜单“2.”切换为“单独拾取点”时，则需要拾取需打断的曲线，接着分别拾取两个打断点。无论使用哪种打断点拾取模式，拾取两个打断点后，被打断曲线会从两个打断点处被打断，同时两点间的曲线会被删除。如果被打断的曲线是封闭曲线，则被删除的曲线部分是从第一点以逆时针方向指向第二点的那部分。

两点打断的典型示例如图 4-81 所示。

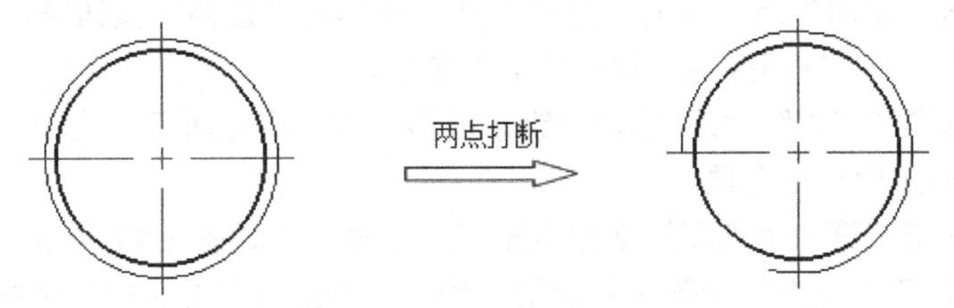

图 4-81 两点打断的典型示例

4.3.12 拉伸

使用“拉伸”功能可以在保持曲线原有趋势不变的前提下，对曲线或曲线组进行拉伸或缩短处理。在 CAXA 电子图板 2018 中，可以将二维拉伸分为单条曲线拉伸和曲线组拉伸两种情况。下面对这两种典型的拉伸进行介绍。

1. 单条曲线拉伸

（1）在功能区“常用”选项卡的“修改”面板中单击“拉伸”按钮。

（2）在立即菜单“1.”中切换为“单个拾取”选项。

（3）按照提示单击（拾取）所要拉伸的直线或圆弧的一端，接着移动鼠标时，则一条被拉伸的线段跟随鼠标光标发生拉伸变化，当拖曳到合适位置处单击，便可以获得所需的拉伸效果。

用户需要注意以下情况。

☑ 当拾取的要拉伸的曲线为直线时，出现的立即菜单如图 4-82（a）所示，在“2.”中单击以在“轴向拉伸”和“任意拉伸”选项之间切换。当选择“轴向拉伸”选项时，还可以在“3.”中设为“点方式”或“长度方式”选项，其中长度方式又可以分为“绝对”和“增量”两种情况。

☑ 当拾取的要拉伸的曲线为圆弧时，出现的立即菜单如图 4-82（b）所示，可以在“2.”中选择“弧长拉伸”、“角度拉伸”、“半径拉伸”或“自由拉伸”来进行拉伸定义，除了“自由拉伸”之外，其他 3 种的拉伸量均可以通过“3.”来选择“绝对”或“增量”。“绝对”的含义是指拉伸图素的整个长度或者角度；“增量”的含义是指在原图素基础上增加的长度或角度。

（a）拉伸直线时的立即菜单

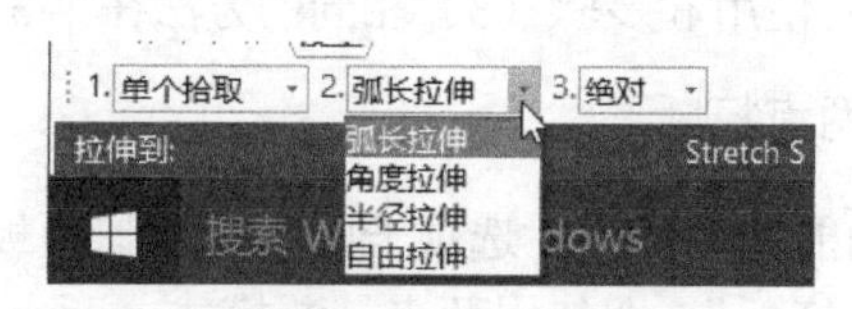

（b）拉伸圆弧时的立即菜单

图 4-82 单条曲线拉伸的立即菜单

（4）该命令可以重复操作，如果要结束该命令操作，可右击。

2. 曲线组拉伸

曲线组拉伸，实际上是指移动窗口内图形的指定部分，也就是将窗口内的指定图形一起拉伸。下面通过典型的操作示例来介绍曲线组拉伸的方法及步骤。

（1）在功能区“常用”选项卡的“修改”面板中单击“拉伸”按钮。

（2）将立即菜单“1.”切换为“窗口拾取”选项。

（3）单击立即菜单“2.”，可以选择“给定偏移”或“给定两点”选项。在该示例中，假设在“2.”中选择“给定偏移”选项。

（4）使用鼠标指定第 1 角点和第 2 角点形成一个窗口，如图 4-83 所示。这里的窗口拾取必须从右到左拾取，即第 2 角点位于第 1 角点的左侧，与该窗口交叉的曲线组被全部拾取。拾取添加完成后，右击确认。

（5）移动鼠标可以看到曲线组被拉伸，如图 4-84 所示，在满意的位置处单击，从而确定曲线组的拉伸结果。拉伸时可根据情况看是否启用正交模式。

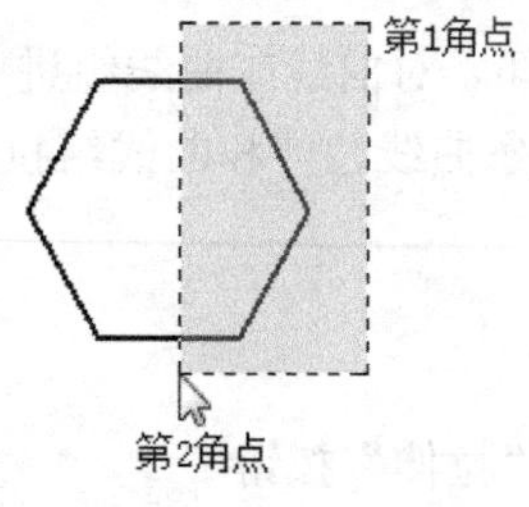

图 4-83 窗口拾取

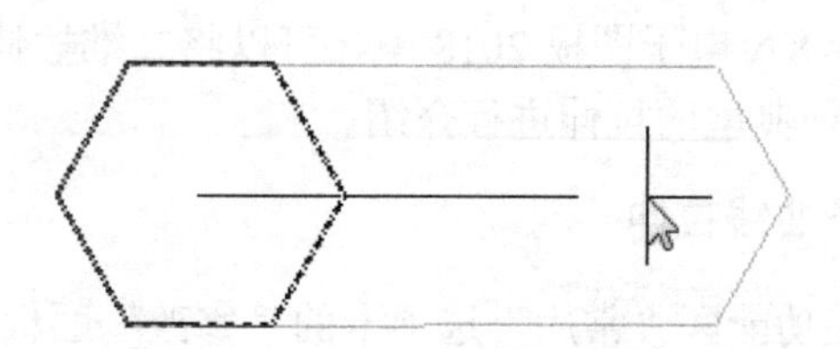
图 4-84 指定 X 方向偏移量或位置点

操作点拨： 如果在立即菜单中设置“1.”为“窗口拾取”、“2.”为“给定两点”，那么用窗口拾取曲线组后，在“第一点”提示下使用鼠标指定一点，指定第一点后提示变为“第二点”，再移动鼠标时，曲线组被动态拉伸，确定第二点后便得到该曲线组的拉伸结果。在“给定两点”的设置下，拉伸长度和方向由两点连线的长度和方向来定义。

4.3.13　分解（打散）

可以执行 CAXA 电子图板系统提供的“分解”功能来将成块的图形打散，可以将多段线、标注、图案填充、块参照合成对象分解成单个的元素。有关块的知识将在后面的章节中重点介绍。

在这里简单地介绍“分解”编辑命令的一般应用方法及步骤。

（1）在功能区“常用”选项卡的“修改”面板中单击“分解”按钮。

（2）在“拾取元素”提示下拾取要分解的对象，然后右击，即可将所选对象分解。对于大多数的对象，其分解效果是看不来的，只有重新选取对象时才发现分解的单独元素。

知识点拨： 分解多段线时，多段线被分解为单独的线段和圆弧。具有宽度的多段线分解后，其关联的宽度信息被去除，所得的直线段和圆弧将沿着原多段线的中心线放置。标注或图案填充分解后，也会失去它们各自的关联性。

4.3.14　夹点编辑

CAXA 电子图板中的夹点编辑是指拖曳夹点对图形对象进行拉伸、移动、旋转、缩放等编辑操作。下面通过一个简单的范例介绍使用夹点编辑的操作方法和步骤。

（1）在绘图区绘制一个圆心位于原点、半径为 50 的圆，该圆不产生中心线。

（2）使用鼠标选择圆，使圆显示其夹点，如图 4-85 所示。

（3）单击圆心处的方形夹点，系统提示“指定夹点拖动位置”。在绘图区移动鼠标，可以看到圆依附于鼠标移动。

（4）在合适位置处单击以确认平移操作，所选的圆便被移动到该位置。

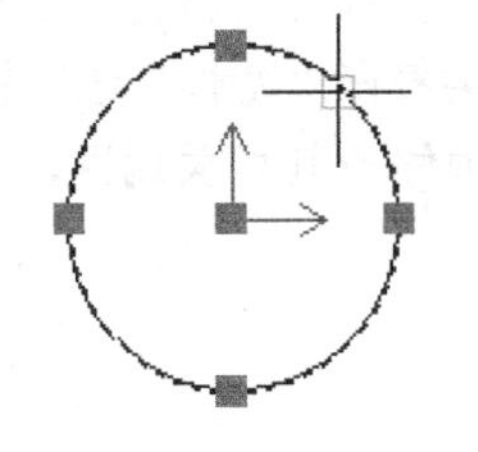

图 4-85　显示圆的夹点

（5）单击圆周上的一个方形夹点，接着移动鼠标可拖曳夹点实现圆的拉伸缩放操作，如图 4-86 所示，单击以确认拉伸缩放结果。

在使用夹点编辑时，需要注意不同图形对象的不同夹点都可能有不同的含义。

通常方形夹点用于移动对象和拉伸封闭曲线的特征尺寸；而三角形夹点可用于沿现有对象轨迹延伸非封闭的曲线，其操作效果与“单个拾取”模式下的拉伸功能类似。以部分基本曲线为例，选中对象后，单击直线或圆弧的端点三角形夹点，拖曳选择拉伸点即可完成相应的编辑操作，如直线将沿直线方向延伸，圆弧将随当前的圆心和半径加长圆弧的长度，典型示例如图 4-87 所示。

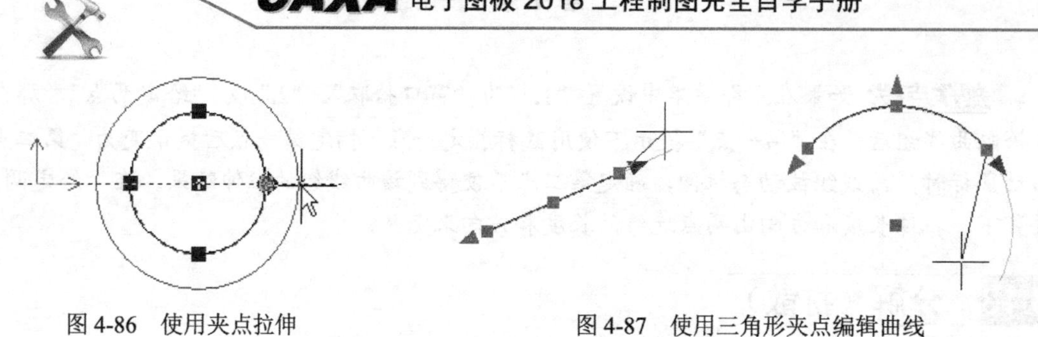

图 4-86　使用夹点拉伸　　图 4-87　使用三角形夹点编辑曲线

4.4 属性编辑

在 CAXA 电子图板中，大部分图形对象都具有这样的基本属性，如图层、颜色、线型和线宽等。每个图形对象还可以有本身特有的属性，例如圆的特有属性包括圆心、半径等。图形对象的属性既可以直接单独地指定给对象，也可以通过图层来赋予对象。对于图形对象的属性，通常可以使用“特性”选项板、属性工具或特性匹配工具等来进行编辑。

4.4.1 使用“特性”选项板

使用“特性”选项板（也可称为属性选项板）可以查看和编辑指定对象的属性。按 Ctrl+Q 快捷键，或者单击“菜单”按钮并在“工具”菜单中选择“属性”命令，可以打开“特性”选项板。当打开“特性”选项板时，可以设置“特性”选项板处于自动隐藏状态，此时只有将鼠标置于绘图区边上的“特性”标签处才展开它，如图 4-88（a）所示。

打开“特性”选项板后，选择要编辑的对象，此时在“特性”选项板中显示该对象的属性，接着在“特性”选项板中修改该对象的相关属性即可。例如，选择某个圆后，在“特性”选项板中修改其相关属性，如修改半径值，如图 4-88（b）所示。

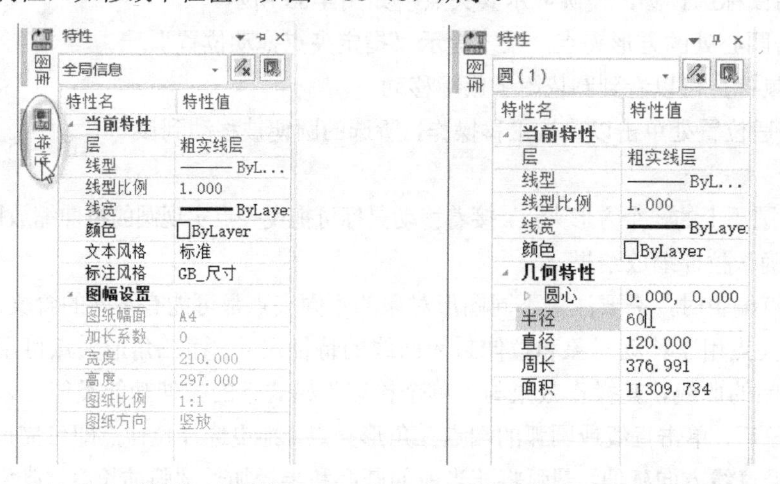

（a）展开“特性”选项板　　（b）利用“特性”选项板修改圆属性

图 4-88　使用“特性”选项板

4.4.2 使用属性工具

使用 CAXA 电子图板提供的相关属性工具可以编辑对象的图层、颜色、线型和线宽等基本属性。在使用新风格界面时，用户可以在功能区“常用”选项卡的“特性”面板中找到所需的属性工具，如图 4-89 所示。使用属性工具修改对象属性是很方便，选择图形对象后，直接在功能区面板中使用相应属性工具即可编辑所选图形对象的基本属性。

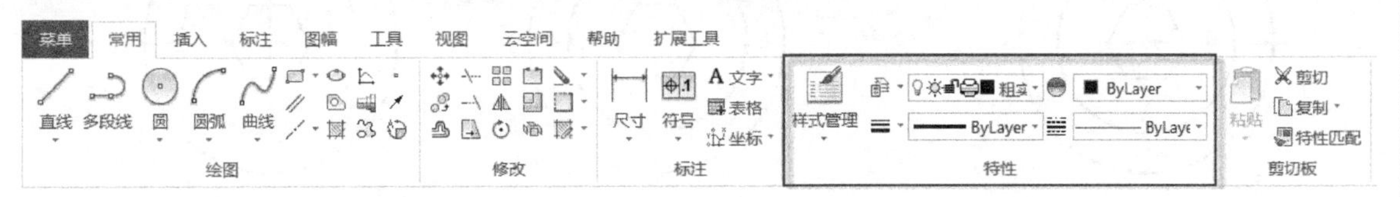

图 4-89　使用功能区“常用”选项卡的“属性”面板

4.4.3 特性匹配

使用“特性匹配”功能可以将一个对象的某些或所有特性复制到其他对象，即使用“特性匹配”功能可以使所选择的目标对象依据源对象的属性进行变化。该功能除了可以修改对象的图层、线型、线宽和颜色等基本属性外，还可以修改对象的特有属性。

使用特性匹配的操作方法及步骤如下。

（1）在功能区“常用”选项卡的“剪切板”面板中单击“特性匹配”按钮，接着根据设计要求在立即菜单“1.”中选择“匹配所有对象”或“匹配同类对象”选项。

（2）在立即菜单“2.”中选择“默认”或“设置”选项。当选择“设置”选项时，系统弹出如图 4-90 所示的“特性设置”对话框，从中可以设置启用哪些基本特性和特殊特性，然后单击“确定”按钮。当选择“默认”选项时，将使用系统默认的基本特性和特殊特性。

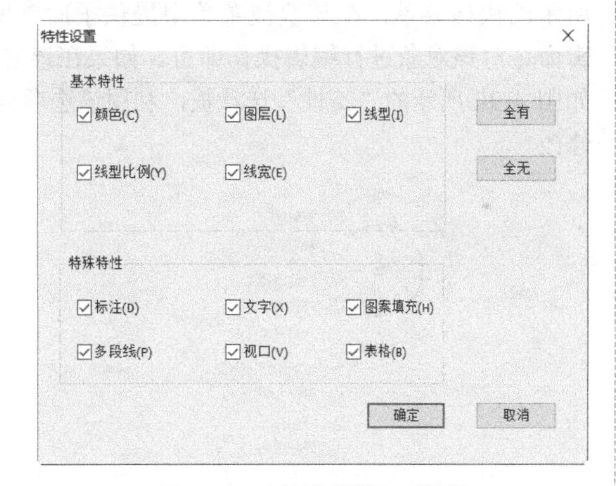

图 4-90　“特性设置”对话框

（3）在“拾取源对象”的提示信息下，拾取所需的图形对象作为源对象。

（4）系统出现“拾取目标对象”的提示信息。根据该提示拾取所需的目标对象。

（5）右击可结束特性匹配的命令操作。

【课堂范例】：格式刷在制图中的操作练习

（1）打开位于随书附赠资源 CH4 文件夹中的“BC_格式刷练习.exb”文件，该文件中存在着的原始图形如图 4-91 所示。

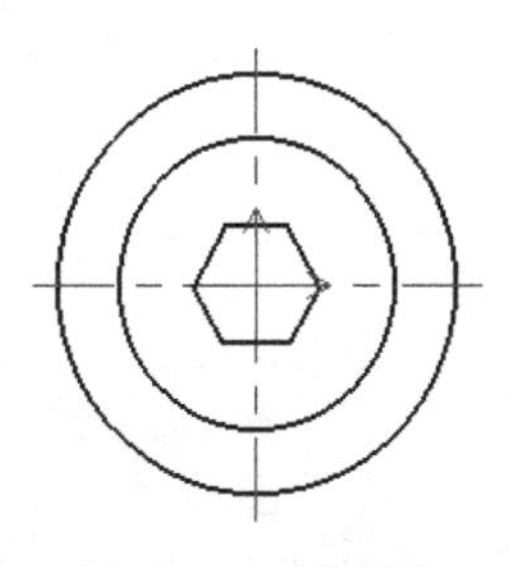

图 4-91　原始图形

（2）在功能区“常用”选项卡的“剪切板”面板中单击“特性匹

配”按钮，在立即菜单“1.”中切换为“匹配所有对象”，设置“2.”为“默认”。

（3）拾取源对象，如图 4-92 所示。

（4）拾取目标对象，如图 4-93 所示。

（5）右击结束特性匹配操作。完成的图形效果如图 4-94 所示。

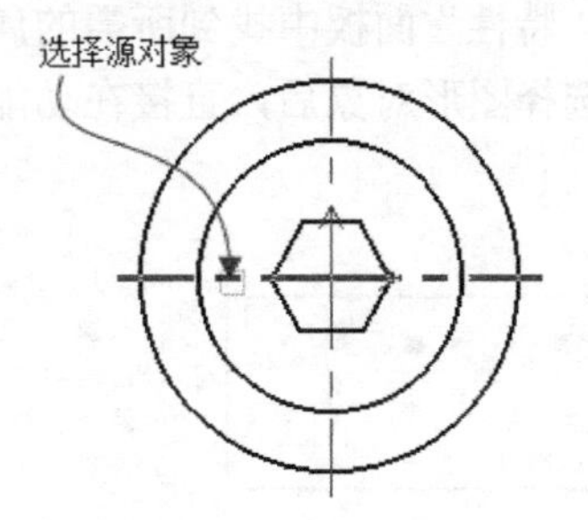

图 4-92　拾取源对象

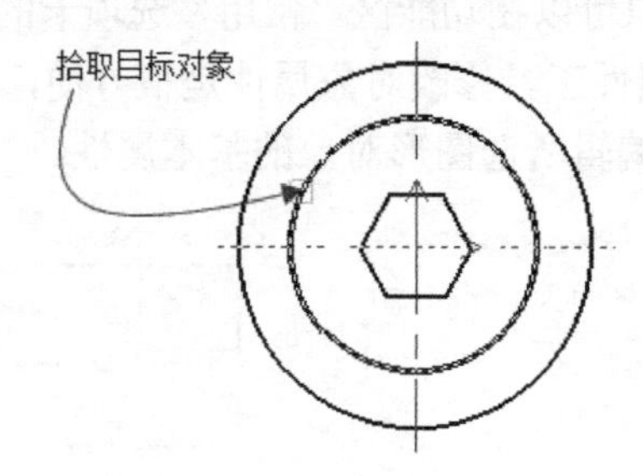

图 4-93　拾取目标对象

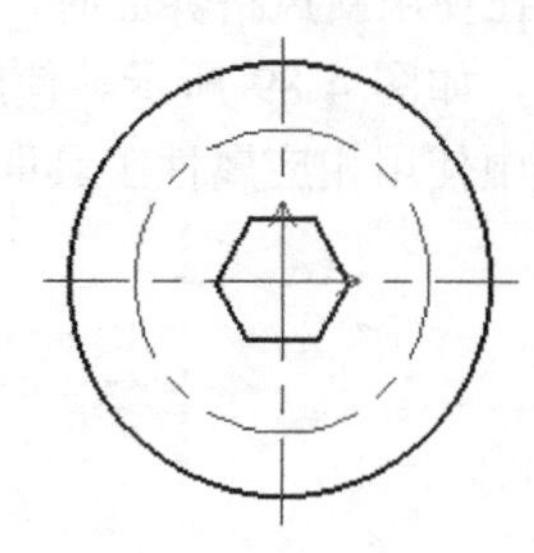

图 4-94　使用特性匹配快速完成的效果

4.4.4　巧用鼠标右键编辑功能

在实际设计中，用户可以巧用面向对象的鼠标右键编辑功能，从而快速地、直接地对图形元素进行属性修改、删除、平移、复制、平移复制、粘贴、旋转、镜像、阵列和缩放等编辑操作。

以对被拾取的某曲线进行编辑操作为例。在绘图区拾取一个图形元素，右击，弹出如图 4-95 所示的快捷菜单，在该快捷菜单中提供了面向所选对象的编辑命令，从中选择所需的一个编辑命令对该对象进行编辑操作即可。如果在该右键快捷菜单中选择“特性”命令，也可以打开如图 4-96 所示的“特性”选项板，利用该选项板可对所选对象所在层、线型和颜色等属性进行修改。

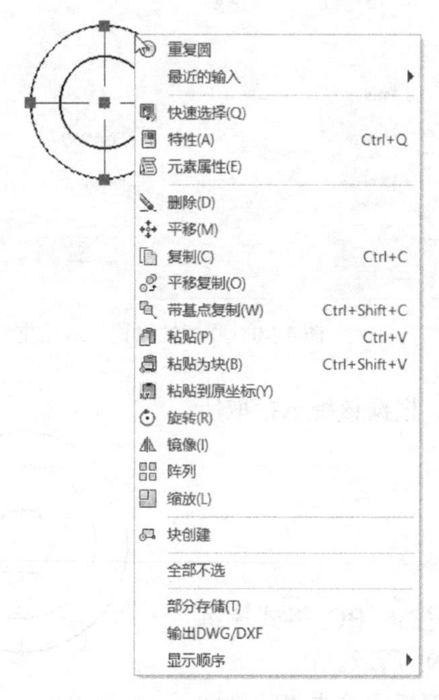

图 4-95　右键快捷菜单

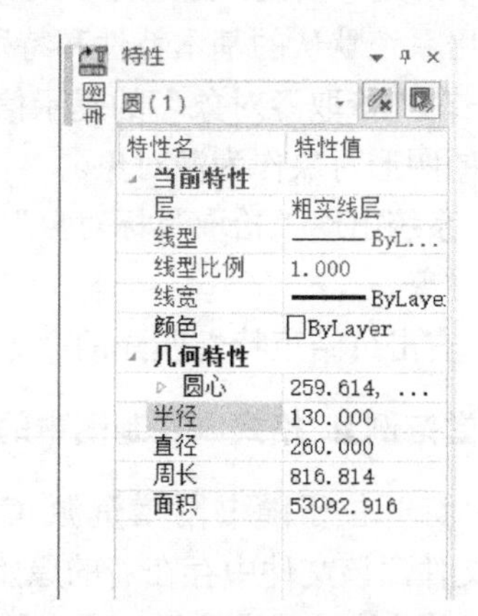

图 4-96　利用“特性”选项板进行修改

4.5 图形绘制与修改综合实例

本综合实例主要复习一些修改编辑工具的应用，操作步骤如下。

步骤 1：新建一个图形文档。

在快速启动工具栏中单击“新建”按钮，弹出“新建”对话框，从“工程图模板”选项卡的“当前标准”下拉列表框中选择 GB 选项，在“系统模板”列表框中选择 BLANK 模板，单击“确定”按钮。确保当前图层为“粗实线层”。

步骤 2：绘制两个圆。

（1）在功能区“常用”选项卡的“绘图”面板中单击“圆心、半径”按钮。

（2）在立即菜单中设置“1.”为“直径”选项和“2.”为“无中心线”选项。

（3）使用键盘输入圆心点为“0,0”，按 Enter 键。

（4）使用键盘输入直径值为 10，按 Enter 键。

（5）继续在“输入直径或圆上一点”提示下，使用键盘输入“20”，按 Enter 键。

（6）右击结束圆绘制命令，绘制的两个圆如图 4-97 所示。

步骤 3：以阵列的方式获得另外的几个小圆。

（1）在功能区“常用”选项卡的“修改”面板中单击“阵列”按钮。

（2）在立即菜单“1.”中选择“矩形阵列”选项，并分别设置行数为 1，行间距为 0，列数为 4，列间距为 35，旋转角为 0。

（3）拾取最小的一个圆，右击。

阵列结果如图 4-98 所示。

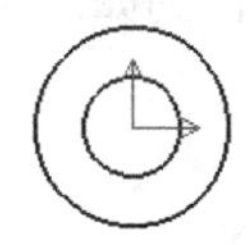

图 4-97 绘制的两个圆

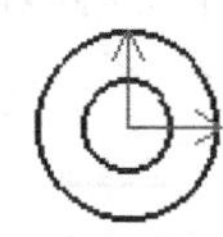

图 4-98 阵列结果

步骤 4：绘制一个圆。

（1）在功能区“常用”选项卡的“绘图”面板中单击“圆”按钮。

（2）在立即菜单中设置各选项，“1.”为“圆心_半径”、“2.”为“直径”、“3.”为“有中心线”，并设置中心线延伸长度为 3。

（3）捕捉最右侧小圆的圆心作为新圆的圆心。

（4）在“输入直径或圆上一点”提示下，使用键盘输入“20”，按 Enter 键确认。

（5）右击结束圆绘制命令。

绘制该圆得到的图形效果如图 4-99 所示。

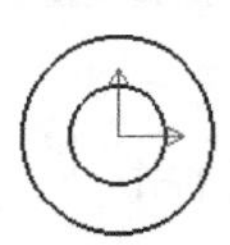
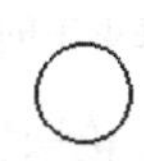

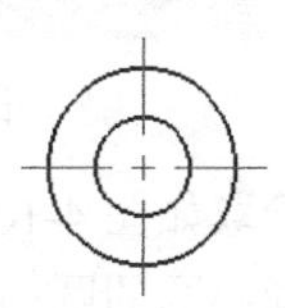

图 4-99 绘制一个带中心线的圆

步骤 5：绘制相切直线。

在功能区“常用”选项卡的“绘图”面板中单击“直线”按钮⁄，以“两点线”的方式，并结合智能捕获或工具点菜单绘制如图 4-100 所示的 4 条相切直线。

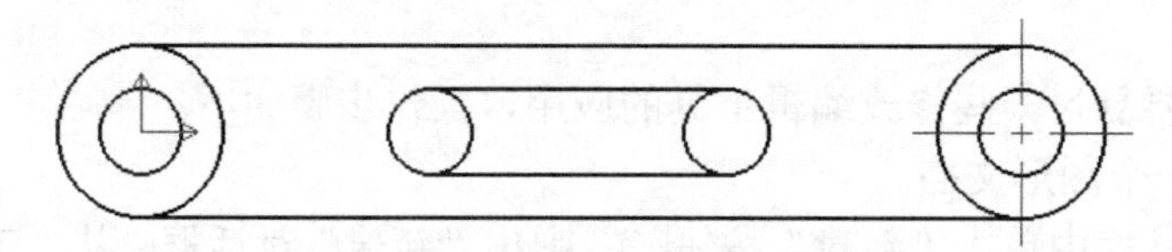

图 4-100　绘制 4 条相切直线

步骤 6：裁剪曲线。

（1）在功能区“常用”选项卡的“修改”面板中单击“裁剪”按钮。

（2）设置立即菜单中的裁剪方式为“快速裁剪”。

（3）拾取要裁剪的曲线，注意拾取位置，裁剪结果如图 4-101 所示。

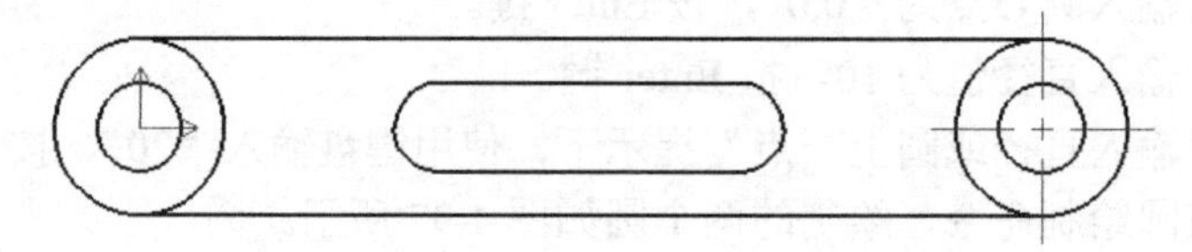

图 4-101　裁剪结果

步骤 7：拉伸中心线。

（1）在功能区“常用”选项卡的“修改”面板中单击“拉伸”按钮。

（2）在立即菜单中设置“1.”为“单个拾取”选项。

（3）单击水平中心线的左侧部分，并在立即菜单出现的项中进行相应设置，如设置“2.”为“轴向拉伸”和“3.”为“点方式”，将所选水平中心线向左侧轴向拉伸到如图 4-102 所示的结果。

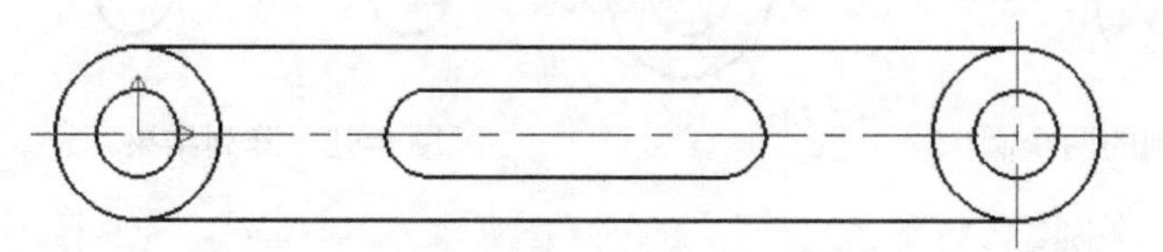

图 4-102　拉长中心线

步骤 8：旋转操作。

（1）在功能区“常用”选项卡的“修改”面板中单击“旋转”按钮。

（2）在旋转立即菜单中设置如图 4-103 所示的选项，并且在状态栏中设置不启用“正交”模式。

图 4-103　在旋转立即菜单中的设置

（3）使用鼠标拾取如图 4-104 所示的图形元素，拾取完成后右击。

（4）指定左侧同心圆的圆心（即坐标原点）作为旋转基点。

图 4-104　拾取要旋转复制的图形元素

（5）此时将鼠标往坐标的第一象限角位置移动，可以在绘图区观察到跟随鼠标移动的图形，输入旋转角为“60°”。

旋转复制的结果如图 4-105 所示。

步骤 9：圆角过渡。

（1）在功能区“常用”选项卡的“修改”面板中单击“过渡”按钮。

（2）从过渡立即菜单“1.”中选择“圆角”选项。

（3）在立即菜单“2.”中选择“裁剪”选项，在“3.半径”文本框中设置圆角半径为 10。

（4）分别拾取要圆角过渡的两条曲线，从而创建如图 4-106 所示的圆角。

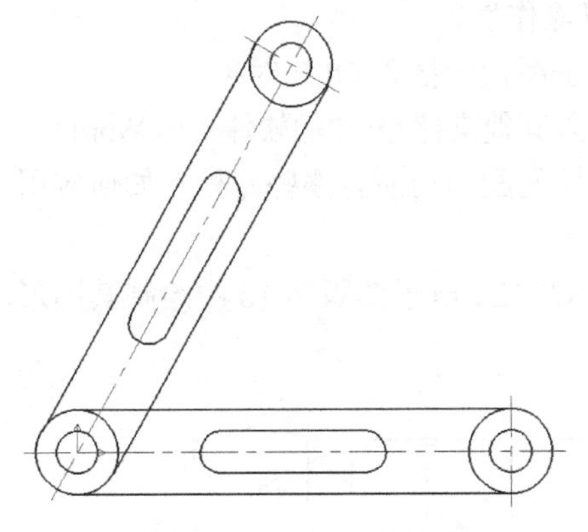

图 4-105　旋转复制的结果

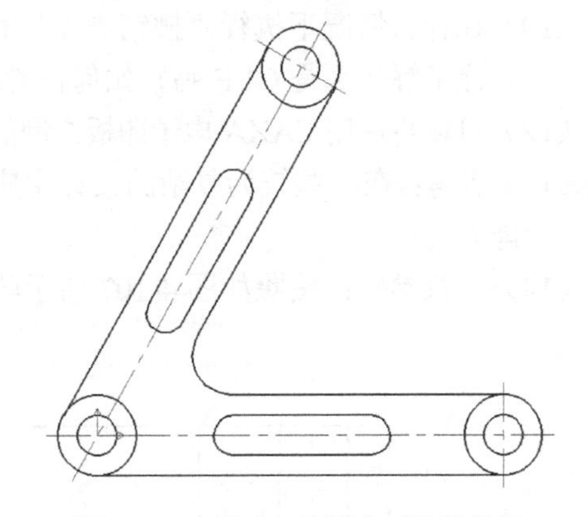

图 4-106　创建一处圆角过渡的效果

4.6　本章小结

图形的编辑修改操作既重要也很灵活。如果在实际设计中处理好编辑这个环节，将会使制图效率和质量得到较好的保证。

CAXA 电子图板在充分考虑用户需求的情况下，为用户提供了功能齐全、操作灵活且方便的编辑修改功能，主要包括基本编辑、图形编辑和属性编辑 3 大方面。

本章让读者初步认识编辑修改的命令工具，并分别重点介绍基本编辑、图形编辑和属性编辑的实用知识。基本编辑包括选择所有、撤销、恢复、复制、剪切、粘贴、选择性粘贴、删除、删除所有、删除重线和插入对象等；图形编辑主要包括右键拖曳、平移、平移复制、旋转、镜像、比例缩放、阵列、裁剪、过渡、齐边、打断、拉伸、分解和夹点编辑；属性编辑的知识包括使用“特性”选项板编辑、使用属性工具编辑、特性匹配和巧用鼠标右键编辑功能。

在本章中还特别介绍了一个图形绘制与修改综合实例，目的是使读者通过实例操作复习和巩固所需知识。

4.7 思考与练习

（1）图形编辑的操作主要包括哪些？

（2）总结一下：要删除图形对象，可以有哪些方法？

（3）如何平移和旋转曲线？可以举例进行辅助说明。

（4）简述镜像曲线的典型方法及步骤，可以举例辅助说明。

（5）阵列分哪几种方式？

（6）CAXA 电子图板中的裁剪操作分为哪 3 种方式？各用在什么场合？

（7）CAXA 电子图板中的过渡主要包括哪些过渡类型？

（8）简述齐边的一般方法及步骤，可以举例辅助说明。

（9）如何改变拾取对象的颜色、线型或图层？

（10）在什么情况下执行“撤销操作”和“恢复操作”？

（11）你了解什么是 OLE 吗？如何在 CAXA 电子图板中插入 OLE 对象？

（12）可以将使用 CAXA 电子图板绘制的图形插入其他支持 OLE 的软件（如 Word）中吗？

（13）思考：在一些较为复杂的设计中应用“特性匹配”功能有哪些好处？如何应用“特性匹配”功能？

（14）上机操作：按照如图 4-107 所示的尺寸在 CAXA 电子图版 2018 中绘制其图形。

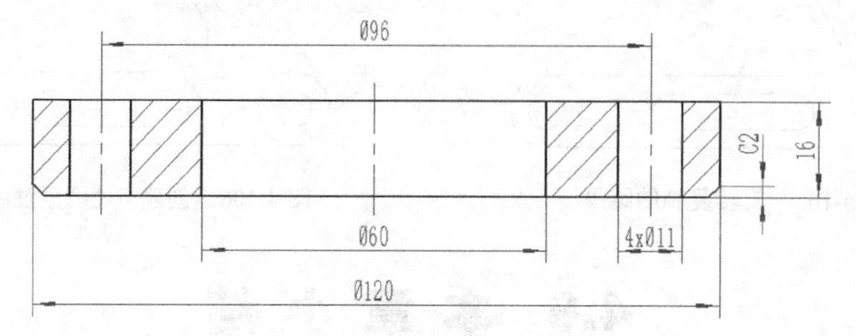

图 4-107　上机练习效果（习题 14）

（15）根据如图 4-108 所示的尺寸，进行图形的绘制和编辑操作，直到完成该图形为止，不要求进行相关的标注（标注知识将在第 5 章进行介绍）。

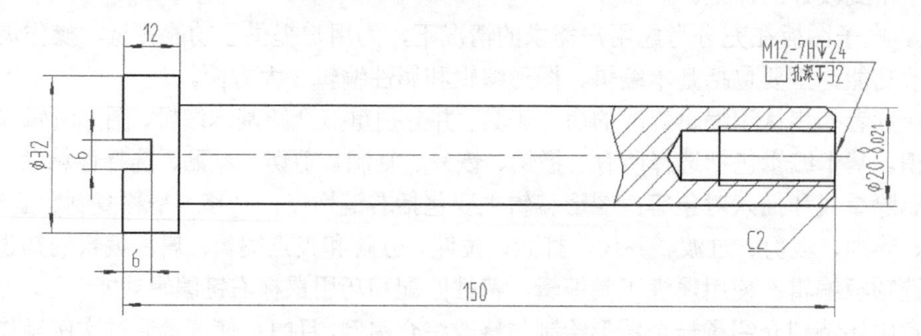

图 4-108　上机练习效果（习题 15）

第5章　工程标注

本章导读

工程标注是工程图设计的一个重要环节。在CAXA电子图板中进行工程图标注工作是非常方便和灵活，而且其标注结果符合《机械制图国家标准》。

本章将详细介绍CAXA电子图板关于工程标注方面的应用知识，内容包括工程标注概述、尺寸类标注、坐标类标注、工程符号类标注、文字类标注、标注编辑、通过属性选项板编辑、标注风格编辑、尺寸驱动和标注综合实例等方面。

5.1　工程标注概述

一张完整的工程图除了必要的视图之外，还要有相关的工程标注等信息。工程标注包含尺寸类标注、坐标类标注、工程符号类标注和文字类标注等。

用于工程标注的命令位于菜单栏的“标注”菜单中。同时，系统也提供了一个直观的“标注”选项卡，如图5-1所示，“标注”选项卡集中了常用的标注工具按钮，这些标注工具按钮的功能与相应菜单命令的功能是完全相同的。

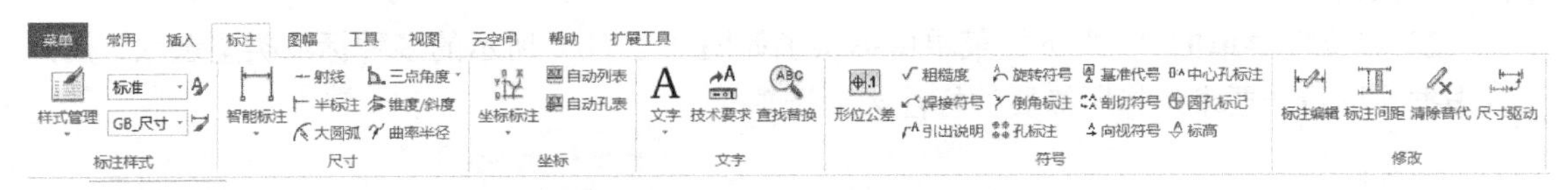

图5-1　“标注”选项卡

在《机械制图国家标准》中对图样的标注是有标准规定的。为了使工程标注能够符合指定标准的要求，用户可以依据标准要求对标注所需的参数进行设置，例如设置文本风格和标注风格。CAXA绘图系统充分考虑到相关的标准，并为用户提供了适合标准的默认设置选项，这样保证了工程标注的规范性和可读性。

5.2　尺寸类标注与坐标类标注

在介绍使用CAXA电子图板进行具体的尺寸标注之前，先简单地介绍尺寸标注的基本规则

和尺寸标注的基本组成。

尺寸标注的基本规则主要有以下 4 点。

（1）机件真实大小应以图样上所注的尺寸数值为依据，与图形大小及绘图准确度无关。

（2）图样中（包括技术要求和其他说明）的尺寸，以毫米为单位，不标注单位符号（或名称），如果采用其他单位，则应注明相应的单位符号。

（3）图样中所标注的尺寸，为该图样所示机件的最后完工尺寸，否则应另加说明。

（4）应将尺寸标注在反映所指结构最清晰的图样上，机件每一个尺寸一般只标注一次。

尺寸标注由尺寸界线、尺寸线和尺寸数字组成。

在 CAXA 电子图板中，系统会根据拾取的图形实体类型来自动进行尺寸标注。如果按照标注方式来划分，可以将尺寸标注分为水平尺寸、竖直尺寸、平行尺寸、基准尺寸和连续尺寸等。如果从图形特点及标注用途综合来划分，可以将尺寸标注分为基本标注、基线标注、连续标注、三点角度标注、角度连续标注、半标注、大圆弧标注、射线标注、锥度/斜度标注、曲率半径标注、线性标注、对齐标注、角度标注、弧长标注、半径标注和直径标注。在制图工作中，有时候需要标注指定点的坐标，这就需要用到“坐标标注”功能。坐标标注包括原点标注、快速标注、自由标注、对齐标注、孔位标注和自动列表等。

5.2.1 使用“尺寸标注”功能

CAXA 电子图板提供的“尺寸标注”工具是一个具有多分支尺寸标注的命令，即它是进行尺寸标注的一个主体工具。使用该工具可以根据拾取元素的不同，由系统智能地自动标注相应的线性尺寸、直径尺寸、半径尺寸或角度尺寸，并且用户可以从该工具的立即菜单中根据实际设计需求选择标注尺寸类型。

使用“尺寸标注”功能的典型流程如下。

（1）在“标注”选项卡的“尺寸”面板中单击“智能标注”下拉列表中的“尺寸标注”按钮⊢⊣，打开如图 5-2（a）所示的立即菜单。也可以在“常用”选项卡的“标注”面板中单击“尺寸标注”按钮⊢⊣。

（2）在立即菜单的“1.”下拉菜单中提供了如图 5-2（b）所示的多种标注类型选项。用户可以根据实际设计要求选择所需要的标注类型选项。

（a）尺寸标注立即菜单

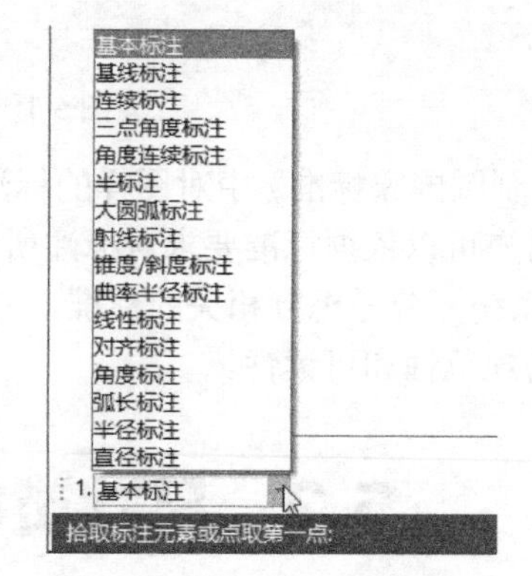

（b）提供的多种标注类型选项

图 5-2　执行“尺寸标注”功能

说明： 具体的标注类型命令均可以通过执行“尺寸标注”工具并在立即菜单中交互切换选择，也都可以在“标注”→“尺寸标注”级联菜单中单独执行，或者在功能区“标注”选项卡的“尺寸”面板的尺寸标注功能下拉菜单中单独执行。

（3）选择“基本标注”，则在提示下拾取对象，那么按照拾取元素的不同类型和不同数目，并根据立即菜单中的设置，标注相应的线性水平尺寸、线性垂直尺寸、对齐尺寸、直径尺寸、半径尺寸或角度尺寸等。

（4）选择“基线标注”“连续标注”“三点角度标注”或“角度连续标注”等标注类型选项，那么可以标注相应的各种形式尺寸，这为用户提供了目的明确的、操作灵活的标注方法。

下面结合典型图例介绍使用“尺寸标注”命令来完成各种类型的尺寸标注。

1. 基本标注

基本标注包括单个元素的标注和两个元素的标注。其中，单个元素的标注又分为直线的标注、圆的标注和圆弧的标注；两个元素的标注则包括点与点的标注、点和直线的标注、直线和直线的标注、点和圆（或圆弧）的标注、圆（或圆弧）和圆（或圆弧）的标注、直线和圆（或圆弧）的标注等。

（1）直线的标注

执行“尺寸标注”命令并在立即菜单中选择“基本标注”，在“拾取标注元素或点取第一点:”提示下拾取要标注的直线，则立即菜单变为如图5-3所示。其中，在“2.”中可以选择“文字平行”“文字水平”或“ISO标准”选项，在“3.”中可以确定标注长度或标注角度。

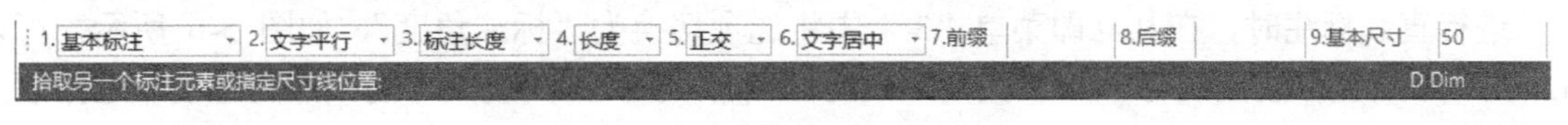

图5-3 标注单条直线的立即菜单

实用知识：“文字平行”用于设置标注的尺寸文字与尺寸线平行；“文字水平”用于设置标注的尺寸文字方向水平；“ISO标准”则用于设置标注的尺寸文字与尺寸线等符合ISO标准的要求。

❶ 标注直线的长度。

要标注直线的长度，则需要在“3.”中选择“标注长度”选项，同时在“4.”中设定为“长度”选项，在此设置下还可以在“5.”中设置为“正交”或“平行”（当设置为“正交”时，标注该直线沿水平方向的距离或沿铅垂方向的距离；当选择“平行”时，标注该直线两个端点之间的距离长度），在“6.”中可根据情况切换为“文字居中”或“文字拖动”。另外，用户可以设置前缀、后缀和基本尺寸。

尺寸线与尺寸文字的位置，可以使用鼠标光标拖曳来确定。当在“基本标注”立即菜单中选择“文字居中”选项时，若使用光标指定尺寸文字在尺寸界线之内，那么尺寸文字自动居中，若尺寸文字在尺寸界线之外，则由单击的标注点位置来确定。当在“基本标注”立即菜单中选择“文字拖动”选项时，尺寸文字由光标拖曳至位置点确定。

标注直线长度的图例如图5-4所示。在拾取要标注的直线和设置好“基本标注”立即菜单的选项后，移动鼠标到合适位置处单击以定义尺寸线的放置位置。

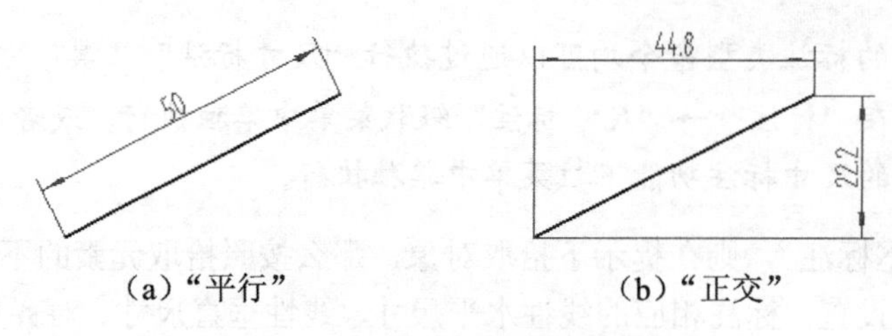

（a）“平行”　　（b）“正交”

图 5-4　标注直线长度的图例

❷ 选择截面直线标注直径（即标注直线直径）。

需要在立即菜单“4.”中将“长度”选项切换为“直径”选项，这样系统便会在尺寸测量值之前添加前缀“Φ”。标注直线直径尺寸的典型图例如图 5-5 所示。

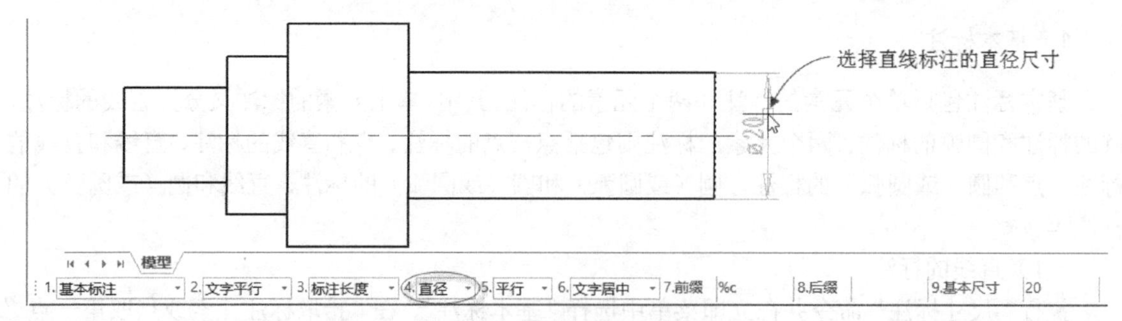

图 5-5　标注直线直径的图例

❸ 标注直线与坐标轴之间的夹角角度。

进行直线标注时，在其立即菜单“3.”中将选项切换为“标注角度”，如图 5-6 所示，可以在“4.”中设置标注直线与“X 轴夹角”或与“Y 轴夹角”，角度尺寸的顶点为直线靠近拾取点的端点。

图 5-6　标注直线角度的立即菜单

标注直线与坐标轴之间的夹角角度的图例如图 5-7 所示。

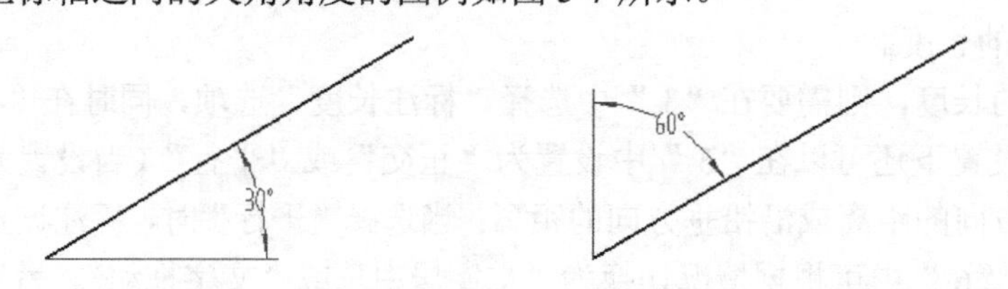

（a）标注直线与 X 轴的夹角角度　　（b）标注直线与 Y 轴的夹角角度

图 5-7　直线角度的标注图例

（2）圆的标注

执行“尺寸标注”命令并在立即菜单中选择“基本标注”，在“拾取标注元素或点取第一点:”提示下拾取要标注的圆，则立即菜单变为如图 5-8 所示。

在立即菜单“3.”中提供了“直径”“半径”“圆周直径”3 个选项。“直径”选项用于标注圆的直径尺寸，其尺寸数值前带有前缀“*Φ*”；“半径”选项用于标注圆的半径尺寸，其尺寸数值前自动带有前缀“*R*”；“圆周直径”选项用于自圆周引出尺寸界线，并标注直径尺寸，其尺寸数值

前自动带有前缀“*Φ*”。在“4.”根据实际情况选择“标准尺寸线”“简化尺寸线”或“过圆心简化尺寸线”选项。

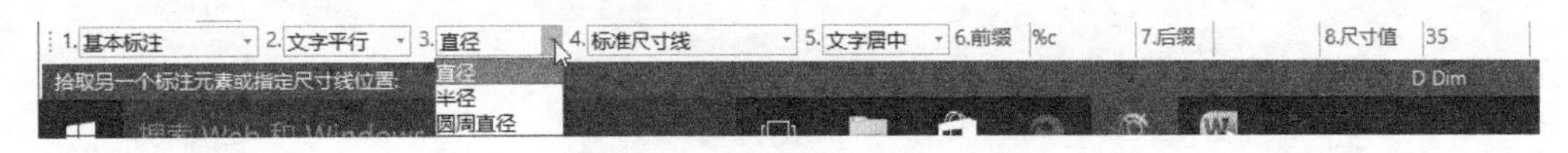

图 5-8 圆基本标注的立即菜单

圆的标注图例如图 5-9 所示。通常完整的圆不标注其半径，而是标注其直径。

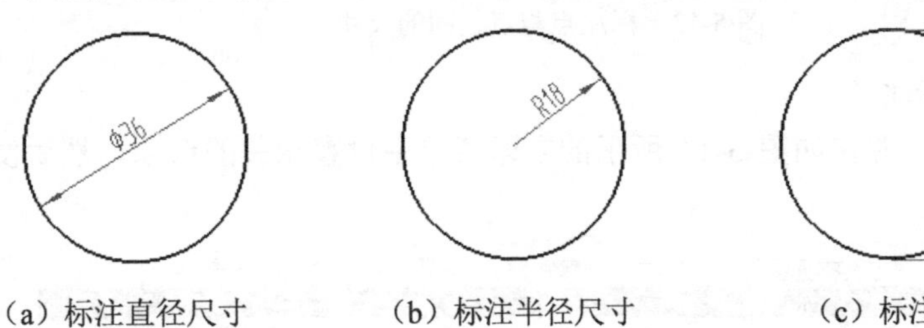

（a）标注直径尺寸　　（b）标注半径尺寸　　（c）标注圆周直径

图 5-9 标注圆的图例

（3）圆弧的标注

圆弧标注和圆标注相似。拾取要标注的圆弧后，基本标注立即菜单变为如图 5-10 所示。在“2.”中提供了“直径”“半径”“圆心角”“弦长”“弧长”5 个选项，分别用于标注直径尺寸、半径尺寸、圆心角尺寸、弦长尺寸和弧长尺寸。尺寸线和尺寸文字的标注位置，由设置的相关选项并随标注点动态确定。

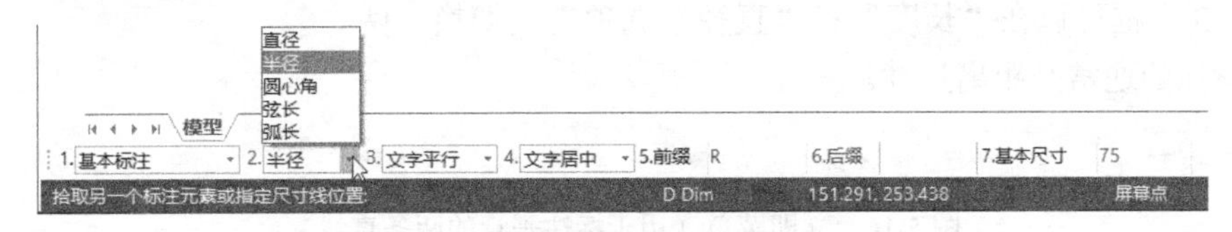

图 5-10 用于标注所选圆弧的基本标注立即菜单

圆弧的标注图例如图 5-11 所示。

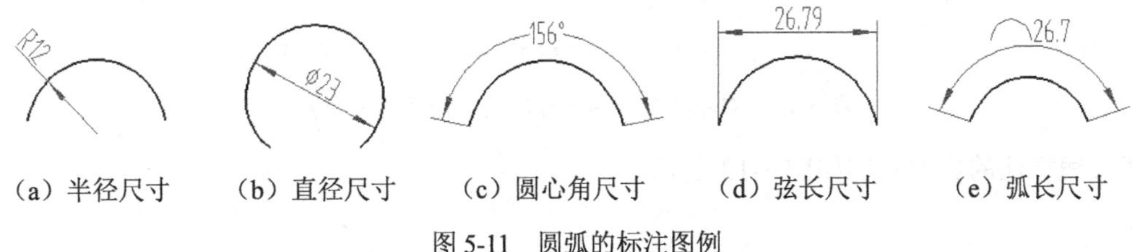

（a）半径尺寸　　（b）直径尺寸　　（c）圆心角尺寸　　（d）弦长尺寸　　（e）弧长尺寸

图 5-11 圆弧的标注图例

（4）点与点的标注

分别选择两个点后，基本标注立即菜单变为如图 5-12 所示。接下去的操作和标注直线长度的操作相同，例如在“4.”中可以切换为“正交”，从而将标注出水平方向或铅垂方向的距离尺寸；也可以将此项设置为“平行”，从而将标注出两点之间的最短距离。

图 5-12 选定两点后的基本标注立即菜单

图 5-13 是标注点与点之间的尺寸的典型示例。其中，要标注图 5-13（c）中的直径尺寸，需要设置立即菜单“3.”为“直径”选项、“4.”为“平行”选项。

23.5
13.3
22.7
⌀31.9

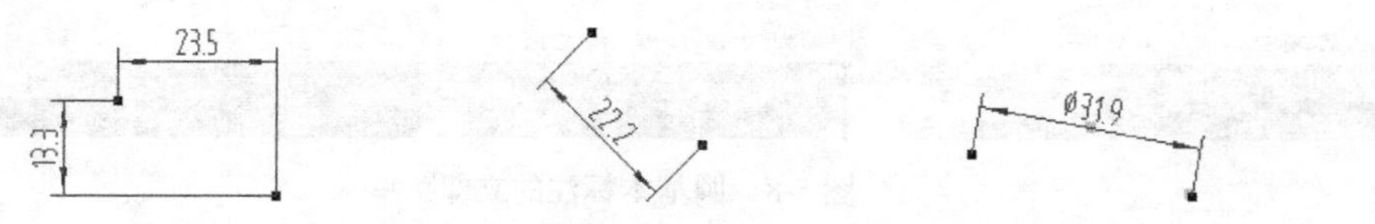

（a）两点之间的正交距离尺寸　（b）两点距离尺寸　（c）两点之间“平行”的直径尺寸

图 5-13　标注点与点之间的尺寸

（5）点和直线的标注

分别选择点和直线，并在如图 5-14 所示的立即菜单中设置相关的选项，然后使用鼠标光标指定尺寸线位置。

1.基本标注
2.文字平行
3.文字居中
4.前缀
5.后缀
6.基本尺寸
34.19
尺寸线位置
D Dim
-17.414, 168.286

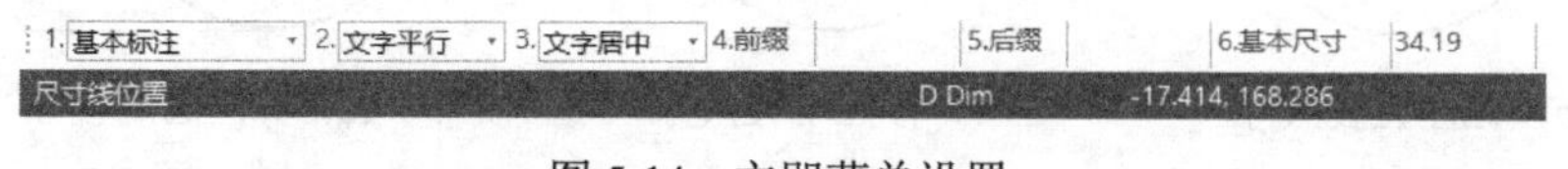

图 5-14　立即菜单设置

点与直线的标注示例如图 5-15 所示。

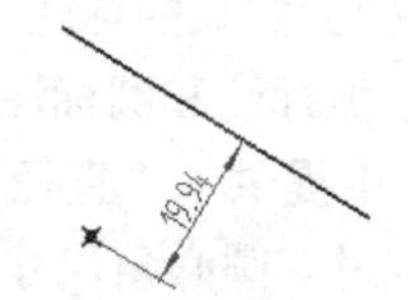

（6）直线和直线的标注

分别选择两条直线，系统根据两条直线的相对位置（平行或不平行）来标注两条直线间的距离或夹角角度。

19.94

图 5-15　点与直线的标注示例

如果拾取的两条直线相互平行，那么立即菜单如图 5-16 所示。单击“3.”框可以在“长度”和“直径”选项之间切换。两平行直线标注的通常是距离尺寸。

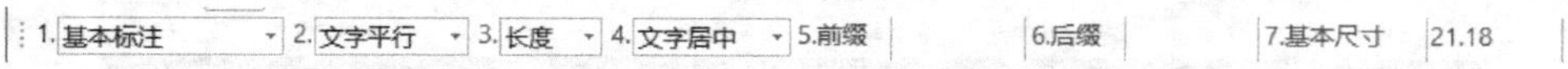

1.基本标注
2.文字平行
3.长度
4.文字居中
5.前缀
6.后缀
7.基本尺寸
21.18

图 5-16　立即菜单（用于标注平行的两条直线）

如果拾取的两条直线不平行，那么标注的是两条直线间的夹角角度，其立即菜单如图 5-17 所示。

1.基本标注
2.默认位置
3.文字水平
4.度
5.文字居中
6.前缀
7.后缀
8.基本尺寸
22.78%d

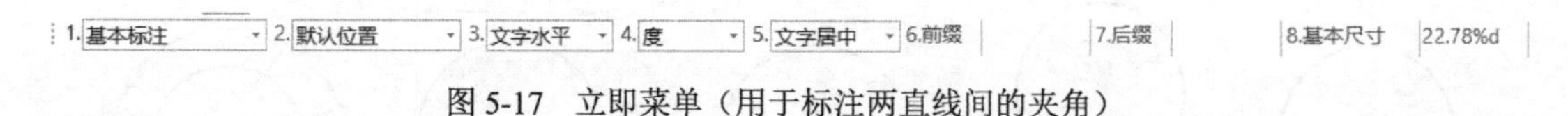

图 5-17　立即菜单（用于标注两直线间的夹角）

两直线标注的典型示例如图 5-18 所示。

30

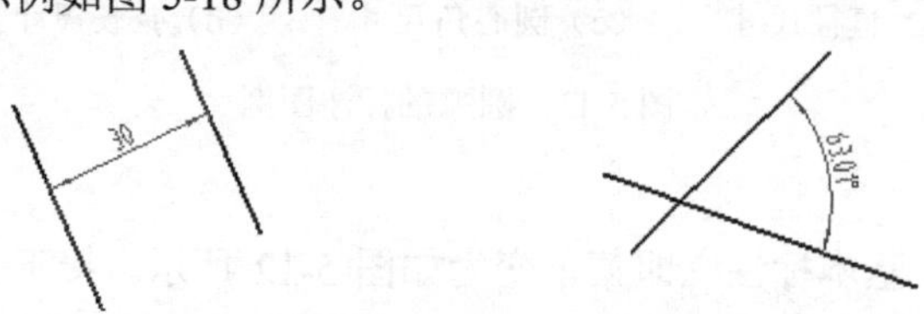

（a）标注平行直线间的距离尺寸　（b）标注非平行直线的角度尺寸

图 5-18　两直线标注的典型示例

（7）圆（或圆弧）与其他图形元素之间的标注

圆（或圆弧）与其他图形元素之间的标注示例如图 5-19 所示。通常需要指定圆（或圆弧）

的圆心或切点作为测量点。

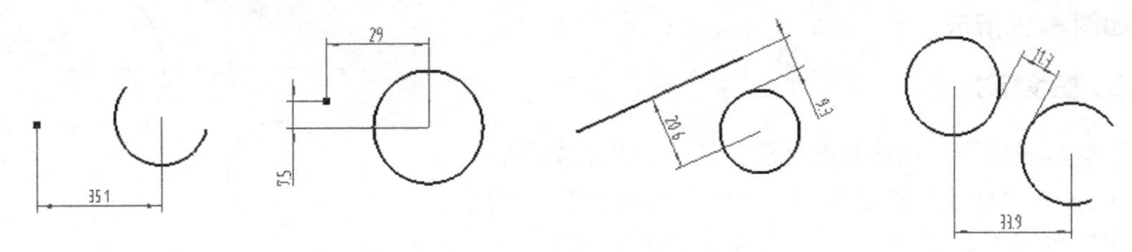

图 5-19　与圆（或圆弧）相关的标注示例

【课堂范例】：在两个圆之间进行相关的尺寸标注练习

（1）打开位于随书附赠资源 CH5 文件夹中的“BC_两圆间尺寸标注练习.exb”文件，该文件中存在着的两个圆如图 5-20 所示。

（2）在功能区“常用”选项卡的“标注”面板中单击“尺寸标注”按钮，接着在立即菜单“1.”中选择“基本标注”。

（3）单击拾取小圆，接着拾取大圆。

（4）在立即菜单中设置如图 5-21 所示的选项，注意在“4.”中设置的选项为“圆心”，在“5.”中设置的选项为“正交”。

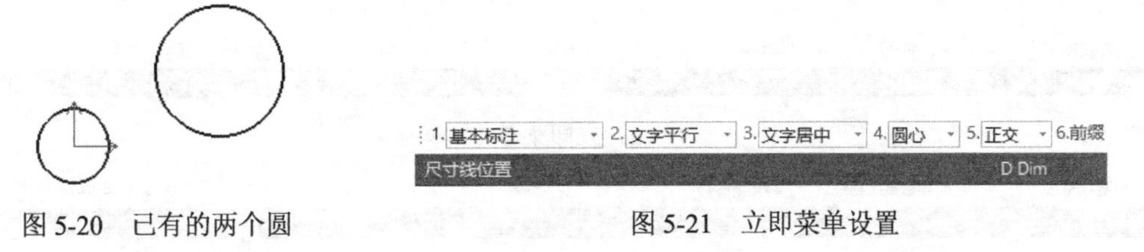

图 5-20　已有的两个圆　　　　图 5-21　立即菜单设置

（5）移动鼠标光标来选择尺寸线的放置位置，在所需的尺寸线放置位置处单击，完成第一个尺寸，如图 5-22 所示。

（6）单击拾取小圆和大圆，接受立即菜单中的默认设置，然后指定尺寸线放置位置，完成第二个尺寸，如图 5-23 所示。

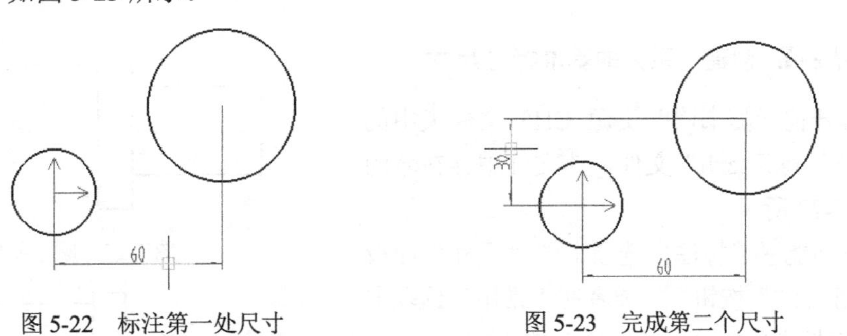

图 5-22　标注第一处尺寸　　　　图 5-23　完成第二个尺寸

（7）使用鼠标光标拾取小圆和大圆。

（8）单击立即菜单“4.”，从而切换到“切点”选项，如图 5-24 所示。

图 5-24　在立即菜单“4.”中切换为“切点”选项

（9）指定尺寸线的位置，完成两圆之间的切点距离尺寸如图5-25所示。

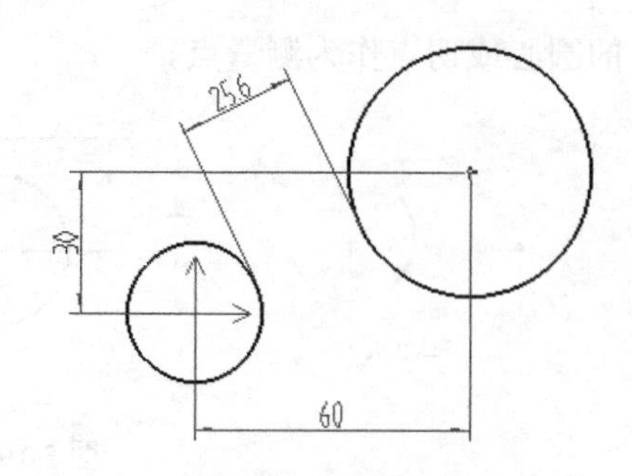

图5-25　完成两圆之间的切点距离尺寸

2. 基线标注

创建基线标注（也称基准标注）的典型流程如下。

（1）在“标注”选项卡的“尺寸”面板中单击“尺寸标注”按钮。

（2）在立即菜单的“1.”中选择“基线标注”选项。此时系统提示拾取线性尺寸或第一引出点。

（3）如果在图形区拾取一个已有的线性尺寸，那么系统将该线性尺寸作为第一基准尺寸，此时立即菜单如图5-26（a）所示。立即菜单的“2.”用来控制尺寸文字的方向；“3.尺寸线偏移”用来指定尺寸线间距；“4.前缀”用于显示或设置前缀值；“5.后缀”用于显示或设置后缀值；“6.基本尺寸”用来指定基本尺寸。

（4）如果没有合适的线性尺寸，那么在图形区域拾取一个点作为第一引出点，接着拾取另一个引出点，此时立即菜单变为如图5-26（b）所示。在该立即菜单的“2.”中选择“普通基线标注”或“简化基线标注”选项，并可以根据实际情况设置其他选项，如“正交”或“平行”等。指定尺寸线位置后，立即菜单又变成如图5-26（a）所示。

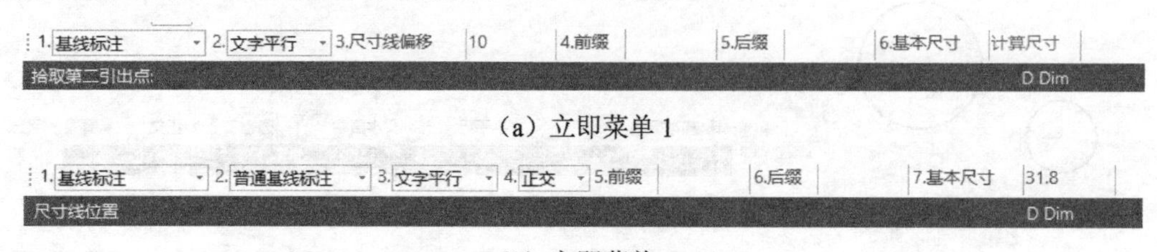

（a）立即菜单1

（b）立即菜单2

图5-26　用于基线标注的立即菜单

（5）系统出现“拾取第二引出点:”的提示信息。用户通过拾取一系列的位置点来标注一组基线尺寸。

【课堂范例】：创建一系列的基准标注尺寸

（1）打开位于随书附赠资源CH5文件夹中的“BC_基线标注练习.exb”文件，该文件中存在着的轴图形如图5-27所示。

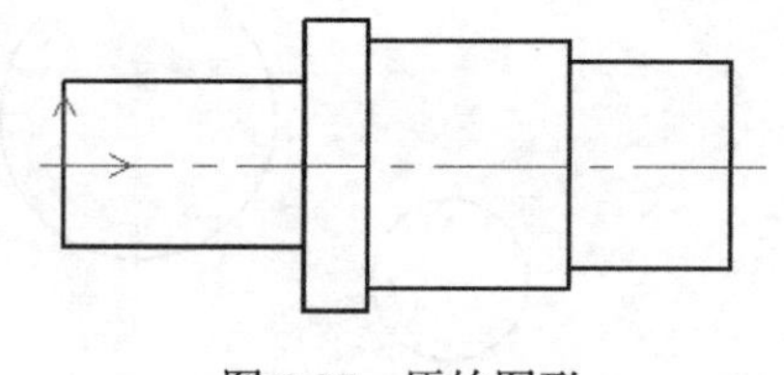
图5-27　原始图形

（2）在功能区“标注”选项卡的“尺寸”面板中单击“尺寸标注”按钮，或者在“常用”选项卡的“标注”面板中单击“尺寸标注”按钮。

（3）在立即菜单的“1.”中选择“基线标注”。

（4）将点捕捉状态设置为“智能”。在图形中分别拾取如图5-28所示的点1和点2，并将立即菜单“2.”中选项设置为“普通基线标注”，将“3.”中选

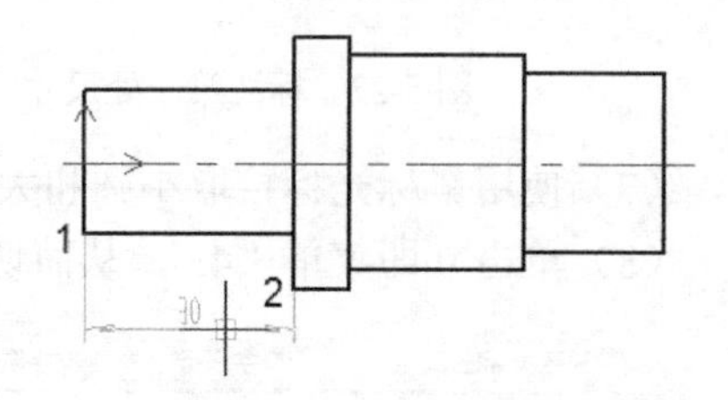

图5-28　拾取第一个引出点和第二个引出点

项设置为“文字平行”，将“4.”中选项切换为“正交”，然后指定尺寸线位置。

（5）在立即菜单中，将尺寸线偏移值设置为 8。

（6）在“拾取第二引出点:”提示下拾取如图 5-29 所示的顶点。

（7）依次拾取（单击）如图 5-30 所示的顶点 A 和顶点 B。然后按 Esc 键退出“基线标注”命令。本例完成的基线标注如图 5-31 所示。

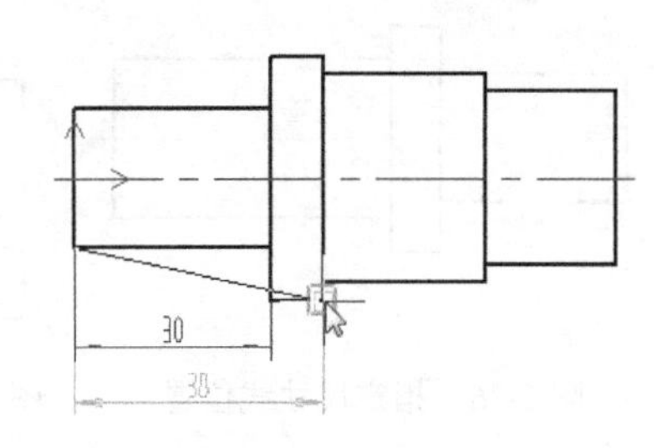

图 5-29　指定引出点

3. 连续标注

连续标注和基线标注相似，不同之处在于连续标注的下一个尺寸始终以上一个尺寸的第二尺寸界线作为其第一尺寸界线，如图 5-32 所示的连续标注示例，下面介绍该示例的操作步骤。

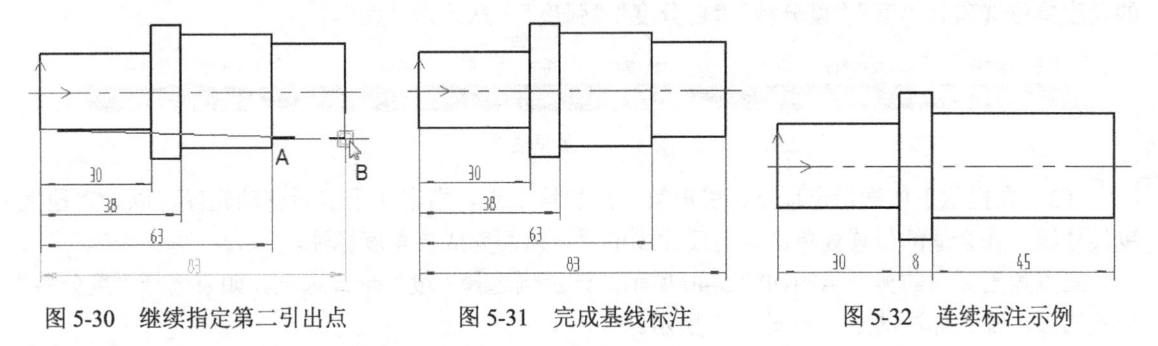

图 5-30　继续指定第二引出点　　图 5-31　完成基线标注　　图 5-32　连续标注示例

【课堂范例】：创建一系列的连续标注尺寸

（1）打开位于随书附赠资源 CH5 文件夹中的“BC_连续标注练习.exb”文件，该文件中存在着的轴图形如图 5-33 所示。

（2）在功能区“常用”选项卡的“标注”面板中单击“尺寸标注”按钮。

（3）在立即菜单的“1.”中选择“连续标注”选项。

（4）将点捕捉状态设置为“智能”，可结合工具点菜单选项辅助拾取如图 5-34 所示的交点作为第一引出点。

（5）将点捕捉状态设置为“智能”，拾取如图 5-35 所示的顶点作为另一个引出点。

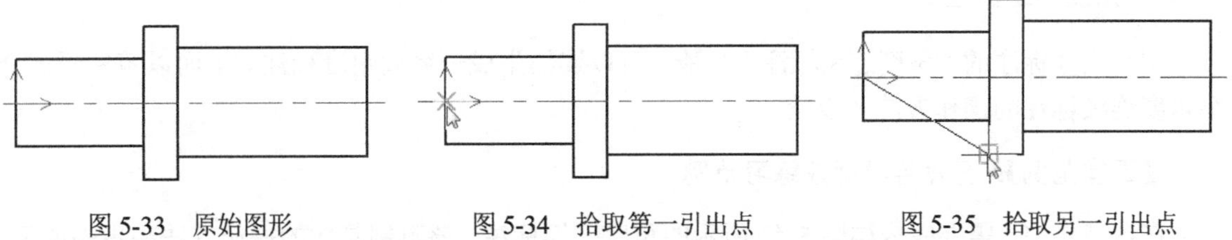
图 5-33　原始图形　　图 5-34　拾取第一引出点　　图 5-35　拾取另一引出点

（6）指定尺寸线位置，如图 5-36 所示。

（7）单击如图 5-37 所示的顶点作为新尺寸的第二引出点。

（8）用光标捕捉并单击如图 5-38 所示的顶点。

（9）按 Esc 键退出“连续标注”命令。

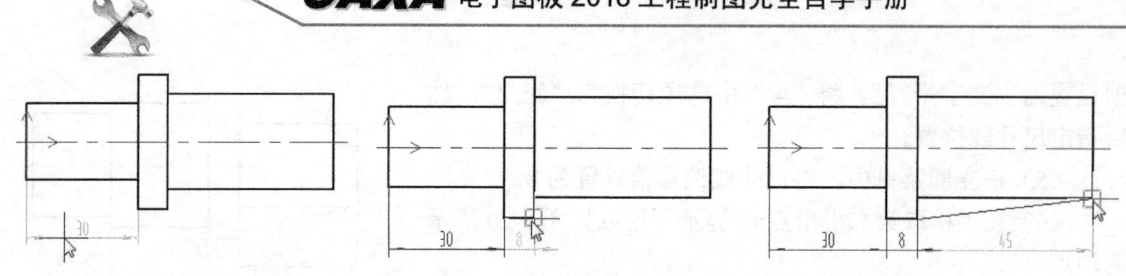

图 5-36　指定尺寸线位置　　图 5-37　指定新尺寸的第二引出点　　图 5-38　继续拾取新尺寸的第二引出点

4. 三点角度标注

可以通过拾取 3 个点来创建角度尺寸，其操作方法如下。

（1）在功能区“常用”选项卡的“标注”面板中单击“尺寸标注”按钮。

（2）在立即菜单的“1.”中选择“三点角度标注”，如图 5-39 所示，在“2.”中可选择“文字平行”“文字水平”或“ISO 标准”。如果需要，用户可以在“3.”中指定角度单位选项，可选的角度单位选项有“度”“度分秒”“百分度”“弧度”，默认为“度”。

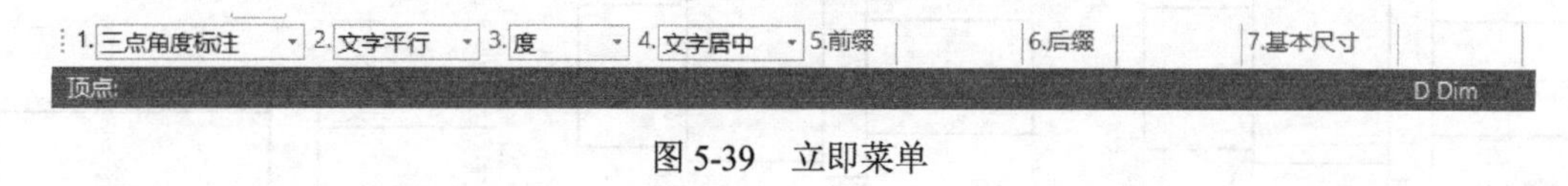

图 5-39　立即菜单

（3）在提示下依次指定顶点、引出第一点和第二点。指定 3 个点后移动光标可以动态地拖曳尺寸线，在合适的位置处单击确定尺寸线位置，从而完成该角度标注。

三点角度标注的典型示例如图 5-40 所示，该示例选择“度”形式选项。如果选择“度分秒”形式选项，那么标注的结果如图 5-41 所示。

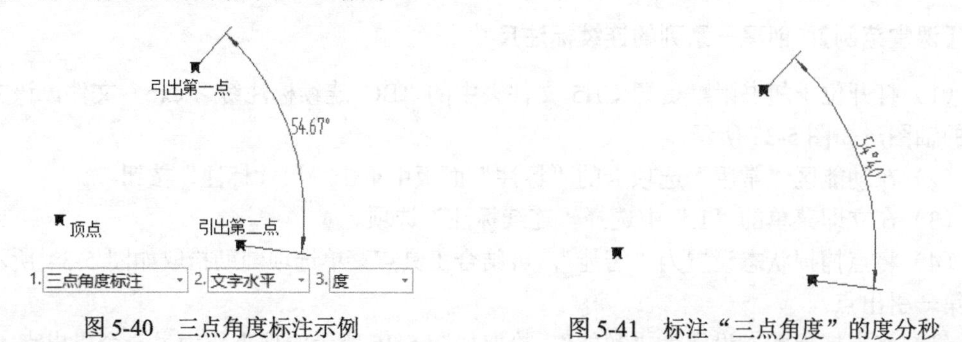

图 5-40　三点角度标注示例　　图 5-41　标注“三点角度”的度分秒

5. 角度连续标注

利用尺寸标注的“角度连续标注”功能，可以连续生成一系列角度标注。下面以范例形式介绍角度连续标注的操作方法及步骤。

【课堂范例】：角度连续标注练习范例

在该范例中，需要完成如图 5-42 所示的角度连续标注。该范例具体的操作方法和步骤如下。

（1）打开位于随书附赠资源 CH5 文件夹中的“BC_角度连续标注练习.exb”文件。

（2）在功能区“常用”选项卡的“标注”面板中单击“尺寸标注”按钮。

（3）在立即菜单的“1.”中选择“角度连续标注”，此时系统提示拾取第一个标注元素或角度尺寸。

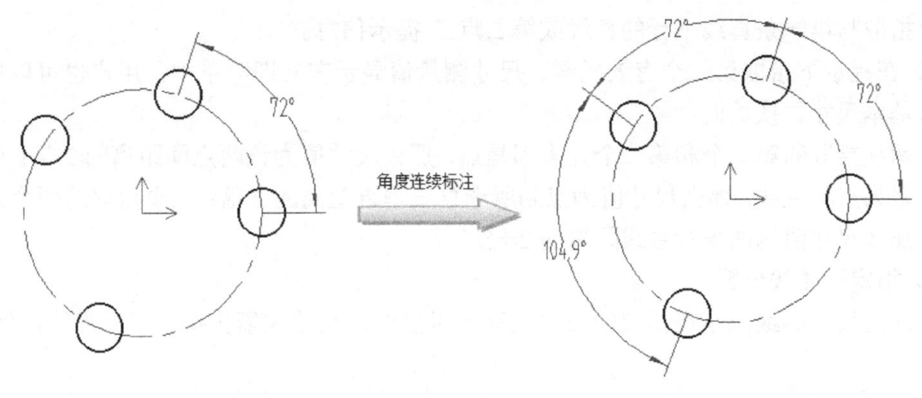

图 5-42 角度连续标注图例

（4）在图形中拾取已有的角度尺寸。拾取角度尺寸后，立即菜单变为如图 5-43 所示。在“2.”中可以选择“度”“度分秒”“百分度”“弧度”，在“3.”中可以选择“逆时针”或“顺时针”。在这里，将“2.”中选项设置为“度”，将“3.”中选项设置为“逆时针”，表明以逆时针方式来标注角度（单位为度）。

（5）根据提示依次拾取如图 5-44 所示的圆心 A 和圆心 B 来完成角度连续标注。

图 5-43 角度连续标注的立即菜单

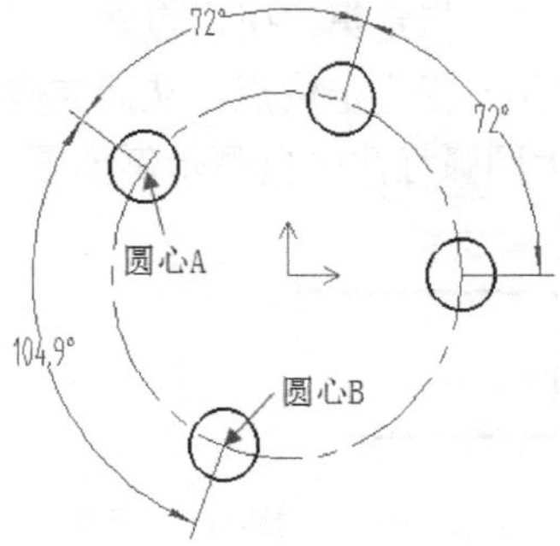

图 5-44 进行角度连续标注

（6）按 Esc 键退出“角度连续标注”命令。

6. 半标注

半标注在一些工程视图中需要应用到。创建的半标注可以表示直径尺寸，也可以表示距离或长度尺寸。下面介绍半标注的一些操作内容。

（1）在功能区“常用”选项卡的“标注”面板中单击“尺寸标注”按钮⊢⊣。

（2）在立即菜单的“1.”中选择“半标注”，此时立即菜单变为如图 5-45 所示。在“2.”中可以切换为“直径”或“长度”，在“3.延伸长度”文本框中可以设置半标注的尺寸线延伸长度。

图 5-45 用于半标注的立即菜单

（3）系统出现“拾取直线或第一点:”的提示信息。在该提示下如果拾取的是一个点，那么系统出现“拾取直线或第二点:”的提示信息。如果拾取的第一个元素是一条直线，那么系统接着出现“拾取与第一条直线平行的直线或第二点:”提示信息。

（4）在提示下拾取第二个有效元素。尺寸测量值显示在立即菜单中。用户也可以根据设计要求输入基本尺寸替换数值。

如果两次拾取的第一个和第二个元素都是点，那么尺寸值为该两点间距离的 2 倍；如果拾取的两个元素为点和直线，那么尺寸值为点到所选直线垂直距离的 2 倍；如果拾取的两个元素为平行直线，那么尺寸值为两平行直线距离的 2 倍。

（5）指定尺寸线位置。

半标注的尺寸界线总是在拾取的第二元素上引出的，尺寸线箭头指向尺寸界线，如图 5-46 所示。

7. 大圆弧标注

大圆弧标注的操作方法和步骤如下。

（1）在功能区“常用”选项卡的“标注”面板中单击“尺寸标注”按钮⊢⊣。

（2）在立即菜单“1”中选择“大圆弧标注”。

（3）拾取要标注的圆弧。

（4）指定第一引出点。

（5）指定第二引出点。

（6）指定定位点。从而完成大圆弧标注。

大圆弧标注的典型示例如图 5-47 所示。

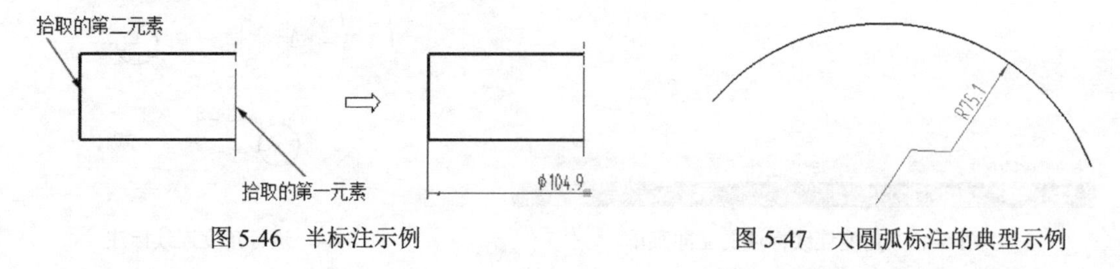

图 5-46　半标注示例　　　　图 5-47　大圆弧标注的典型示例

8. 射线标注

射线标注需要分别指定第一点、第二点和定位点。射线标注的示例如图 5-48 所示。

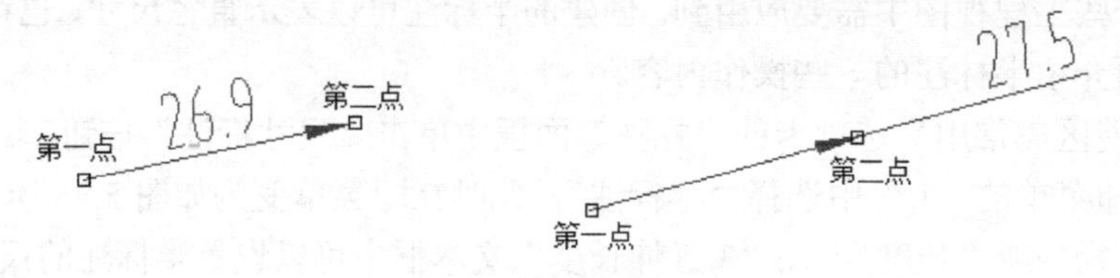

图 5-48　射线标注示例

射线标注的操作方法和步骤如下。

（1）在功能区“常用”选项卡的“标注”面板中单击“尺寸标注”按钮⊢⊣。

（2）在立即菜单“1.”中选择“射线标注”。

（3）指定第一点。

（4）指定第二点。

（5）此时，立即菜单如图 5-49 所示。其中显示的基本尺寸值默认为从第一点到第二点的距离。用户也可以更改该基本尺寸文本以及添加前缀、后缀等。

图 5-49 用于射线标注的立即菜单

（6）指定定位点。从而完成射线标注。

9. 锥度/斜度标注

锥度/斜度标注的图例如图 5-50 所示，使用“尺寸标注”中的“锥度/斜度标注”方式，可以标注斜度尺寸和锥度尺寸。用户需要了解斜度与锥度的概念。斜度的默认尺寸值为被标注直线相对轴线高度差与直线长度的比值，用“∠1:X”的形式表示；锥度的默认尺寸值等于斜度的 2 倍，锥度尺寸数值前标有“◁”符号。

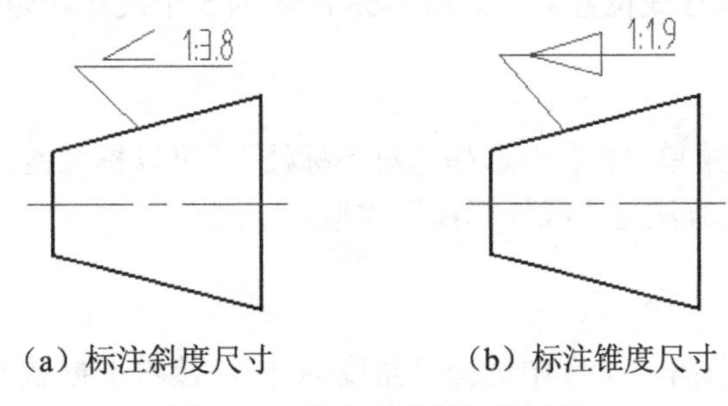

（a）标注斜度尺寸　　（b）标注锥度尺寸

图 5-50 锥度/斜度标注的图例

执行锥度标注的典型方法及步骤如下。

（1）在功能区“常用”选项卡的“标注”面板中单击“尺寸标注”按钮⊢⊣。

（2）在立即菜单“1.”中选择“锥度/斜度标注”；在“2.”中可以根据设计要求选择“锥度”或“斜度”选项，“锥度”选项用于标注锥度尺寸，“斜度”选项用于标注斜度尺寸；单击“3.”可以在“符号正向”和“符号负向”选项之间切换以调整锥度或斜度符号的方向；单击“4.”可以在“正向”与“反向”选项之间切换以定义尺寸文字的放置位置方向；“5.”用来控制加不加引线。“6.”用来控制文字是否具有边框。对于“锥度”选项而言，其“7.”用于定义是否绘制箭头；“8.”用于设置是否标注角度；“9.”用于设置角度是否包含符号，如图 5-51 所示。

图 5-51 用于锥度标注的立即菜单

（3）拾取轴线。

（4）拾取直线。

（5）指定定位点。

10. 曲率半径标注

可以对一些曲线进行曲率半径的标注，其方法和步骤如下。

（1）在功能区“常用”选项卡的“标注”面板中单击“尺寸标注”按钮⊢⊣。

（2）在立即菜单“1.”中选择“曲率半径标注”选项，如图 5-52 所示。在立即菜单的“2.”中选择“文字平行”“文字水平”或“ISO 标准”选项；在“3.”中选择“文字居中”或“文字拖动”选项；在“4.最大曲率半径”文本框中设置最大曲率半径。

图 5-52 用于曲率半径标注的立即菜单

（3）拾取标注元素或点取第一点，例如单击样条曲线。

（4）指定尺寸线位置，从而完成该曲线元素的曲率半径标注。

11. 线性标注

在“尺寸标注”立即菜单“1.”中选择“线性标注”，可以标注两点间的垂直距离或水平距离。启动“尺寸标注”的“线性标注”功能后，依提示分别拾取第 1 点和第 2 点（往往是一些特征点），接着指定合适的尺寸线位置即可。图 5-53 所示的 5 个尺寸均为线性标注的尺寸。

12. 对齐标注

在“尺寸标注”立即菜单“1.”中选择“对齐标注”，可以标注两点间的直线距离，典型示例如图 5-54 所示。其标注方法与“线性标注”类似。

13. 角度标注

在“尺寸标注”立即菜单“1.”中选择“角度标注”，接着依据状态栏提示分别选择所需的对象来标注圆弧的圆心角、圆的一部分的圆心角、两直线间的夹角、三点角度。

14. 弧长标注

在“尺寸标注”立即菜单“1.”中选择“弧长标注”，可以标注圆弧的弧长，如图 5-55 所示。弧长标注需要选择弧线段或多段线弧线段，以及指定尺寸线位置。

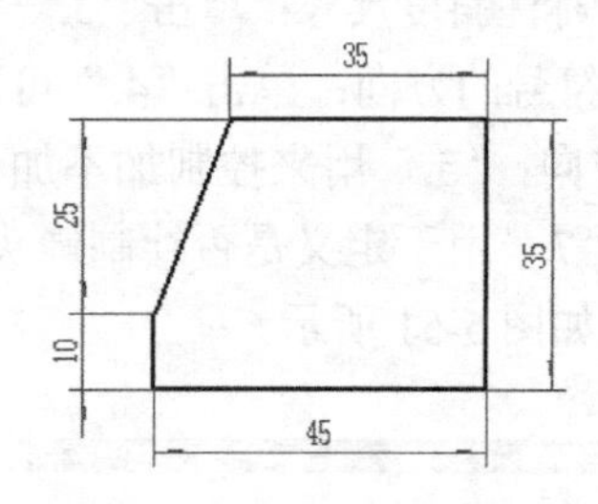

图 5-53 线性尺寸示例

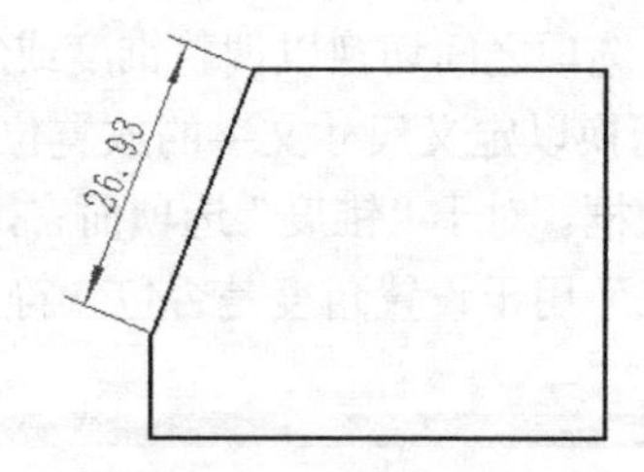

图 5-54 对齐标注示例

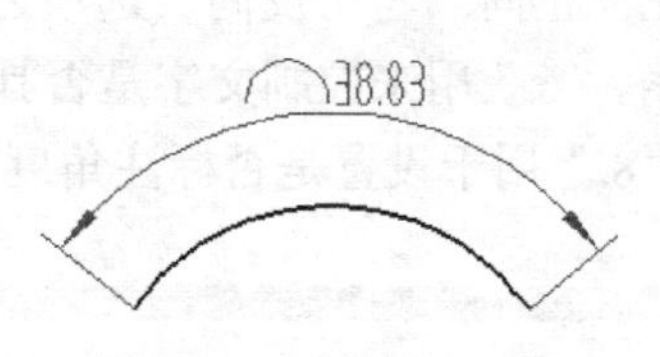

图 5-55 弧长标注示例

值得注意的是，新制图标准规定当在标注弧长尺寸时，尺寸线使用圆弧画出，并在尺寸数字前方加注符号“⌒”，即弧长符号“⌒”作为数值文字的前缀。要设置弧长符号加注在尺寸数字之前还是在尺寸数字的上方，则在功能区“标注”选项卡的“标注样式”面板中单击“尺寸样式”按钮，弹出“标注风格设置”对话框，选中所需的尺寸风格后，切换至“尺寸形式”选项卡，从“弧长标注形式”下拉列表框中选择“边界线放射”或“边界线垂直于弦长”，接着从“弧长符号形成”下拉列表框中选择“位于文字左边”或“位于文字上方”（在这里，选择“位于文字

左边”)，然后单击“确定”按钮。

15. 半径标注和直径标注

“尺寸标注”立即菜单“1.”中的“半径标注”选项专用于标注圆弧或圆的半径，标注时自动在尺寸值前加前缀“R”；“尺寸标注”立即菜单“1.”中的“直径标注”选项专用于标注圆弧或圆的直径，标注时自动在尺寸值前加前缀“Φ”。半径标注过程和直径标注过程是相同的，都是启动标注功能后，分别拾取圆或圆弧，然后指定尺寸线位置即可。在如图 5-56 所示的典型示例中创建有半径标注和直径标注。

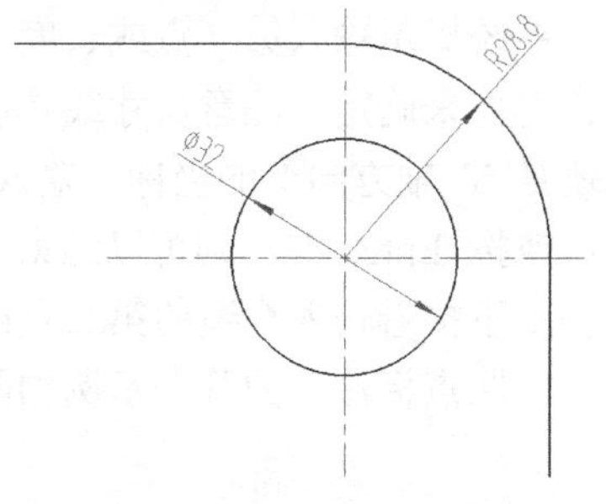

图 5-56 半径标注和直径标注示例

5.2.2 使用“坐标标注”功能

使用“坐标标注”功能，可以标注坐标原点、选定点或圆心（孔位）的坐标值尺寸。“坐标标注”包括“原点标注”“快速标注”“自由标注”“对齐标注”“孔位标注”“引出标注”“自动列表”“自动孔表”。这些关于坐标标注的命令均可以通过单击“坐标标注”按钮并在立即菜单中切换选择，如图 5-57（a）所示，也可以单独在相应的面板中或菜单中单独执行，如图 5-57（b）所示。下面介绍“坐标标注”中这些选项的应用。

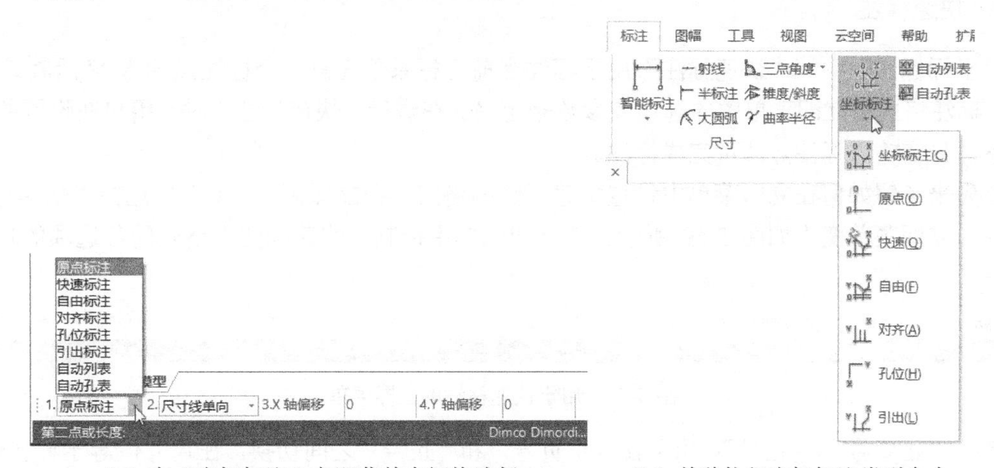

（a）在“坐标标注”立即菜单中切换选择　　（b）单独执行坐标标注类型命令

图 5-57 用于“坐标标注”的立即菜单及相关工具按钮

1. 原点标注

“原点标注”是用来标注当前坐标系原点的 X 坐标值和 Y 坐标值。

选择“原点标注”选项后，可以在立即菜单中设置“原点标注”的格式，其各选项的功能含义如下。

☑ “尺寸线双向”/“尺寸线单向”：用于设置尺寸线是双向的还是单向的。尺寸线双向是指尺寸线从原点出发，分别向坐标轴两端延伸；尺寸线单向是指尺寸线从原点出发，向坐标轴靠近拖曳点一端延伸。

☑ “文字双向”/“文字单向”：当设置尺寸线双向时，可以设置文字双向或文字单向。文字双向是指在双向尺寸线两端均标注尺寸值；文字单向是指只在靠近拖曳点一端标注尺寸值。

☑ “X 轴偏移”：原点的 X 坐标值。

☑ “Y 轴偏移”：原点的 Y 坐标值。

系统提示输入第二点或长度。用户可以指定第二点来确定标注尺寸文字的定位点，也可以输入长度值来确定，注意尺寸线是从原点出发的。通常使用光标拖曳来选择标注 X 轴方向上的坐标还是 Y 轴方向上的坐标。输入第二点或长度后，系统继续提示输入第二点或长度。此时如果右击或按 Enter 键，则可以结束“原点标注”，从而只完成标注一个坐标轴方向的标注；如果在该提示下接着输入合适的第二点或长度，则可以完成另一个坐标轴方向的标注。

“原点标注”的几个示例如图 5-58 所示。

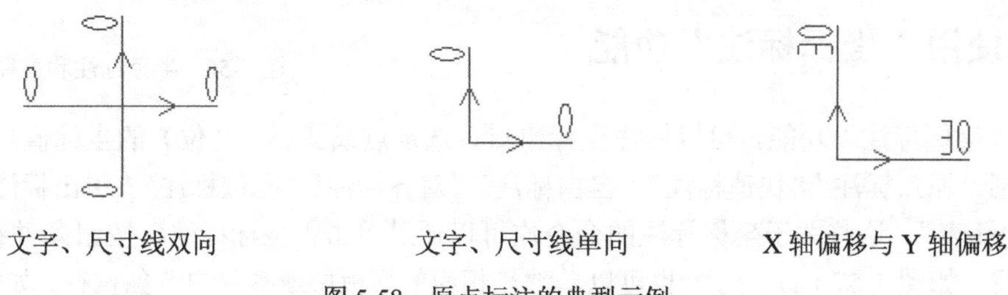

图 5-58 原点标注的典型示例

2. 快速标注

“坐标标注”中的“快速标注”用于标注当前坐标系下任意一个标注点的 X 坐标值或 Y 坐标值，标注格式由立即菜单中的选项或参数来定义。在进行“快速标注”时，用户在设置的标注格式下，只需输入标注点即可完成标注。

首先来了解如何在立即菜单中设置快速标注的格式。在立即菜单“1.”中选择“快速标注”选项后，立即菜单变为如图 5-59 所示。该立即菜单中控制“快速标注”格式的各选项的功能含义如下。

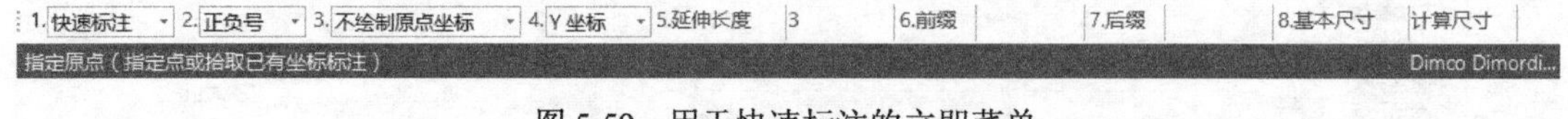

图 5-59 用于快速标注的立即菜单

☑ “正负号”/“正号”：用于在“正负号”和“正号”之间切换。在尺寸值等于计算值时，选择“正负号”，那么所标注的尺寸值取实际值，即若是负数也保留负号；如果选择“正号”，那么所标注的尺寸值取其绝对值。

☑ “不绘制原点坐标”/“绘制原点坐标”：设置是否绘制原点坐标。

☑ “Y 坐标”/“X 坐标”：设置是标注 Y 坐标还是标注 X 坐标。

☑ “延伸长度”：用于控制尺寸线的长度。尺寸线长度为延伸长度加文字字串长度。系统默认的延伸长度为 3mm，当然用户可以根据情况来更改该延伸长度。

☑ “前缀”：用于显示和设置前缀。

☑ “后缀”：用于显示和设置后缀。

☑ “基本尺寸”：如果立即菜单“4.”被设置为“Y 坐标”，则默认的尺寸值为标注点的 Y 坐标值；如果立即菜单“4.”被设置为“X 坐标”，则默认的尺寸值为标注点的 X 坐标值。

通常在立即菜单中设置好“快速标注”的格式后，指定原点（指定点或拾取已有坐标标注），然后指定标注点。“快速标注”的示例如图 5-60 所示。

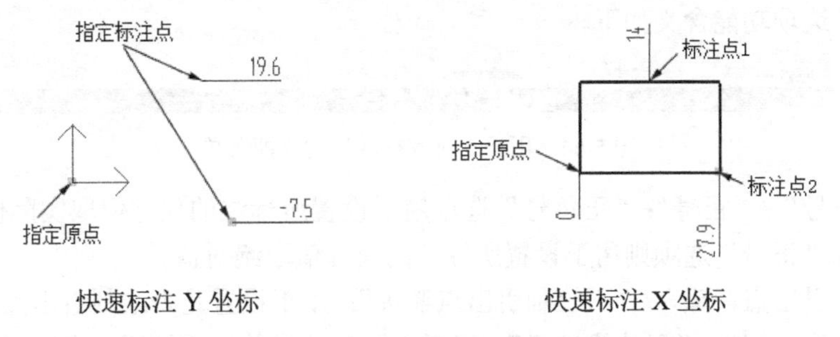

快速标注 Y 坐标　　快速标注 X 坐标

图 5-60　快速标注的示例

3. 自由标注

“坐标标注”中的“自由标注”用于标注当前坐标系下任意一个标注点的 X 坐标值或 Y 坐标值，尺寸文字的定位点需要临时指定，其标注格式同样由用户在立即菜单中设置。“自由标注”比“快速标注”自由度更多。

在立即菜单“1.”中选择“自由标注”选项后，立即菜单变为如图 5-61 所示。在该立即菜单“2.”中可以选择“正负号”或“正号”，“正负号”用于使所标注的尺寸值取实际值，“正号”用于使所标注的尺寸值取绝对值。在“3.”中可以选择“不绘制原点坐标”或“绘制原点坐标”选项。

图 5-61　用于自由标注的立即菜单

设置好标注格式后，指定原点（指定点或拾取已有坐标标注），接着指定标注点，此时系统提示给出定位点。在该提示下在绘图区移动光标，则系统自动判断是要标注 X 坐标值或 Y 坐标值。使用光标拖曳尺寸线方向（X 轴或 Y 轴方向）及尺寸线长度，在满意的位置处单击即可完成一处标注。当然定位点也可以使用其他输入方式来给定，例如使用键盘输入或工具点捕捉等。

可以继续给定若干组标注点和定位点来进行自由标注。使用“自由标注”完成坐标标注的图例如图 5-62 所示。

4. 对齐标注

“坐标标注”中的“对齐标注”用于创建一组以第一个坐标标注为基准、尺寸线平行且尺寸文字对齐的标注，如图 5-63 所示。

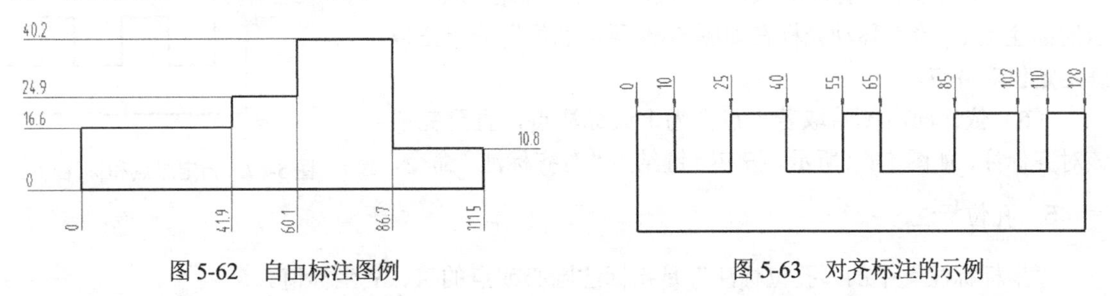

图 5-62　自由标注图例　　图 5-63　对齐标注的示例

下面介绍“对齐标注”的相关操作。

（1）在立即菜单“1.”中选择“对齐标注”选项后，立即菜单变为如图 5-64 所示。“对齐标注”格式的各选项功能含义如下。

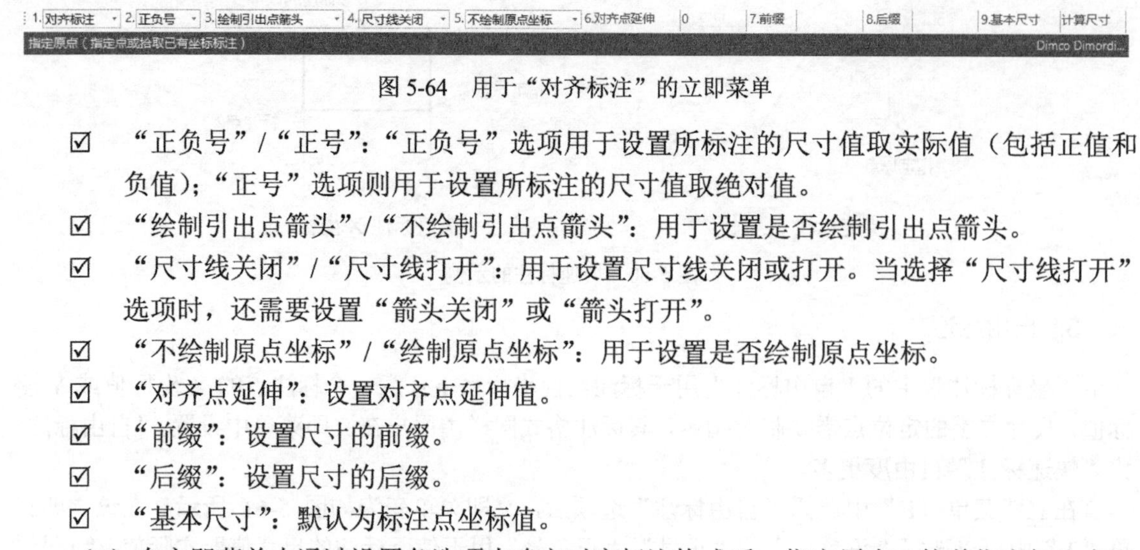

图 5-64　用于“对齐标注”的立即菜单

☑　“正负号”/“正号”：“正负号”选项用于设置所标注的尺寸值取实际值（包括正值和负值）；“正号”选项则用于设置所标注的尺寸值取绝对值。

☑　“绘制引出点箭头”/“不绘制引出点箭头”：用于设置是否绘制引出点箭头。

☑　“尺寸线关闭”/“尺寸线打开”：用于设置尺寸线关闭或打开。当选择“尺寸线打开”选项时，还需要设置“箭头关闭”或“箭头打开”。

☑　“不绘制原点坐标”/“绘制原点坐标”：用于设置是否绘制原点坐标。

☑　“对齐点延伸”：设置对齐点延伸值。

☑　“前缀”：设置尺寸的前缀。

☑　“后缀”：设置尺寸的后缀。

☑　“基本尺寸”：默认为标注点坐标值。

（2）在立即菜单中通过设置各选项来确定对齐标注格式后，指定原点，接着指定标注点和定位对齐点，完成第一个坐标标注。

（3）完成第一个坐标标注后，用户可以依次选定一系列标注点来完成一组尺寸文字对齐的坐标标注。

【课堂范例】：进行坐标标注之对齐标注的操作练习

（1）打开位于随书附赠资源 CH5 文件夹中的“BC_对齐标注练习.exb”文件，该文件中存在着的原始图形如图 5-65 所示。

（2）在功能区“标注”选项卡的“坐标”面板中单击“坐标标注”按钮，系统打开一个立即菜单。

（3）在立即菜单“1.”中选择“对齐标注”，接着在立即菜单中设置如图 5-66 所示的选项。

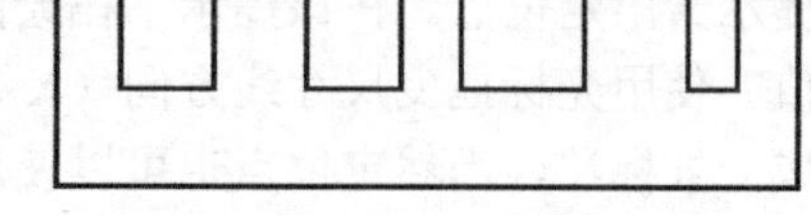

图 5-65　原始图形

图 5-66　在立即菜单中的设置

（4）在图形中选择左下顶点作为原点，选择如图 5-67 所示的标注点 1，接着移动光标在如图 5-68 所示的位置处单击以确定定位对齐点。

（5）依次向右侧拾取若干点作为下续标注点，直到完成该对齐标注，如图 5-69 所示。按 Esc 键结束“对齐标注”命令。

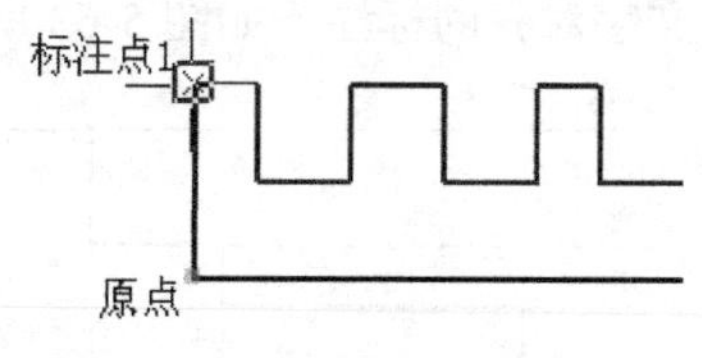

图 5-67　指定原点和标注点 1

5．孔位标注

“坐标标注”中的“孔位标注”是指标注圆心或点的 X、Y 坐标值。

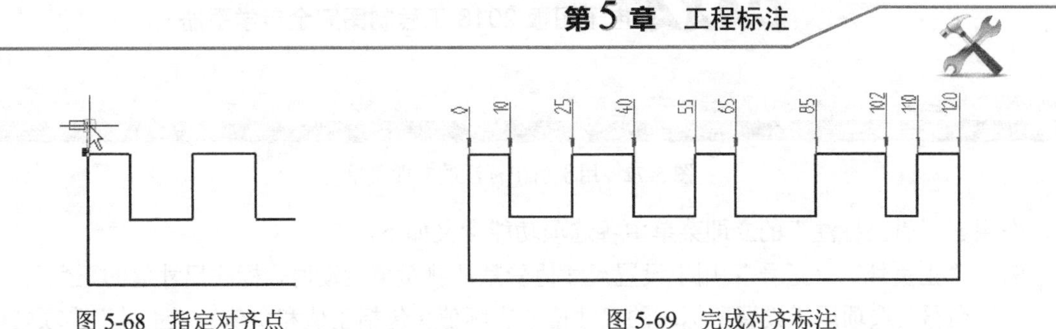

图 5-68 指定对齐点　　　　图 5-69 完成对齐标注

在功能区“标注”选项卡的“坐标”面板中单击“坐标标注”按钮，系统打开一个立即菜单，接着在该立即菜单“1.”中选择“孔位标注”，此时立即菜单变为如图 5-70 所示。

图 5-70 用于孔位标注的立即菜单

在用于“孔位标注”的立即菜单中各选项功能含义如下。

- ☑ “正负号”/“正号”：“正负号”选项用于设置所标注的尺寸值取实际值（包括正值和负值）；“正号”选项则用于设置所标注的尺寸值取绝对值。
- ☑ “孔内尺寸线打开”/“孔内尺寸线关闭”：用于设置孔内尺寸线是否打开，即用来控制标注圆心坐标时，位于圆内的尺寸界线是否画出。
- ☑ “绘制原点坐标”/“不绘制原点坐标”：用于设置是否绘制原点坐标。
- ☑ “X 延伸长度”：用来控制沿 X 坐标轴方向，尺寸界线延伸出圆外的长度或尺寸界线自标注点延伸的长度，其初始默认值为 3。用户可以根据设计情况更改 X 延伸长度。
- ☑ “Y 延伸长度”：用来控制沿 Y 坐标轴方向，尺寸界线延伸出圆外的长度或尺寸界线自标注点延伸的长度，其初始默认值为 3。用户可以根据设计情况更改 Y 延伸长度。

在立即菜单中设置好相关的选项和参数后，在提示下指定原点，接着拾取圆或点，从而标注出圆心或指定点的 X、Y 坐标值。

“孔位标注”的典型示例如图 5-71 所示。

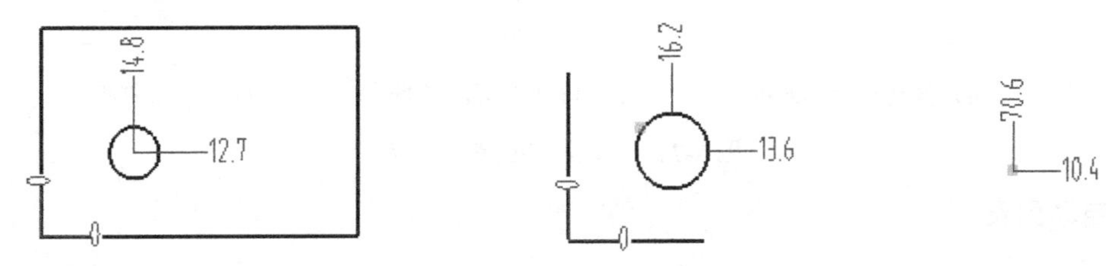

（a）绘制原点坐标，孔内尺寸线打开　（b）绘制原点坐标，孔内尺寸线关闭　（c）点标注

图 5-71 孔位标注的示例

6. 引出标注

“坐标标注”中的“引出标注”主要用于坐标标注中尺寸线或文字过于密集时，将数值标注引出来的标注。

在功能区“标注”选项卡的“坐标”面板中单击“坐标标注”按钮，系统打开一个立即菜单，接着在该立即菜单“1.”中选择“引出标注”，此时立即菜单变为如图 5-72 所示。

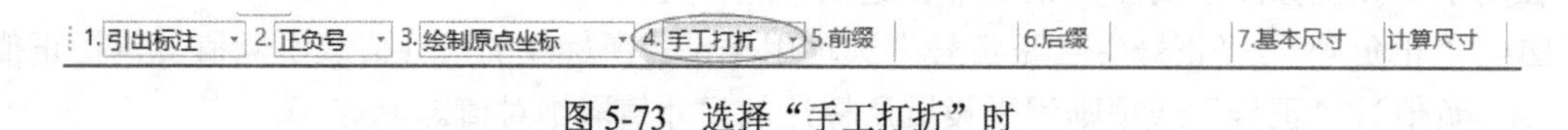

图 5-72　用于引出标注的立即菜单

在用于“引出标注”的立即菜单中各选项功能含义如下。

☑ “正负号”/“正号”：用于设置尺寸值受默认测量值驱动时，标注尺寸值的正负号。“正负号”选项用于设置所标注的尺寸值取实际值（包括正值和负值）；“正号”选项则用于设置所标注的尺寸值取绝对值。

☑ “绘制原点坐标”/“不绘制原点坐标”：用于设置是否绘制原点坐标。

☑ “自动打折”/“手工打折”：用于设置引出标注的标注方式。当选择“自动打折”时，需要选择“顺折”或“逆折”来控制转折线的方向，以及定制第一条转折线的长度 L 和第二条转折线的长度 H。当选择“手工打折”时，立即菜单提供的选项如图 5-73 所示。

图 5-73　选择“手工打折”时

☑ “前缀”：设置尺寸文本的前缀。

☑ “后缀”：设置尺寸文本的后缀。

☑ “基本尺寸”：默认为标注点的计算尺寸值。用户可以手动输入基本尺寸值，此时正负号控制不起作用。

在立即菜单中设置好相关的选项后，根据提示输入标注点等便可完成标注。如果是自动打折，那么依次输入标注点和定位点；如果是手工打折，依次输入标注点、第一引出点、第二引出点和定位点。

引出标注的典型示例如图 5-74 所示。

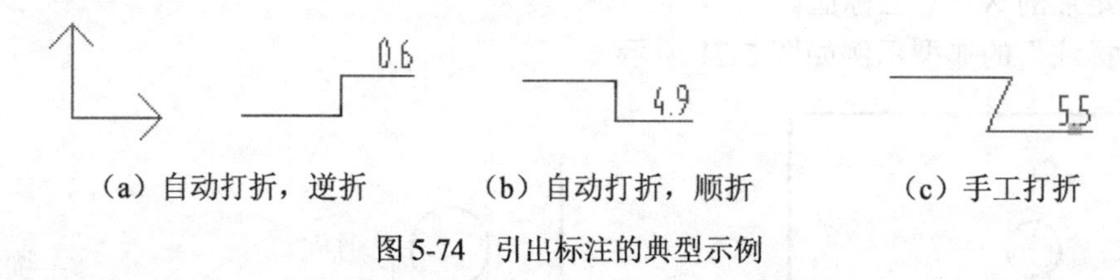

（a）自动打折，逆折　　（b）自动打折，顺折　　（c）手工打折

图 5-74　引出标注的典型示例

7. 自动列表

“坐标标注”中的“自动列表”是指以表格的形式直观地列出标注点、圆心或样条插值点的坐标值。

在功能区“标注”选项卡的“坐标”面板中单击“坐标标注”按钮，系统打开一个立即菜单，接着在该立即菜单“1.”中选择“自动列表”，此时立即菜单中的选项如图 5-75 所示。

图 5-75　用于“自动列表”坐标标注的立即菜单

如果要进行点或圆心坐标的标注工作，那么输入标注点或拾取圆（圆弧），并在“序号插入

点”提示下指定序号插入点，系统重复出现“输入标注点或拾取圆”的提示信息，使用同样的方法指定若干组标注点和序号插入点，然后右击或按 Enter 键，则立即菜单变为如图 5-76 所示，从中可以分别设置序号域长度、坐标域长度、表格高度，最后是输入定位点。输入定位点后即可完成标注。

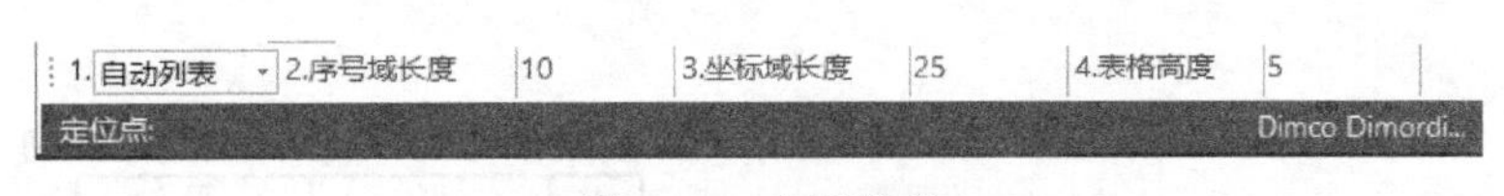

图 5-76　立即菜单

图 5-77 是关于圆心（点）的自动列表标注示例，图 5-78 是关于圆的自动列表标注。需要注意的是在输出自动列表标注的表格时，如果有圆或圆弧，表格中会增加一列直径数据。

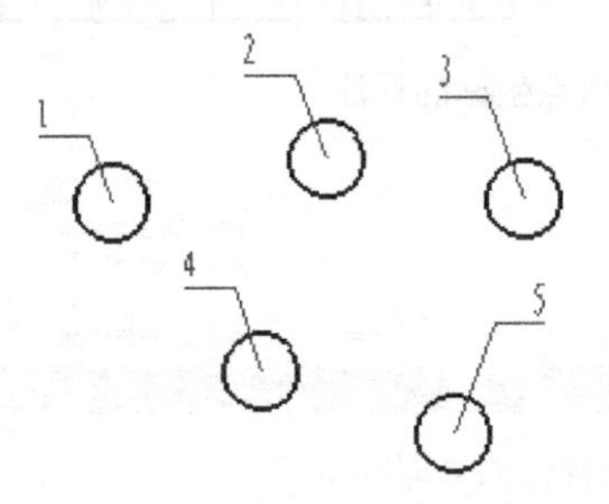

	PX	PY
1	70.36	23.02
2	93.33	27.42
3	113.98	23.30
4	86.27	5.87
5	106.55	-0.66

图 5-77　关于圆心（点）的自动列表标注

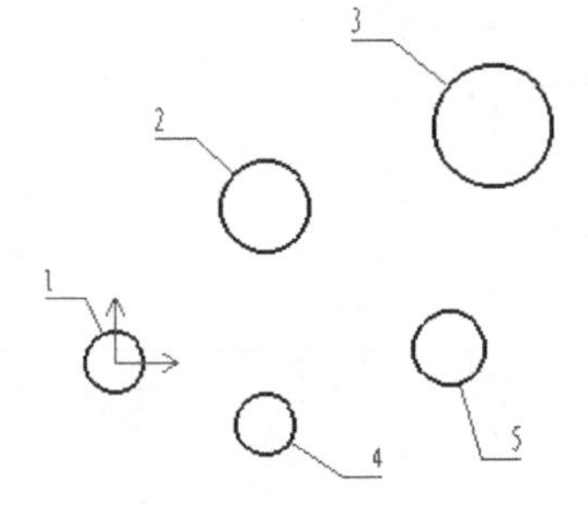

	PX	PY	ϕ
1	0.00	0.00	8.00
2	20.00	20.00	12.00
3	50.14	30.51	16.00
4	20.00	-8.00	8.00
5	44.29	1.83	10.00

图 5-78　关于圆的自动列表标注

知识点拨：“序号域长度”用来控制表格中“序号”列的长度，“坐标域长度”用来控制表格中 PX 和 PY 列的长度，“表格高度”用来控制表格每行的高度。自动列表的列表框不会随风格更新。

再看一个关于样条插值点坐标的“自动列表”标注的例子。执行“坐标标注”的“自动列表”命令，在立即菜单中将“2.”选项设置为“正负号”，将“3.”选项设置为“加引线”，将“4.”选项设置为“标识原点”，接着在绘图区选择要标注的样条曲线，指定序号插入点，并在立即菜单中分别设置序号域长度、坐标域长度、表格高度等，然后指定定位点来完成该标注。样条插值点坐标的标注（自动列表）示例如图 5-79 所示。

8. 自动孔表

“坐标标注”中的“自动孔位”是指以表格的形式列出圆心的坐标值。

在功能区“标注”选项卡的“坐标”面板中单击“坐标标注”按钮，系统打开一个立即菜单，接着在该立即菜单“1.”中选择“自动孔表”，在“2.”中选择“创建孔表”选项，以及在绘图区分别拾取所需直线作为 X 轴和 Y 轴，则立即菜单变为如图 5-80 所示，其上内容和“自动列表”的类似，然后在绘图区拾取孔表中各个孔的外圆，全部外圆拾取完毕后，按空格或右击确定拾取，并在新立即菜单中设置序号域长度、坐标域长度、表格高度等，最后指定孔表的放置定位点。

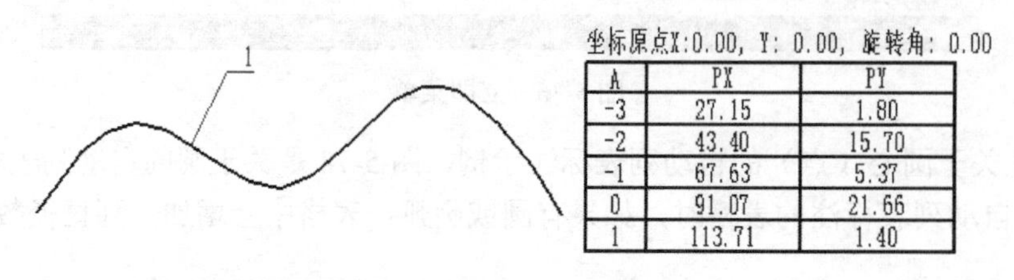

A	PX	PY
-3	27.15	1.80
-2	43.40	15.70
-1	67.63	5.37
0	91.07	21.66
1	113.71	1.40

图 5-79　样条插值点坐标的标注

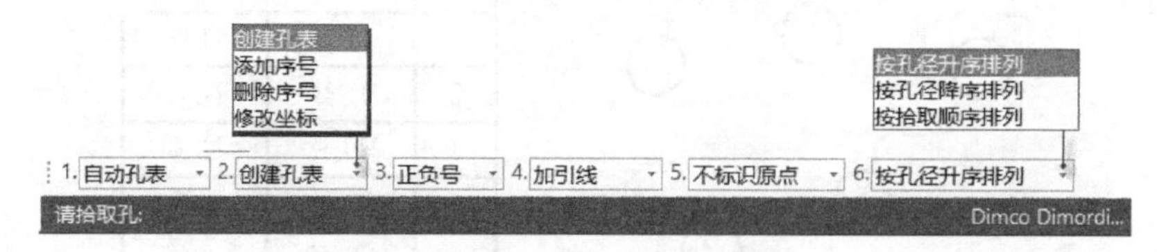

图 5-80　自动孔表标注的立即菜单

自动孔表的图例如图 5-81 所示。

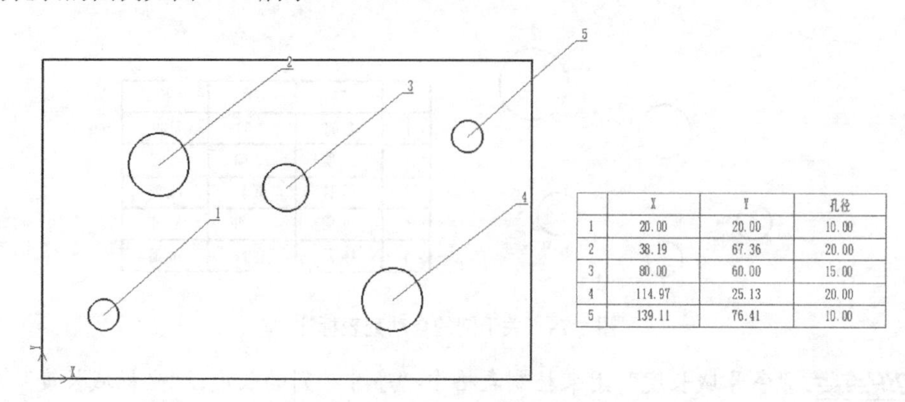

	X	Y	孔径
1	20.00	20.00	10.00
2	38.19	67.36	20.00
3	80.00	60.00	15.00
4	114.97	25.13	20.00
5	139.11	76.41	10.00

图 5-81　自动孔表的图例

对于自动孔表，还可以执行添加序号、删除序号和修改坐标操作。

5.2.3 标注尺寸的公差

在工程制图中时常要为指定尺寸标注尺寸公差。用户可采用以下方法标注尺寸的公差。

在尺寸标注时右击，接着利用弹出的如图 5-82 所示的“尺寸标注属性设置”对话框来设置该尺寸的公差内容。要熟练掌握尺寸公差的标注，那么需要对“尺寸标注属性设置”对话框的各项内容深刻理解和掌握。

在“基本信息”选项组中可以设置“前缀”“基本尺寸”“后缀”“附注”“文本替代”。

☑ “前缀”：填写对尺寸值的描述或限定，填写内容位于基本尺寸的前面。例如可以在某个表示直径的基本尺寸数值之前添加“%c”，可以在某尺寸值之前添加表示个数的

"5%x"（确认后在图形窗口中显示为"5×"）等。

☑ "基本尺寸"：系统默认为实际测量值，用户可以根据实际情况更改该数值。基本尺寸通常只输入数字。

☑ "后缀"：填写对尺寸值的描述或其他技术说明，通常用来注写尺寸公差文本。

☑ "附注"：在该文本框中填写对尺寸的说明或其他注释。

☑ "文本替代"：在该文本框中填写内容时，前缀、基本尺寸和后缀的内容将不显示，而是尺寸文字使用文本替代的内容。

☑ "插入"：从该下拉列表框中可以设置在指定文本框中插入一些特殊的字符符号，如图 5-83 所示。如果从该下拉列表框中选择"尺寸特殊符号"选项，系统弹出如图 5-84 所示的"尺寸特殊符号"对话框，从中选择所需的一个尺寸特殊符号，然后单击"确定"按钮。

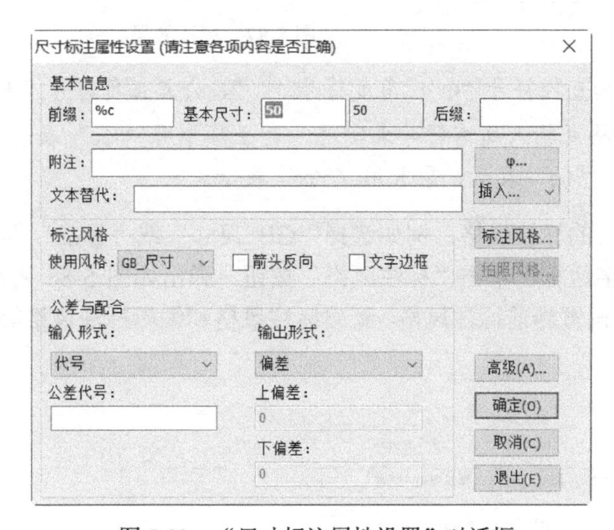

图 5-82 "尺寸标注属性设置"对话框

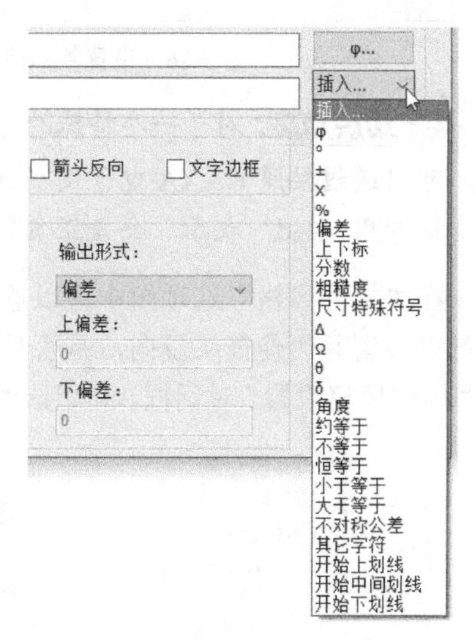

图 5-83 插入特殊字符

图 5-85 所示的标注形象地示意了设置的相关基本信息。

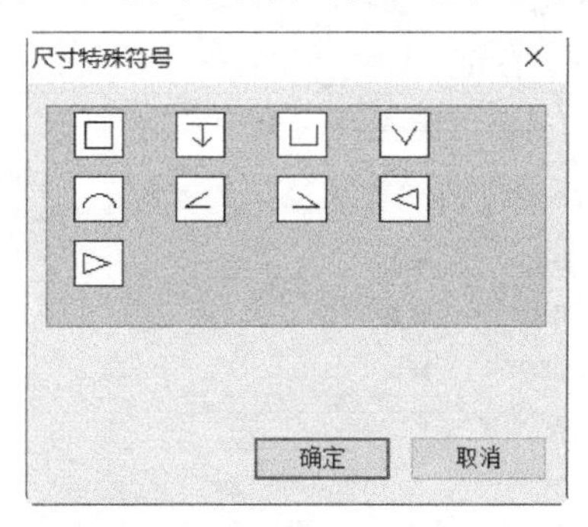

图 5-84 "尺寸特殊符号"对话框

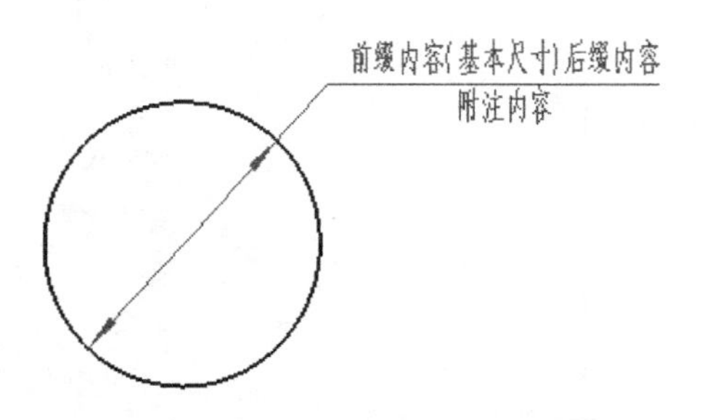

图 5-85 设置基本信息的标注示意

例如，假设"前缀内容"为"5%x%c"或"5×%c"，"基本尺寸"内容为 30，"后缀内容"为"%p0.5"，"附注"内容为表示均布配作的"EQS"，即在"尺寸标注属性设置"对话框中设置如图 5-86 所示的基本信息，然后单击"确定"按钮，得到如图 5-87 所示的标注效果。

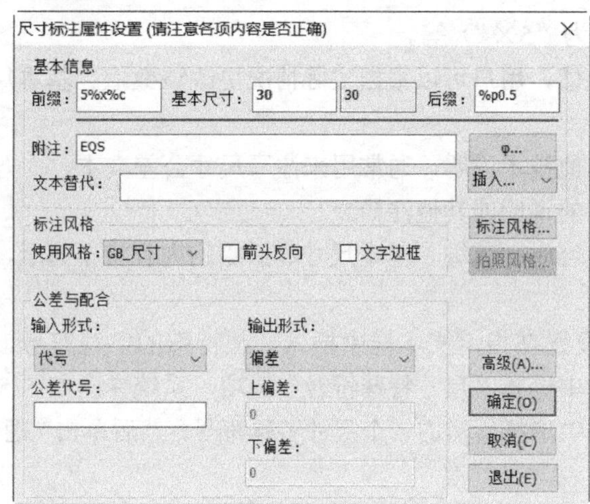

图 5-86 设置基本信息

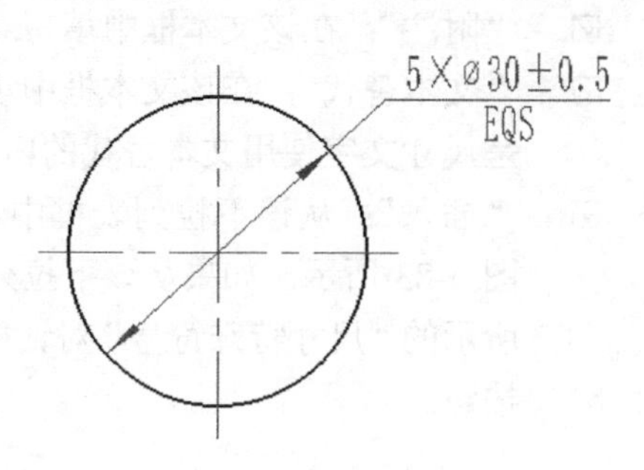

图 5-87 标注效果

知识点拨： 对于一些特殊的符号，如直径符号“Φ”、角度符号“°”、公差正负符号“±”等，可以通过按照 CAXA 电子图板规定的格式输入所需符号来实现。直径符号用“%c”表示，角度符号用“%d”表示，公差正负符号用“%p”表示，乘号用“%x”表示。

在“标注风格”选项组中可以选择已有的标注风格，例如选择“GB_尺寸”或“标准”等，还可以设置是否使箭头反向，是否具有文字边框。单击“标注风格”按钮，弹出如图 5-88 所示的“标注风格设置”对话框，利用该对话框设置当前标注风格、新建标注风格和编辑标注风格等。

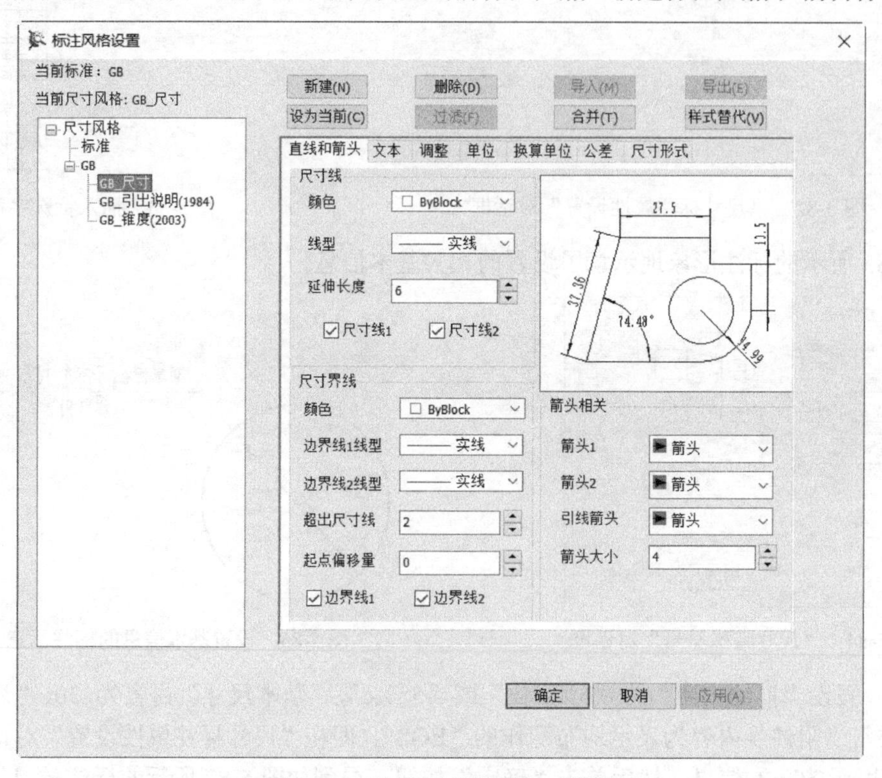

图 5-88 “标注风格设置”对话框

在“尺寸标注属性设置”对话框的“公差与配合”选项组中设置公差输入形式、输出形式、上偏差和下偏差、公差代号等。

☑ “输入形式”：用于控制公差的输入方式。在该下拉列表框中可供选择的选项有“代号”“偏差”“配合”“对称”。当设置输入形式为“代号”时，系统根据在“公差代号”文本框中输入的代号名称（如 H7、k6 等）自动查询上偏差和下偏差，并将查询结果显示在“上偏差”和“下偏差”文本框中；当设置输入形式为“偏差”时，由用户根据设计要求输入偏差值；当设置输入形式为“配合”时，输出形式不可用，并且对话框提供如图 5-89 所示的选项来供用户设置；当设置输入形式为“对称”时，由用户输入上偏差值。

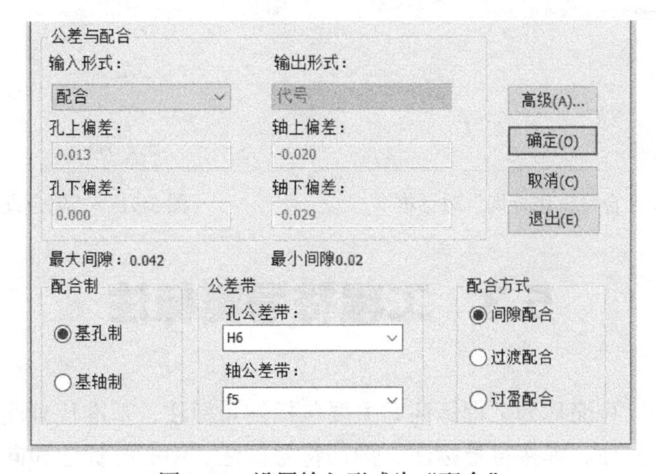

图 5-89　设置输入形式为“配合”

☑ “输出形式”：用于控制公差的输出形式。在某些场合下系统提供的可供选择的输出形式选项有“代号”“偏差”“(偏差)”“代号（偏差）”“极限尺寸”。举例：当输出形式为“代号”，标注时使用代号表示公差，如 $\Phi30H7$；当输出形式为“偏差”时，标注时标偏差，如$\phi30^{+0.021}_{0}$；当输出形式为“(偏差)”时，标注时使用“()”括号将偏差值括起来，如$\phi30(^{+0.021}_{0})$；当输出形式为“代号（偏差）”时，标注时把代号和偏差同时标出，如$\phi30H7(^{+0.021}_{0})$；当输出形式为“极限尺寸”时，标注时标注极限尺寸，如$\phi^{30.021}_{30}$。

☑ “公差代号”：当“输入形式”选项被设置为“代号”时，在“公差代号”文本框中输入所需的公差代号名称，如输入 H7、k6 等，则系统根据基本尺寸和公差代号名称自动查询表格，将查询到的上偏差值和上偏差值显示在相应的“上偏差”和“下偏差”文本框中。用户也可以通过单击“高级”按钮，弹出如图 5-90 所示的“公差与配合可视化查询”对话框，利用该对话框直接选择合适的公差代号。

当“输入形式”被设置为“配合”时，则需要指定配合制和公差带等，系统在输出时会按照所设定的配合进行标注。通常为了获得直观的配合，此时可以单击“高级”按钮，打开“公差与配合可视化查询”对话框，并自动切换到“配合查询”选项卡，从中设置基孔制还是基轴制，然后直观地选择合适的配合，如图 5-91 所示。

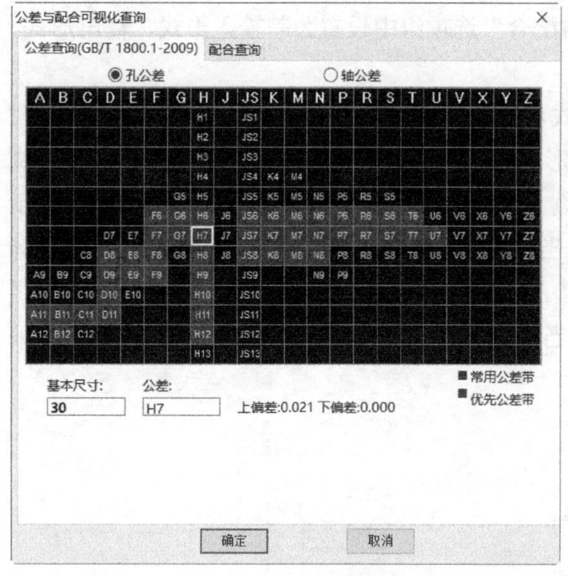

图 5-90　“公差与配合可视化查询”对话框

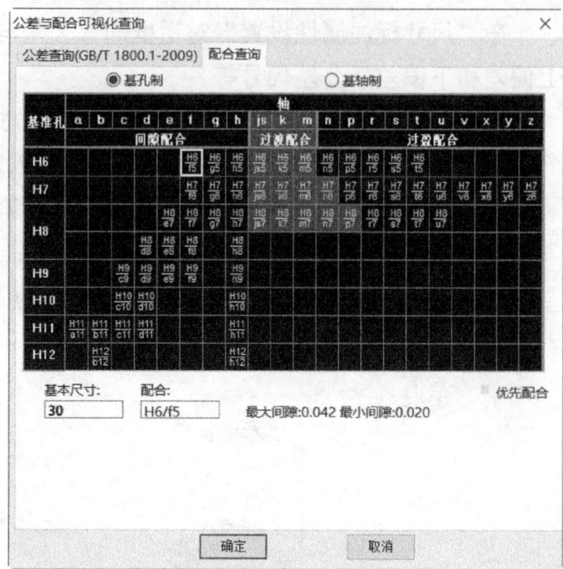

图 5-91　“配合查询”选项卡

5.3　工程符号类标注

工程符号类标注（可简称为工程标注）主要包括倒角标注、基准代号注写、形位公差标注、表面结构（粗糙度）标注、焊接符号标注、剖切符号标注、中心孔标注和向视符号标注等。

5.3.1　倒角标注

在 CAXA 电子图板中提供了专门用于倒角标注的实用功能，这使得倒角标注变得简单又快捷。使用“倒角标注”功能的操作方法及步骤如下。

（1）在功能区“标注”选项卡的“符号”面板中单击“倒角标注”按钮 。

（2）在打开的立即菜单中，从“1.”中选择“默认样式”或“特殊样式”，通常选择“默认样式”。当选择“默认样式”时，从“2.”中选择“轴线方向为 X 轴方向”“轴线方向为 Y 方向”或“拾取轴线”选项以定义倒角线的轴线方式，并在立即菜单“3.”中选择“水平标注”“铅垂标注”或“垂直于倒角线”选项，在“4.”中选择“1×1”“1×45°”“45°×1”或“C1”以设定倒角标注方式。

☑　轴线方向为 X 轴方向：轴线与 X 轴平行。

☑　轴线方向为 Y 方向：轴线与 Y 轴平行。

☑　拾取轴线：自定义轴线。选择该选项时，还需要用户拾取所需的轴线。

（3）定义好倒角线的轴线方式及倒角标注方式等后，拾取倒角线。

（4）移动鼠标光标来指定尺寸线位置，从而标注出倒角尺寸。

需要用户注意的是，当倒角标注样式为“特殊样式”时，可拾取一对倒角线并指定尺寸线位置来完成此类倒角标注。

图5-92为3种不同的倒角标注样式，图5-92（a）为标准45°倒角，图5-92（b）为简化45°倒角（即C2是2×45°的简化表示），图5-92（c）为使用“特殊样式”完成的倒角标注示例。新的机械制图国家标注规定推荐采用简化的45°倒角标注法。

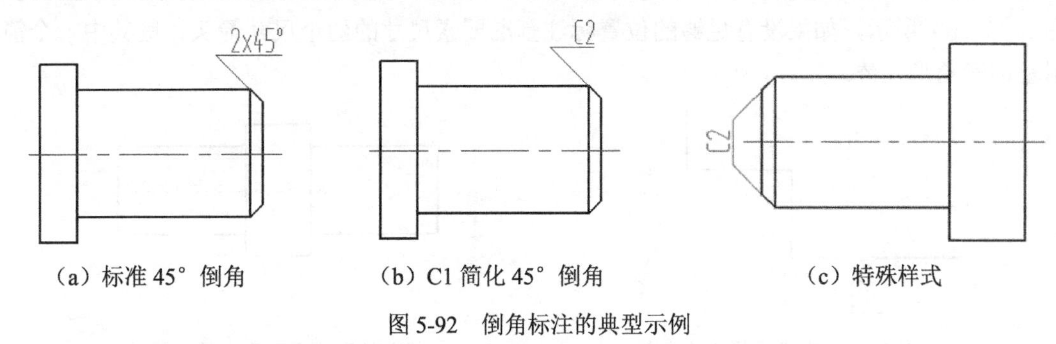

（a）标准45°倒角　（b）C1简化45°倒角　（c）特殊样式

图5-92　倒角标注的典型示例

【课堂范例】：进行倒角标注练习

（1）打开位于随书附赠资源CH5文件夹中的“BC_倒角标注练习.exb”文件，该文件中存在着的原始图形如图5-93所示。

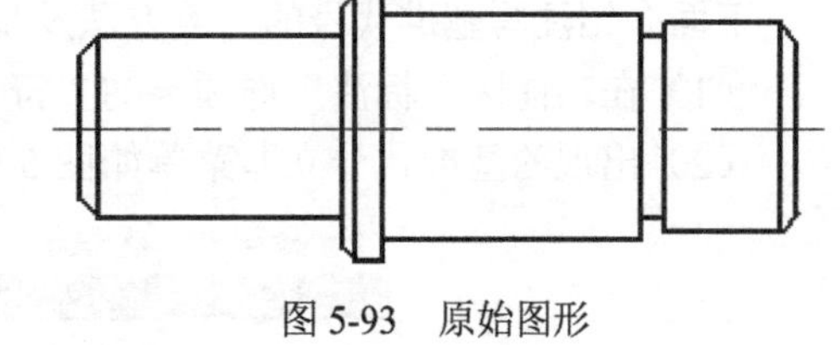

图5-93　原始图形

（2）在功能区“标注”选项卡的“符号”面板中单击“倒角标注”按钮。

（3）在立即菜单的“1.”中选择“默认标注”，在“2.”中选择“轴线方向为X轴方向”，在“3.”中选择“水平标注”，在“4.”中选择“C1”。

（4）拾取最右侧的一条倒角线。

（5）移动光标来指定尺寸线位置，完成第一个倒角尺寸，如图5-94所示。

（6）使用同样的方法创建另两处倒角尺寸，如图5-95所示。

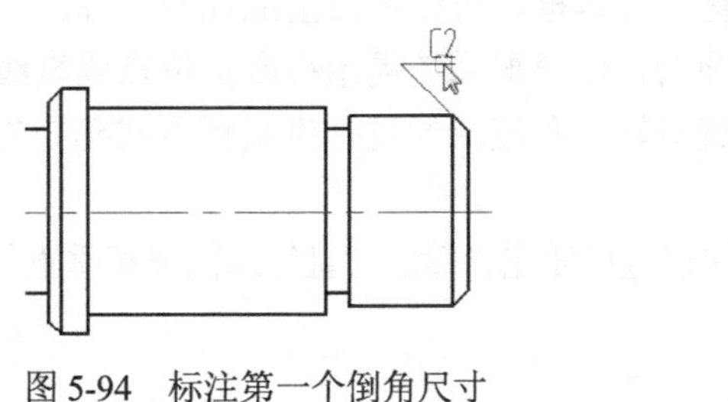

图5-94　标注第一个倒角尺寸

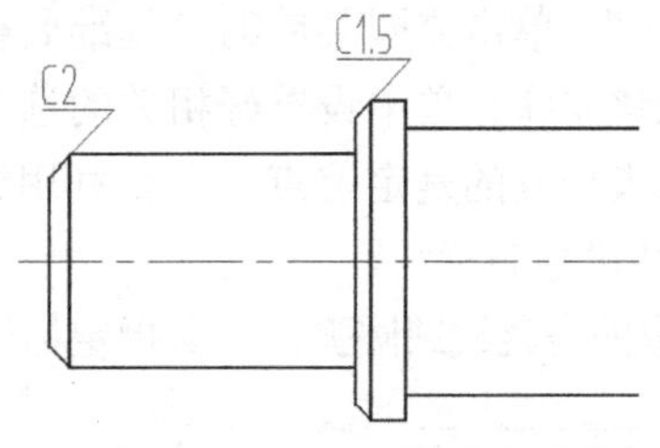

图5-95　标注另两处倒角尺寸

在该练习实例中，也可以练习采用“轴线方向为Y轴方向”或“拾取轴线”方式来创建倒角尺寸。

5.3.2 基准代号注写

在形位公差的基准部分需要画出基准代号。基准应按照以下规定标注。

（1）与被测要素相关的基准用一个大写字母表示。字母标注在基准方格内，与一个涂黑的或空白的三角形相连以表示基准（涂黑的和空白的基准三角形含义相同）；表示基准的字母还应标注在公差框格内。

（2）当基准要素是轮廓线或轮廓面时，基准三角形放置在要素的轮廓线或其延长线上（与尺寸线明显错开），如图 5-96（a）所示；基准三角形也可以放置在该轮廓面引出的水平线上。当基准是尺寸要素确定的轴线、中心平面或中心点时，基准三角形应放置在该尺寸线的延长线上，如图 5-96（b）所示，如果没有足够的位置标注基准要素尺寸的两个尺寸箭头，则其中一个箭头可用基准三角形代替。

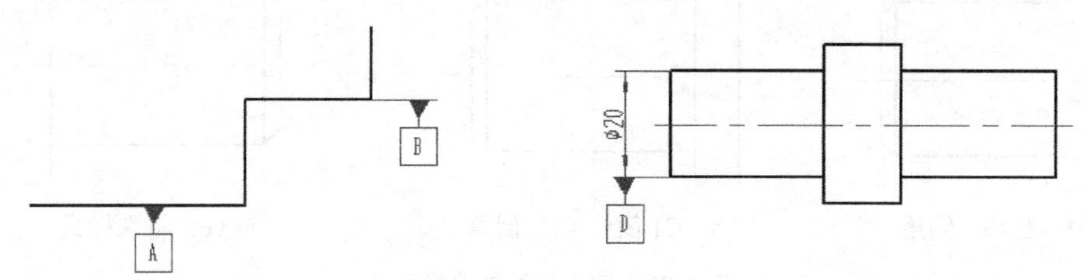

（a）注写在轮廓线或其延长线上　　（b）当基准是尺寸要素确定的轴线等时

图 5-96　注写基准代号

（3）如果只以要素的某一局部作基准，则应用粗点画线表示出该部分并加注尺寸。

下面介绍注写基准代号的一般方法及步骤。

（1）在功能区“标注”选项卡的“符号”面板中单击“基准代号”按钮。

（2）出现的基准代号立即菜单如图 5-97 所示。

图 5-97　基准代号立即菜单

在“1.”中可以选择“基准标注”或“基准目标”。当选择“基准标注”选项时，在“2.”中可以选择“给定基准”或“任选基准”，如果选择“给定基准”，那么还需要指定为“引出方式”或“默认方式”。单击立即菜单的“基准名称”文本框，可以更改基准代号名称。

（3）在该立即菜单中设置好相关的选项后，便根据系统提示拾取定位点或直线或圆弧。

（4）如果拾取的是定位点，那么利用键盘输入角度或通过拖曳鼠标方式确定旋转角度，便可完成该基准代号的标注。

如果拾取的是直线或圆弧，那么指定标注位置后便完成标注与直线或圆弧相垂直的基准代号。

5.3.3　几何公差标注

几何公差包括形状公差、方向公差、位置公差和跳动公差等。通常认为形位公差是形状和位置公差的总称。CAXA 电子图版 2018 提供的“形位公差”按钮用于标注几何公差。

在功能区“标注”选项卡的“符号”面板中单击“形位公差”按钮，弹出如图 5-98 所示的“形位公差”对话框。在该对话框中选定公差代号，设置公差数值、公差查表、附注和基准等相关选项及参数，单击“确定”按钮，然后结合立即菜单和系统提示，拾取标注元素和指定引线转折点来完成几何公差（含形位公差）的标注。

“形位公差”对话框中各主要部分的功能含义如下。

☑　预览区（预显区）：该区域位于“公差代号”选项组的上方，用于显示设置的形位公差

框格及填写内容等。

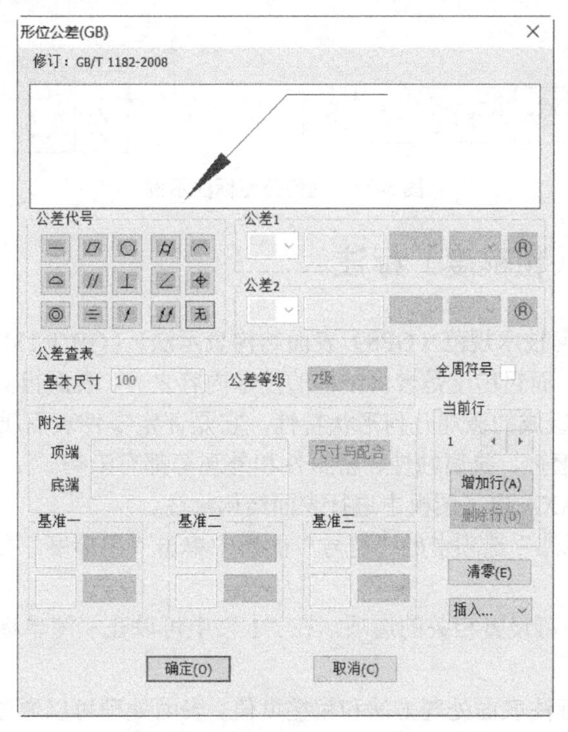

图 5-98 “形位公差”对话框

- ☑ “公差代号”选项组：在该选项组中列出了 14 种形位公差的创建按钮以及一个“无”按钮。单击除“无”按钮之外的 14 个按钮之一，则表示启动相应的几何公差创建，例如单击“同轴度”按钮◎，则表示要创建同轴度。
- ☑ “公差 1”和“公差 2”选项组：在各自选项组中可以设置公差符号输出方式、公差数值、形状限定和相关原则等。这两个选项组可看作为形位公差数值分区。
- ☑ “公差查表”选项组：在该选项组中，可以看到基本尺寸和设置的公差等级。用户可以从中输入满足要求的基本尺寸和指定公差等级。
- ☑ “附注”选项组：在该选项组的“顶端”和“底端”文本框中输入所需要的说明信息。单击该选项组中的“尺寸与配合”按钮，打开“尺寸标注属性设置”对话框，从中在形位公差处添加公差的附注。
- ☑ 基准代号分区：基准代号分区包括“基准一”“基准二”“基准三”选项组，它们分别用于输入基准代号和选择相应的符号（如“Ⓜ”“Ⓔ”或“Ⓛ”等）。
- ☑ “当前行”选项组：主要用于指示当前行的行号，具有多行时可以单击其中的按钮切换当前行。
- ☑ “增加行”按钮：单击此按钮，可以在已标注一行形位公差的基础上标注新的一行，新行标注方法和第一行的标注方法是相同的。
- ☑ “删除行”按钮：用于删除当前行，系统会重新调整整个形位公差的标注。
- ☑ “清零”按钮：用于清除当前形位公差的相关的设置，使对话框返回到无形位公差创建的初始状态。

几何公差标注的典型示例如图 5-99 所示。

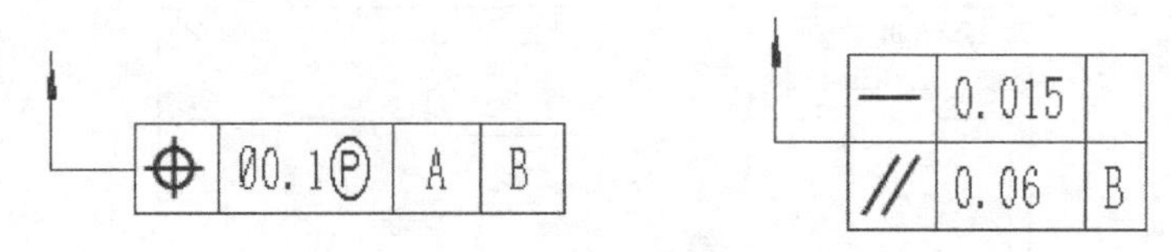

图 5-99　几何公差标注示例

5.3.4　表面结构（粗糙度）标注

国家标准《产品几何技术规范（GPS）表面结构表示法》（GB/T 131-2006）规定，零件表面质量用表面结构来定义，而粗糙度是表面结构的技术内容之一，表面粗糙度是指零件加工表面上具有较小间距和峰谷所组成的微观几何形状特性，它是评定零件表面质量的一项重要的技术指标，对零件的配合、耐磨性、抗腐蚀性、密封性和外观等都有影响。

下面介绍如何在 CAXA 电子图板中进行表面结构标注。

（1）在功能区“标注”选项卡的“符号”面板中单击“粗糙度”按钮✓，打开如图 5-100 所示的粗糙度立即菜单。

（2）在立即菜单中可设置相关的选项。在“1.”中可以在“简单标注”和“标准标注”两个选项之间切换。

☑　简单标注：只标注表面处理方法和粗糙度值。表面处理可以通过立即菜单“3.”来设置，即可以在“3.”中选择“去除材料”“不去除材料”或“基本符号”，粗糙度值则可以在“4.数值”文本框中设置。

☑　标准标注：在立即菜单中切换为“标准标注”选项时，立即菜单变为如图 5-101 所示，同时系统弹出如图 5-102 所示的“表面粗糙度（GB）”对话框。在“表面粗糙度”对话框中可以很直观地选用基本符号、纹理方向，以及设置上限值、下限值、上说明和下说明等，可以根据设计要求决定是否选中“相同要求”复选框。获得满意的预览结果后，单击“确定”按钮。

图 5-100　粗糙度立即菜单　　　　图 5-101　立即菜单

（3）拾取定位点或直线或圆弧。如果拾取定位点，接着在提示下输入角度或使用鼠标在屏幕上确定角度方位，从而完成该表面结构要求的标注。如果拾取直线或圆弧，接着在提示下确定标注位置，从而标注出与直线或圆弧相垂直的表面结构要求符号。

表面结构要求可标注在轮廓线上，其符号应从材料外指向并接触表面，必要时表面结构符号也可以用带箭头或黑点的指引线引出标注。在不致引起误解时，表面结构要求可以标注在给定的尺寸线上。表面结构要求可标注在形位公差框格的上方，还可以直接标注在相关延长线上。表面结构要求对每一表面一般只标注一次，并尽可能注写在相应的尺寸及其公差的同一视图上，除非另有说明，所注写的表面结构要求是对完工零件表面的要求。表面结构要求标注的典型示例如图 5-103 所示，其表面结构的注写和读取方向与尺寸的注写和读取方向一致。带箭头的引线通过立即菜单“2.”的“引出方式”选项（单击“2.”可在“引出方式”和“默认方式”选项之间切换）来设

置。当选择“引出方式”选项时，需要在“3.”中选择“智能结束”或“取消智能结束”选项，“智能结束”较为方便，因为只需指定位点（引出点）和标注位置便可完成一个表面结构要求标注。注意：带箭头的引线也可以通过“引出说明”按钮来创建，只是此操作方法较为烦琐，有关“引出说明”按钮的应用知识将在5.4.1小节中详细介绍。

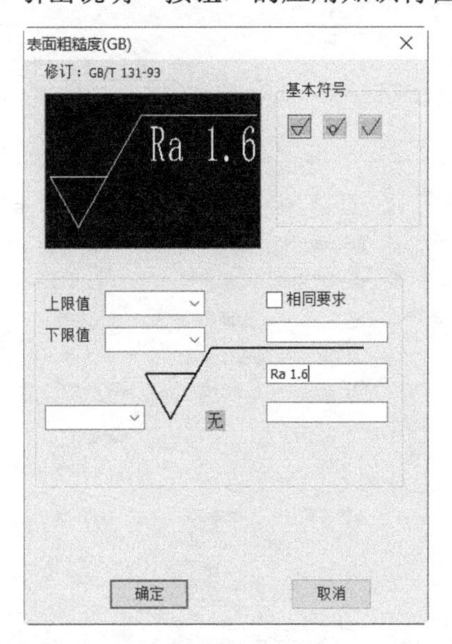

图5-102　“表面粗糙度（GB）”对话框

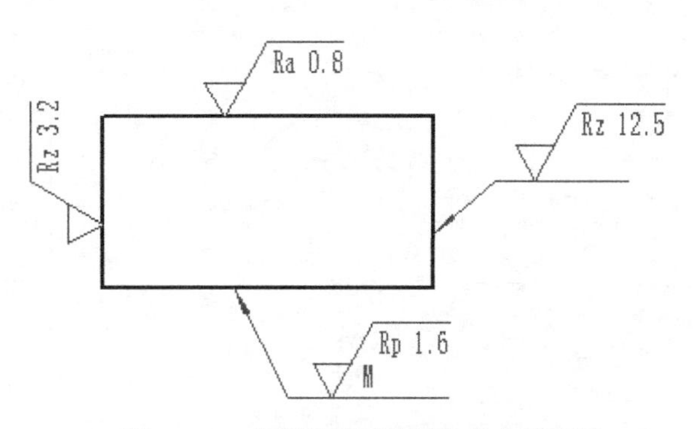

图5-103　表面结构要求标注的典型示例

5.3.5　焊接符号标注

机械工程图中会碰到一些焊接标注。焊接标注的示例如图5-104所示。

进行焊接符号标注的一般方法和步骤如下。

（1）在功能区“标注”选项卡的“符号”面板中单击“焊接符号”按钮，打开如图5-105所示的“焊接符号”对话框。

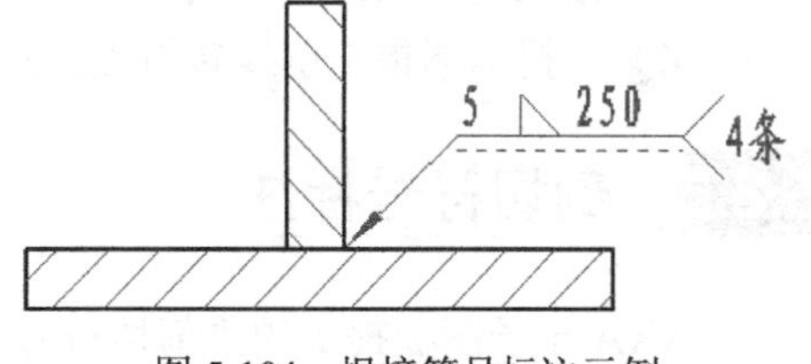

图5-104　焊接符号标注示例

知识点拨：“焊接符号”对话框主要组成部分的功能含义如下。

☑ 预览框：位于对话框左上角，用于预览焊接符号的设置效果。

☑ 单行参数示意框：位于对话框右上部位，用来形象地示意焊接符号的组成参数。

☑ “基本符号”：在该选项组中列出了一系列符号选择按钮，以供用户选择。

☑ “辅助符号”“补充符号”“特殊符号”：同样列出了一系列相应符号，以供用户选择。

☑ “符号位置”：用来控制当前单行参数是对应基准线以上的部分还是以下的部分。系统通过此手段控制单行参数。

☑ “左尺寸”“上尺寸”“右尺寸”“焊接说明”：用来输入和编辑各参数。

☑ “虚线位置”：用来设置基准虚线与实线的相对位置，如选择“上”“下”或“无”。

☑ “交错焊缝”：在该选项组的“间距”文本框中设置交错焊缝的间距参数值。

☑ “清除行”：单击此按钮，将当前的单行参数清零。

（2）在“焊接符号”对话框中设置所需的选项及参数，可以在对话框的预览框中预览设置的焊接符号标注效果，如图 5-106 所示，满意后单击“确定”按钮。

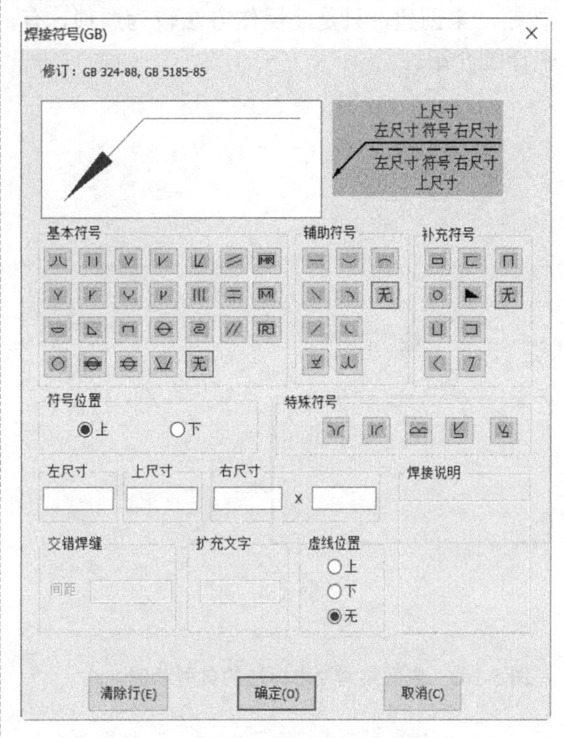

图 5-105　“焊接符号”对话框

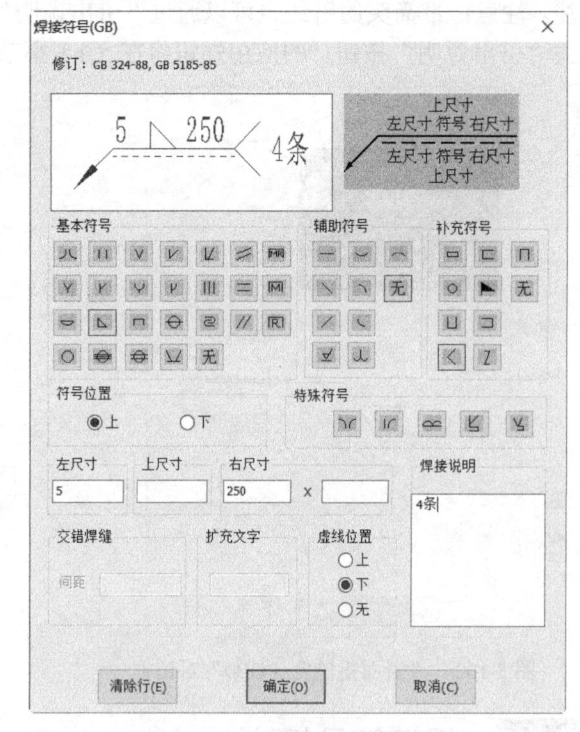

图 5-106　设置所需的焊接符号

（3）拾取定位点或直线或圆弧。拾取的第一点作为引线起点。

（4）在提示下指定引线转折点，最后拖曳确定定位点，从而完成焊接符号的标注。

5.3.6　剖切符号标注

CAXA 电子图板提供的“剖切符号”命令/工具用于标注剖面的剖切位置。

（1）在功能区“标注”选项卡的“符号”面板中单击“剖切符号”按钮，出现的立即菜单如图 5-107 所示。

图 5-107　用于剖切符号标注的立即菜单

（2）在该立即菜单中，从“1.”中可以选择“垂直导航”或“不垂直导航”，在“2.”中选择“自动放置剖切符号名”或“手动放置剖切符号名”。

（3）在“画剖切轨迹（画线）:”提示下以两点线的方式绘制剖切轨迹线。绘制好所需的剖切轨迹线后，右击以结束画线状态。此时在剖切轨迹线终止处出现两个箭头标识，例如如图 5-108 所示。

（4）拾取所需的方向。可以在两个箭头的一侧单击以确定箭头的方向，或者通过右击以取

消箭头。

（5）此时立即菜单的“1.”变为“剖面名称”（针对“手动放置剖切符号名”时），在“1.”中输入新剖面名称或接受默认的剖面名称。

（6）在“指定剖面名称标注点:”的提示信息下使用鼠标拖曳一个文字框到所需的位置处单击，可继续重复此操作，放置好所需的剖面名称后右击，如此操作以完成剖切符号的标注，结果如图 5-109 所示。

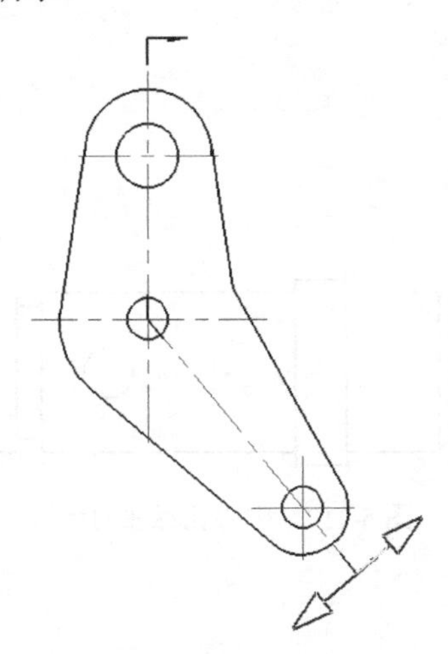

图 5-108　出现两个箭头标识

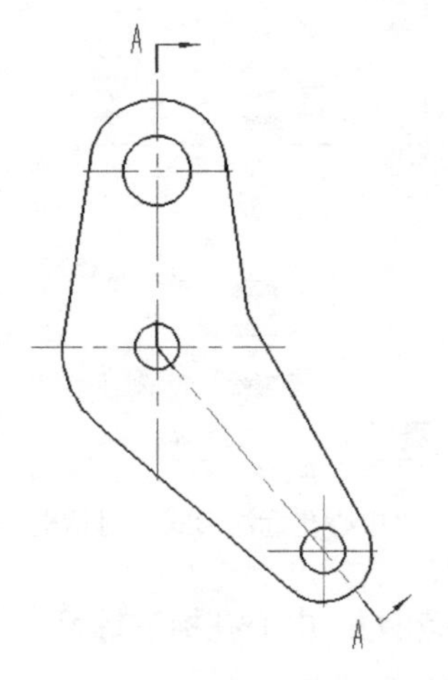

图 5-109　完成剖切符号标注图例

【课堂范例】：剖切符号标注练习

在随书附赠资源的 CH5 文件夹中提供了上述图例的原始文件“BC_剖切符号标注练习.exb”，读者可以打开该文件进行剖切符号标注的练习。

5.3.7　中心孔标注

中心孔标注的一般方法及步骤如下。

（1）在功能区“标注”选项卡的“符号”面板中单击“中心孔标注”按钮，打开如图 5-110 所示的立即菜单。

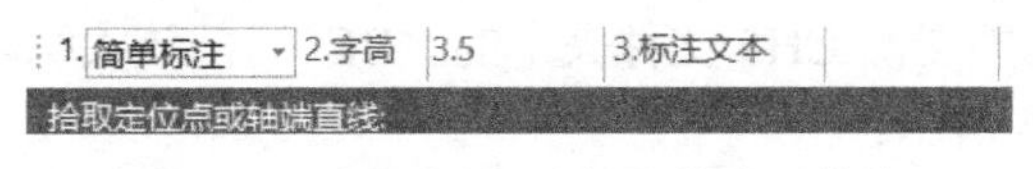

图 5-110　用于中心孔标注的立即菜单

（2）在立即菜单的“1.”中提供了两种中心孔标注方式，即“简单标注”和“标准标注”。

当采用“简单标注”时，可以在立即菜单的“2.字高”文本框中设置字高，在“3.标注文本”文本框中注写标注文本。

当切换为“标准标注”时，系统弹出如图 5-111 所示的“中心孔标注形式”对话框。在该对话框中单击 3 种形式按钮之一，系统在对话框中会给出所选形式按钮的含义说明。接着在“文本风格”下拉列表框中选择所需要的一种风格选项，并在“文字字高”微调框中设置合适的字高，在“标注文本”文本框中可以输入单行的标注文本，如果需要可以在第 2 个文本框中输入下行的标注文本。在“中心孔标注形式”对话框中定制好标注形式后，单击“确定”按钮。

（3）拾取引出定位点或轴端直线等来完成中心孔标注。

例如，对于“零件上要求保留中心孔”形式而言，如果是拾取定位点，则需要输入角度（-360,360）或由屏幕上确定来完成一处中心孔标注。如果是拾取轴端直线，接着使用鼠标光标拖曳的方式确定标注位置，从而完成一处中心孔标注。

中心孔标注的示例如图 5-112 所示。

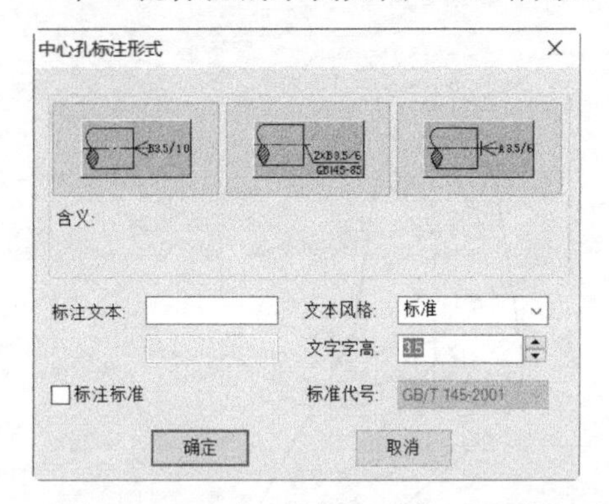

图 5-111　“中心孔标注形式”对话框

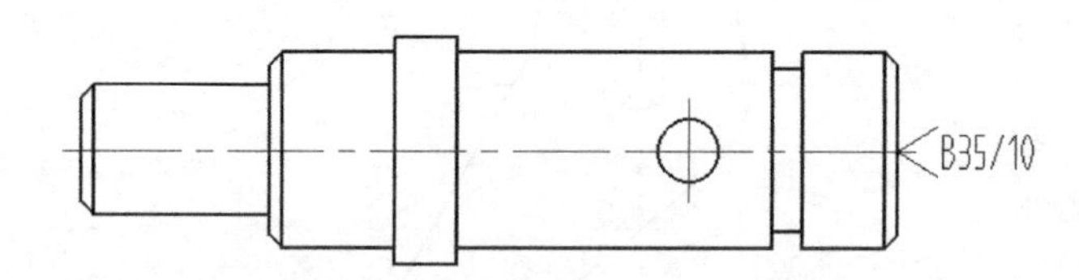

图 5-112　中心孔标注的示例

【课堂范例】：中心孔标注练习

在随书附赠资源的 CH5 文件夹中提供了上述示例的原始文件“BC_中心孔标注练习.exb”，读者可以打开该文件进行中心线标注的练习。

5.3.8 局部放大图

“局部放大”是指用一个圆形窗口或矩形窗口将图形的任意一个局部图形进行放大，对放大后的视图进行标注的尺寸数值与原图形保持一致。在如图 5-113 所示的机械图样中创建有局部放大图。在前面的章节中曾介绍了“局部放大”功能的操作方法，在这里考虑到局部放大图与工程标注方面的联系，特介绍一个创建局部放大图的实战范例，也可以复习“局部放大”命令。

创建局部放大图的典型实战范例如下。

（1）打开位于随书附赠资源 CH5 文件夹中的“BC_局部放大练习.exb”文件，该文件中存在着的螺栓视图如图 5-114 所示。

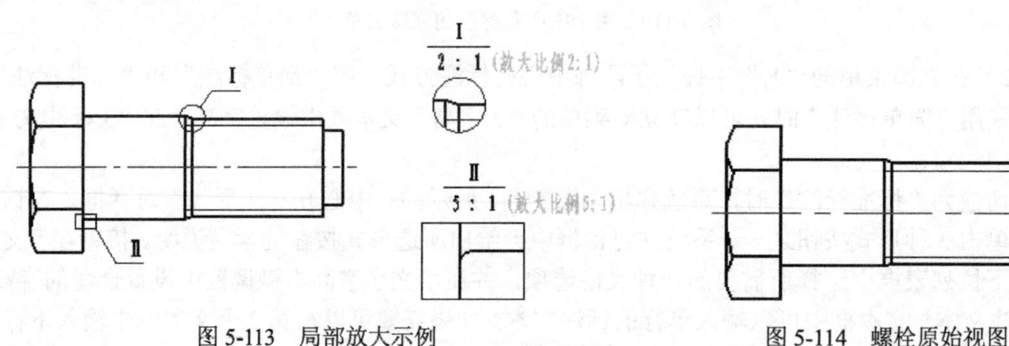

图 5-113　局部放大示例　　　　图 5-114　螺栓原始视图

（2）在功能区“常用”选项卡的“绘图”面板中单击“局部放大”按钮。

（3）在立即菜单中设置如图 5-115 所示的选项及参数值，即在“1.”中选择“圆形边界”，在“2.”中选择“加引线”，在“3.放大倍数”文本框中将放大倍数定为“2”，在“4.符号”文本框中将局部视图符号更改为“I”。

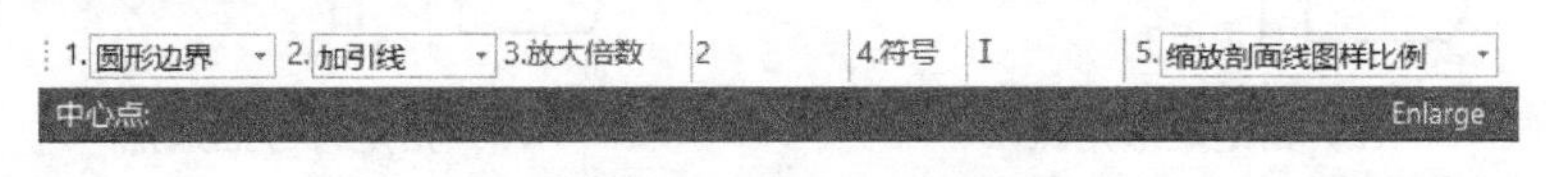

图 5-115　在立即菜单中的设置 1

（4）在主视图中指定局部放大图形的中心点，接着指定圆上一点或半径，如图 5-116 所示。

（5）移动光标确定符号插入点，如图 5-117 所示。

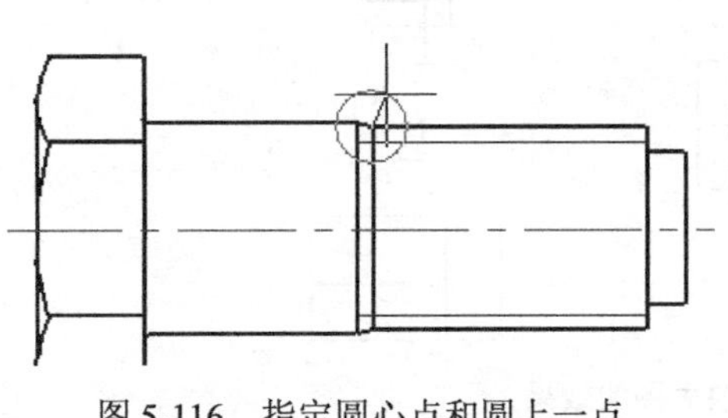

图 5-116　指定圆心点和圆上一点

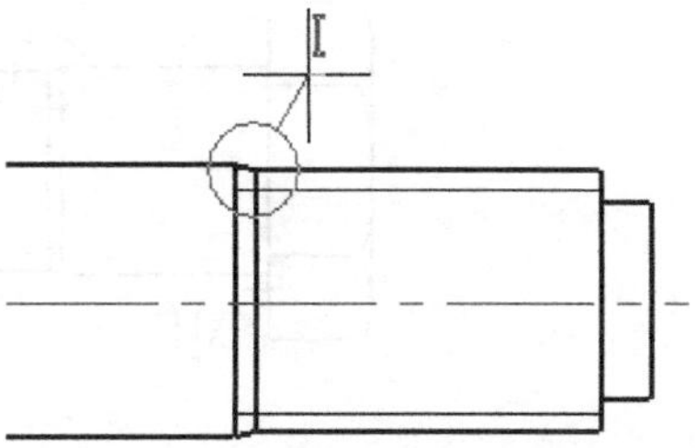

图 5-117　确定符号插入点

（6）系统出现“实体插入点:”的提示信息，移动光标，则可以看到已放大的局部放大图形（预览）随着光标动态显示。在屏幕上合适的位置处单击以指定实体输入点，并在提示下输入角度为 0，从而生成局部放大图形，如图 5-118 所示。

（7）指定符号插入点。在该局部放大图的上方放置符号文字，效果如图 5-119 所示。

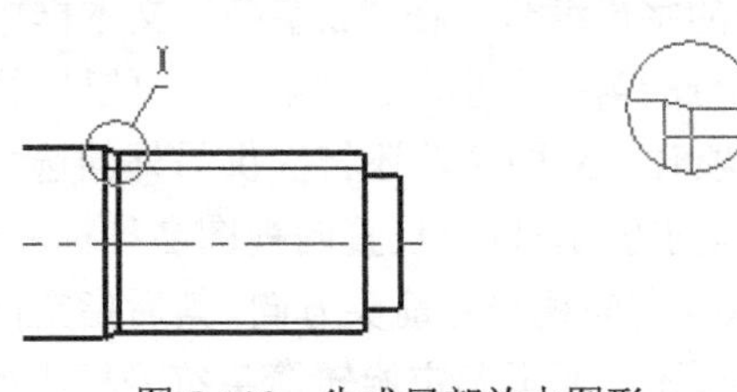

图 5-118　生成局部放大图形

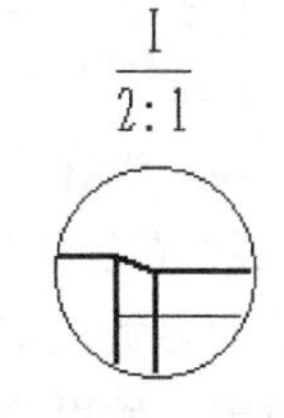

图 5-119　指定符号插入点

（8）在功能区“常用”选项卡的“绘图”面板中单击“局部放大”按钮。

（9）在立即菜单中设置如图 5-120 所示的选项及参数值。

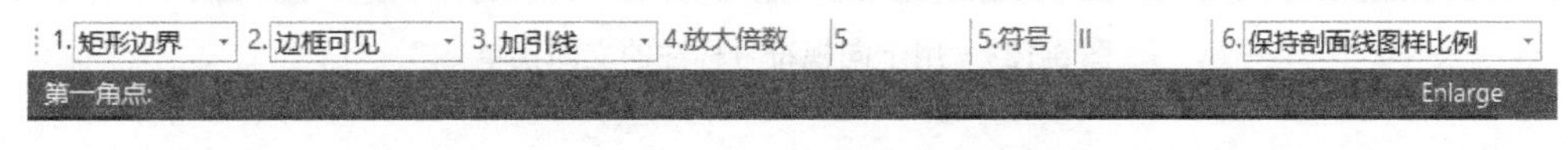

图 5-120　在立即菜单中的设置 2

（10）按系统提示在主视图中指定一个矩形的两个角点，如图 5-121（a）所示，位于所选两角点所确定矩形中的图形便是要局部放大的图形。

（11）指定符号插入点，效果如图 5-121（b）所示。

（12）指定实体插入点和输入角度为 0，然后指定符号插入点，完成的效果如图 5-122 所示。

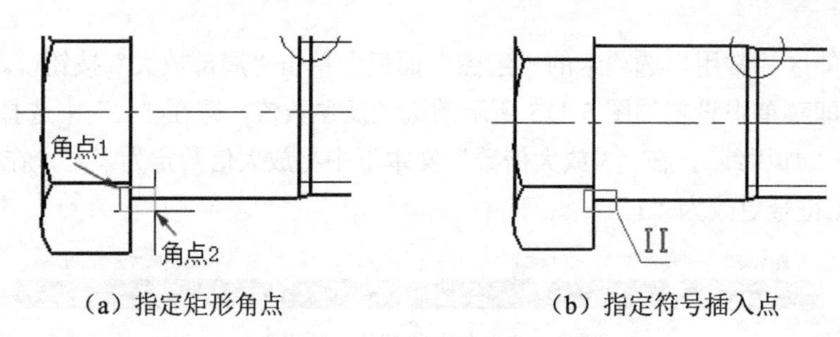

（a）指定矩形角点　　（b）指定符号插入点

图 5-121　创建第 2 个局部放大图的部分操作

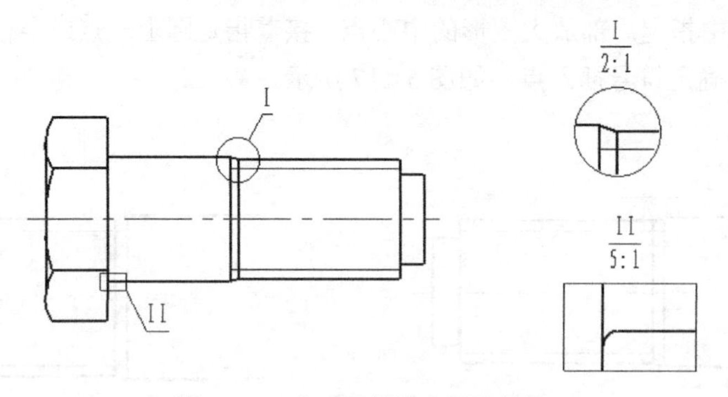

图 5-122　完成局部放大图的效果

5.3.9 向视符号标注

在工程图设计中，有时需要标注向视图，例如标注向视符号。向视符号的标注较为简单，即在功能区“标注”选项卡的“符号”面板中单击“向视符号”按钮，打开如图 5-123 所示的立即菜单，在“1.标注文本”文本框中确定向视图的字母编号，在“2.字高”文本框中确定向视符号字高，在“3.箭头大小”文本框中设置向视符号的箭头大小，在“4.”中可以选择“不旋转”或“旋转”选项。当在“4.”中选择“旋转”选项时，立即菜单还将提供另外的选项，即可以选择“左旋转”或“右旋转”来确定旋转箭头标志指向方向，以及设置向视图名称标注的旋转角度。确定立即菜单的参数后即可在绘图区拾取两点以确定向视符号箭头方向，其后指定向视符号字母编号的插入位置。如果选择了“旋转”选项，那么还需要再确定旋转箭头符号标志的位置。最后确定向视图名称的位置。

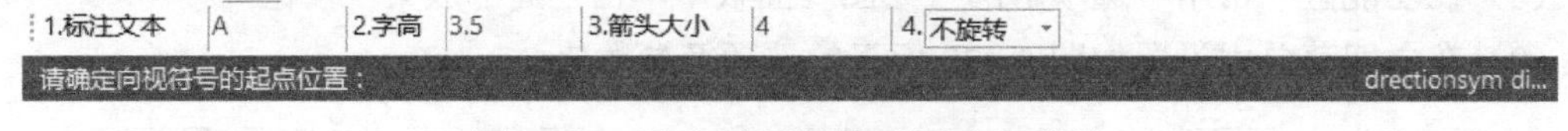

图 5-123　用于向视符号标注的立即菜单

5.4 文字类标注

在机械图样中，一般的说明信息、技术要求文本可以通过单击功能区“标注”选项卡的“文字”面板中的“文字”按钮A来注写。在注写文本之前首先需要准备好所需的文字风格。在功能区切换至“工具”选项卡，接着从“选项”面板的样式管理功能列表中单击“文字样式”按钮，

弹出如图 5-124 所示的“文字风格设置”对话框，利用该对话框创建新的文本风格、编辑选定的文本风格等。

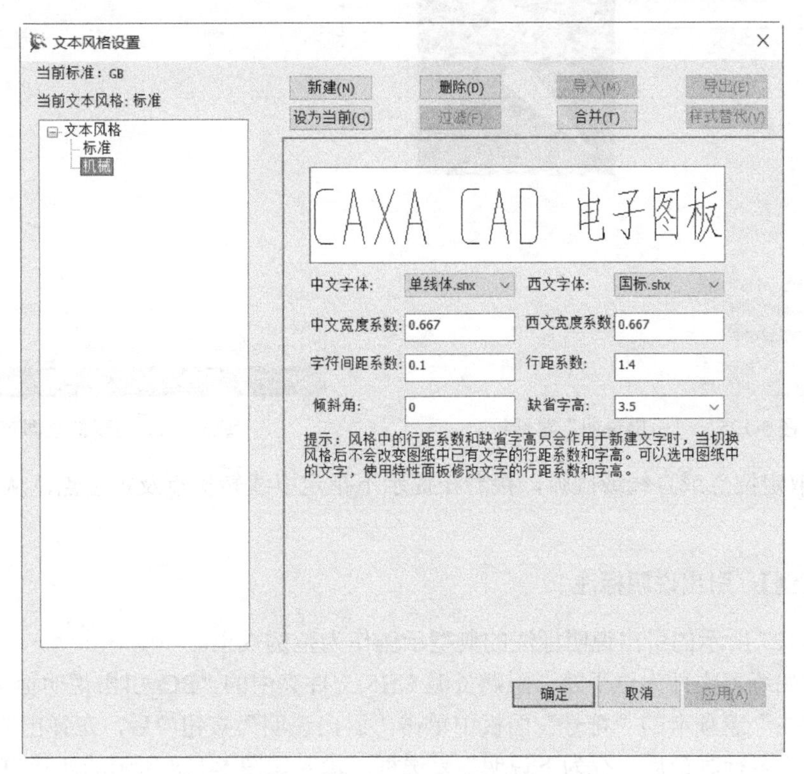

图 5-124　“文字风格设置”对话框

下面主要介绍引出说明、技术要求和文字查找替换的实用知识。

5.4.1　引出说明

本节主要介绍“引出说明”功能的应用。“引出说明”用于标注引出注释，它是由文字和引出线来组成的，引出点处既可以带箭头也可以不带箭头，引出的文字可以是中文或西文。

使用“引出说明”功能进行注释的典型方法和步骤如下。

（1）在功能区“标注”选项卡的“符号”面板中单击“引出说明”按钮，打开如图 5-125 所示的“引出说明”对话框。

（2）在“引出说明”对话框中设置“引出说明拥有下划线”“多行时最后一行为下说明”“保存本次设置的数据”复选框的状态，并根据设计要求输入第一行的说明文字，必要时输入第二行说明文字或更多行的说明文字。在输入说明文字的过程中，如果需要插入某些特殊符号，那么可以从对话框的“插入”下拉列表框中选择。

（3）完成输入所需行的说明文本后，单击“确定”按钮。

（4）出现的立即菜单如图 5-126 所示。在“1.”中可以选择“文字缺省方向”或“文字反向”；在“2.”中可以选择“智能结束”或“取消智能结束”选项，当选择“智能结束”时，还可以设置是否有基线。

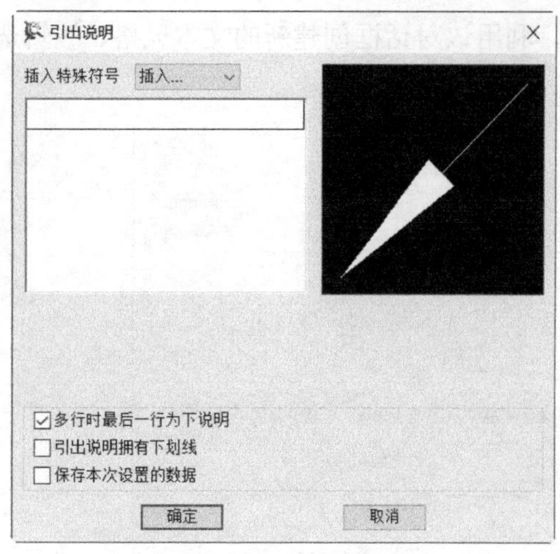

图 5-125 “引出说明”对话框

图 5-126 出现的立即菜单

（5）拾取定位点或直线或圆弧，接着在提示下指定引线转折点及定位点，从而完成引出说明标注。

【课堂范例】：引出说明标注

以如图 5-127 所示的引出说明标注的典型示例作为范例效果。

该范例原始练习文件为位于随书附赠资源 CH5 文件夹中的“BC_引出说明标注练习”文件，在功能区“标注”选项卡的“符号”面板中单击“引出说明”按钮后，在弹出的“引出说明”对话框中选中“多行时最后一行为下说明”复选框，输入如图 5-128 所示的两行说明内容（为了便于描述，表示深度的符号“↧”在图中暂时用“深”字表示，实际上，在该“深”字的位置处将用“↧”替换），其中的引出说明文本“3xM6-7H ↧10”中的第二个符号“×”可以从如图 5-129 所示的“插入特殊符号”下拉列表框中选择，其输入格式为“%x”。

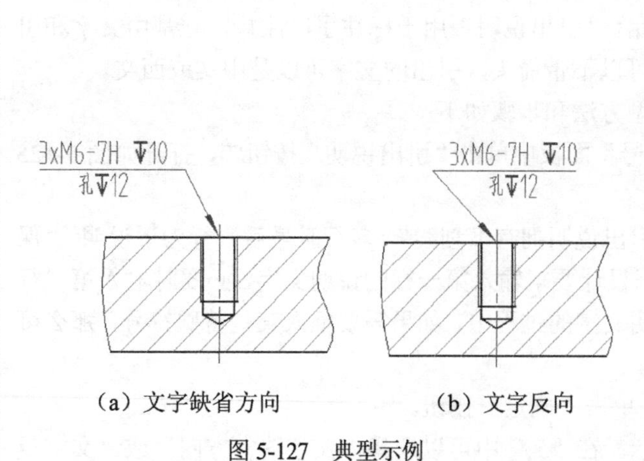

（a）文字缺省方向　　（b）文字反向

图 5-127 典型示例

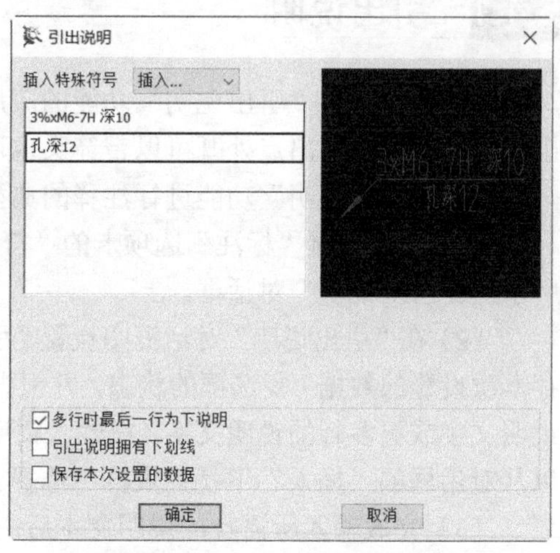

图 5-128 输入上说明和下说明

在上说明（第一行说明）和下说明（第二行说明）中，可使用“↧”符号来表示特定孔深，如图 5-130 所示。要输入“↧”符号，则将光标置于说明中要插入的位置处（也即“深”字所在

的位置处)，在“插入特殊符号”下拉列表框中选择“尺寸特殊符号”选项，打开“尺寸特殊符号”对话框，如图 5-131 所示，接着选择⊡符号，单击“确定”按钮即可。

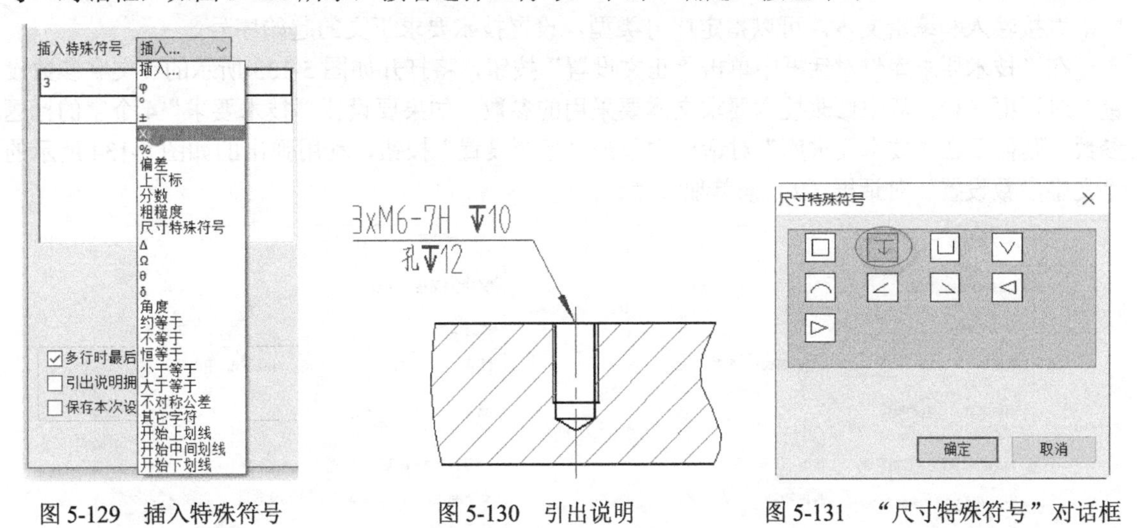

图 5-129　插入特殊符号　　图 5-130　引出说明　　图 5-131　“尺寸特殊符号”对话框

设置好引出说明文本后，在“引出说明”对话框中单击“确定”按钮，接着在立即菜单中设置文字方向等，然后分别指定第一点、引线转折点和定位点来完成引出说明标注。

5.4.2 技术要求

在 CAXA 电子图板中，可以快速生成工程的技术要求说明文字。

在功能区“标注”选项卡的“文字”面板中单击“技术要求”按钮，系统弹出如图 5-132 所示的“技术要求库”对话框。

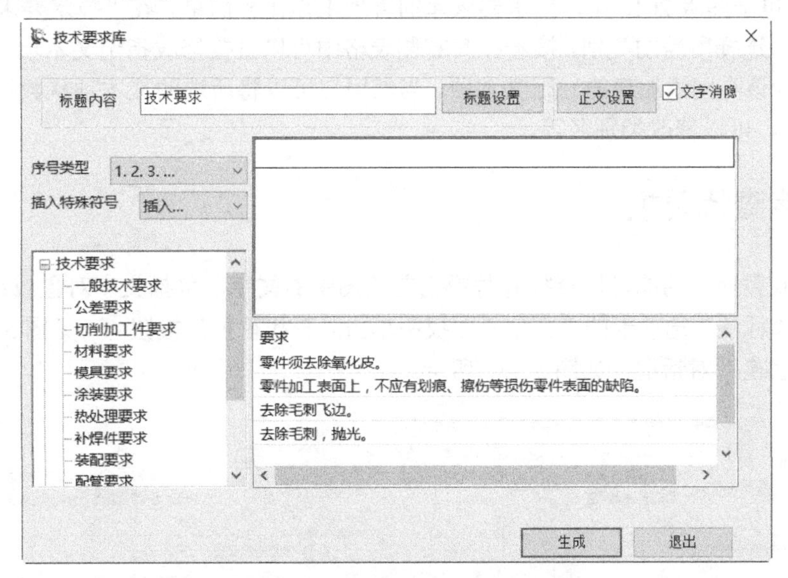

图 5-132　“技术要求库”对话框

在“技术要求库”对话框左下角的列表框中列出了全部已有的技术要求类别，选择某一个技术要求类别时，在右侧的表格中会列出所选类别的所有文本项。如果有要用到的文本项，那么可以使用鼠标双击它，将它写入位于表格上面的编辑文本框中的合适位置。用户也可以在编辑文本框中直接输入和编辑文本。可以指定序号类型，设置技术要求正文的起始序号。

在“技术要求库”对话框中单击“正文设置”按钮，将打开如图 5-133 所示的“文字参数设置”对话框（1），从中修改技术要求文本要采用的参数。如果要设置“技术要求”4 个字的标题参数，则需要在“技术要求库”对话框中单击“标题设置”按钮，利用弹出的如图 5-134 所示的“文字参数设置”对话框（2）来单独设置。

图 5-133 “文字参数设置”对话框（1）

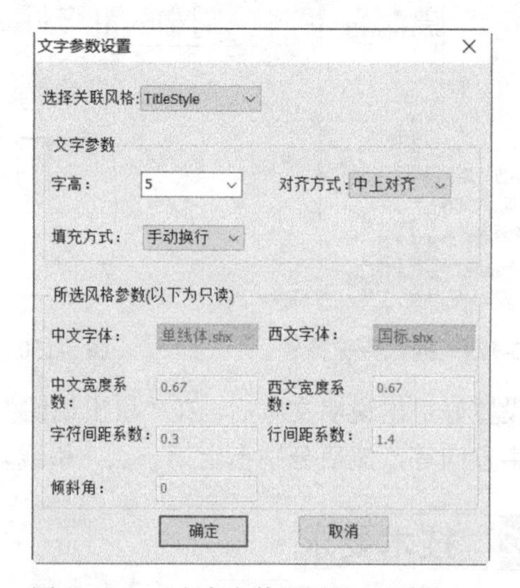

图 5-134 “文字参数设置”对话框（2）

在“技术要求库”对话框中编辑好标题内容和技术要求文本后，单击“生成”按钮，然后在绘图区指定两个角点，系统便在这个区域内自动生成技术要求。

在 CAXA 电子图版 2018 中，技术要求库的管理工作比较简单。在“技术要求库”对话框左下角的列表框中选择所需的类别，接着在其右侧表格中可以直接修改指定文本项。激活表格中的新行，则可以为该类别添加新的一行文本项。当然用户可以将所选的文本项从数据库中删除（删除操作要慎重），可以修改类别名等。

5.4.3 文字查找替换

“文字查找替换”功能可以查找并替换当前绘图中的文字，包括文字对象或尺寸中的文字。

在功能区“标注”选项卡的“文字”面板中单击“查找替换”按钮（见图 5-135），系统弹出“文字查找替换”对话框，如图 5-136 所示。

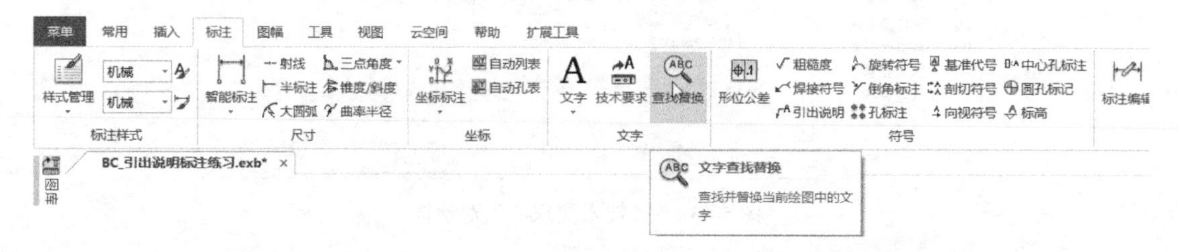

图 5-135 在功能区“标注”选项卡的“文字”面板中单击所需按钮

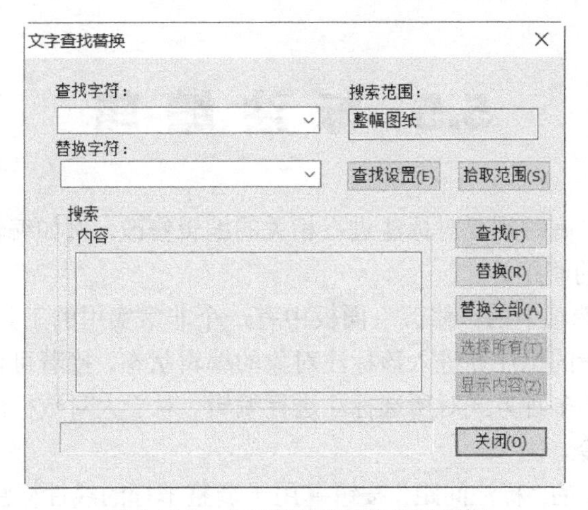

图 5-136　“文字查找替换”对话框

下面介绍“文字查找替换”对话框中各主要项的功能含义。

☑　“查找字符”：在该文本框中输入需要查找或者待替换的字符。

☑　“替换字符”：在该文本框中输入替换后的字符。

☑　“搜索范围”：默认搜索范围为整幅图纸，用户可以通过单击“拾取范围”按钮来更改搜索范围。

☑　“查找设置”：单击“查找设置”按钮，系统会弹出如图 5-137 所示的“查找设置”对话框，在“文字类型”选项组中利用“文字”“尺寸”“表格”“工程标注”“明细表”复选框来设置文字类型，以及在“搜索选项”选项组中利用“区分大小写”“搜索块”“全字匹配”复选框来对替换内容进行搜索限定，例如选中“全字匹配”复选框时，则查找的内容必须与所输入的字型完全匹配（包括字数、格式等）。注意查找对标题栏、图框等中的字符不起作用。

☑　“搜索”：在“搜索”选项组中单击“查找”按钮，搜索结果显示在“内容”文本框中，如图 5-138 所示。接着可以单击“替换”“替换全部”“显示内容”等按钮进行相应的操作。

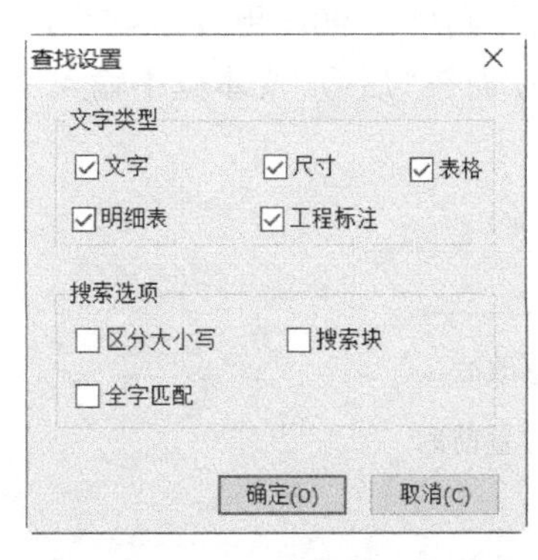

图 5-137　“查找设置”对话框

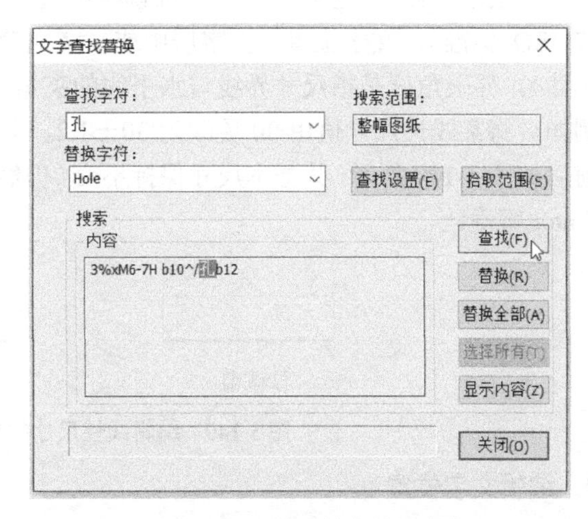

图 5-138　显示搜索结果内容

5.5 标注编辑

在实际设计过程中，有时需要对标注进行相关的编辑修改，例如编辑尺寸、编辑文字、编辑工程符号和设置尺寸间的间距等。

在功能区“标注”选项卡的“修改”面板中有一个非常实用的工具“标注编辑”，调用该工具命令，拾取要编辑的标注并进入该标注对象的编辑状态，接着可以通过立即菜单、尺寸标注属性设置、夹点编辑等多种方式对所选标注进行编辑。对于大对数标注对象而言，双击时将自动调用“标注编辑”命令。

“标注编辑”面板中的“标注间距”按钮用于调整平行的线性标注之间的间距或共享一个公共顶点的角度标注之间的间距；而“清除替代”按钮用于清除选定标注对象的所有替代值；“尺寸驱动”按钮用于拾取要编辑的标注对象，进入对应的编辑状态。

5.5.1 尺寸标注编辑

在功能区“标注”选项卡的“修改”面板中单击“标注编辑”按钮，接着选择要编辑的尺寸标注，系统根据拾取尺寸的不同类型，打开相应的立即菜单。例如选择一个线性尺寸，出现的立即菜单如图 5-139 所示。在该立即菜单的“1.”中可以选择“尺寸线位置”“文字位置”“箭头形状”之一来进行相关内容的修改。

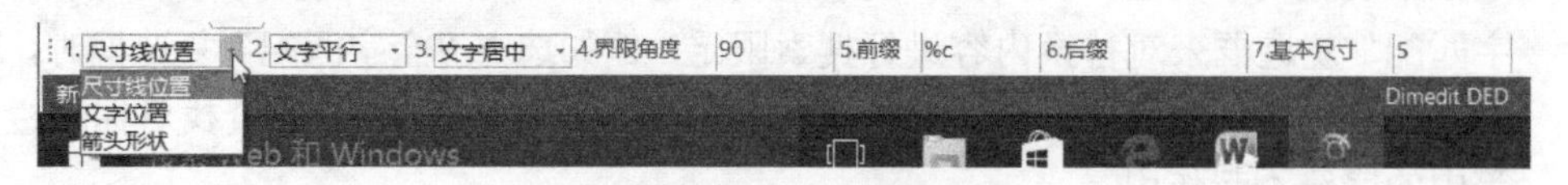

图 5-139 出现的立即菜单

1. 编辑尺寸线位置

在立即菜单“1.”中选择“尺寸线位置”选项，接着可以修改文字的方向（文字平行、文字水平或 ISO 标准）、文字位置（文字居中或文字拖动）、界限角度和尺寸文本（含前缀、后缀和基本尺寸）。界限角度是指尺寸界线与水平线的夹角。

例如，将某线性尺寸值由 30 更改为 30±1.2，并将其界限角度由 90° 更改为 45° ，该尺寸修改前后如图 5-140 所示，其基本尺寸保持不变（仍然为 30），而在“后缀”文本框中输入“%p1.2”并按 Enter 键确认。

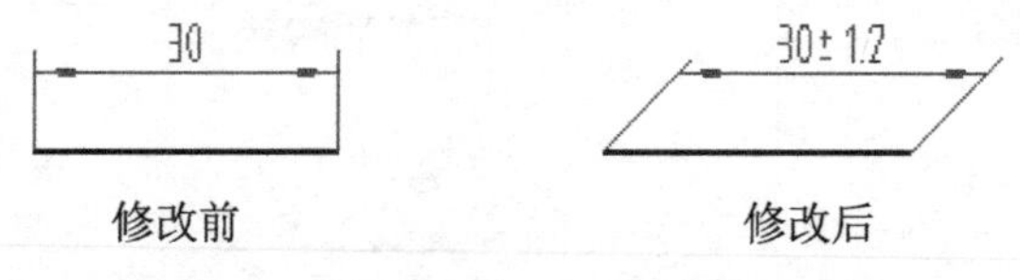

修改前　　修改后

图 5-140 编辑线性尺寸的尺寸线位置前后

2. 编辑文字位置

在立即菜单“1.”中选择“文字位置”选项，此时立即菜单出现的元素如图 5-141 所示。其

中，在该立即菜单的“2.”中可以设置是否加引线。

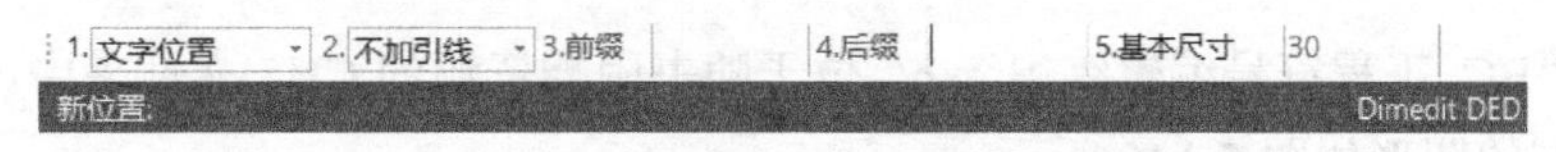

图 5-141 用于编辑标注文字位置的立即菜单

设置好文字位置的相关选项后，指定文字新位置即可。例如在立即菜单中设置“1.”为“文字位置”、“2.”为“加引线”，那么可以有如图 5-142 所示的编辑示例。

3. 编辑箭头形状

在立即菜单“1.”中选择“箭头形状”选项，将弹出如图 5-143 所示的“箭头形状编辑”对话框。利用该对话框可以设置所选标注中的左箭头形状和右箭头形状。箭头形状选项包括“无”“箭头”“斜线”“圆点”“空心箭头”“空心箭头（消隐）”“直角箭头”“建筑标记”“打开”“小点”“实心闭合”“30 度角”“指示原点”“指示原点 2”“空心点”“空心小点”“方框”等。用户应该要了解这些箭头形状。

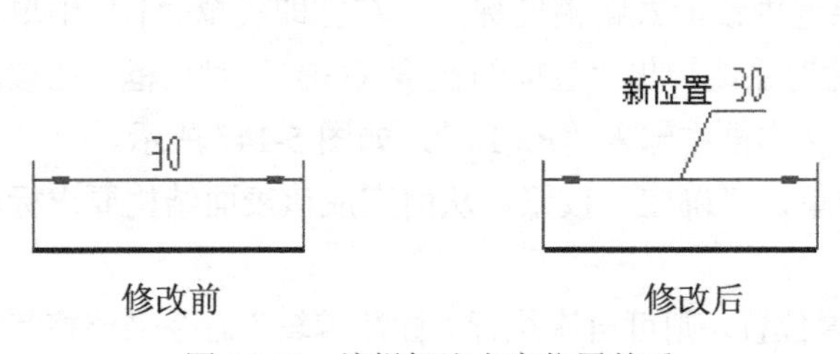

图 5-142 编辑标注文字位置前后

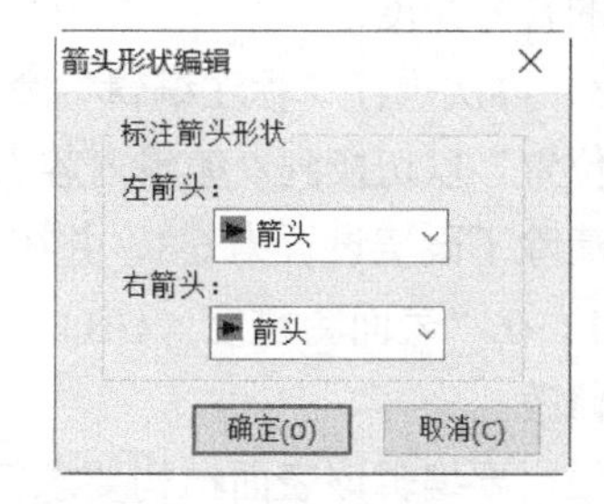

图 5-143 “箭头形状编辑”对话框

在图 5-144（a）中，标注的几个原始尺寸间产生了箭头重叠的混乱现象，此时可以对相关尺寸的箭头进行修改，将其修改为如图 5-144（b）所示的形式。

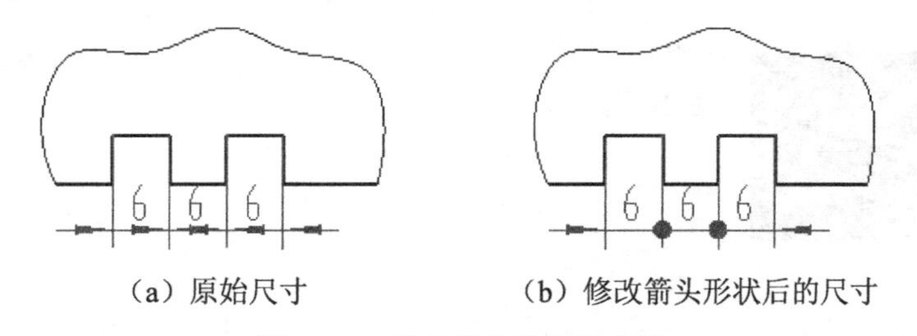

（a）原始尺寸　　（b）修改箭头形状后的尺寸

图 5-144 修改箭头形状的示例

尺寸标注编辑扩展知识： 在尺寸标注或尺寸编辑中，在相应立即菜单的“前缀”或“后缀”等文本框（编辑框）中可以直接输入特殊字符来分别表示直径符号（ϕ）、角度符号（°）、公差符号（±）。直径符号用“%c”表示，角度符号用“%d”表示，公差符号用“%p”表示。

5.5.2 工程符号标注编辑

在 CAXA 电子图板中，可以对基准代号、形位公差、表面结构符号（粗糙度）、焊接符号等这些工程符号类标注进行编辑处理。其一般编辑方法和尺寸标注的编辑方法是一样的。

【课堂范例】：工程符号标注编辑练习

原始文件“BC_工程符号编辑练习.exb”位于随书附赠资源的 CH5 文件夹中。首先打开该文件，文件中存在的图形如图 5-145 所示。

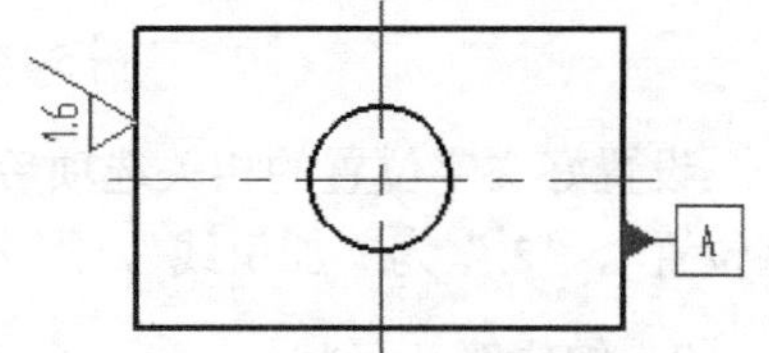

图 5-145　原始图形

1. 编辑粗糙度

（1）在功能区“标注”选项卡的“修改”面板中单击“标注编辑”按钮。

（2）在图形中选择要修改的旧式粗糙度标注，此时打开一个立即菜单。从“1.”中选择“编辑位置”，如图 5-146 所示，此时用户可以通过拖曳光标在指定对象上重新选定标注点位置（可借助按空格键弹出的工具点菜单中的“垂足点”命令来辅助指定标注点位置），以及确定正确的符号角度。

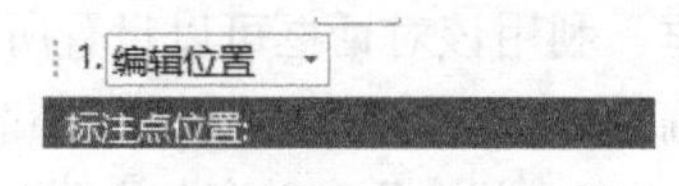

图 5-146　出现的立即菜单

（3）再次执行“标注编辑”命令，确保选中该旧式粗糙度标注，在立即菜单“1.”中单击“编辑位置”以切换到“编辑内容”选项，此时系统弹出“表面粗糙度（GB）”对话框，在该对话框中清除下限值设置为 6.3，并在一个参数文本框中输入“Ra 1.6”，如图 5-147 所示。

（4）在“表面粗糙度（GB）”对话框中单击“确定”按钮，从而完成该表面结构要求标注的编辑修改。

如果需要编辑该表面结构要求符号的放置位置，则可再次执行“标注编辑”命令来调整其标注点位置。

修改后的表面结构要求符号结果如图 5-148 所示。

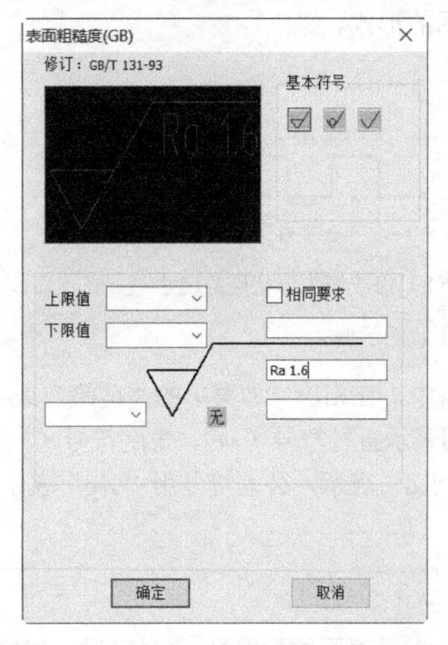

图 5-147　“表面粗糙度（GB）”对话框

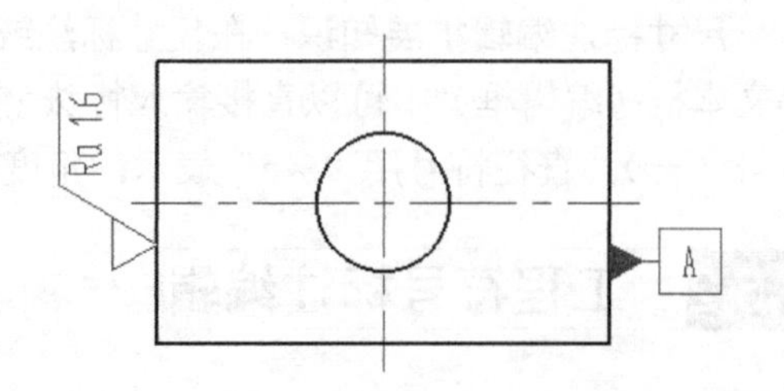

图 5-148　修改表面结构标注

2. 编辑基准代号

（1）在功能区“标注”选项卡的“修改”面板中单击“标注编辑”按钮。

（2）在图形中选择要修改的基准代号，系统出现如图 5-149（a）所示的立即菜单。

（3）在立即菜单“1.基准名称”文本框中输入新的基准代号为 B，如图 5-149（b）所示，按 Enter 键确认。

（4）指定新的标注点位置。结果如图 5-150 所示。

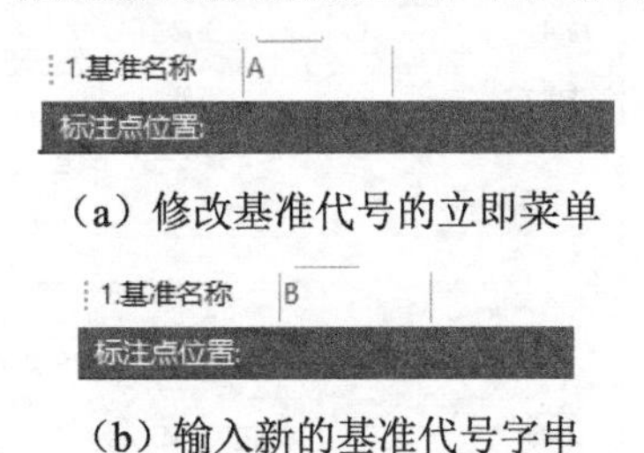

（a）修改基准代号的立即菜单

（b）输入新的基准代号字串

图 5-149　编辑基准代号时的立即菜单

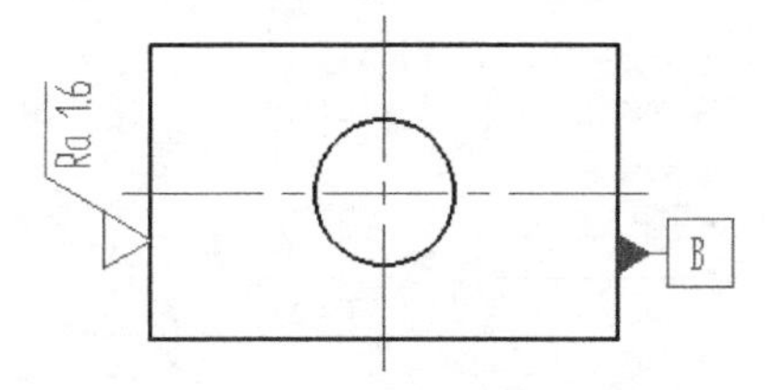

图 5-150　编辑基准代号标注点位置

5.5.3　文字标注编辑

文字标注编辑的基本操作和上述尺寸标注编辑、工程符号标注是相似的，都可以执行同一个“标注编辑”工具命令。

请看以下关于文字标注编辑的一个简单例子。

（1）在功能区“标注”选项卡的“修改”面板中单击“标注编辑”按钮。

（2）选择要编辑的文字标注，此时弹出“文本编辑器”对话框和在位文字输入框。利用该对话框和在位文字输入框，对文字内容、文字风格、文字参数等进行编辑修改，如图 5-151 所示。

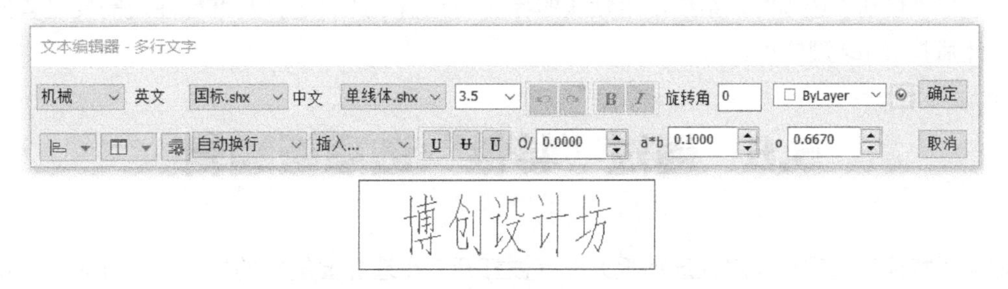

图 5-151　“文本编辑器”对话框

（3）在“文本编辑器”对话框中单击“确定”按钮，系统重新生成对象的文字。

5.5.4　双击编辑

在 CAXA 电子图板 2018 中提供了便捷的标注双击编辑功能。双击标注时，大致可以分为 3 种情况：进入标注编辑、弹出“尺寸标注属性设置”对话框（见图 5-152）和弹出“角度公差”

对话框（如双击由“度”模式生成的角度尺寸或三点角度尺寸时，可弹出“角度公差”对话框）。然后根据相应的情况进行相关的编辑操作即可。

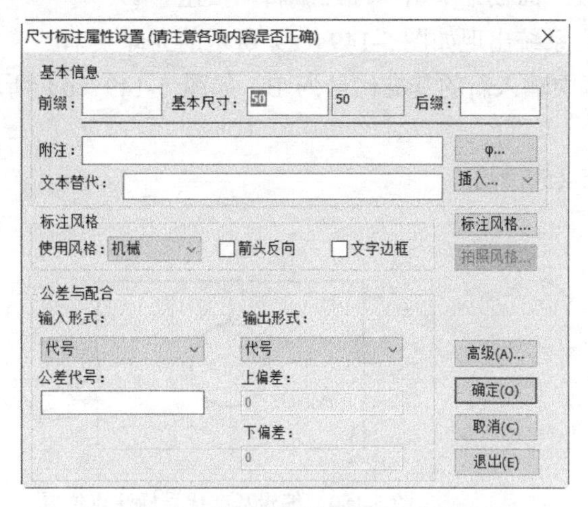

（a）“尺寸标注属性设置”对话框

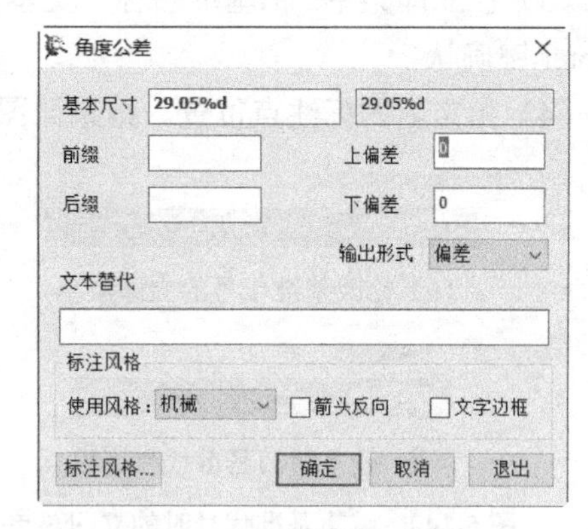

（b）“角度公差”对话框

图 5-152　双击标注时可能弹出的对话框

5.5.5　标注间距

功能区“标注”选项卡的“修改”面板中的“标注间距”按钮是比较实用的，它用于调整平行的线性标注之间的间距或共享一个公共顶点的角度标注之间的间距。单击“标注间距”按钮后，在立即菜单“1.”中可以选择“手动”或“自动”选项。

当选择“手动”选项时，需要在“2.”中设定间距值，接着在绘图区先选择一个尺寸标注作为基准标准，再选择需要设置间距的标注，然后按 Enter 键。

当选择“自动”选项时，系统使用默认的标注间距值，此时选择基准标注及需要设置间距的标注，然后按 Enter 键即可。

5.6　通过“特性”选项板编辑

如果“特性”选项板（属性选项板）没有被打开，在选择要编辑的标注时，可通过右击方式并从其右键快捷菜单中选择“特性”命令，打开“特性”选项板。利用“特性”选项板，可以像修改其他对象一样来修改所选标注对象的属性内容。

例如，选择如图 5-153 所示的线性尺寸，右击，从出现的快捷菜单中选择“特性”命令，打开“特性”选项板，如图 5-154 所示，从中可以修改当前特性（如所在层、当前线型、线型比例、线宽和颜色）、风格信息（风格、标注字高和绘图比例）、直线和箭头、文本（用户输入、文本替代、尺寸前缀、尺寸后缀和附注）等这些内容。

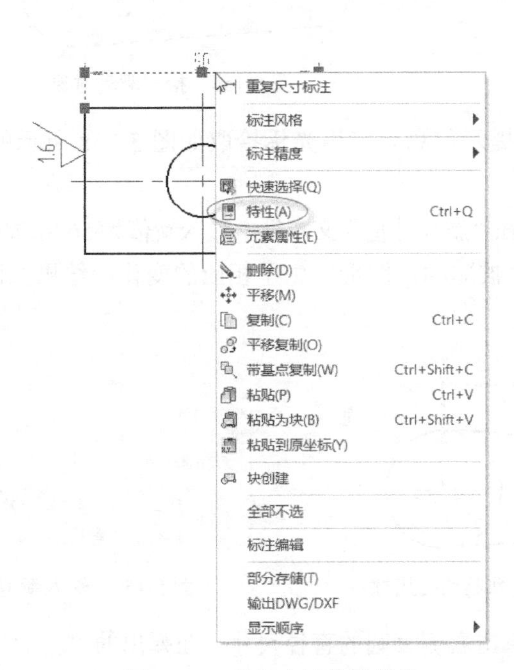

图 5-153　使用右键快捷菜单

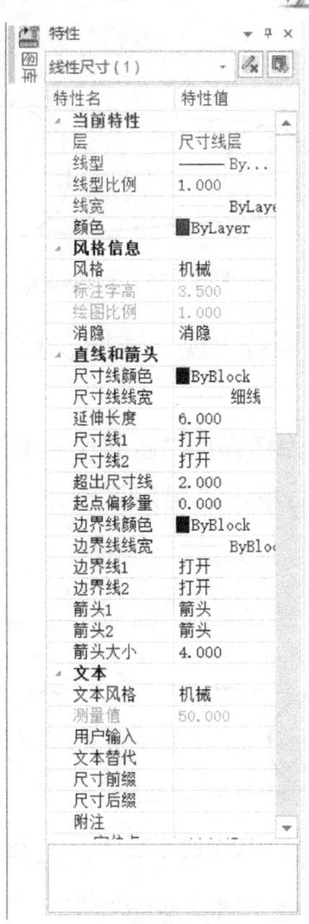

图 5-154　“特性”选项板

5.7 尺 寸 驱 动

“尺寸驱动”属于局部参数化功能，在 CAXA 电子图板用户手册（或帮助文件）中，这样描述尺寸驱动：“用户在选择一部分实体及相关尺寸后，系统将根据尺寸建立实体间的拓扑关系，当用户选择想要改动的尺寸并改变其数值时，相关实体及尺寸也将受到影响发生变化，但元素间的拓扑关系保持不变，如相切、相连等。另外，系统还可自动处理过约束及欠约束的图形。”在功能区“标注”选项卡的“修改”面板中单击“尺寸驱动”按钮，接着拾取要编辑的标注对象，便进入其对应的编辑状态。

下面通过一个实例介绍尺寸驱动的操作方法。该实例的原始文件“BC_驱动尺寸练习.exb”位于随书附赠资源的 CH5 文件夹中，如图 5-155 所示。

（1）在功能区“标注”选项卡的“修改”面板中单击“尺寸驱动”按钮。

（2）依据系统提示选择驱动对象，也就是拾取想要修改的部分，包括图形对象和相应的尺寸。在本例中，使用鼠标拾取如图 5-156 所示的所有图形对象和尺寸，然后右击确认。

（3）系统出现“请给出尺寸关联对象变化的基准点”的提示信息。选择如图 5-157 所示的小圆圆心作为基准点。

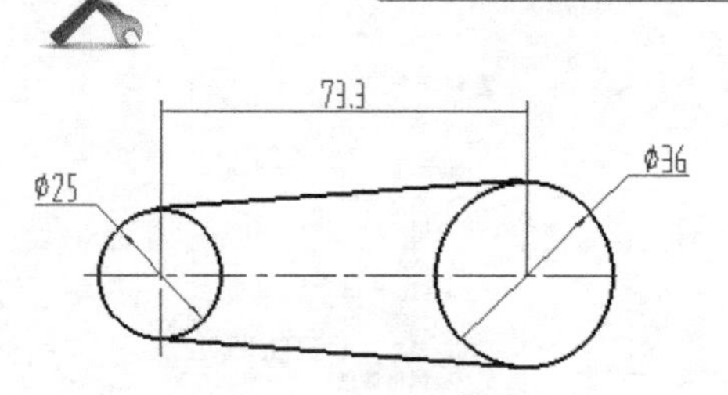

图 5-155　原始图形

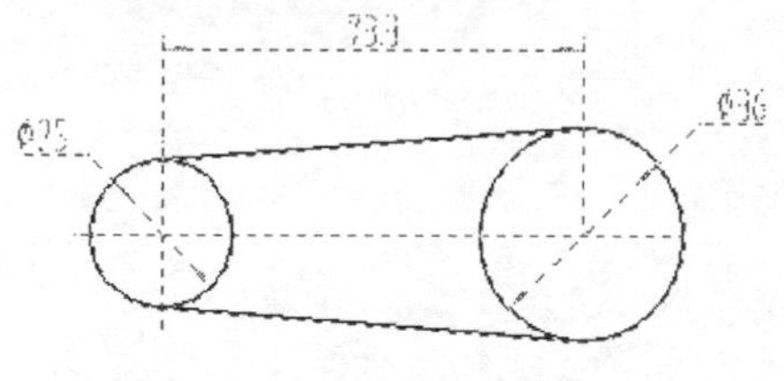

图 5-156　拾取驱动对象

（4）系统出现“请拾取驱动尺寸”的提示信息。使用光标拾取如图 5-158 所示的中心距尺寸。

（5）系统弹出“新的尺寸值”对话框，在“新尺寸值”文本框中输入新值为 56.8，如图 5-159 所示，然后单击“确定”按钮。此时中心距被驱动，图形发生了相应的变化，结果如图 5-160 所示。

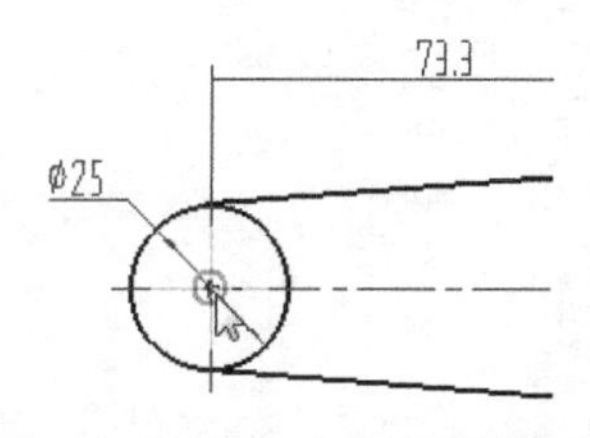

图 5-157　指定图形的基准点

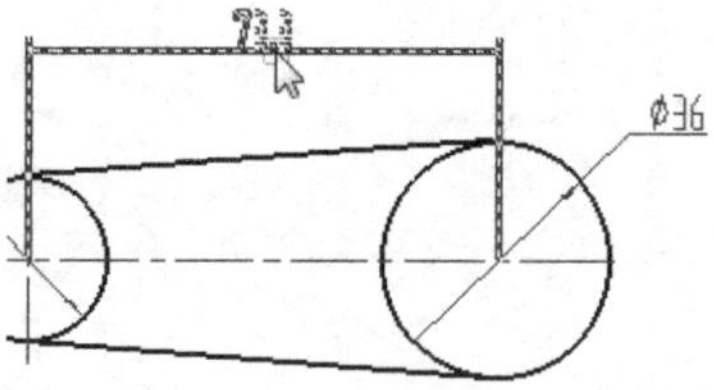

图 5-158　拾取欲驱动的尺寸

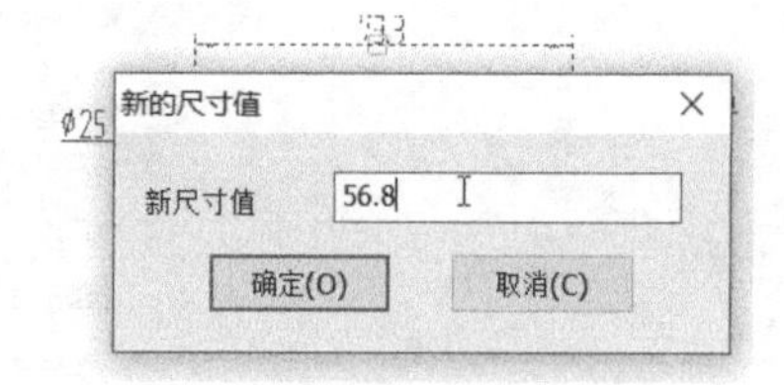

图 5-159　输入新值

（6）在“请拾取驱动尺寸”提示下，单击右侧大圆的直径尺寸，在弹出的“新的尺寸值”对话框的“新尺寸值”文本框中输入新值为 50，如图 5-161 所示，单击“确定”按钮。此时大圆直径被驱动，结果如图 5-162 所示。

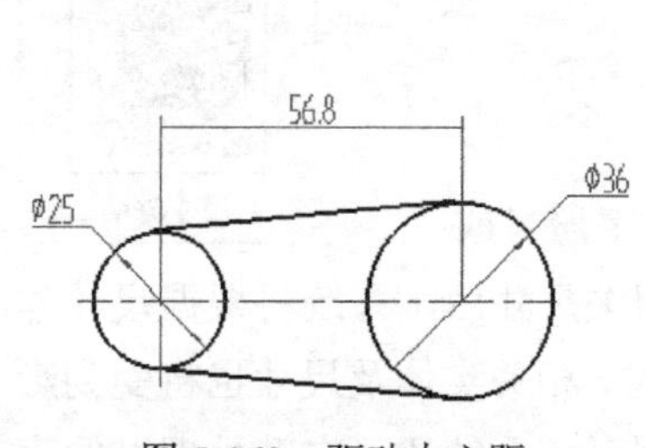

图 5-160　驱动中心距

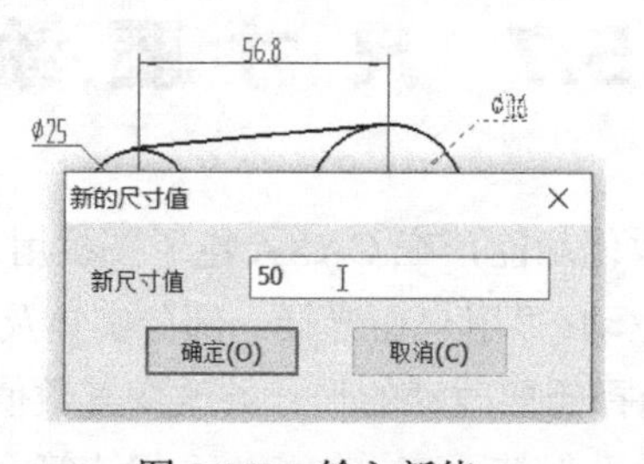

图 5-161　输入新值

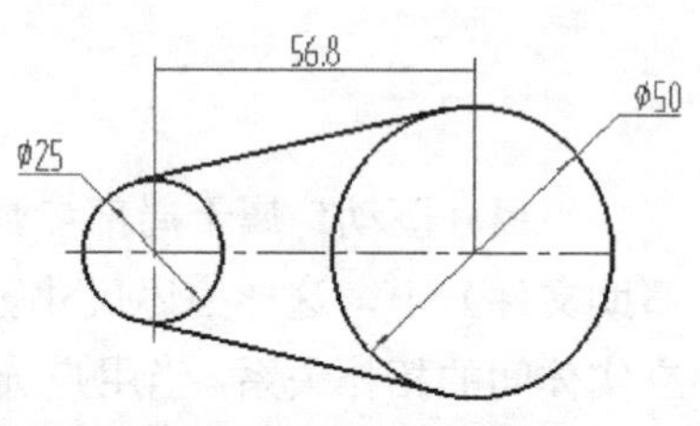

图 5-162　驱动大圆

（7）右击结束尺寸驱动操作。

5.8　标注风格编辑

用户可以对标注风格和文本风格进行编辑。如果要修改选定尺寸的标注风格，可以使用鼠标先选择该尺寸，接着右击，弹出如图 5-163 所示的快捷菜单，在该快捷菜单中选择“标注风格”命令，则展开其子菜单，其中提供了系统已有的“标准”风格命令和“机械”风格命令等。细心的读者一定深有体会，有时巧用右键快捷菜单进行命令启动较为方便。

在功能区“标注”选项卡的“标注样式”面板中提供了相应的工具按钮（见图 5-164）用于控制各种标注样式，包括文字样式、尺寸样式、引线样式、形位公差样式、粗糙度样式、焊接符号样式、基准代号样式和剖切符号样式等。在功能区“工具”选项卡的“选项”面板中也提供了用于控制各种标注样式的工具按钮。

图 5-163　指定尺寸的右键快捷菜单　　图 5-164　用于各种标注样式的工具命令

由于之前对点样式、文字样式和尺寸样式有所介绍，在这里就不再赘述。其他样式的设置方法也是相似的。下面分别对引线样式、形位公差样式、粗糙度样式、焊接符号样式、基准代号样式和剖切符号样式的设置进行简要的介绍。

1. 引线样式

在功能区“标注”选项卡的“标注样式”面板中单击“样式管理”下拉列表中的“引线”按钮，打开如图 5-165 所示的“引线风格设置”对话框，接着在该对话框中为引线设置各项参数。形位公差、粗糙度、基准代号、剖切符号等标注的引线均会引用设置的引线样式。

2. 形位公差样式

在功能区“标注”选项卡的“标注样式”面板中单击“样式管理”下拉列表中的“形位公差”按钮，打开如图 5-166 所示的“形位公差风格设置”对话框，从中设置形位公差的各项参数和管理形位公差样式。

3. 表面结构样式（粗糙度样式）

在功能区“标注”选项卡的“标注样式”面板的“样式管理”下拉列表中单击“粗糙度”按钮，打开如图 5-167 所示的“粗糙度风格设置”对话框，从中设置指定表面结构样式（粗糙度样式）的各项参数，也可以管理各种表面结构样式（粗糙度样式）。

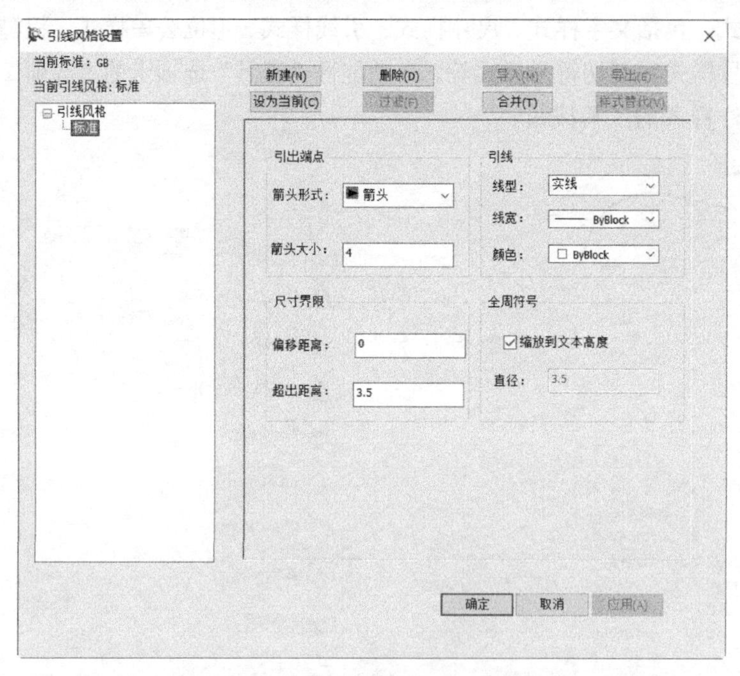

图 5-165 “引线风格设置”对话框

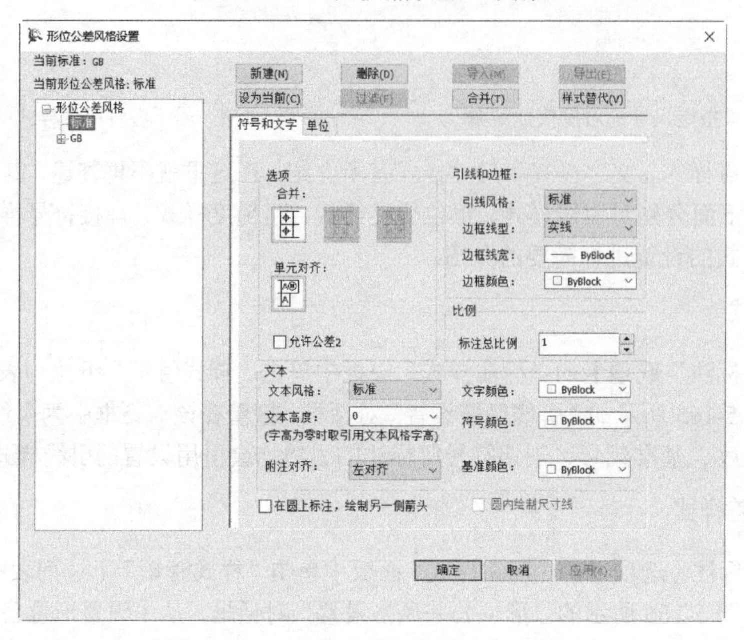

图 5-166 “形位公差风格设置”对话框

4. 焊接符号样式

在功能区“标注”选项卡的“标注样式”面板的“样式管理”下拉列表中单击“焊接符号”按钮，打开如图 5-168 所示的“焊接符号风格设置”对话框。利用该对话框对焊接符号样式进行设置。焊接符号样式的参数包括引用风格、基准线、符号、文字和比例等。

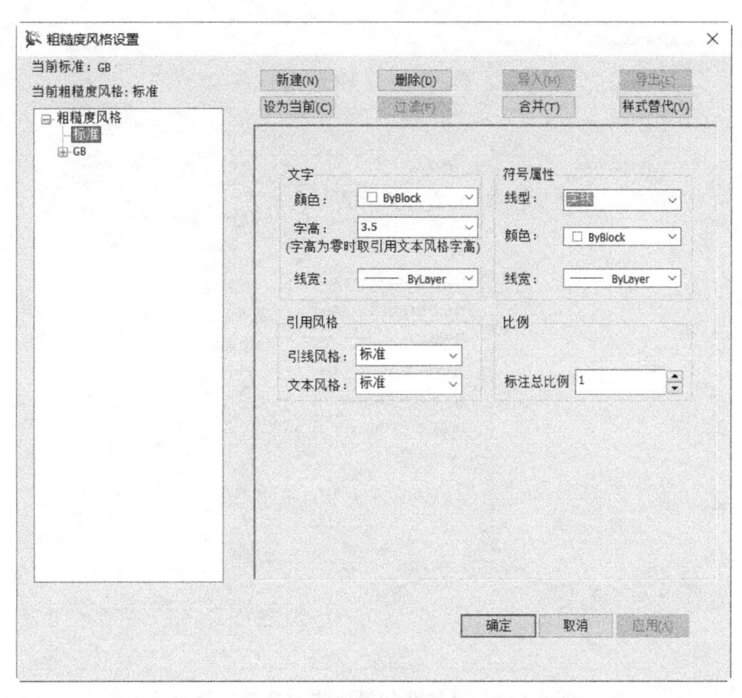

图 5-167 “粗糙度风格设置”对话框

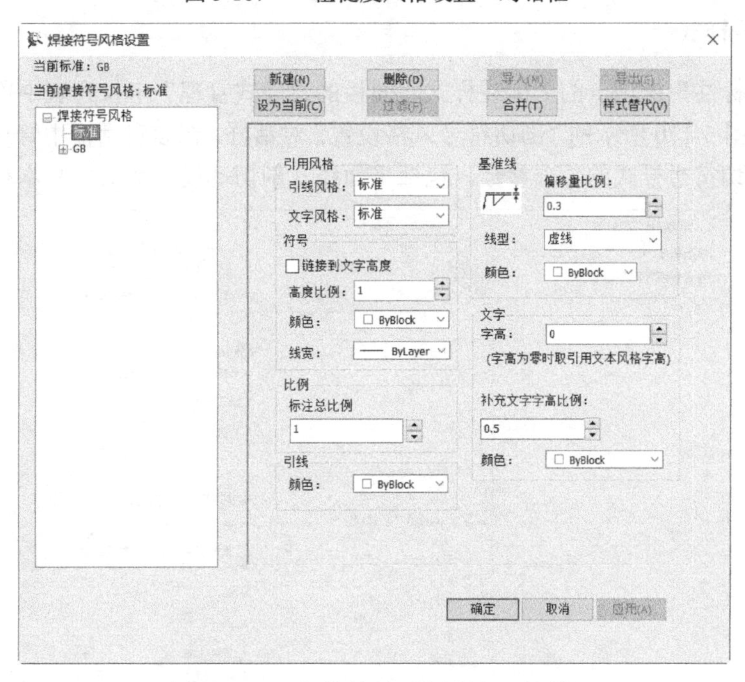

图 5-168 “焊接符号风格设置”对话框

5. 基准代号样式

在功能区“标注”选项卡的“标注样式”面板的“样式管理”下拉列表中单击“基准代号”按钮，打开如图 5-169 所示的“基准代号风格设置”对话框。利用该对话框来设置所需的基准代号样式，具体参数包括符号形式、文本、符号、引用风格和比例等。

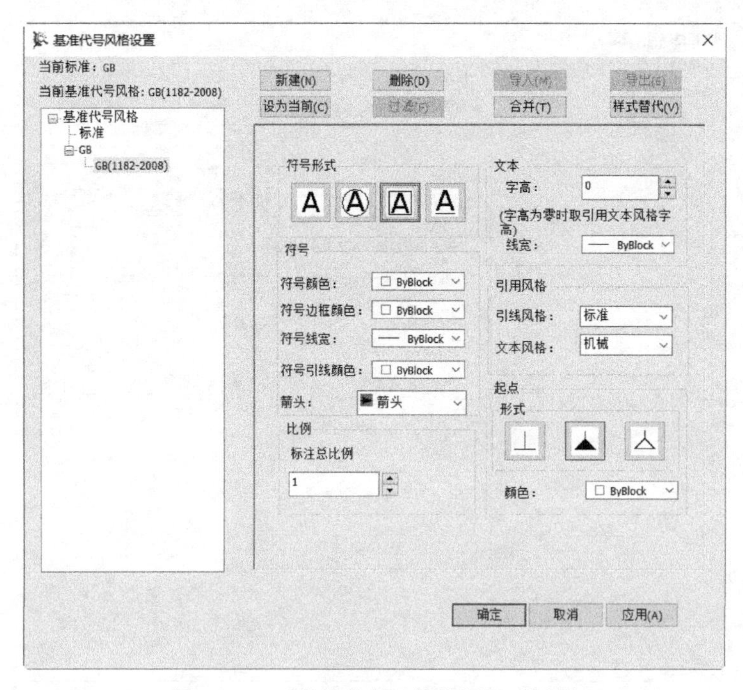

图 5-169 “基准代号风格设置”对话框

6. 剖切符号样式

在功能区“标注”选项卡的“标注样式”面板的“样式管理”下拉列表中单击“剖切符号”按钮，打开如图 5-170 所示的“剖切符号风格设置”对话框。在该对话框中管理剖切符号样式，以及设置指定剖切符号样式的各项参数，包括平面线、剖切基线、箭头、文本和比例参数等。

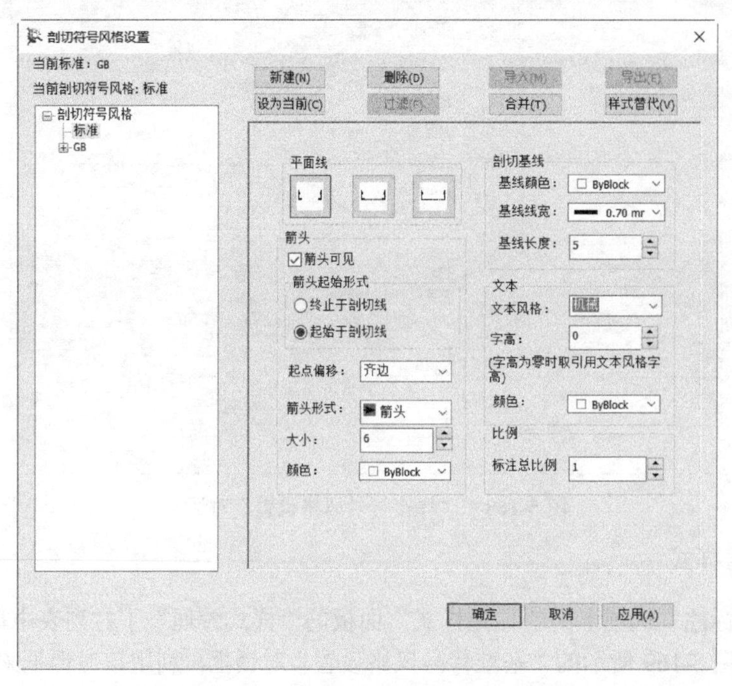

图 5-170 “剖切符号风格设置”对话框

5.9 工程标注综合实例

为了让读者更好地理解和掌握工程标注的整体思路和综合应用能力，下面介绍一个典型的工程标注综合实例。该综合实例所使用的原始素材文件为“BC_工程标注综合实例.exb”，它位于随书附赠资源的 CH5 文件夹中。

（1）打开“BC_工程标注综合实例.exb”文件，该文件存在的原始图形如图 5-171 所示。该原始图形是某推杆零件的一个视图。

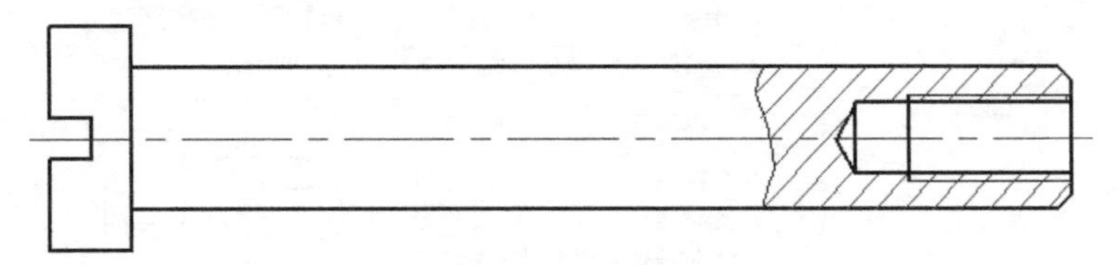

图 5-171　原始图形

（2）设置当前文本风格。在功能区“标注”选项卡的“标注样式”面板中单击“文本样式”按钮，弹出“文本风格设置”对话框。在“文本风格”下拉列表中选择“机械”文本风格选项，如图 5-172 所示，接着单击“设为当前”按钮，然后单击“确定”按钮。也可以直接在“标注样式”面板的“文本样式”下拉菜单中选择“机械”文本风格以快速将其设置为当前文本风格。

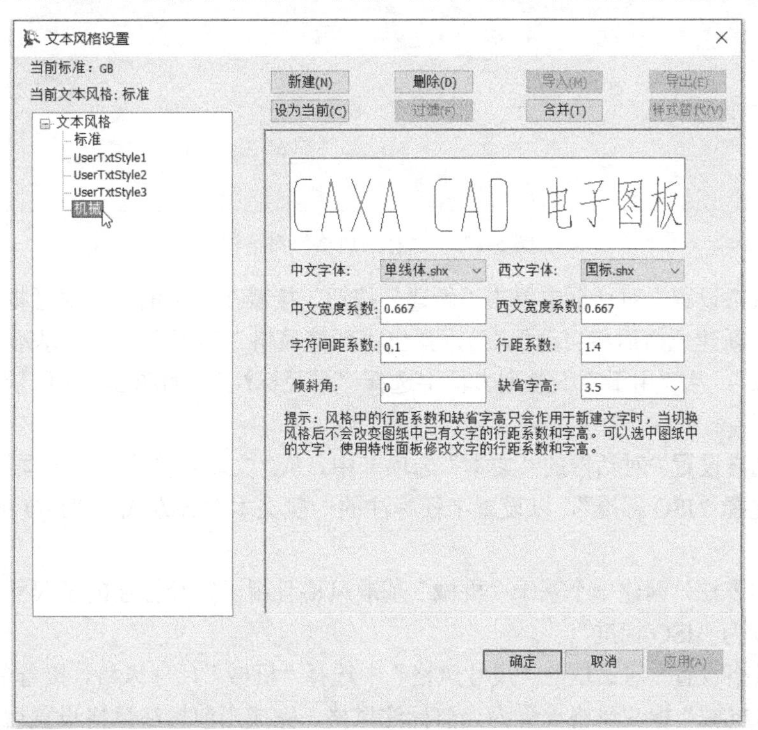

图 5-172　“文本风格设置”对话框

（3）设置当前标注风格。

在功能区“标注”选项卡的“标注样式”面板中单击“尺寸样式”按钮，弹出“标注风格设置”对话框。在该对话框的“尺寸风格”列表中选择“机械”（如果没有“机械”尺寸风格，则可自行参照相关标准来建立），并分别在“直线和箭头”“文本”“调整”“单位”“换算单位”“公差”“尺寸形式”选项卡中确定相应的设置，例如在“文本”选项卡中，指定一般文本垂直位置为“尺寸线上方”，角度文本垂直位置为“尺寸线中间”，一般文本的对齐方式为“平行于尺寸线”，角度文本的对齐方式为“保持水平”等，如图 5-173 所示。

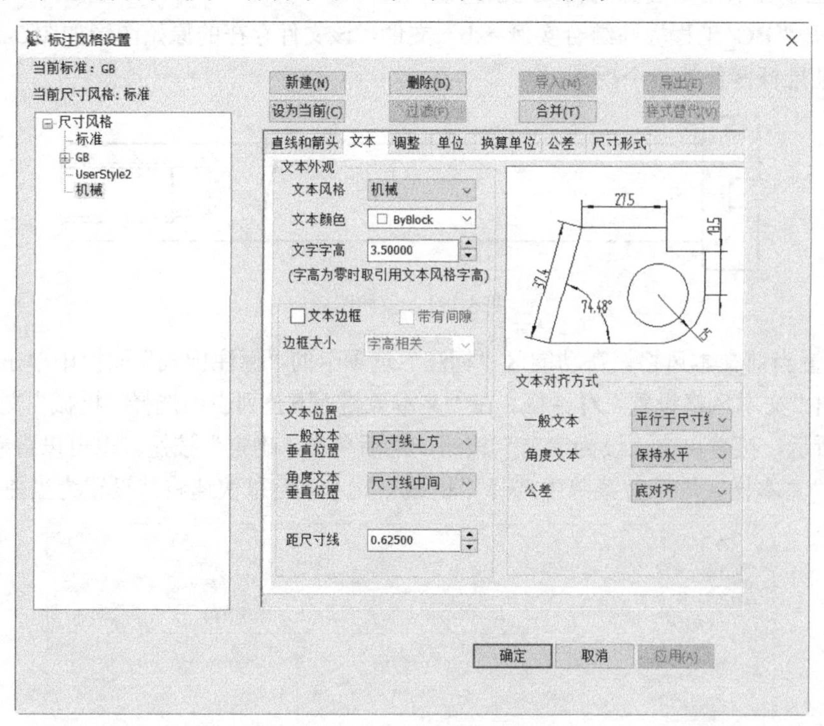

图 5-173　“标注风格”对话框

在“标注风格设置”对话框中单击“新建”按钮，接着在弹出的一个对话框中单击“是”按钮以确认新建（新建风格后将自动保存），弹出“新建风格”对话框，从“基准风格”下拉列表框中选择“机械”，从“用于”下拉列表框中选择“半径标注”，如图 5-174 所示，然后单击“下一步”按钮。

在“标注风格设置”对话框的“文本”选项卡中，从“文本对齐方式”选项组的“一般文本”下拉列表框中选择“ISO 标准”，以设置半径标注的一般文本对齐方式为“ISO 标准”，单击“应用”按钮。

使用同样的方法，创建一个基于“机械”基准风格且用于直径标注的子尺寸风格，将其一般文本对齐方式设为“ISO 标准”。

在“标注风格设置”对话框的“尺寸风格”中选择“机械”尺寸风格，接着单击“设为当前”按钮，从而将“机械”标注风格设置为当前标注风格。完成当前标注风格设置后，在“标注风格设置”对话框中单击“确定”按钮。

（4）设置尺寸线层为当前图层。在功能区中切换至“常用”选项卡，从“特性”面板的“图

层”下拉列表框中选择“尺寸线层”，从而将尺寸线层设置为当前图层。可以将当前颜色设置为红色。

（5）标注相关的线性尺寸。

在功能区“常用”选项卡的“标注”面板中单击“尺寸标注”按钮，接着在打开的立即菜单“1.”中选择“基本标注”选项，使用鼠标拾取平行的轮廓线段 1 和轮廓线段 2，如图 5-175 所示。此时，在立即菜单中的初步默认设置如图 5-176 所示。

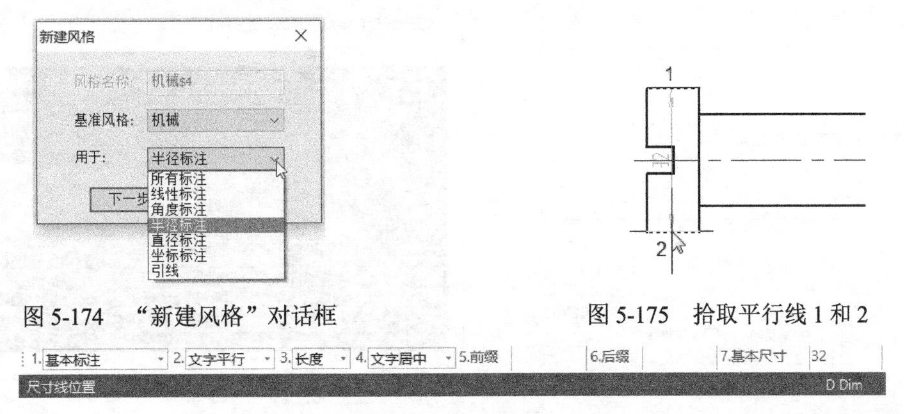

图 5-174 “新建风格”对话框

图 5-175 拾取平行线 1 和 2

图 5-176 立即菜单

在立即菜单的“3.”中单击，使选项切换为“直径”，如图 5-177 所示。然后使用光标在合适的位置处单击以指定尺寸线位置，完成的第一个基本标注如图 5-178 所示。

分别采用“基本标注”方式创建如图 5-179 所示的多个线性尺寸。

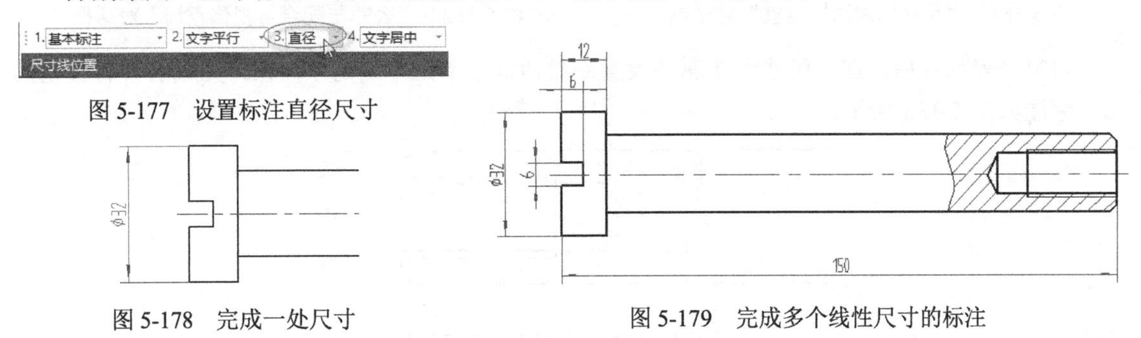

图 5-177 设置标注直径尺寸

图 5-178 完成一处尺寸

图 5-179 完成多个线性尺寸的标注

拾取要标注的两个元素（如图 5-180 所示的杆线 1 和杆线 2），接着在欲放置尺寸线的位置处右击，弹出“尺寸标注属性设置”对话框。

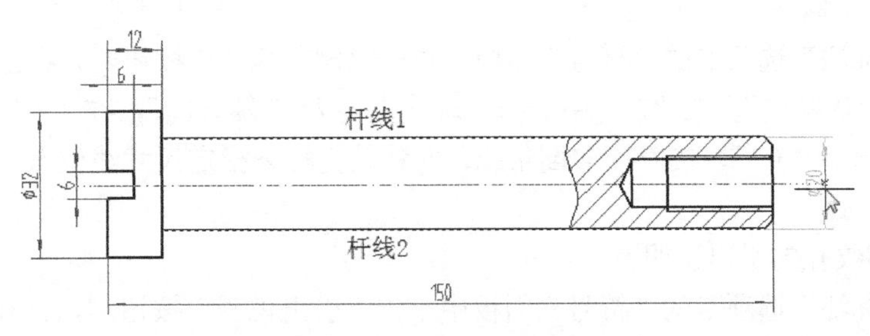

图 5-180 拾取要标注的两个元素

在“基本信息”选项组的“前缀”文本框中确保文本为“%c”，如图 5-181 所示。

在“公差与配合”选项组中，从“输入形式”下拉列表框中选择“代号”，从“输出形式”下拉列表框中选择“偏差”，单击“高级”按钮，弹出“公差与配合可视化查询”对话框，在“公差查询”选项卡中选中“轴公差”单选按钮，在可视化表格中选择优先公差 h7，如图 5-182 所示，然后单击“确定”按钮。

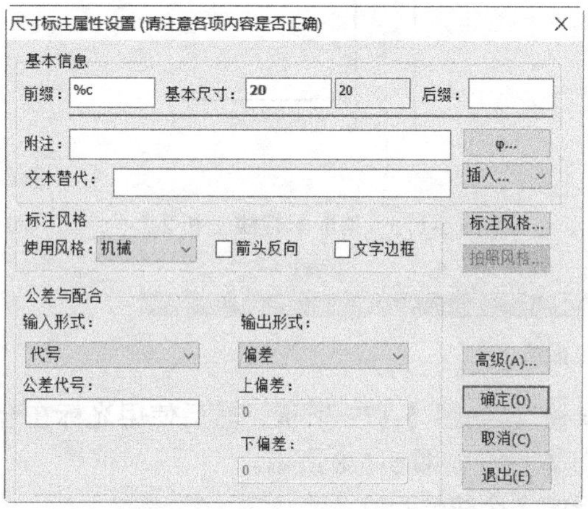

图 5-181　“尺寸标注属性设置”对话框

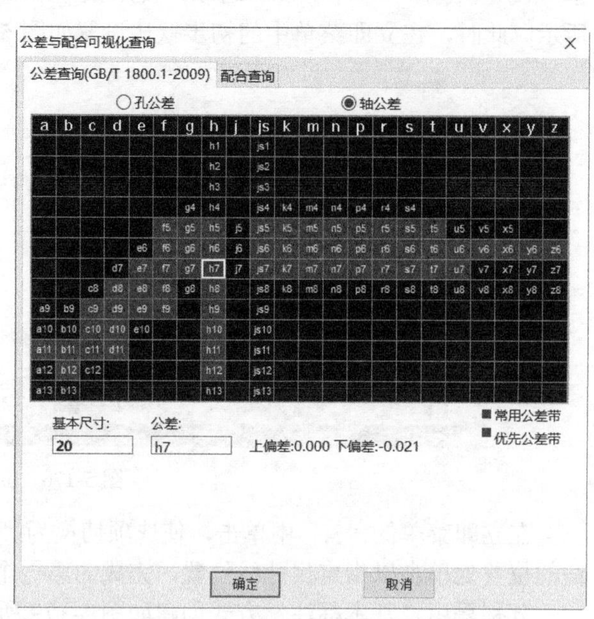

图 5-182　“公差与配合可视化查询”对话框

指定公差代号后，在“尺寸标注属性设置”对话框中单击“确定”按钮，完成的带有公差的尺寸标注如图 5-183 所示。

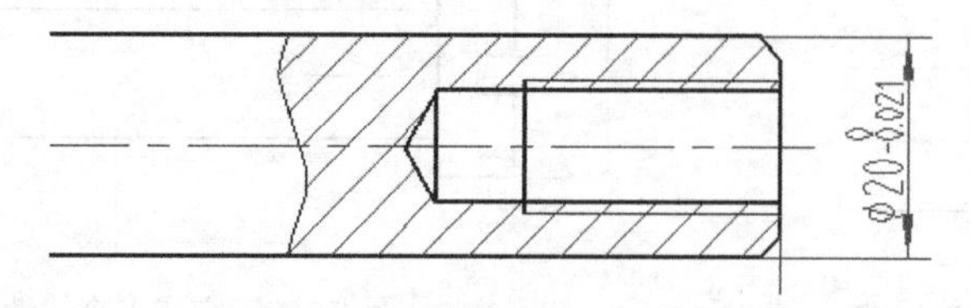

图 5-183　创建具有公差的尺寸标注

右击结束尺寸标注。

（6）创建倒角标注。

在功能区“标注”选项卡的“符号”面板中单击“倒角标注”按钮，在出现的立即菜单的“1.”中选择“默认样式”，在“2.”中选择“轴线方向为 X 轴方向”，在“3.”中选择“水平标注”，在“4.”中选择“C1”，接着拾取倒角线，并移动光标来指定尺寸线位置。完成倒角标注如图 5-184 所示。

（7）创建螺纹孔的引出说明。

在功能区“标注”选项卡的“符号”面板中单击“引出说明”按钮，打开“引出说明”对话框，如图 5-185 所示，确保选中“多行时最后一行为下说明”复选框，分别输入第一行说明（上说明）和第二行说明（下说明）信息，注意表示深度的符号“↧”需要通过从“插入特殊符号”

下拉列表框中选择“尺寸特殊符号”选项来选定。完成上说明和下说明内容后单击“确定”按钮。

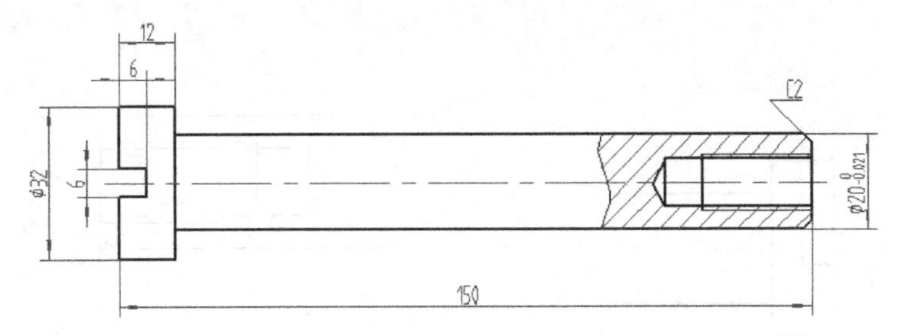

图 5-184 创建倒角标注

在立即菜单“1.”中选择“文字反向”，在“2.”中选择“智能结束”，在“3.”中选择有基线，接着分别拾取第 1 点和第 2 点（该点作为引线转折点），并确认放置定位点后便完成如图 5-186 所示的引出说明。

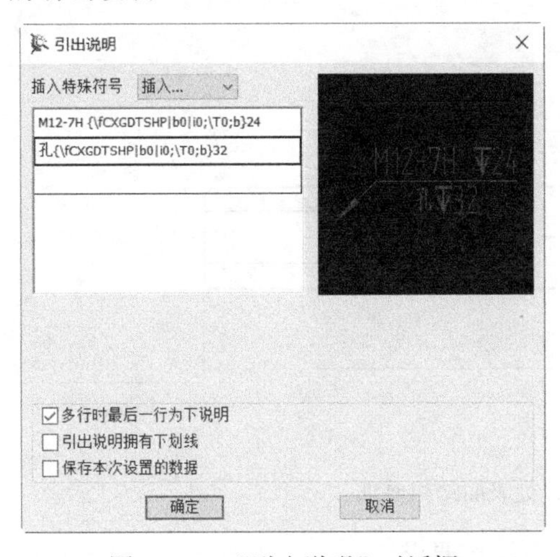

图 5-185 “引出说明”对话框

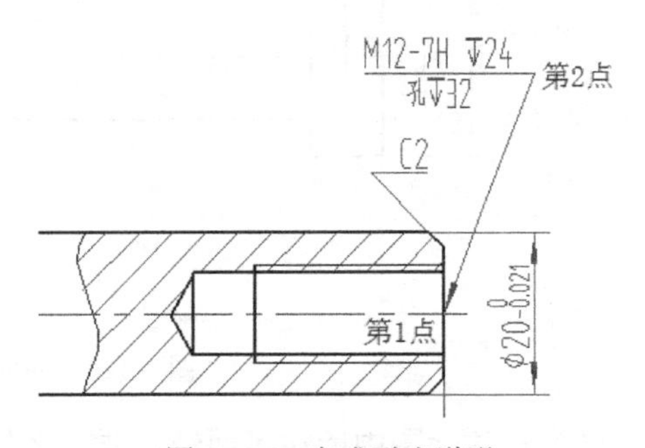

图 5-186 完成引出说明

（8）进行表面结构要求标注。

在功能区“标注”选项卡的“符号”面板中单击“粗糙度”按钮√，打开表面结构（粗糙度）立即菜单。在该立即菜单“1.”中单击以切换至“标准标注”，系统弹出“表面粗糙度（GB）”对话框，从中设置如图 5-187 所示的参数，接着单击“确定”按钮。

此时，立即菜单的“2.”选用“默认方式”，在推杆左部分选择“φ32”尺寸的上尺寸界线，拖曳光标确定标注位置，以完成该圆柱面的表面结构要求的标注，如图 5-188 所示。

在立即菜单“2.”中单击以切换选择“引出方式”，在推杆端面线（具有螺纹孔这一端的）伸出的一条尺寸界线上拾取合适的一点，接着使用鼠标拖曳确定标注位置，从而完成该端面处表面结构标注，如图 5-189 所示。

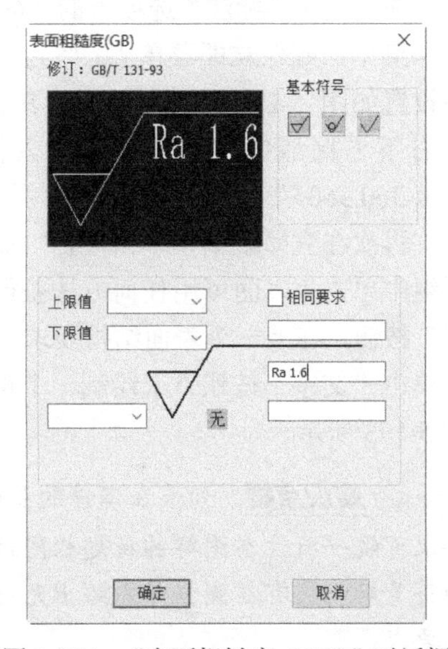

图 5-187 “表面粗糙度（GB）”对话框

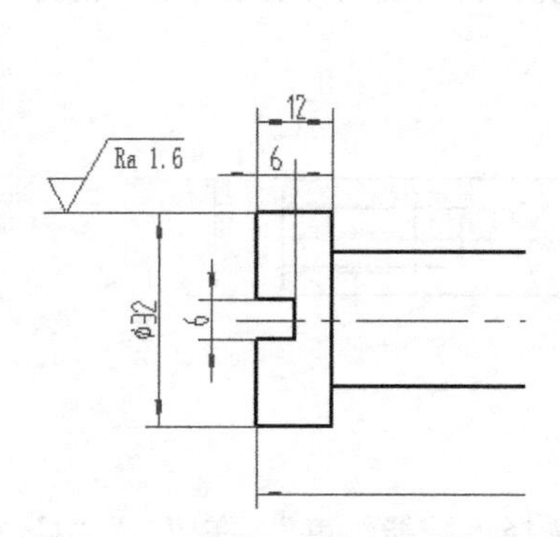

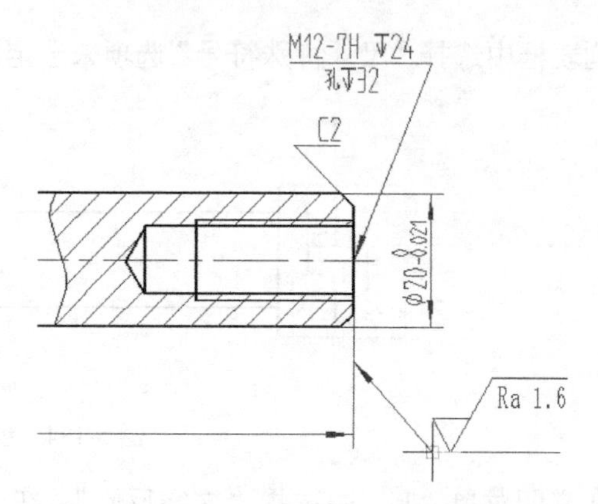

图 5-188　完成一处表面结构标注

图 5-189　完成一端面处表面粗糙度标注

接着使用同样的方法标注其他几处表面结构要求，结果如图 5-190 所示。最后右击以结束“粗糙度”标注命令。

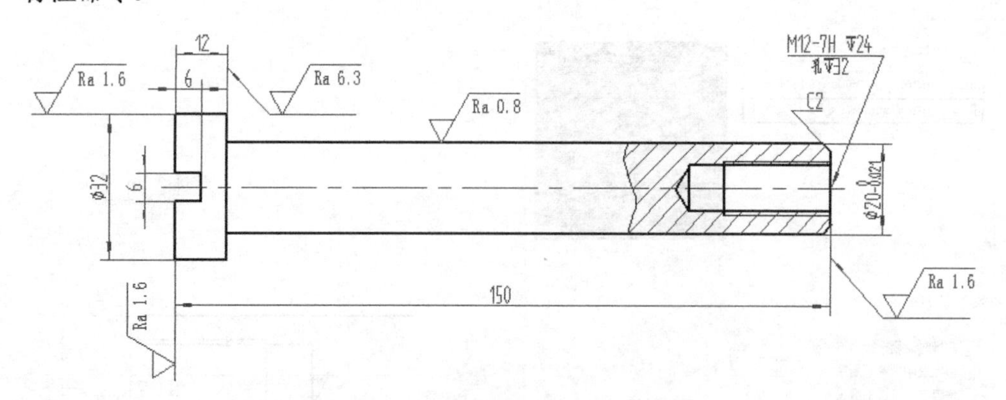

图 5-190　完成其他几处表面结构要求

（9）标注除图中所注表面结构要求之外的表面结构要求。

在功能区“标注”选项卡的“符号”面板中单击“粗糙度”按钮✓，打开表面结构（粗糙度）立即菜单，确保立即菜单“1.”为“标准标注”，而系统弹出“表面粗糙度（GB）”对话框，从中设置如图 5-191 所示的参数，单击“确定”按钮。设置立即菜单“2.”为“默认方式”，在视图右下方区域单击一点作为该表面结构符号的定位点，接着在“输入角度或由屏幕上确定:<-360,360>”提示下输入“0”并按 Enter 键，从而创建一个带参数的表面结构要求符号。

再次在立即菜单中单击“1.”选项框两次以弹出“表面粗糙度”对话框，在“基本符号”选项组中单击“表面可用任何方法获得”按钮，并清空所有的参数，如图 5-192 所示，单击“确定”按钮，在上一个表面结构要求符号的右侧适当位置处指定定位点，并指定角度为 0，然后分别单击“文字”按钮A来绘制一个符号“(”和一个符号“)”，并调整它们的位置，完成结果如图 5-193 所示。

知识点拨： *如果在工件的多数（包括全部）表面有相同的表面结构要求，则其表面结构要求可统一标注在图样的标题栏附近，此时（除全部表面有相同要求的情况外），表面结构要求的符号后面应有在圆括号内给出无任何其他标注的基本符号，或者在圆括号内给出不同的表面结构要求。*

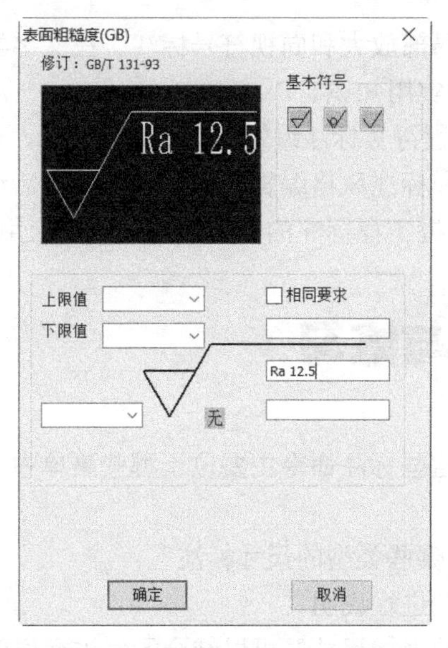

图 5-191　设置表面结构要求的参数

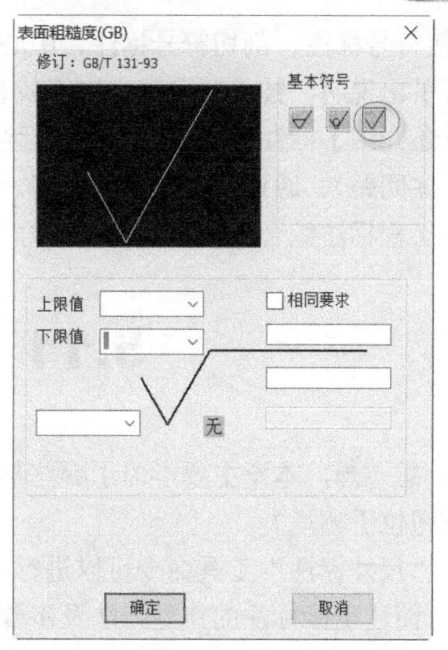

图 5-192　重新指定表面结构基本符号

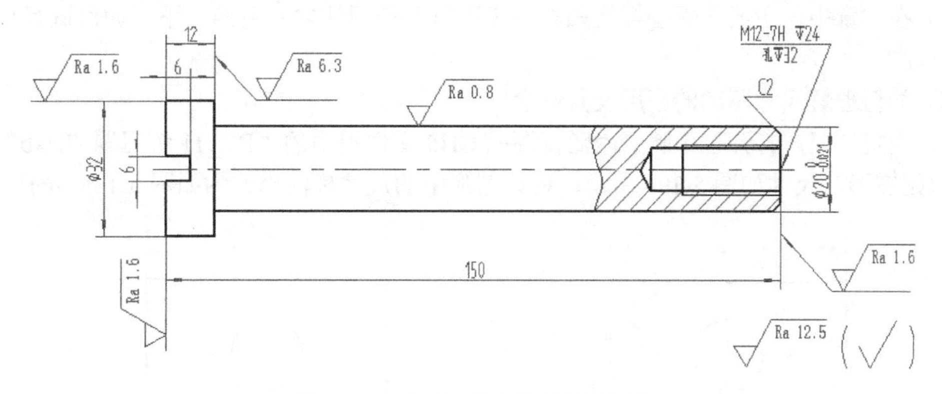

图 5-193　完成工程标注的视图效果

5.10　本 章 小 结

在工程图设计中，工程标注也是很重要的一个环节。只有图形对象与工程标注有机结合在一起，才能使图纸具有较为完整的而且便于读取的工程信息。工程图标注需要遵守《机械制图国家标准》或行业标准等，而在 CAXA 电子图板中进行工程图标注则可以轻轻松松地满足指定的标注标准或标注风格。

本章首先对工程标注进行了概述，接着层次分明地、图文并茂地结合典型示例来介绍尺寸类标注与坐标类标注、工程符号类标注和文字类标注知识。在尺寸类标注和坐标类标注的内容中，主要介绍使用“尺寸标注”功能、使用“坐标标注”功能和标注尺寸的公差。其中使用“尺寸标注”功能可以标注大多数的尺寸，包括基本标注、基准标注、连续标注、三点角度标注、角度连续标注、半标注、大圆弧标注、射线标注、锥度标注和曲率半径标注等。在工程符号类标注一节中，主要内容包括倒角标注、基准代号注写、形位公差标注、表面结构要求标注（表面粗糙度标

注)、焊接符号标注、剖切符号标注、中心孔标注、局部放大和向视符号标注。在文字类标注中则介绍了引出说明、技术要求和文字查找替换方面的实用知识。

本章还介绍了标注编辑（包括尺寸标注编辑、工程符号标注编辑、文字标注编辑、双击编辑功能和标注间距)、通过特性选项板编辑、尺寸驱动和标注风格编辑等实用知识。最后还专门介绍了一个工程标注综合实例，让读者更好地理解和掌握工程标注的整体思路和综合应用能力。

5.11 思考与练习

（1）想一想，本章主要学习了哪些标注命令？这些标注命令主要位于哪些菜单中？其相应的工具按钮位于哪里？

（2）“尺寸标注”工具命令可以进行哪些元素或哪些类型的尺寸标注？

（3）简述坐标标注的典型方法及步骤，可以举例进行说明。

（4）使用“坐标标注”功能可以标注哪些形式的坐标尺寸？可以结合示例进行说明。

（5）在本章中，主要将哪些标注归纳在工程符号类标注内？总结一下，如何进行这些工程符号类标注？

（6）如何理解尺寸驱动的应用及其概念？

（7）上机练习：打开位于随书附赠资源的 CH5 文件夹中的“BC_11 练习题_7.exb”文件，文件的原始图形及尺寸如图 5-194 所示，将该图形中的尺寸标注修改为如图 5-195 所示。

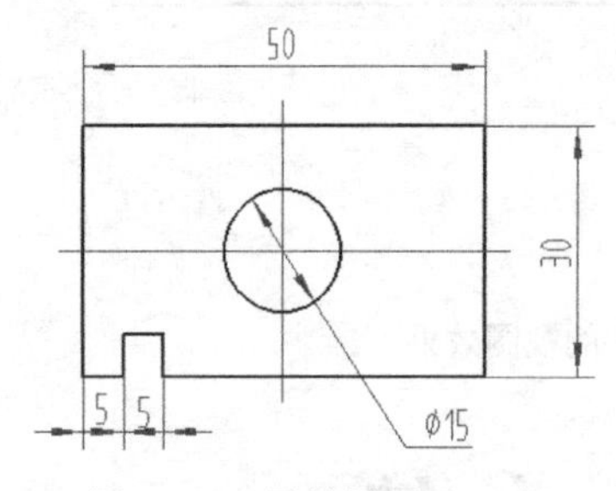

图 5-194 原始图形及尺寸

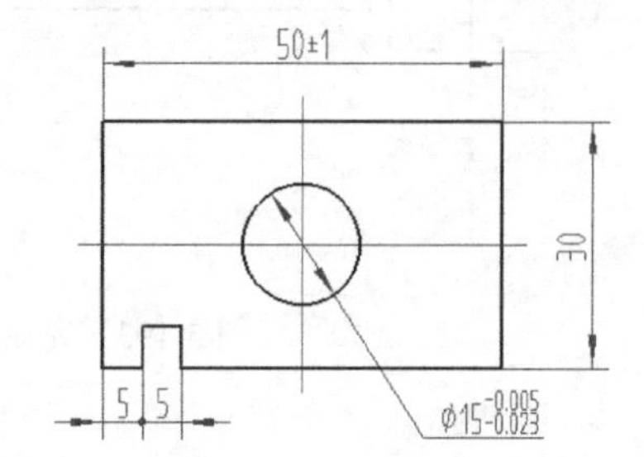

图 5-195 尺寸标注修改结果

（8）上机练习：绘制和标注如图 5-196 所示的工程视图。

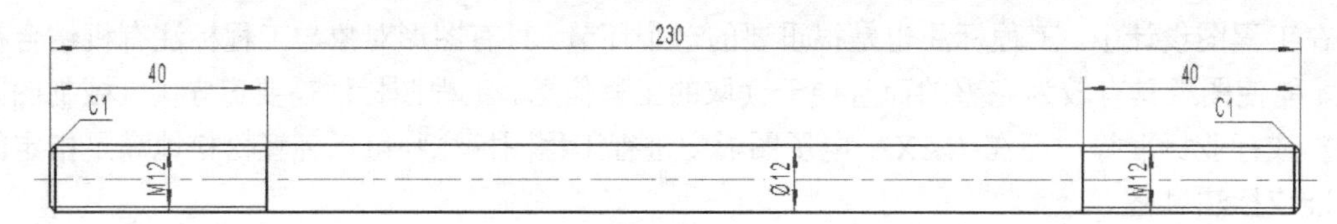

图 5-196 上机练习效果

（9）在 CAXA 电子图板 2018 功能区“标注”选项卡的“符号”面板中还提供有“孔标注”按钮、“旋转符号”按钮、“圆孔标记”按钮和“标高”按钮，请自行研习这几个按钮的功能用途，并举例进行上机练习。

第 6 章　图层应用、块与图库操作

本章导读

本章主要介绍图层应用、块操作与图库操作等知识。图层应用有利于图形元素的设计与管理，而块与图库则为用户处理复合形式的图形实体及绘制零件图、装配图等工程图纸提供了极大的方便。掌握图层、块与图库这些高级功能，可以加深对使用 CAXA 电子图板进行制图设计的认知程度，并对提升实际设计效率大有帮助。

6.1　图 层 应 用

第 2 章简单地介绍了层控制的知识，让读者先对层控制有初步的了解，本章将会介绍图层各方面的应用知识。

在很多的 CAD/CAM 设计软件中都提供了分层功能，所谓的层是开展结构化设计不可缺少的软件环境。在前面的学习中，已经知道层相当于一张没有厚度的透明薄纸，将图素及其信息存放在相应的透明薄纸上，若干张透明薄纸叠放在一起便构成了一个图形。在图形文件的不同层中，可以设置其相应的线型和颜色，也可以设置其他信息。总而言之，使用分层功能，有利于管理工程图纸上包含的各种各样的信息，如确定实体形状的几何信息、表示线型与颜色等属性的非几何信息、各种尺寸和符号信息等。在设计中将相关的共性信息集中在各自指定的层中，这样在需要时既可以单独提取，又可以组合成一个整体。

图层的属性状态包括图层名称、层描述、线型、颜色、打开与关闭以及是否为当前图层等。每一个图层都对应着一种由系统设定的颜色和线型。用户可以根据实际应用情况，新建或者删除图层。另外，用户也可以根据操作需要，将某些图层关闭或者打开，关闭的图层上的实体（图形对象）不能显示在屏幕上，而打开的图层上的实体（图形对象）则在屏幕上可见。

在 CAXA 电子图板软件系统中，使用某些模板的文件中通常预先定义了几个图层，包括层名为“0 层”“细实线层”“粗实线层”“中心线层”“虚线层”“尺寸线层”“剖面线层”“隐藏层”，在每个图层中都按其名称设置了相应的线型和颜色。其中，“0 层”的线型为粗实线。如果需要，用户可以更改相关图层中实体（图形对象）的线型、线宽和颜色等。

6.1.1　设置图层的属性

用户可以根据设计需求更改图层的属性，下面具体介绍如何更改图层的属性。

1. 设置图层为打开状态或关闭状态

当图层处于被打开的状态时，该层中的实体（图形对象）在屏幕绘图区中可见；当图层处于被关闭状态时，该层上的实体（图形对象）在屏幕绘图区不可见。

在绘制复杂图形时使用图层的打开或关闭功能非常有用，例如可以将当前无关的一些细节隐藏以保证图面整洁，同时便于用户集中精力完成当前图形的设计，而且还能使绘制和编辑图形的速度加快，等到绘制和编辑图形完成后，再将关闭的这些无关图层打开，从而显示全部内容。另外，可以将作图的一些辅助线放入隐藏层中，等到作图完成后，将隐藏层关闭，这样便可以不用逐一地去删除辅助线。设置图层为关闭或打开状态的操作是很灵活的，在不同的应用场合有不同的使用技巧，这需要用户在实践中不断摸索和总结。

在功能区“常用”选项卡的“特性”面板中单击“图层”按钮，打开“层设置”对话框。在“层设置”对话框中，将鼠标光标移至欲改变图层的图层状态（打开/关闭）单元格位置处，单击其中的灯泡图标即可在该图层的打开或关闭状态之间切换，如图 6-1 所示。注意此单元格灯泡图标的显示，亮灯泡图标表示打开状态，暗灯泡图标表示关闭状态。

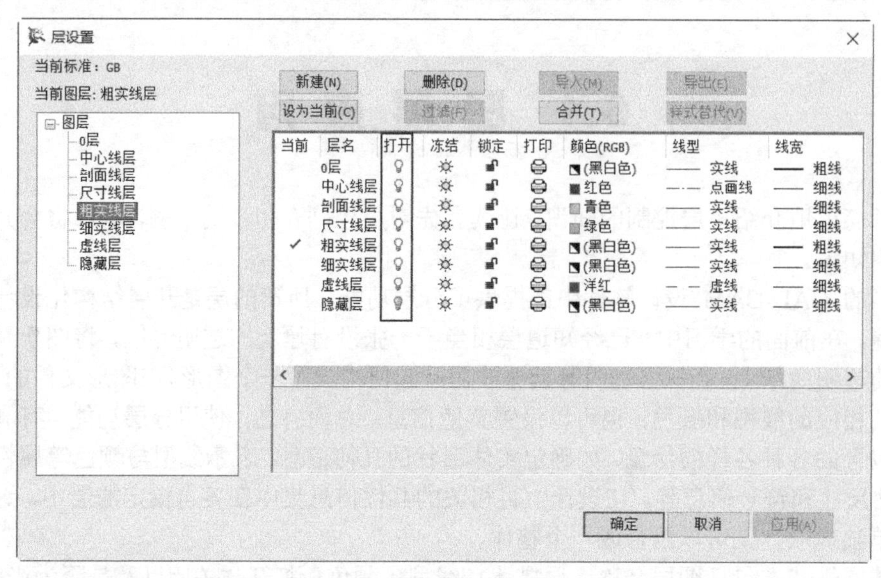

图 6-1　设置图层的层状态

2. 设置图层颜色

在每一个图层中都可以根据设计情况设置一种颜色。用户可以按照以下方法来改变某图层的颜色，以改变“尺寸线层”的随层颜色为例。

（1）在功能区“常用”选项卡的“特性”面板中单击“图层”按钮，打开“层设置”对话框。

（2）在“层设置”对话框中单击“尺寸线层”对应的颜色按钮（或称颜色单元格）。

（3）系统弹出“颜色选取”对话框，从中选择红色，如图 6-2 所示，然后单击“确定”按钮。

（4）在“层设置”对话框中单击“确定”按钮。

3. 设置图层线型

用户可以为某指定图层设置所需的线型。设置图层线型的具体方法如下。

（1）在功能区“常用”选项卡的“特性”面板中单击“图层”按钮，打开“层设置”对话框。

（2）在“层设置”对话框中选择欲编辑的图层名，并单击所选图层相应的线型图标（也称线型单元格）。

（3）弹出如图 6-3 所示的“线型”对话框。利用该对话框指定线型，然后单击“确定”按钮。

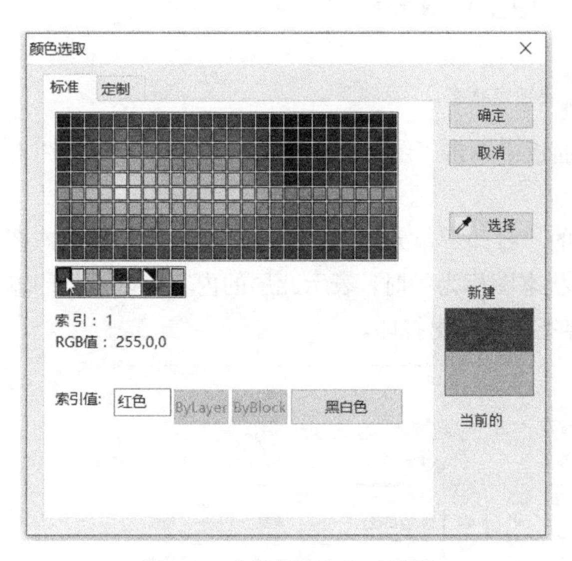

图 6-2 “颜色选取”对话框

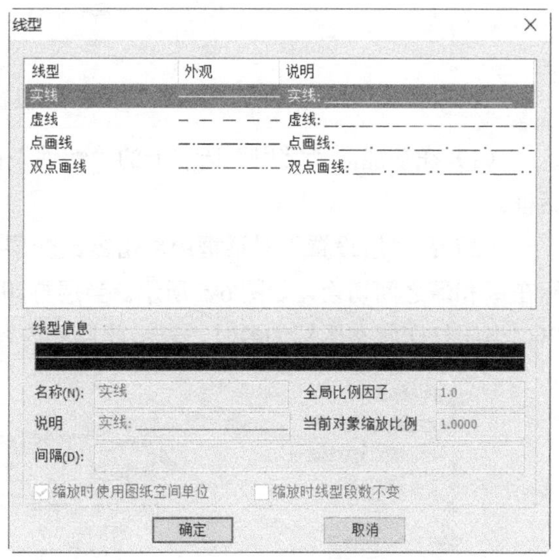

图 6-3 “线型”对话框

（4）在“层设置”对话框中单击“确定”按钮，从而完成层线型设置。

4. 设置图层锁定状态

用户可以根据设计要求将所选图层设定为锁定状态。

（1）在功能区“常用”选项卡的“特性”面板中单击“图层”按钮，打开“层设置”对话框。

（2）在“层设置”对话框中选择欲编辑的图层，接着单击该层的“锁定”单元格，即单击欲改变层的“锁定”下的锁定图标，如图 6-4 所示，从而切换层锁定状态。如果层锁定状态切换为，则表示该层未被锁定；如果层锁定状态切换为，则表示该层被锁定。

（3）在“层设置”对话框中单击“确定”按钮。

指定层被锁定后，用户可以在该层上添加图素，并可以对选定图素进行复制、粘贴、阵列、属性查询等操作，但不能进行平移、删除、拉伸、比例缩放、属性修改和块生成等修改性操作。但是，标题栏、明细表和图框等图幅元素不受上述限制，这些需要用户特别注意。

5. 设置层打印状态

用户可以根据设计要求决定所选图层的打印状态，以决定是否打印所选图层的内容。设置图层打印状态的典型方法和步骤如下。

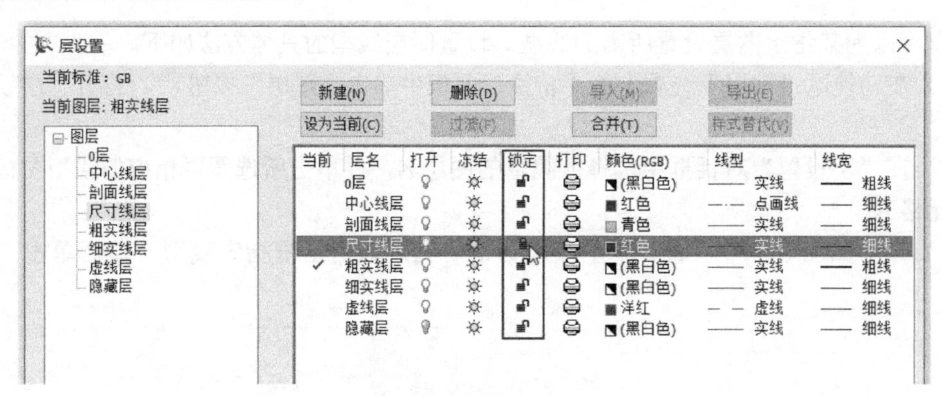

图 6-4　设置层锁定状态

（1）在功能区“常用”选项卡的“特性”面板中单击“图层”按钮，打开“层设置”对话框。

（2）在“层设置”对话框中单击欲改变层的“打印”单元格中的图标，将其层打印状态图标在和之间切换，如图 6-5 所示。当层打印状态图标为时，表示此层的内容可以被打印输出；当层打印状态图标为时，表示此层的内容不会被输出打印。

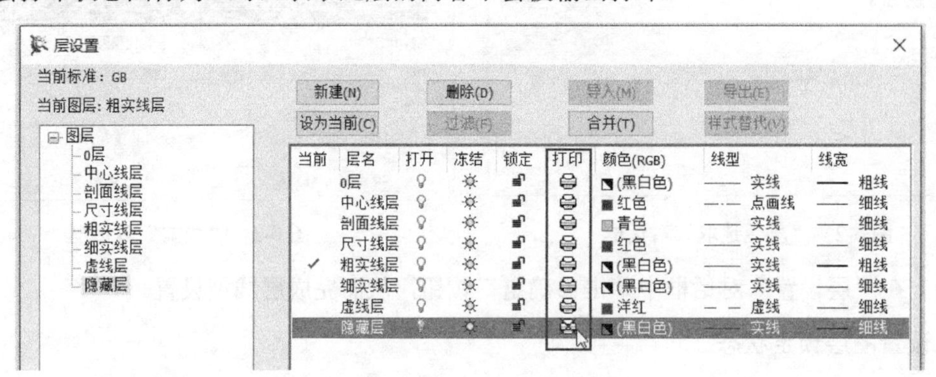

图 6-5　设置层打印状态

（3）在“层设置”对话框中单击“确定”按钮。

6. 冻结或解冻图层

首先要注意当前图层不能被冻结。已冻结图层上的对象为不可见，这些对象不会遮盖其他对象。在一些大型的图形设计中，有时候需要冻结不需要的图层来加快显示和重生成的操作速度。

在“层设置”对话框中单击指定层的冻结单元格中的图标，可以进行该图层冻结或解冻的切换。图标表示图层处于冻结状态，图标表示图层处于解冻状态。

7. 设置图层线宽

系统为已有的图层设置了相应的线宽，所有线宽都可以进行重新设置。打开“层设置”对话框，在要改变线宽的图层的线宽单元格中单击，系统弹出“线宽设置”对话框，根据设计需要选

择新线宽，如图 6-6 所示，单击“确定”按钮返回“层设置”对话框。

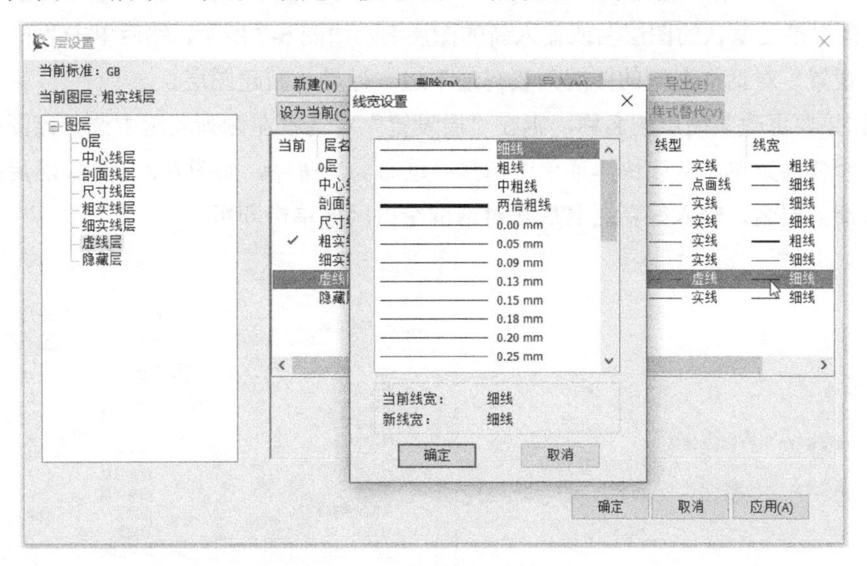

图 6-6　设置所选图层的线宽

6.1.2 当前图层设置

当前图层的设置很重要，将某个指定的图层设置为当前图层后，接着绘制的图形元素均放置在该当前图层中。当前图层是唯一的，即在一个图形文件中只有一个图层是当前图层（也称当前活动层），其他图层均为非当前图层，可以根据设计情况指定其他图层作为新的当前图层。

当前图层的设置方法主要有以下两种。

设置方法 1：利用“层设置”对话框中的“设为当前”按钮

在功能区“常用”选项卡的“特性”面板中单击“图层”按钮，在打开的“层设置”对话框中选择所需的一个图层，然后单击“设为当前”按钮，最后单击“确定”按钮。

设置方法 2：利用“图层”下拉列表框

在功能区“常用”选项卡的“属性”面板中，从“图层”下拉列表框选择所需要的图层，即可完成当前图层的设置。

说明：利用“图层”下拉列表框，还可以通过单击所需图层的相应属性图标来快速更改其相应属性，如打开/关闭状态、打印状态、锁定和解锁状态等。

6.1.3 图层创建、改名与删除

创建一个新图层及进行改名操作的方法及步骤如下。

（1）在功能区“常用”选项卡的“特性”面板中单击“图层”按钮，打开“层设置”对话框。

（2）在“层设置”对话框中单击“新建”按钮，接着在弹出的对话框中单击“是”按钮，系统弹出“新建风格”对话框。

（3）从“新建风格”对话框的“基准风格”下拉列表框中选择所需的基准图层，在“风格名称”文本框中接受默认的图层名或输入新的图层名，如图 6-7 所示，然后单击“下一步”按钮。此时在“层设置”对话框左侧的图层列表树最下边一行显示新建图层。

（4）如果要更改某图层的名称，则在“层设置”对话框左侧列表树中选择该图层，接着右击以弹出一个快捷菜单，从该快捷菜单中选择“重命名”命令，如图 6-8 所示，然后在出现的编辑框中输入新的层名，输入好新层名后在对话框空白区域单击即可。

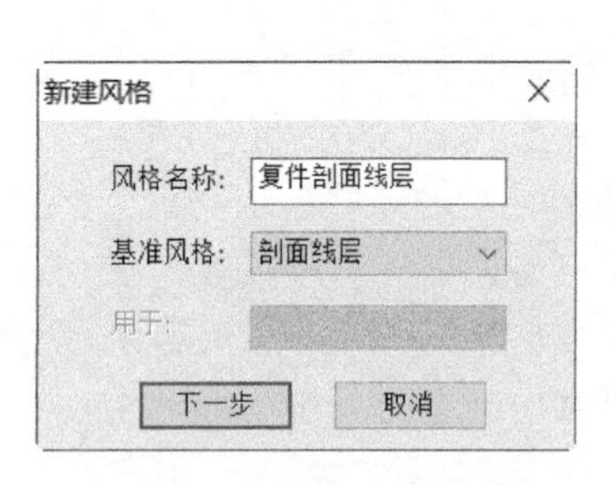

图 6-7 “新建风格”对话框

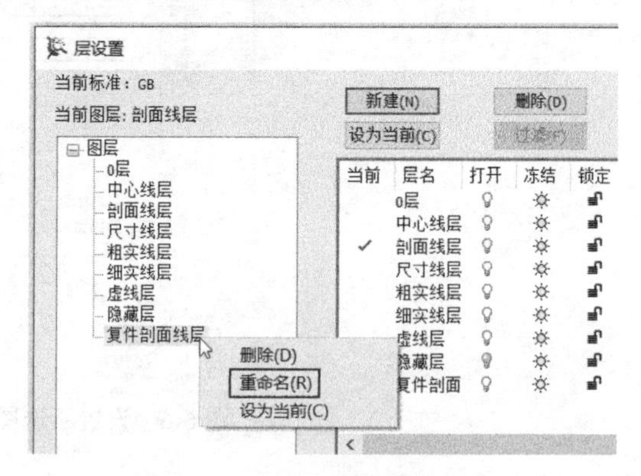

图 6-8 执行“重命名”命令

（5）如果要为该层注写层描述，则可以在“层设置”对话框右侧的层属性列表框中选择该图层，接着单击“描述”单元格，在其文本编辑框中输入层描述信息即可。

（6）在“层设置”对话框中单击“确定”按钮。

注意： *图层的名称分为层名和层描述两部分，其中层名是层的代号，层名是唯一的，绝不允许有相同层名的图层存在。而层描述是对层的形象描述，层描述尽可能体现图层的性质，不同图层之间的层描述可以相同。*

用户可以删除一个自己建立的图层，其方法是在“层设置”对话框的层属性列表框中选择要删除的一个图层，然后在“层设置”对话框中单击“删除”按钮，系统弹出一个对话框询问用户确实要删除该图层，单击“是”按钮，确认删除层的操作。执行此“删除”按钮，无法删除系统原始图层，而只能删除选定的由用户创建的图层。另外要注意，当图层被设置为当前图层时，该图层不能被删除；当图层上有图形被使用时，该图层也不能被删除。

执行删除图层操作时，一定要谨慎，以免不小心将某些图形元素删除掉。

6.2 块 操 作

在 CAXA 电子图板中，块是一种应用广泛的图形元素，它是复合型的图形对象，可以由用户根据设计情况来定义。

块具有的应用特点如表 6-1 所示。

表 6-1　块的主要应用特点

序　　号	应用特点说明	备注及举例说明
1	属于复合形式的图形对象，定义块后，原来相互独立的实体形成了统一的整体	可以对块进行类似于其他图形对象的各种编辑操作
2	利用块可以方便实现一组图形对象的显示顺序区分	
3	利用块可以方便实现一组图形对象的关联引用	
4	可打散块，使构成块的图形元素又成为可独立操作的元素	此操作在某些修改上很有用
5	可存储与块相联系的非图形信息，即可以定义块的属性信息	如块的名称、材料等
6	可以实现形位公差、表面粗糙度等自动标注	块可以具有属性定义
7	块中图形可能是在不同图层上具有不同的颜色、线型和线宽属性，而块生成时总是位于当前图层上，这并不矛盾，因为块参照保存了有关包含在该块中的对象的原图层、颜色和线型特性等信息	可以控制块中对象是继承当前图层的颜色、线型和线宽设置，还是保留其原特性
8	电子图板中可以生成块的图形对象有图符、尺寸、文字、图框、标题栏、明细表等，可实现图库中各种图符的生成、存储与调用	有关图符的概念可参见本章的 6.3 节

在功能区“插入”选项卡的“块”面板中提供了关于块操作的几个实用工具命令，包括“插入”按钮、“创建”按钮、“属性定义”按钮、“更新块引用属性”按钮、“消隐”按钮、“块编辑”按钮、“块在位编辑”按钮、“块扩展属性编辑”按钮和“块扩展属性定义”按钮，如图 6-9 所示。本节将重点介绍其中常用的几个块操作工具命令。

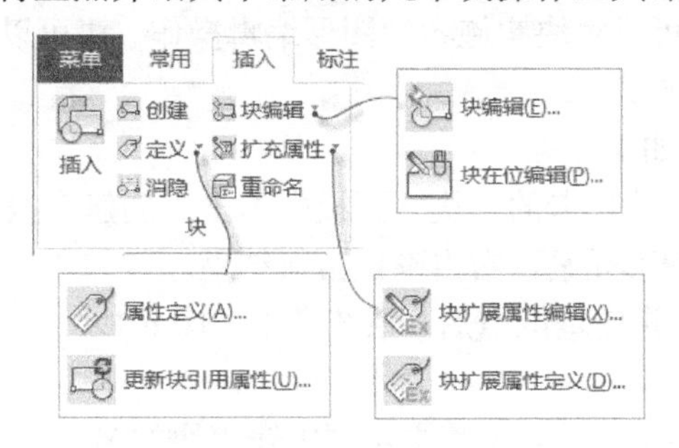

图 6-9　在功能区上的块操作工具命令

6.2.1　插入块

在功能区“插入”选项卡的“块”面板中单击“插入”按钮，系统弹出如图 6-10 所示的“块插入”对话框。在“名称”下拉列表框中选择要插入的块，则在“块插入”对话框左框中显示该块的预览效果。在“设置”选项组中设置插入块的缩放比例和插入块在当前图形中的旋转角度，如果要打散插入块，则选中“打散”复选框。然后单击“块插入”对话框中的“确定”按钮，并指定插入点，从而完成块插入操作。

如果所选的要插入的块本身包含了属性定义，那么在插入块时系统弹出如图 6-11 所示的“属性编辑”对话框。双击相应的属性值单元格便可编辑其属性。当然，完成插入块后，双击块也会弹出“属性编辑”对话框，便于对选定块进行属性编辑。

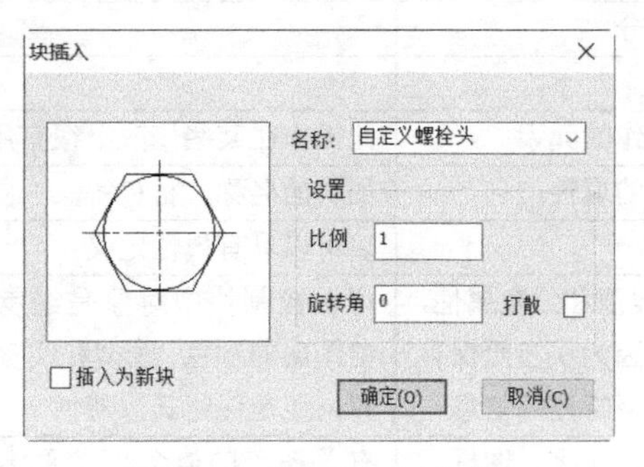

图 6-10 “块插入”对话框

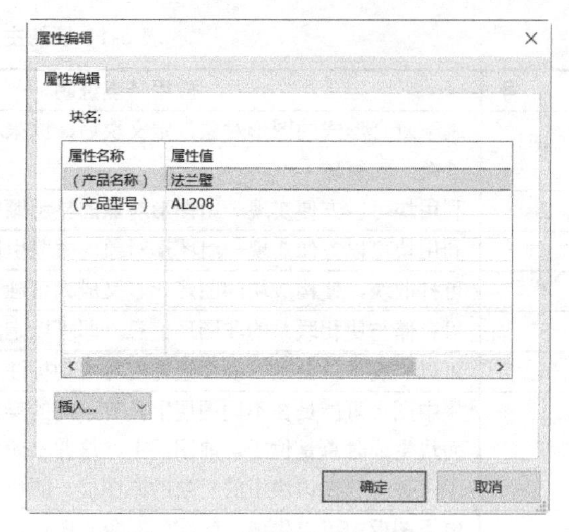

图 6-11 “属性编辑”对话框

6.2.2 创建块

“创建块”命令（对应的工具按钮为）用于将选中的一组图形对象组合成一个块，所生成的块位于当前图层。每个块对象包含块名称、组成的图形对象、用于插入块的基点坐标值和相关的属性数据。创建块后，可以对块实施各种图形编辑操作。块可以是嵌套的，其中一个块可以是另一个块的构成元素。

创建块的一般操作步骤如下。

（1）在功能区“插入”选项卡的“块”面板中单击“创建”按钮。

（2）拾取要构成块的图形元素，右击确认拾取结果。

（3）指定块的基准点。指定基准点后，系统弹出如图 6-12 所示的“块定义”对话框。

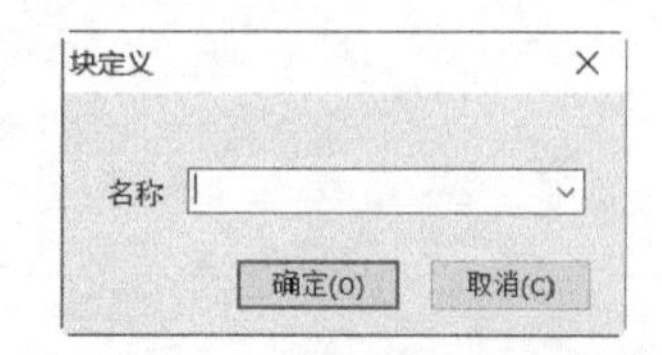

图 6-12 “块定义”对话框

（4）在“块定义”对话框的“名称”文本框中输入块的名称（名称最多可以包含 255 个字符，包括字母、数字、空格，以及操作系统或系统未作他用的任何特殊字符）。

（5）在“块定义”对话框中单击“确定”按钮，便完成了块的创建，块名称和块定义保存在当前图形中。

【课堂范例】：块创建的操作范例

（1）在一个新建的图形文件中，设置当前图层为“粗实线层”，使用圆工具在该图层中绘制如图 6-13（a）所示的一个带中心线的半径为 30 的圆，接着单击“正多边形”按钮绘制一个正六边形，该正六边形的设置“1.”为“中心定位”、“2.”为“给定半径”、“3.”为“外切于圆”、“4.边数”为 6、“5.旋转角”为 0、“6.”为“无中心线”，如图 6-13（b）所示。

（2）在功能区“插入”选项卡的“块”面板中单击“创建”按钮。

（3）使用窗口方式选择全部图形。拾取好图形元素后，右击来确认。

（4）在系统出现的“基准点:”提示下使用鼠标将图形的中心设置为块的基准点。

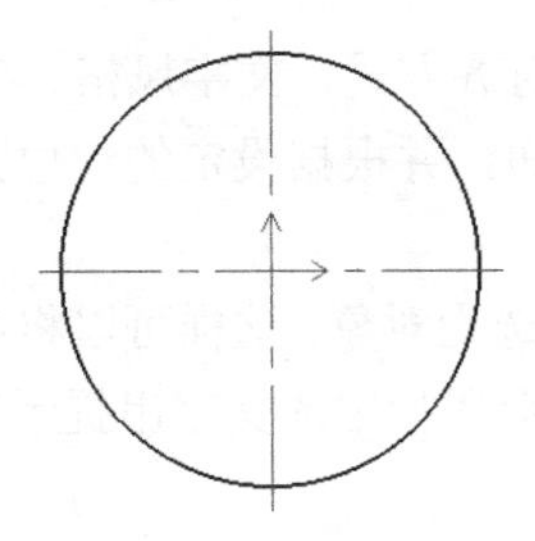

（a）绘制一个带中心线的圆

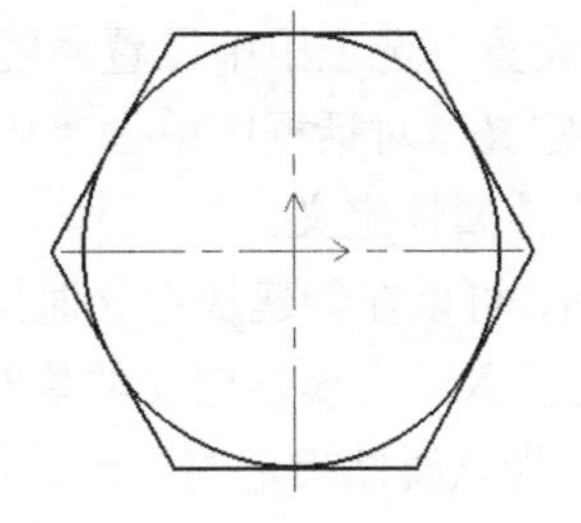

（b）绘制正六边形

图 6-13 绘制所需的图形

（5）系统弹出“块定义”对话框。在“名称”文本框中输入“自定义螺栓头”，然后单击“确定”按钮，从而完成该块的生成。此时单击块上任意一处，可以发现选中的是整个块图形。

6.2.3 属性定义

在 CAXA 电子图板中，可以为指定块添加属性，这里所谓的属性是与块相关联的非图形信息，它由一系列属性表项和相应的属性值来组成。属性可能包含的数据有零件编号、名称、材料等。

下面介绍如何创建一组用于在块中储存非图形数据的属性定义。

（1）在功能区“插入”选项卡的“块”面板中单击“属性定义”按钮，系统弹出如图 6-14 所示的“属性定义”对话框。

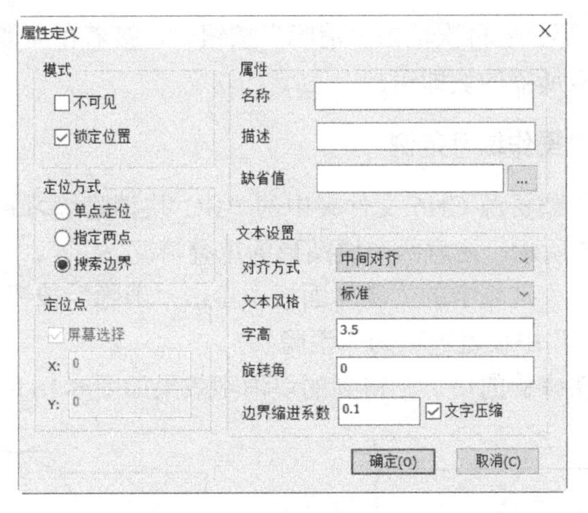

图 6-14 “属性定义”对话框

（2）在“模式”选项组中指定“锁定位置”和“不可见”复选框的状态；在“定位方式”选项组中指定属性定义的定位方式，如选中“搜索边界”“单点定位”或“指定两点”单选按钮。当选中“单点定位”单选按钮时，那么可以在“定位点”选项组中选中“屏幕选择”复选框，也可以取消选中“屏幕选择”复选框以输入 X、Y 坐标值来指定属性的位置。

（3）在“属性”选项组的“名称”文本框中输入由任何字符组合（空格除外）的属性名称；在“描述”文本框中输入相关数据信息，用于指定在插入包含该属性定义的块时显示的提示（如果不输入描述信息，那么属性名称将被用作提示）；在“缺省值”文本框中输入用于指定默认的属性值数据。

（4）在“文本设置”选项组中设置属性文字的对齐方式、文字风格、字高和旋转角度。

（5）在“属性定义”对话框中单击“确定”按钮，并根据设定的定位方式进行可能的相应定位操作，从而完成该属性定义。

创建属性定义后，可以在创建块定义时同时将它选为对象，这样可以将属性定义合并到图形块中。以后在绘图区插入带有属性定义的块时，系统会用指定的文字串提示输入属性。该块的每个后续参照可以使用为该属性指定的不同的值。

6.2.4 块消隐

块消隐在实际应用中很实用，特别是在绘制装配图的过程中，使用系统提供的“块消隐”功能可以快速处理零件位置重叠的现象。实际上该功能就是典型的二维自动消隐功能。利用具有封闭外轮廓的块图形作为前景图形区，可自动擦除该区内的其他被遮挡的图形，从而实现二维消隐。当然，对于已经消隐的区域也可以根据设计需要来将其取消消隐。值得用户注意的是，对于不具有封闭外轮廓的块图形，则系统不对其进行块消隐操作。

进行块消隐操作的典型方法及步骤如下。

（1）在功能区“插入”选项卡的“块”面板中单击“消隐”按钮。

（2）在立即菜单中确保选项为“消隐”。在“请拾取块引用”提示下拾取图形中的块作为前景零件，从而实现消隐效果。若有几个块重叠放置，那么被用户拾取的块作为前景图形区，而与之重叠的图形被消隐。

如果要取消块消隐，那么要再次单击“消隐”按钮，接着在立即菜单的“1.”中设定选项为“取消消隐”，然后拾取所需的块即可。

【课堂范例】：块消隐操作练习范例

（1）打开位于随书附赠资源 CH6 文件夹中的“BC_块消隐练习.exb”文件，该文件中存在着两个块图形，如图 6-15 所示。注意两个块图形的重叠情况。

（2）在功能区“插入”选项卡的“块”面板中单击“消隐”按钮。

（3）在立即菜单“1.”中设置选项为“消隐”。

（4）首先拾取六角头螺栓的块，则得到的块消隐效果如图 6-16 所示。

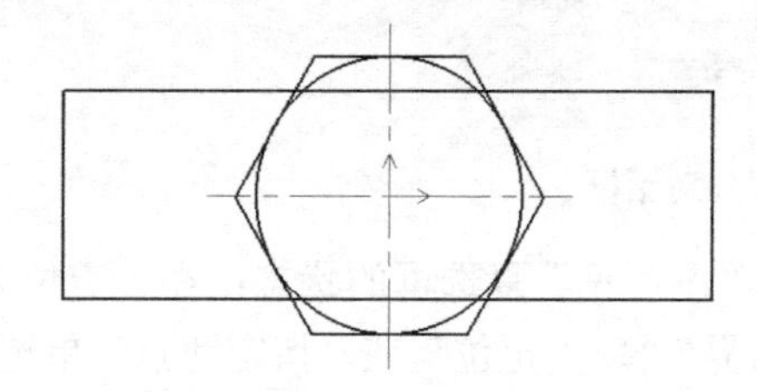

图 6-15　原始图形

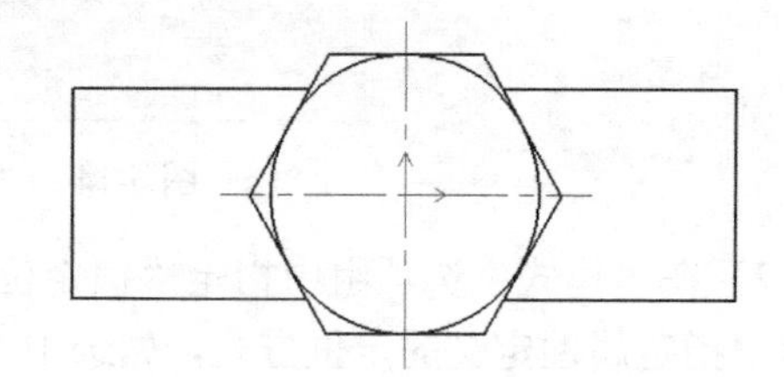

图 6-16　块消隐效果 1

如果拾取矩形块，那么得到的块消隐效果如图 6-17 所示。

（5）如果要取消消隐，那么可以在执行“消隐”功能打开的立即菜单中单击“1.”中选项“消隐”，以将其选项切换为“取消消隐”，接着拾取要取消消隐的块即可，这样又回到了没有消隐的情形，如图 6-18 所示。

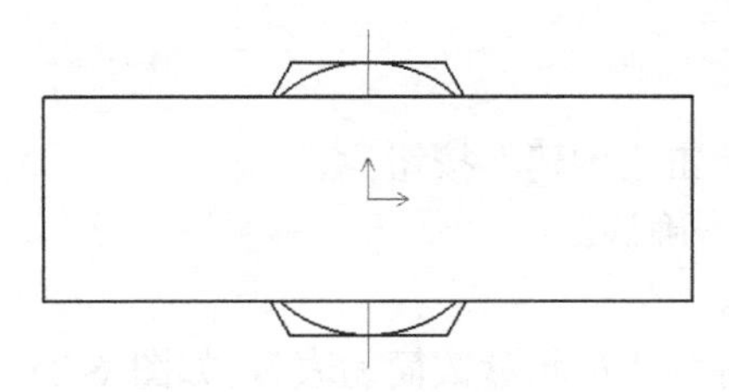

图 6-17　块消隐效果 2

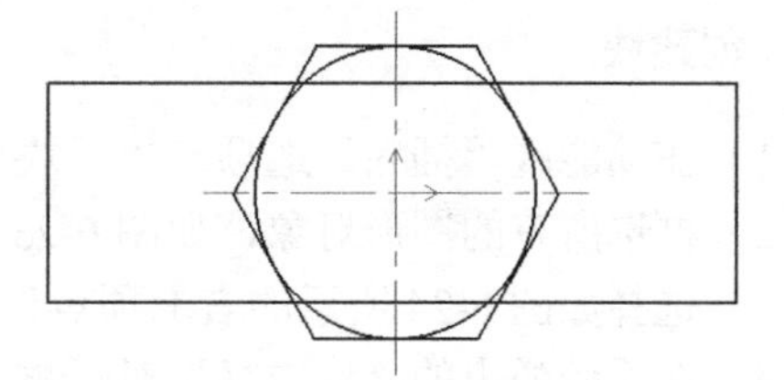

图 6-18　取消消隐的效果

【课堂范例】：创建带有属性的块及插入块操作

在该范例中，涉及属性定义、创建块和在图形中插入块这 3 方面的操作。

1．属性定义

（1）打开位于随书附赠资源 CH6 文件夹中的“创建带有属性的块及插入块操作.exb”文件，该文件中除了存在图幅外，还存在着如图 6-19 所示的直线图形和文本。对于不变的文字是采用“文字”按钮**A**来创建的。

模数	m	
齿数	z	
齿形角	α	
精度等级		

图 6-19　已有图形及文本

（2）在功能区“插入”选项卡的“块”面板中单击“属性定义”按钮，系统弹出“属性定义”对话框。

（3）在“属性”选项组中分别输入名称、描述和缺省值数据，接着在“定位方式”选项组中选中“指定两点”单选按钮，在“文本设置”选项组中将对齐方式设置为“中间对齐”，文本风格为“机械”，字高为 3.5，旋转角度为 0，选中“文字压缩”复选框，如图 6-20 所示。

（4）在“属性定义”对话框中单击“确定”按钮。

（5）分别选择如图 6-21 所示的两个点（即点 1 和点 2），从而完成此次属性定义。

（6）使用同样的方法，创建其他 3 次属性定义，结果如图 6-22 所示。

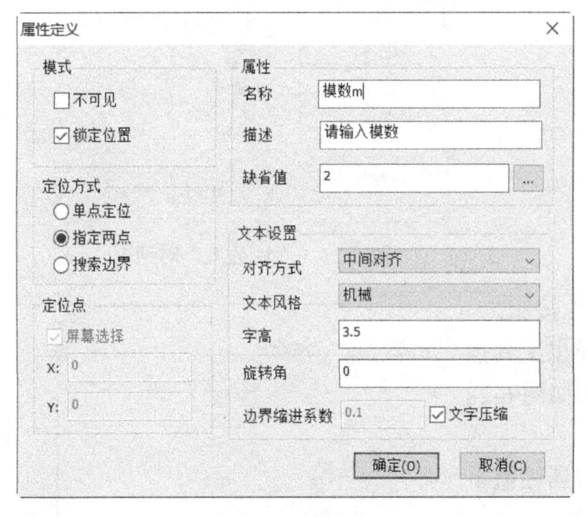

图 6-20　属性定义

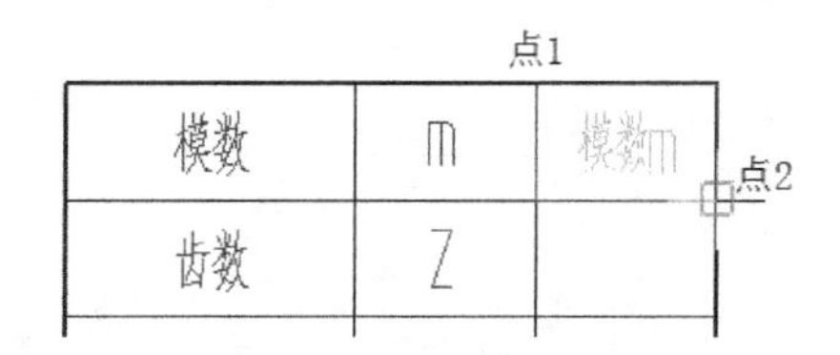

图 6-21　指定两个角点

模数	m	模数m
齿数	z	齿数z
齿形角	α	齿形角
精度等级	精度等级	

图 6-22　完成所有的属性定义

2. 创建块

（1）在功能区“插入”选项卡的“块”面板中单击“创建”按钮。

（2）框选所有的图形对象，如图6-23所示，右击确认。

（3）选择如图6-24所示的右上顶点作为基准点。

（4）在系统弹出的“块定义”对话框中输入名称为“齿轮参数简易表”，如图6-25所示，然后单击“确定”按钮。

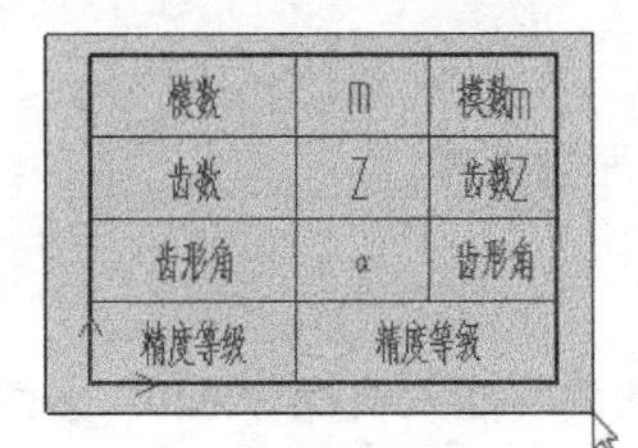

图6-23　框选所有的图形对象

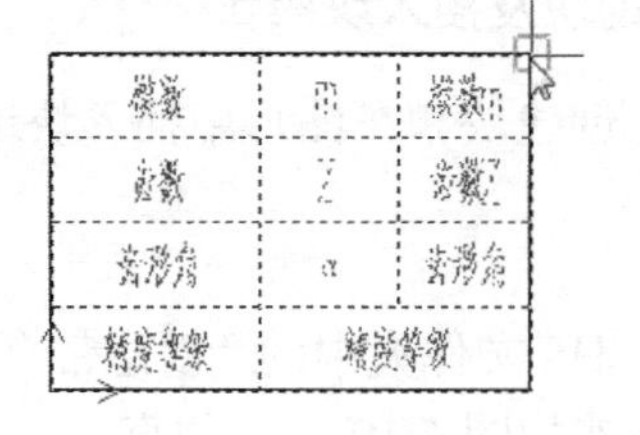

图6-24　指定基准点

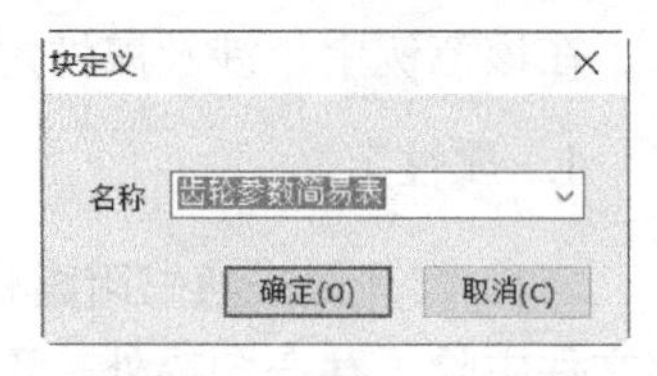

图6-25　“块定义”对话框

（5）系统弹出如图6-26所示的“属性编辑”对话框，直接单击“确定”按钮。

3. 在图形中插入块

（1）在功能区“插入”选项卡的“块”面板中单击“插入”按钮。

（2）系统弹出如图6-27所示的“块插入”对话框，从“名称”下拉列表框中选择之前创建的“齿轮参数简易表”块，设置比例为1，旋转角为0，取消选中“打散”复选框。

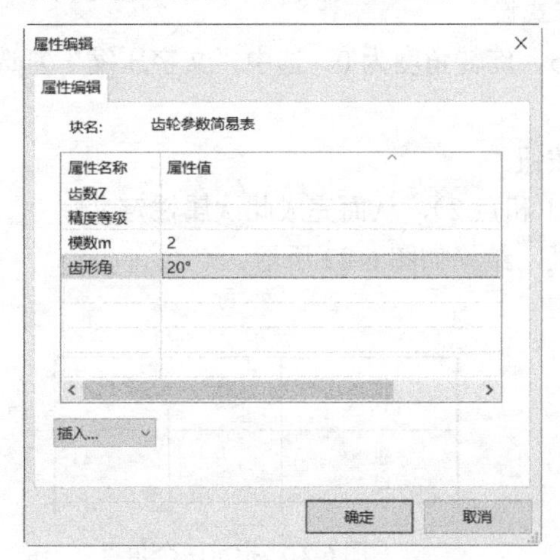

图6-26　“属性编辑”对话框

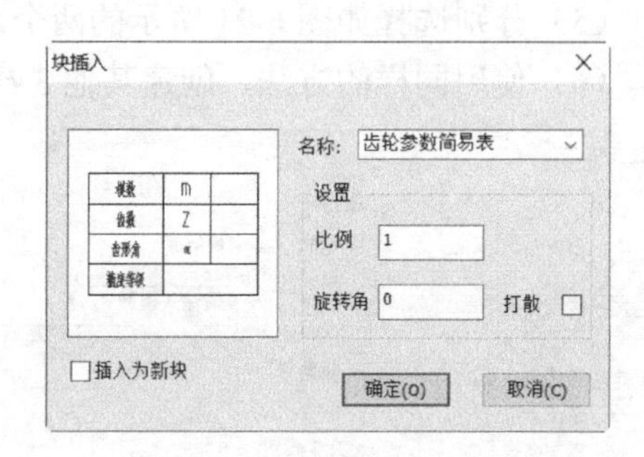

图6-27　“块插入”对话框

（3）在“块插入”对话框中单击“确定”按钮。

（4）系统提示“插入点”，按空格键以弹出工具点菜单并从工具点菜单中选择“交点”，接着选择如图6-28所示的交点作为插入点。

（5）系统弹出“属性编辑”对话框。双击属性值下的相应单元格，编辑其属性值，如图6-29所示。

（6）在“属性编辑”对话框中单击“确定”按钮，

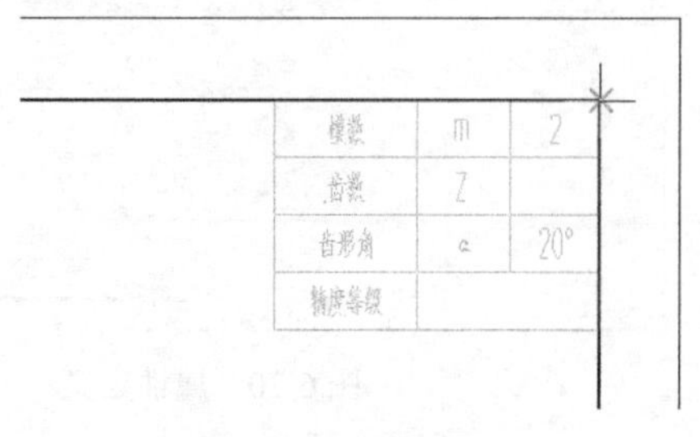

图6-28　指定插入点

完成的结果如图 6-30 所示。

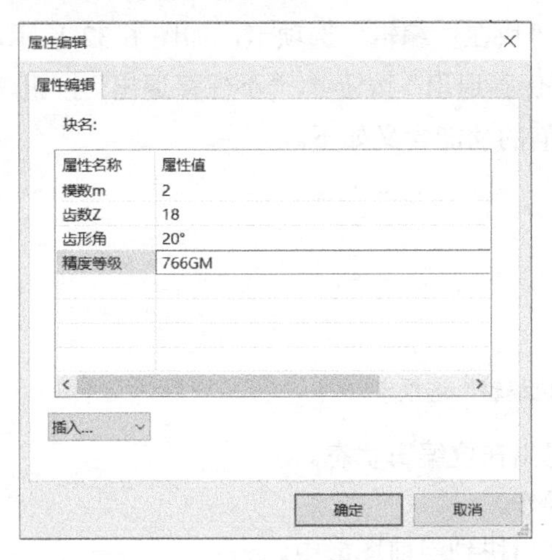

图 6-29　“属性编辑”对话框

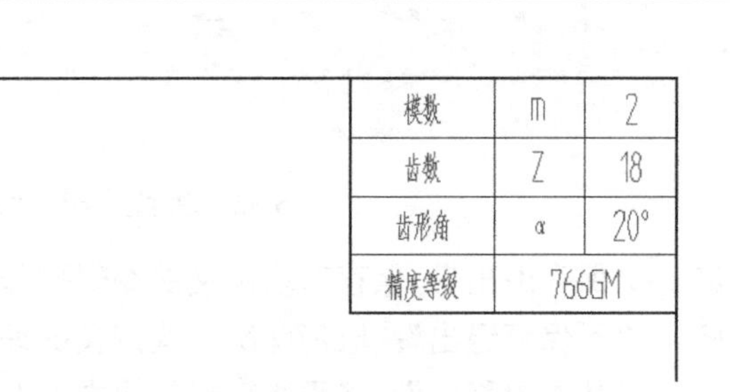

图 6-30　完成块插入

6.2.5　块编辑

用户可以对块定义进行编辑，其方法是在功能区“插入”选项卡的“块”面板中单击“块编辑”按钮，接着在绘图区选择要编辑的块，从而进入块编辑状态。

在块编辑状态中，可以对块图形进行相关的编辑操作，还可以进行属性定义和退出块编辑器等特殊操作。

当功能区被打开时，块编辑状态下功能区增加了一个“块编辑器”选项卡，如图 6-31 所示。使用相关的工具完成块编辑后，在“块编辑器”选项卡中单击“退出块编辑”按钮，系统弹出一个对话框提示是否保存修改，单击“是”按钮保存对块的编辑修改，若单击“否”按钮则取消对块的编辑操作。

图 6-31　功能区多了一个“块编辑器”选项卡

当功能区处于关闭状态时，从菜单栏中选择“绘图”→“块”→“块编辑”命令，接着拾取要编辑的块后进入块编辑状态，此时会增加一个“块编辑”工具栏，该工具栏具有两个工具按钮，即“属性定义”按钮和“退出块编辑”按钮。

6.2.6　块在位编辑

CAXA 电子图板提供了块在位编辑功能，该功能与块编辑的不同之处在于在位编辑时各种操作如测量、标注等可以参照当前图形中的其他对象，而块编辑则只显示块内对象。

在功能区“插入”选项卡的“块”面板中单击“块在位编辑”按钮，接着选择要编辑的块，即可进入块在位编辑状态，此时在功能区中出现一个“块在位编辑”选项卡，如图 6-32 所示，其中的“编辑参照”面板中提供了 4 个工具按钮，即“保存退出”按钮、“不保存退出”按钮、“从块内移出”按钮和“添加到块内”按钮，它们的功能含义如下。

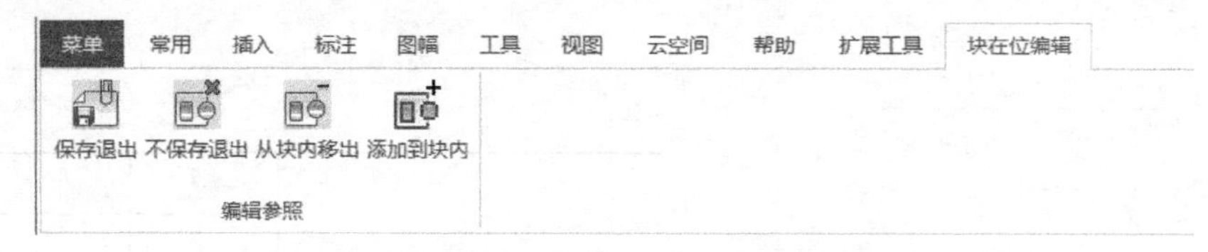

图 6-32　功能区出现“块在位编辑”选项卡

- ☑　“保存退出”：保存对块定义的编辑操作并退出在位编辑状态。
- ☑　“不保存退出”：取消此次对块定义的编辑操作。
- ☑　“从块内移出”：将正在编辑的块中的对象移出块到当前图形中。
- ☑　“添加到块内”：从当前图形中拾取其他对象加入正在编辑的块定义中。

6.2.7　块的其他操作

用户可以将块分解，使之分解为组成块的各成员对象。块分解常用“分解”按钮，该按钮位于功能区“常用”选项卡的“修改”面板中。

块作为一个单独对象，可以对其进行删除、平移、旋转、镜像、比例缩放等图形编辑操作，这和其他图形对象的操作方法是一样的。

可以通过“特性”选项板来查看和修改块定义，包括修改块的层、线型、线宽、颜色、定位点、旋转角、缩放比例、属性定义的内容、消隐状态等。

另外，还可以对块执行（块扩展属性编辑）、（块扩展属性定义）和（更新块引用属性）等操作。“块扩展属性”可以将事先定义的代号、名称、重量、材料等扩展属性添加到块上，当块作为一个零件或部件生成序号时，选中带扩展属性的块上的实体时，块上的扩展属性可以自动写到明细表中，方便了明细表的填写。

6.3　图 库 操 作

CAXA 电子图板提供多种标准件或通用件的参数化图库。同时也为用户提供了建立用户自定义的参量图符或固定图符的工具，使用户可以快捷地根据设计环境创建属于自己的图形库。这里所述的“图符”是指图库的基本组成单元，它是由一些基本图形对象组合而成的对象并同时具有参数、属性、尺寸等多种特殊属性的对象，它可以由一个视图或多个视图（不超过 6 个视图）组成。如果按照是否参数化来分类，则图符可以分为参数化图符和固定图符两种。需要注意的是，图符的每个视图在提取出来时可以定义为块。

CAXA 电子图板中的图库包含几十个大类、几百个小类、总计 3 万多个图符，包括各种标

准件、电气元件、工程符号等，可以满足各个行业快速出图的要求。图库中的基本图符符合相关标准规定。图库是完全开放式的，除了软件安装后附带的图符外，用户可以根据需要定义新的图符以满足多种需要。图符可完全参数化，可以定义尺寸、属性等各种参数，便于用户生成所需图符和管理图符。图库采用目录式结构存储，这样便于对图符进行移动、复制、共享等操作。

在功能区“插入”选项卡的“图库”面板中提供了与图库、图符相关的工具按钮，包括“插入（提取）图符”按钮、“图符驱动”按钮、“定义图符”按钮、“图库管理”按钮、“图库转换”按钮和“构件库”按钮等。本节将介绍其中较为常用的图库操作工具。

6.3.1 提取图符

提取图符可以分两种情况：一种是参数化图符提取；另一种则是固定图符提取。

1. 参数化图符提取

参数化图符提取是指将已经存在的参数化图符从图库中提取出来，并根据实际要求设置一组参数值，经过预处理后应用于当前绘图。参数化图符提取的一般方法及步骤如下。

（1）在功能区“插入”选项卡的“图库”面板中单击“插入（提取）图符”按钮。

（2）系统弹出如图 6-33 所示的“插入图符”对话框。在“插入图符”对话框的左部区域提供了用于图符选择的工具按钮和控件。CAXA 电子图板图库中的所有图符是按照类别来划分并存储在不同的目录中，整体布局表现为图符的树形结构树，从而便于区分和查找。

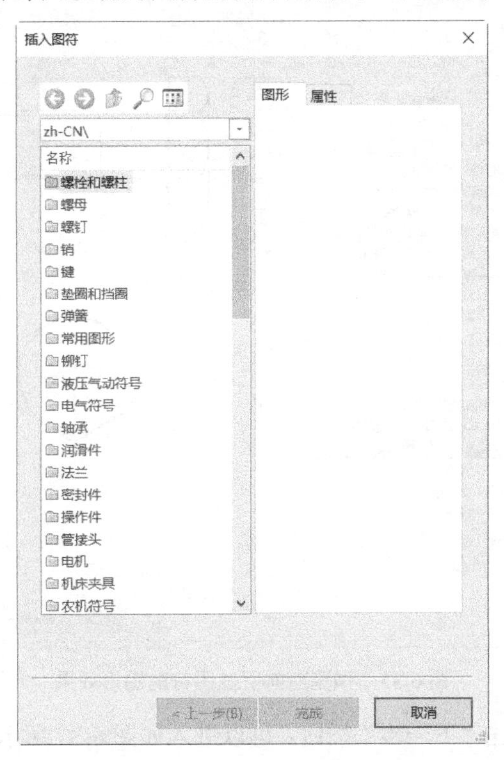

图 6-33　“插入图符”对话框

在“插入图符”对话框的左部区域内，图符的检索操作与 Windows 资源管理器的相关操作类似，使用“后退”按钮、“前进”按钮、“返回上层目录”按钮可以在不同的目录之间进行切换。“切换到缩略图模式”按钮用于在列表模式和缩略图模式之间切换。如果单击“搜索”按钮，则打开如图 6-34 所示的“搜索图符”对话框，可以通过输入图符名称来检索图符。检索时不必输入图符完整的名称，而是只需输入图符名称的一部分，这样执行搜索时系统会自动检索到符合条件的图符。CAXA 电子图板的图库检索具有模糊搜索功能，在检索条件中输入检索对象的名称或型号，图符列表便列出相关的所有图符，以供用户选择。

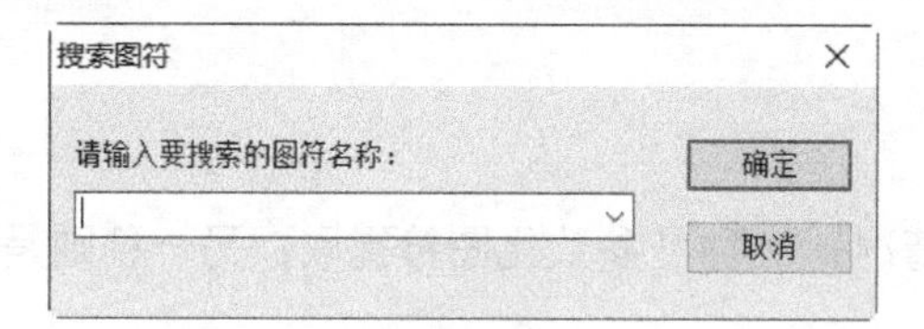

图 6-34 “搜索图符”对话框

在“插入图符”对话框的右半部分提供了“图形”和“属性”选项卡。“图形”选项卡用来预览当前所选图符的图形效果，如图 6-35 所示。图形预览时的各视图基点用高亮度十字标出，在预览框中右击可以放大图符，同时单击和右击可以缩小图符，如果需要将图符恢复原来的大小显示则双击；“属性”选项卡用来显示当前所选图符的属性，如图 6-36 所示。

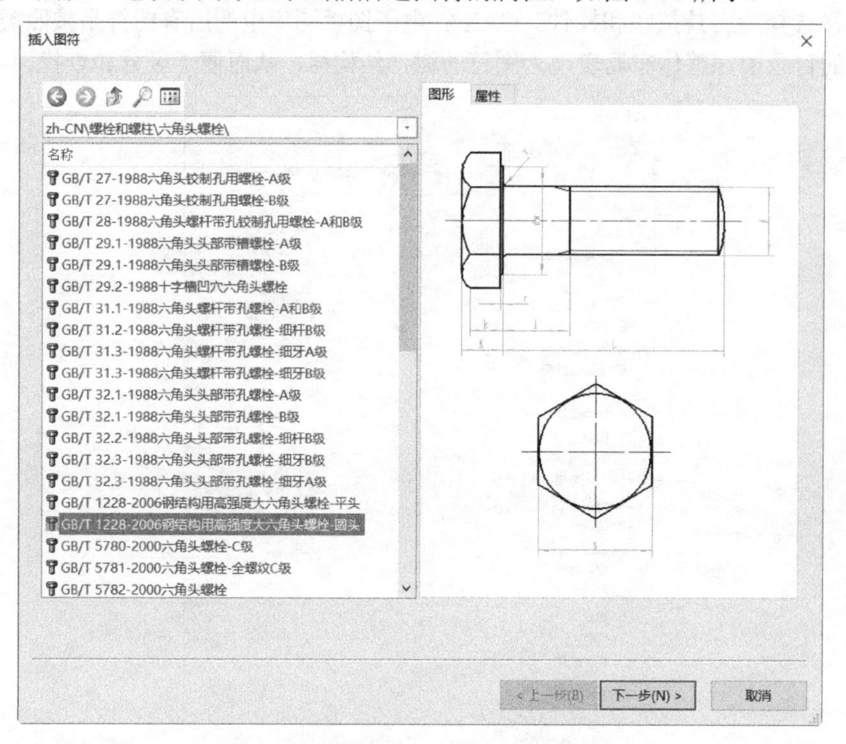

图 6-35 预览当前所选图符的图形效果

（3）选择图符后，单击“下一步”按钮，可以进入如图 6-37 所示的“图符预处理”对话框。在该对话框的左半部位，是图符处理区，用于选取尺寸规格和设置尺寸开关。注意尺寸规格表格的表头为尺寸变量名，在右侧的预览框内可直观地看到每个尺寸变量名的具体标注位置和标注形

式。如果需要，用户可以在预览区右击，则预览图形以单击点为中心进行放大显示。要想使图形恢复到最初的显示大小，则在预览区双击。

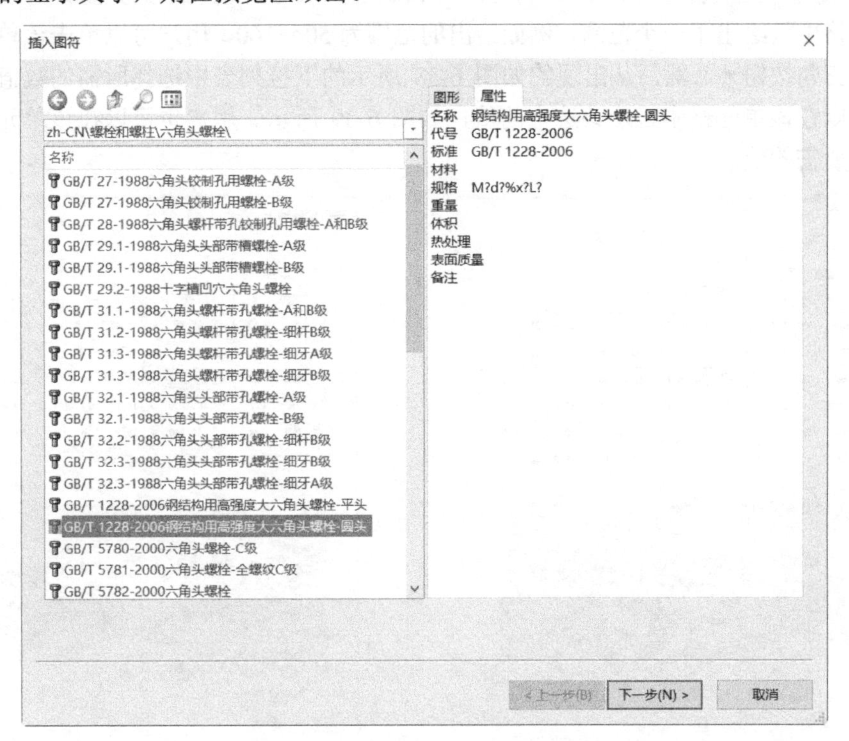

图 6-36　切换到“属性”选项卡

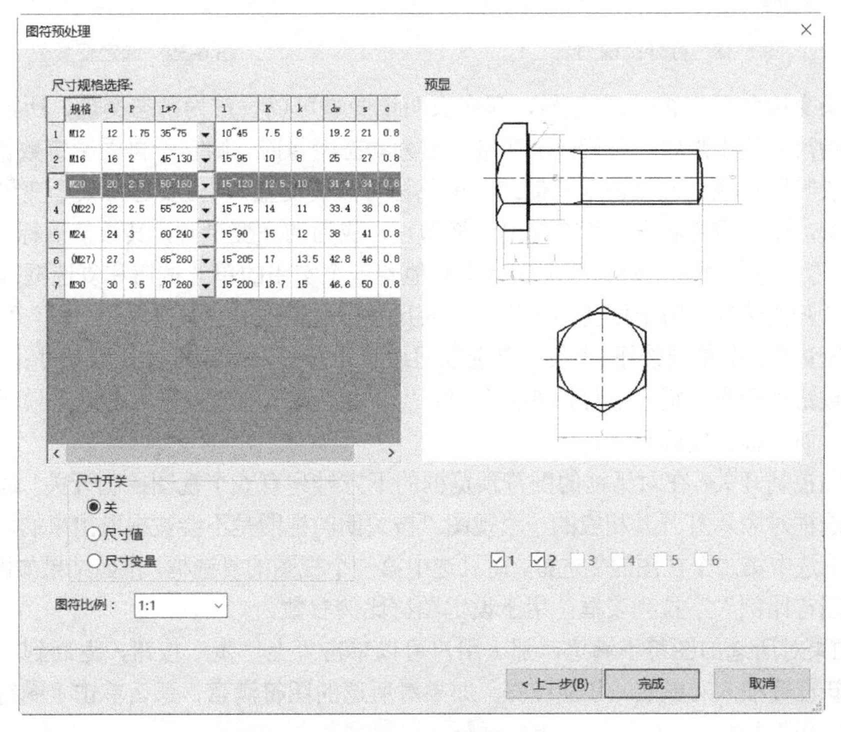

	规格	d	P	L*?	l	K	k	dw	s	e
1	M12	12	1.75	35~75	10~45	7.5	6	19.2	21	0.8
2	M16	16	2	45~130	15~95	10	8	25	27	0.8
3	M20	20	2.5	50~160	15~120	12.5	10	31.4	34	0.8
4	(M22)	22	2.5	55~220	15~175	14	11	33.4	36	0.8
5	M24	24	3	60~240	15~90	15	12	38	41	0.8
6	(M27)	27	3	65~260	15~205	17	13.5	42.8	46	0.8
7	M30	30	3.5	70~260	15~200	18.7	15	46.6	50	0.8

图 6-37　“图符预处理”对话框

用户需要注意以下两点。

☑ 如果尺寸变量名后带有“*”符号，那么表明该尺寸变量为系列变量，其所对应的列单元格中只给出了一个范围，例如给出的范围为 50～160，用户可以单击该单元格右端的下三角按钮▾，然后从出现的如图 6-38 所示的下拉列表中选择所需的数值，选择数值后则在该单元格中显示该选定的值，如图 6-39 所示。用户也可以在该单元格中输入新的所需的值。

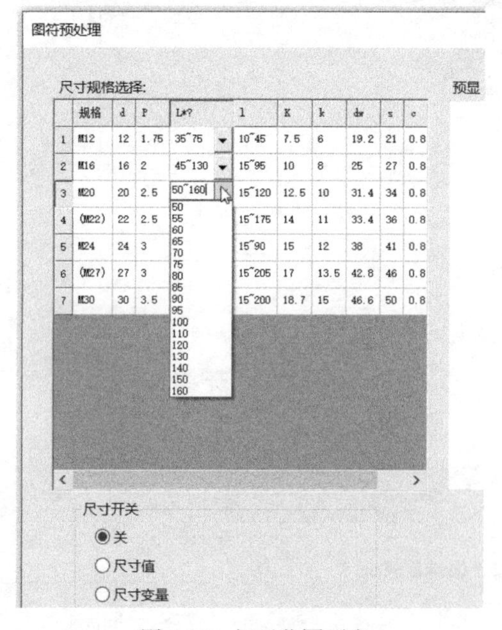

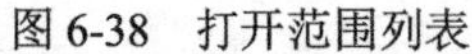
图 6-38　打开范围列表

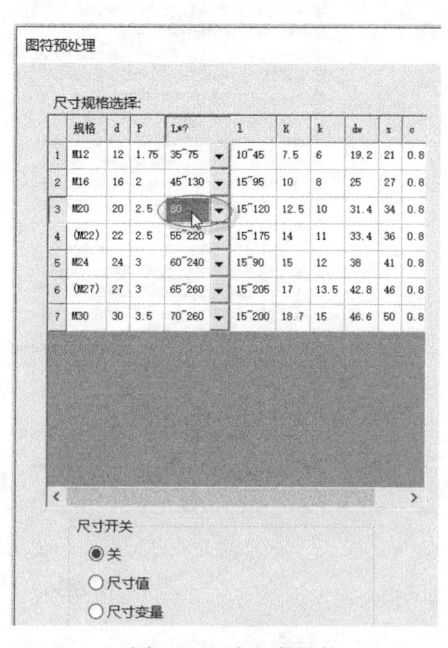

图 6-39　选定变量值

☑ 如果变量名后带有“?”符号，那么表明该变量可以设定为动态变量，所谓的动态变量是指尺寸值不限定，当某一个变量设定为动态变量时，则它不再受给定数据的约束，在提取时用户通过键盘输入新值或拖曳鼠标可改变变量大小。要想将某个变量设置为动态变量，那么需要右击其所在的单元格即可，成为动态变量时，其数值后标有“?”符号。

（4）在“图符预处理”对话框中还具有其他若干个实用的单选按钮和复选框等。

☑ 尺寸开关选项：用于控制图形提取后的尺寸标注情况。一共提供了“关”“尺寸值”“尺寸变量”3 个单选按钮。“关”单选按钮用于设置提取后不标注任何尺寸；“尺寸值”单选按钮用于设置提取后标注实际尺寸；“尺寸变量”单选按钮用于设置只标注尺寸变量名，而不标注实际尺寸。

☑ 视图控制开关：在对话框的图符预览框的下方排列有 6 个视图控制开关。选中某个开关复选框时表示打开其相应的一个视图。被关闭的视图是不会被提取出来的。例如，假设取消选中第二个视图的复选框，而只选中第一个视图的复选框，预显结果如图 6-40 所示。

☑ “图符比例”下拉列表框：用于设定图符比例参数。

（5）如果对所选的图符不满意，那么用户可以单击“上一步”按钮，返回到“插入图符”对话框，重新设置插入（提取）其他图符。如果对所选的图符满意，那么单击“图符预处理”对话框中的“完成”按钮。

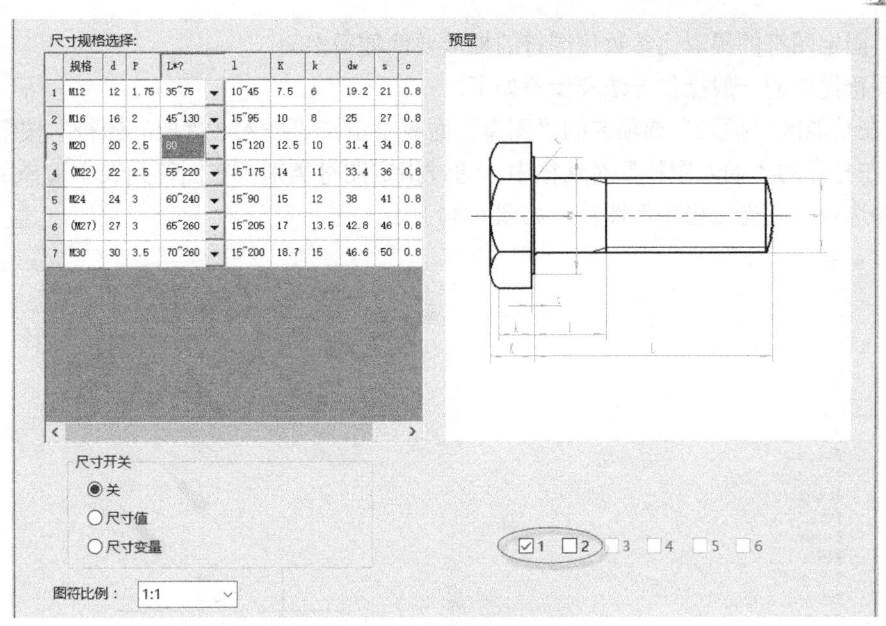

图 6-40　使用视图控制开关

（6）此时，位于绘图区的十字光标处已经带着图符，如图 6-41 所示的示例图符。在如图 6-42 所示的立即菜单中设置是否打散块，以及设置不打散时是否允许图符提取后消隐。

（7）在系统提示下指定图符定位点，接着指定图符旋转角度，例如输入图符旋转角度为 30，完成一个视图的提取插入，效果如图 6-43 所示。

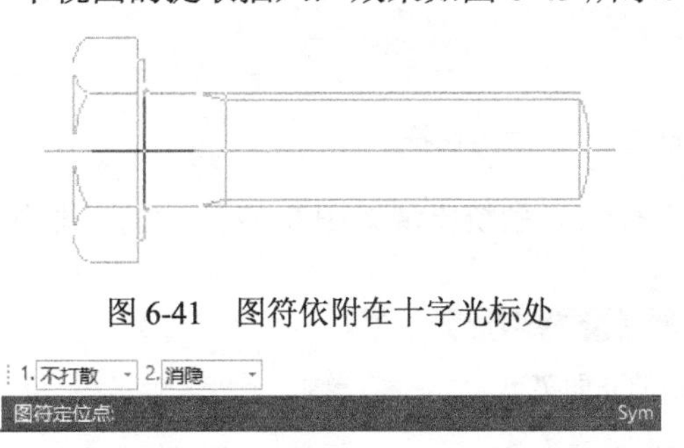

图 6-41　图符依附在十字光标处

图 6-42　在出现的立即菜单中设置

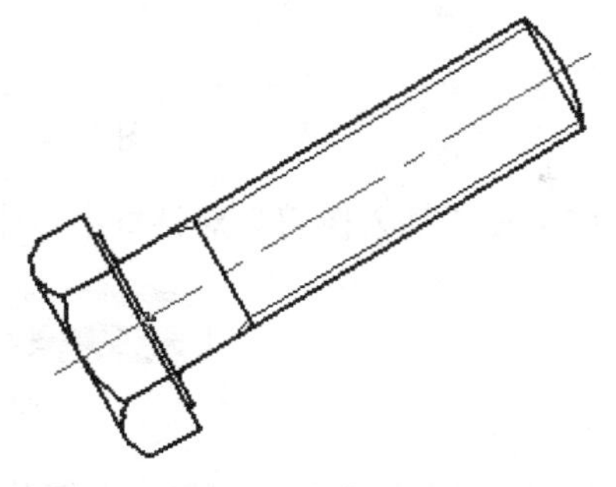

图 6-43　完成一个视图的提取插入

如果设置了动态确定的尺寸且该尺寸包含在当前视图中，那么在确定了视图的旋转角度后，系统会在状态栏中出现“请拖动确定 X 的值：”的提示信息（注意这里的 X 表示尺寸名）。在该提示下指定该尺寸的数值。图符中可以包含有多个动态尺寸，这时需要分别确定这些动态尺寸的值。

（8）如果图符具有多个视图，则绘图内的十字光标又自动带上另一个视图，继续在提示下进行指定图符定位点和旋转角度的操作。当一个图符的所有打开的视图提取完成之后，系统默认开始重复提取。

（9）右击可结束插入（提取）图符操作。

2. 固定图符提取

除了参数化图符之外，还有一部分是固定图符，如电气元件类和液压符号类的图符就多属于固定图符。固定图符的提取比参数化图符的提取要简便得多。

固定图符提取的一般操作方法及步骤如下。

（1）在功能区“插入”选项卡的“图库”面板中单击“插入（提取）图符”按钮。

（2）在打开的“插入图符”对话框中，通过指定图符类别，在图符列表中选择所需的固定图符，例如选择“发光二极管”图符，如图 6-44 所示。

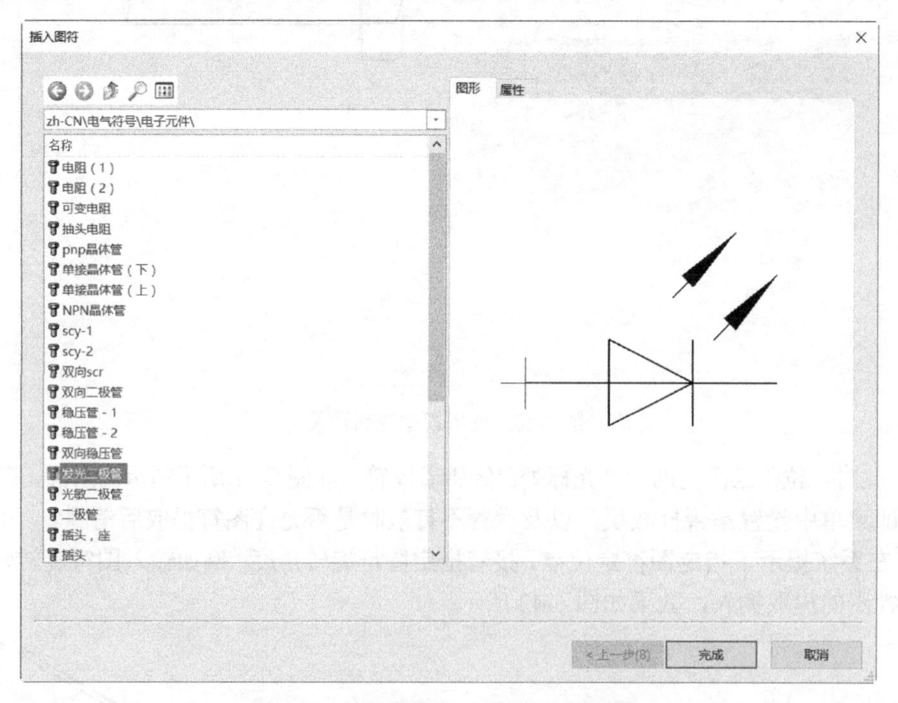

图 6-44　选择“发光二极管”固定图符

（3）在“插入图符”对话框中单击“完成”按钮。系统出现如图 6-45 所示的立即菜单。

图 6-45　出现的立即菜单

（4）在“1.”中单击可以在“打散”和“不打散”选项之间切换，以设置生成的图符是否被打散。当在“1.”中设置为“不打散”选项时，在“2.”中设置生成的图符是否消隐。

（5）根据实际设计要求，用户可以设置放缩倍数。

（6）在提示下指定图符定位点，以及指定图符旋转角度。例如指定“发光二极管”固定图符的定位点为（20,0），旋转角度为 0，右击结束操作，提取“发光二极管”固定图符的效果如图 6-46 所示。

前面介绍了使用图库的“插入（提取）图符”命令来提取参数化图符和固定图符，在这里再介绍使用一种简便的方法来进行图符提取，这就是使用“图库”选项板来进行图符提取。打开“图库”选项板，如图 6-47 所示，在其中指定图符类别后选择要提取的图符，接着按住鼠标左键将图符拖放到右边的绘图区中，利用弹出来的对话框设置相关参数，以及在立即菜单中设置是否打散和消隐图符等，然后指定图符定位点和图符旋转角度即可。

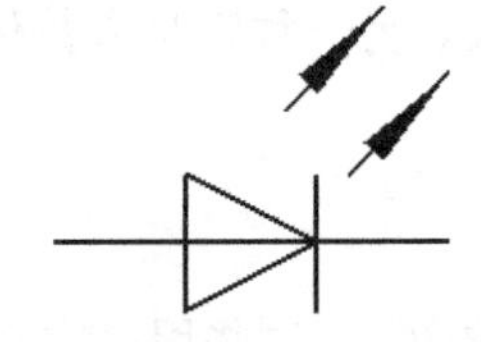

图 6-46　“发光二极管”固定图符提取效果　　　　图 6-47　使用“图库”选项板来提取图符

6.3.2　图符驱动

图符驱动是指对已经提取出来的没有被打散的图符进行驱动，更换图符或者改变已提取图符的尺寸标注情况、尺寸规格和输出形式等参数。

驱动图符的典型方法及步骤如下。

（1）在功能区“插入”选项卡的“图库”面板中单击“图符驱动”按钮。

（2）此时系统出现“请选择想要变更的图符：”的提示信息，同时当前绘图中所有未被打散的图符将特别显示。使用鼠标左键拾取想要变更的图符。

（3）系统弹出“图符预处理”对话框，如图 6-48 所示。利用该对话框，对图符的尺寸规格、尺寸开关、图符视图开关等项目进行相关的修改。

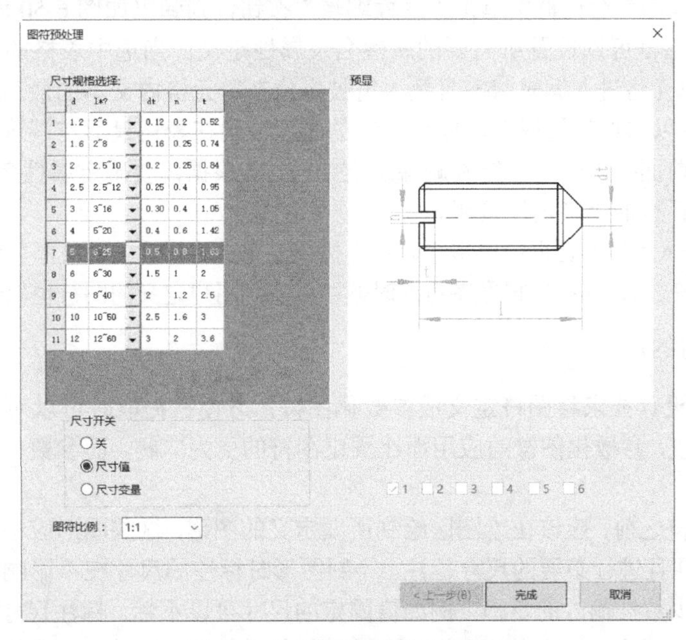

图 6-48　“图符预处理”对话框

（4）在“图符预处理”对话框中单击“完成”按钮。绘图区内的原图符被驱动，即被修改后的图符代替，但图符的定位点和旋转角始终保持不变。

6.3.3 定义图符

定义图符其实就是根据实际需求来建立自己的图库，这样可以满足在某些特定设计场合下提高作图效率。

图符定义也分两种情况：一种是固定图符的定义，另一种则是参数化图符的定义。下面介绍这两种类型的图符定义。

1. 固定图符的定义

在定义固定图符之前，一定要准备好所要定义的图形。这些用来定义固定图符的图形应尽量按照实际的尺寸比例来绘制，可不必标注尺寸。通常将电气元件、字形图符定义成固定图符。

定义固定图符的方法和步骤如下。

（1）在功能区“插入”选项卡的“图库”面板中单击“定义图符”按钮。

（2）系统提示选择第 1 视图。可以单个拾取第 1 视图的所有元素，也可以采用窗口拾取，拾取完后右击。

（3）指定第 1 视图的基点。最好将基点指定在视图的关键点或特殊位置点处，如圆心、中心点、端点、主要交点等。

（4）系统提示选择第 2 视图。接着选择图形元素和基准点。可以指定第 2 到第 6 视图的元素和基准点。定义所需的视图后右击。如果不再需要另外的视图，则直接右击。

（5）系统弹出“图符入库”对话框，在该对话框中选择存储到的类别，并在相应的文本框中输入新建类别名称和图符名称，如图 6-49 所示。

如果在“图符入库”对话框中单击“属性编辑”按钮，则弹出如图 6-50 所示的“属性编辑”对话框，利用该对话框可以设置所需要的属性名及属性定义。当选中表格的有效单元格时，按 F2 键可以使当前单元格进入编辑状态且插入符被定位在单元格内文本的最后。系统默认提供了 10 个属性，用户可以增加新的属性，要增加新的属性，则在表格最后左端选择区双击即可，当然也可以在某一行前面插入一个空行和删除选定的一行。根据需要确定属性名与属性定义后，单击“属性编辑”对话框的“确定”按钮。

（6）在“图符入库”对话框中单击“确定”按钮，完成将新建的图符添加到自定义的图库中。

定义好固定图符之后，在执行提取图符的时候可以看到用户定义的图符也出现的指定的图库中。

2. 参数化图符的定义

用户可以根据设计要求将图符定义成参数化图符，方便在提取时可以对图符的尺寸加以控制。就应用面来比较，参数化图符的应用面比固定图符的更为广阔，而参数化图符应用起来也更为灵活。

定义参数化图符之前，应该在绘图区绘制所要定义的图形，这些图形应该尽量按照实际的尺寸比例准确绘制，并且进行必要的尺寸标注。绘制图形时标注的尺寸在不影响定义和提取的前提下尽量少标，以减少数据输入的负担，例如值固定的尺寸可以不标。标注尺寸时，尺寸线尽量从图形元素的特征点处引出，必要时可以专门绘制一个点作为标注的引出点或将相应的图形元素在

需要标注处打断（这样做是为了便于系统进行尺寸的定位吸附）。另外要注意的是，图符中的剖面线、块、文字和填充等是用定位点来定义的，以剖面线为例来说，要求在绘制图符的过程中画剖面线时，必须对每个封闭的剖面区域均单独地应用一次剖面线绘制命令。

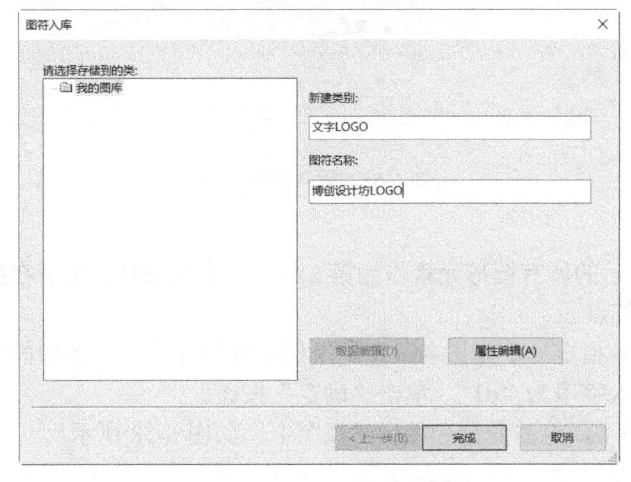

图 6-49　“图符入库”对话框

图 6-50　“属性编辑”对话框

下面通过一个范例介绍参数化图符的定义方法。

【课堂范例】：垫圈参数化图符的定义

（1）在绘图区绘制如图 6-51 所示的图形，图中未注倒角均为 C2（即 2×45°），该图形由两个视图组成。注意两个封闭区域内的剖面线均要单独绘制。本书在随书附赠资源 CH6 文件夹中也提供了该范例所需的素材文件。

（2）在功能区“插入”选项卡的“图库”面板中单击“定义图符”按钮。

（3）系统提示选取第 1 视图。使用窗口方式选择如图 6-52 所示的图形元素作为第 1 视图，右击确认。

（4）选择如图 6-53 所示的线段中点作为该视图的基点。

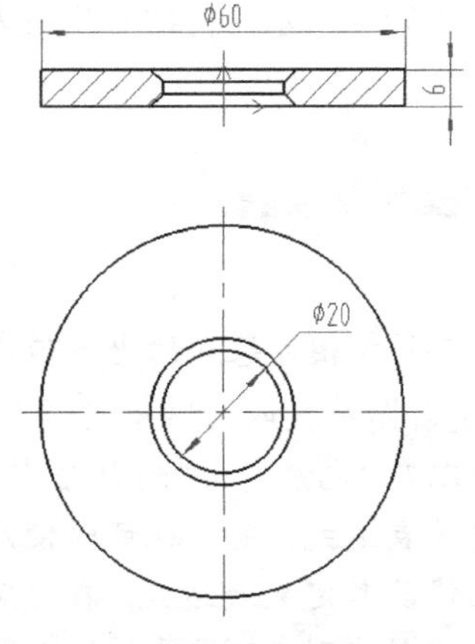

图 6-51　绘制垫圈的两个图形

图 6-52　指定第 1 视图

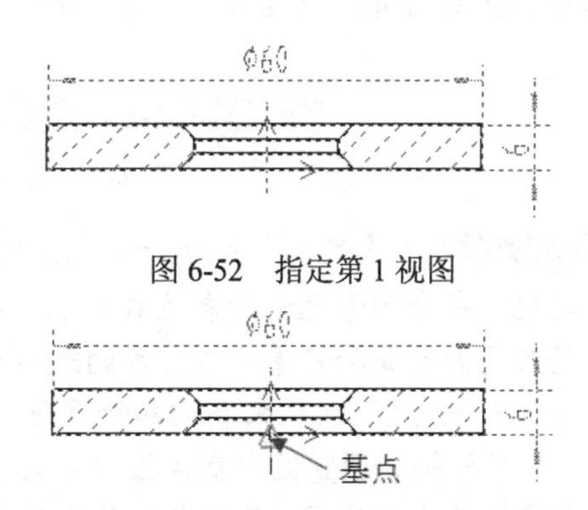

图 6-53　指定第一视图的基点

（5）系统提示请为该视图的各个尺寸指定一个变量名。使用鼠标左键拾取第 1 视图中的直径尺寸“Φ60”，并在出现的如图 6-54 所示的文本框中输入字串为“D”，单击“确定”按钮。接着使用鼠标左键拾取第 1 视图中的垫圈厚度尺寸“6”，并在出现的如图 6-55 所示的文本框中输入字串为“H”，单击“确定”按钮。

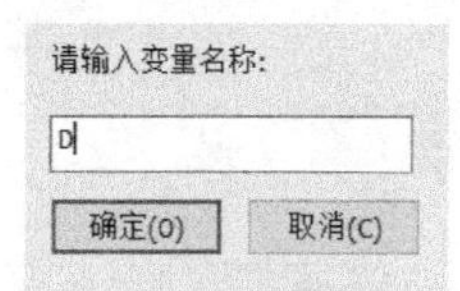

图 6-54　输入变量名 1

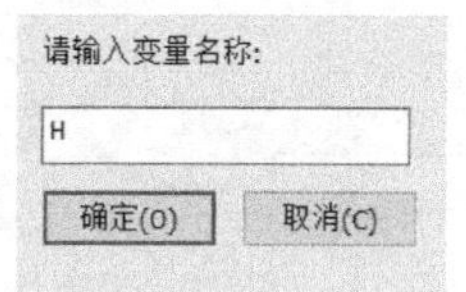

图 6-55　输入变量名 2

（6）右击进入下一步。

（7）使用窗口方式选择如图 6-56 所示的所有图形元素作为第 2 视图，右击确认，接着在提示下选择如图 6-57 所示的圆心位置作为基点。

（8）系统提示请为该视图的各个尺寸指定一个变量名。使用鼠标左键拾取第 2 视图中的直径尺寸“Φ20”，并在出现的文本框中输入字串为“d1”，单击“确定”按钮。

此时两个视图的尺寸变量名都定义好了，这些变量名显示在视图中，如图 6-58 所示。

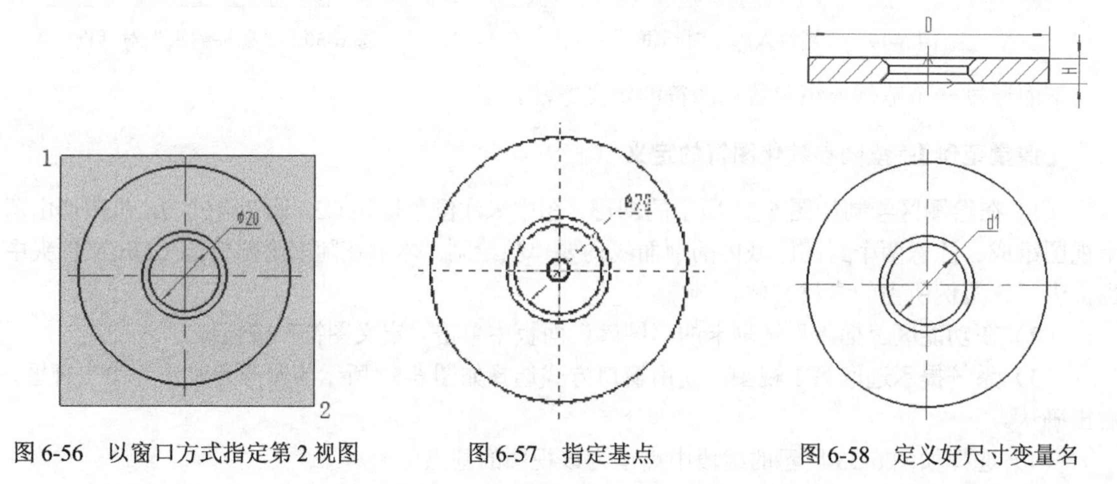

图 6-56　以窗口方式指定第 2 视图　　图 6-57　指定基点　　图 6-58　定义好尺寸变量名

（9）右击进入下一步。系统提示选择第 3 视图，如图 6-59 所示，再次右击进入下一步，系统弹出如图 6-60 所示的“元素定义”对话框。

图 6-59　提示选择第 3 视图

知识点拨：元素定义是把每一个元素的各个定义点写成相对基点的坐标值表达式，使图符实现参数化。每个图形元素的表达式正确与否，将决定着图符提取的准确与否。CAXA 电子图板会自动为元素生成和完善一些简单的表达式，用户可以在“元素定义”对话框中通过单击“上一元素”和“下一元素”按钮来查询和修改每个元素的定义表达式。用户也可以使用鼠标左键在“元素定义”对话框的预览区中直接拾取元素，来查询与修改其定义表达式。在定义中心线时需要注意其起点和终点表达式，另外在定义剖面线和填充的定位点时，应该要保证选取一个在尺寸取值范围内都能保证落在封闭边界内的点，这样提取时才能保证在不同的尺寸规格下都能生成正确的剖面线与填充。

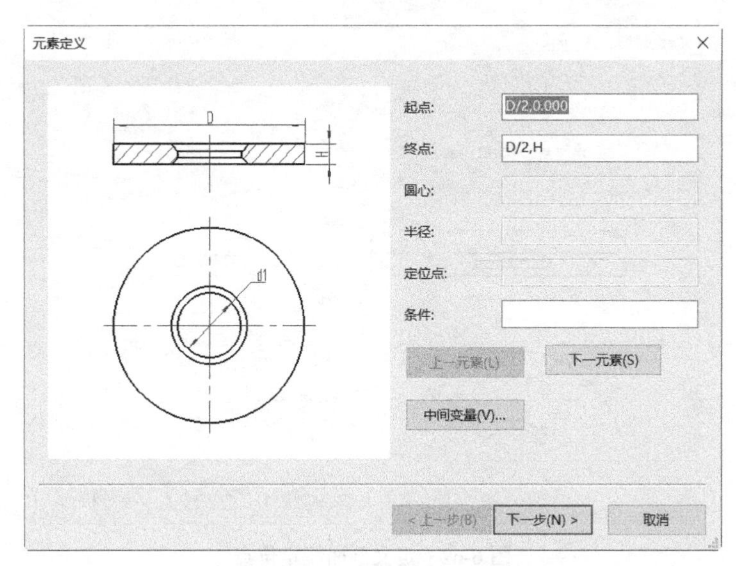

图 6-60 “元素定义”对话框

☑ 定义中心线时，起点和终点的定义表达式不一定要和绘图时的实际坐标相吻合。通常定义中心线的两个端点超出轮廓线 2～5mm 即可。例如在本例中定义第 1 视图中心线的起点和终点表达式如图 6-61 所示。第 2 视图中心线的起点和终点表达式也要考虑设置其超出轮廓线 3mm，两组中心线的表达式分别为“起点：D/2+3,0.000；终点：-D/2-3,0.000”“起点：0.000,D/2+3；终点：0.000,-D/2-3”。

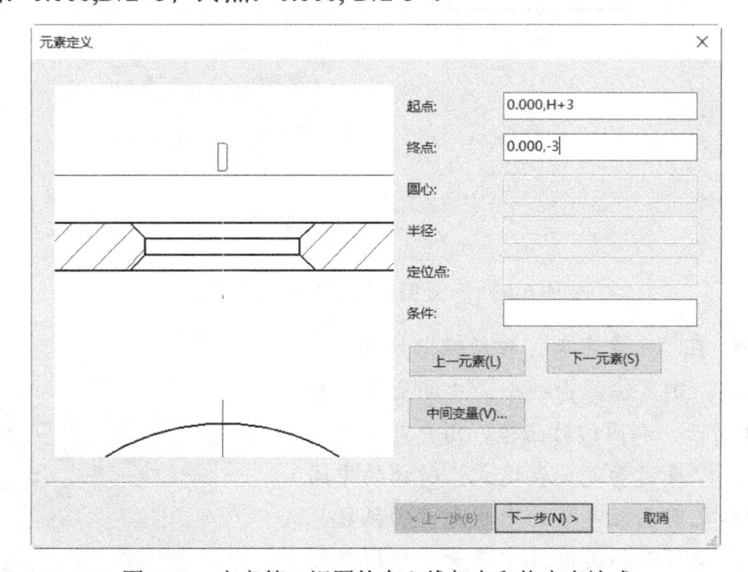

图 6-61 定义第 1 视图的中心线起点和终点表达式

☑ 在本例中，定义右半部分剖面线的定位点表达式为“(D+d1)/4,H/2”，如图 6-62 所示。左半部分剖面线的定位点表达式为“-(D+d1)/4,H/2”。

☑ 在本例中，定义第 1 视图各倒角轮廓线时需要注意其起点表达式和终点表达式，图 6-63 给出了其中一处倒角轮廓线的起止点表达式。

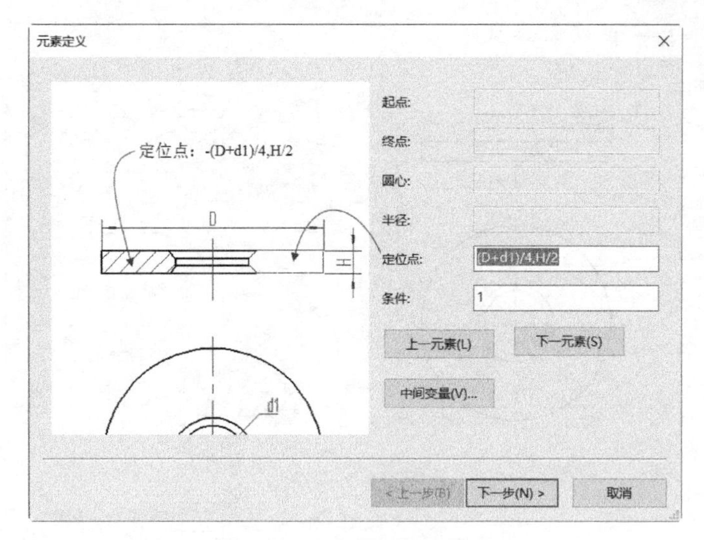

图 6-62 定义剖面线定位点

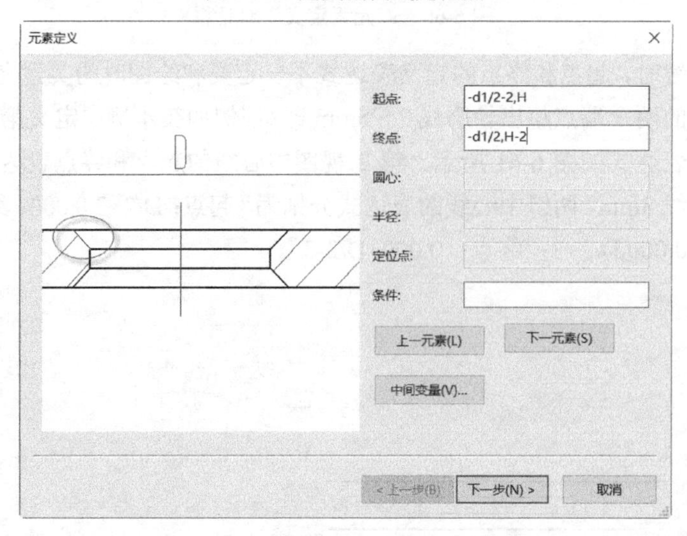

图 6-63 一处倒角线段的表达式定义

知识点拨： 在“元素定义”对话框中如果单击“中间变量”按钮，则系统弹出一个“中间变量”对话框，如图 6-64 所示。利用该对话框，用户可以定义一个中间变量名，以及变量定义表达式。所谓的中间变量是尺寸变量和之前已经定义的中间变量的函数，定义中间变量后，便可以和其他尺寸变量一样用在图形元素的定义表达式中。使用中间变量可以简化一些图形元素的表达式，便于建库。

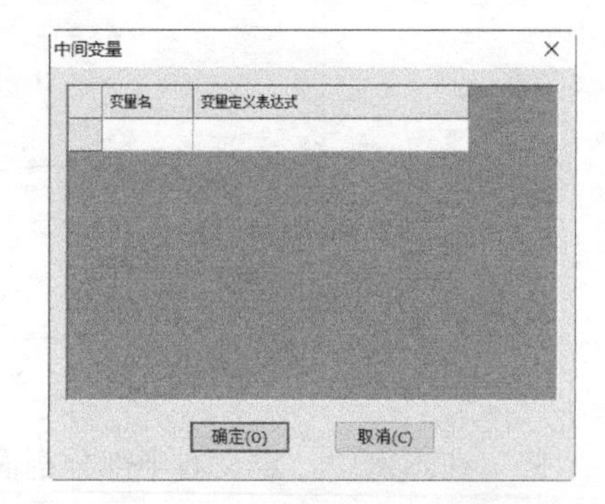

图 6-64 “中间变量”对话框

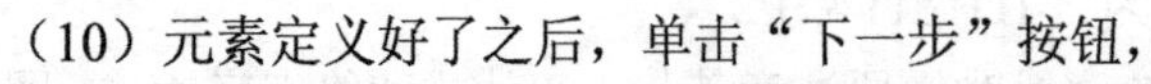

（10）元素定义好了之后，单击“下一步”按钮，系统弹出如图 6-65 所示的“变量属性定义”对话框。利用该对话框定义变量的属性（如为系列变量或动态变量），系统默认的变量属性均为“否”，即变量既不是系列变量也不是动态变量。在

本例中采用系统默认的变量属性设置，接着在“变量属性定义”对话框中单击“下一步”按钮。

（11）系统弹出“图符入库”对话框，在该对话框选择存储到类别，并在“新建类别”文本框中输入“用户自定义垫圈”，在“图符名称”文本框中输入“BC_常用垫圈 A”，如图 6-66 所示。

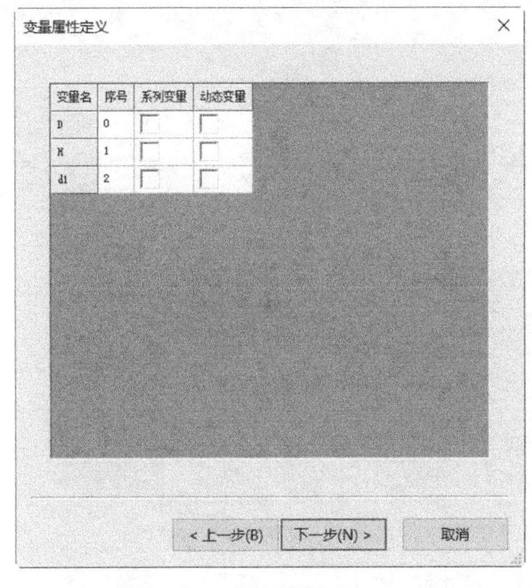

图 6-65 “变量属性定义”对话框

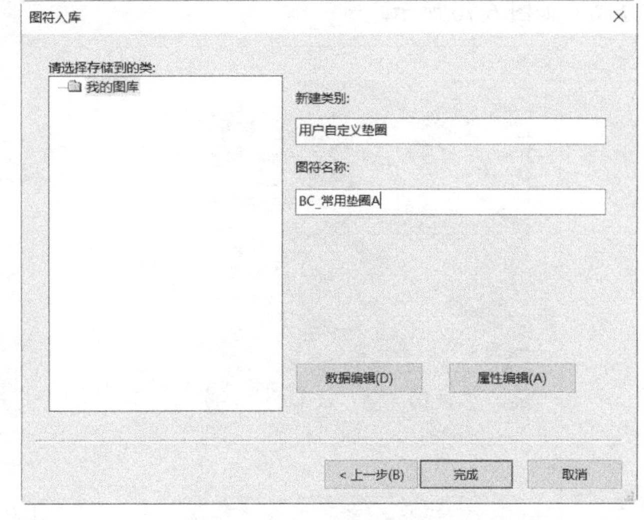

图 6-66 “图符入库”对话框

（12）在“图符入库”对话框中单击“数据编辑”按钮，打开“标准数据录入与编辑”对话框，在该对话框分别输入若干组数据，如图 6-67 所示，然后单击“确定”按钮。

（13）在“图符入库”对话框中单击“完成”按钮，完成该参数化图符的定义。之后，用户在进行插入（提取）图符操作时，可以看到新建的图符已经出现的相应的类中，如图 6-68 所示。

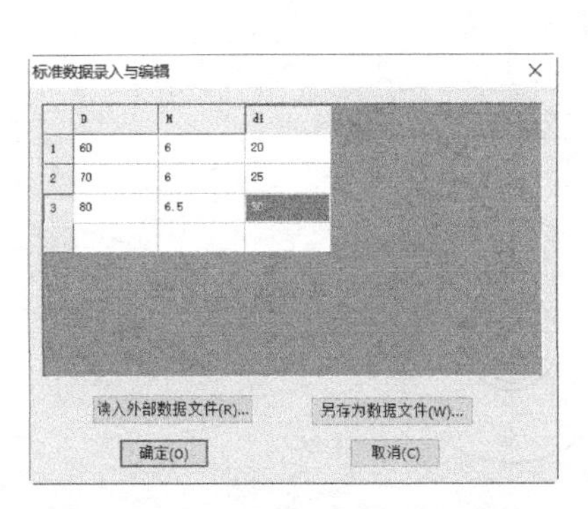

图 6-67 “标准数据录入与编辑”对话框

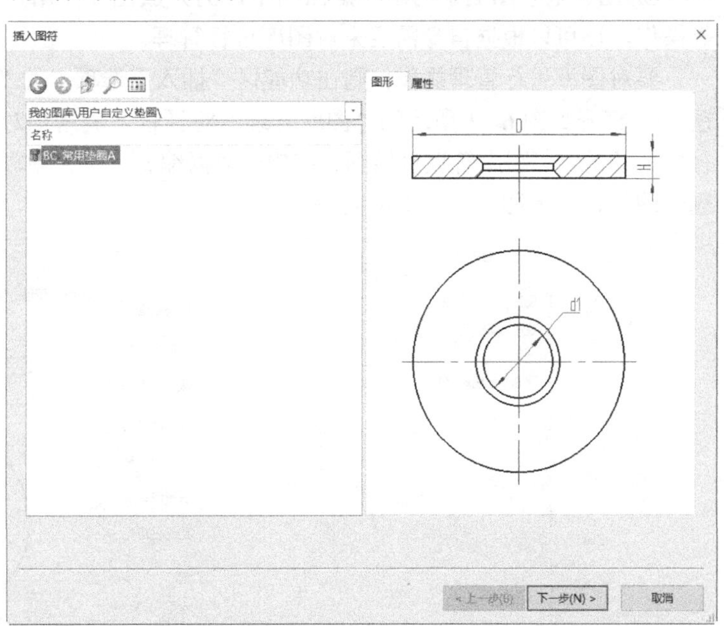

图 6-68 插入（提取）图符

进阶点拨： 在该实例的操作过程中，假设在“变量属性定义”对话框中将变量D设置为系列变量，如图6-69所示，那么之后在“图符入库”对话框中单击“数据编辑”按钮，打开“标准数据录入与编辑”对话框，单击列头“D*”时，需要输入该系列变量的所有取值，并以逗号分隔，如图6-70所示。

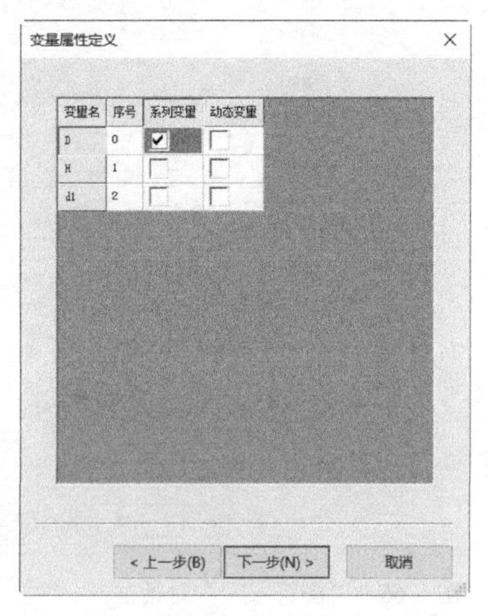

图6-69　将变量D设置为系列变量

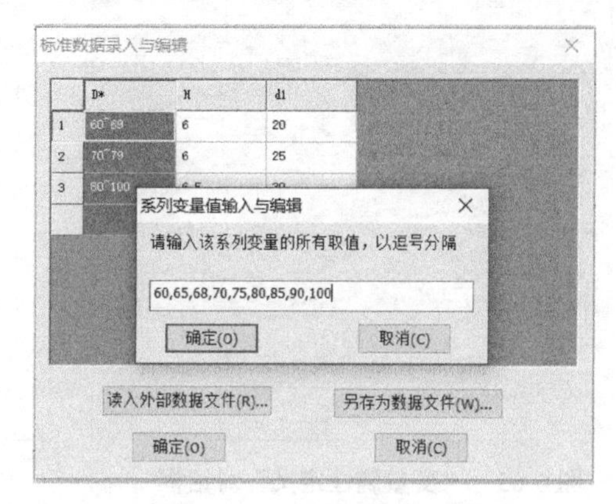

图6-70　系列变量值输入与编辑

6.3.4　图库管理

CAXA 电子图板中的图库是面向用户的开放图库，用户不但可以进行提取图符、定义图符等操作，还可以根据自身需要来对图库进行管理。

要对图库进行管理操作，则在功能区“插入”选项卡的“图库”面板中单击“图库管理”按钮，打开如图6-71所示的“图库管理”对话框，利用该对话框提供的图库管理工具对图库进行相关的管理。图库管理包括图符编辑、数据编辑、属性编辑、导出图符、并入图符、图符改名、删除图符、向上移动和向下移动等。

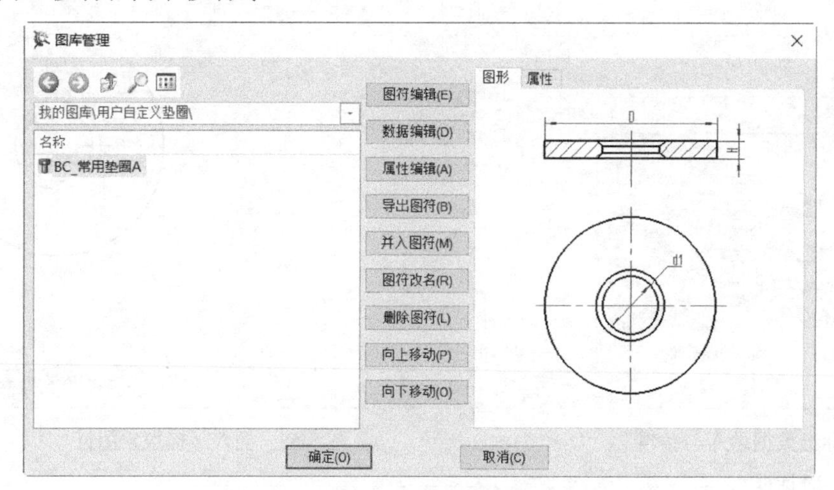

图6-71　“图库管理”对话框

1. 图符编辑

图符编辑是指对图符进行再定义。可以根据需求利用图库中现有的图符进行修改、部分删除、添加或重新组合来定义成相类似的新图符。

图符编辑的一般方法和步骤如下。

（1）在“图库管理”对话框中查找并选择要编辑的图符名称，右侧图形预览框给出了图符预览效果。

（2）单击“图符编辑”按钮，出现如图 6-72 所示的命令列表，包含“进入元素定义”“进入编辑图形”“进入编辑属性”“取消”命令。

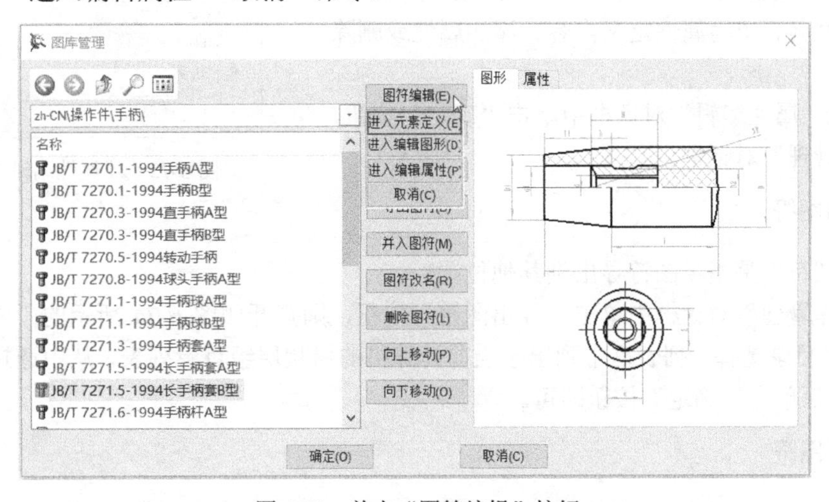

图 6-72 单击“图符编辑”按钮

（3）如果要修改参量图符中图形元素的定义或尺寸变量的属性，那么选择“进入元素定义”命令，打开“元素定义”对话框，然后进行相关的元素定义操作即可。

（4）如果对图符的图形、基点、尺寸或尺寸名等进行编辑，那么选择“进入编辑图形”命令，则 CAXA 电子图板把该图符插入绘图区来进行编辑。在绘图区显示了图符的各个视图，以及显示了相关的尺寸变量。视图内部被打散成互不相关的元素，同时各元素保留原来定义过的诸多信息。用户根据实际情况对图形进行相关的编辑，如添加尺寸、添加曲线或者删除曲线等。图形编辑完成后，接着就是对修改过的图符进行重新定义。如果需要，还可以进入属性编辑操作。

（5）在定义图符入库时，如果继续使用原来图符的类别和名称，那么以替换原图符的方式来实现原图符的修改。另外，也可以输入一个新的名称来创建一个新的图符。

2. 数据编辑

这里所述的“数据编辑”是指对参数化图符原有的数据进行编辑，如更改数值、添加或删除数据。

（1）在“图库管理”对话框中查找并选择要进行数据编辑的图符名称。

（2）单击“数据编辑”按钮，将打开“标准数据录入与编辑”对话框。

（3）在“标准数据录入与编辑”对话框中，对数据进行修改。

（4）完成后单击“确定”按钮，返回“图库管理”对话框。

3. 属性编辑

这里所述的“属性编辑”是指对图符原有的属性进行修改、添加或删除操作，其一般方法和步骤如下。

（1）在“图库管理”对话框中查找并选择要进行属性编辑的图符名称。

（2）单击“属性编辑”按钮，打开“属性编辑”对话框，如图 6-73 所示。

（3）在“属性编辑”对话框中对属性进行编辑，例如修改属性名、填写属性定义内容、添加属性或删除指定的属性。

（4）在“属性编辑”对话框中单击“确定”按钮，返回“图库管理”对话框。

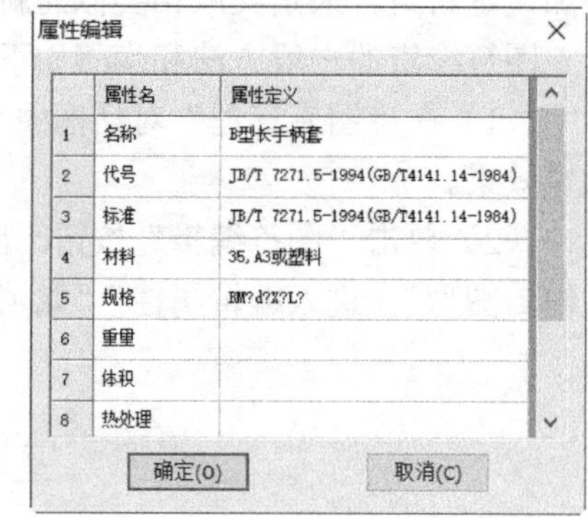

图 6-73 “属性编辑”对话框

4. 导出图符

“导出图符”是指将图符导出到其他位置。

在“图库管理”对话框中单击“导出图符”按钮，则打开如图 6-74 所示的“浏览文件夹”对话框。在“目录选择”列表框中列出了当前计算机的树状层级目录列表，从中选择保存的路径（目录），然后单击“确定”按钮即可。

5. 并入图符

“并入图符”是指将所需要的图符并入图库。并入图库的一般方法及步骤如下。

（1）在“图库管理”对话框中单击“并入图符”按钮，弹出如图 6-75 所示的“并入图符”对话框。

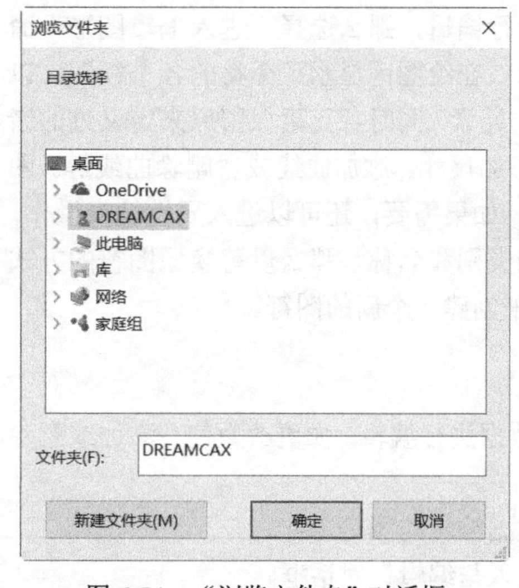

图 6-74 “浏览文件夹”对话框

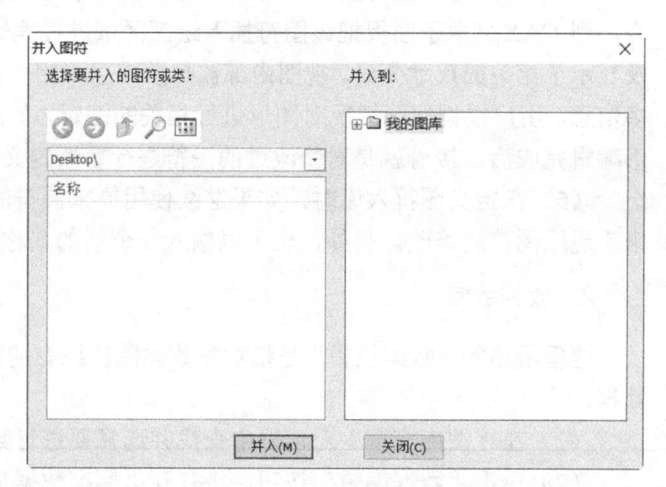

图 6-75 “并入图符”对话框

（2）在“并入图符”对话框左侧区域选择要并入的文件或文件夹，在右侧区域选择并入后保存的位置。

（3）单击“并入图符”对话框中的“并入”按钮，从而完成将需要的图符并入到图库。

6. 图符改名

“图符改名”是指对图符原有的名称及图符类别的名称进行更改。进行图符改名的典型方法及步骤如下。

（1）在“图库管理”对话框中选择要改名的图符。

（2）在“图库管理”对话框中单击“图符改名”按钮，系统弹出“图符改名”对话框，如图 6-76 所示。

（3）在“图符改名”对话框的文本框中输入新的图符名称。

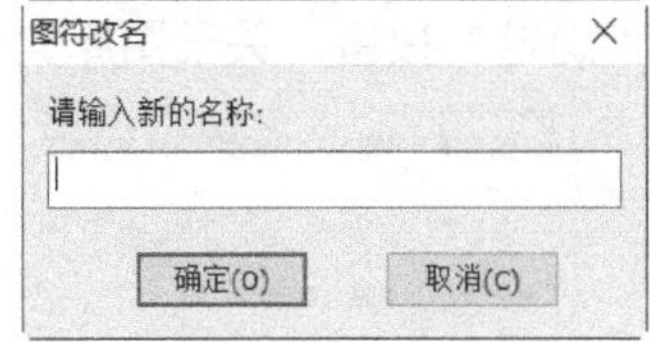

图 6-76 “图符改名”对话框

（4）在“图符改名”对话框中单击“确定”按钮，返回到“图库管理”对话框。可以进行其他图符管理操作，全部完成后，单击“确定”按钮即可。

7. 删除图符

“图库管理”对话框中的“删除图符”按钮用于删除图库中无用的图符，并可以一次性删除无用的一个类别所包含的多个图符。

（1）在“图库管理”对话框中选择要删除的图符。

（2）单击“删除图符”按钮。

（3）系统弹出如图 6-77 所示的“确认文件删除”对话框，询问用户是否确实要将所选项放入回收站，单击“确定”按钮，确认删除此图符或此类别的图符。

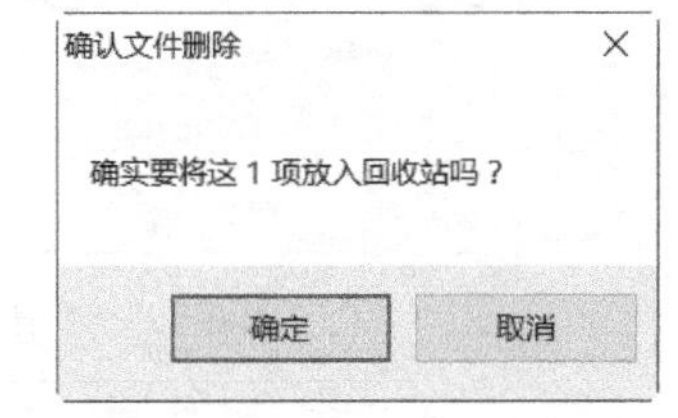

图 6-77 “确认文件删除”对话框

在进行删除图符的操作时，一定要谨慎，以免造成不必要的误操作而使某些有用的图符丢失。

8. 向上移动或向下移动

“图库管理”对话框的“向上移动”和“向下移动”按钮用于调整在图库中选定的文件夹或图符在当前目录下的排序位置。

6.3.5 图库转换

“图库转换”主要有两种用途：一种是将用户在旧版本中自己定义的图库转换为当前的图库格式；另一种则是将用户在另一台计算机上定义的图库加入本计算机的图库中。

在功能区“插入”选项卡的“图库”面板中单击“图库转换”按钮，弹出如图 6-78 所示的“图库转换”对话框，该对话框提供了一个“选择电子图板 2007 或更早版本的模板文件”复选框。若选中“选择电子图板 2007 或更早版本的模板文件”复选框，则可单击“浏览”按钮，打开如

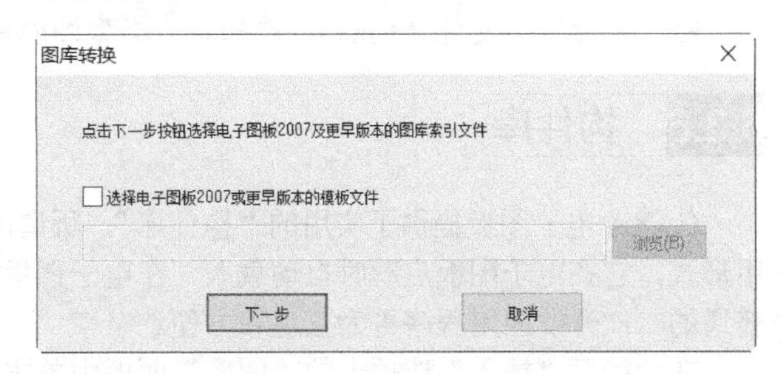

图 6-78 “图库转换”对话框

图 6-79 所示的“请选择电子图板 2007 或更早版本的模板文件”对话框，利用此对话框选择所需的模板文件。若不选中“选择电子图板 2007 或更早版本的模板文件”复选框，直接单击“下一步”按钮，系统弹出如图 6-80 所示的“打开旧版本主索引或小类索引文件”对话框，在该对话框中选择要转换的图库的索引文件（既可以选择主索引文件，也可以选择图库索引文件），然后单击“确定”按钮。关于图库索引文件和主索引文件的操作说明如下。

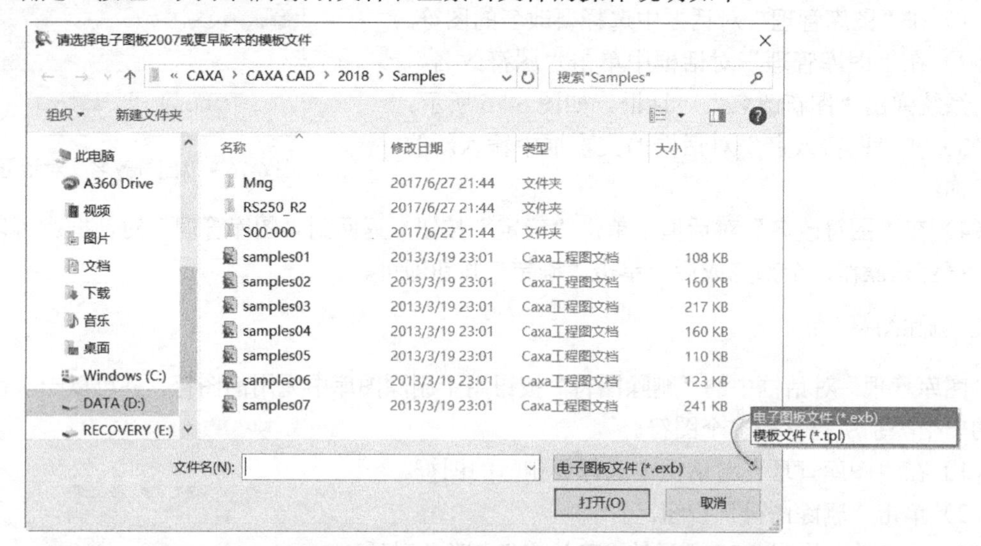

图 6-79 “请选择电子图板 2007 或更早版本的模板文件”对话框

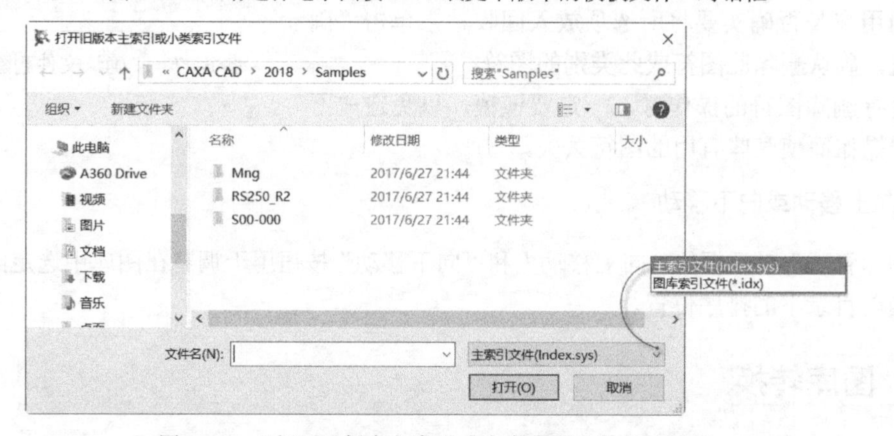

图 6-80 “打开旧版本主索引或小类索引文件”对话框

☑ 主索引文件（Index.sys）：将所有类型图库同时转换。

☑ 图库索引文件（*.idx）：选择单一类型图库进行转换。

6.3.6 构件库

CAXA 电子图板提供了实用的“构件库”，所谓的“构件库”是一种新的二次开发模块的应用形式，它在电子图板启动时自动载入，在电子图板关闭时自动退出。“构件库”的功能使用比普通的二次开发应用程序更为直观和方便。

在功能区“插入”选项卡的“图库”面板中单击“构件库”按钮，系统弹出如图 6-81 所

示的“构件库”对话框。在“构件库”下拉列表框中可以选择已经存在的不同的构件库，在“选择构件”选项组中列出了所选构件库中的所有构件，选中某一个所需要的构件时，系统则在“功能说明”选项组中显示所选构件的简要功能说明。单击“确定”按钮后继续执行所选构件的相关操作。

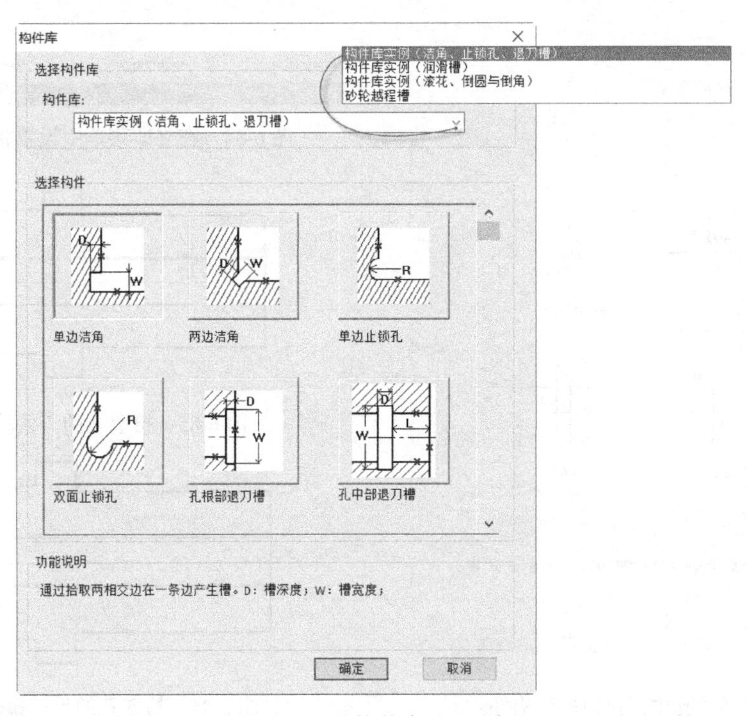

图 6-81 “构件库”对话框

【课堂范例】：使用构件库进行设计

范例目的是使读者基本掌握使用构件会获得所需的图形结构。

（1）打开位于随书附赠资源 CH6 文件夹中的“BC_使用构件库练习.exb”文件，该文件中存在着的原始图形如图 6-82 所示。

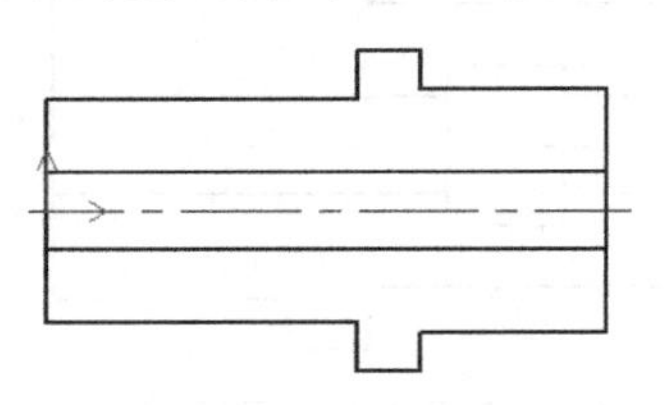

图 6-82 已有图形

（2）在功能区“插入”选项卡的“图库”面板中单击“构件库”按钮，打开“构件库”对话框。

（3）在“构件库”下拉列表框中选择“构件库实例（洁角、止锁孔、退刀槽)”，在“选择构件”选项组中选择“孔中部退刀槽”构件，如图 6-83 所示。

（4）在“构件库”对话框中单击“确定”按钮。

（5）在出现的立即菜单中分别设置“1.槽直径 W”“2.槽深度 D”“3.槽端距”值，设置结果如图 6-84 所示。

（6）系统提示拾取孔的一条轮廓线。在该提示下单击如图 6-85 所示的孔轮廓线 1。

（7）系统提示拾取孔的另一条轮廓线。在该提示下单击如图 6-86 所示的轮廓线 2。

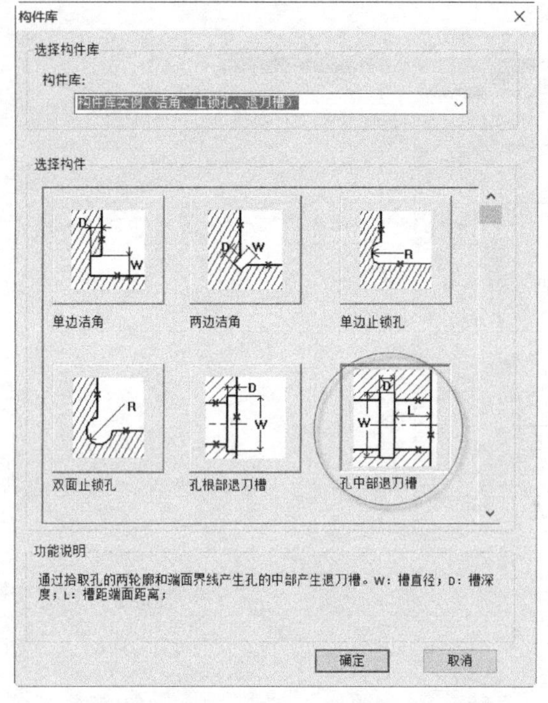

图 6-83　选择“孔中部弧刀槽”构件

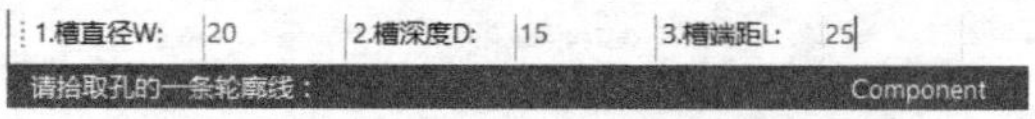

1.槽直径W: 20　2.槽深度D: 15　3.槽端距L: 25

请拾取孔的一条轮廓线：　Component

图 6-84　在立即菜单中设置相关参数值

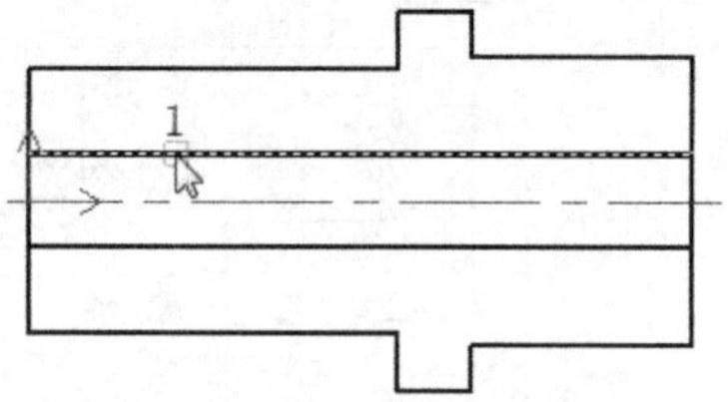

图 6-85　拾取孔的一条轮廓线

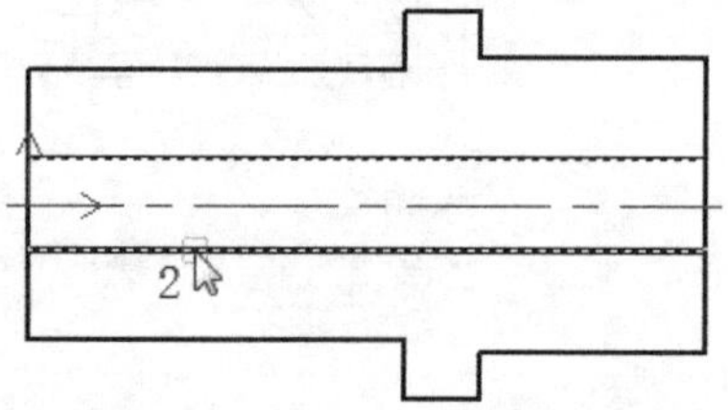

图 6-86　拾取孔的另一条轮廓线

（8）系统提示拾取孔的端面线。在该提示下选择如图 6-87 所示的孔端面线（轮廓线 3）。生成的孔中部退刀槽图形如图 6-88 所示。

（9）将“剖面线层”设置为当前图层，接着在该层上绘制剖面线，完成的效果如图 6-89 所示。

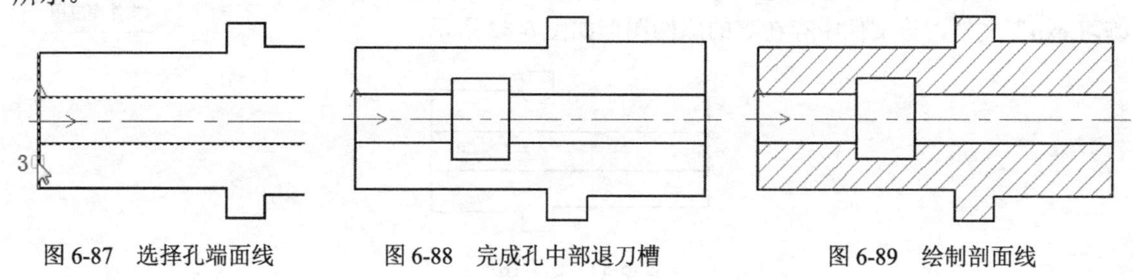

图 6-87　选择孔端面线　　图 6-88　完成孔中部退刀槽　　图 6-89　绘制剖面线

6.4　插入图片

在实际设计工作中，有时候需要在 CAD 图形中插入所需的图片，例如需要插入图片作为底图、实物参考等。一个典型的应用就是插入图片来辅助进行 LOGO 设计。下面结合示例介绍选

择图片插入当前图形中作为参照。

（1）新建一个使用“GB-A3（CHS）”模板的图形文件，在功能区“插入”选项卡的“图片”面板中单击“插入图片”按钮（见图 6-90），系统弹出“打开”对话框。

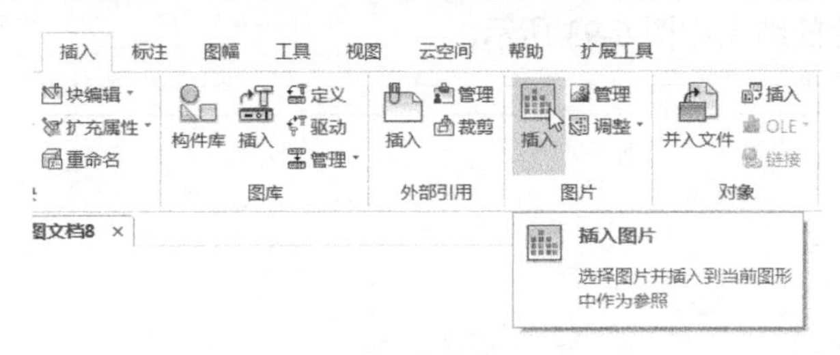

图 6-90　单击“插入图片”按钮

（2）在“打开”对话框中选择文件类型，接着选择要插入的图片文件，如图 6-91 所示，然后单击“打开”按钮。

图 6-91　选择要插入的图片文件

（3）系统弹出如图 6-92 所示的“图像”对话框。在该对话框中设置路径与嵌入选项，设置插入点、比例和旋转选项及参数，然后单击“确定”按钮。

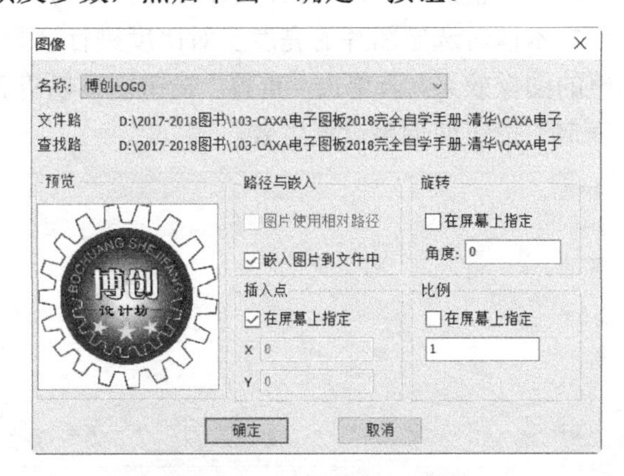

图 6-92　“图像”对话框

（4）由于之前在“图像”对话框选中了“插入点”选项组中的“在屏幕上指定”复选框，那么需要使用鼠标在屏幕上指定插入点位置来完成图片的放置位置，而比例和旋转由之前设定的参数确定。

在绘图中插入图片的结果如图 6-93 所示。

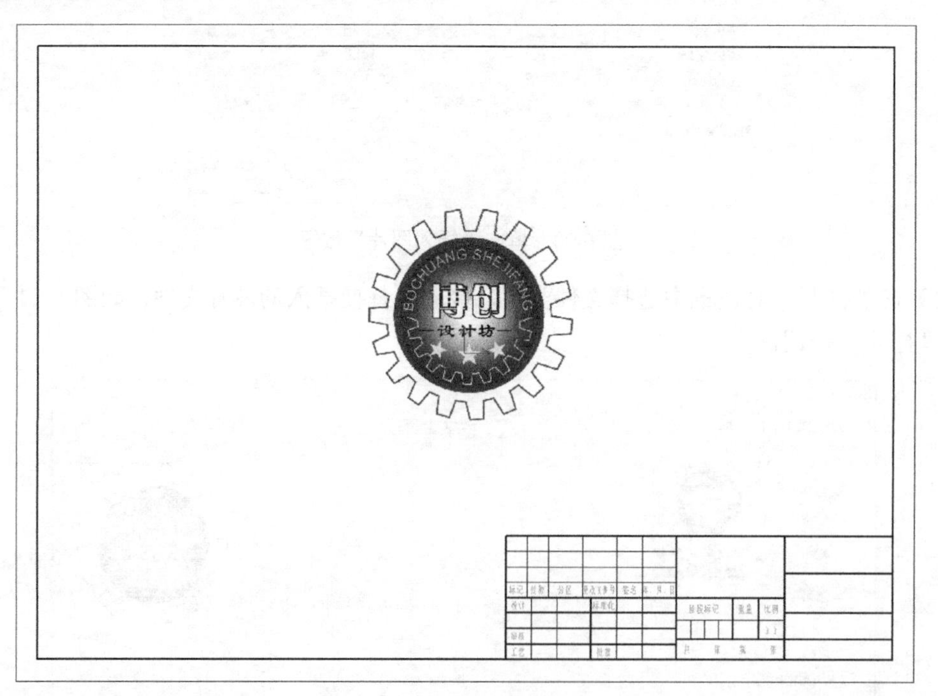

图 6-93　插入图片的结果

对于在电子图板中插入的图片而言，可以对其进行特性编辑、实体编辑和图像调整等操作。图片特性编辑的思路是利用“特性”选项板来查看并编辑图片的属性、几何信息等；图片实体编辑包括夹点编辑（平移和缩放）、平移、旋转、缩放、阵列、镜像、删除等操作，注意系统不支持诸如剪裁、过渡、齐边、打断、拉伸等曲线编辑操作用于图片编辑；图像调整是指对插入图像的亮度和对比度进行调整，其方法是在功能区“插入”选项卡的“图片”面板中单击“图像调整”按钮，接着在绘图区选择需要调整的图片并确认，系统弹出如图 6-94 所示的“图像调整”对话框，从中可以使用滑块或文本框对选定图片的亮度及对比度进行调整，在右侧的“图片测试”预览框中可以预览当前调整的图像效果，若单击“重置”按钮则可以将亮度和对比度恢复为默认状态，调整完毕后单击“确定”按钮使调整设置生效。

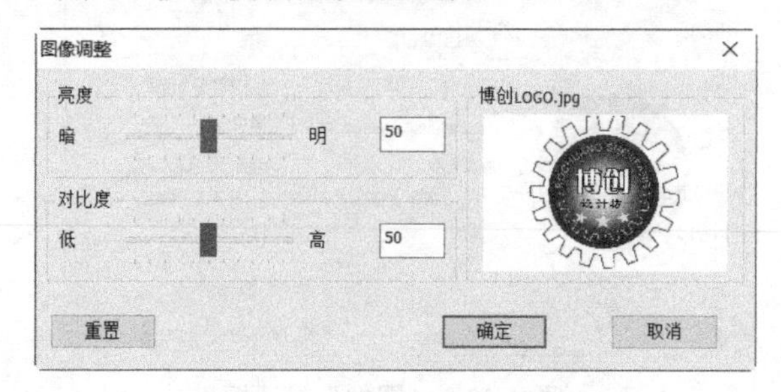

图 6-94　“图像调整”对话框

如果要对插入的图像进行裁剪，那么可以先在功能区“插入”选项卡的“图片”面板中单击“图像裁剪”按钮，接着选择要裁剪的图像，以及在立即菜单中设置裁剪方式为“新建边界”“删除边界”“开”或“关”，并进行相关裁剪操作即可。

此外，可以通过统一的图片管理器设置图片文件的保存路径、链接等参数。其方法是在功能区“插入”选项卡的“图片”面板中单击“管理”按钮，系统弹出如图 6-95 所示的“图片管理器”对话框，单击“相对路径”和“嵌入”下方相应单元格内的复选框即可进行修改。注意要使用相对路径链接则要求必须先将电子图板文件进行存盘。

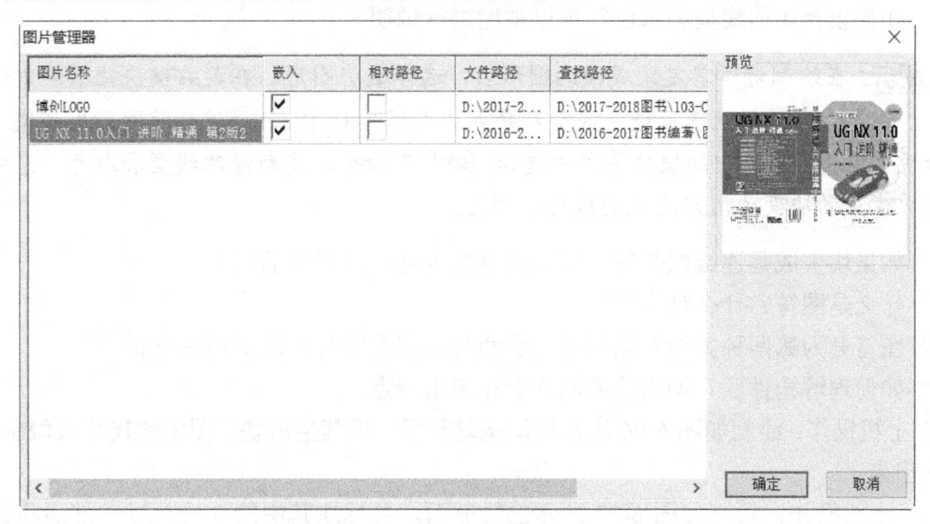

图 6-95　“图片管理器”对话框

6.5 本 章 小 结

在设计工作中，要想成为一名 CAXA 电子图板的使用高手，需要熟练理解图层应用，掌握块操作与图库操作等方面的高级应用。

本章首先介绍图层应用的知识，包括设置图层的属性、设置当前图层、图层创建、图层改名、图层删除这些方面的实用知识。这些知识能够帮助读者从对层模糊理解过渡到系统而深刻地理解和掌握。

接着介绍块操作知识点。在 CAXA 电子图板中，块是一种应用广泛的图形元素，它是复合型的图形实体，可以由用户根据设计情况来定义。在块操作这部分内容中，介绍的知识有：创建块、块消隐、属性定义、插入块、编辑块、块在位编辑和块的其他操作。

最后介绍的知识是库操作和插入图片。这部分的内容包括图符提取、图符驱动、图符定义、图库管理、图库转换、构件库和插入图片。读者在学习这部分知识时，一定要掌握图符和图库的概念，以及了解图库在设计实践中的用途和应用技巧等。

通过本章的认真学习，读者的设计理解能力应该得到一定程度的提升。

6.6 思考与练习

（1）如何设置图层的属性？

（2）如何新建一个图层？如果要将新建的图层删除，那么应该怎样操作？

（3）简述块生成的典型方法与步骤。

（4）如何设置块的线型和颜色？可以举例进行说明。

提示： 在绘制好所需定义成块的图形后，选择这些图形，在其右键快捷菜单中选择“特性”命令，利用打开的属性选项板将线型和颜色均设置为 ByBlock。然后将图形生成块，生成块后，选择块并右击，在弹出的快捷菜单中选择“特性”命令，重新修改线型和颜色，完成后便可以看到刚才生成的块变为用户定义的线型和颜色。

（5）如果块生成是逐级嵌套的，那么块打散也是逐级打散的吗？

（6）什么是图符？什么是图库？

（7）图符分为哪两种类型？如何定义这两种类型的图符？请举例进行说明。

（8）如何理解构件库？如构件库的概念和应用特点。

（9）上机操作：绘制如图 6-96 所示的深沟球轴承，将其生成块，图中的尺寸只做制图参考，不用标注出来。

（10）上机操作：绘制如图 6-97 所示的轴截面，并标注其中的 3 个尺寸，然后将该视图定义成参数化图符。

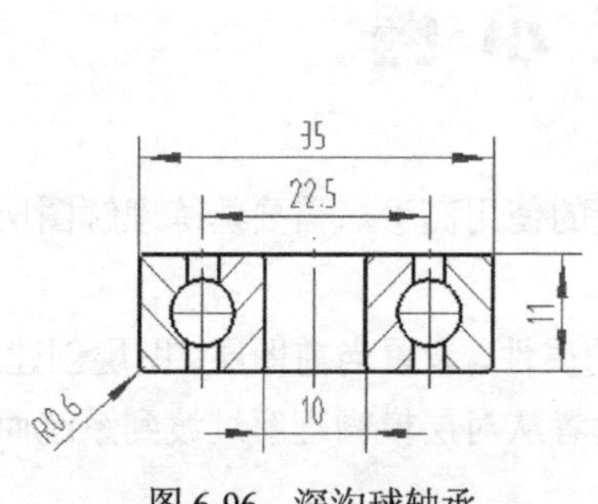

图 6-96 深沟球轴承

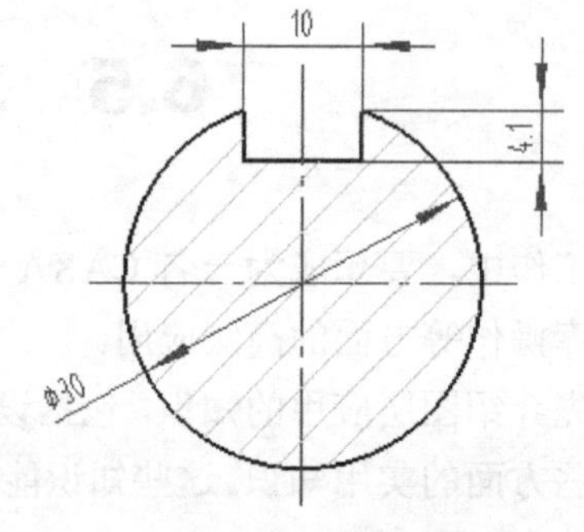

图 6-97 轴截面

（11）上机操作：绘制一根轴，要求使用构件库在该轴上应用“轴中部圆弧退刀槽”。轴的形状和具体形状尺寸由读者自由发挥。

第7章 图幅操作

本章导读

完整的工程图纸还应该包括图纸幅面等内容。国标对机械制图的图纸大小是有规定的，例如标准的图纸大小规格有 A0、A1、A2、A3 和 A4。在 CAXA 电子图板中可以很方便地调用图纸幅面的相关设置，为制图带来极大的方便。

本章全面而系统地介绍图幅设置、图框设置、标题栏、零件序号和明细栏这方面的知识，最后还介绍了一个典型的图幅操作范例。

7.1 图幅设置

可以为一个图纸指定图纸尺寸、图纸比例、图纸方向等参数。在如图 7-1 所示的功能区“图幅”选项卡中单击“图幅设置”按钮，或者从如图 7-2 所示的“幅面”菜单中选择“图幅设置”命令，打开“图幅设置”对话框。

图 7-1　功能区“图幅”选项卡

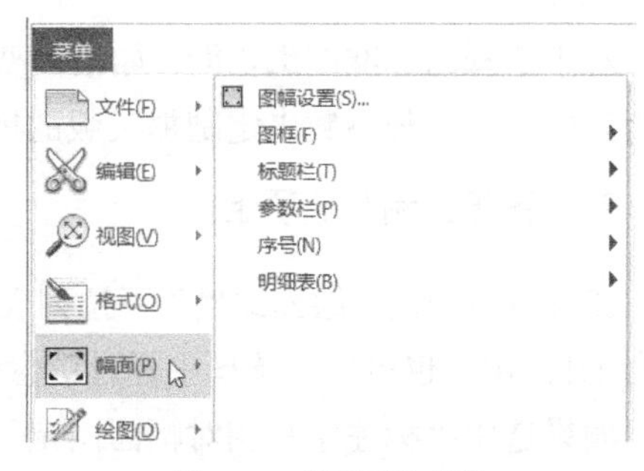

图 7-2　“幅面”菜单

利用“图幅设置”对话框，可以选择标准图纸幅面或自定义图纸幅面，也可以根据实际情况设置图纸比例和图纸方向，以及调入图框、标题栏并设置当前图纸内所绘装配图中的零件序号、明细表风格等，如图 7-3 所示。

下面介绍“图幅设置”对话框中各主要部分的功能含义。

1. “图纸幅面”选项组

在该选项组的“图纸幅面”下拉列表框中，可以选择 A0、A1、A2、A3 或 A4 标准图纸幅面选项，也可以选择“用户自定义”选项。当选择某一标准图纸幅面选项时，在“宽度”和“高度”文本框中相应地显示该图纸幅面的宽度值和高度值，此时宽度值和高度值是锁定的；如果选择“用户自定义”选项时，则可以在“宽度”文本框中输入图纸幅面的宽度值，以及在“高度”文本框中输入图纸幅面的高度值。

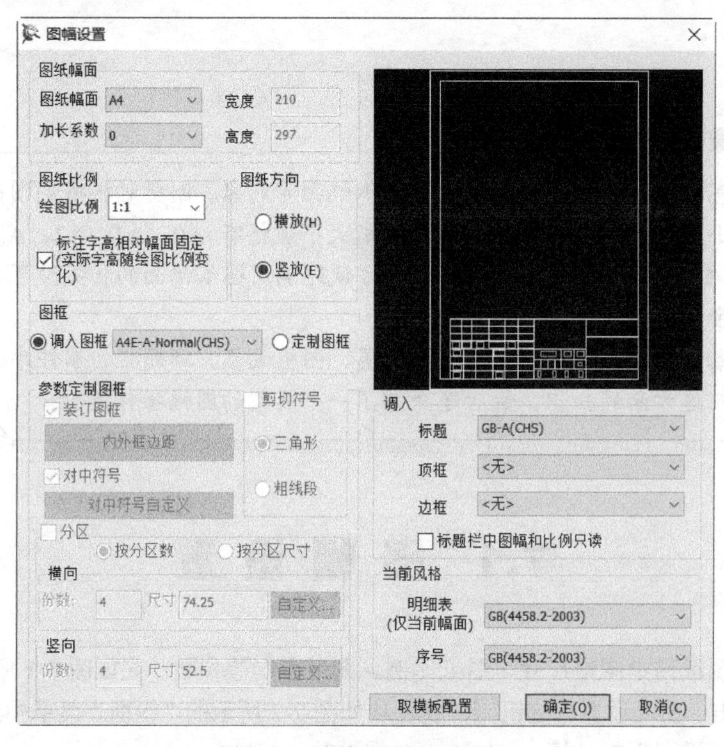

图 7-3 “图幅设置”对话框

对于选择的标准图纸幅面，如果需要，还可以通过在“加长系数”下拉列表框中选择系统提供的其中一种加长系数来定制加长版的图纸幅面。

2. “图纸比例”选项组

在该选项组的“绘图比例”下拉列表框中提供了国家标准规定的比例系列值，默认的绘图比例为 1:1。用户也可以在该框中通过键盘输入新的比例值。

如果选中“标注字高相对幅面固定”复选框，那么实际字高随绘图比例变化。

3. “图纸方向”选项组

在该选项组中，可以选中“横放”或“竖放”单选按钮。

4. “图框”选项组

该选项组提供“调入图框”和“定制图框”单选按钮。当选中“调入图框”单选按钮时，“图框”下拉列表框可用，其中列出了电子图板模板路径下包含的全部图框，如图 7-4 所示，从中选择所需的一个图框选项，则所选图框会自动显示在对话框的预显框内；当选中“定制图框”单选

按钮时，“图框”下拉列表框不可用，此时激活“参数定制图框”选项组。

5. “参数定制图框”选项组

在该选项组中可以通过设置图框参数来生成符合国家标准规定的图框，而参数定制图框的基本幅面信息来源于当前的图幅设置。参数定制图框的内容包括 4 个方面，即是否装订图框、是否具有对中符号、是否定义分区、是否添加剪切符号。

6. “调入”选项组

“调入”选项组提供了“标题（标题栏）”“顶框”“边框”3 个下拉列表框。从“标题”下拉列表框中可以选择系统提供的一种标准栏选项，如图 7-5 所示，当选择某一种标题栏选项时，该标题栏自动显示在对话框的预显框内。根据需要，可以从“顶框”下拉列表框中选择系统提供的一种顶框栏选项，从“边框”下拉列表框中选择一种边框栏选项。

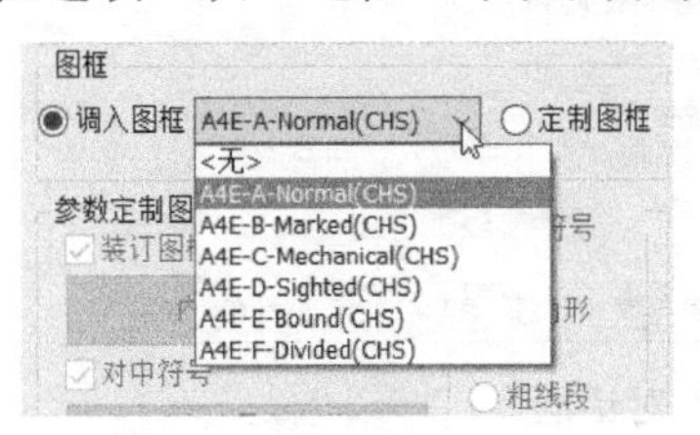

图 7-4　选择图框样式

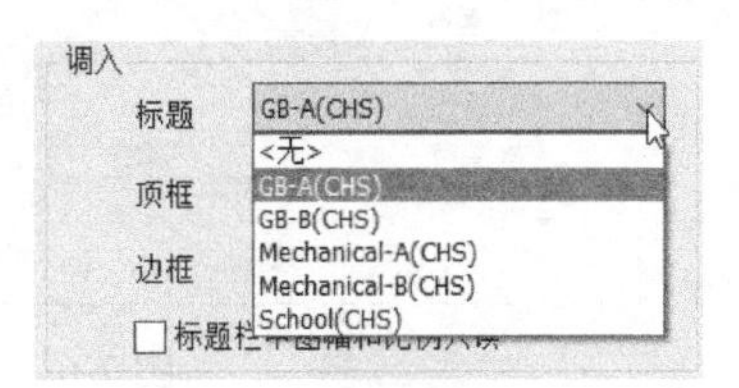

图 7-5　选择标题栏样式

7. “当前风格”选项组

“当前风格”选项组提供了“明细表（仅当前幅面）”和“序号”两个下拉列表框。在“明细表（仅当前幅面）”下拉列表框中可选择适用当前图纸幅面的一种明细表样式；在“序号”下拉列表框中可选择当前图纸的一种序号样式。

8. “取模板配置”按钮

单击“取模板配置”按钮，则打开一个下拉菜单，从中可选择系统提供的某一个模板来快速定义当前幅面配置。

下面介绍一个关于 A3 图幅设置的范例。

【课堂范例】：A3 图幅设置

（1）在一个空的图形文档中，从功能区“图幅”选项卡的“图幅”面板中单击“图幅设置”按钮，打开“图幅设置”对话框。

（2）在“图纸幅面”选项组的“图纸幅面”下拉列表框中选择 A3，默认的加长系数为 0；在“图纸比例”选项组中设置绘图比例为 1:1，并选中“标注字高相对幅面固定”复选框；在“图纸方向”选项组中选中“横放”单选按钮；在“图框”选项组中选中“调入图框”单选按钮，并从“图框”下拉列表框中选择 A3A-E-Bound(CHS)；在“调入”选项组的“标题”下拉列表框中选择 GB-A(CHS)，从“顶框”下拉列表框中选择 Top_paratitle(CHS)，从“边框”下拉列表框中选择 Bottom_paratitle(CHS)，如图 7-6 所示。

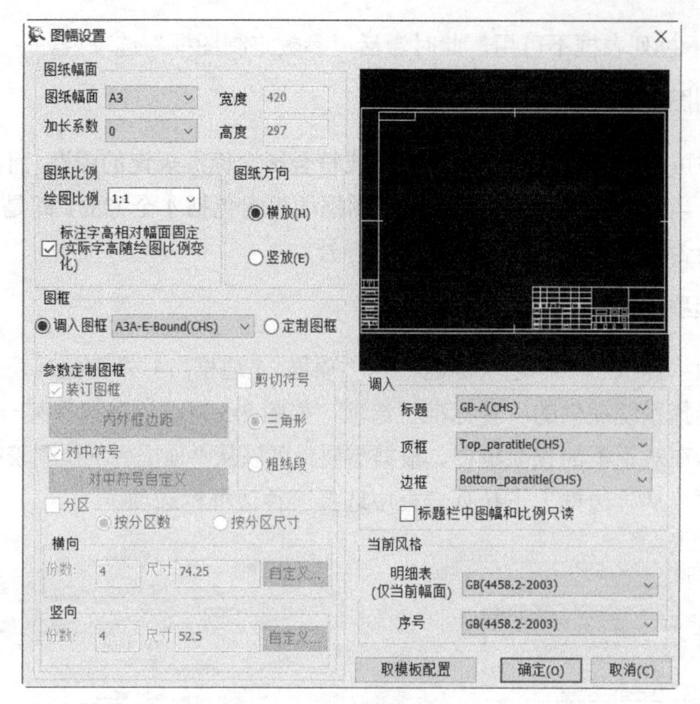

图 7-6 “图幅设置”对话框

（3）在“图幅设置”对话框中单击“确定”按钮，完成设置的横放 A3 图纸幅面如图 7-7 所示。

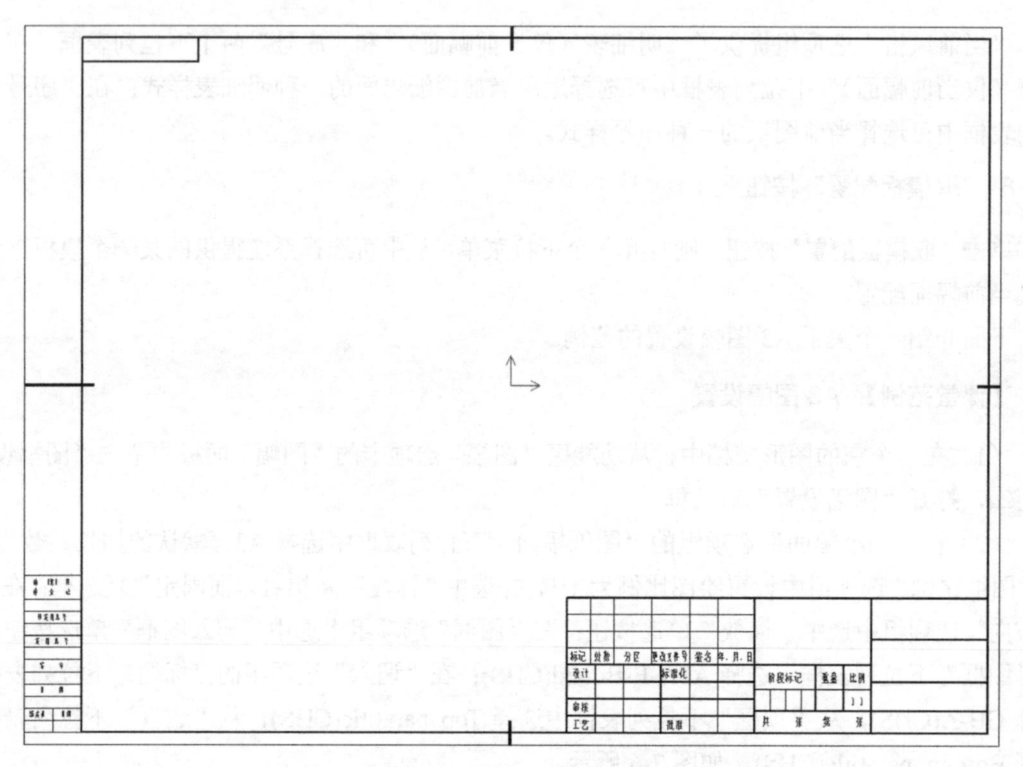

图 7-7 设置的 A3 横向图幅

7.2　图框设置

在 CAXA 电子图板中，可以对图框进行调入、定义、填写、存储和编辑操作，这些命令工具位于功能区“图幅”选项卡的“图框”面板中。

7.2.1　调入图框

在功能区“图幅”选项卡的“图框”面板中单击“调入图框”按钮，弹出如图 7-8 所示的“读入图框文件”对话框。

图 7-8　“读入图框文件”对话框

在“读入图框文件”对话框中，列出了在当前设置的模板路径下的符合当前图纸幅面的标准图框或非标准图框的文件名。“读入图框文件”对话框中的这 3 个按钮用于设置图框文件在列表框中的显示样式。在对话框的列表框中选择当前制图所需要的图框，然后单击“导入”按钮，从而调入所选取的图框文件。

需要用户注意的是，电子图板的图框尺寸可以随着图纸幅面大小的变化而做出相应的比例调整，比例变化的原点为标题栏的插入点，一般而言，标题栏的插入点位于标题栏的右下角。

7.2.2　定义图框

“定义图框”是指拾取图形对象并定义为图框以备调用。用户可以自定义图框，即在绘制好构成图框的图形之后，可以将这些图形定义为图框。通常需要将一些诸如描图、签字、底图总号等的属性信息附加到图框中，这些属性信息可以通过属性定义的方式添加到图框之中。

在功能区“图幅”选项卡的“图框”面板中单击“定义图框”按钮，接着在“拾取元素”提示下拾取构成图框的图形元素（按照相关标准绘制），右击确认，然后在“基准点:”提示下指定基准点。通常选择图框的右下角适合点作为基准点，该基准点可用来定位标题栏。指定基准点后系统弹出如图 7-9 所示的“另存为”对话框，输入图框文件的名称，单击“保存”按钮即可。

在 CAXA 电子图板中，如果所选图形元素的尺寸大小与当前图纸幅面不匹配，那么当用户指定图框的基准点后，系统将弹出如图 7-10 所示的“选择图框文件的幅面”对话框。“取系统值”按钮用于设置图框文件的幅面大小与当前系统默认的幅面大小一致；“取定义值”按钮用于设置

图框文件的幅面大小为用户拾取的图形元素的最大边界大小。

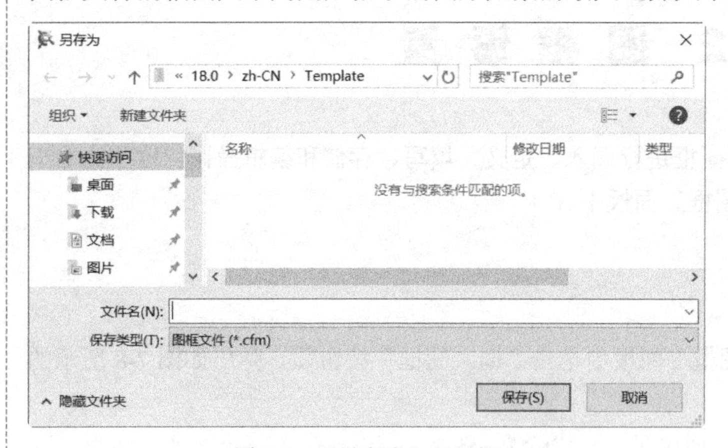

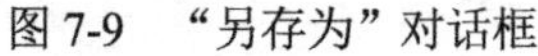
图 7-9 “另存为”对话框

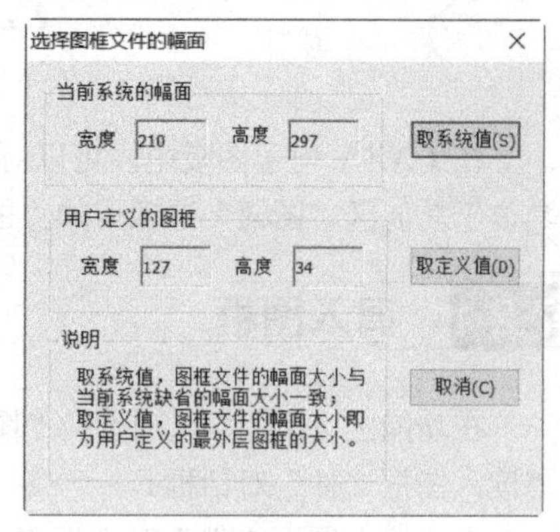

图 7-10 “选择图框文件的幅面”对话框

7.2.3 存储图框

用户可以将当前图纸中已有的图框保存起来，以便调用。要存储图框，则在功能区“图幅”选项卡的“图框”面板中单击“存储图框”按钮，系统弹出“另存为”对话框，指定要保存的文件夹目录，并在“文件名”文本框中输入要存储图框文件名，如图 7-11 所示，然后单击“保存”按钮，系统图框文件的扩展名为“.cfm”（系统会自动加上该文件扩展名“.cfm”）。

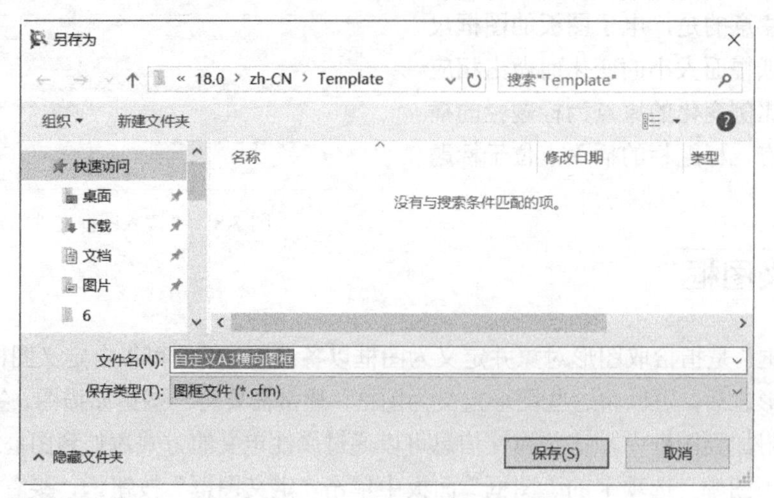

图 7-11 “另存为”对话框

7.2.4 填写图框与编辑图框

通常所指的“填写图框”是指填写当前图形中具有属性图框的属性信息。图框在定义时所选择的对象通常包含了属性定义。

要填写当前图框，则在功能区“图幅”选项卡的“图框”面板中单击“填写图框”按钮，

打开如图 7-12 所示的“填写图框”对话框，接着在属性名称后面的属性值单元格处进行填写和编辑。除了属性编辑，还可以进行文本设置和显示属性设置。完成后单击“确定”按钮。例如填写了部分属性值的图框效果如图 7-13 所示。

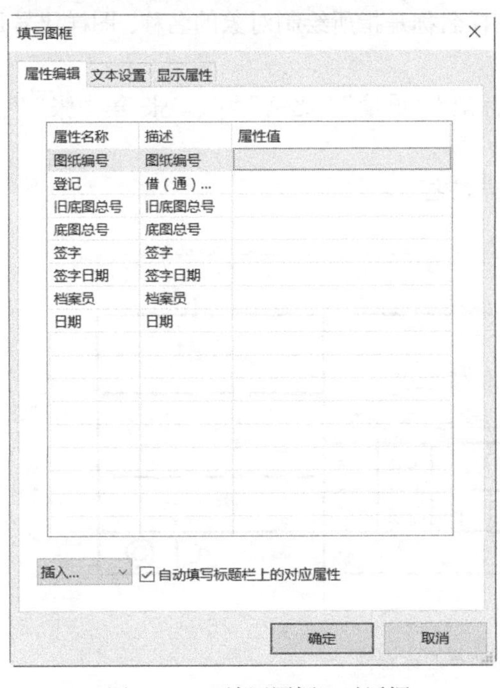

图 7-12　“填写图框”对话框

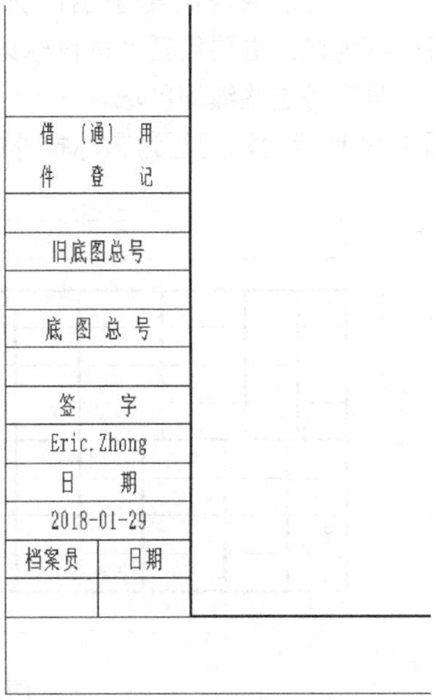

图 7-13　填写图框的部分属性信息

由于图框是一个特殊的块，因此对图框的编辑操作是以块编辑的方式进行的。在功能区“图幅”选项卡的“图框”面板中单击“编辑图框”按钮，便可进入块编辑状态。

7.3　标　题　栏

在 CAXA 电子图板中，系统为用户预定义好多种规范的标题栏。另外，用户可以自定义标题栏，并以文件的形式存储标题栏。本节首先介绍标题栏的组成，接着介绍调用标题栏、填写标题栏、定义标题栏和存储标题栏的实用知识。而标题栏的编辑方法与图框的编辑方法是类似的，故不作赘述。

7.3.1　标题栏组成

每张技术图样中均应有标题栏，标题栏在技术图样中应按 GB/T 14689 中所规定的位置配置。标题栏一般由更改区、签字区、名称及代号区、其他区等 4 个区组成，也可以按实际需要情况来增加或减少。

☑　更改区：更改区一般由“标记”“处数”“分区”“更改文件号”“签名”“年、月、日”等组成。更改区中的内容应按由下而上的顺序填写，也可根据实际情况顺延，或将更改

区放置在图样中的其他地方，放置在其他区域时应该绘制有表头。

☑ 签字区：签字区一般由“设计”“审核”“工艺”“标准化”“批准”等组成。

☑ 名称及代号区：这部分主要包含单位名称、图样名称、图样代号等。其中，单位名称是指图样绘制单位的名称或单位代号；图样名称是指所绘制对象的名称；图样代号是指按有关标准或规定填写图样的代号。

☑ 其他区：主要包括“材料标记”“阶段标记”“重量”“比例”“共　张 第　张”“投影符号”等这些编写区域。

图 7-14 所示的标题栏为国标推荐的标题栏样式之一。

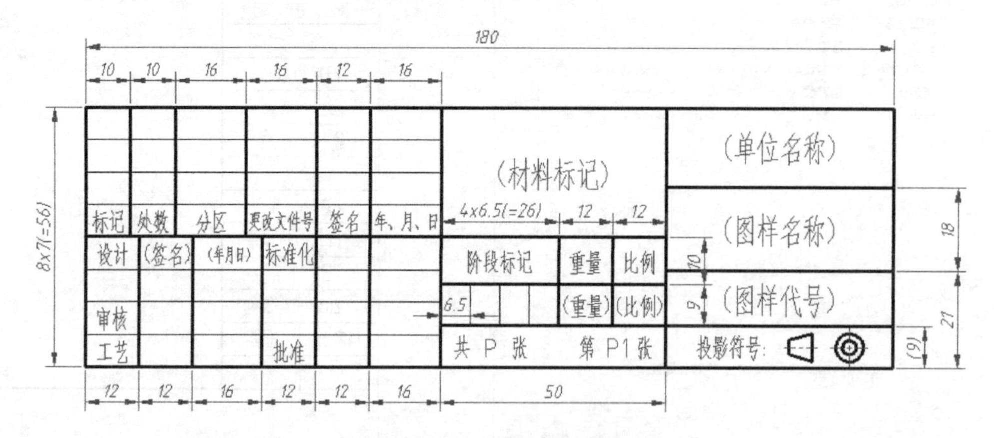

图 7-14　国标推荐的标题栏

7.3.2 调入标题栏

在功能区“图幅”选项卡的“标题栏”面板中单击“调入标题栏”按钮，打开如图 7-15 所示的“读入标题栏文件”对话框。在该对话框中从列出的已有标题栏文件名中选择一个所需要的，然后单击“导入”按钮。所选的标题栏便显示在图框的标题栏定位点位置处，如果之前屏幕上已经存在着一个标题栏，那么新标题栏将替代原标题栏。

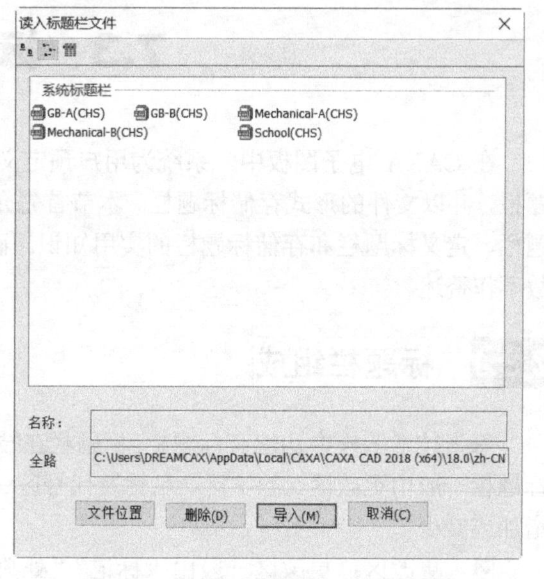

图 7-15　“读入标题栏文件”对话框

7.3.3 填写标题栏

在 CAXA 电子图板中填写标题栏实际上是填写当前图形中标题栏的相关属性信息。可以按照以下方法填写调用的标注栏。

（1）在功能区“图幅”选项卡的“标题栏”面板中单击“填写标题栏”按钮，打开如图 7-16 所示的“填写标题栏”对话框。该对话框具有 3 个选项卡，即“属性编辑”

“文本设置”“显示属性”选项卡。“属性编辑”选项卡主要用于填写属性名称的属性值；“文本设置”选项卡用于为标题栏指定项目（字段元素）设置其文本的对齐方式、文本风格、字高和旋转角；“显示属性”选项卡用于为指定项目设置其所在的层和显示颜色。

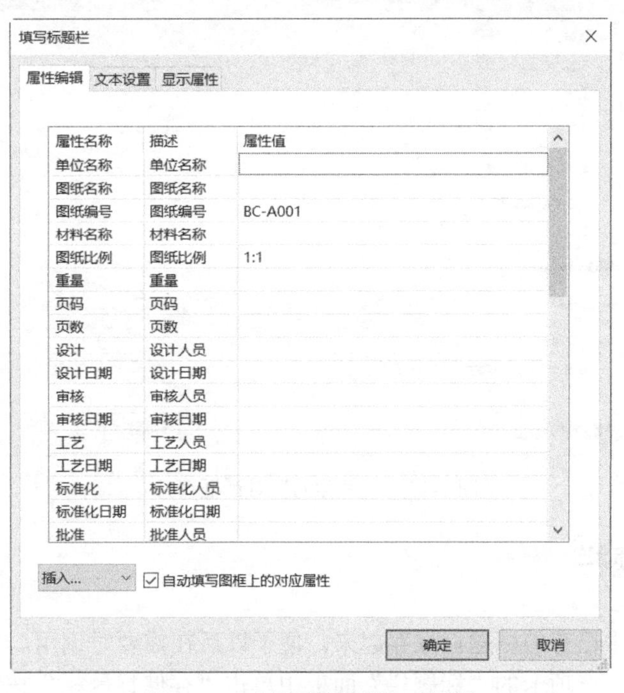

图 7-16 “填写标题栏”对话框

（2）在“填写标题栏”对话框的相应“属性值”单元格中分别填写相关的内容，如填写单位名称、图纸名称、图纸编号（图纸代号）、材料名称、页码、页数和其他内容等。如果选中“自动填写图框上的对应属性”复选框，那么可以自动填写图框中与标题栏相同字段的属性信息。

（3）在“填写标题栏”对话框中单击“确定”按钮。

7.3.4 定义标题栏

标题栏通常由线条和文字对象组成。可以将已经绘制好的图形线条和文字定义为标题栏，即允许用户自定义标题栏。相关的属性信息可以通过属性定义的方式加入标题栏块中。

定义标题栏的典型方法和步骤如下。

（1）在功能区“图幅”选项卡的“标题栏”面板中单击“定义标题栏”按钮。

（2）选择组成标题栏的图形元素（包括直线线条、文字、属性定义等），拾取好所有图形元素后右击。

（3）拾取标题栏的右下角点作为标题栏的基准点，系统弹出如图 7-17 所示的“另存为”对话框。

（4）在“另存为”对话框中指定保存路径，以及在“文件名”文本框中输入所需的标题栏文件名称（保存类型为*.chd），然后单击“保存”按钮。

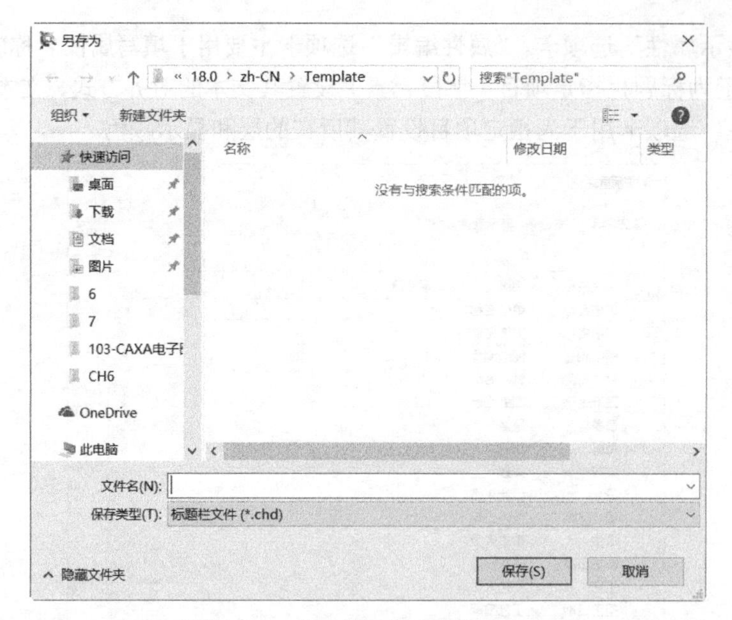

图 7-17 “另存为”对话框（1）

7.3.5 存储标题栏

可以将当前图纸中已有的标题栏保存起来，便于以后在需要时调用。

在功能区“图幅”选项卡的“标题栏”面板中单击“存储标题栏”按钮，打开如图 7-18 所示的“另存为”对话框。在“文件名”文本框中输入要存储标题栏的名称，然后单击“保存”按钮，即可将该新标题栏文件存储在默认的目录下，其文件扩展名为“.chd”。用户亦可自行指定保存路径。

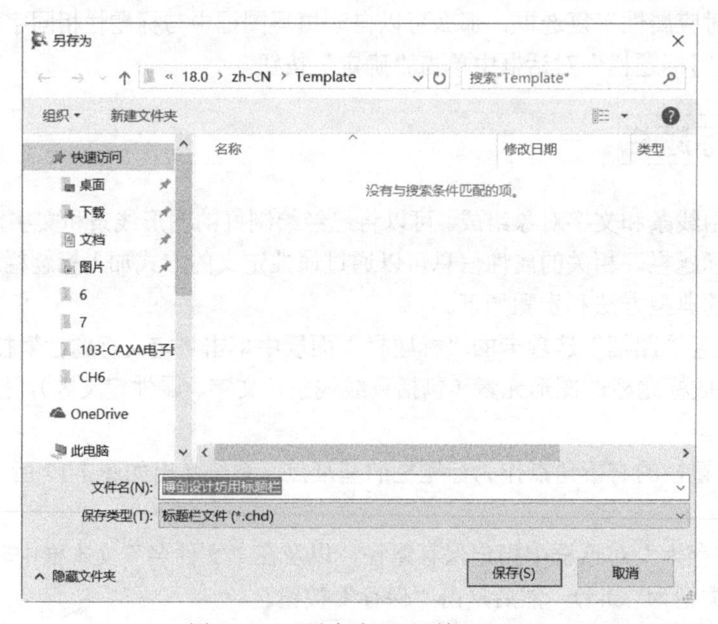

图 7-18 “另存为”对话框（2）

7.4 零件序号

在装配图设计中，根据设计要求来注写零部件的序号。在 CAXA 电子图板中，绘制装配图及编制零件序号是比较方便。

在本节中，首先介绍零件序号的编排规范，然后介绍创建序号、编辑序号、交换序号、删除序号和设置序号样式的方法。

7.4.1 零件序号的编排规范

零件序号的编排规范如下。

☑ 相同的零件、部件使用一个序号，一般只标注一次。

☑ 指引线用细实线绘制，指引线应该从所指可见轮廓内引出，并在末端绘制一个圆点。如果所指部分是很薄的零件或是涂黑的剖面，轮廓内部不宜绘制圆点时，可以在指引线的末端绘制出箭头，箭头指向该部分的轮廓。

☑ 将序号写在用细实线绘制的横线上方，也可以将序号写在用细实线绘制的圆内，另外也可以直接将序号写在指引线的附近。要求在同一装配图中，编号形式和注写形式一致。序号的字高比图中尺寸数字的高度大一号或两号。

☑ 各指引线不允许相交。当通过剖面线的区域时，指引线不得与剖面线平行。指引线可绘制成折线形式，但只可折一次。

☑ 一组紧固件或装配关系清楚的零件组，可以采用公共指引线。

☑ 编写序号时，按顺时针方向或逆时针方向，直线排列，顺次编写。

☑ 可按照装配图明细栏（表）中的序号排列，采用此方法注写零件序号时，应该尽量在每个平行或垂直方向上顺次排列。

7.4.2 创建序号

“创建序号”也称生成零件序号或简称生成序号。生成的零件序号与当前图形中的明细栏（明细表）是联动的，允许在生成序号的同时填写或不填写明细栏中各表项。

在执行创建序号功能之前，要先确定要使用的序号风格。

需要注意的是，对于从图库中提取的图符（如标准件或含属性的块），在注写其零件序号的时候（生成序号时指定的引出点务必在从图库中提取的图符上），系统将此图符本身带有的属性信息自动填写到明细栏对应的字段上。

下面介绍创建序号的实用操作知识。

在功能区“图幅”选项卡的“序号”面板中单击“生成序号”按钮，打开如图 7-19 所示的立即菜单。设置好立即菜单的相关内容，接着根据提示来输入引出点和转折点，从而创建序号。

图 7-19 用于生成序号的立即菜单

在这里，介绍该立即菜单中出现的各主要选项的功能含义。

☑ “序号”：在该框中显示了当前要编写的零件序号值。用户可以更改该零件序号值，或输入前缀加数值。如果要使注写的零件序号带有一个圆圈（加圈形式的零件序号），那么可以通过“序号”框为序号数值加前缀“@”符号或“$”。加圈形式标注的零件序号示例如图 7-20 所示。零件序号的前缀具有如表 7-1 所示的规则。

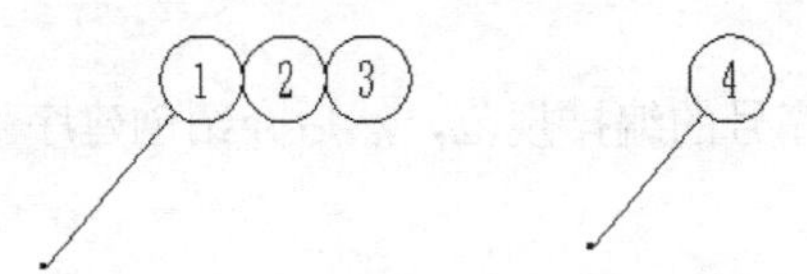

图 7-20　加圈形式标注的零件序号

表 7-1　零件序号的前缀规则

序　　号	第一位符号（前缀）	规 则 说 明
1	第一位符号为“~”	序号及明细表中均显示为六角
2	第一位符号为“!”	序号及明细表中均显示有小下画线
3	第一位符号为“@”	序号及明细表中均显示为圈
4	第一位符号为“#”	序号及明细表中均显示为圈下加下画线
5	第一位符号为“$”	序号显示为圈，明细表中显示没有圈

知识点拨 1：在进行零件序号设置操作的过程中，系统会根据设置的当前零件序号值来判断是生成新的零件序号或者是在已标注的零件序号中插入序号。默认时系统会根据当前序号自动生成下次标注时的序号值，默认的序号值等于前一序号值加 1。如果输入的序号值只有前缀而无数字值，那么系统根据当前序号情况生成新序号，新序号值为当前前缀的最大值加 1。如果输入序号值与已有序号相同，那么系统会弹出如图 7-21 所示的“注意”对话框，若单击“插入”按钮则插入一个新序号，在此序号后的其他相同前缀的序号依次顺延；如果单击“取重号”按钮，则生成与已有序号重复的序号；如果单击“自动调整”按钮，则在已有序号基础上顺延生成一个新序号；如果单击“取消”按钮，则使输入序号无效，需要重新生成序号。

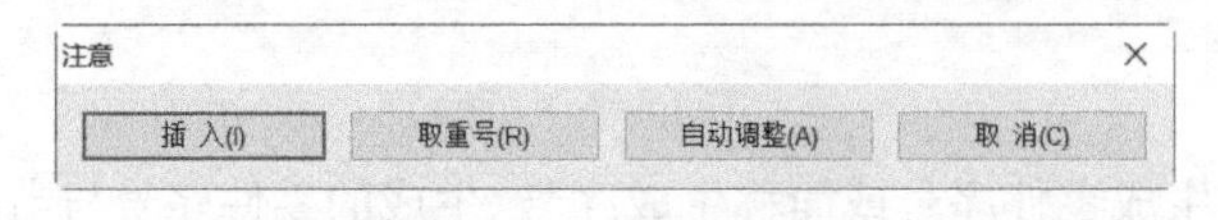

图 7-21　“注意”对话框

知识点拨 2：如果设置的新序号大于已有的最大序号+1，例如设置的新序号为 9，而已有的最大序号为 6，那么系统会弹出如图 7-22 所示的对话框来提示用户注意序号不连续，并引导用户单击“是”或“否”按钮来解决问题。

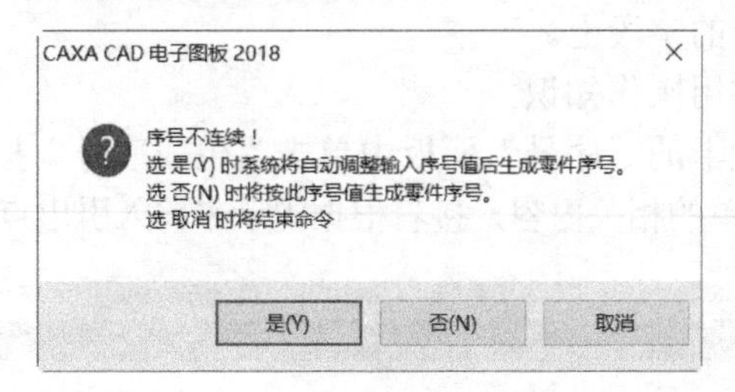

图 7-22　提示序号不连续

☑　“数量”：表示份数。若数量大于 1，那么采用公共指引线形式来表示，如图 7-23（a）所示。

☑　“水平”/“垂直”：用于设置零件序号水平或垂直的排列方向。例如，采用“垂直”选项时，零件序号垂直排列方式如图 7-23（b）所示。

☑　“由内向外”/“由外向内”：这两个选项用于设置零件序号标注方向。如图 7-23（c）所示为由外向内排序的注写效果。

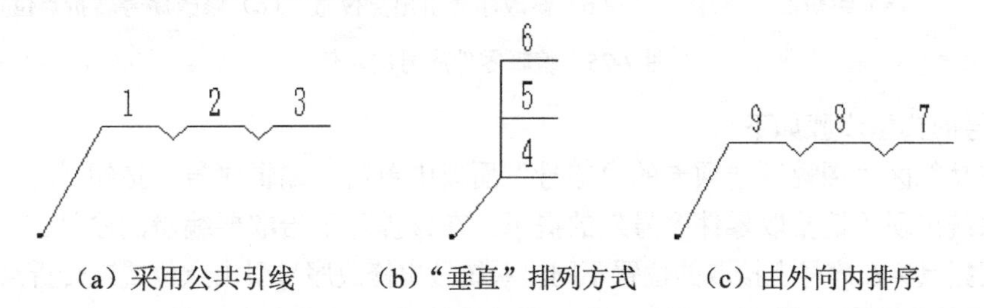

（a）采用公共引线　（b）“垂直”排列方式　（c）由外向内排序

图 7-23　零件序号注写示例

☑　“显示明细表”/“隐藏明细表”：用于设置显示或隐藏明细表（即是否生成明细表）。当选择“显示明细表”时，还可以在下一项列表框中设置为“填写”或“不填写”选项，“填写”选项用于在标注完当前零件序号时即时填写明细栏（系统将弹出如图 7-24 所示的“填写明细表”对话框来供用户填写明细表）；而“不填写”选项用于在标注完当前零件序号时不填写明细栏，待到以后利用明细栏的填写表项或读入数据等方法填写。

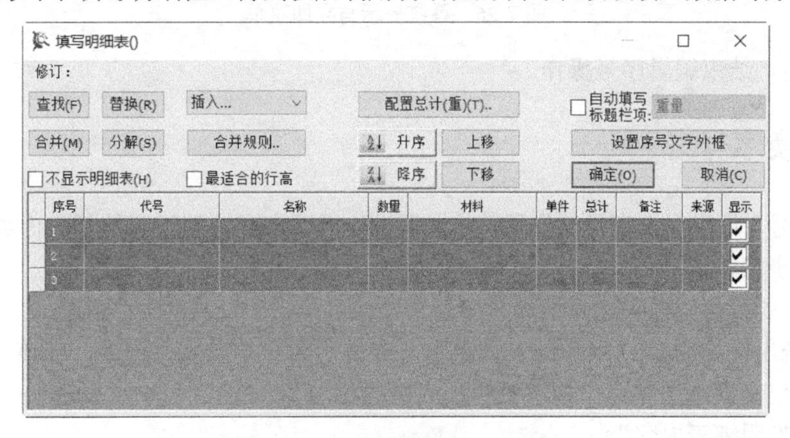

图 7-24　“填写明细表”对话框

☑　“单折”/“多折”：用于设置需要指引线的折线方式，默认为“单折”，通常序号指引线只可折一次。

7.4.3　编辑序号

在功能区“图幅”选项卡的“序号”面板中单击“编辑序号”按钮，可以拾取并编辑零件序号的位置。编辑序号的示例如图 7-25 所示，图 7-25（a）为编辑前的情形，图 7-25（b）为只修改序号引出点位置的情形，图 7-25（c）为只修改序号转折点位置的情形。

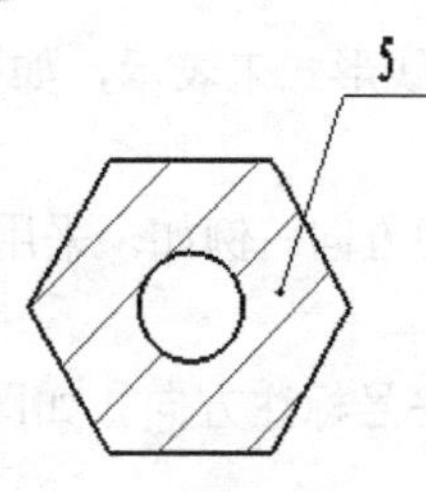

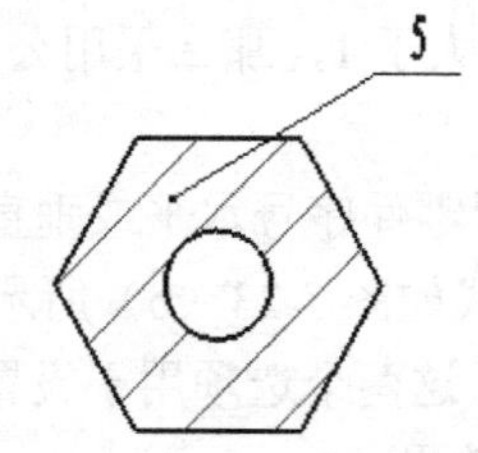

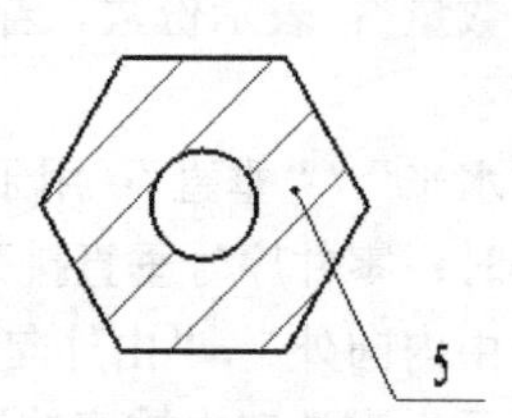

（a）编辑前　　（b）修改序号引出点位置　（c）修改序号转折点位置

图 7-25　编辑零件序号的示例

编辑序号的典型步骤如下。

（1）在功能区“图幅”选项卡的“序号”面板中单击“编辑序号”按钮。

（2）系统出现“请拾取零件序号”的提示。在该提示下拾取要编辑的序号。

（3）根据鼠标在序号上拾取的位置不同，系统做出修改序号引出点位置或转折点位置的判断。

☑　如果拾取的是序号的指引线，那么要编辑的是序号引出点及引出线的位置。

☑　如果拾取的是序号的序号值，此时出现的立即菜单和系统提示如图 7-26 所示，用户可以利用立即菜单设置序号的排列方向（水平或垂直）和标注方向（由内向外排序或由外向内排序），以及编辑转折点和序号的位置。

图 7-26　系统提示与立即菜单

（4）右击，结束编辑序号操作。

7.4.4　交换序号

“交换序号”是指交换序号的位置，并根据设计需要来交换明细表的相关内容。“交换序号”的典型方法和步骤如下。

（1）在功能区“图幅”选项卡的“序号”面板中单击“交换序号”按钮。

（2）系统出现如图 7-27 所示的立即菜单，并提示用户拾取零件序号。在该立即菜单“1.”中可以选择“仅交换选中序号”或“交换所有同号序号”；在“2.”中可以选择“交换明细表内容”或“不交换明细表内容”。

图 7-27　用于交换序号的立即菜单及系统提示信息

在这里以在“1.”中选择“仅交换选中序号”和在“2.”中选择“交换明细表内容”为例。

（3）拾取第一个零件序号，接着拾取第二个零件序号，右击后则这两个零件的序号发生了更换，其明细表内容也根据设置要求发生了更换。

如果拾取的要交换的序号为连续标注的序号组，那么系统会弹出如图 7-28 所示的“请选择要交换的序号”对话框，让用户从中选择要交换的一个序号，单击“确定”按钮后选择第二个零件序号，然后右击结束交换序号操作。

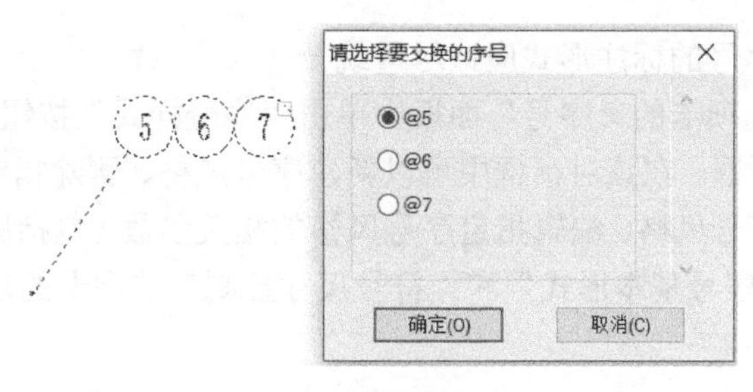

图 7-28　“请选择要交换的序号”对话框

7.4.5　删除序号

用户可以根据设计情况在已有的序号中删除不再需要的序号。“删除序号”的典型方法和步骤如下。

（1）在功能区“图幅”选项卡的“序号”面板中单击“删除序号”按钮。

（2）系统提示拾取要删除的序号。使用鼠标拾取要删除的序号，该序号便被即时删除掉。使用删除序号的命令时，没有重名的序号一旦被删除掉，那么其在明细栏中的相应表项也随之被删除。

执行上述“删除序号”的命令操作时，需要注意以下事项。

☑　如果多个序号具有共同指引线，那么要特别注意拾取对象的位置：若拾取位置为序号，则删除被拾取的序号；若拾取其他部位，则删除整个序号结点，即一起删除这些具有共同指引线的多个序号。

☑　如果删除的序号为中间序号，那么系统删除该序号后，自动将该项以后的序号值按顺序减 1，从而保持序号的连续性。

7.4.6　对齐序号

用户可以按水平、垂直、周边的方式对齐所选序号。要对齐序号，那么在功能区“图幅”选项卡的“序号”面板中单击“对齐序号”按钮，接着选择要对齐的零件序号（可多选），按 Enter 键或右击，再选择合适的定位点，此时出现的立即菜单如图 7-29（a）所示，根据设计要求从“1.”中选择“水平排序”“垂直排序”或“周边排序”，在“2.”中可选择“自动”或“手动”，如果在“2.”中选择“手动”时，那么还需要在出现的“3.间距值”文本框中设置间距值，如图 7-29（b）所示，最后移动光标指定合适的一点以确定所选序号的对齐放置位置。

（a）“自动”时　　（b）“手动”时

图 7-29　用于对齐序号的立即菜单

7.4.7　设置序号样式

序号样式设置主要是指根据设计要求对序号的标注形式进行设置。特别需要提醒用户的是，在一张装配图中，零件序号的标注形式应该尽量统一。

在功能区“图幅”选项卡的“序号”面板中单击“序号样式”按钮，打开如图 7-30 所示的“序号风格设置”对话框。在该对话框中可以新建序号风格、删除指定的自定义序号风格、设置当前序号风格、合并序号风格、编辑指定序号风格的相关参数（包括序号基本形式和符号尺寸控制参数）。下面介绍“序号基本形式”和“符号尺寸控制”选项卡的功能含义。

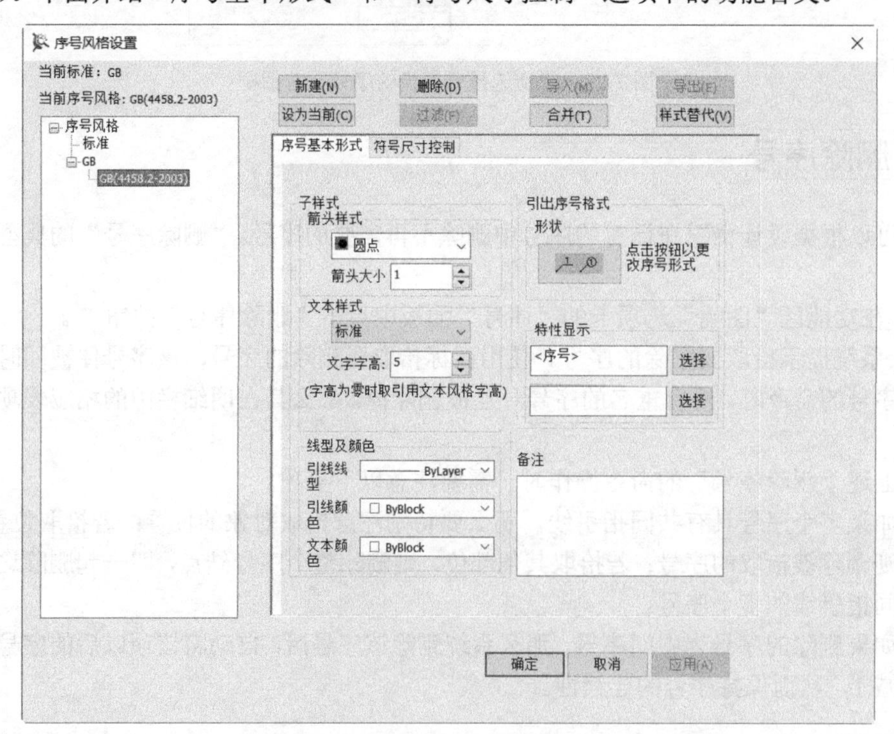

图 7-30 “序号风格设置”对话框

1. 序号基本形式

在“序号基本形式”选项卡中可以设置序号的基本子样式（包括箭头样式、文本样式、线型及颜色）、引出序号格式（包括形状、特性显示和备注）。

☑ 箭头样式：在“箭头样式”下拉列表框中选择不同的箭头形式定义引出点类型，如“无”“圆点”“箭头”“斜线”“空心箭头”“空心箭头（消隐）”“直角箭头”或“小点”等，还可以设置相关箭头的箭头大小。图 7-31 给出了两种引出点类型。

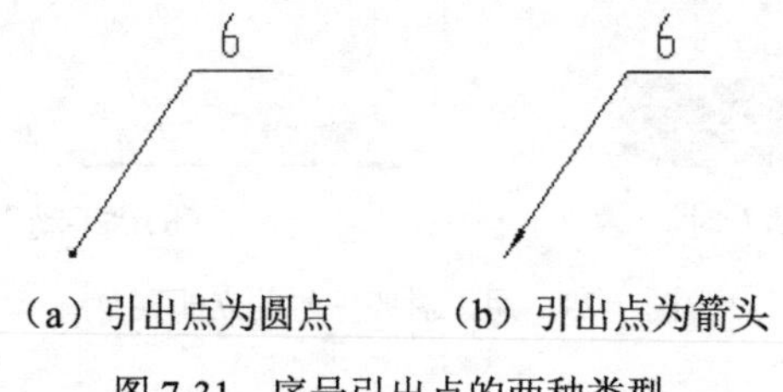

（a）引出点为圆点　　（b）引出点为箭头

图 7-31 序号引出点的两种类型

☑ 文本样式：在“文本样式”子选项组中选择序号中文本的样式，以及设置文字高度，当字高为零时取引用时默认的文本风格字高。

☑ 序号形状：在“形状”子选项组中单击“更改序号形状”按钮后，再单击出现的 或 按钮来选择序号的形状。

☑ 特性显示：“特性显示”子选项组用于设置序号显示产品的各个属性。用户可以单击“选择”按钮并利用如图 7-32 所示的“特性选择”对话框进行可用特性字段的选择，当然也可以直接在特性显示输入框中输入。

2. 符号尺寸控制

切换到“符号尺寸控制”选项卡，如图 7-33 所示。在该选项卡中可以设置横线长度、圆圈半径、垂直间距、六角形内切圆半径，还可以设置是否压缩文本。

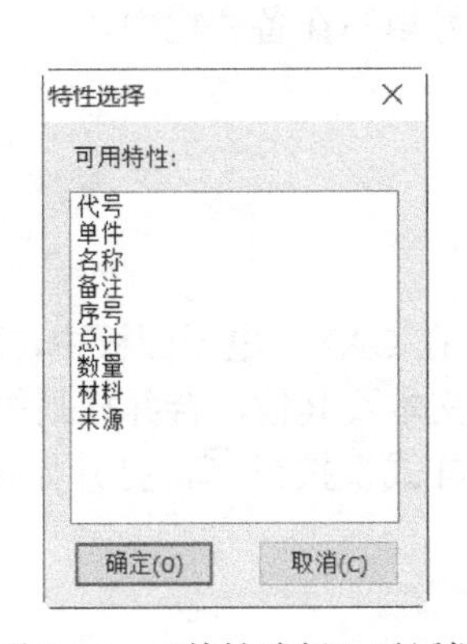

图 7-32 “特性选择”对话框

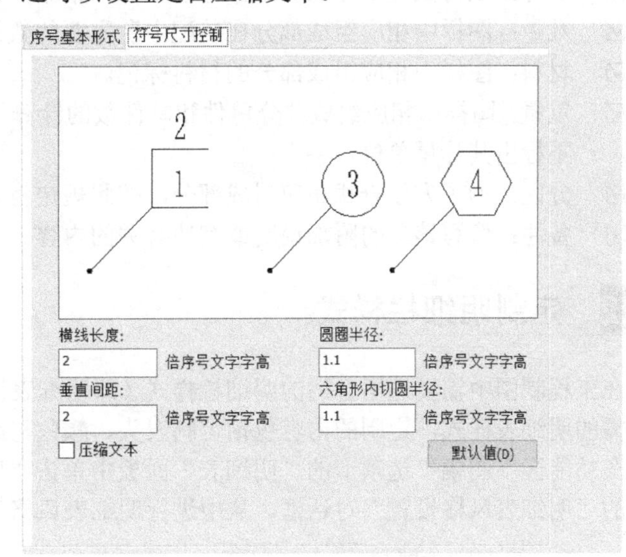

图 7-33 符号尺寸控制

7.4.8 序号的隐藏、显示与置顶显示

序号的隐藏与显示工具包括“隐藏序号”按钮、“显示全部序号”按钮。其中，“隐藏序号”按钮用于隐藏所拾取的序号，“显示全部序号”按钮用于显示当前幅面的所有隐藏序号。另外，“置顶”按钮用于将当前幅面的现有序号全部置顶显示。

7.5 明 细 栏

“明细栏”（也称明细表）是装配图中的一项信息栏，它与零件序号联动。“明细栏”的相关工具位于功能区“图幅”选项卡的“明细表”面板中。

7.5.1 明细栏组成

“明细栏”一般配置在装配图标题栏的上方，按由下而上的顺序填写。当标题栏上方的位置

不够时，可紧靠标题栏的左边延续。当有两张或两张以上同一图样代号的装配图时，应该将明细栏放在第一张装配图上。如果在装配图上不便绘制明细栏，那么可以在一张 A4 幅面上单独绘制明细栏，填写顺序由上而下延续。可以根据需要省略部分内容的明细表。对于大型的装配项目，可以继续加页，但在每页明细栏的下方都要绘制标题栏，并在标题栏中填写一致的名称和代号。

“明细栏”的表头内容一般是序号、代号、名称、数量、材料、重量（单件、总计）、分区和备注等。在实际工作中，根据不同的设计场合或情况，适当增加或减少内容。

☑ 序号：对应图样中标注的序号。

☑ 代号：图样中相应组成部分的图样代号或标准号。

☑ 名称：填写图样中相应组成部分的名称，根据需要也可写书其型式与尺寸。

☑ 数量：图样中相应组成部分在装配中所需要的数量。

☑ 材料：图样中相应组成部分的材料标记。

☑ 重量：图样中相应组成部分单件和总件数的计算重量。一般与千克为计量单位时，允许不标出其计量单位。

☑ 分区：为了方便查找相应组成部分，按照规定将分区代号填写在备注栏中。

☑ 备注：填写该项的附加说明或其他有关的内容。

7.5.2 定制明细栏样式

在工程制图中需要选用合适的明细栏样式（即明细表样式）。在 CAXA 电子图板中，可以定制所需的明细表样式，定制的内容包括定制表头、颜色与线宽、文本及其他、合并规则等。

在功能区“图幅”选项卡的“明细表”面板中单击“明细表样式”按钮，打开如图 7-34 所示的“明细表风格设置”对话框，从中进行明细表风格设置。

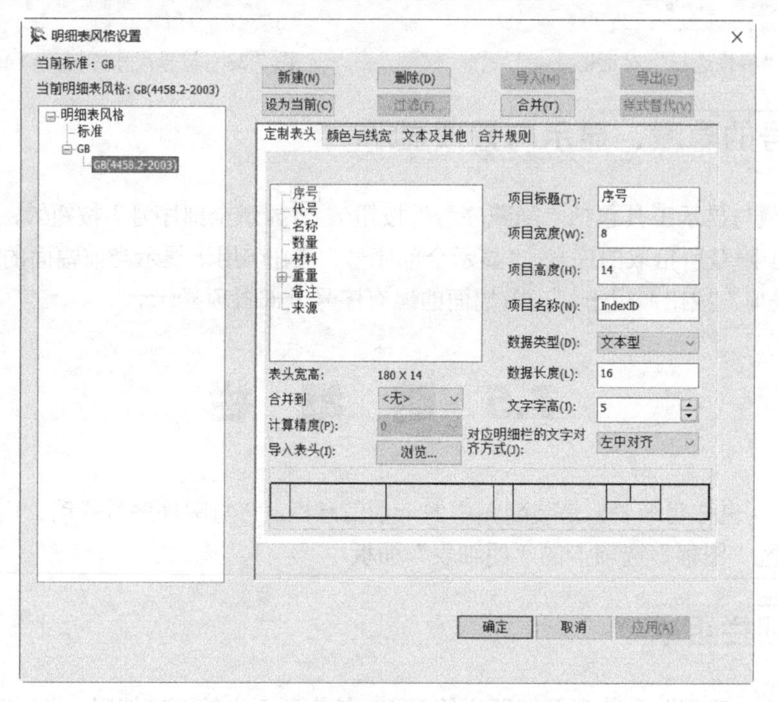

图 7-34 “明细表风格设置”对话框

1. 定制表头

选定明细表风格后，切换到“定制表头”选项卡，此时可以按照需要增删和修改明细表的表头内容。

在表项名称列表框中列出当前明细表的所有明细表的表头字段及其内容。单击其中的一个字段，接着可以修改这个字段的参数，这些参数包括项目标题、项目宽度、项目高度、项目名称、数据类型、数据长度、文字字高、对应明细栏的文字对齐方式等。

操作技巧： 在“定制表头”选项卡的表头表格中单击相应的单元格，则可以选中表头该单元格对应的字段。如图 7-35 所示，单击从左向右算起的第 3 个单元格，则选中“名称”字段，此时可以修改该字段的参数，如修改其项目标题、项目宽度、项目高度、项目名称、数据类型、数据长度、文字字高和字对齐方式。

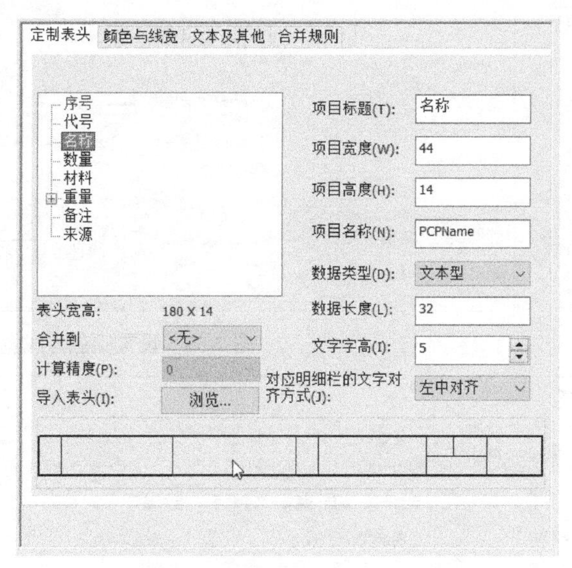

图 7-35 定制表头

在“定制表头”选项卡的表项名称列表框中右击，则弹出如图 7-36 所示的快捷菜单，利用该快捷菜单可以为表头添加项目、删除项目、添加子项和编辑项目等。

2. 颜色与线宽设置

切换至“颜色与线宽”选项卡，如图 7-37 所示，可以设置明细栏各种线条的线宽（包括表头外框线宽、表头内部横线线宽、表头内部竖线线宽、明细栏外框线宽、明细栏内部横线线宽和明细栏内部竖线线宽）和各种元素的颜色（包括表头线框颜色、表头内部横线颜色、表头内部竖线颜色、明细栏外框颜色、明细栏横线颜色和明细栏竖线颜色）。

3. 文本及其他设置

切换至“文本及其他”选项卡，如图 7-38 所示。利用该选项卡可以设置明细栏文本外观、明细栏高度、表头文本外观和文字左对齐时左侧间隙等参数。如果需要明细表折行后仍然显示表头，那么需要选中“明细表折行后仍有表头”复选框。默认时，“明细表折行后仍有表头”复选

框处于未被选中的状态。

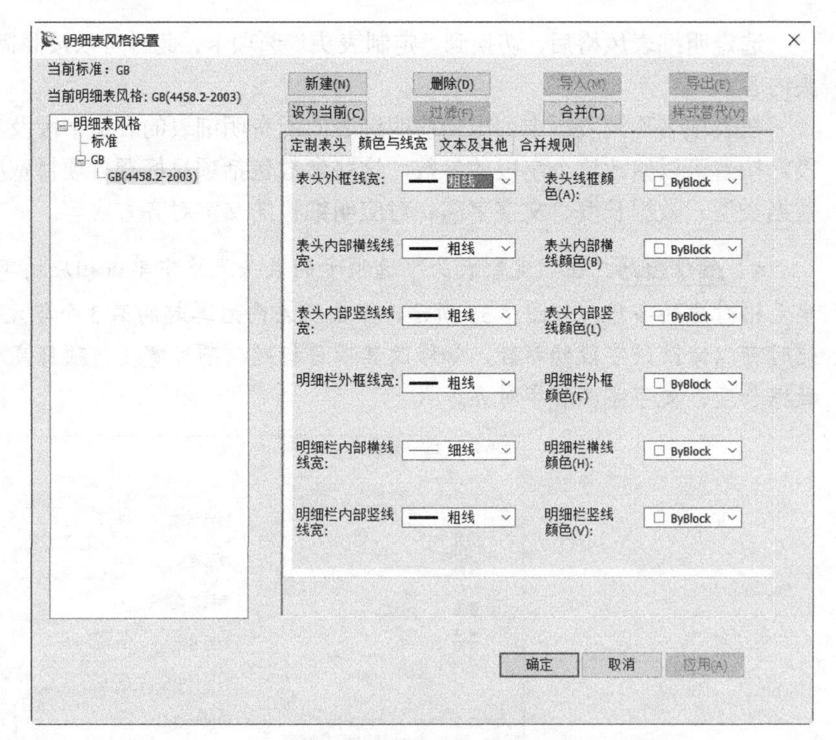

图 7-36　定制表头菜单

图 7-37　设置颜色与线宽

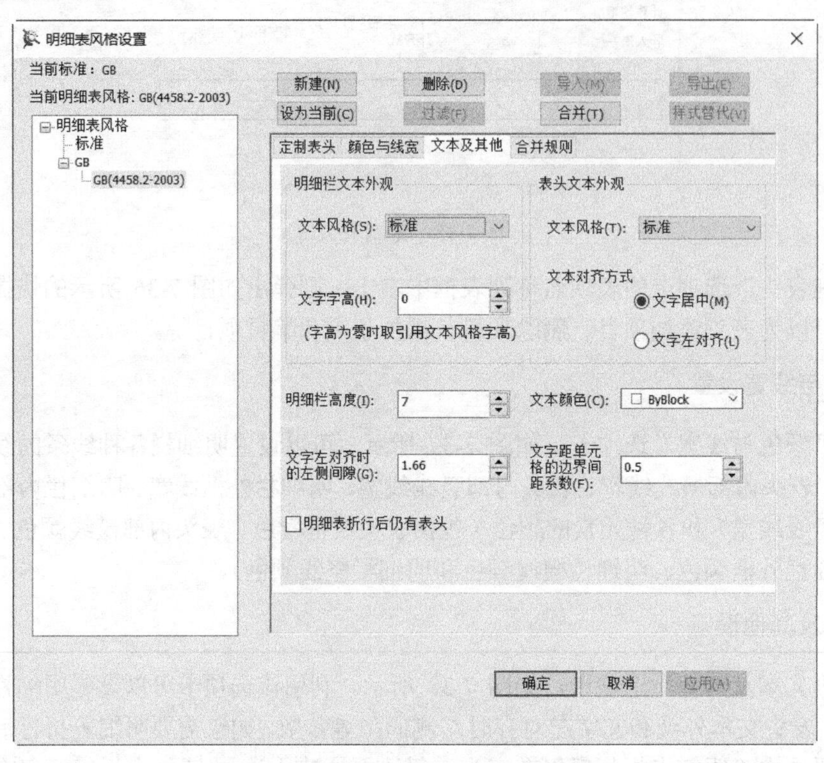

图 7-38　切换至“文本及其他”选项卡

4. 合并规则设置

切换至此选项卡，用于设置合并依据，以及指定需要求和的项目等。

7.5.3 填写明细表

在绘图区创建序号的同时生成空的明细表后，可以根据设计需求，在功能区“图幅”选项卡的“明细表”面板中单击“填写明细表”按钮，弹出“填写明细表”对话框。利用该对话框可以很方便地填写相关的表格单元格。例如，在序号 1 对应的“代号”单元格中输入“BC-100”，在其“名称”单元格中输入“异型垫圈”，在其“数量”单元格中输入“1”，在其“材料”单元格中输入“Q235-A”，使用同样的填写方法填写其他序号对应的内容，如图 7-39 所示。

填写明细表(GB)

修订：GB/T 4458.2-2003

查找(F) 替换(R) 插入... 配置总计(重)(T).. 自动填写标题栏项: 重量

合并(M) 分解(S) 合并规则.. 升序 上移 设置序号文字外框

不显示明细表(H) 最适合的行高 降序 下移 确定(O) 取消(C)

序号	代号	名称	数量	材料	单件	总计	备注	来源	显示
$1	BC-100	异型垫圈	1	Q235-A					✓
$2	BC-200	连接件	2	45					✓
$3	T13101	底座	1	HT200					✓
$4	091206	轴承挂架	1	Q235-A					✓
$5	BC-300	销销	1	45					✓

图 7-39 填写明细表

利用“填写明细表”填写好相关内容后，单击“确定”按钮。图 7-40 所示为某明细栏填写的结果。

5	BC-300	钢销	1	45			
4	091206	轴承挂架	1	Q235-A			
3	T13101	底座	1	HT200			
2	BC-200	连接件	2	45			
1	BC-100	异型垫圈	1	Q235-A			
序号	代号	名称	数量	材料	单件	总计	备注
					重量		

图 7-40 完成部分填写的明细栏

在这里有必要简单地介绍“填写明细表”对话框中一些按钮和选项的功能含义。

☑ “查找”按钮：用于对当前明细表中的内容信息进行查找操作。

☑ “替换”按钮：用于对当前明细表中的内容信息进行替换操作。

☑ “插入”下拉列表框：用于快速插入各种文字及特殊符号。

☑ “合并”与“分解”按钮：分别用于对当前明细表中的表行进行合并和分解。

☑ “合并规则”按钮：单击此按钮，系统弹出如图 7-41 所示的“样式管理”对话框并自动切换至“合并规则”选项卡，从中设置合并依据和需要求和的项目。

☑ “配置总计（重）”按钮：单击此按钮，系统弹出如图 7-42 所示的“配置总计（重）”对话框，选择总计、单件和数量的列，设置计算精度和后缀是否零压缩，然后单击“确定”按钮即可。

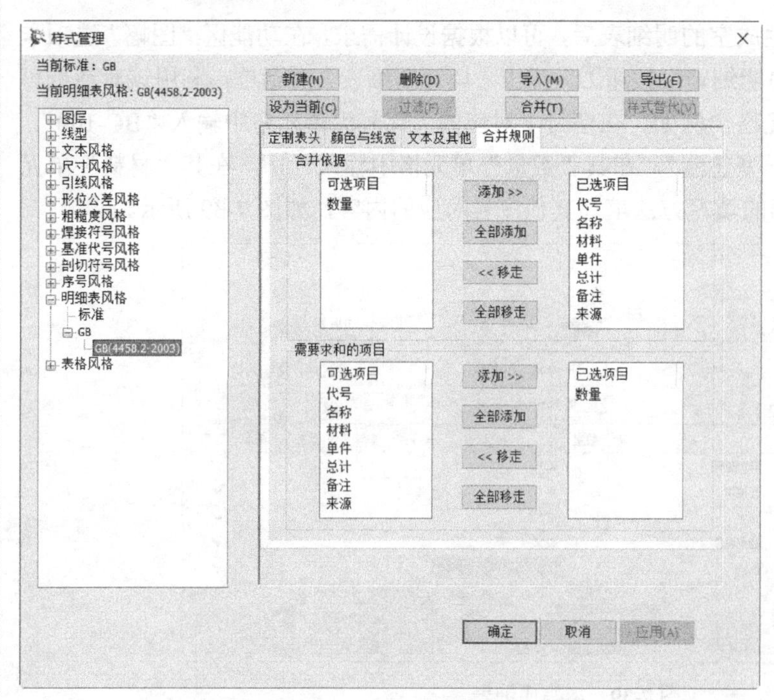

图 7-41 “样式管理”对话框的“合并规则”选项卡

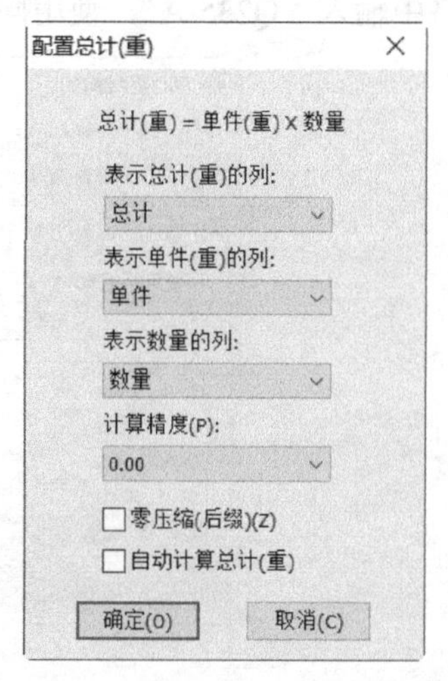

图 7-42 “配置总计（重）”对话框

☑ “自动填写标题栏项”复选框：选中此复选框时，则将当前明细表所有零件的总量自动填写到标题栏对应的字段中。

☑ “上移”与“下移”按钮：用于对明细表进行手工排序。

☑ “升序”与“降序”按钮：用于对明细表按升序或降序进行自动排序。

7.5.4 删除表项

“删除表项”是指从当前已有的明细表中删除某一个行，删除表项会把其表格及项目内容全部删除，相应的零件序号也被删除，而装配图中的序号重新排列。

要删除表项，请执行如下典型操作。

（1）在功能区“图幅”选项卡的“明细表”面板中单击“删除表项”按钮。

（2）系统提示拾取表项。如果只是拾取明细表某一表项的序号，那么系统删除该零件序号所在的行，同时该序号以后的序号将自动重新排列。如果直接在明细栏表头行单击，那么系统弹出如图 7-43 所示的“CAXA CAD 电子图板 2018”对话框，提示这样操作将删除所有的零件序号和明细栏。如果要继续，则单击“是”按钮；如果要取消，则单击“否”按钮。

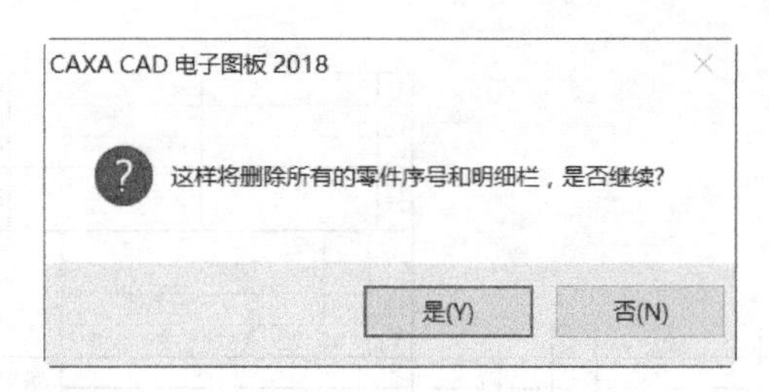

图 7-43 “CAXA CAD 电子图板 2018”对话框

7.5.5 表格折行

“表格折行”是指将已存在的明细表的表格在所需要的位置处向左或向右转移（相关的表格及项目内容一并转移）。折行时可以通过设置折行点指定折弯后内容的位置。

例如，要将如图 7-44 所示的明细表进行表格折行处理，可以按照以下方法和步骤进行操作。

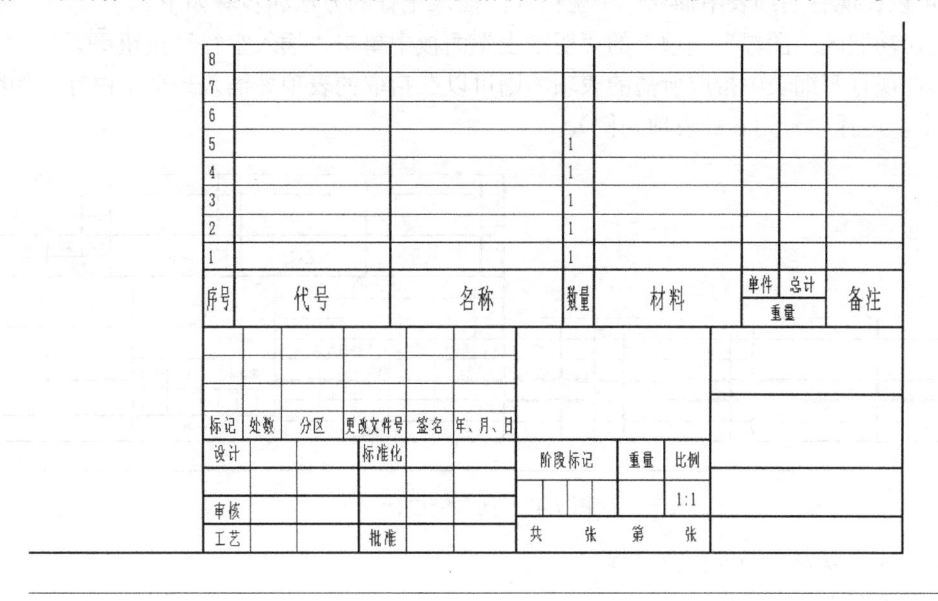

图 7-44 未折行前的明细栏

（1）在功能区“图幅”选项卡的“明细表”面板中单击“表格折行”按钮。

（2）出现的立即菜单和提示信息如图 7-45 所示。在该立即菜单“1.”中可以选择“左折”“右折”或“设置折行点”，这里选择“左折”。

图 7-45 立即菜单和系统提示信息

（3）使用鼠标在已有的明细表中拾取要折行的表项，在此例中选择序号为 4 的行表项，则该表项以上的表项（包括该表项）及其内容全部移动明细表的左侧，如图 7-46 所示。

（4）右击结束该命令操作。

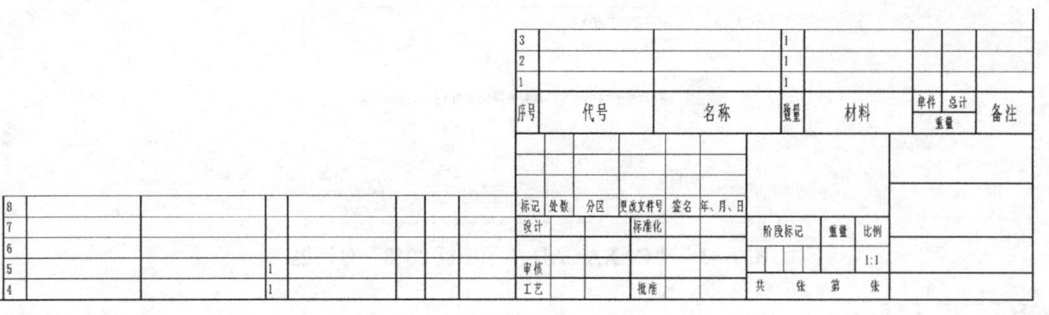

图 7-46　明细表左折

7.5.6　插入空行

用户可以在现有明细表中插入一个空白行。插入空行的方法和步骤如下。

（1）在功能区“图幅”选项卡的“明细表”面板中单击“插入空行”按钮。

（2）在现有明细表中拾取所需的表项，则可以在拾取的表项处插入一个空白行，如图 7-47 所示（图中以选择序号为 6 的表项为例）。

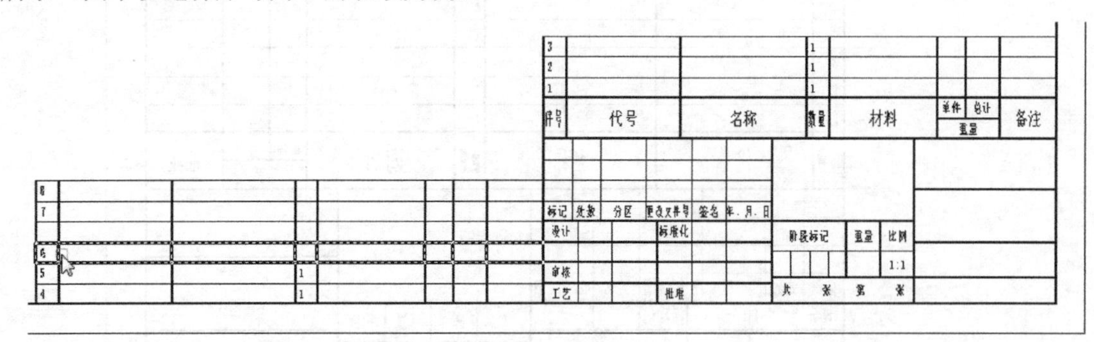

图 7-47　插入空白行

（3）继续拾取表项插入新空白行。

（4）右击结束命令操作。

7.5.7　输出明细表

“输出明细表”是指按照给定参数将当前图形中的明细表数据信息输出到单独的文件中。

在功能区“图幅”选项卡的“明细表”面板中单击“输出明细表”按钮，弹出如图 7-48 所示的“输出明细表设置”对话框。在该对话框中，可以根据需要设置输出的明细表文件是否带有指定图框，是否输出当前图形文件中的标题栏，是否显示当前图形文件中的明细表，是否自动填写页数和页码，以及设置表头中填写输出类型的项目名称，指定明细表的输出类型，设定输出明细表文件中明细表项的最大数目等。完成输出明细表设置后，单击“输出”按钮，在弹出的如图 7-49 所示的“读入图框文件”对话框中指定所需要的图框文件，单击“导入”按钮。紧接着在弹出的“浏览文件夹”对话框中选择所需目录，然后单击“确定”按钮，即可在该目录下生成一个文件。

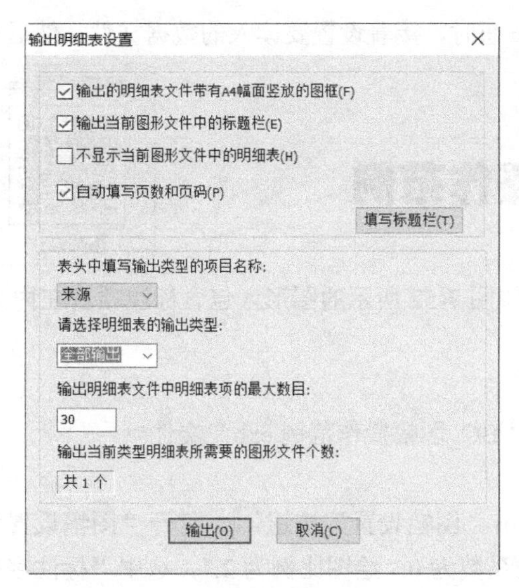

图 7-48 “输出明细表设置”对话框

图 7-49 “读入图框文件”对话框

7.5.8 数据库操作

明细表的数据可以与外部的数据文件关联，这些数据既可以从外部数据文件读入，也可以输出到外部的数据文件中，系统支持的数据文件格式为“*.mdb”和“*.xls”。

在功能区“图幅”选项卡的“明细表”面板中单击“数据库操作”按钮，系统弹出如图 7-50 所示的“数据库操作”对话框。在“功能”选项组中提供了 3 种功能选项，即“自动更新设置”“输出数据”“读入数据”。

当在“功能”选项组中选中“自动更新设置”单选按钮时，可以设置明细表与外部数据文件关联。单击“浏览”按钮可以选择数据文件，接着选中“绝对路径”或“相对路径”单选按钮，在“数据库表名”下拉列表框中指定所选数据文件的表名，然后可以根据需要来决定“与指定的数据库表建立联系”和“打开图形文件时自动更新明细表数据”复选框的选中状态。

当在“功能”选项组中选中“输出数据”单选按钮时，如图 7-51 所示，接着指定数据库路径和数据库表名，然后单击“确定”或“执行”按钮即可。

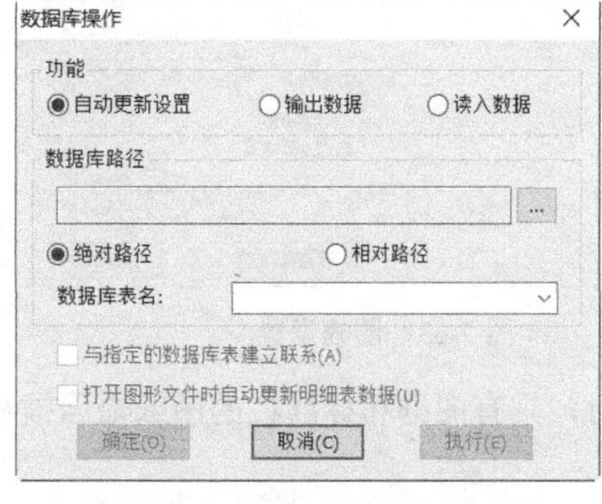

图 7-50 “数据库操作”对话框

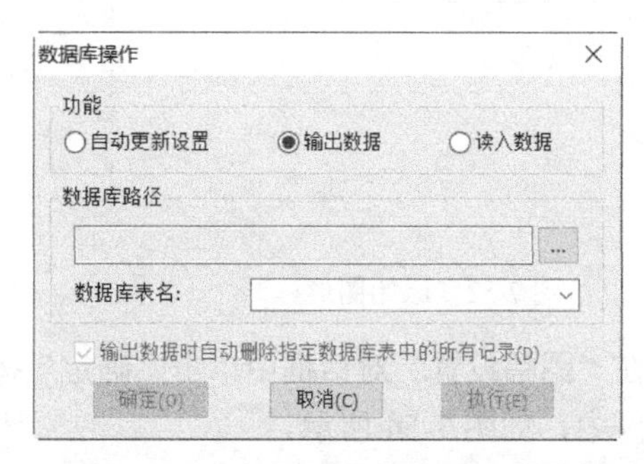

图 7-51 选中“输出数据”单选按钮时

当在“功能”选项组中选中“读入数据”单选按钮时，接着设置要读入的数据文件，然后单击“确定”或“执行”按钮即可。

扫码看视频

图幅操作

7.6　图幅操作范例

本节介绍一个典型的图幅操作范例。首先绘制如图 7-52 所示的图形（包含标注项目在内），本书同时提供了该原始图形素材。

本图幅操作范例具体的操作步骤如下。

（1）打开随书附赠资源 CH7 文件夹中提供的“BC_图幅操作范例.exb”文件。

（2）设置图纸幅面。

在功能区“图幅”选项卡的“图幅”面板中单击“图幅设置”按钮，打开“图幅设置”对话框。在该对话框中，选择图纸幅面为 A4，加长系数为 0，绘图比例为 2:1，选中“标注字高相对幅面固定”复选框，在“图纸方向”选项组中选中“竖放”单选按钮，在“图框”选项组中选中“调入图框”单选按钮，并从“调入图框”下拉列表框中选择 A4E-E-Bound(CHS)图框，在“调入”选项组的“标题”下拉列表框中输入“GB-A(CHS)”标题栏，如图 7-53 所示。

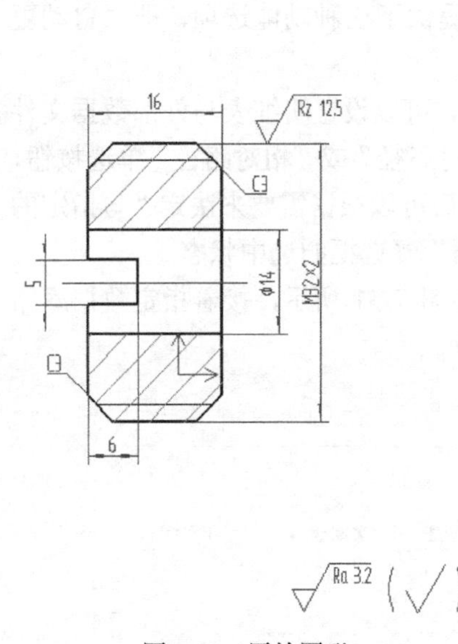

图 7-52　原始图形

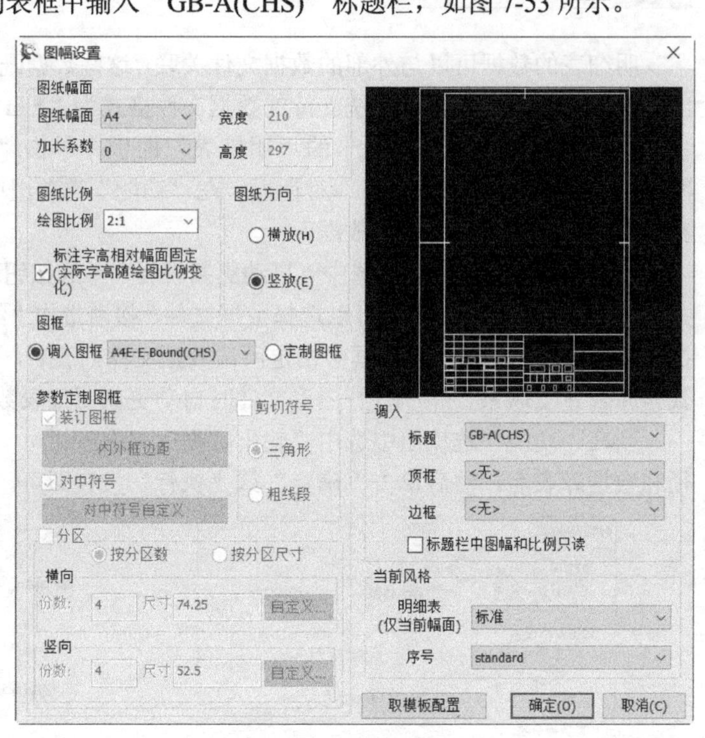

图 7-53　图幅设置

在“图幅设置”对话框中单击“确定”按钮。此时，具有图框和标题栏的图纸幅面被添加到绘图区中，如图 7-54 所示。

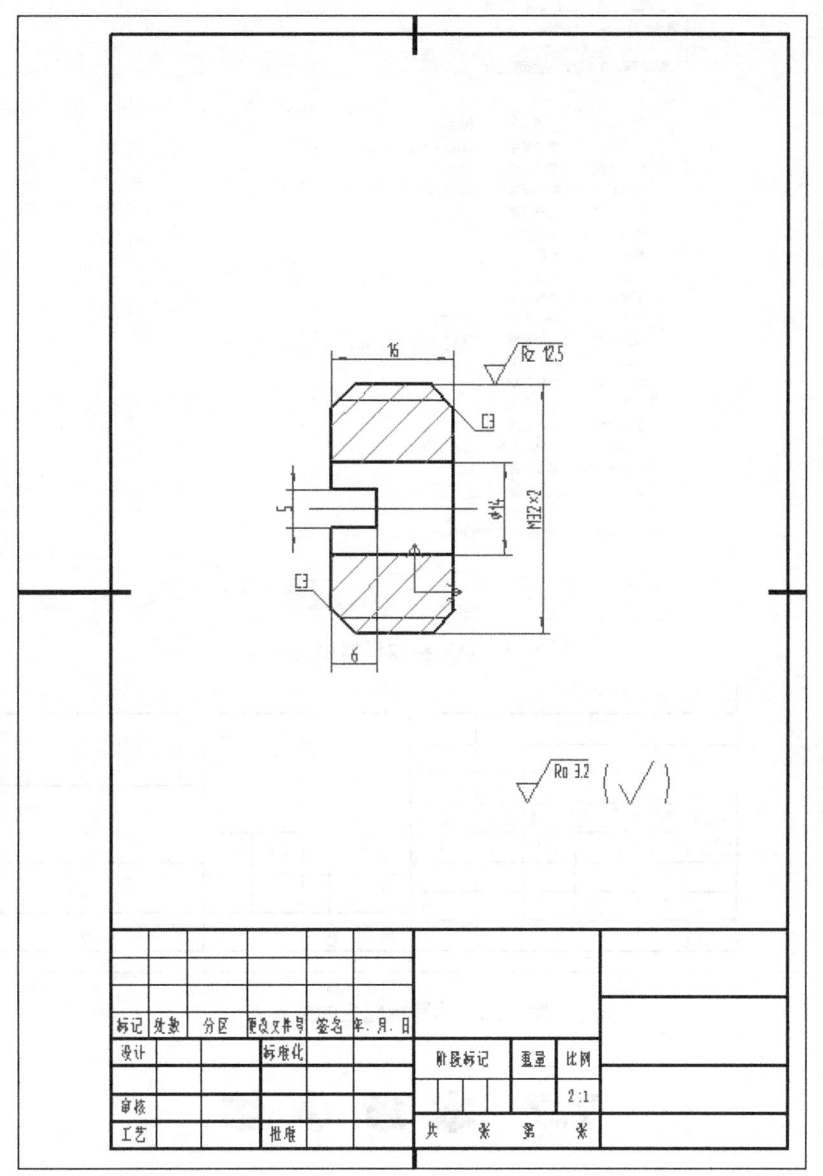

图 7-54 添加具有图框和标题栏的图纸幅面

（3）填写标题栏。

在功能区“图幅”选项卡的“标题栏”面板中单击“填写标题栏”按钮，系统弹出“填写标题栏”对话框。在该对话框中分别填写单位名称、图纸名称、图纸编号、材料名称、页码和页数等的属性值，如图 7-55 所示。

在“填写标题栏”对话框中单击“确定”按钮，此时系统更新了标题栏数据，即完成标题栏的填写工作，完成结果如图 7-56 所示。

（4）如果对零件视图或技术注释在图纸中的位置不满意，可以执行“平移”命令（对应按钮为）来进行适当的位置调整，直到获得满意的零件图效果为止。

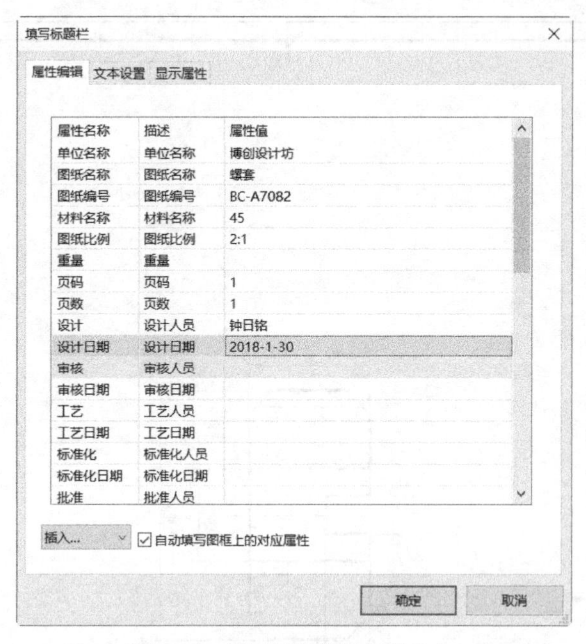

图 7-55　填写标题栏的相关内容

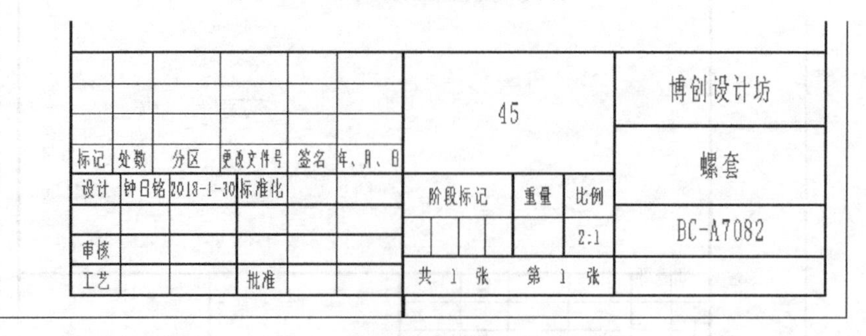

图 7-56　填写标题栏的结果

7.7 本章小结

本章重点介绍图幅操作的实用知识。在 CAXA 电子图板中，可以调用满足国家标准的图纸幅面及相应的图框、标题栏和明细栏，同时也允许用户根据情况自定义图幅、图框等，并可以将这些定义的图幅和图框制成模板文件，以供在设计工作中调用。

用于图幅操作的工具位于功能区“图幅”选项卡的各面板中，其对应菜单命令基本位于菜单栏的“幅面”菜单中。用户需要认真掌握图幅操作各工具命令。

本章首先介绍图幅设置，接着层次分明地介绍图框设置、标题栏操作、零件序号和明细栏操作这些内容，最后介绍了一个典型的图幅操作范例。在“图框设置”一节中，介绍了调入图框、定义图框、存储图框、填写图框和编辑图框的实用知识；在“标题栏”一节中，则重点介绍了标题栏组成、调入标题栏、填写标题栏、定义标题栏和存储标题栏的知识；在“零件序号”部分，则讲解零件序号的编排规范、创建序号、编辑序号、交换序号、删除序号、对齐序号和设置序号

样式等这些内容；在“明细栏”一节中，则对明细栏组成、定制明细栏样式、填写明细表、删除表项、表格折行、插入空行、输出明细表和明细栏数据库操作这些内容进行深入浅出的讲解。

另外，在功能区的“图幅”选项卡中还提供有一个“参数栏”面板，其中包含“调入参数栏”按钮、“定义参数栏”按钮、“填写参数栏”按钮、“编辑参数栏”按钮和“存储参数栏”按钮，它们的功能含义如下。由于参数栏工具应用与标题栏工具应用很相似，本书不对参数栏进行深入介绍，而将参数栏这部分内容作为课外学习任务。

- ☑ “调入参数栏”按钮：为当前图纸调入一个参数栏。如果屏幕上已有一个参数栏，则新参数栏将替代原参数栏。
- ☑ “定义参数栏”按钮：用于拾取图形对象并定义为参数栏以备调用。参数栏通常由线条和文字对象组成，另外如图纸名称、图纸代号、企业名称等属性信息需要附加到参数栏中，这些属性信息都可以通过属性定义的方式加入到参数栏中。
- ☑ “填写参数栏”按钮：用于填写当前图形中参数栏的属性信息。
- ☑ “编辑参数栏”按钮：用于以块编辑的方式对参数栏进行编辑操作。参数栏是一个特殊的块，编辑参数栏命令就是以块编辑的方式对参数栏进行编辑操作。
- ☑ “存储参数栏”按钮：将当前图纸中已有的参数栏存盘，以便以后调用。

7.8　思考与练习

（1）如何进行 A3 横向的图幅设置（要求具有国家标准推荐的一种图框和标题栏）？

（2）如何调用图框？

（3）标题栏主要包括哪些内容？在 CAXA 电子图板中如何进行标题栏的填写工作？

（4）零件序号的编排规范主要有哪些内容？

（5）在一个装配图中，如何创建零件序号？如果需要对零件序号进行编辑，应该如何处理？

（6）明细栏主要包括哪些内容？如何填写明细栏？

（7）课外学习任务：什么是参数栏？电子图板的参数栏功能包括参数栏的调入、定义、保存、填写和编辑这几个部分，功能和标题栏等类似。请通过帮助文件学习参数栏的相关知识。

说明： 参数栏的典型为填写齿轮参数表等各种表格，CAXA 电子图板 2018 可以对定义好的参数栏进行填写、编辑、存储和调入等操作。

（8）在装配图中，如何对明细栏的表格进行折行处理（即表格折行）？

（9）上机操作：绘制图形（尺寸可参照相关资料的推荐值）并将其定义成标题栏，完成的自定义标题栏如图 7-57 所示。

制图			(图纸名称)	(图纸比例)
校核				(材料)
博创设计坊			(图纸代号)	

图 7-57　定制标题栏

（10）如果要将明细栏（明细表）中的数据输出到 Excel 中，那么应该如何操作？

操作提示： 选择明细栏（明细表）后右击，接着从快捷菜单中选择“输出数据”命令，然后在弹出的对话框中进行相关设置即可。

第 8 章　查询及其他实用工具

本章导读

在 CAXA 电子图板中还提供了许多其他的实用功能和工具，本章所要介绍的系统查询功能、外部工具、模块管理器、清理工具和文件检索工具等。通过本章的学习，读者将掌握更多的实用功能，从而使读者扩展了实战应用思路和技能。

8.1　系统查询

在 CAXA 电子图板中，系统不但提供了属性查看的功能，还提供了非常实用的查询功能，即可以精确地查询点的坐标、两点距离、角度、元素属性、周长、面积、重心、惯性距和重量等，并可以将查询结果保存到指定的文件中。

系统查询的相关工具位于功能区“工具”选项卡的“查询”面板中，如图 8-1（a）所示；而在“工具”→“查询”级联菜单中也集中了查询工具，如图 8-1（b）所示。下面介绍这些查询工具命令的应用方法。

元素属性　角度　重心
两点距离　周长　重量
坐标点　面积　惯性矩
查询

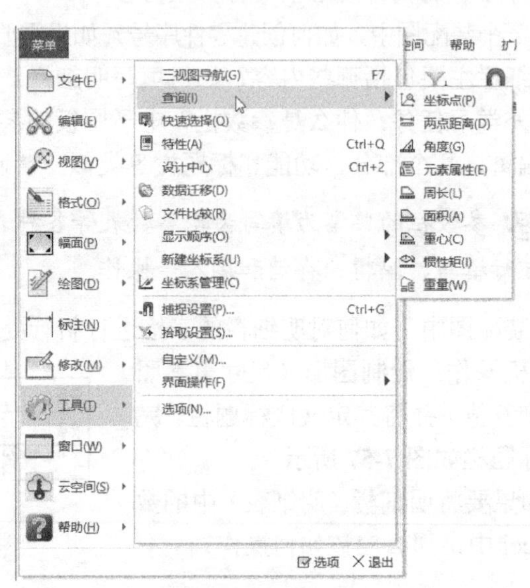

（a）“查询”面板　　（b）“查询”级联菜单

图 8-1　查询功能

8.1.1　查询点坐标

查询点坐标的操作方法和步骤如下。

（1）在功能区“工具”选项卡的“查询”面板中单击“坐标点”按钮。

（2）系统提示拾取要查询的点。由用户使用鼠标在图形中拾取所要查询的点，选中后该点被系统用红色来标记，用户可以继续拾取其他点，拾取完毕后右击来确认。

（3）系统弹出如图 8-2 所示的“查询结果”对话框，在该对话框中按照拾取点的顺序列出所有拾取点的坐标值。如果单击“保存”按钮，则弹出“另存为”对话框，从中可以将该查询结果存入指定的文本文件中，以供以后参考使用。如果不想保存查询结果，则可在“查询结果”对话框中单击“关闭”按钮。

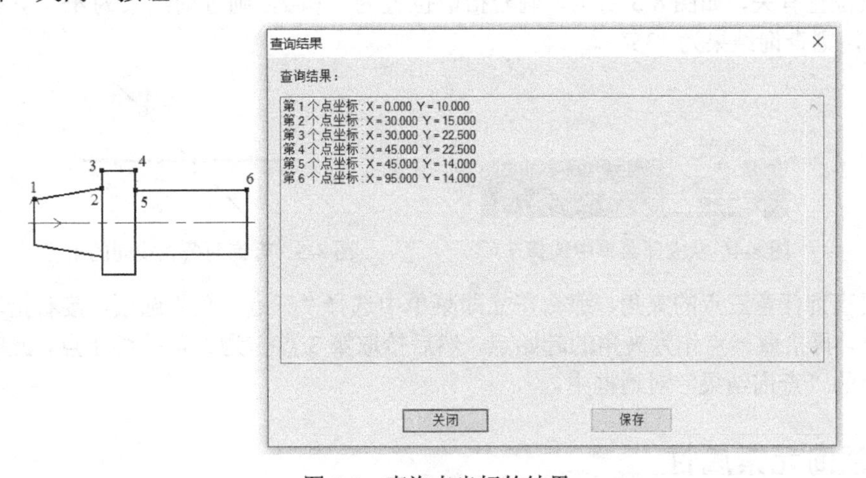

图 8-2　查询点坐标的结果

在实际设计中，结合工具点菜单或点捕捉设置状态下拉列表框（用于设置“自由”“智能”“栅格”或“导航”捕捉模式）可以精确查询特定位置点的坐标。

8.1.2　查询两点距离

查询两点距离的操作方法和步骤如下。

（1）在功能区“工具”选项卡的“查询”面板中单击“两点距离”按钮。

（2）拾取第 1 点，接着拾取第 2 点。拾取两点后，系统弹出如图 8-3 所示的“查询结果”对话框，在该对话框中列出了被查询两点间的距离以及第 2 点相对于第 1 点的 X 轴和 Y 轴上的增量等。

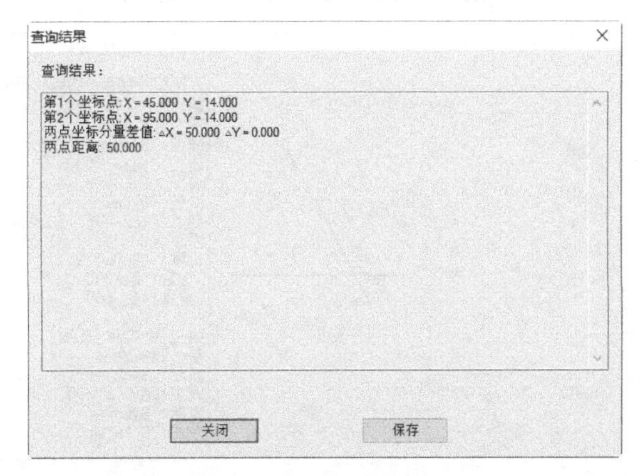

图 8-3　两点距离的查询结果

8.1.3　查询角度

用户可以很方便地查询 3 种类型的角度

（查询结果的角度单位为度）：圆心角、直线夹角（两条直线的夹角）和三点夹角（由 3 个点定义的夹角）。

查询角度的一般操作如下。

（1）在功能区“工具”选项卡的“查询”面板中单击“角度”按钮。

（2）根据实际情况，在该立即菜单的“1.”中选择“圆心角”“两线夹角”或“三点夹角”，如图 8-4 所示。

如果要查询圆弧的圆心角，则在立即菜单中选择“圆心角”，接着选择一条圆弧，系统即时弹出“查询结果”对话框，其查询结果显示在该对话框中。

如果要查询两条直线的夹角，则可在立即菜单中选择“两线夹角”，接着选择第一条直线和选择第二条直线，查询结果显示在弹出的对话框中。用户需要注意的是，直线夹角的查询结果与直线的拾取位置有关，如图 8-5 所示，倘若拾取位置为 1 和 2，则查询结果为 45°，倘若拾取位置为 1 和 3，则查询结果为 135°。

图 8-4　从立即菜单中选择选项

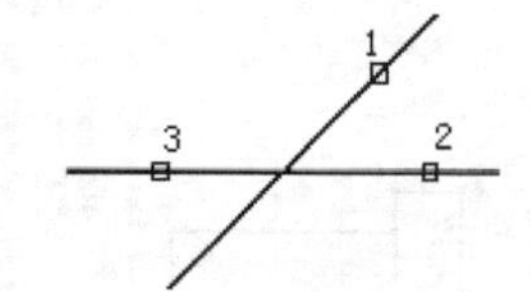

图 8-5　查询两条直线间的角度

如果要查询任意三点的夹角，那么在立即菜单中选择“三点夹角”选项，接着拾取一点作为夹角的顶点，再拾取一点作为夹角的起始点，然后拾取第 3 点作为夹角的终止点，此时查询结果显示在弹出的“查询结果”对话框中。

8.1.4　查询元素属性

图形元素包括点、直线、圆、圆弧、剖面线、样条和块等。用户可以查询指定的图形元素的属性并以列表的方式将查询结果显示出来。

查询元素属性的操作方法和步骤比较简单，即在功能区“工具”选项卡的“查询”面板中单击“元素属性”按钮，接着拾取要查询的图形元素，右击确认拾取结果，系统在弹出的“记事本”窗口中按拾取顺序依次列出各图形元素的属性。如图 8-6 所示查询了两条直线元素的属性。

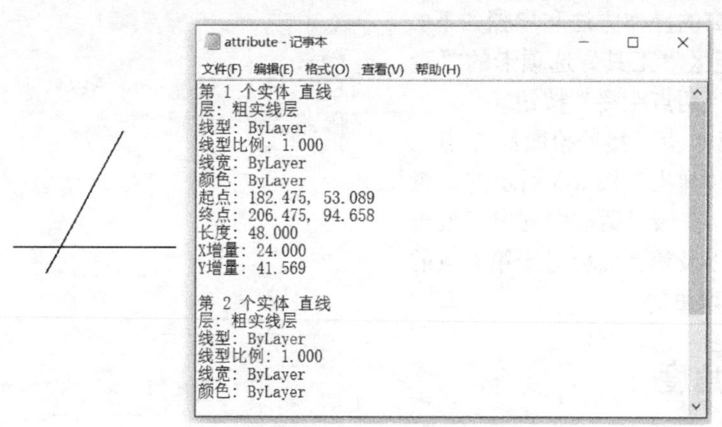

图 8-6　查询结果：直线元素属性

8.1.5　查询周长

在某些设计场合下，需要了解某些曲线链的长度，也就是需要查询某些一系列首尾相连的曲线的总长度。被查询的曲线链可以是封闭的，也可以是非封闭的。

要查询周长长度可以按照以下方法和步骤进行。

（1）在功能区“工具”选项卡的“查询”面板中单击“周长”按钮。

（2）拾取要查询的曲线链。拾取曲线链后，系统立即弹出“查询结果”对话框，如图 8-7 所示，系统不但列出了所选曲线链的总长度，还列出了这一系列依次相连的曲线中的每一条曲线的长度。

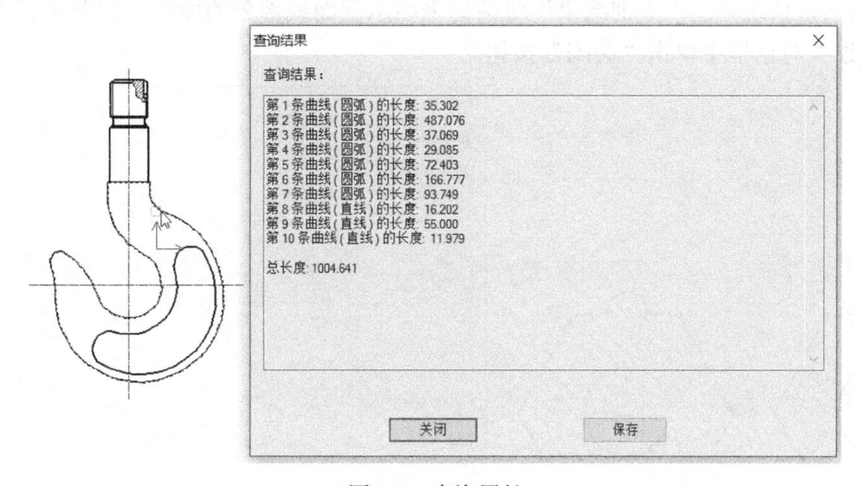

图 8-7　查询周长

8.1.6　查询面积

用户可以在设计过程中查询一个封闭区域或多个封闭区域构成的复杂图形的面积。查询面积的典型方法和步骤如下。

（1）在功能区“工具”选项卡的“查询”面板中单击“面积”按钮。

（2）在出现的立即菜单“1.”中选择“增加面积”或“减少面积”选项，如图 8-8 所示。选择“增加面积”选项时，则设置将拾取封闭区域的面积与其他面积累加；选择“减少面积”选项时，则设置从其他面积中减去该封闭区域的面积。

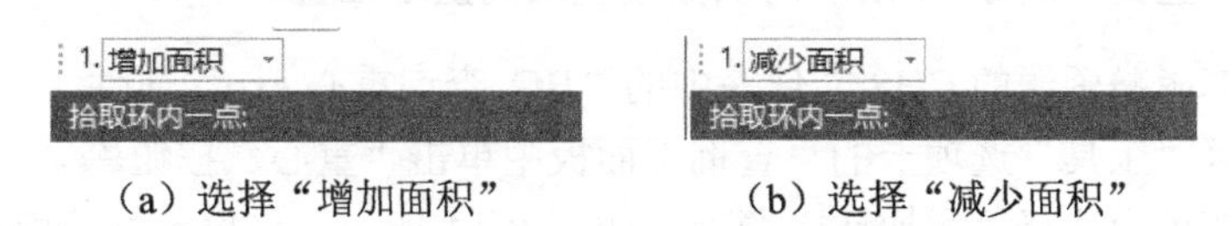

（a）选择“增加面积”　　（b）选择“减少面积”

图 8-8　出现的立即菜单

（3）在要计算面积的封闭区域内单击一点（即拾取该环内点以指定构成该封闭环的曲线），可继续拾取其他环内点，系统根据在立即菜单中的设置增加面积或减少面积。拾取结束后右击来确认，查询面积的结果显示在“查询结果”对话框中。

【课堂范例】：查询如图 8-9 所示的剖面线区域的面积

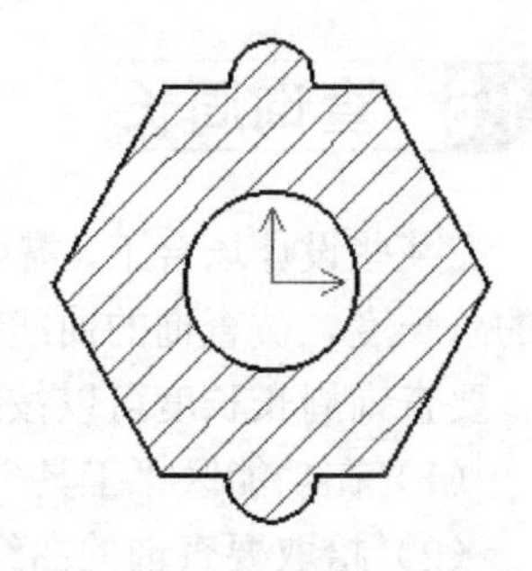

图 8-9　要查询面积的图形

（1）打开随书附赠资源的 CH8 文件夹中的“BC_查询面积.exb”文件。

（2）在功能区“工具”选项卡的“查询”面板中单击“面积”按钮。

（3）在立即菜单的“1.”中选择“增加面积”，接着在如图 8-10 所示的区域单击，从而确定第一个封闭环。

（4）将立即菜单“1.”选项切换为“减少面积”，接着在如图 8-11 所示的圆内单击。

（5）右击，系统弹出“查询结果”对话框来显示剖面线部分的面积，如图 8-12 所示，然后在“查询结果”对话框中单击“关闭”按钮。

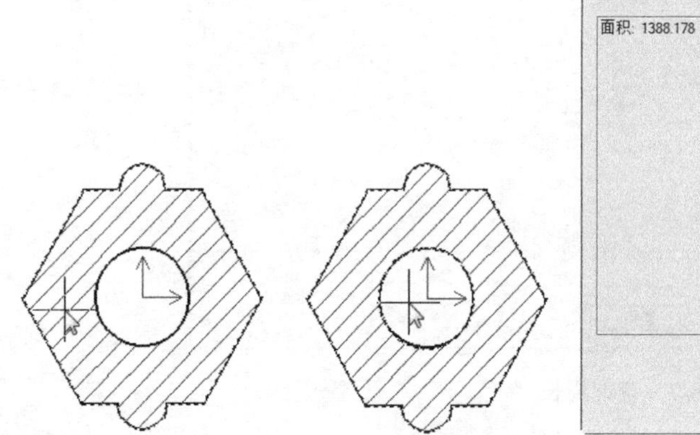

图 8-10　拾取环内点　　图 8-11　拾取要减去面积的区域

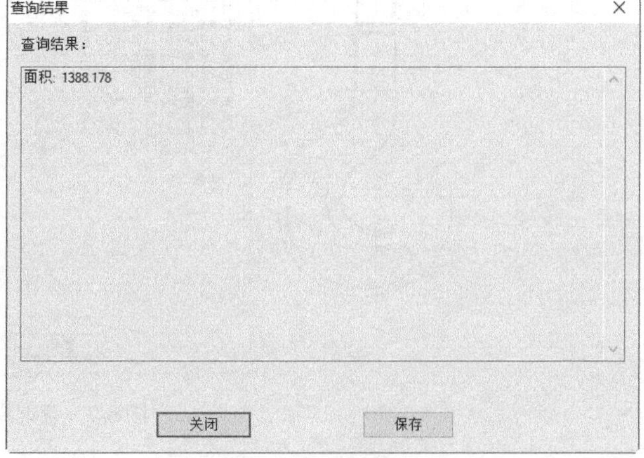

图 8-12　查询结果

8.1.7　查询重心

在功能区“工具”选项卡的“查询”面板中单击“重心”按钮，可以计算指定封闭环区域的重心位置。在实际操作中，注意其立即菜单中的“增加环”和“减少环”的巧妙应用。

【课堂范例】：查询如图 8-13 所示的剖面线区域的重心位置

（1）打开随书附赠资源的 CH8 文件夹中的“BC_查询重心.exb”文件。

（2）在功能区“工具”选项卡的“查询”面板中单击“重心”按钮。

（3）在立即菜单中选择“增加环”选项，如图 8-14 所示。使用鼠标拾取如图 8-15 所示的环内点。

（4）在“1.”单击，切换到“减少环”选项，如图 8-16 所示。接着使用鼠标依次在 3 个圆内单击，从大环中减去这 3 个圆的面积，如图 8-17 所示。

（5）右击，查询到的重心位置显示在如图 8-18 所示的“查询结果”对话框中。

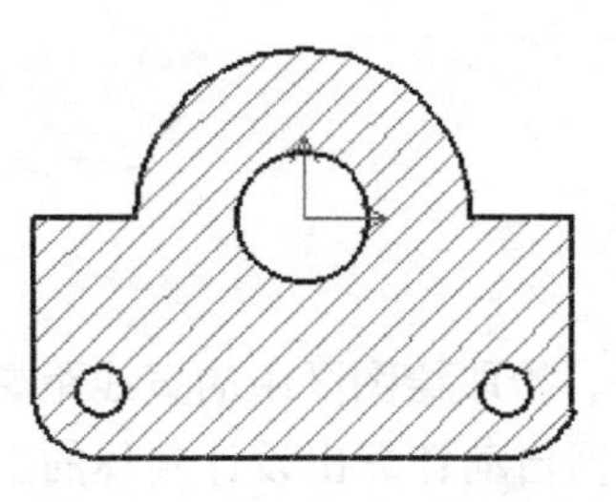

图 8-13　要查询重心的图形

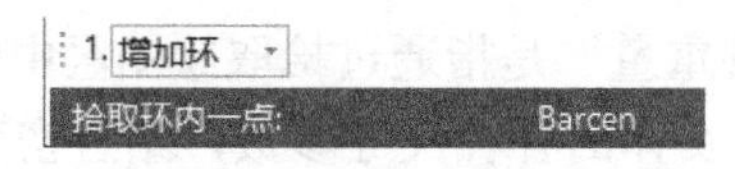

图 8-14　选择“增加环”

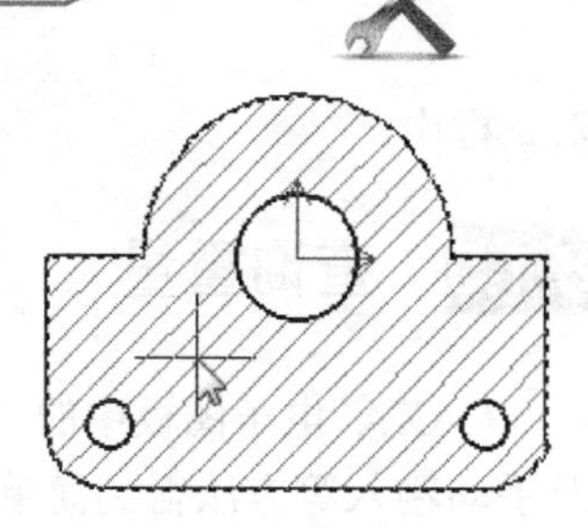

图 8-15　增加环

图 8-16　切换为“减少环”选项

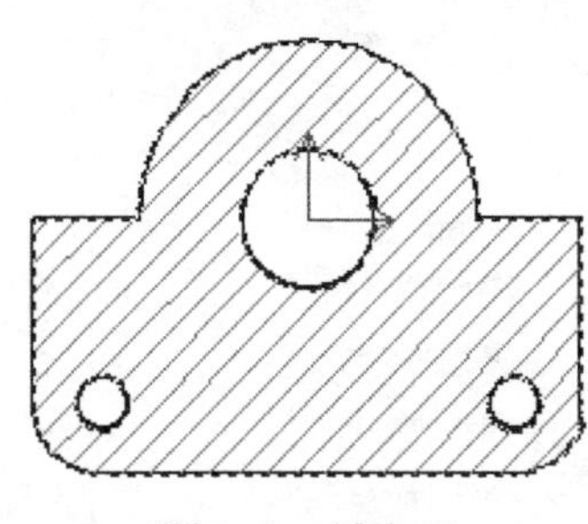

图 8-17　减少环

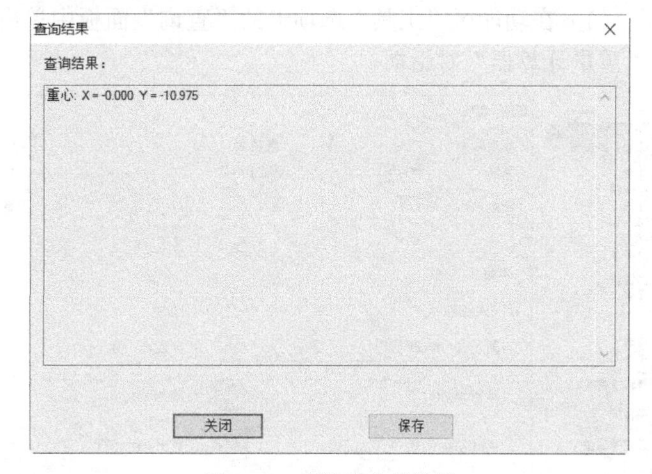

图 8-18　查询重心的结果

（6）在“查询结果”对话框中单击“关闭”按钮。

8.1.8　查询惯性距

在设计中，用户可以对一个封闭区域或多个封闭区域构成的复杂图形相对于任意回转轴、回转点的惯性距进行查询。惯性距查询的典型方法和步骤如下。

（1）在功能区“工具”选项卡的“查询”面板中单击“惯性距”按钮。

（2）出现的立即菜单如图 8-19 所示。在“1.”中可以切换为“增加环”或“减少环”选项，这与查询面积和重心时的使用方法相同。

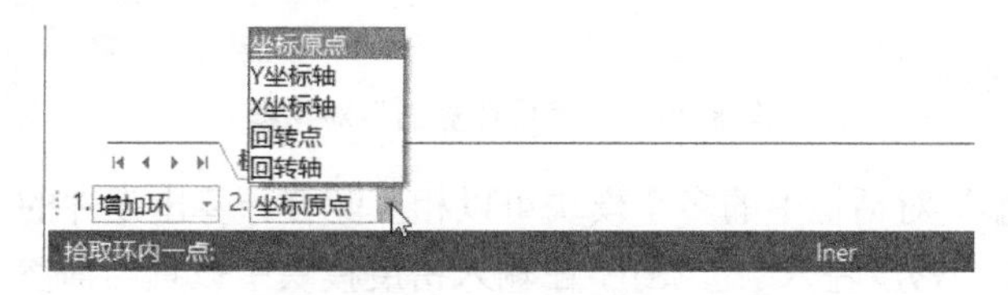

图 8-19　用于查询惯性距的立即菜单

（3）在立即菜单“2.”中，根据查询要求来选择“回转轴”“回转点”“X 坐标轴”“Y 坐标轴”或“坐标原点”。其中，“X 坐标轴”“Y 坐标轴”“坐标原点”用于查询所选择的分布区域分别相对 X 坐标轴、Y 坐标轴和坐标原点的惯性距；“回转轴”“回转点”则用于根据用户自己设定的回转轴、回转点来计算惯性距。

（4）按照系统提示拾取封闭区域和回转轴（或回转点）。完成后，惯性距显示在“查询结果”

对话框中。

8.1.9 查询重量

CAXA 电子图板中的“查询重量”是指通过拾取绘图区中的面、拾取绘图区中的直线距离及手动输入等方法得到简单几何实体的各种尺寸参数，结合密度数据自动计算出设计实体的重量。查询重量的一般方法步骤如下。

（1）在功能区“工具”选项卡的“查询”面板中单击“重量”按钮，弹出如图 8-20 所示的“重量计算器”对话框。

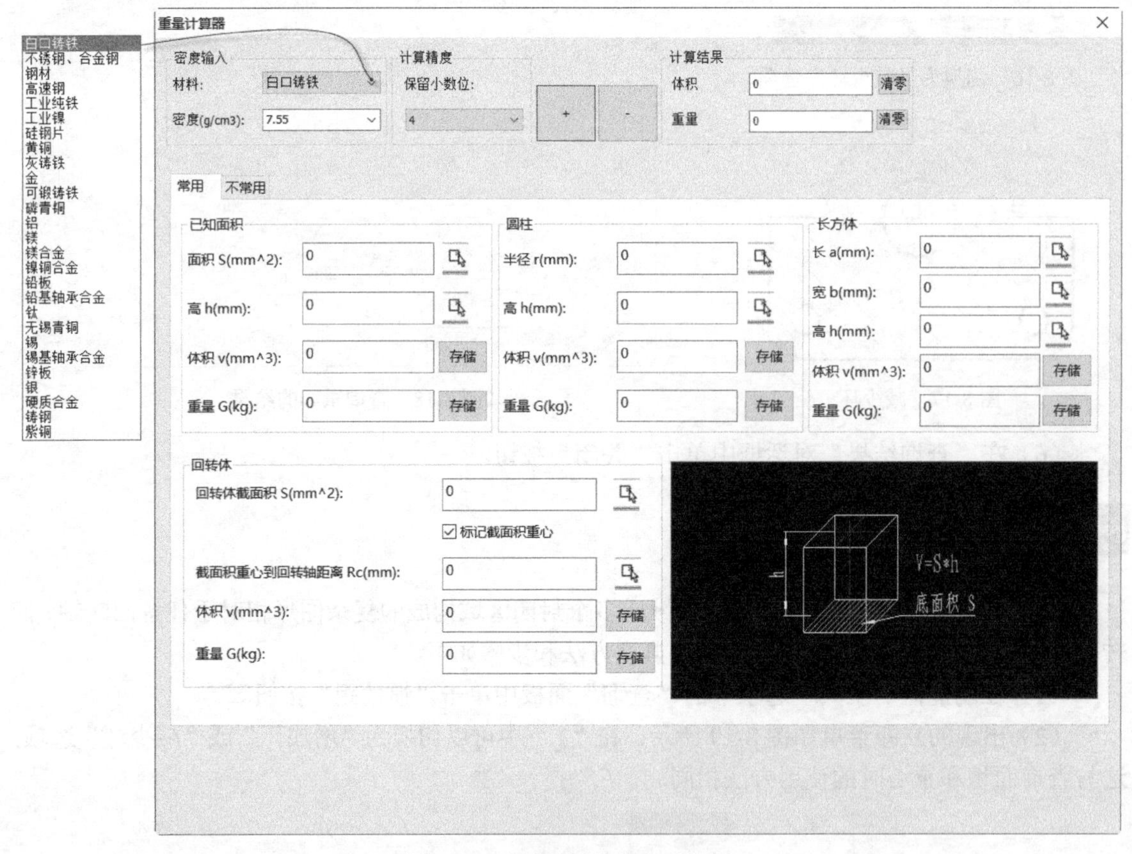

图 8-20 “重量计算器”对话框

（2）“重量计算器”对话框中的多个模块可以相互配合计算出零件的重量。

输入密度模块是指“密度输入”选项组，在输入密度模块中设置当前参与计算的实体的密度，包括从“材料”下拉列表框中选择常用材料以调用相应的密度数据，也可以在“密度”文本框中手工输入材料的密度。在计算重量时，以“密度”框中指定的数值为准。

在计算体积模块（该模块位于对话框的下方部位，具有“常用”和“不常用”两个选项卡）中，可以选择多种基本实体的计算公式，通过拾取或手工输入获取参数并计算出零件体积。当计算所需的数据全部指定或填写好后，该计算工具中的“重量”项目中便会显示重量的计算结果。单击相应的“存储”按钮可以将当前的计算结果按照相关设定累加到结果累加模块。

计算精度模块是指“计算精度”选项组，专门用于设置重量计算的计算精度（计算机结果保留到小数点后几位）。

结果累加模块可以将各个重量计算工具的输出结果进行累加。在某个重量计算工具中实施“存储”后，该重量计算工具的计算结果会被累加到总的计算结果中。累加分为正累加和负累加，分别用于计算增料和除料，通过本模块左侧的“增料”按钮和“除料”按钮进行控制。

（3）完成计算重量后，单击“退出”按钮。

8.2 外部工具应用

在 CAXA 电子图板中提供了一些实用的外部工具。这些外部工具的启用按钮集中在功能区“工具”选项卡的“外部工具”面板中，对应的调用命令位于菜单“工具”→“外部工具”级联菜单中，包括“计算器”“画笔”“文件关联工具”等。

用户可以执行“界面定制”功能来配置其他程序作为外部工具，如配置工程计算器、记事本、打印排版工具、Exb 文件浏览器、个人协同管理工具等作为新外部工具。

8.2.1 计算器

在功能区“工具”选项卡的“外部工具”面板中单击“计算器”按钮，打开如图 8-21 所示的“计算器”对话框。初始默认的是标准型的计算器界面，利用该标准型的电子计算器，可以很方便地计算一些算术运算式的值。

在“计算器”对话框中单击“设置”按钮，接着从弹出的菜单列表中选择“科学”命令，则“计算器”对话框的界面转换为科学型计算器的界面，如图 8-22 所示。

图 8-21 “计算器”对话框

图 8-22 科学型计算器的界面

此外，“计算器”对话框还可以转换为“程序员”“日期计算”适用的计算器界面。

8.2.2 画笔

在功能区“工具”选项卡的“外部工具”面板中单击“画笔”按钮，启动画笔工具功能，弹出的“画图”窗口如图 8-23 所示。利用“画图”工具，可以进行一些图形绘制和编辑。

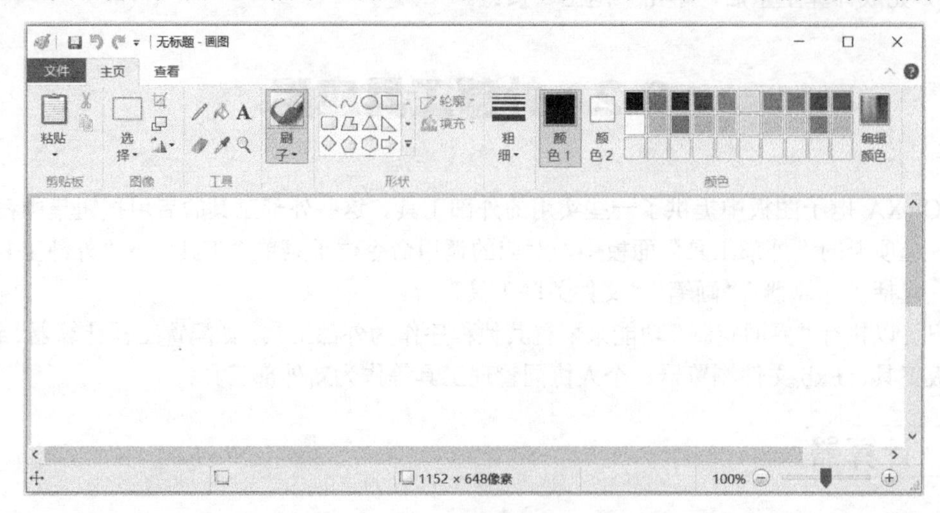

图 8-23 “画图”窗口

8.2.3 文件关联工具

在功能区“工具”选项卡的“外部工具”面板中单击“文件关联工具”按钮，系统将弹出如图 8-24 所示的“CAXA 文件关联工具”对话框，从中选择要关联的扩展名，例如选中“*.dwg-AutoCAD 文件”和“*.exb-电子图板文件”复选框，单击“确定”按钮，则启用该关联工具使所设扩展名的文件关联。

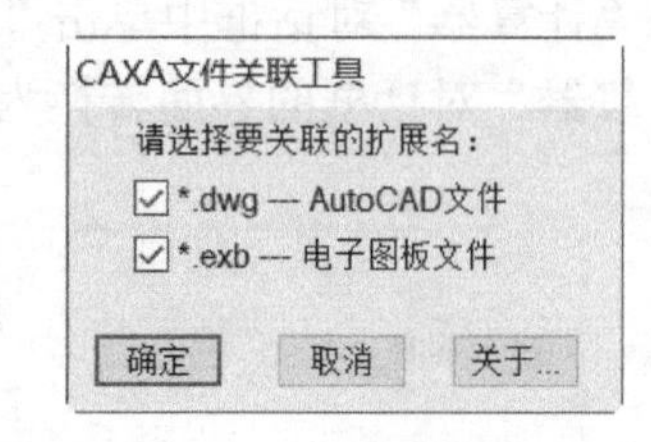

图 8-24 “CAXA 文件关联工具”对话框

8.3 模块管理器

在 CAXA 电子图板中提供了一个实用的模块管理器，使用它可以很好地加载和管理电子图板的其他功能模块或一些二次开发应用程序。

要调用“模块管理器”功能，则在功能区的“工具”选项卡的“工具”面板中单击“模块管理器”按钮，打开如图 8-25 所示的“模块管理器”对话框。在可用的模块列表中选中或取消选中相应模块前的复选框，可加载或卸载该模块。如果在模块列表中选中某模块对应的“自动加载”复选框，那么可以将该模块设置为自动加载，在此设置下关闭程序并重新启动后，该模块将

自动加载，可以直接使用。如果取消选中“自动加载”复选框，那么对应的模块也将被取消自动加载。

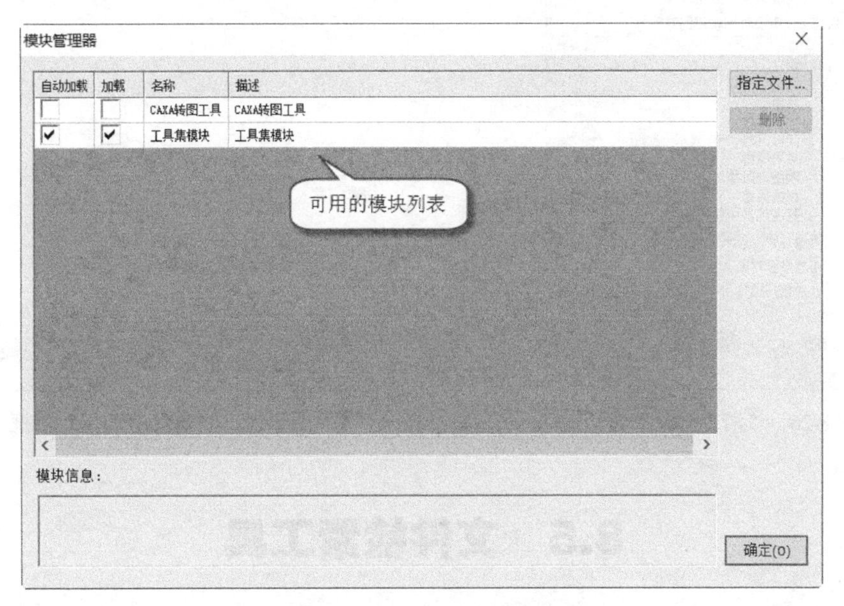

图 8-25　“模块管理器”对话框

当在模块列表中选中某个模块的“加载”或“自动加载”复选框时，该模块的简要信息将显示在“模块信息”文本框中。

8.4　清理工具

在使用 CAXA 电子图板进行绘图时，经常要用到图层、线型、图块、文本风格、尺寸风格、序号风格、明细表风格、图片等，这些对象有些需要保留，有些只是临时应用一下而对最终图形并无作用，有些虽然创建了但后来因设计变更导致从来就没有实际用到。为了使图形文件简洁，可以使用“清理”功能进行清理，将无用的对象从图形文件中清除出去，这样图形保存后所占储存空间会更小。

要对当前文件进行清理，那么在功能区“工具”选项卡的“工具”面板中单击“清理”按钮，或者在界面显示有主菜单情况下从“文件”菜单中选择“清理”命令，打开如图 8-26 所示的“清理”对话框，从中可设置显示能够清理的对象和显示不能清理的对象。这里以选中“显示能够清理的对象”单选按钮为例，接着在“当前文件中没有被使用的对象”列表框中选择要清理的图形项目，例如选择“块”，并确保选中“清理对象时逐一确认”复选框以设置清理每个对象时都要经过用户确认，必要时可选中“清理嵌套对象”复选框，然后单击“删除”按钮，系统弹出如图 8-27 所示的“清除对象”对话框提示要删除一个项目对象，单击“是”按钮删除此项目对象，如果还存在其他要删除的项目对象，那么系统继续弹出“清除对象”对话框让用户进行确认。“清理对象”对话框中的“删除所有”按钮用于清除当前项目下全部未使用的对象。此外，还可以设置合并相同风格。

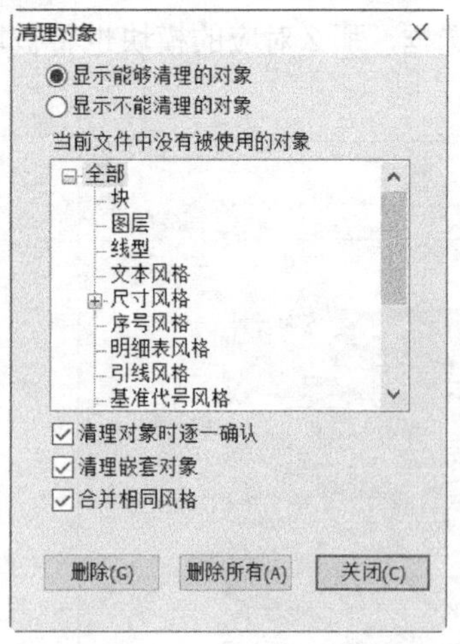

图 8-26 “清理对象”对话框

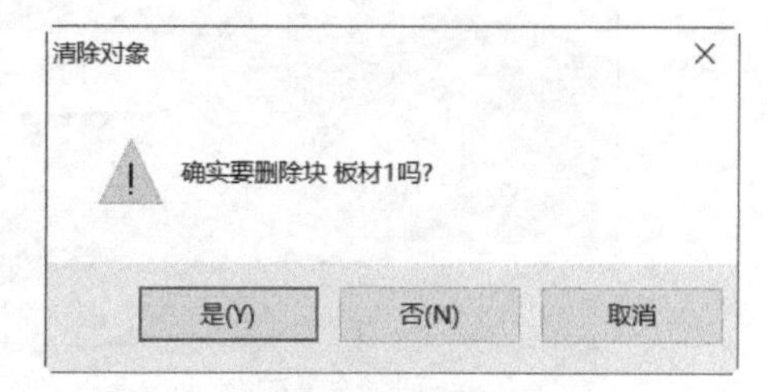

图 8-27 “清除对象”对话框

8.5 文件检索工具

使用“文件检索”工具，可以按检索条件从本地计算机或网络计算机上快速地查找符合条件的图形文件，所述的检索条件可以指定路径、文件名、EB 电子图板文件标题栏中属性的条件。

在功能区“工具”选项卡的“工具”面板中单击“文件检索”按钮，或者在界面显示有主菜单的情况下从“文件”菜单中选择“文件检索”命令，系统弹出如图 8-28 所示的“文件检索”对话框。利用此对话框可以快速查到所需的图形文件。下面介绍该对话框主要组成部分的功能用途和使用方法。

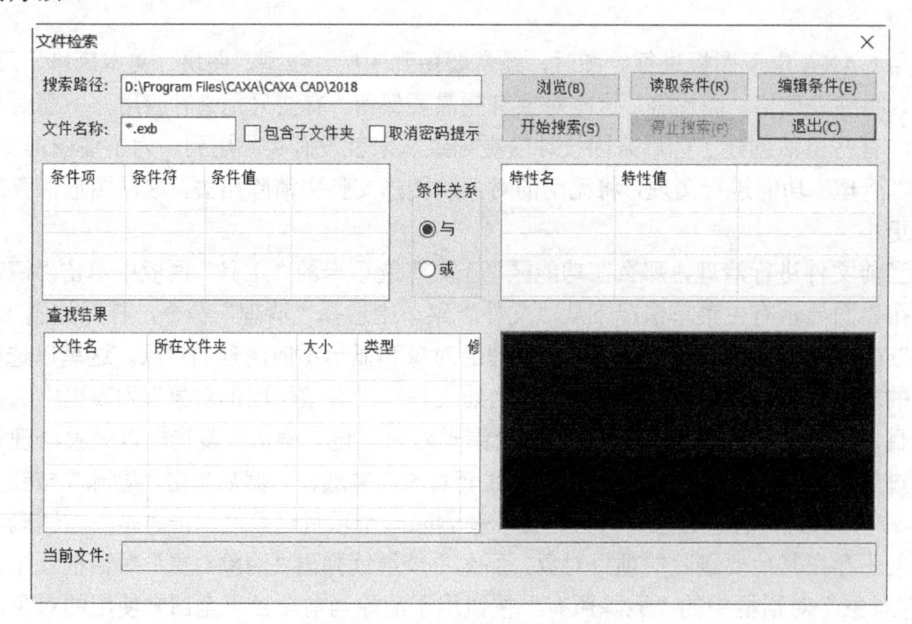

图 8-28 “文件检索”对话框

1. 搜索路径

“搜索路径”文本框用于指定查找的范围，既可以通过手工填写路径，也可以通过单击“浏览”按钮以借助“浏览文件夹”对话框来选择路径。“包含子文件夹”复选框用于设定只在当前目录路径下查找还是包括子目录。另外需要注意文件名称和“取消密码提示”复选框的设置。

2. 条件关系

用于显示标题栏中信息条件，指定条件之间的逻辑关系（与和或）。标题栏信息条件可以通过单击“编辑条件”按钮去编辑。

3. 编辑条件

单击“编辑条件”按钮，系统弹出如图 8-29 所示的“编辑条件”对话框。该“条件显示”列表框用于显示添加的条件。条件分条件项、条件符和条件值 3 部分。条件项是指标题栏中诸如备注、设计时间、名称等的属性标题，“条件项”下拉列表框中提供了可选的属性条件项；条件符按条件类型分为 3 类，即字符型、数值型和日期型，不同的条件类型下“条件符”下拉列表框提供不同的条件符选项；条件值也相应地分为字符型、数值型和日期型，用户可以在“条件值”文本框中输入条件值，如果将条件类型设定为“日期型”，那么在“条件值”文本框中会显示当前日期，并可以通过单击该框右侧的下三角箭头以激活日期列表来进行日期选择，如图 8-30 所示（在该示例中，条件项设为“设计日期”，条件符为“早于”，条件值选择为“2018/1/30”，条件类型为“日期型”，设置好之后单击“添加条件”按钮则产生了一个条件，该条件表示要查找设计日期在 2018 年 1 月 30 日之前的图纸，该条件将显示在条件显示区）。

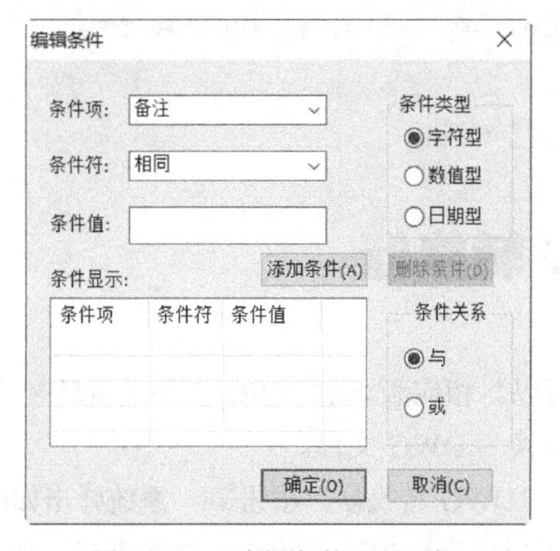

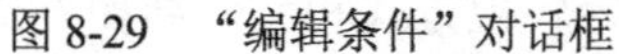
图 8-29 “编辑条件”对话框

图 8-30 日期型的条件值选择示例

当添加两条以上的条件，那么可以进行条件关系的选择，即在“条件关系”选项组中选中“与”或“或”单选按钮。

在条件显示区选中条件时，可以对其进行删除或编辑。添加并编辑好全部条件后，单击“确定”按钮，系统弹出一个对话框提示保存为文件，单击“是”按钮，另利用弹出的“另存为”对话框将编辑好的条件保存，这样在下次使用时可以直接在“文件检索”对话框中单击“读取条件”按钮来打开已有的查询条件。当然也可以将条件不保存为文件。

4. 查找结果

设置好文件搜索条件后，在“文件检索”对话框中单击“开始搜索”按钮，CAXA 电子图板开始搜索，搜索结果将显示在“查找结果”列表框中，如图 8-31 所示。注意文件总数超过系统设定的数值时会自动停止检索。在“查找结果”列表框中选中一个查找结果，则可以在右面的属性区查看标题栏内容，在预显图形区预览图形。在“查找结果”列表框中双击其中一个查找结果，则可以在 CAXA 电子图板中打开该文件。

图 8-31 “文件检索”对话框

8.6 DWG 转换器

通过 CAXA 电子图板的“DWG 转换器”工具可以将相应版本的 DWG 文件批量转换为 EXB 文件，也可以将电子图板各版本的 EXB 文件批量转换为 DWG 文件。

在功能区“工具”选项卡的“工具”面板中单击“DWG 转换器”按钮，系统弹出如图 8-32 所示的批量转换器“第一步：设置”对话框，从中可以指定转换方式和文件结构方式，并在“选项”选项组中设定“弹出指定形文件的提示”和“弹出没有找到外部引用文件的提示”复选框的状态以控制描述中对应的提示是否允许在转换过程中弹出。

转换方式分两种：“将 DWG/DXF 文件转换为 EXB 文件”和“将 EXB 文件转换为 DWG/DXF 文件”。如果选中“将 EXB 文件转换为 DWG/DXF 文件”单选按钮时，那么在该单选按钮右侧区域将出现一个“设置”按钮，单击此“设置”按钮，弹出“选取 DWG/DXF 文件格式”对话框，如图 8-33 所示，从中选择 DWG 文件的版本或 DXF 文件的版本，单击“确定”按钮返回批量转换器“第一步：设置”对话框。

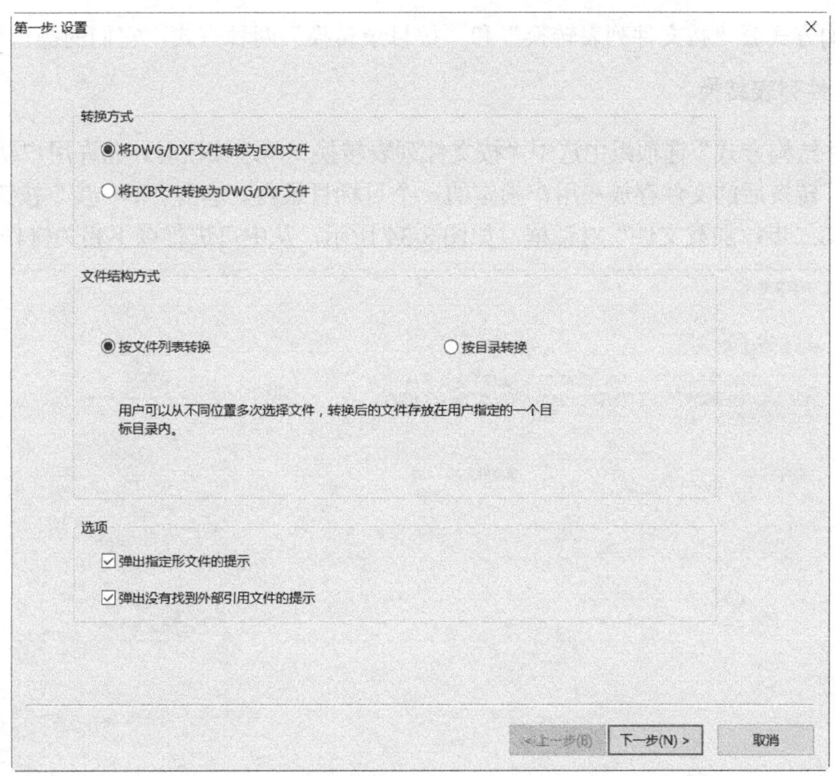

图 8-32 批量转换器“第一步：设置”对话框

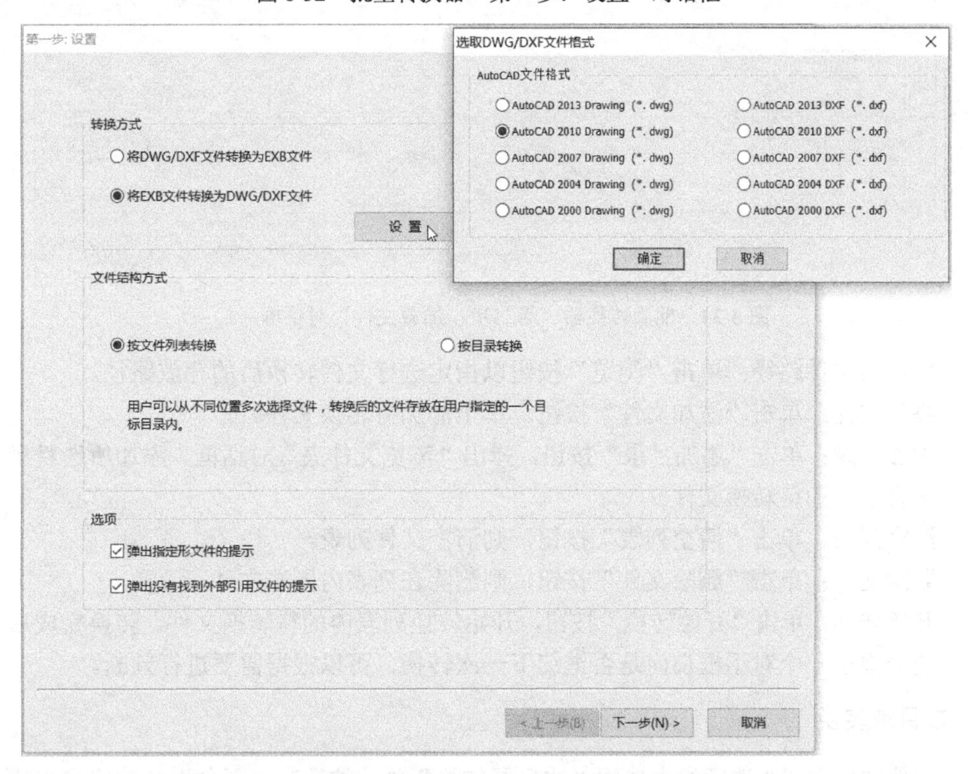

图 8-33 弹出“选取 DWG/DXF 文件格式”对话框

文件结构方式分“按文件列表转换”和“按目录转换”两种方式，它们的操作说明如下。

1. 按文件列表转换

在“文件结构方式”选项组中选中“按文件列表转换”单选按钮时，允许用户从不同位置多次选择文件，转换后的文件存放在用户指定的一个目标目录内。单击“下一步”按钮后，出现批量转换器“第二步：加载文件”对话框，如图 8-34 所示，从中可进行以下相关操作。

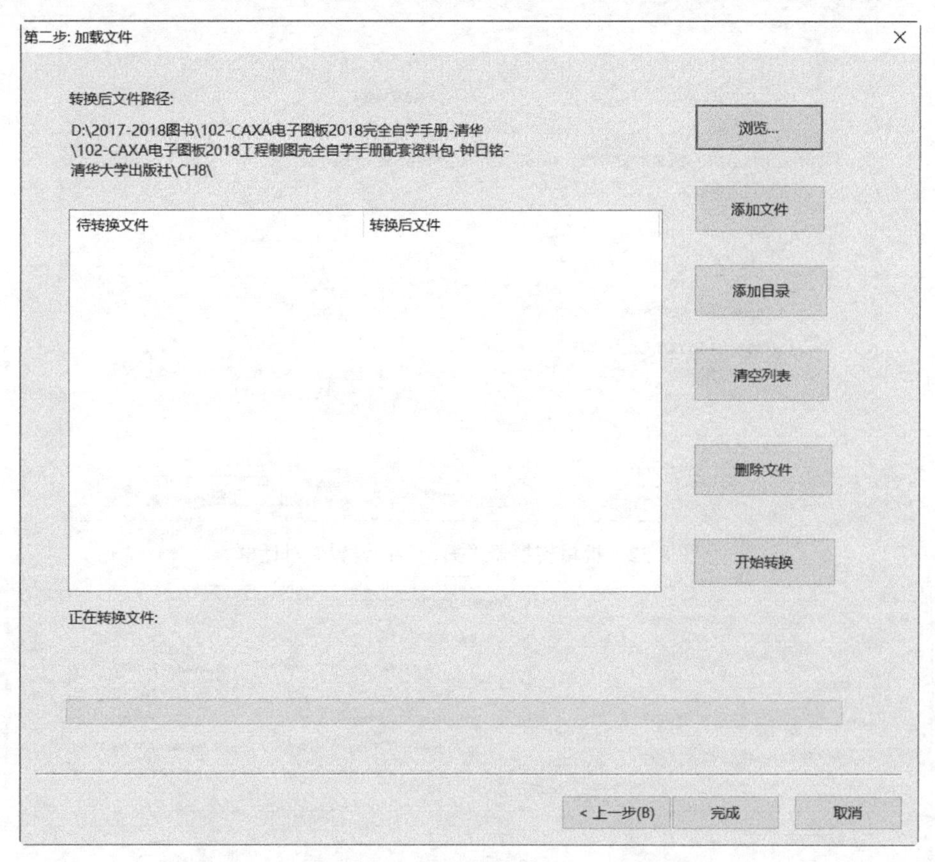

图 8-34　批量转换器“第二步：加载文件”对话框（1）

☑　转换后文件路径：单击“浏览”按钮以指定进行文件转换后的存放路径。

☑　添加文件：单击“添加文件”按钮，单个添加待转换文件。

☑　添加目录：单击“添加目录”按钮，弹出“浏览文件夹”对话框，添加所选目录下所有符合条件的待转换文件。

☑　清空列表：单击“清空列表”按钮，则清空文件列表。

☑　删除文件：单击“删除文件”按钮，则删除在列表内所选文件。

☑　开始转换：单击“开始转换”按钮，开始转换列表内的待转换文件。转换完成后软件系统会弹出一个对话框询问是否继续下一次转换，可以根据需要进行判断。

2. 按目录转换

在“文件结构方式”选项组中选中“按目录转换”单选按钮时，则允许在对用户指定的源目

录中的文件进行转换时将其目录结构一同转移到目标目录中，即按目录的形式进行数据转换，将目录里符合要求的文件进行批量转换。选择此转换方式并单击“下一步”按钮后，出现如图 8-35 所示批量转换器“第二步：加载文件”对话框。在该对话框左边目录列表中选择要转换的目录（待转换文件目录），接着设定“包含子目录”复选框的状态以设置转换文件时是否会将所选目录的子目录内的对应文件一起转换，单击“浏览”按钮可设置或更改转换后文件的保存路径。设置各选项和参数后单击“开始转换”按钮以开始文件转换。

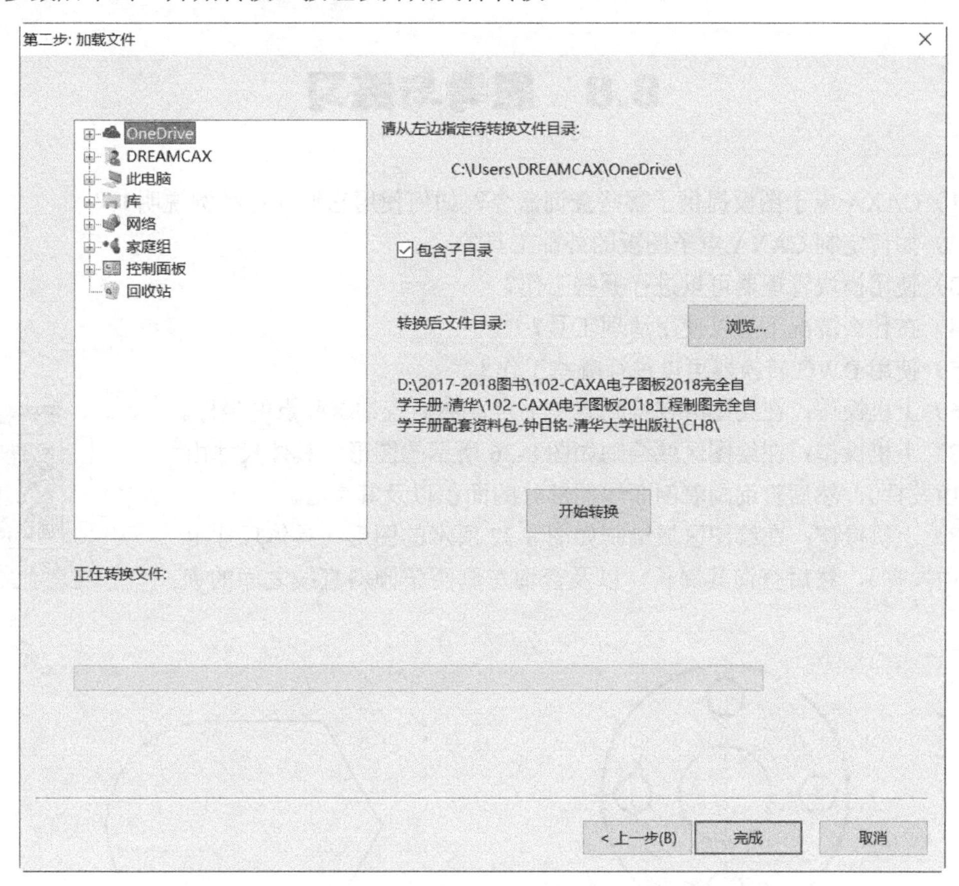

图 8-35　批量转换器“第二步：加载文件”对话框（2）

8.7　本 章 小 结

在 CAXA 电子图板中还提供了许多其他的实用功能和工具。在实际设计中，借助这些实用功能和工具，可以让设计变得更加快捷。

本章主要介绍系统查询、外部工具应用、模块管理器、清理工具、文件检索工具和 DWG 转换器等方面的知识。系统查询的内容包括查询点坐标、两点距离、角度、元素属性、周长、面积、重心、惯性距和重量；外部工具包括计算器、画笔和文件关联工具等（用户可以通过界面定制添加更多的外部工具，如工程计算器、Exb 文件浏览器、记事本、个人协同管理工具等）；使用 CAXA

电子图板中的模块管理器可以很好地管理电子图板的其他功能模块，设置哪些模块可以自动加载；使用清理工具可以让完成设计后的图形文档更简洁；通过文件检索工具可以快速查找到所需的图形文件；DWG 转换器是一个很实用的数据转换工具，便于设计数据在 EXB 格式和 DWG/DXF 格式之间有效转换。

通过本章的学习，读者掌握了更多的实用功能和工具，从而使读者扩展了实战应用思路和技能。

8.8 思考与练习

（1）CAXA 电子图板提供了哪些查询命令？如何使用它们（可举例说明）？

（2）如何定制 CAXA 电子图板的外部工具？

（3）使用模块管理器可以进行哪些工作？

（4）在什么情况下可以使用清理工具？

（5）使用 DWG 转换器可以进行哪些工作？

（6）上机操作：在绘图区域绘制若干个点，然后查询这些点的坐标。

（7）上机操作：在绘图区域绘制如图 8-36 所示的图形（具体尺寸由读者自由发挥），然后查询画着剖面线的部分的面积以及其重心。

（8）上机操作：在绘图区域绘制如图 8-37 所示的图形（具体尺寸由读者自由发挥），然后查询其周长，以及查询左侧两条倾斜直线之间的夹角角度。

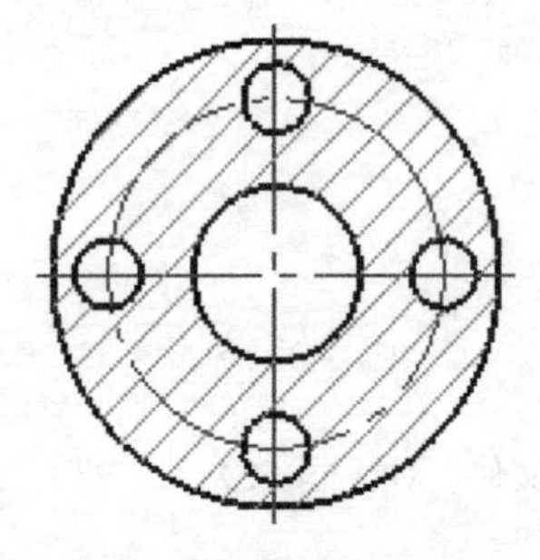

图 8-36 练习图形（习题 7）

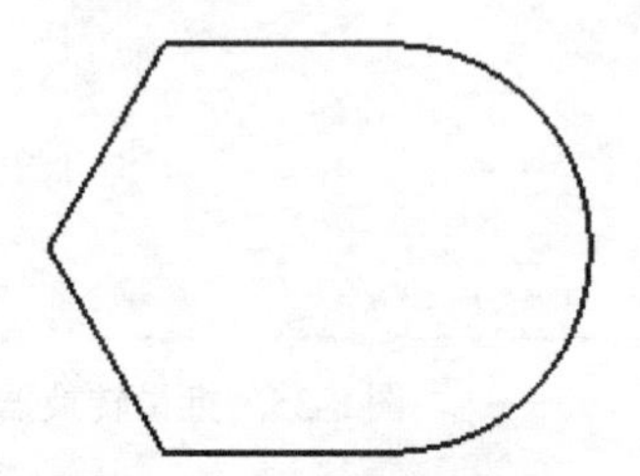

图 8-37 练习图形（习题 8）

（9）课外研习：请自学在 CAXA 电子图板中如何打印图形文档。

第 9 章　零件图绘制

本章导读

本章重点介绍零件图综合绘制实例，具体包括零件图内容概述和若干个典型零件（顶杆帽、主动轴、轴承盖、支架和齿轮）的零件图绘制实例。

9.1　零件图内容概述

零件图是很重要的技术文档。

一张完整的零件图主要包括以下内容。

（1）一组表达清楚的图形。也就是使用一组图形正确、清晰、完整地表达零件的结构形状，在这些图形中，可以采用一般视图、剖视、断面、规定画法和简化画法等方法表达。

（2）一组尺寸。这些尺寸用来反映零件各部分结构的大小和相对位置，满足制造和检验零件的要求。

（3）技术要求。包括注写零件的表面结构要求（表面粗糙度）、尺寸公差、形状和位置公差以及材料的热处理和表面处理等要求。一般用规定的代号、符号、数字和字母等标注在图上，或用文字书写在图样下方的空白处。

（4）标题栏。标题栏通常位于图框的右下角部位，需要填写零件的名称、材料、数量、图样比例、代号、图样的责任人名称和单位名称等。

图 9-1 所示为某立轴零件的一张零件图，注意分析该零件图主要内容的组成要素。

9.2　绘制顶杆帽零件图

本实例要完成的是某顶杆帽零件的零件图，完成的参考效果如图 9-2 所示。

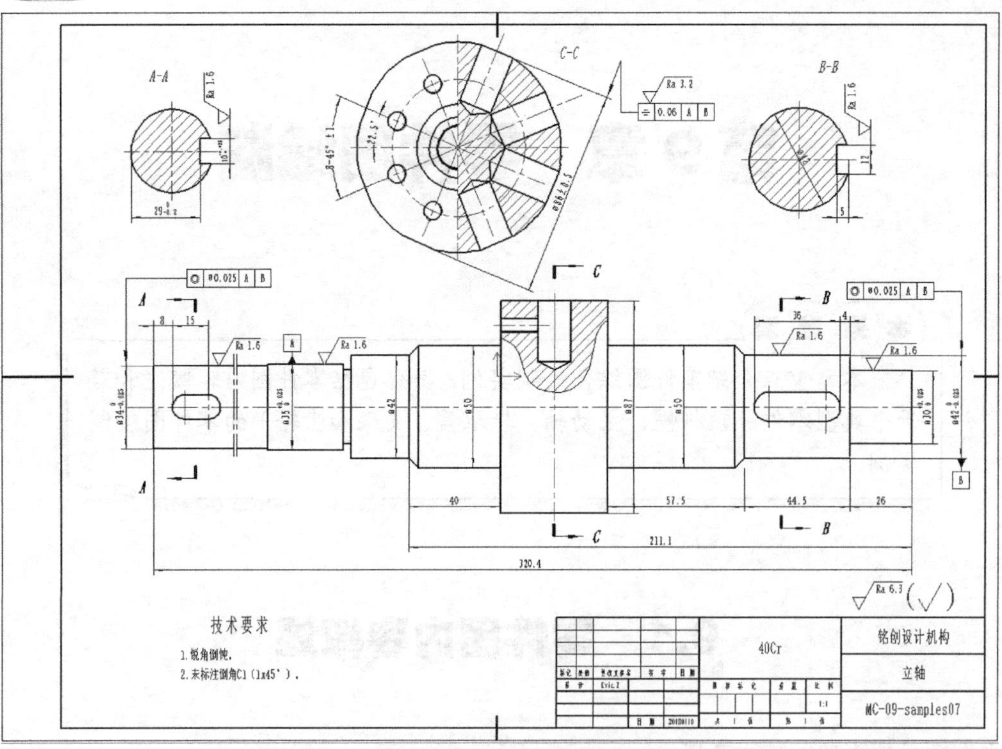

图 9-1　立轴零件的零件图

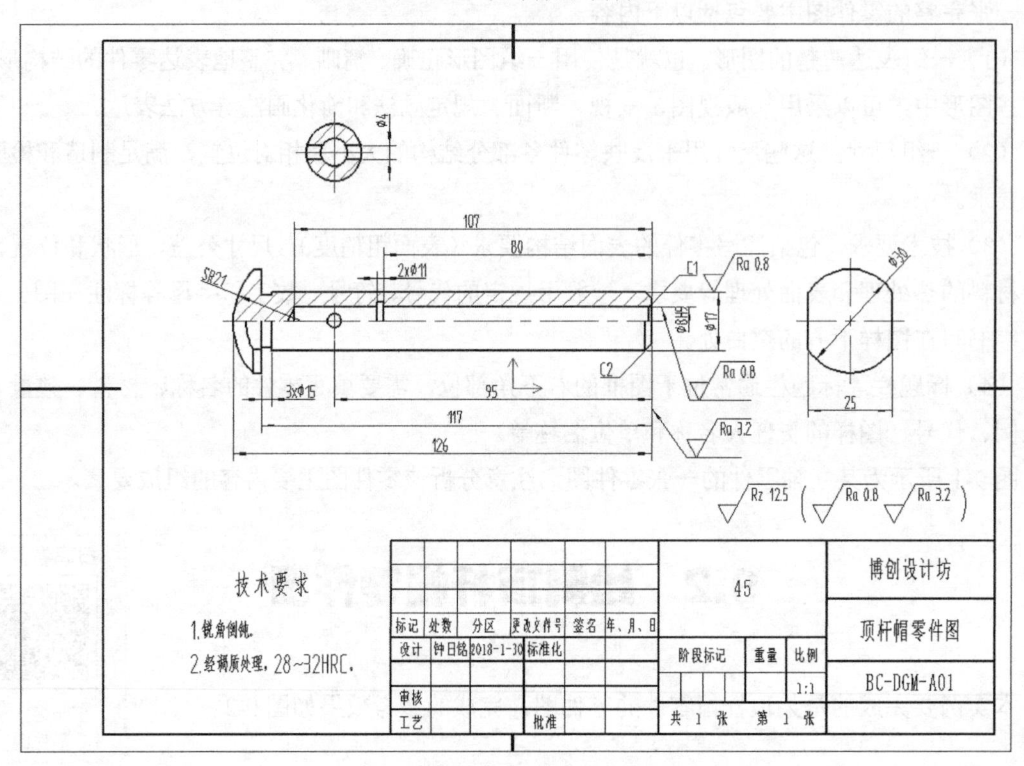

图 9-2　顶杆帽零件的零件图

绘制该顶杆帽零件图的具体操作步骤如下。

（1）设置图纸幅面并调入图框和标题栏。

新建一个使用 BLANK 系统模板的新工程图文档，在功能区“图幅”选项卡的“图幅”面板中单击“图幅设置”按钮，打开“图幅设置”对话框。在“图纸幅面”选项组中，设置“图纸幅面”为 A4，“加长系数”为 0；在“图纸比例”选项组中，将“绘图比例”设置为 1:1，并选中“标注字高相对幅面固定”复选框；在“图纸方向”选项组中选中“横放”单选按钮；在“图框”选项组中选中“调入图框”单选按钮，并从“调入图框”下拉列表框中选择 A4A-E-Bound(CHS)；在“调入”选项组的“标题”下拉列表框中选择 GB-A(CHS)，而“顶框”和“边框”均为“无”，如图 9-3 所示。

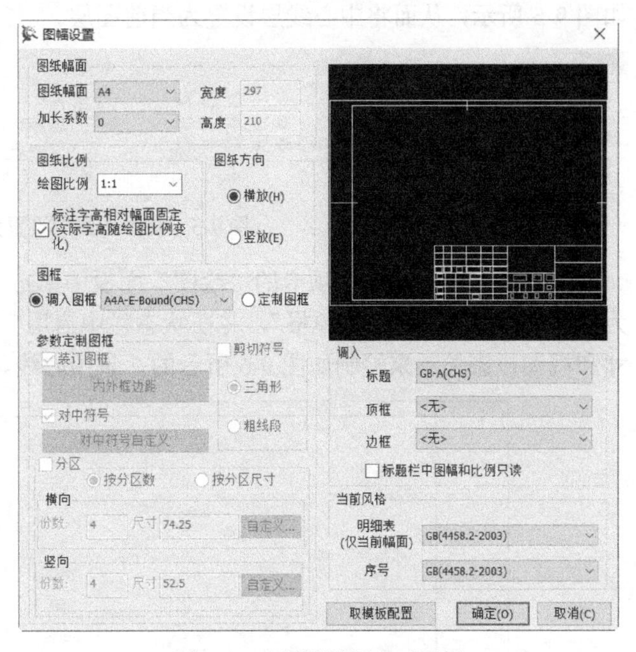

图 9-3　“图幅设置”对话框

在“图幅设置”对话框中单击“确定”按钮，设置结果如图 9-4 所示。

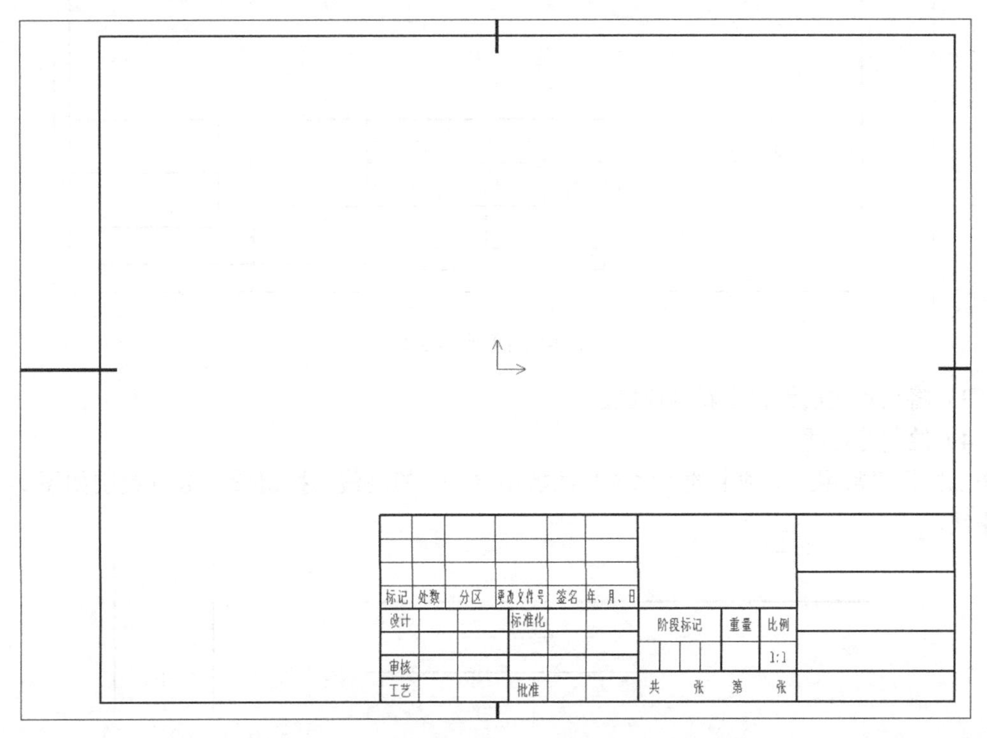

图 9-4　设置图纸幅面并调入图框和标题栏的效果

（2）绘制主要中心线和定位线。

在功能区“常用”选项卡的“特性”面板中，从“图层”下拉列表框中选择“中心线层”，如图 9-5 所示，从而将中心线层设置为当前图层。

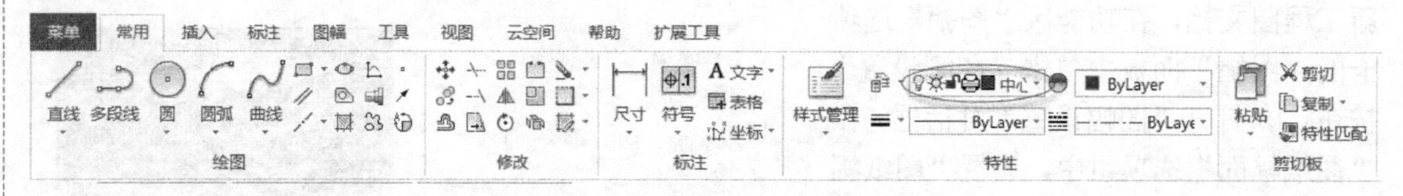

图 9-5　将中心线层设置为当前图层

在功能区“常用”选项卡的“绘图”面板中单击“直线”按钮⁄，在立即菜单中设置“1.”为“两点线”、“2.”为“单根”，并在状态栏中启用“正交”和“导航”模式，分别根据设计尺寸和视图投影关系来绘制如图 9-6 所示的 3 条中心线。

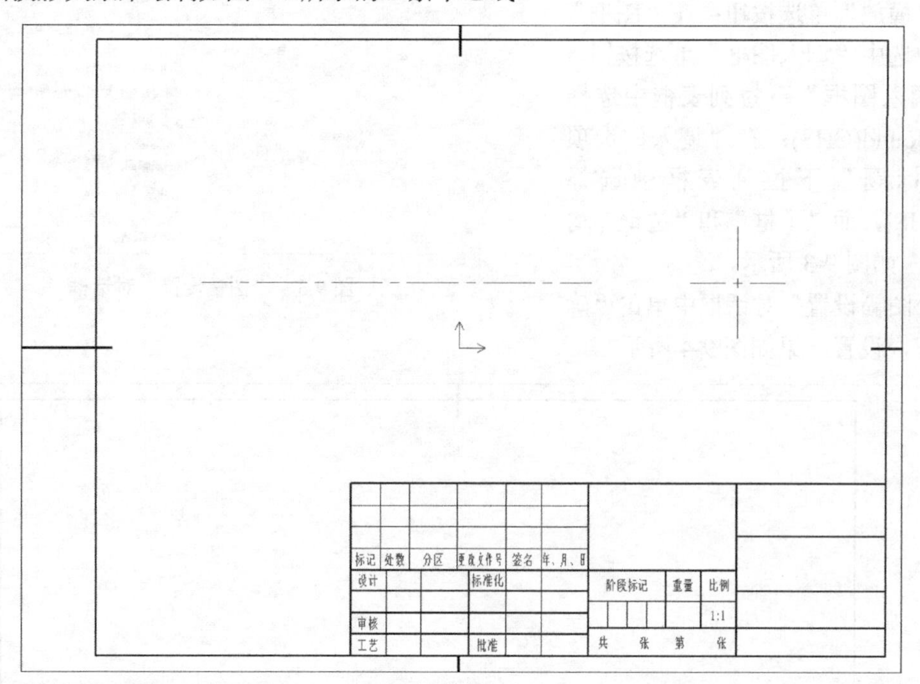

图 9-6　绘制中心线

（3）将粗实线层设置为新当前图层。

（4）绘制等距线。

在功能区“常用”选项卡的“修改”面板中单击“等距线”按钮，分别绘制如图 9-7 所示的等距线。

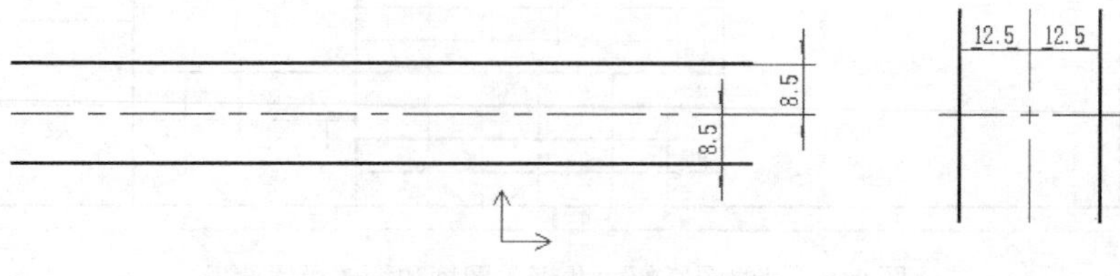

图 9-7　绘制等距线

（5）绘制直线。

在功能区“常用”选项卡的“绘图”面板中单击“直线”按钮，使用“两点线”方式绘制如图9-8所示的一条竖直线段，该直线段与水平中心线近端点的水平距离约为3mm。

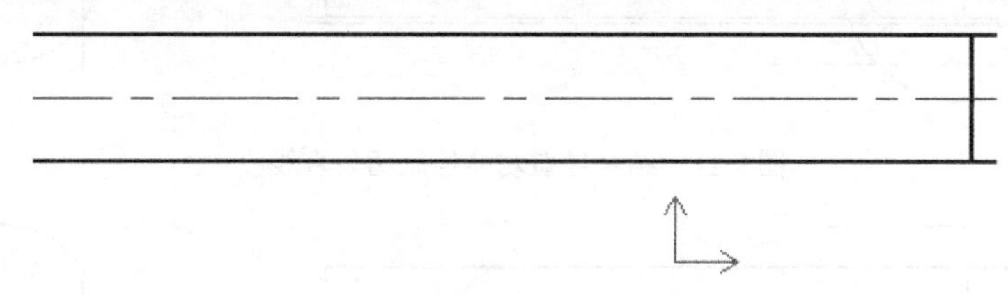

图9-8 绘制竖直的直线

（6）绘制等距线。

在功能区“常用”选项卡的“修改”面板中单击“等距线”按钮，分别绘制如图9-9所示的几条等距线，截图特意给出了相关的等距值。

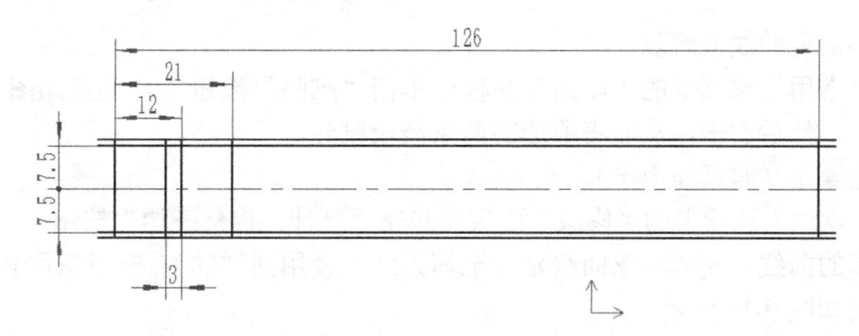

图9-9 绘制等距线

（7）绘制圆。

在功能区“常用”选项卡的“绘图”面板中单击“圆”按钮，绘制如图9-10所示的两个圆，一个直径为42mm，另一个直径为30mm。

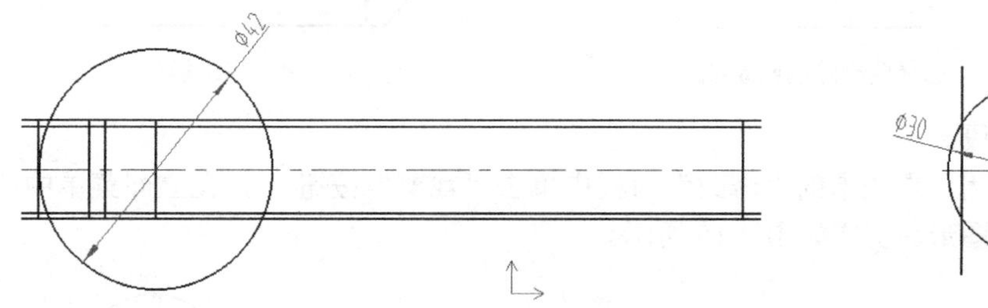

图9-10 绘制两个圆

（8）利用“导航”模式绘制直线。

在功能区“常用”选项卡的“绘图”面板中单击“直线”按钮，在“直线”立即菜单中设置“1.”为“两点线”、“2.”为“单根”方式，并使用“导航”模式，分别绘制如图9-11所示的两条水平直线段。

（9）裁剪线段。

在功能区“常用”选项卡的“修改”面板中单击“裁剪”按钮，在“裁剪”立即菜单中选择“快速裁剪”选项，将图形初步裁剪成如图9-12所示。

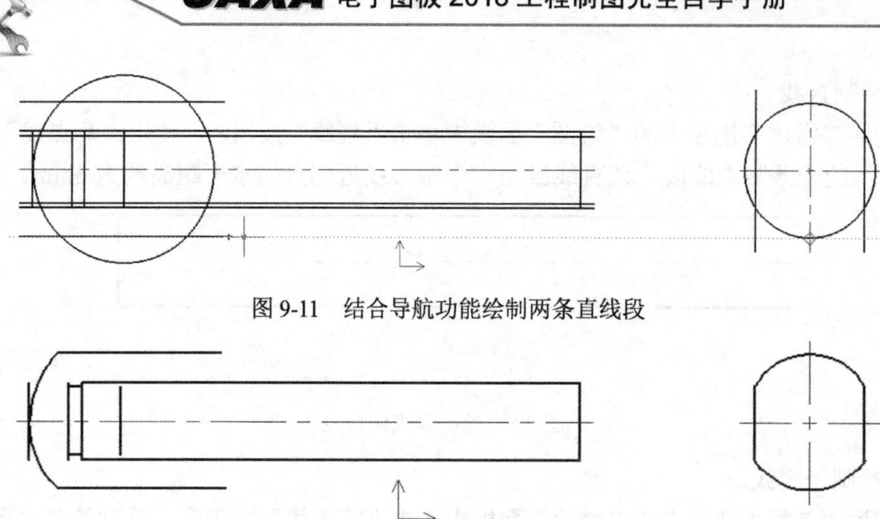

图 9-11　结合导航功能绘制两条直线段

图 9-12　初步裁剪线段的结果

（10）将不需要的线段删除。

在功能区“常用”选项卡的“修改”面板中单击“删除”按钮，选择如图 9-13 所示的两条要删除的线段，然后右击，从而将所选的两条线段删除。

（11）齐边操作（即延伸操作）。

在功能区“常用”选项卡的“修改”面板中单击“延伸，也称齐边”按钮，接着指定剪刀线，拾取要编辑的曲线，完成将该曲线延伸至剪刀线。使用同样的方法，进行另一处齐边操作。齐边操作的结果如图 9-14 所示。

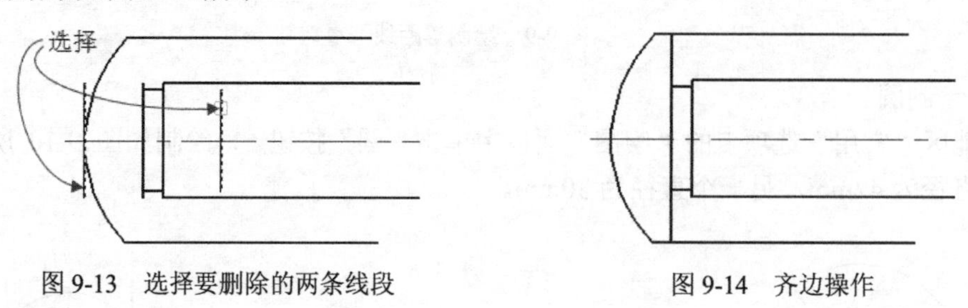

图 9-13　选择要删除的两条线段　　　　图 9-14　齐边操作

（12）裁剪线段。

在功能区“常用”选项卡的“修改”面板中单击“裁剪”按钮，在立即菜单中选择“快速裁剪”选项，将图形裁剪成如图 9-15 所示。

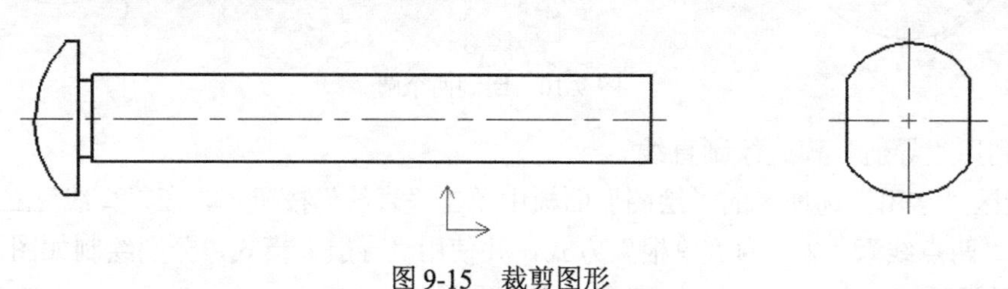

图 9-15　裁剪图形

（13）倒角。

在功能区“常用”选项卡的“修改”面板中单击“过渡”按钮，接着在立即菜单中设置“1.”为“倒角”、“2.”为“长度和角度方式”、“3.”为“裁剪”，并设置“4.长度”的值为 2 和“5.倒

角”的值为 45°，接着分别拾取两条直线来创建倒角，一共选择两组直线，即创建两处倒角，如图 9-16 所示。

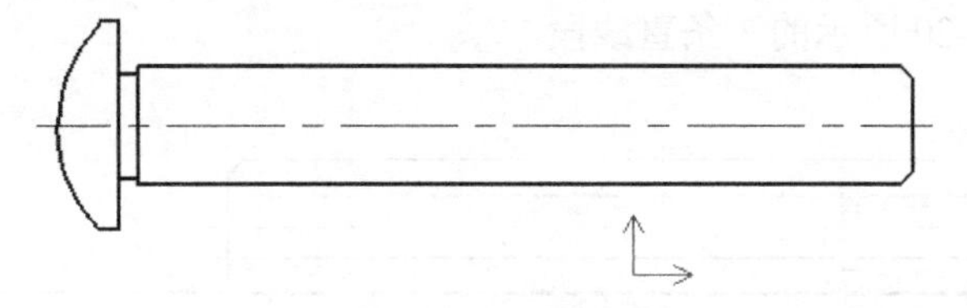

图 9-16 创建倒角

（14）绘制孔。

在功能区“常用”选项卡的“绘图”面板中单击“孔/轴”按钮，接着在其立即菜单中设置“1.”为“孔”、“2.”为“直接给出角度”，并设置“3.中心线角度”为 0，接着指定插入点，设置相应的起始直径和终止直径，并输入相应的距离，注意不产生中心线，绘制如图 9-17 所示的阶梯孔。

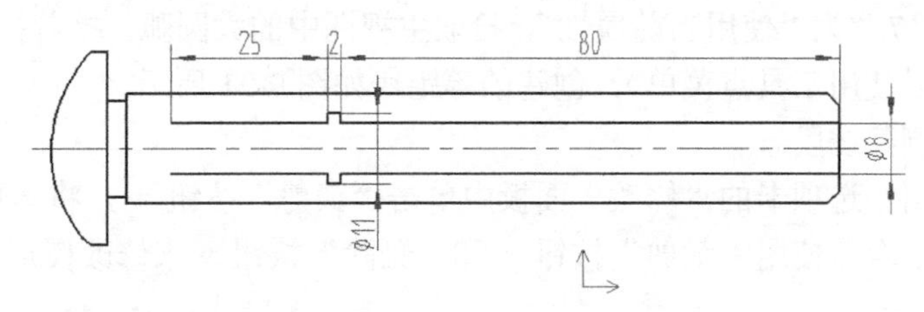

图 9-17 绘制孔

（15）绘制角度线。

在功能区“常用”选项卡的“绘图”面板中单击“直线”按钮，在立即菜单中选择“角度线”方式，并以 X 轴夹角为 60°来绘制如图 9-18 所示的角度线。

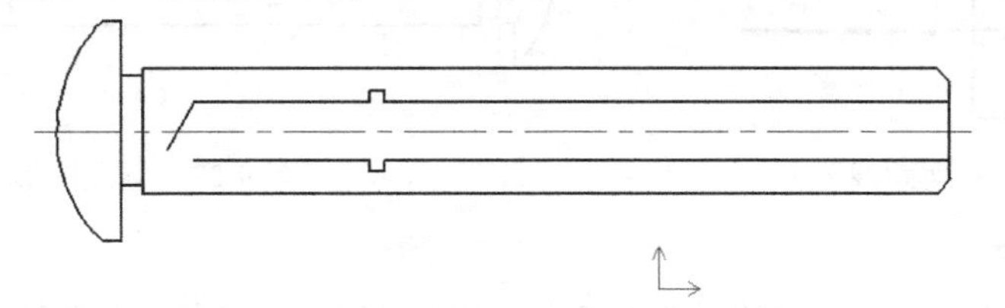

图 9-18 绘制角度线

（16）齐边处理。

在功能区“常用”选项卡的“修改”面板中单击“延伸”按钮，选择主视图的水平中心线作为剪刀线并按 Enter 键，接着分别拾取要编辑的曲线，右击结束命令，得到的延伸（齐边）结果如图 9-19 所示。

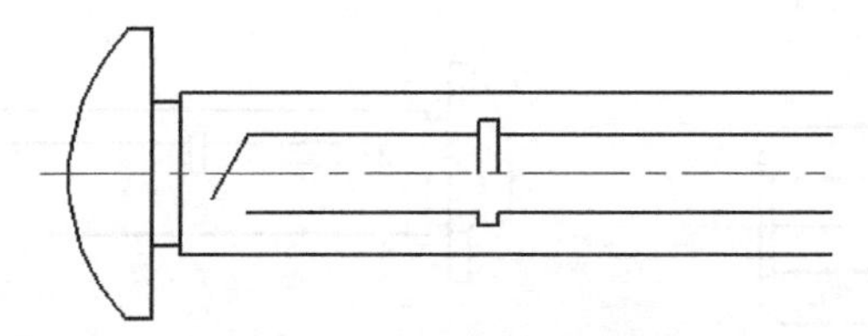

图 9-19 延伸（齐边）结果

（17）绘制直线。

在功能区“常用”选项卡的“绘图”面板中单击“直线”按钮⁄，在立即菜单中选择“两点线”方式，绘制如图 9-20 所示的 3 条直线段。

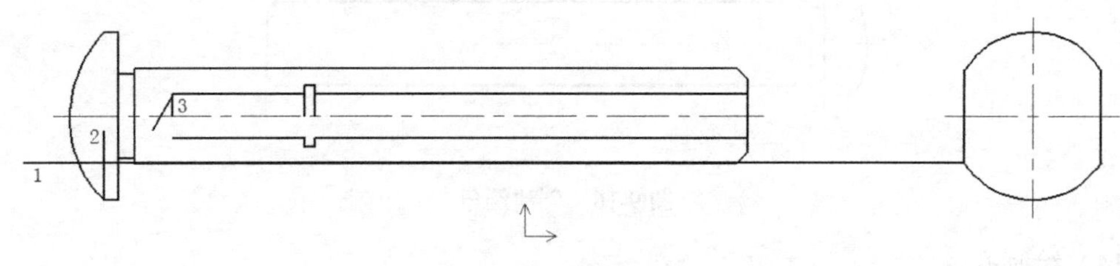

图 9-20　绘制直线

（18）创建等距线。

在功能区“常用”选项卡的“修改”面板中单击“等距线”按钮，在立即菜单中设置“1.”为“单个拾取”、“2.”为“过点方式”、“3.”为“单向”、“4.”为“空心”、“5.份数”为 1、“6.”为“保留源对象”、“7.”为“使用当前属性”，拾取主视图中的大圆弧，接着拾取要通过的点（为了精确拾取点，可以使用工具点菜单），创建的等距线如图 9-21 所示。

（19）裁剪和删除线段。

在功能区“常用”选项卡的“修改”面板中单击“裁剪”按钮，将图形裁剪成如图 9-22 所示。用户也可以配合着使用“裁剪”按钮和“删除”按钮来修改图形。

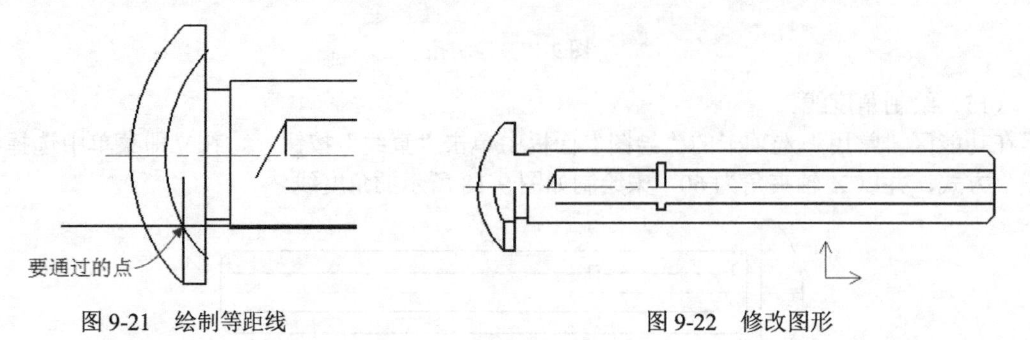

图 9-21　绘制等距线　　　　图 9-22　修改图形

（20）倒角过渡。

在功能区“常用”选项卡的“修改”面板中单击“过渡”按钮，接着在立即菜单中选择“1.”为“内倒角”、“2.”为“长度和角度方式”，并设置“3.长度”为 1、“4.角度”为 45，拾取 3 条直线来创建如图 9-23 所示的内倒角。

（21）修改图形。

结合使用裁剪、删除的方式修改图形，并使用直线工具补齐先前倒角所形成的轮廓线，此处修改图形的结果如图 9-24 所示。

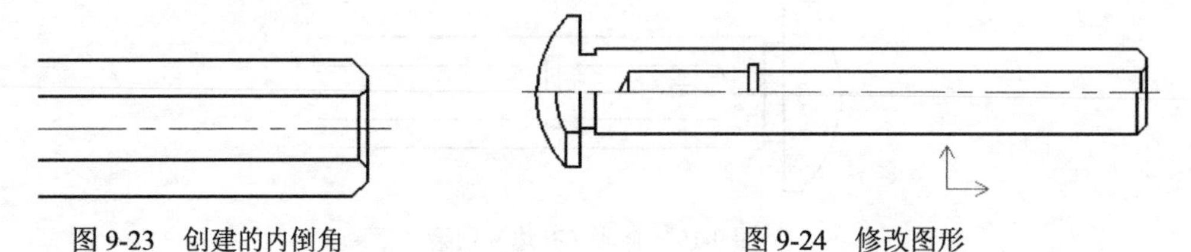

图 9-23　创建的内倒角　　　　图 9-24　修改图形

（22）绘制等距线。

在功能区“常用”选项卡的“修改”面板中单击“等距线”按钮，绘制如图 9-25 所示的一条等距线，其等距距离为 95。

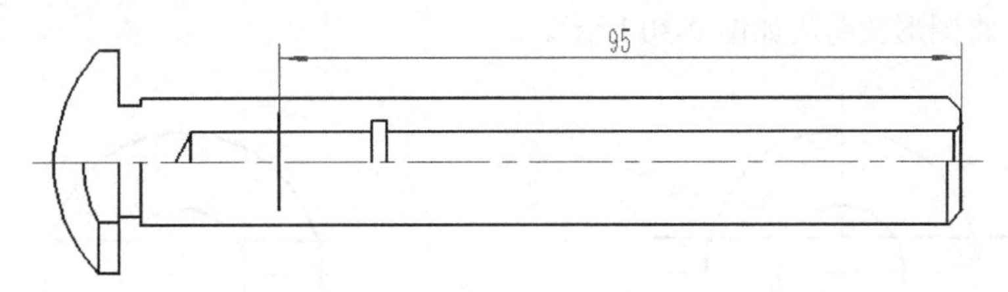

图 9-25　绘制一条等距线

（23）绘制一个圆。

在功能区“常用”选项卡的“绘图”面板中单击“圆”按钮，绘制如图 9-26 所示的带中心线的圆，该圆的直径为 $\Phi4$。

（24）删除用来定位圆的等距线。

删除用来定位圆的等距线后，效果如图 9-27 所示。

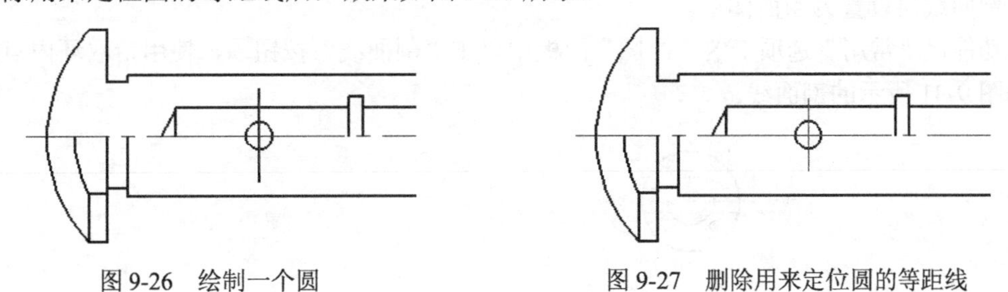

图 9-26　绘制一个圆　　　　图 9-27　删除用来定位圆的等距线

（25）绘制两个圆。

在功能区“常用”选项卡的“绘图”面板中单击“圆”按钮，使用导航功能根据视图间的投影关系绘制如图 9-28 所示的两个圆，其中大圆直径为 $\Phi17$，小圆直径为 $\Phi8$。

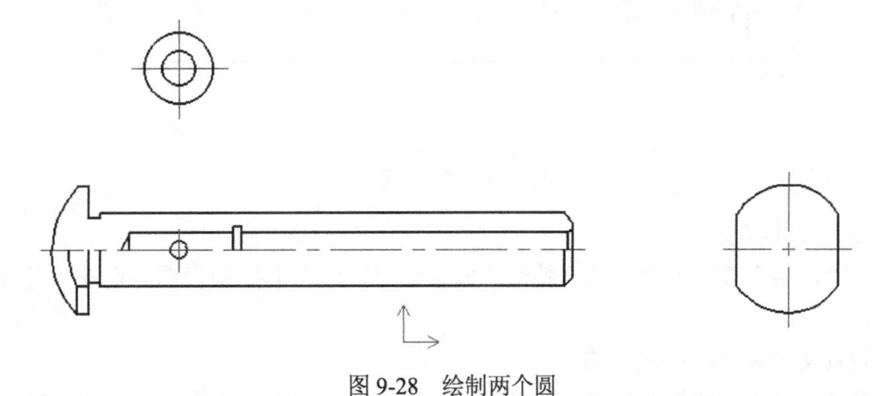

图 9-28　绘制两个圆

（26）绘制双向的等距线。

在功能区“常用”选项卡的“修改”面板中单击“等距线”按钮，在立即菜单“1.”中选择“单个拾取”，在“2.”中选择“指定距离”，在“3.”中选择“双向”，在“4.”中选择“空心”，在“5.”中设置距离为 2，在“6.”中设置份数为 1，在“7.”中设置保留源对象，在“8.”中设置使用当前属性，接着拾取一根水平中心线来完成该双向的等距线，如图 9-29 所示。

（27）裁剪线段。

在功能区“常用”选项卡的“修改”面板中单击“裁剪”按钮，在立即菜单中选择“快速裁剪”选项，将图形裁剪成如图 9-30 所示。

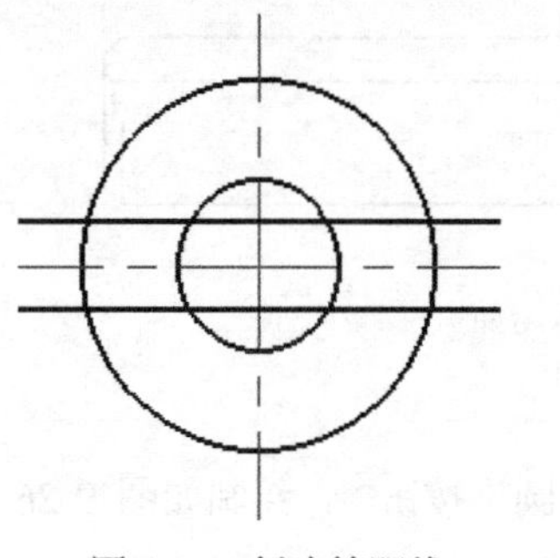

图 9-29　创建等距线

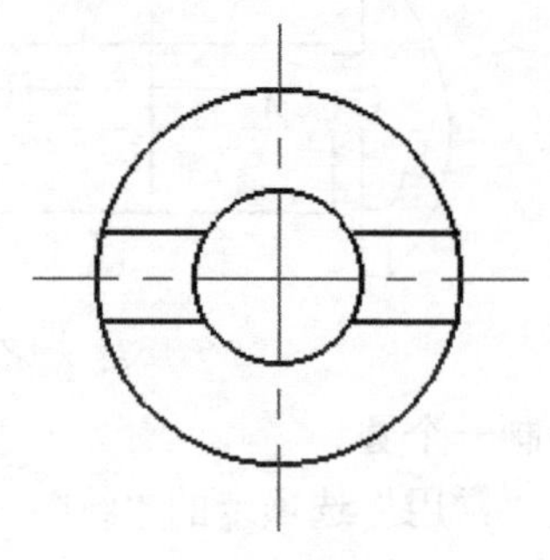

图 9-30　裁剪图形

（28）绘制剖面线。

将剖面线层设置为当前图层。

在功能区“常用”选项卡的“绘图”面板中单击“剖面线”按钮，使用拾取环内点的方式绘制如图 9-31 所示的剖面线。

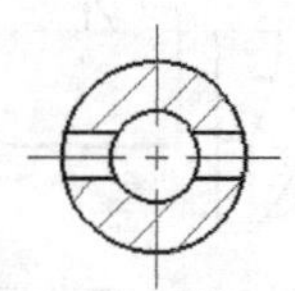

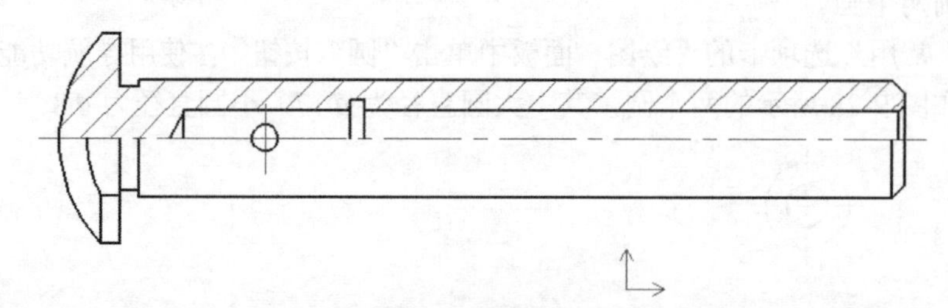

图 9-31　绘制剖面线

（29）设置尺寸线层。

在功能区“常用”选项卡中，从“特性”面板的“图层”下拉列表框中选择“尺寸线层”作为当前图层。

（30）设置文本风格和标注风格。

在功能区切换至“标注”选项卡，从“标注样式”面板的“文本样式”下拉列表框中选择已有的“机械”文本样式作为新的当前文本风格。如果没有“机械”文本样式供选择，那么可以在“标注样式”面板中单击“文本样式”按钮，打开“文本风格设置”对话框，新建一个名为“机械”的文本风格并修改其相关参数，接着从“文本风格”列表框中选择“机械”文本风格，然后单击“设为当前”按钮，从而将“机械”文本风格设置为当前文本风格，如图 9-32 所示，然后

在“文本风格设置”对话框中单击“确定”按钮。

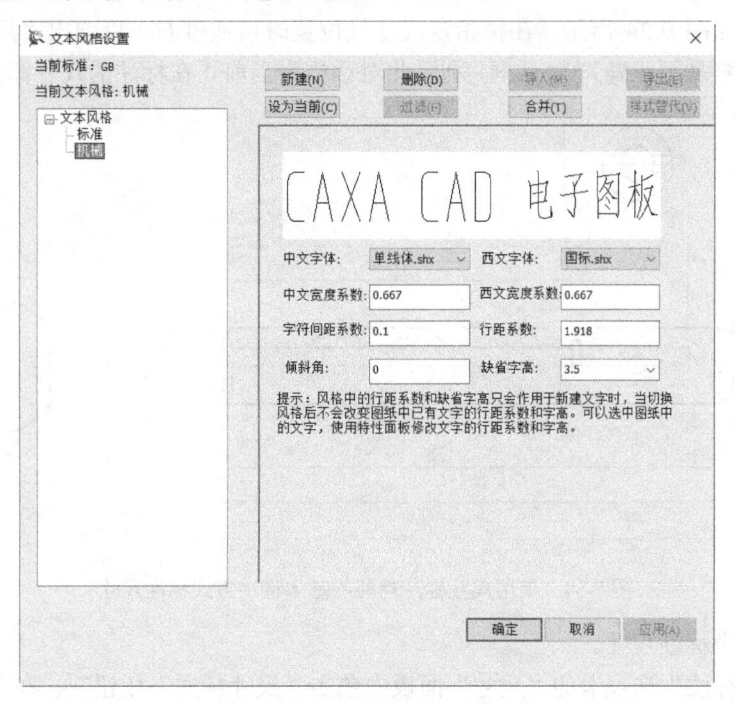

图 9-32 “文本风格设置”对话框

在“标注样式”面板中单击“尺寸样式”按钮，打开“标注风格设置”对话框，利用该对话框创建符合机械制图标准的标注风格，然后将其设为当前尺寸标注风格，如图 9-33 所示。最后单击“确定”按钮，关闭“标注风格设置”对话框。

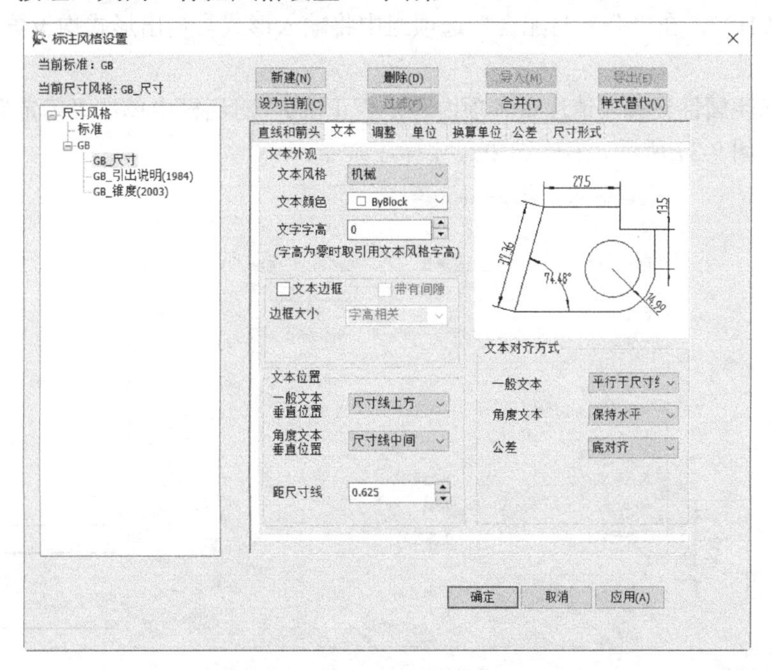

图 9-33 “标注风格设置”对话框

（31）使用尺寸标注功能当中的基本标注方式，创建该工程图中的几乎全部尺寸，标注基本尺寸的完成效果如图 9-34 所示。在待指定尺寸线位置时可通过右击以弹出“尺寸标注属性设置（请注意各项内容是否正确）”对话框，利用此对话框为当前正在标注的尺寸添加前缀或者后缀。

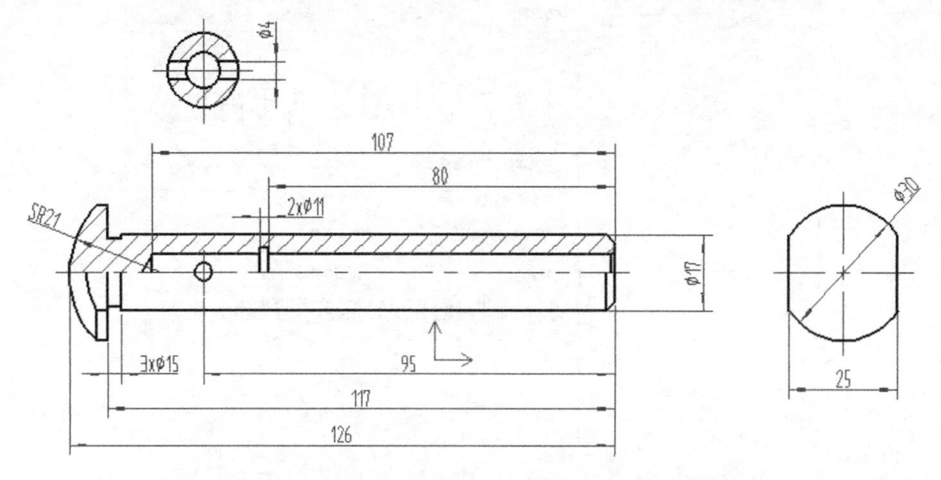

图 9-34　使用尺寸标注功能的基本标注方式标注尺寸

（32）创建半标注尺寸。

在功能区“标注”选项卡的“尺寸”面板中单击“尺寸标注”按钮，在立即菜单“1.”中选择“半标注”方式选项，接着在出现的“2.”中选择“直径”选项，在“3.”文本框中设置延伸长度为 3，在主视图中拾取水平中心线，接着拾取顶杆内孔长圆柱面的上轮廓线，然后移动鼠标拟指定尺寸线位置，如图 9-35 所示。

此时右击，系统弹出“尺寸标注属性设置（请注意各项内容是否正确）”对话框，在“后缀”文本框中输入“H9”，在“公差与配合”选项组中将输入形式与输出形式均设置为“代号”，如图 9-36 所示。

在“尺寸标注属性设置（请注意各项内容是否正确）”对话框中单击“确定”按钮，完成的该半标注尺寸如图 9-37 所示。右击结束尺寸标注命令。

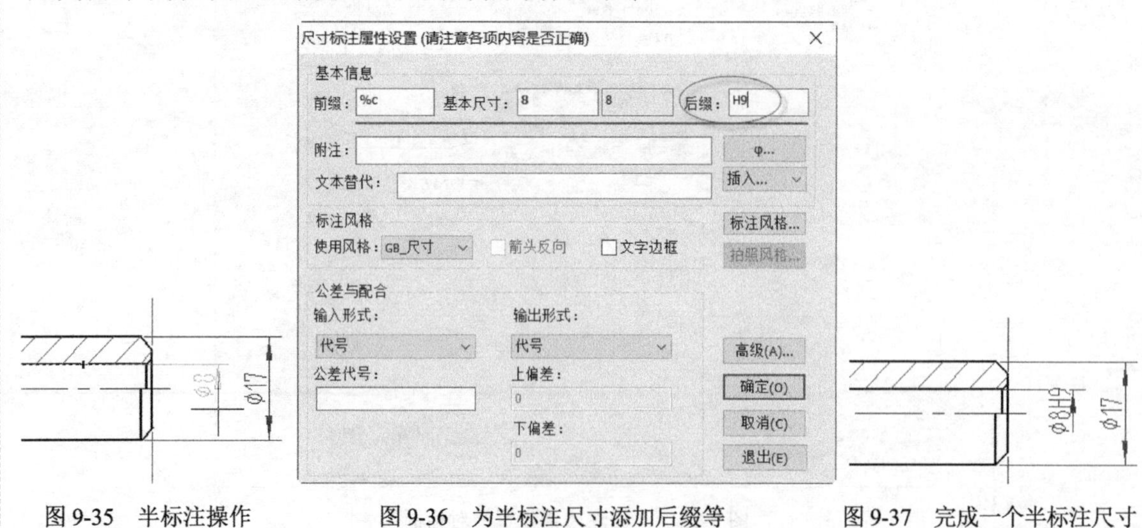

图 9-35　半标注操作　　图 9-36　为半标注尺寸添加后缀等　　图 9-37　完成一个半标注尺寸

（33）创建倒角尺寸。

在功能区“标注”选项卡的“符号”面板中单击“倒角标注”按钮，在其立即菜单中选择“1.”为“默认样式”、“2.”为“轴线方向为x轴方向”、“3.”为“水平标注”、“4.”为“C1”，分别选择倒角线和尺寸线位置来创建如图9-38所示的两处倒角尺寸。

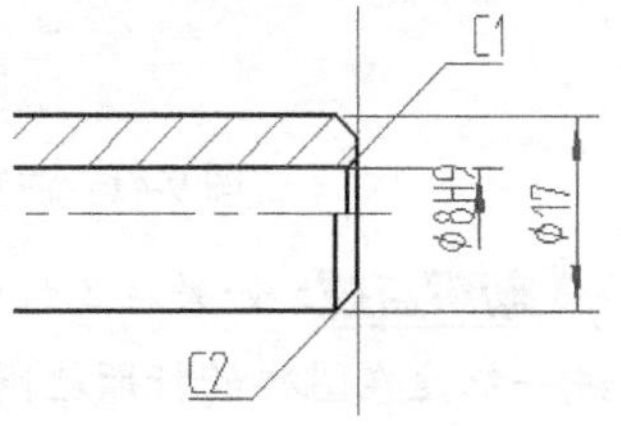

图9-38　创建两处倒角尺寸

（34）标注表面结构要求。

在标注表面结构要求（表面粗糙度）之前，可以先在功能区“标注”选项卡的“标注样式”面板中，从“样式管理”下拉列表中单击“粗糙度样式”按钮来定制当前的粗糙度样式。

指定好所需的粗糙度样式后，在功能区“标注”选项卡的“符号”面板中单击“粗糙度”按钮，分别标注相关的表面结构要求（表面粗糙度），完成结果如图9-39所示。在标注表面结构时可选择“标准标注”这种标注形式，并根据要标注位置灵活在“默认方式”和“引出方式”之间切换。

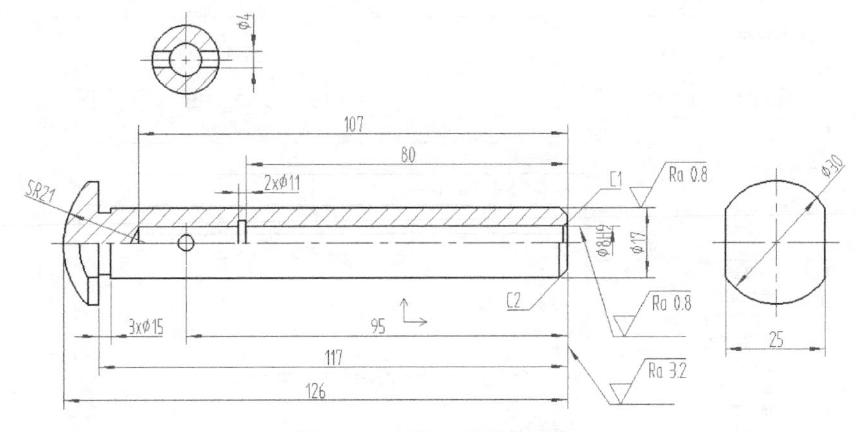

图9-39　标注表面结构要求

（35）在图样的标题栏附近标注其余表面结构要求。

在功能区“标注”选项卡的“符号”面板中单击“粗糙度”按钮，在标题栏的上方适当位置处分别标注如图9-40所示的3个表面结构要求符号。

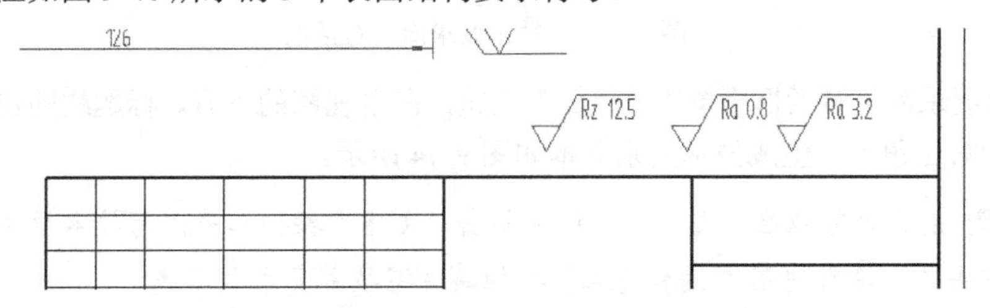

图9-40　在标题栏的上方注写3个表面结构要求符号

在功能区“标注”选项卡的“文字”面板中单击“文字”按钮A，接着在其立即菜单“1.”中选择“指定两点”选项，在绘图区域的合适位置处指定两个点以定义输入框，输入“(”符号，并将其字高值适当设置大一些，以及根据实际情况设置相应的文本属性参数，如图9-41所示，然后单击“确定”按钮。使用同样的方法再注写一个“)”符号，结果如图9-42所示。

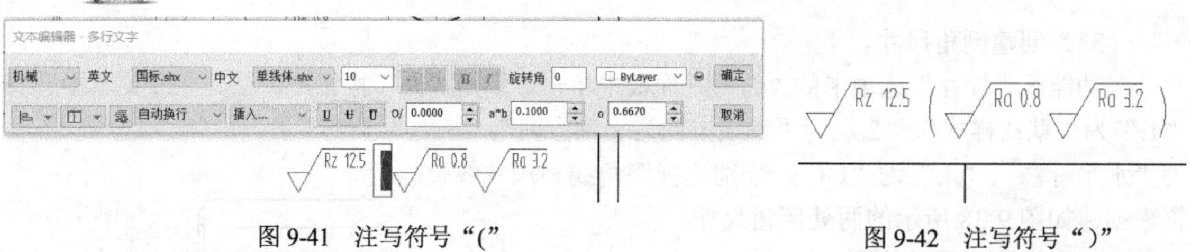

图 9-41　注写符号“(”　　　　图 9-42　注写符号“)”

知识点拨： 如果在工件的多数（包括全部）表面有相同的表面结构要求，则其表面结构要求可统一标注在图样的标题栏附近，此时（除全部表面有相同要求的情况外），表面结构要求的符号后面应有在圆括号内给出无任何其他标注的基本符号，或在圆括号内给出不同的表面结构要求。

（36）注写技术要求文本。

在功能区“标注”选项卡的“文字”面板中单击“技术要求”按钮，系统弹出“技术要求库”对话框，标题内容默认为“技术要求”，在正文文本框中输入所需的两点技术要求内容（可通过技术要求库读取），如图 9-43 所示。

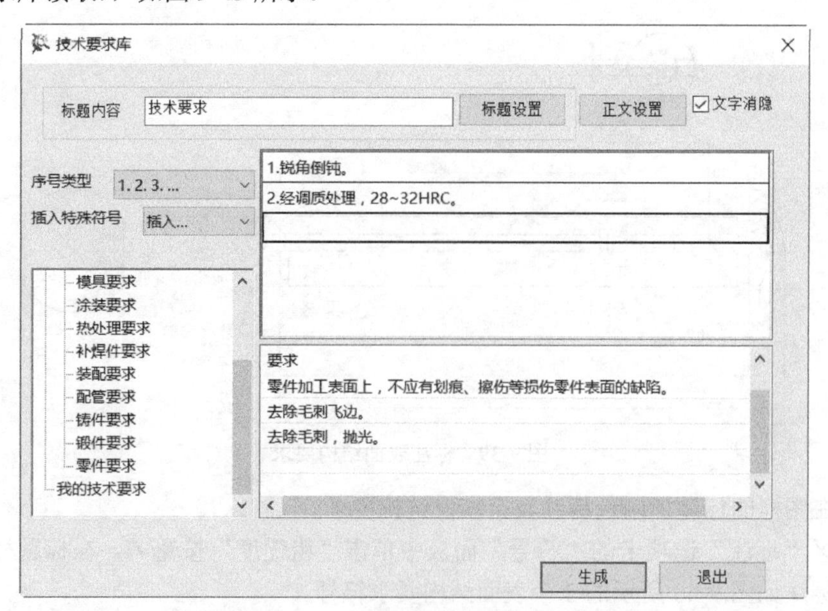

图 9-43　“技术要求库”对话框

在“技术要求库”对话框中单击“生成”按钮，在主视图的下方、标题栏的左边区域分别指定第 1 角点和第 2 角点，生成技术要求文本如图 9-44 所示。

说明： 用户也可以在“文字”面板中单击“文字”按钮A来注写技术要求标题及其正文内容，但此方法显然没有使用“技术要求”按钮注写技术要求效率高。

（37）填写标题栏。

在功能区中打开“图幅”选项卡，从“标题栏”面板中单击“填写标题栏”按钮，或者直接双击标题栏，打开“填写标题栏”对话框，利用该对话框填写标题栏相关属性值。填写好的标题栏如图 9-45 所示。

（38）可以适当调整各视图的位置，满意后保存文件。

技术要求
1.锐角倒钝。
2.经调质处理，28~32HRC.
标记
处数
分区
设计
审核
工艺

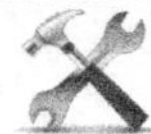

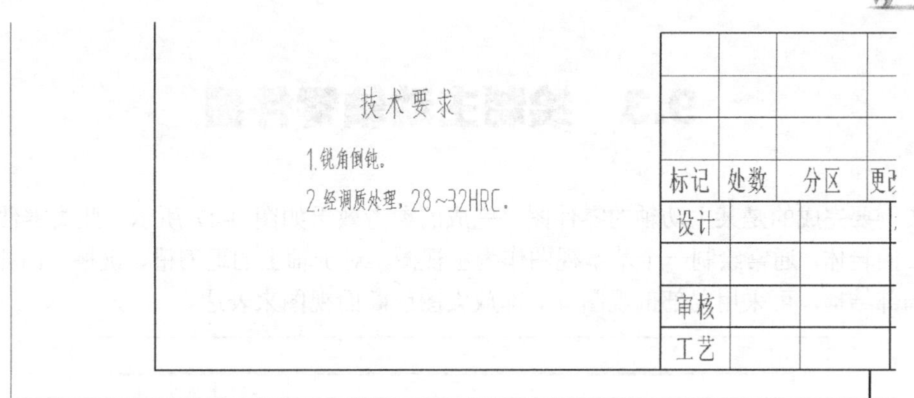

图 9-44　注写技术要求文本

45
博创设计坊
顶杆帽零件图
BC-DGM-A01
标记
处数
分区
更改文件号
签名
年、月、日
设计
钟日铭
2018-1-30
标准化
审核
工艺
批准
阶段标记
重量
比例
1:1
共 1 张
第 1 张

图 9-45　填写标题栏

最后完成的顶杆帽零件图如图 9-46 所示。

107
80
2xΦ11
SR21
C1
Ra 0.8
Φ8H9
Φ17
C2
Ra 0.8
Ra 3.2
3xΦ15
95
117
126
Φ20
25
Rz 12.5
Ra 0.8
Ra 3.2
技术要求
1.锐角倒钝。
2.经调质处理，28~32HRC.
45
博创设计坊
顶杆帽零件图
BC-DGM-A01
钟日铭
2018-1-30
1:1

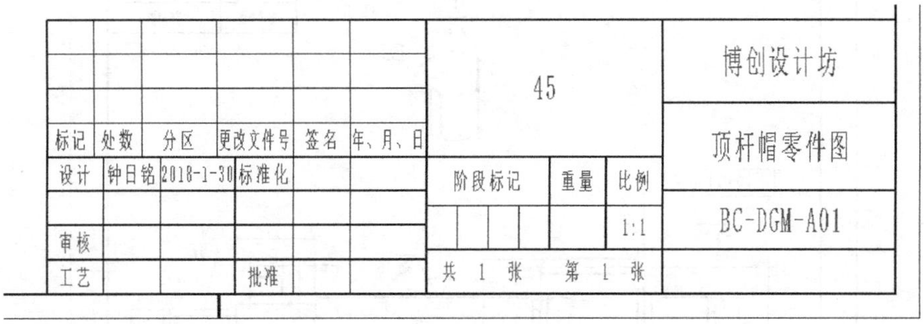

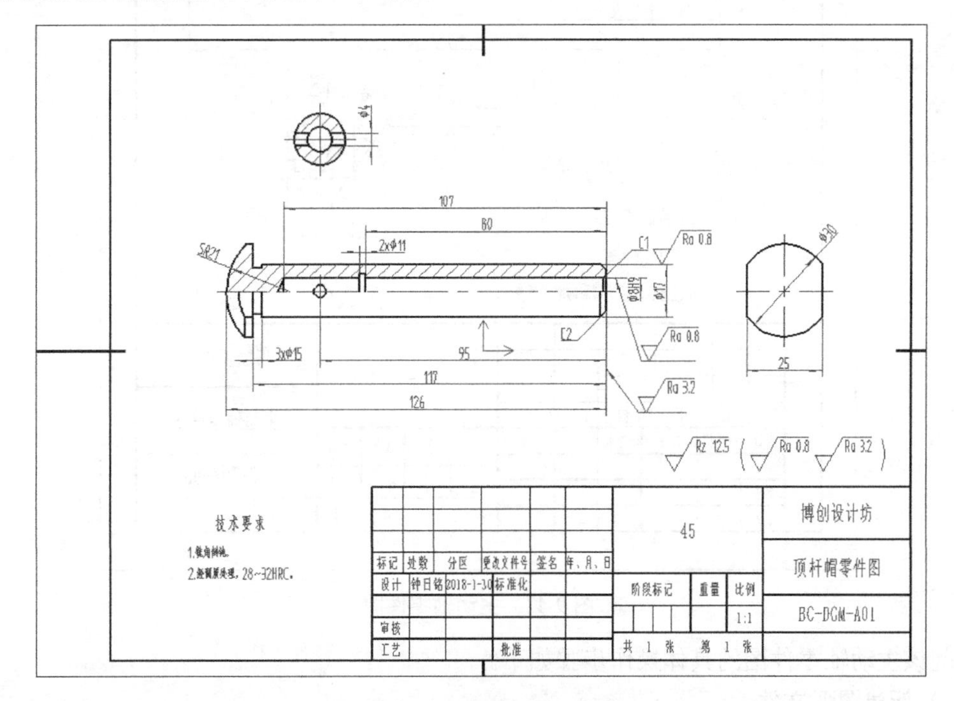

图 9-46　完成的顶杆帽零件图

9.3 绘制主动轴零件图

本实例要完成的是某主动轴的零件图，完成的参考效果如图 9-47 所示。此类零件的基本结构为同轴回转体，通常绘制一个基本视图作为主视图，对于轴上的退刀槽、键槽、销孔、砂轮越程槽等局部结构，可采用局部剖视图、局部放大图或断面视图来表达。

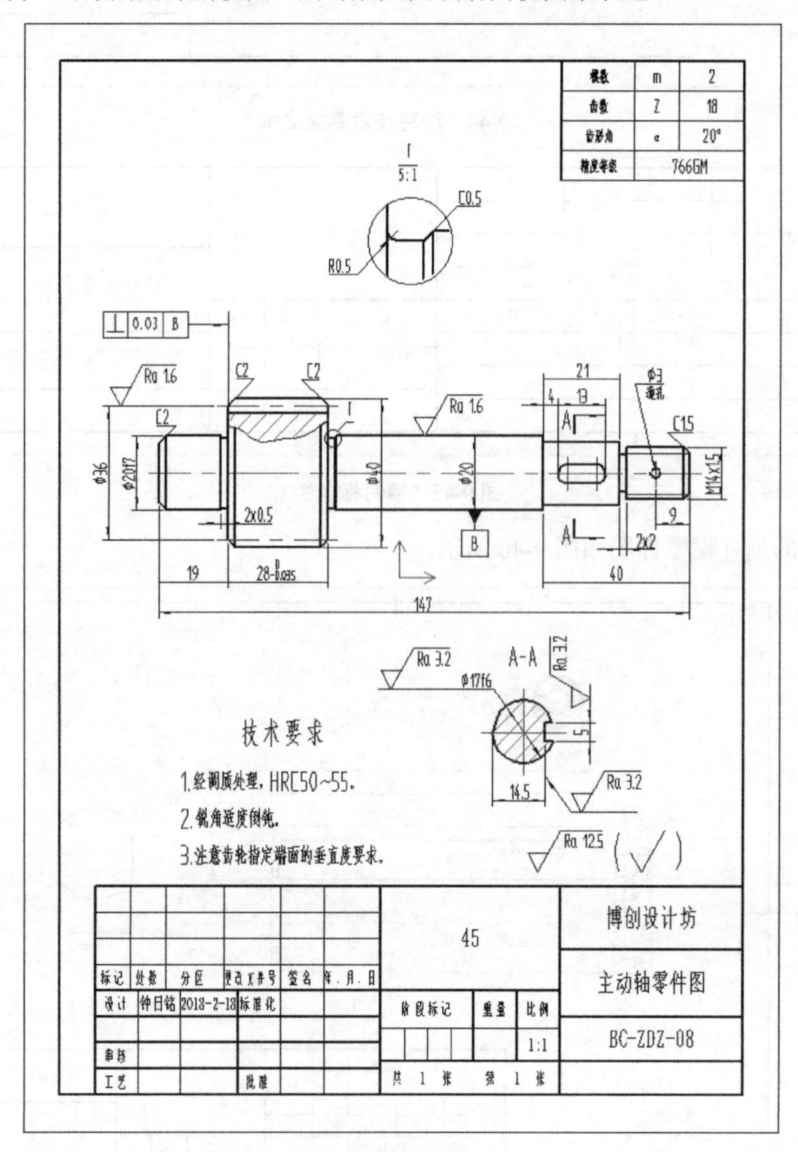

图 9-47　主动轴零件图

绘制该主动轴零件图的具体操作步骤如下。

（1）新建图形文件。

在 CAXA 电子图板 2018 的快速启动工具栏中单击“新建”按钮，弹出“新建”对话框，

在“工程图模板”选项卡的“当前标准”下拉列表框中默认选择 GB，在系统模板列表中选择 GB-A4(CHS)，如图 9-48 所示，然后单击“确定”按钮。

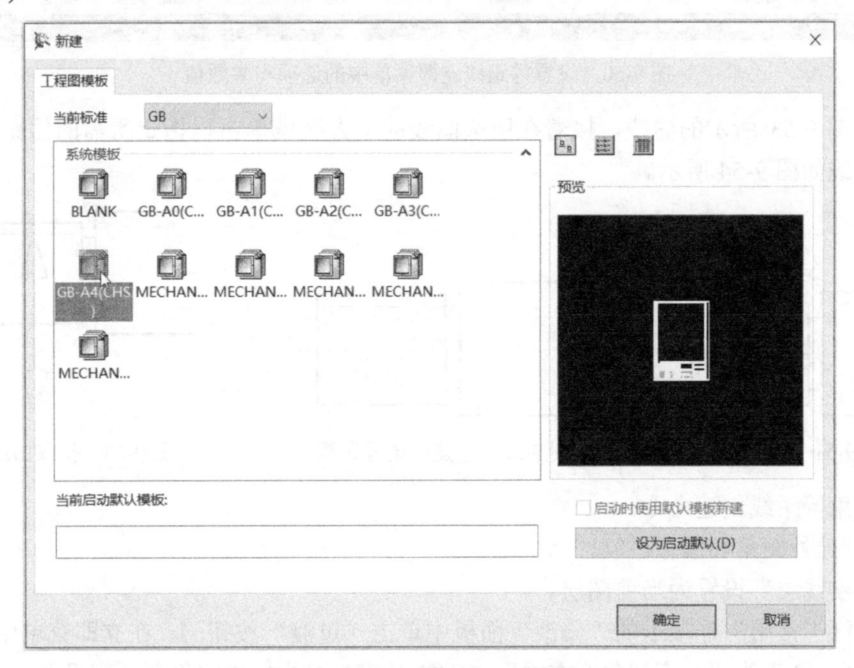

图 9-48　“新建”对话框

（2）绘制轴主体图形。

将“粗实线层”设置为当前图层。在功能区“常用”选项卡的“绘图”面板中单击“孔/轴”按钮，在立即菜单中分别选择“轴”和“直接给出角度”选项，并设置中心线角度为 0，输入插入点的坐标为（-67,28），按 Enter 键，接着分别设置相应的起始直径、终止直径和轴长度来创建阶梯轴，完成的阶梯轴图形如图 9-49 所示。

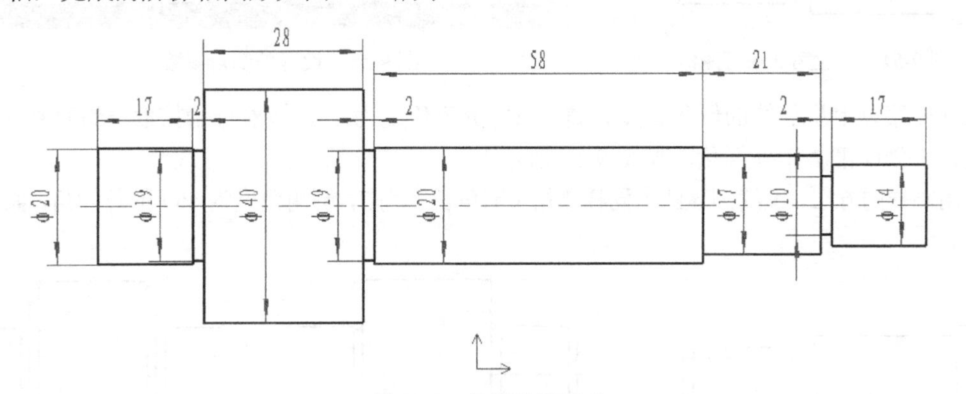

图 9-49　绘制阶梯图形

（3）创建等距线。

将“细实线层”设置为当前图层。在功能区“常用”选项卡的“修改”面板中单击“等距线”按钮，在出现的立即菜单中设置如图 9-50 所示的选项及参数值。

拾取如图 9-51 所示的曲线，接着在所选曲线的下方区域单击以指定所需的偏距方向，创建的该条等距线如图 9-52 所示。

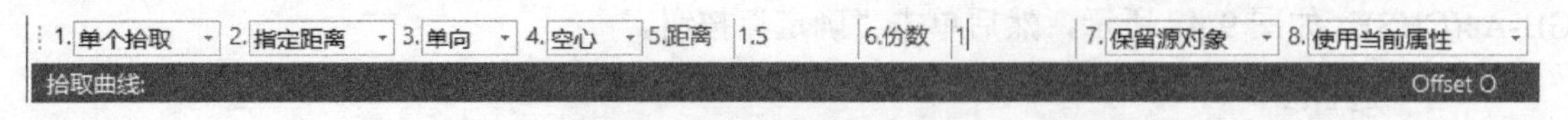

图 9-50　设置等距线立即菜单中的选项与参数值

拾取如图 9-53 所示的曲线，接着在所选曲线的上方区域单击以指定所需的偏距方向，创建的该条等距线如图 9-54 所示。

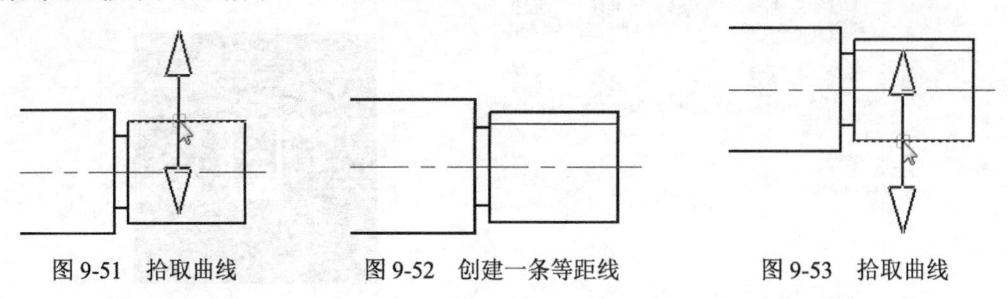

图 9-51　拾取曲线　　图 9-52　创建一条等距线　　图 9-53　拾取曲线

右击结束等距线创建命令。

（4）创建外倒角和圆弧过渡。

将“粗实线层”设置为当前图层。

在功能区“常用”选项卡的“修改”面板中单击“过渡”按钮，在立即菜单中设置“1.”为“外倒角”、“2.”为“长度和角度方式”，在“3.长度”文本框中将倒角长度设置为 1.5，在“4.角度”文本框中将倒角角度设置为 45，如图 9-55 所示，接着分别拾取 3 条有效直线来创建如图 9-56 所示的外倒角。

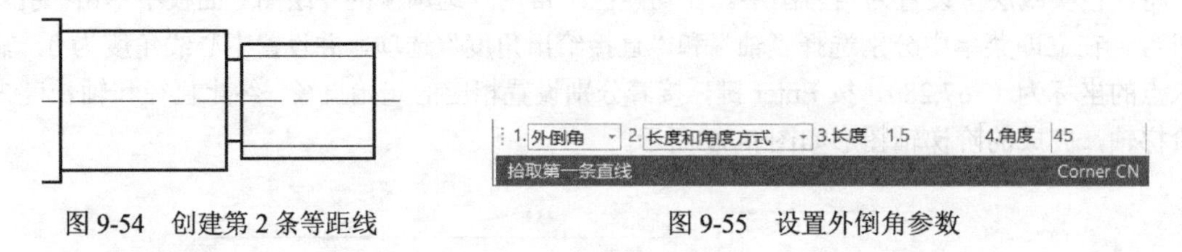

图 9-54　创建第 2 条等距线　　图 9-55　设置外倒角参数

在立即菜单中将后续的倒角长度设置为 2，倒角角度为 45，接着分别拾取一组直线（3 条有效直线）来创建第 2 个外倒角，如图 9-57 所示。

使用同样的方法，继续创建两个同样规格（倒角长度为 2，倒角角度为 45）的外倒角，如图 9-58 所示。

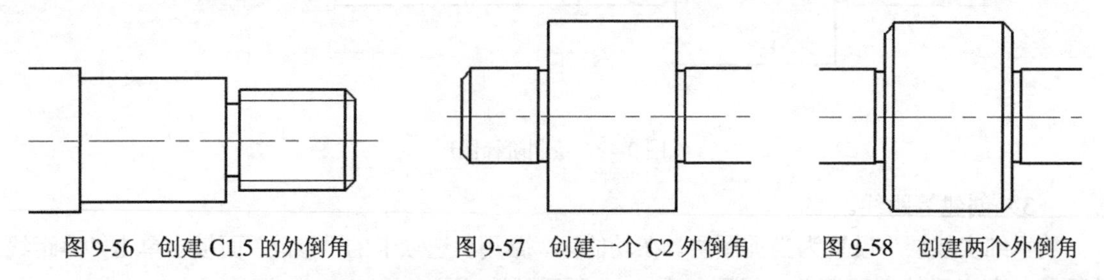

图 9-56　创建 C1.5 的外倒角　　图 9-57　创建一个 C2 外倒角　　图 9-58　创建两个外倒角

在过渡立即菜单中将后续的倒角长度设置为 0.5，倒角角度为 45，接着分别拾取如图 9-59 所示的直线 1、直线 2 和直线 3，从而创建如图 9-60 所示的外倒角。

在过渡立即菜单的“1.”中选择“圆角”，接着在出现的“2.”中选择“裁剪始边”选项，并在“3.半径”文本框中将圆角半径设置为0.5，如图9-61所示。在提示下拾取如图9-62所示的直线1，接着拾取图示中的直线2。

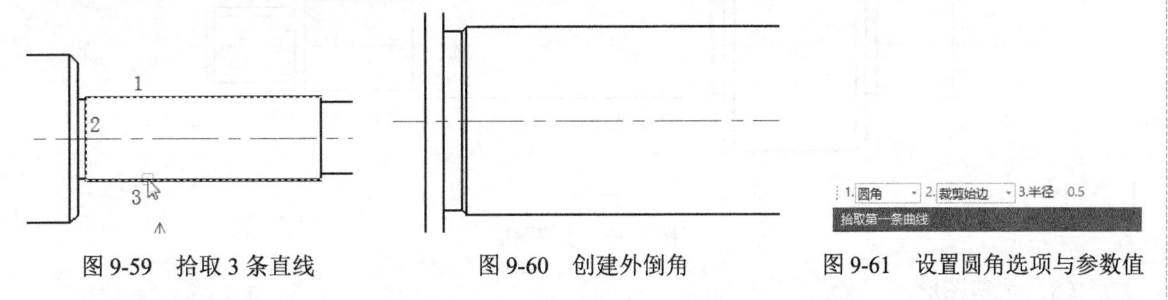

图9-59　拾取3条直线　　图9-60　创建外倒角　　图9-61　设置圆角选项与参数值

创建的该圆角过渡如图9-63所示。使用同样的拾取方法，在水平中心线的另一侧创建相应的圆角过渡，如图9-64所示。

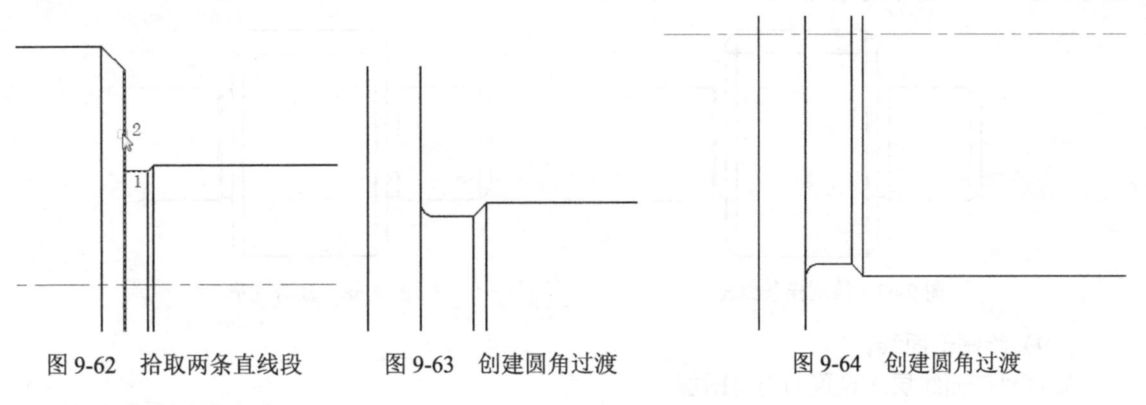

图9-62　拾取两条直线段　　图9-63　创建圆角过渡　　图9-64　创建圆角过渡

右击结束过渡命令。

（5）创建等距线。

在功能区“常用”选项卡的“修改”面板中单击“等距线”按钮，创建如图9-65所示的等距线。

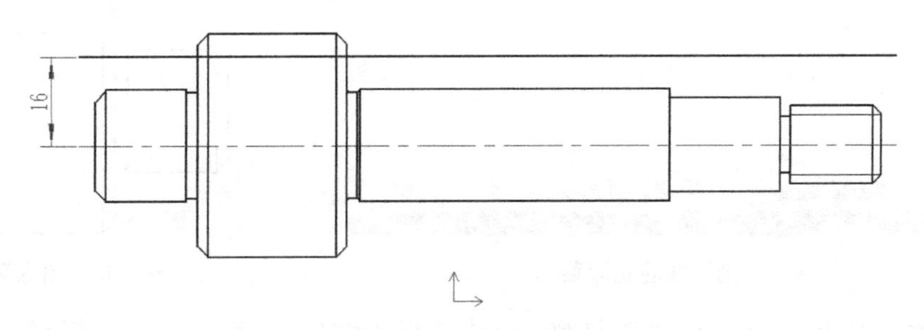

图9-65　创建等距线

（6）裁剪图形。

在功能区“常用”选项卡的“修改”面板中单击“裁剪”按钮，在其立即菜单中选择“快速裁剪”选项，将图形裁剪成如图9-66所示。

（7）绘制样条曲线。

将“细实线层”设置为当前图层。在功能区“常用”选项卡的“绘图”面板中单击“样条”

按钮，依次拾取若干点来绘制如图 9-67 所示的样条曲线。

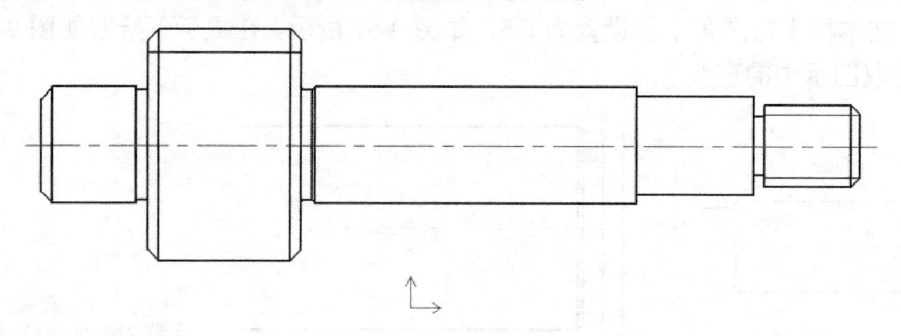

图 9-66　裁剪图形

（8）裁剪图形。

在功能区“常用”选项卡的“修改”面板中单击“裁剪”按钮，在立即菜单中选择“快速裁剪”选项，将图形裁剪成如图 9-68 所示。

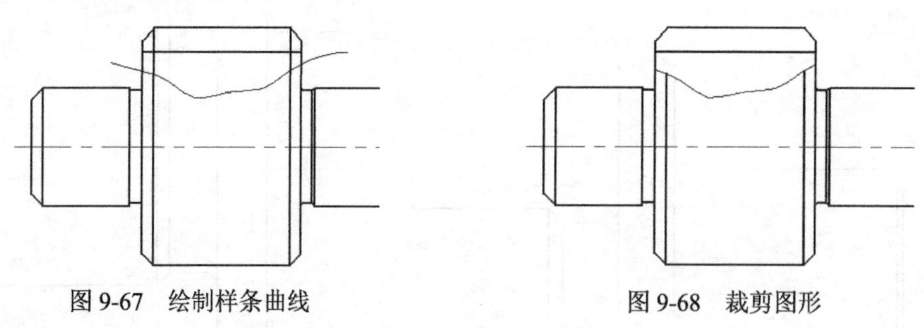

图 9-67　绘制样条曲线　　　　图 9-68　裁剪图形

（9）绘制剖面线。

先将“剖面线层”设置为当前图层。

在功能区“常用”选项卡的“绘图”面板中单击“剖面线”按钮，在出现的立即菜单中设置“1.”为“拾取点”、“2.”为“选择剖面图案”、“3.”为“非独立”，并接受默认的允许间隙公差，如图 9-69 所示。接着拾取如图 9-70 所示的环内点，右击以确认。

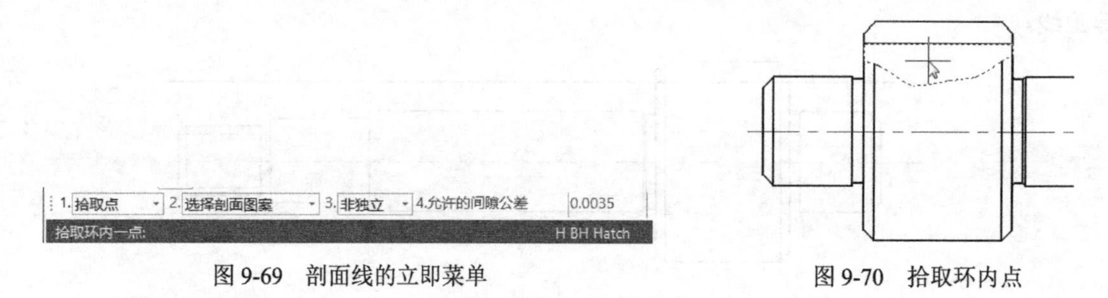

图 9-69　剖面线的立即菜单　　　　图 9-70　拾取环内点

右击后系统弹出“剖面图案”对话框，从中选择 ANSI31 图案，并设置其比例、旋转角和间距错开值，如图 9-71 所示，然后单击“确定”按钮，完成绘制的该处局部剖视的剖面线如图 9-72 所示。

（10）绘制辅助中心线。

将“中心线层”设置为当前图层。

在功能区“常用”选项卡的“修改”面板中单击“等距线”按钮，以等距的方式绘制如图 9-73 所示的辅助中心线。

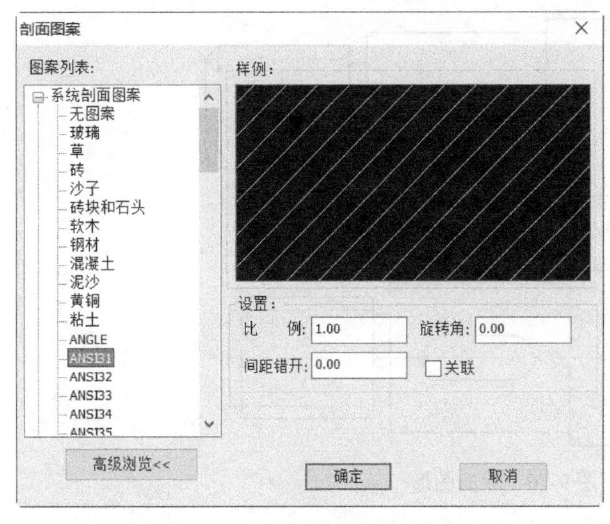

图 9-71 “剖面图案”对话框

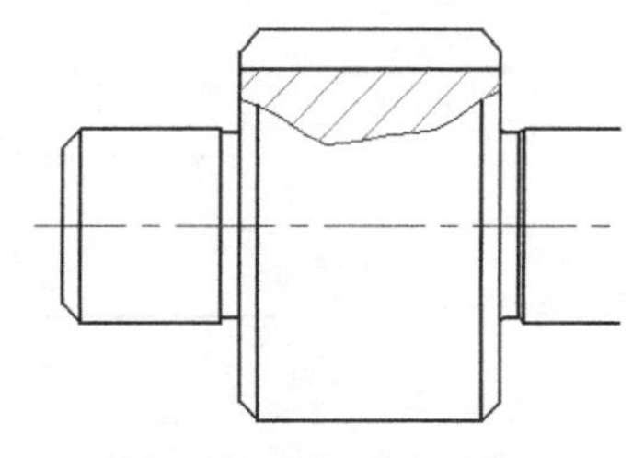

图 9-72 绘制一处剖面线

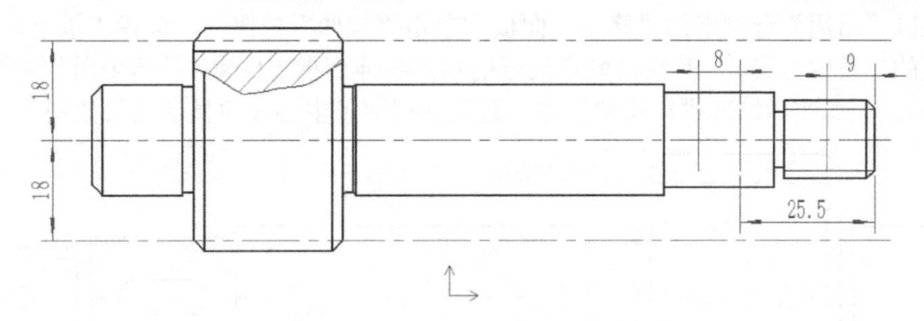

图 9-73 以等距方式绘制辅助中心线

（11）绘制圆。

将“粗实线层”设置为当前图层。

在功能区“常用”选项卡的“绘图”面板中单击“圆”按钮⊙，分别绘制如图 9-74 所示的 3 个圆，设置这 3 个圆不自动生成中心线。左边两个圆的直径均为 5mm，右侧的一个小圆直径为 3mm。在操作过程中，可以单击空格键调出工具点菜单，从中选择“交点”方式，并拾取相应中心线的交点作为圆心位置。

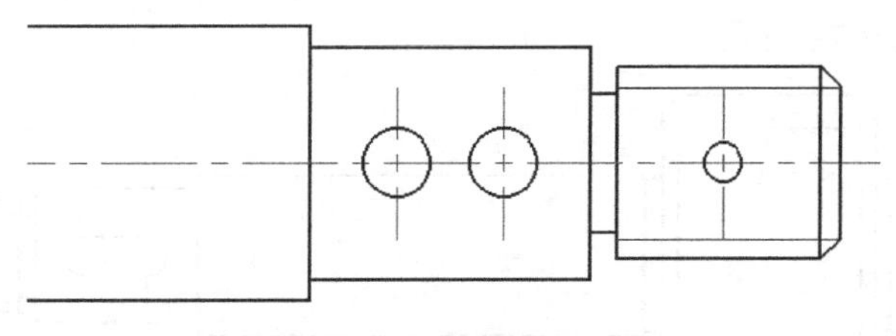

图 9-74 绘制 3 个圆

（12）绘制相切直线。

执行直线工具绘制如图 9-75 所示的两条相切直线。

（13）裁剪图形。

在功能区“常用”选项卡的“修改”面板中单击“裁剪”按钮，在其立即菜单中选择“快速裁剪”选项，将键槽部分的图形裁剪成如图 9-76 所示。

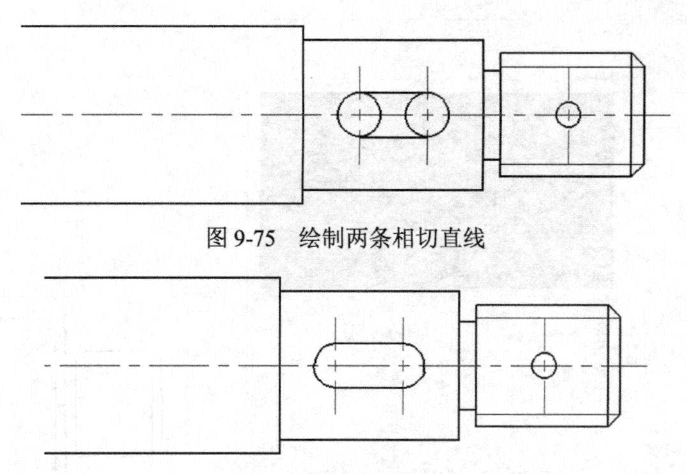

图 9-75　绘制两条相切直线

图 9-76　裁剪图形

（14）将两条中心线拉短。

在功能区“常用”选项卡的“修改”面板中单击“拉伸”按钮，选择“单个拾取”方式，拾取要拉短的一条中心线，将其离拾取点最近的端点拉伸到指定位置（具体采用“轴向拉伸”“点方式”拉伸）。根据实际情况进行拉伸操作，直到获得两条中心线的显示效果如图 9-77 所示。

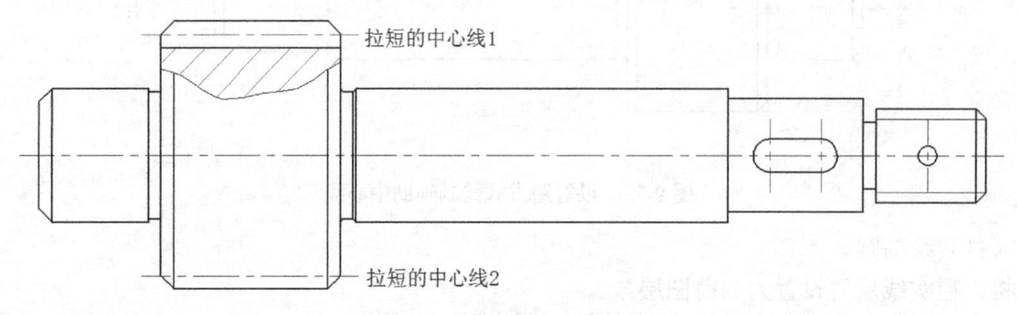

图 9-77　将两条中心线拉短

（15）将小圆的竖直中心线拉短。

使用和步骤（14）相同的方法，对小圆等的竖直中心线拉短，即拉伸选定中心线来重新指定中心线的两个端点位置。

此时该主视图如图 9-78 所示。

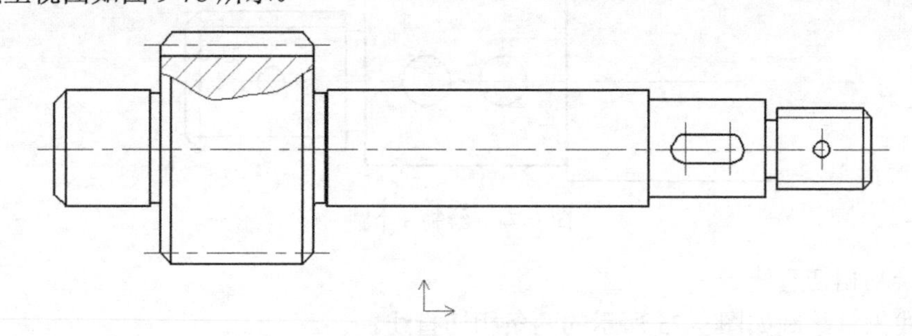

图 9-78　主视图效果

（16）绘制断面图。

在功能区“常用”选项卡的“绘图”面板中单击“圆”按钮，在主视图的下方区域绘制如

图 9-79 所示的一个圆，该圆的直径为 17mm，该圆自动带延伸长度为 3mm 的中心线。

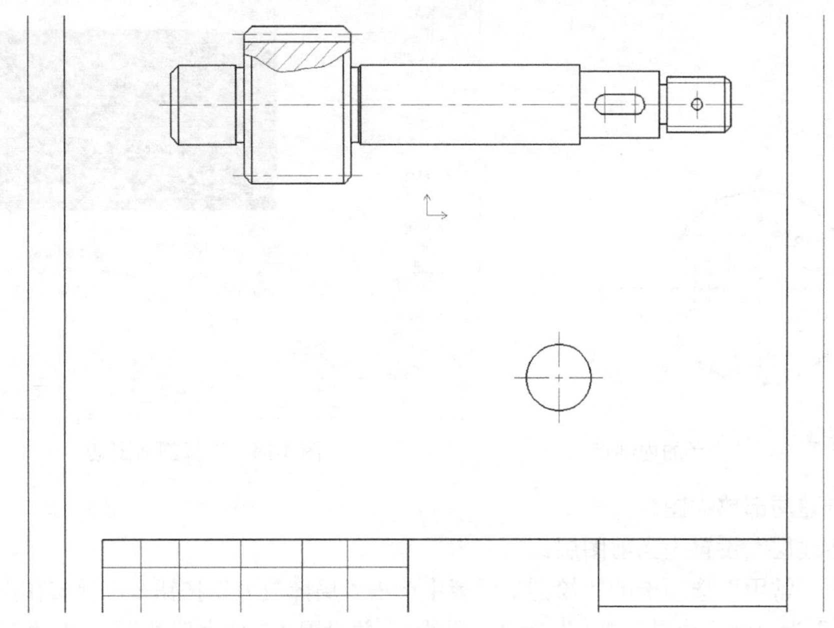

图 9-79　在主视图下方绘制一个带中心线的圆

在功能区“常用”选项卡的“修改”面板中单击“等距线”按钮，分别创建如图 9-80 所示的 3 条等距线。

在功能区“常用”选项卡的“修改”面板中单击“裁剪”按钮，在其立即菜单中选择“快速裁剪”选项，将该断面图裁剪成如图 9-81 所示。

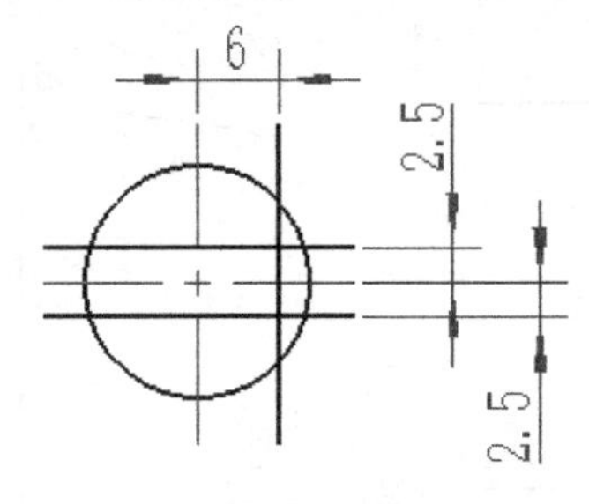

图 9-80　绘制等距线

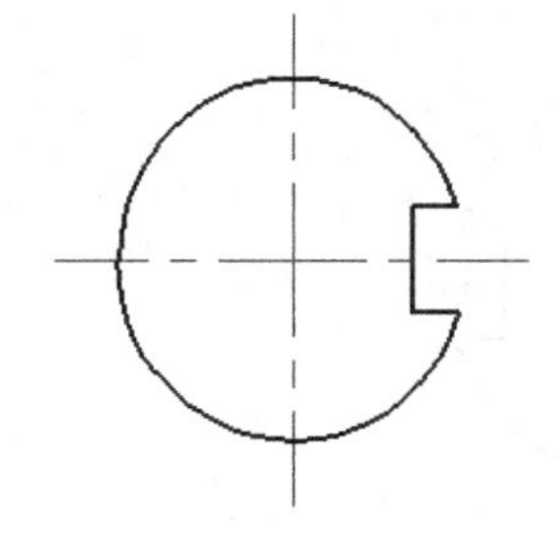

图 9-81　裁剪断面视图

将“剖面线层”设置为当前图层。在功能区“常用”选项卡的“绘图”面板中单击“剖面线”按钮，在出现的立即菜单中设置相应的选项“1.”为“拾取点”、“2.”为“选择剖面图案”、“3.”为“非独立”，如图 9-82 所示。接着使用鼠标分别拾取如图 9-83 所示的 4 个环内点，然后右击确定。

图 9-82　剖面线的立即菜单

系统弹出“剖面图案”对话框，选择 ANSI31 图案，并分别设置比例、旋转角和间距错开值，如图 9-84 所示，然后单击“确定”按钮。完成绘制的该断面图剖面线如图 9-85 所示。

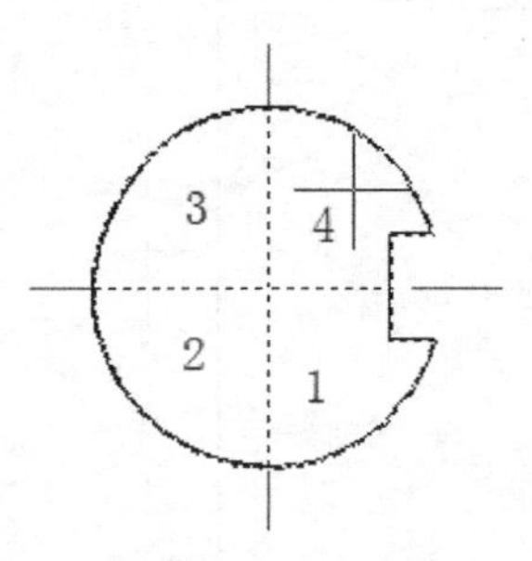

图 9-83　分别拾取 4 个环的内部点

图 9-84　选择剖面图案

（17）创建局部放大图。

将“细实线层”设置为当前图层。

在功能区“常用”选项卡的“绘图”面板中单击“局部放大”按钮，接着在出现的立即菜单中设置“1.”为“圆形边界”、“2.”为“加引线”，并设置“3.放大倍数”为 5、“4.符号”为 I、“5.缩放剖面线图样比例”。

拾取局部放大区域的中心点，如图 9-86 所示，接着拖曳鼠标来指定圆上一点，如图 9-87 所示。

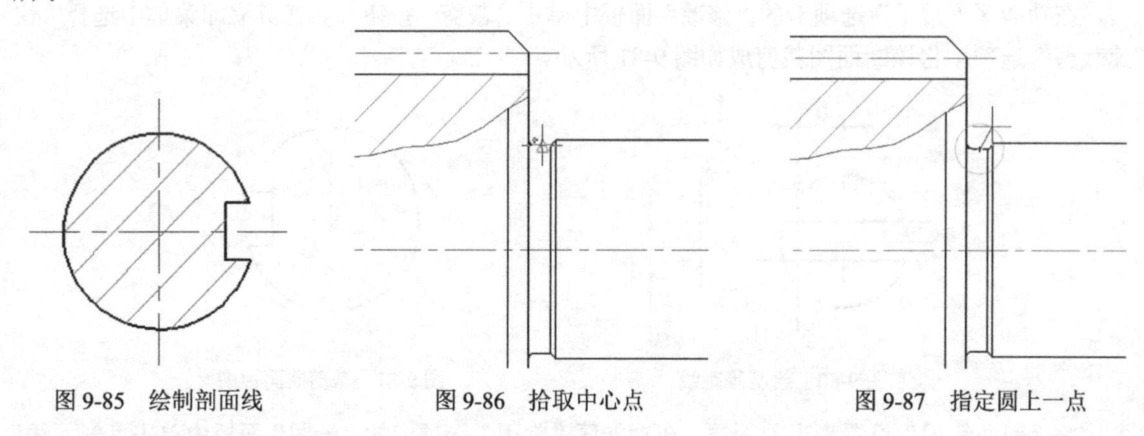

图 9-85　绘制剖面线　　图 9-86　拾取中心点　　图 9-87　指定圆上一点

使用鼠标来指定符号插入点，如图 9-88 所示。

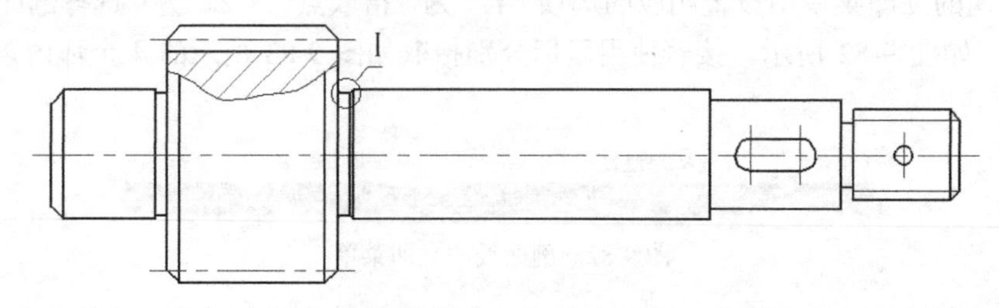

图 9-88　指定符号插入点

在主视图上方的合适位置处指定一点来放置局部放大图，输入角度值为 0，按 Enter 键，然后在该局部放大视图上方指定符号插入点，从而完成创建局部放大图，结果如图 9-89 所示。

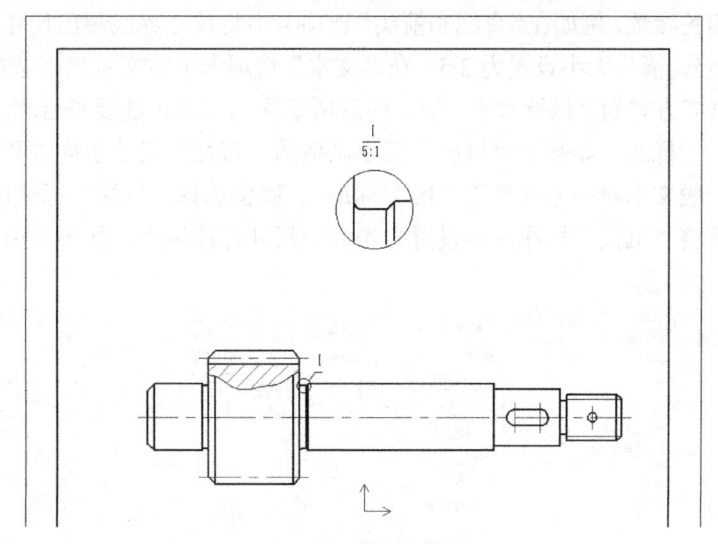

图 9-89 完成局部放大图

（18）设置当前图层以及设置相关的标注风格。

将“尺寸线层”设置为当前图层。

在功能区中切换至“标注”选项卡，从“标注样式”面板中单击“文本样式”按钮，打开“文本风格设置”对话框。从文本风格列表中选择“机械”，接着单击“设为当前”按钮，如图 9-90 所示，然后单击“确定”按钮。

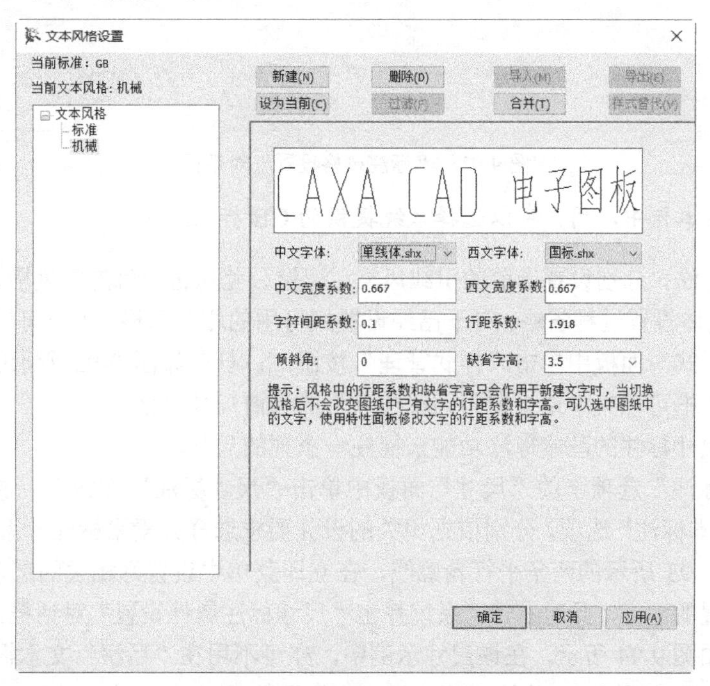

图 9-90 设置当前文本风格

在功能区“标注”选项卡的“标注样式”面板中单击“尺寸样式”按钮，打开“标注风格设置”对话框，单击“新建”按钮新建一个名为“机械”的新标注风格，接着在相关选项卡中编辑其标注样式的相关参数，例如在“直线和箭头”选项卡中将尺寸界线超出尺寸线设置为 1.5mm，起点偏移量为 0.875，箭头大小设置为 3.5；在“文本”选项卡中将文本风格选定为“机械”文本风格，角度文本对齐方式为“保持水平”等。注意所编辑的标注参数要符合相应的制图标准，必要时可建立其子尺寸样式，如基于“机械”尺寸风格的“直径”尺寸子样式和“半径”子样式，这两个子样式的一般文本对齐方式改为“ISO 标准”。确保选择“机械”标注风格，单击“设为当前”按钮，从而将“机械”标注风格设置为当前的尺寸标注风格，如图 9-91 所示。

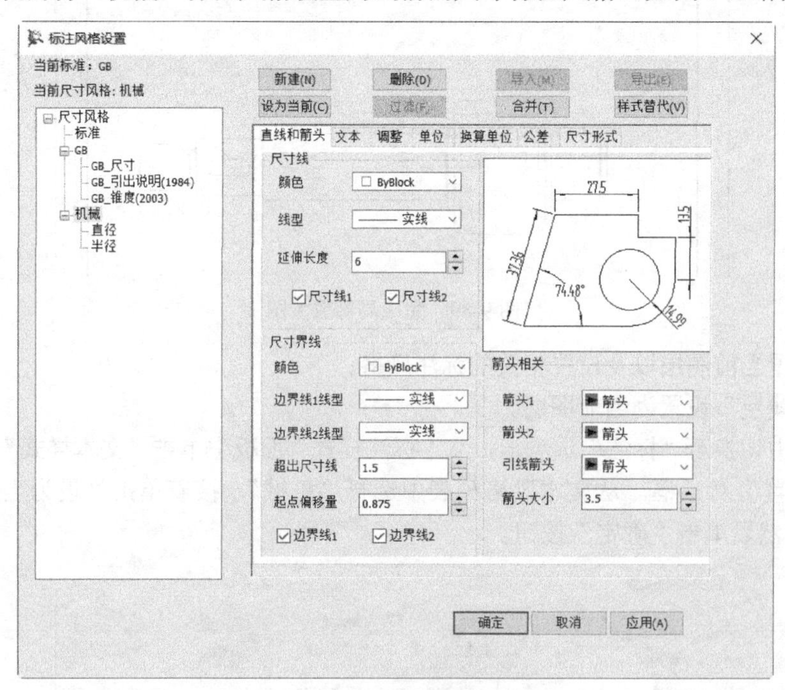

图 9-91 “标注风格设置”对话框

说明： *在本例中，用户可以选择系统提供的 GB 标注风格。*

使用同样的方法，分别设置当前的引线风格、形位公差风格、粗糙度风格、基准代号风格和剖切符号风格，具体设置过程省略。对于已经设置好可用的相关风格，用户可以在功能区“标注”选项卡的“标注样式”面板中单击“样式管理”按钮，打开如图 9-92 所示的“样式管理”对话框，利用该对话框可以集中地设置不同标注项目的当前尺寸风格。

（19）使用尺寸标注的基本标注功能来标注一系列的尺寸。

在功能区“标注”选项卡的“尺寸”面板中单击“尺寸标注”按钮，接着在立即菜单的“1.”中选择“基本标注”选项，分别依据相关的设计要求选择元素来标注一系列所需要的尺寸。例如，拾取如图 9-93 所示的两条平行轮廓线，在立即菜单中设置好相关的选项后，移动鼠标至欲放置尺寸线位置的地方，此时右击，系统弹出“尺寸标注属性设置”对话框，从中设置该尺寸的前缀和后缀，如图 9-94 所示。在该尺寸示例中，亦可不用在“后缀”文本框中输入“f7”，而是在“公差与配合”选项组中，将输入形式设为“代号”，并在“公差代号”文本框中输入“f7”，

然后从“输出形式”下拉列表框中选择“代号”。单击“确定”按钮，从而完成该尺寸标注。可以继续创建其他尺寸标注。

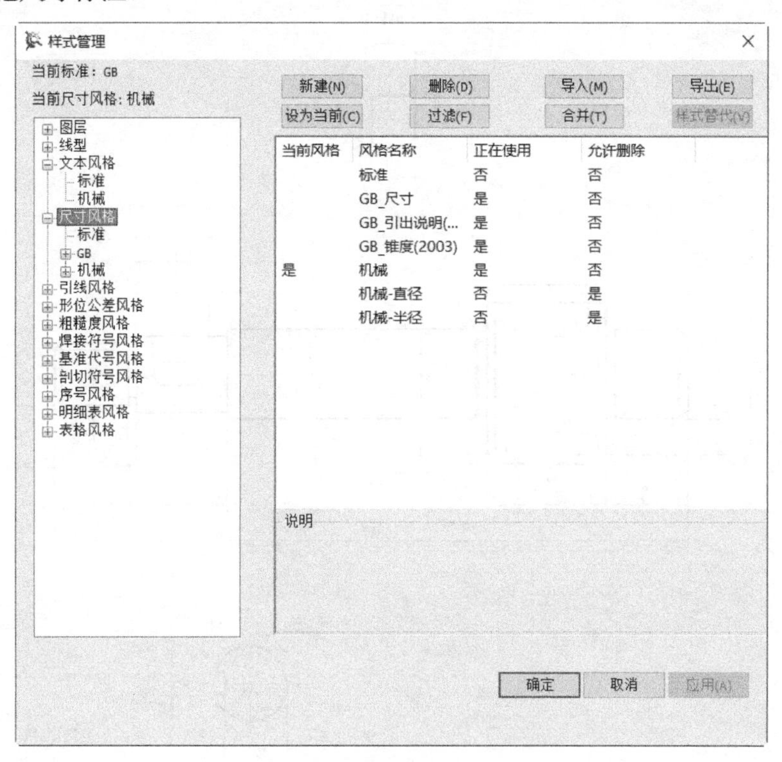

图 9-92 “样式管理”对话框

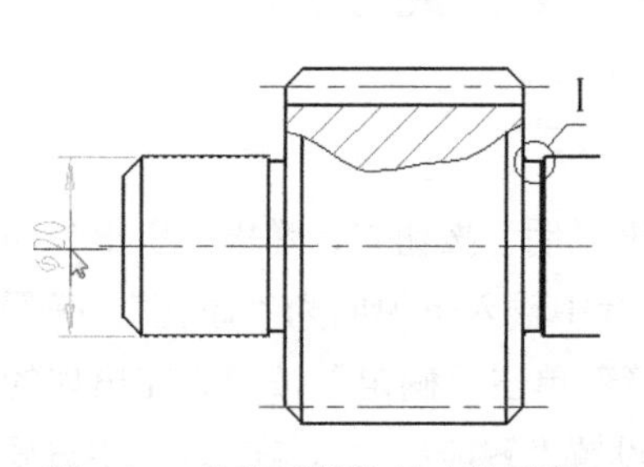

图 9-93 拾取要标注尺寸的元素

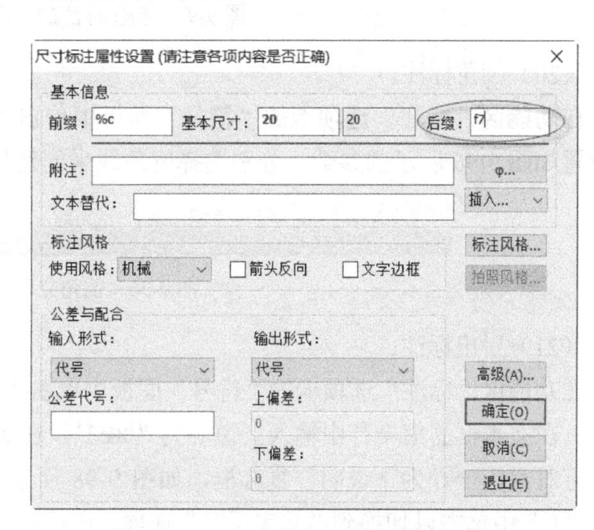

图 9-94 “尺寸标注属性设置”对话框

操作点拨： 如果需要注写某尺寸的尺寸公差，那么在标注该尺寸时利用打开的“尺寸标注属性设置”对话框来设置其公差输入形式和输出形式等，确定后 CAXA 电子图板系统便按照设定的方式注写其尺寸公差。

初步标注好的一系列基本尺寸如图 9-95 所示。

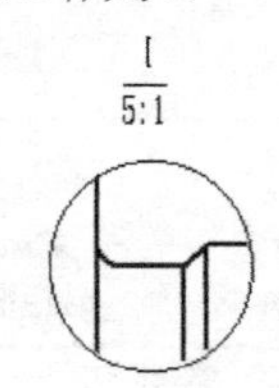

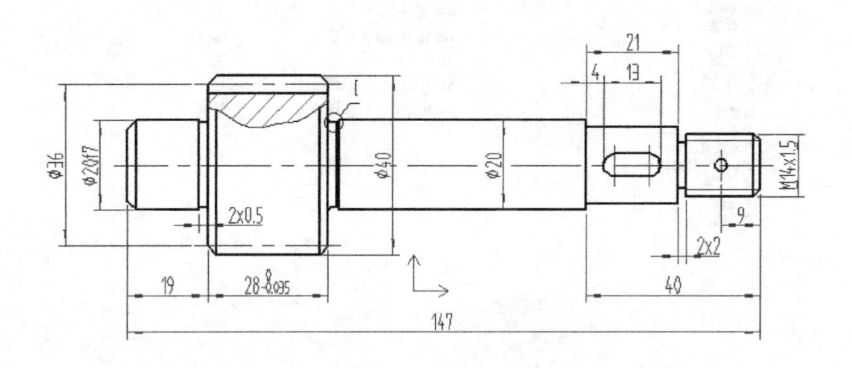

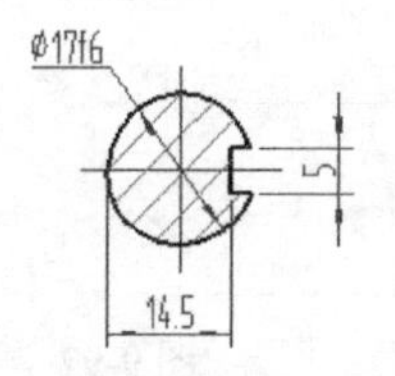

图 9-95　初步标注的一系列尺寸

（20）倒角标注。

在功能区“标注”选项卡的“符号”面板中单击“倒角标注”按钮，在出现的立即菜单中设置如图 9-96 所示的参数，分别选择倒角线来创建如图 9-97 所示的几处倒角尺寸。

图 9-96　倒角立即菜单

（21）引出标注。

在功能区“标注”选项卡的“符号”面板中单击“引出说明”按钮，弹出“引出说明”对话框。在文本框的第一行中输入上说明为“%c3”，在第二行中输入下说明为“通孔”，确保选中“多行时最后一行为下说明”复选框，如图 9-98 所示，接着单击“确定”按钮。在出现的立即菜单“1.”中单击以切换到“文字反向”选项，在“2.”中设置“智能结束”，在“3.”中设置“有基线”，然后分别指定引出点、引线转折点和定位点，创建的该通孔引出说明如图 9-99 所示。

（22）标注局部放大图。

在 CAXA 电子图板 2018 中，对局部放大图进行标注，尺寸数值与原图形保持一致，其标注数值将由软件根据比例自动计算。

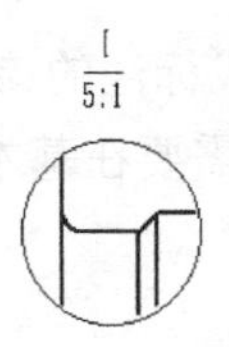

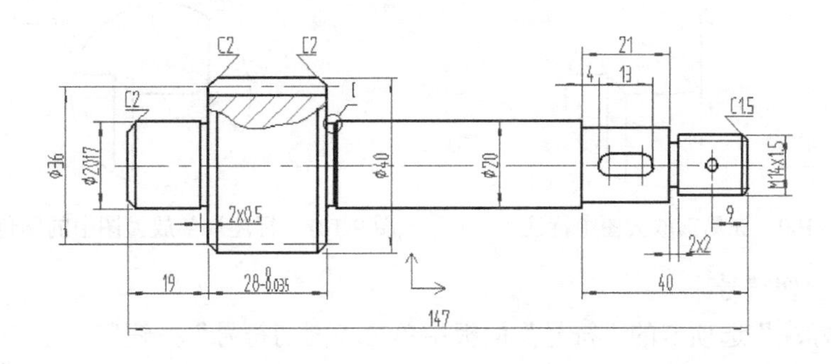

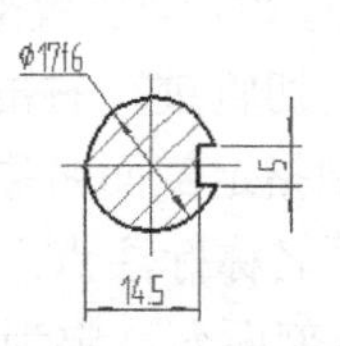

图 9-97　标注倒角尺寸

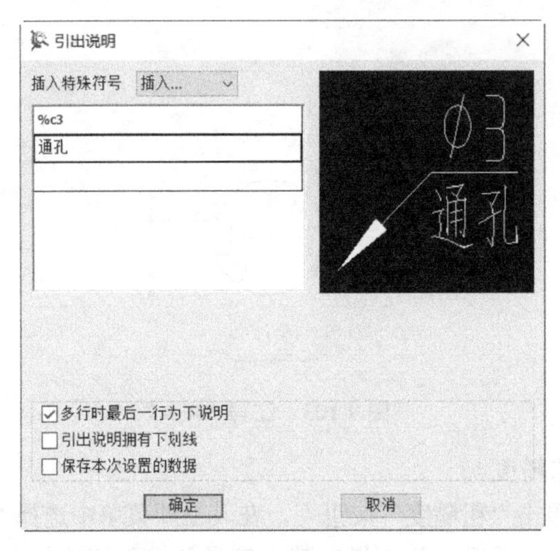

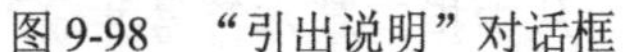

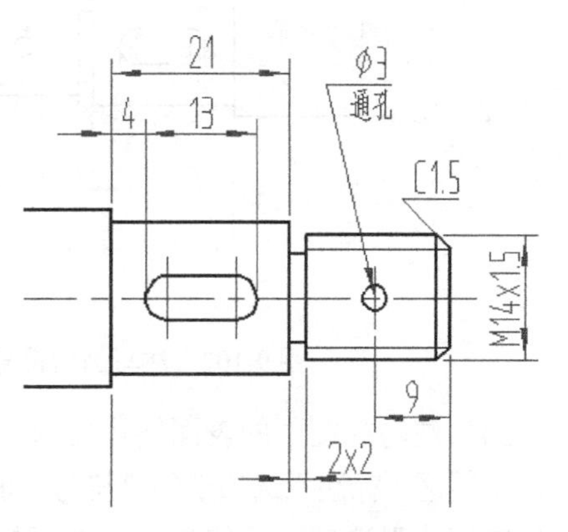

图 9-98　“引出说明”对话框

图 9-99　引出说明

在功能区“标注”选项卡的“尺寸”面板中单击“尺寸标注”按钮，接着在尺寸标注立即菜单的“1.”中选择“基本标注”选项，拾取局部放大图中的圆弧来标注其半径尺寸，如图 9-100 所示。

在功能区“标注”选项卡的“符号”面板中单击“倒角标注”按钮，在立即菜单中设置“1.”为“默认样式”、“2.”为“轴线方向为 x 轴方向”、“3.”为“水平标注”、“4.”为“C1”，接着在局部放大图中拾取倒角线，并在立即菜单的“5.基本尺寸”确保其基本尺寸数字为 C0.5 后指定

尺寸线位置，然后右击结束倒角命令。完成标注的该倒角尺寸如图 9-101 所示。亦可使用“尺寸标注”按钮来标注此处倒角尺寸，此时需要在基本尺寸前加前缀“C”。

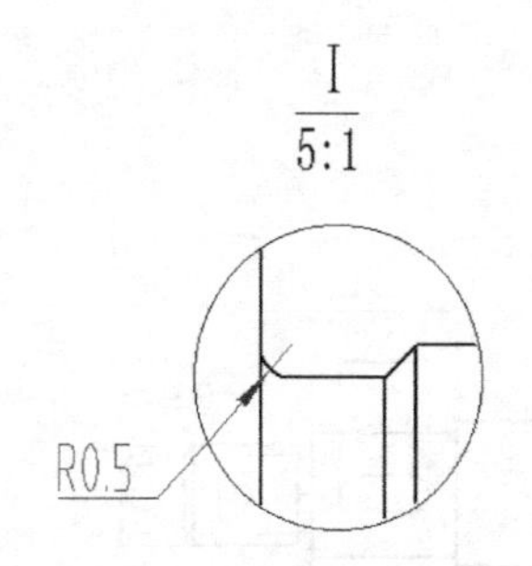

图 9-100　在局部放大图中标注

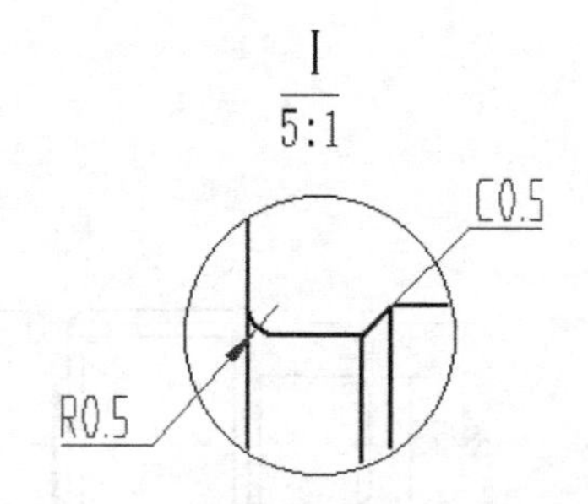

图 9-101　标注局部放大图中的倒角尺寸

（23）注写剖切符号。

在功能区“标注”选项卡的“符号”面板中单击“剖切符号”按钮，在其立即菜单中设置“1.”为“垂直导航”、“2.”为“手动放置剖切符号名”，并且可在状态栏中启用“正交”模式，接着在主视图适当位置处画剖切轨迹，右击，紧接着拾取所需的剖切方向，默认的剖切名称为“A”，然后在剖切箭头处分别指定剖面名称标注点，效果如图 9-102 所示。

系统继续出现“指定剖面名称标注点:”的提示信息。右击，接着在断面图上方指定该剖面名称的标注点，系统自动将该剖面名称定为“A-A”，如图 9-103 所示。

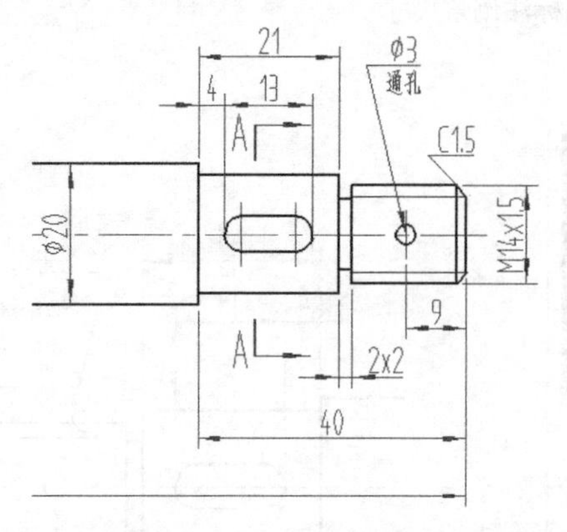

图 9-102　注写剖切符号

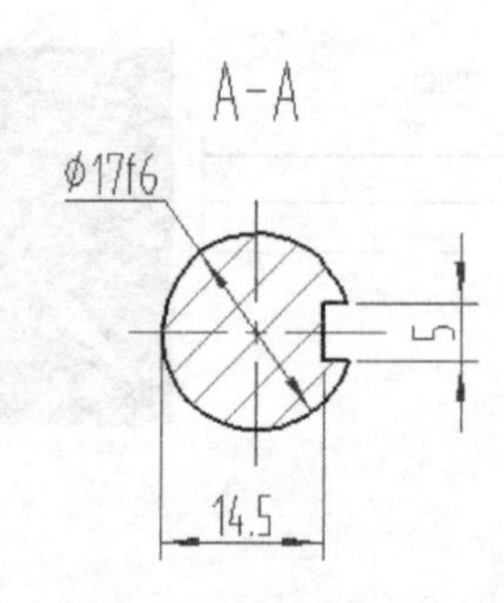

图 9-103　注写“A-A”

（24）注写视图中的表面结构要求（表面粗糙度）。

在功能区“标注”选项卡的“符号”面板中单击“粗糙度”按钮，在其立即菜单中选择“1.”为“标准标注”选项，系统弹出“表面粗糙度”对话框，从中指定基本符号并输入相应的参数，单击“确定”按钮，然后在立即菜单“2.”中根据设计需要选择“默认方式”或“引出方式”来在图样中注写相应的表面结构要求。在视图上标注表面结构要求的初步结果如图 9-104 所示。

结合使用“粗糙度”按钮和“文字”按钮A，在标题栏附近注写表示其余表面结构要求的表面结构要求信息，如图 9-105 所示。

（25）注写基准代号。

在功能区“标注”选项卡的“符号”面板中单击“基准代号”按钮，在立即菜单中设置如图 9-106 所示的选项和基准名称。

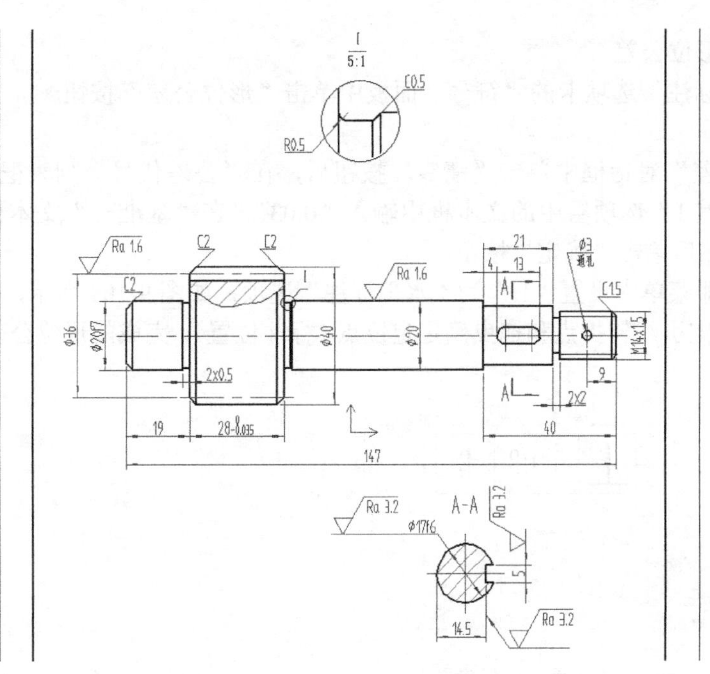

图 9-104　注写视图中的表面粗糙度

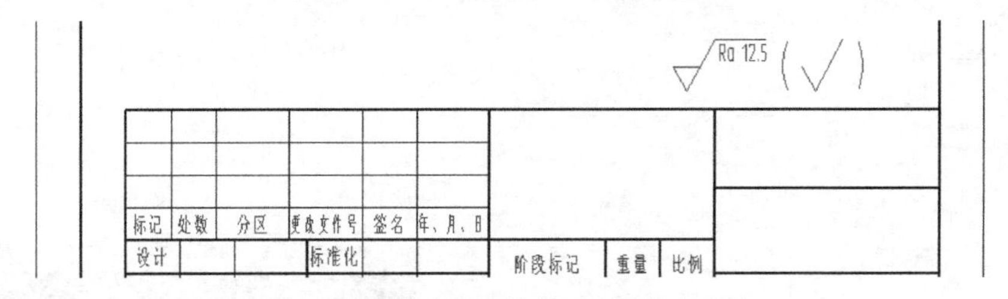

图 9-105　其余表面结构要求的简化注法

图 9-106　在基准代号立即菜单中的设置

在主视图中拾取所需的轮廓直线，拖曳确定标注位置，注写的基准代号如图 9-107 所示。需要用户注意的是，事先需要用户设置好满足此基准代号标注的当前基准代号样式。

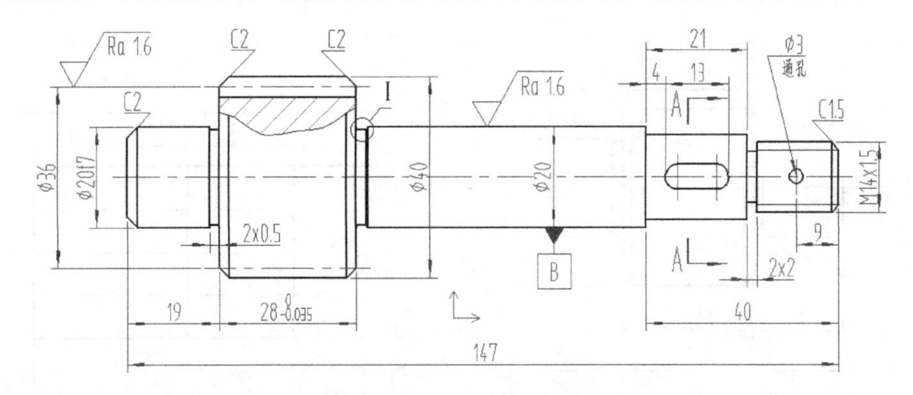

图 9-107　注写基准代号

（26）注写形位公差。

在功能区“标注”选项卡的“符号”面板中单击“形位公差”按钮，打开“形位公差”对话框。

在“形位公差”对话框中单击“清零”按钮后，在“公差代号”列表框中单击“垂直度”按钮，在“公差 1”选项组中的文本框中输入“0.03”，在“基准一”文本框中输入“B”，如图 9-108 所示，然后单击“确定”按钮。

在出现的立即菜单中设置“1.”为“水平标注”选项，如图 9-109 所示，接着拾取对象（如拾取轮廓边），指定引线转折点和拖曳确定定位点（标注位置），完成的形位公差如图 9-110 所示。

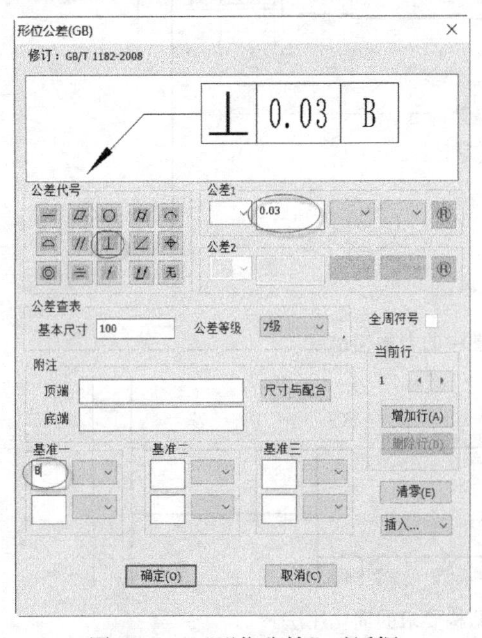

图 9-108 “形位公差”对话框

图 9-109 在立即菜单中设置

（27）绘制表格和填写内容。

将“细实线层”设置为当前图层。使用直线工具、等距线工具和裁剪工具来在图框右上角处完成如图 9-111 所示的表格，注意要将左侧边线的线型设置粗实线。

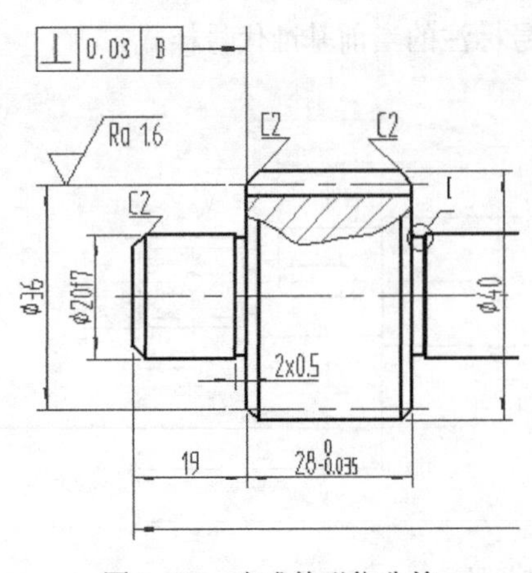

图 9-110 完成的形位公差

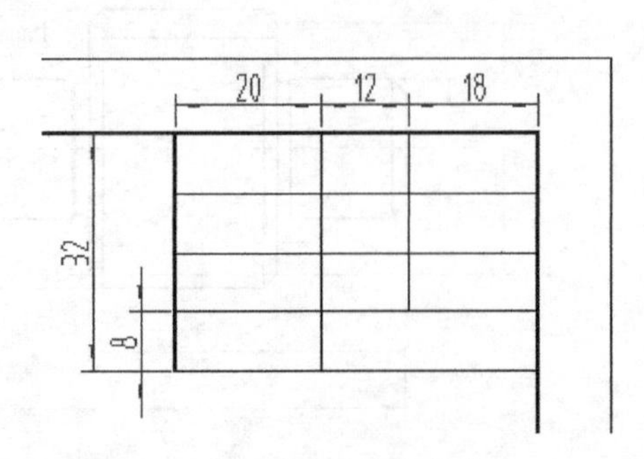

图 9-111 绘制表格

在功能区“标注”选项卡的“文字”面板中单击“文字”按钮A，通过“指定两点”方式在相关的矩形区域内输入文本，注意相关文本的对齐方式均为“居中对齐”，填写的文本信息如图9-112所示。

模数	m	2
齿数	Z	18
齿形角	α	20°
精度等级	766GM	

图9-112 表格注写

（28）注写技术要求。

在功能区“标注”选项卡的“文字”面板中单击“技术要求”按钮，系统弹出“技术要求库”对话框，在该对话框中设置标题内容和技术要求内容等，如图9-113所示，接着单击“生成”按钮，然后在图框内标题栏上方适当位置处指定两个角点来放置技术要求文本，结果如图9-114所示。

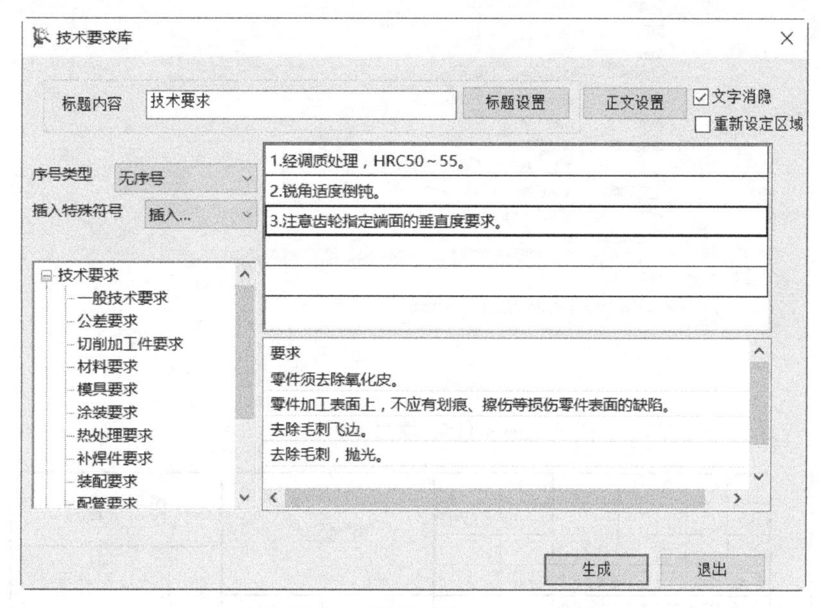

图9-113 “技术要求库”对话框

（29）填写标题栏。

在功能区“图幅”选项卡的“标题栏”面板中单击“填写标题栏”按钮，或者在绘图区双击标题栏，弹出“填写标题栏”对话框，从中填写相关的内容，如图9-115所示，然后单击“确定”按钮。

填写好相关属性值的标题栏如图9-116所示。

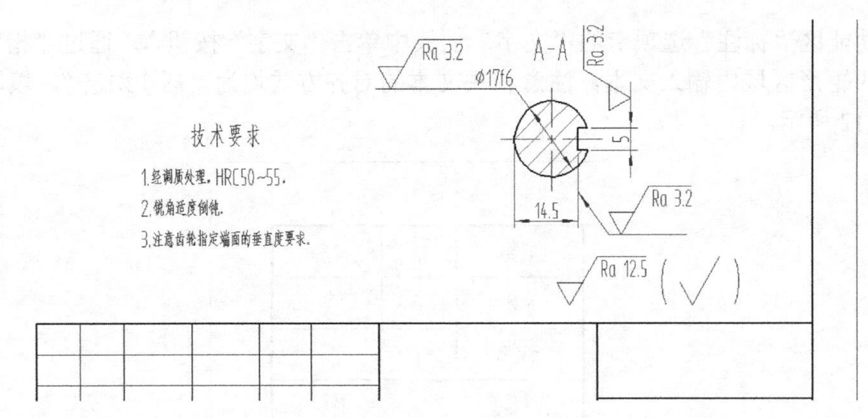

图 9-114　注写技术要求

图 9-115　填写标题栏

图 9-116　填写好的标题栏

（30）保存文件。

在保存文件前通常要仔细检查零件图是否有错漏的图形细节，尺寸是否齐全，并可使用“标

注编辑”工具按钮来适当调整某些尺寸线的放置位置。

该零件图的完成效果如图 9-117 所示。

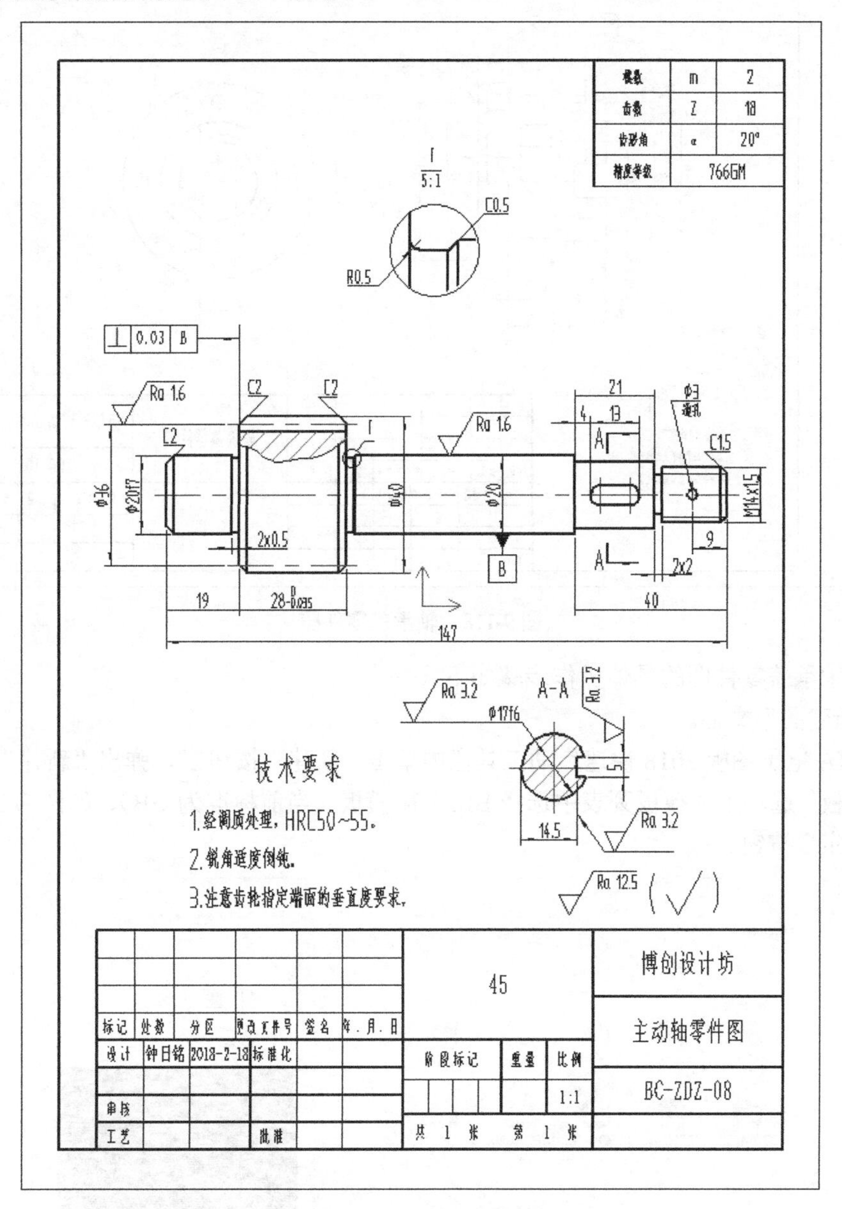

图 9-117　主动轴的零件图

9.4　绘制轴承盖零件图

从零件的基本体征上来看，轴承盖通常属于扁平的轮盘类零件，此类零件一般需要使用两三个视图来表达。

本实例要完成的是某轴承盖的零件图，完成效果如图 9-118 所示。

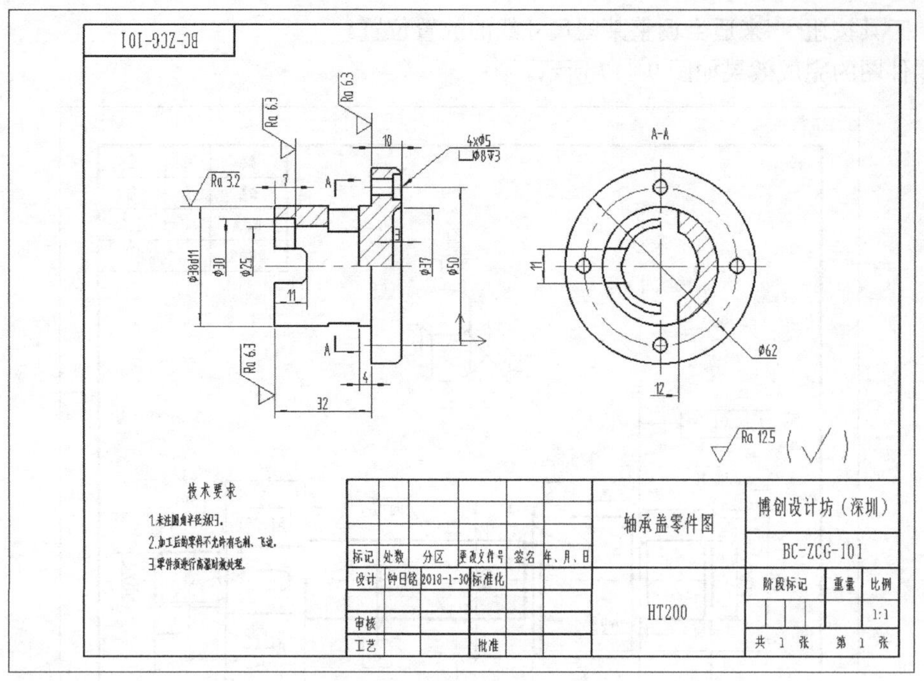

图 9-118　轴承盖零件图

绘制该轴承盖零件图的具体操作步骤如下。

（1）新建图形文件。

在 CAXA 电子图板 2018 快速启动工具栏中单击“新建”按钮，弹出“新建”对话框，在“工程图模板”选项卡的模板列表中选择 BLANK 模板（当前标准为 GB），如图 9-119 所示，然后单击“确定”按钮。

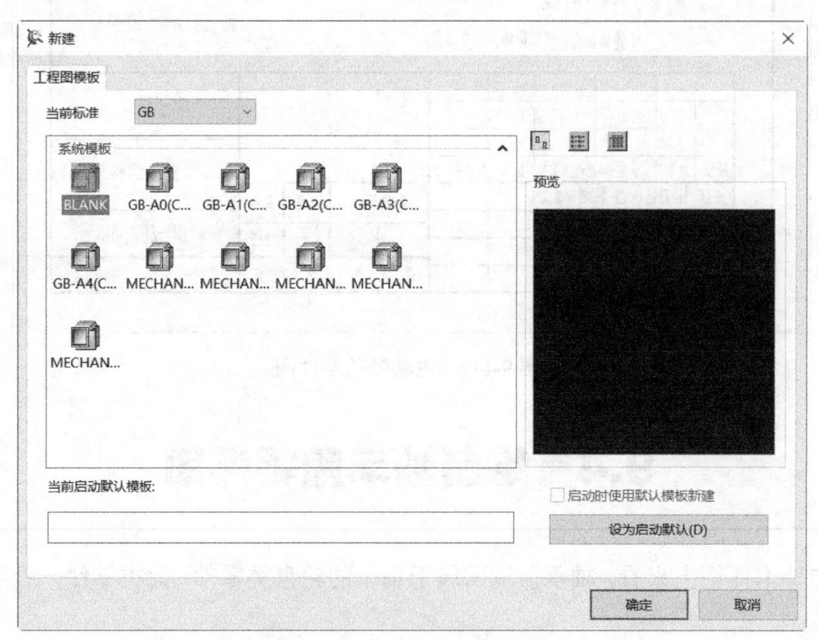

图 9-119　“新建”对话框

（2）绘制主要中心线和定位线。

将“中心线层”设置为当前图层，如图 9-120 所示。

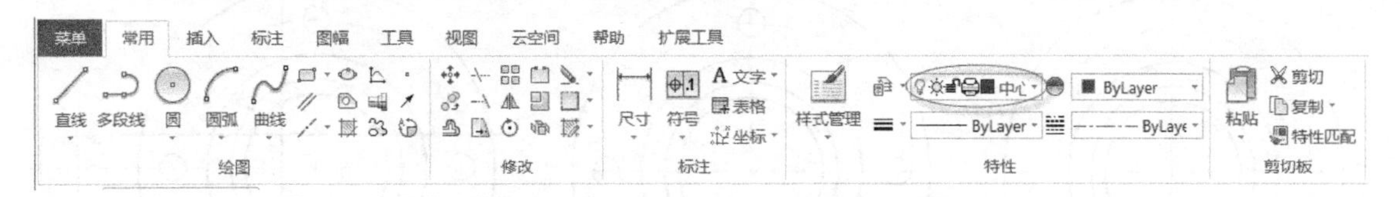

图 9-120　将中心线层设置为当前图层

在功能区“常用”选项卡的“绘图”面板中单击“直线”按钮，在出现的立即菜单中设置“1.”为“两点线”、“2.”为“单根”，并在状态栏中启用“正交”模式，根据设计尺寸分别绘制如图 9-121 所示的几条中心线。

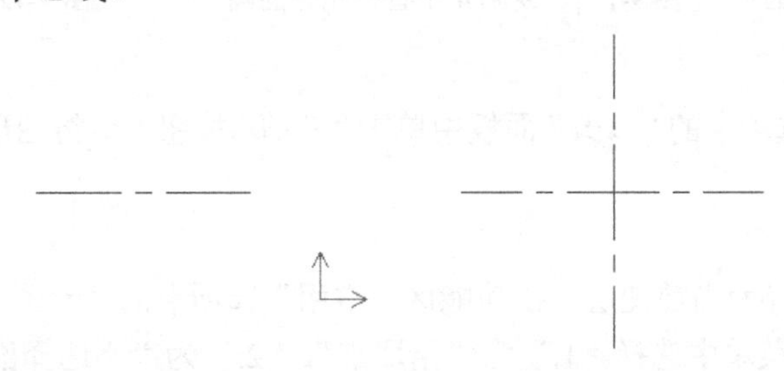

图 9-121　绘制中心线

在功能区“常用”选项卡的“绘图”面板中单击“圆”按钮，在出现的立即菜单中选择“1.”为“圆心_半径”、“2.”为“直径”、“3.”为“无中心线”，按空格键，从弹出的工具点菜单中选择“交点”选项，接着拾取右边水平中心线和垂直中心线的交点作为圆心，输入直径为 50，按 Enter 键确认，绘制如图 9-122 所示的辅助圆。右击结束圆绘制命令。

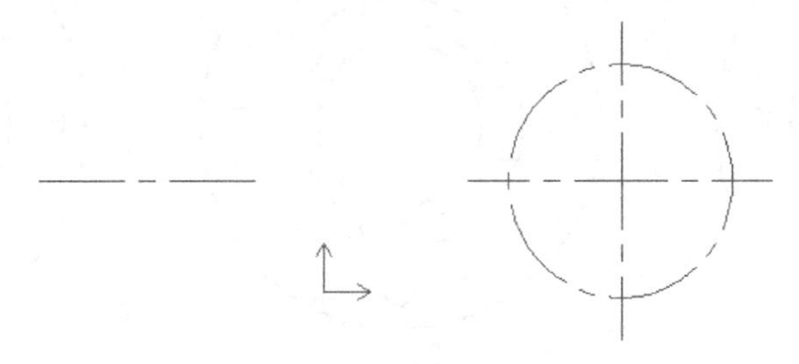

图 9-122　绘制辅助圆

（3）将“粗实线层”设置为当前图层。

（4）绘制若干个圆。

在功能区“常用”选项卡的“绘图”面板中单击“圆”按钮，根据设计要求绘制如图 9-123 所示的 4 个同心圆。这 4 个同心圆的直径从外到内依次是 62、38、30 和 25。

继续使用“圆”按钮来绘制 4 个直径相等的小圆，其直径均为 5，如图 9-124 所示。

（5）绘制等距线。

在功能区“常用”选项卡的“修改”面板中单击“等距线”按钮，分别绘制如图 9-125 所示的几条等距线。

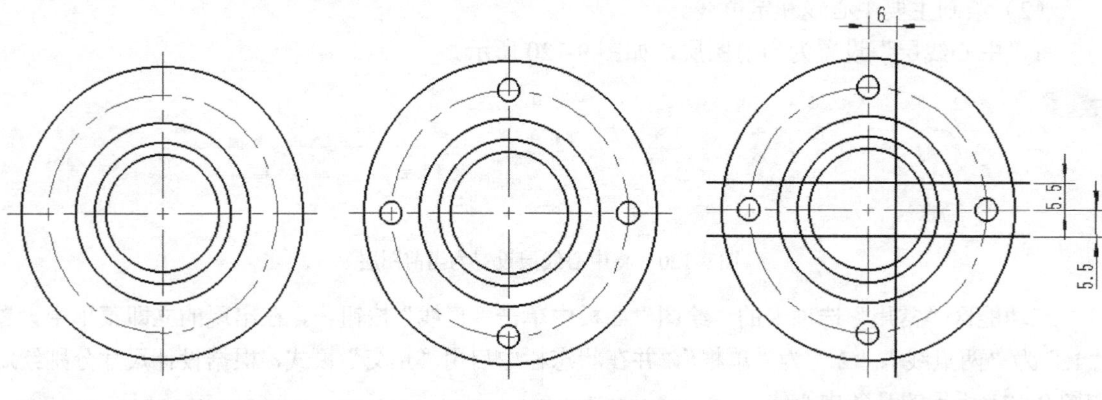

图 9-123　绘制 4 个同心的圆　图 9-124　绘制 4 个直径相等的圆　图 9-125　绘制几条等距线

（6）修剪图形。

在功能区“常用”选项卡的“修改”面板中单击“裁剪”按钮，将图形初步裁剪成如图 9-126 所示。

（7）绘制剖面线。

将“剖面线层”设置为当前图层。在功能区“常用”选项卡的“绘图”面板中单击“剖面线”按钮，在出现的立即菜单中选择“1.”为“拾取点”、“2.”为“不选择剖面图案”、“3.”为“非独立”，并设置“4.比例”为 1、“5.角度”为 0、“6.间距错开”值为 0、“7.允许的间隙公差”值默认为 0.0035，接着拾取如图 9-127 所示的环内点 1 和环内点 2，右击确认，完成绘制的该半剖视的剖面线如图 9-128 所示。

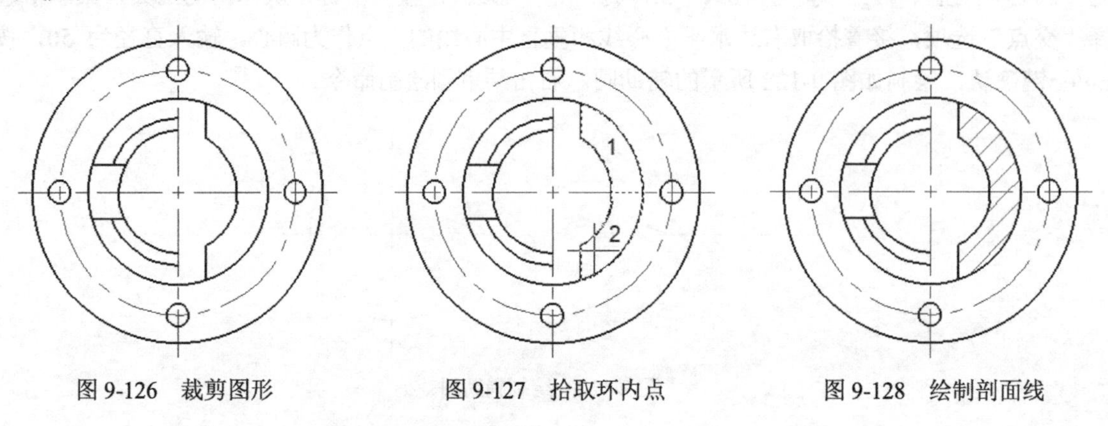

图 9-126　裁剪图形　图 9-127　拾取环内点　图 9-128　绘制剖面线

（8）利用导航功能辅助绘制相关的辅助中心线。

将“中心线层”设置为当前图层，从位于窗口右下角的下拉列表框中选择“导航”选项，以启用导航功能。使用直线工具以“两点线”方式绘制如图 9-129 所示的多条辅助中心线。

（9）使用直线和等距线工具绘制相关的辅助粗实线。

将“粗实线层”设置为当前图层。先使用直线工具绘制如图 9-130 所示的一条竖直粗实线。接着使用等距线工具创建其他的辅助粗实线，如图 9-131 所示。

（10）绘制所需的直线。

根据视图投影关系，使用直线工具绘制所需的直线段，如图 9-132 所示，其中有两段直线段

还需要巧妙地应用导航功能来辅助绘制。

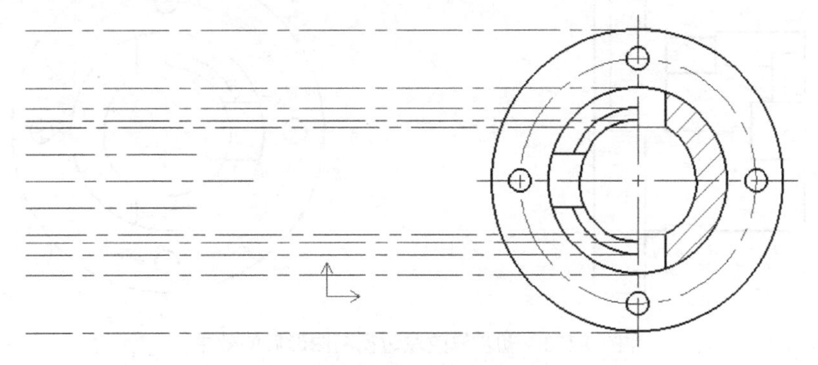

图 9-129 绘制相关的辅助中心线

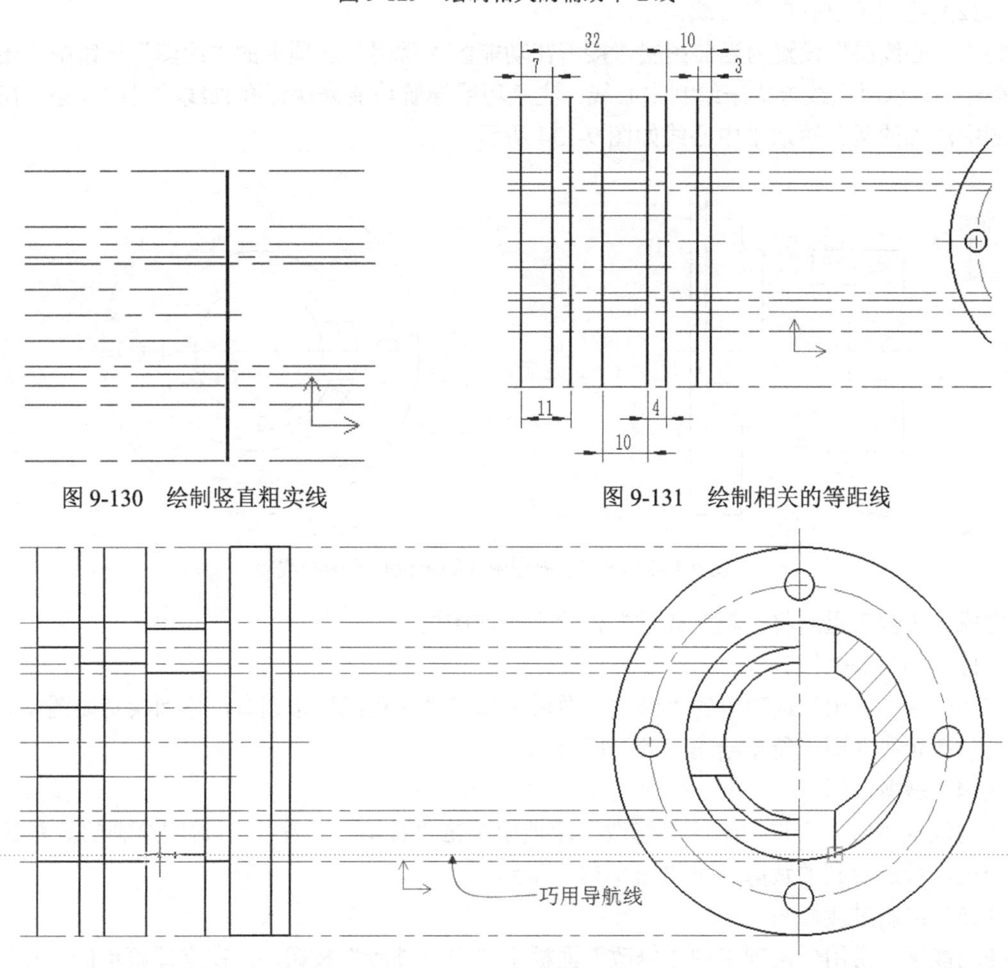

图 9-130 绘制竖直粗实线

图 9-131 绘制相关的等距线

图 9-132 绘制所需的直线

（11）初步修改左边的视图图形。

将不需要的中心辅助线删除，并且在功能区“常用”选项卡的“修改”面板中单击“裁剪”按钮 ，对左边视图中的相关粗实线进行裁剪处理，得到的图形效果如图 9-133 所示。

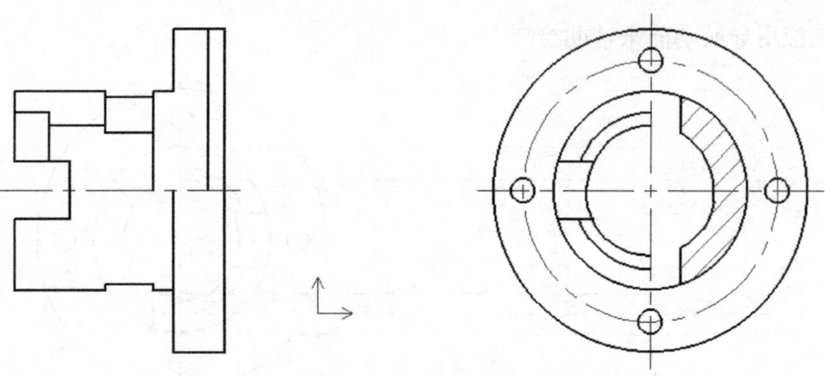

图 9-133　初步修改左边视图图形后的效果

（12）绘制定位孔的中心线。

将“中心线层”设置为当前图层，接着在功能区“常用”选项卡的“绘图”按钮中单击“直线”按钮，以两点线方式来绘制中心线，注意巧用导航功能来保证孔轴线的对应关系。在左边的视图中添加的两条短水平中心线如图 9-134 所示。

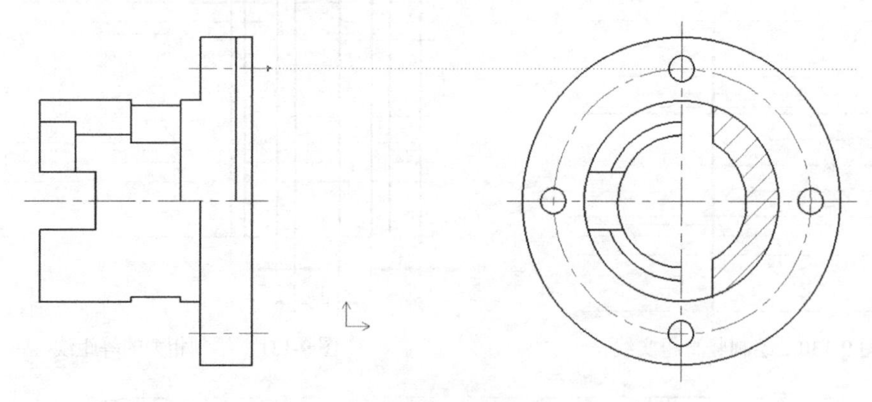

图 9-134　在左边视图中绘制定位孔的中心线

完成该步骤后重新将“粗实线层”设置为当前图层。

（13）绘制等距线。

在功能区“常用”选项卡的“修改”面板中单击“等距线”按钮，分别绘制如图 9-135 所示的几条等距线（图中特意给出了等距距离）。

（14）裁剪图形。

在功能区“常用”选项卡的“修改”面板中单击“裁剪”按钮，对刚绘制的等距线进行裁剪处理，最后得到的裁剪结果如图 9-136 所示。

（15）绘制过渡圆角。

在功能区“常用”选项卡的“修改”面板中单击“过渡”按钮，在立即菜单的“1.”中选择“圆角”选项，在“2.”中选择“裁剪”选项，在“3.”文本框中设置圆角半径为 3，接着拾取所需的第一条曲线和第二条曲线来创建一个过渡圆角，继续拾取对象创建过渡圆角，在本例中一共创建 5 处圆角，结果如图 9-137 所示。

（16）处理在创建过渡圆角时造成的多余曲线段。

将在创建过渡圆角时造成的多余曲线段删除掉或裁剪掉，修改效果如图 9-138 所示。

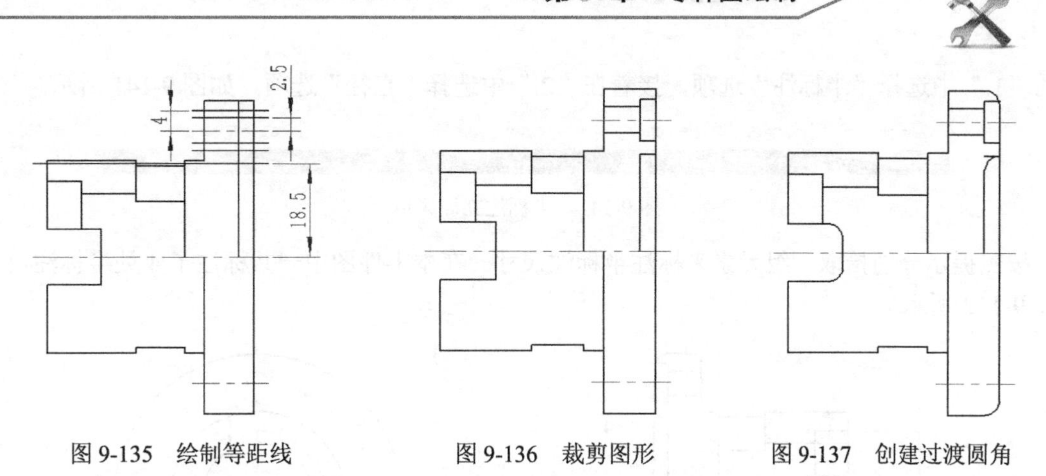

图 9-135 绘制等距线　　图 9-136 裁剪图形　　图 9-137 创建过渡圆角

（17）绘制剖面线。

将“剖面线层”设置为当前图层。在功能区“常用”选项卡的“绘图”面板中单击“剖面线”按钮，在出现的立即菜单中选择“1.”为“拾取点”、“2.”为“不选择剖面图案”、“3.”为“非独立”，并设置“4.比例”值为1、“5.角度”值为0、“6.间距错开”值为0，并接受默认的允许的间隙公差值，接着拾取如图 9-139 所示的环内点 1、环内点 2 和环内点 3，右击确认，完成绘制的该部分剖面线如图 9-140 所示。

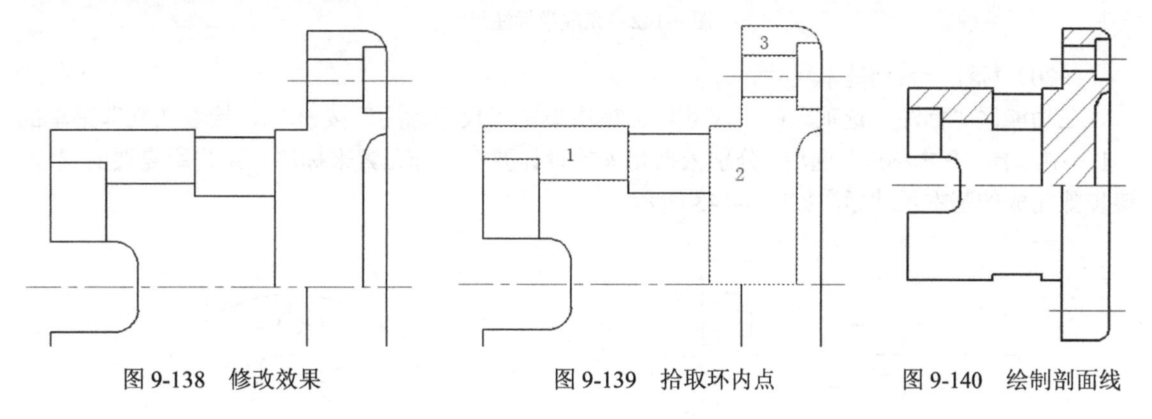

图 9-138 修改效果　　图 9-139 拾取环内点　　图 9-140 绘制剖面线

（18）设置当前图层、当前标注风格和当前文本风格。

将“尺寸线层”设置为当前图层。

在功能区切换至“标注”选项卡，从“标注样式”面板的标注样式下拉列表框中选择所需要的“GB_尺寸”标注样式。用户也可以在“标注样式”面板中单击“尺寸样式”按钮，系统弹出“标注风格设置”对话框，新建一个“机械”尺寸标注风格，以及参考相关的机械制图标准等来设置其相应的参数，将其设置为当前的尺寸标注风格，然后单击“确定”按钮。用户也可以采用默认的“标准”尺寸标注风格作为当前标注风格来进行本案例操作。

在功能区“标注”选项卡的“标注样式”面板的“文本样式”下拉列表框中选择已有的“机械”文本风格作为当前文本风格。用户也可以采用默认的“标准”文本风格作为当前文本风格进行本案例操作。

（19）标注半标注尺寸。

在功能区“标注”选项卡的“尺寸”面板中单击“尺寸标注”按钮，在尺寸标注立即菜

单的“1.”中选择“半标注”选项，接着在“2.”中选择“直径”选项，如图 9-141 所示。

图 9-141　半标注立即菜单

按照提示分别拾取一组元素来标注半标注尺寸。在本零件图中一共标注了 4 处半标注尺寸，如图 9-142 所示。

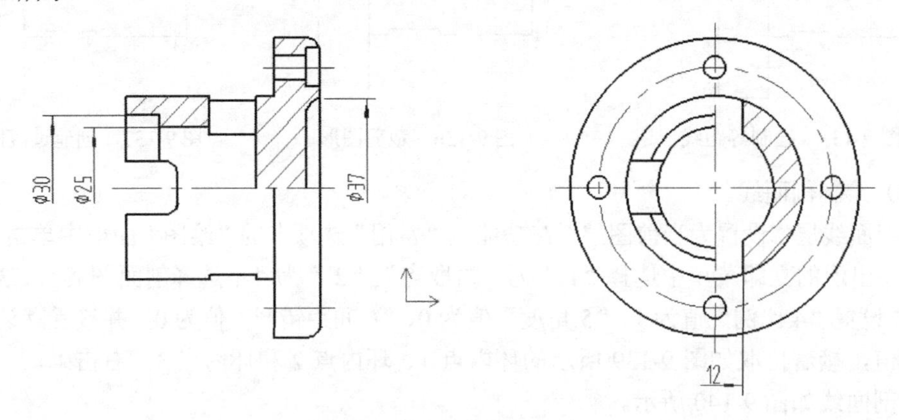

图 9-142　完成半标注尺寸

（20）标注一系列基本尺寸。

在功能区“标注”选项卡的“尺寸”面板中单击“尺寸标注”按钮，接着在立即菜单的“1.”中选择“基本标注”选项，分别依据相关的设计要求选择元素来标注一系列所需要的尺寸。该步骤完成的基本尺寸标注如图 9-143 所示。

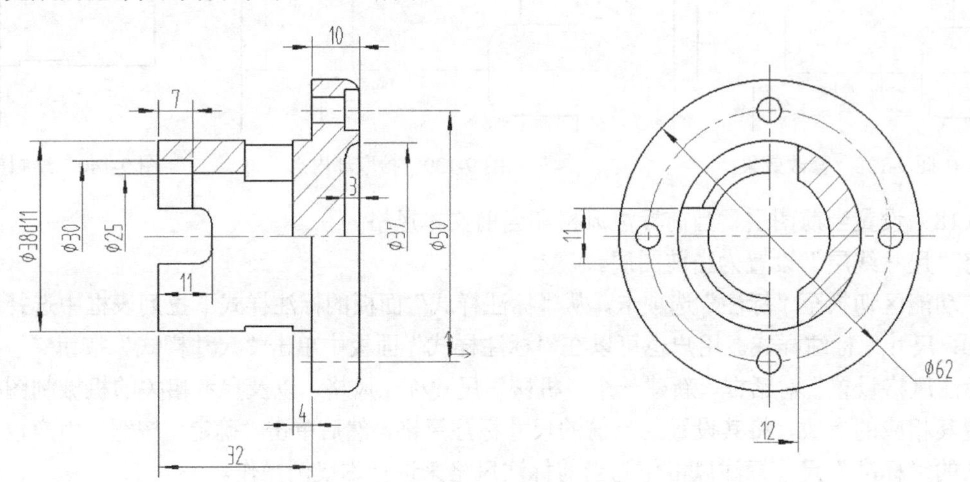

图 9-143　绘制一系列基本尺寸

（21）注写引出说明。

在功能区“标注”选项卡的“符号”面板中单击“引出说明”按钮，弹出“引出说明”对话框。选中“多行时最后一行为下说明”复选框，在文本框的第一行中输入上说明文本为“4%x%c5”，在文本框第二行中插入特殊符号和相关尺寸值（第二行内容为下说明），如图 9-144

所示，接着单击“确定”按钮。在出现的立即菜单中设置“1.”为“文字缺省方向”选项、“2.”为“智能结束”选项、“3.”为“有基线”选项，然后分别指定引出点、引线转折点和定位点（注意临时打开和关闭“正交”模式的时机），完成创建的该沉头孔引出说明如图9-145所示。

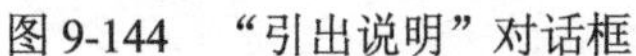
图9-144 “引出说明”对话框

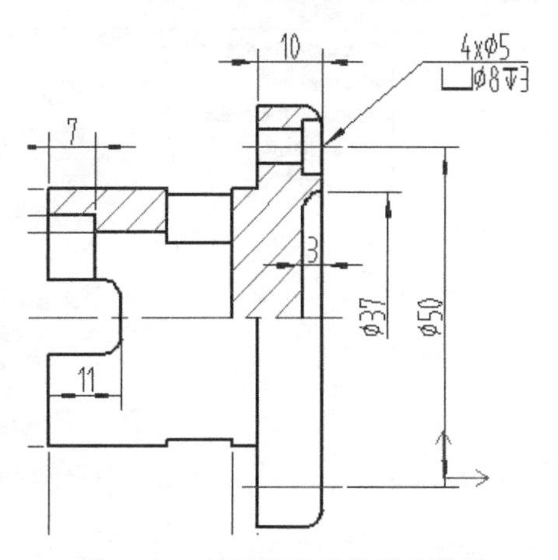

图9-145 注写沉头孔的引出说明

说明： 在“引出说明”对话框文本框的第二行中，需要分别插入表示沉孔的尺寸特殊符号“⌴”和表示沉孔深度的尺寸特殊符号“↧”，其方法是从“插入特殊符号”下拉列表框中选择“尺寸特殊符号”选项，系统弹出“尺寸特殊符号”对话框，从中单击所需的尺寸特殊符号即可。

（22）标注表面结构要求。

在标注表面结构要求之前可以先在功能区“标注”选项卡的“标注样式”面板中单击“样式管理”下拉列表中的“粗糙度样式”按钮，利用弹出的“粗糙度风格设置”对话框来定制所需的粗糙度风格。

在功能区“标注”选项卡的“符号”面板中单击“粗糙度”按钮√，在图样中分别标注相关的表面结构要求，完成结果如图9-146所示（为了让标注出来的表面结构符号不与尺寸标注重合，必要时可以调整相关的尺寸线放置位置）。

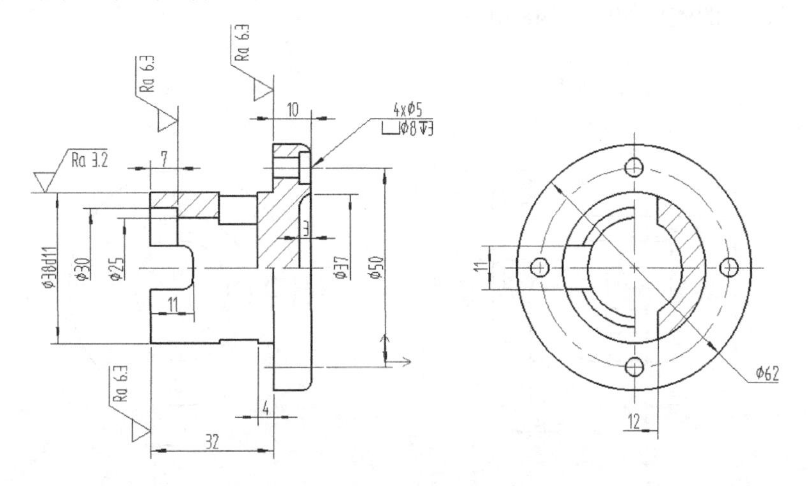

图9-146 在图样中标注表面结构要求

（23）注写剖切符号。

在注写剖切符号之前，可以先在功能区“标注”选项卡的“标注样式”面板中单击“样式管理”下拉列表中的“剖切符号样式”按钮，利用打开的“剖切符号风格设置”对话框来定制所需的剖切符号风格，如图 9-147 所示。

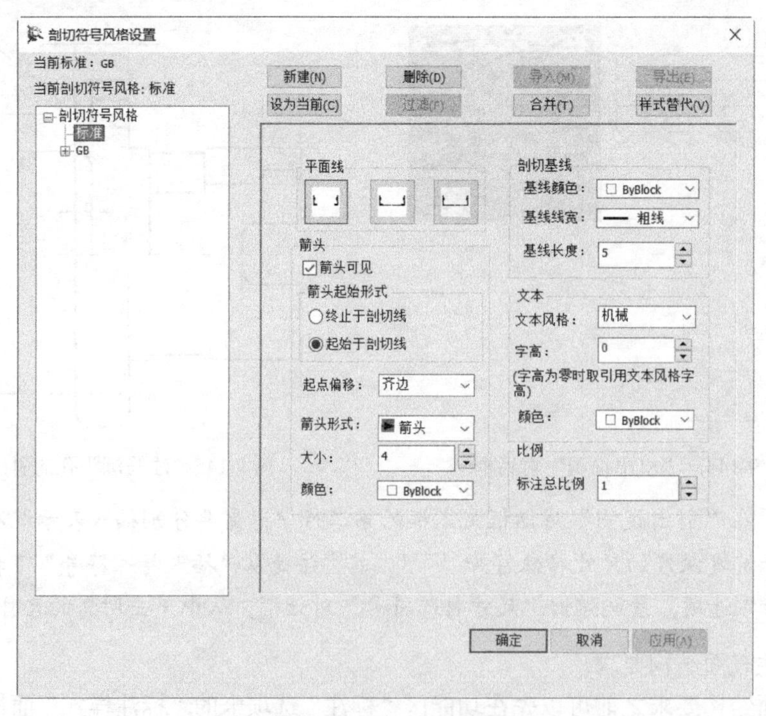

图 9-147　编辑或定制所需的剖切符号风格

在功能区“标注”选项卡的“符号”面板中单击“剖切符号”按钮，在立即菜单中设置“1.”为“垂直导航”、“2.”为“手动放置剖切符号名”，在位于左边的视图中画剖切轨迹，右击确定，并拾取所需的方向，接受默认的剖面名称为“A”，然后在剖切箭头处分别指定剖面名称“A”的标注点，右击确定，接着在右侧视图上方指定“A-A”视图名称的标注点。注写该剖切符号（含注写剖切视图名称）的效果如图 9-148 所示。

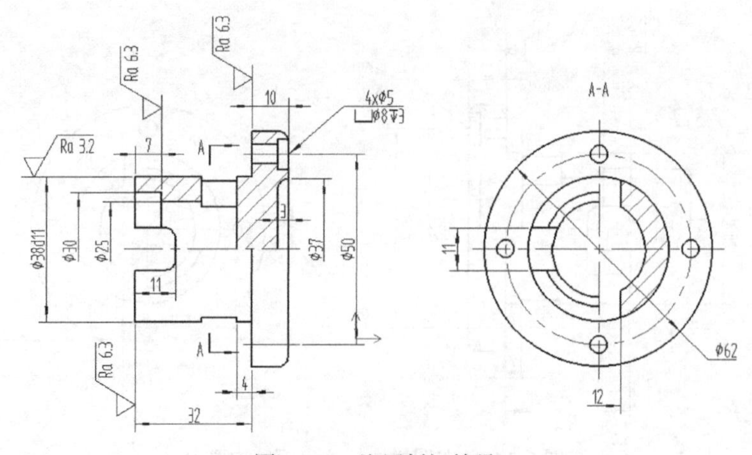

图 9-148　注写剖切符号

（24）图幅设置。

在功能区切换至“图幅”选项卡，从“图幅”面板中单击“图幅设置”按钮，打开“图幅设置”对话框。在该对话框中设置如图 9-149 所示的内容，然后单击“确定”按钮。

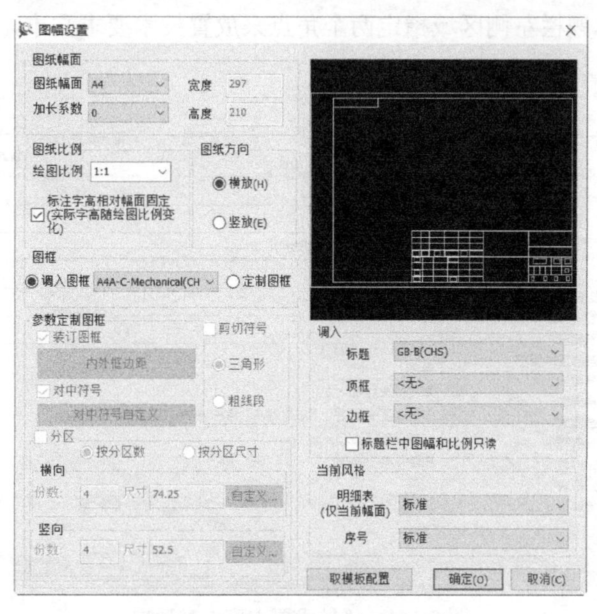

图 9-149　“图幅设置”对话框

（25）调整视图在图框中的位置。

可以使用功能区“常用”选项卡的“修改”面板中的“平移”按钮，将视图整体平移到图框中的适当位置（微调），使之看起来美观、和谐统一。参考效果如图 9-150 所示。

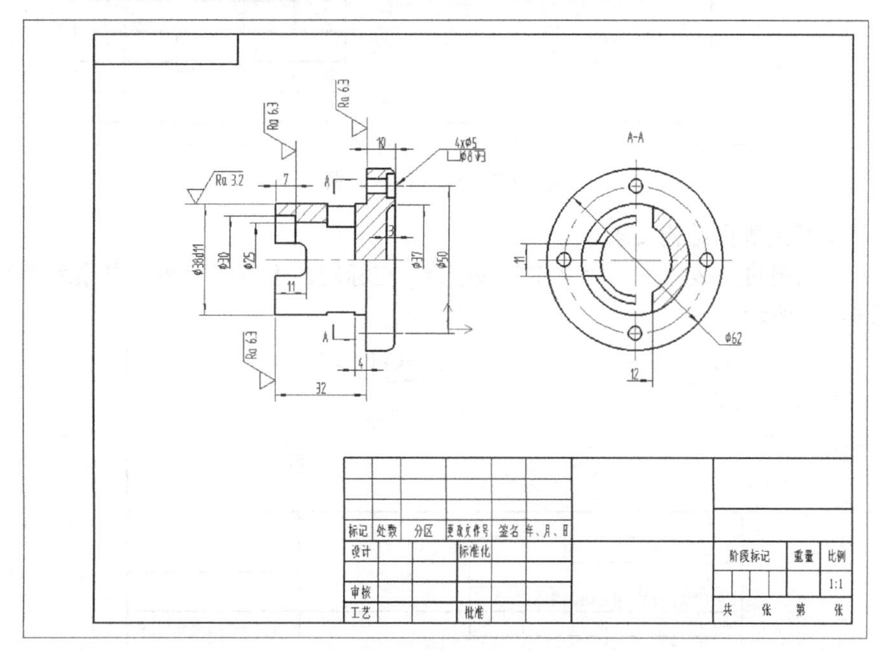

图 9-150　图幅与视图位置

（26）注写技术要求。

在功能区“标注”选项卡的“文字”面板中单击“技术要求”按钮，系统弹出“技术要求库”对话框，在该对话框中设置标题内容和技术要求内容等，如图 9-151 所示，接着单击“生成”按钮，然后在图框内标题栏左侧区域指定两个角点来放置技术要求文本，如图 9-152 所示。

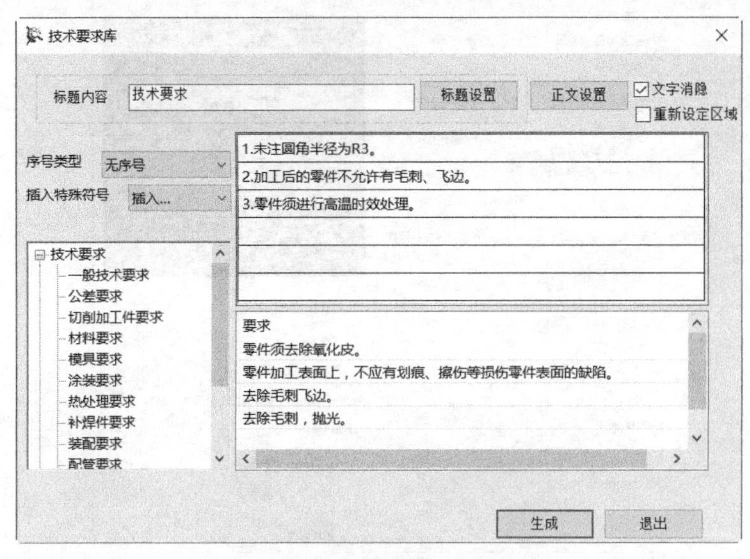

图 9-151 “技术要求库”对话框

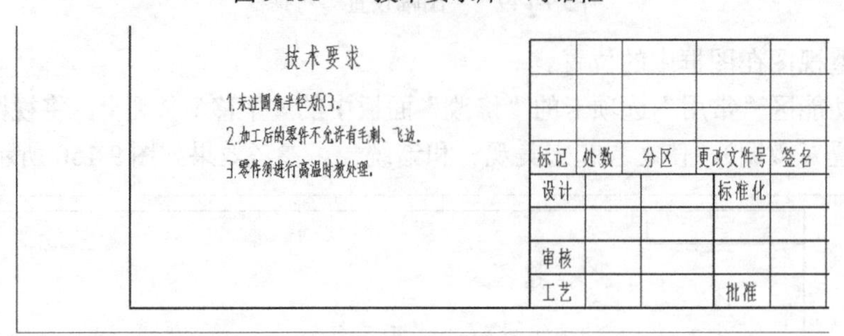

图 9-152 注写技术要求

（27）注写其余表面结构要求。

结合使用“粗糙度”按钮✓和“文字”按钮A，在标题栏上方注写表示其余表面结构要求的信息，如图 9-153 所示。

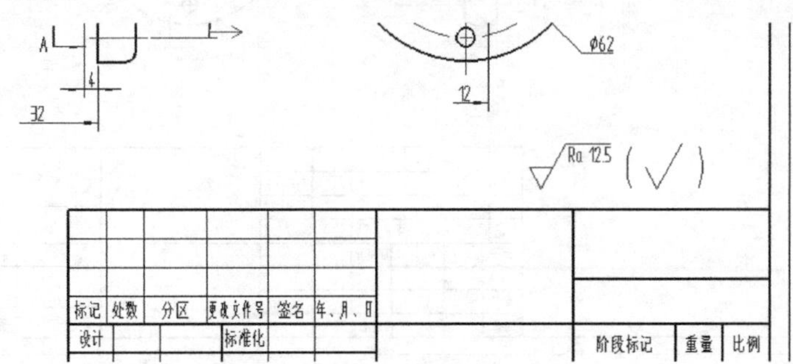

图 9-153 注写其余表面结构要求

（28）填写标题栏。

在功能区“图幅”选项卡的“标题栏”面板中单击“填写标题栏”按钮，或者在绘图区双击标题栏，弹出“填写标题栏”对话框，从中填写相关的内容，然后单击“确定”按钮。填写好的标题栏如图 9-154 所示。

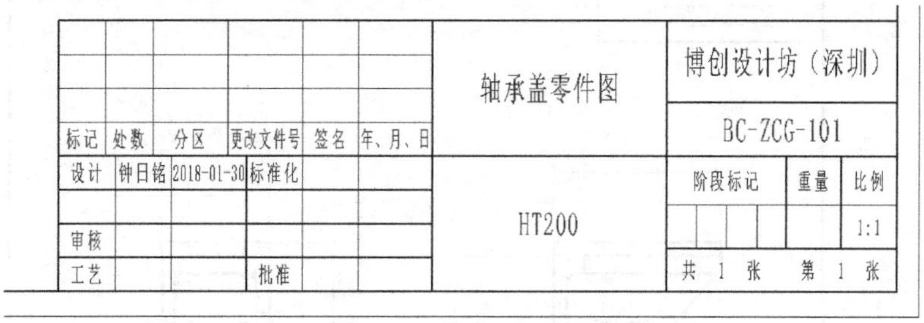

						轴承盖零件图	博创设计坊（深圳）		
							BC-ZCG-101		
标记	处数	分区	更改文件号	签名	年、月、日				
设计	钟日铭	2018-01-30	标准化			HT200	阶段标记	重量	比例
									1:1
审核									
工艺			批准				共 1 张		第 1 张

图 9-154　填写标题栏

此时，轴承盖零件图如图 9-155 所示，要仔细检查有没有漏掉尺寸和轮廓线。

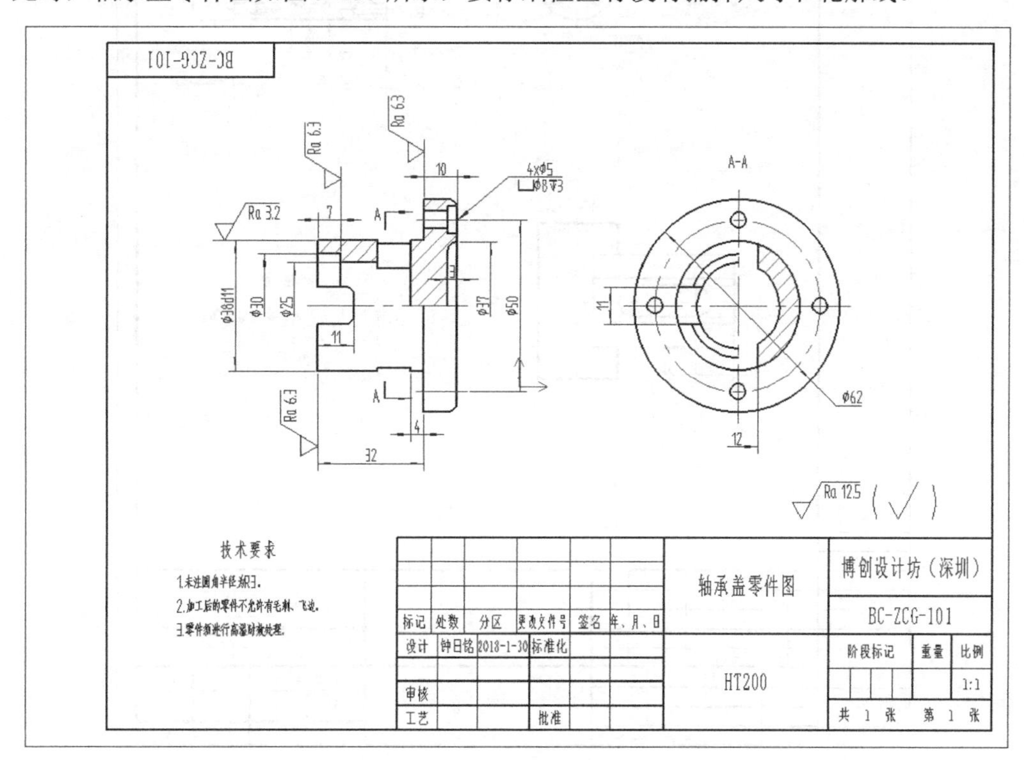

图 9-155　轴承盖零件图

（29）保存文件。

9.5　绘制支架零件图

支架零件属于叉架类零件，这类零件的形状比较复杂，通常先用铸造或焊接的方式制成毛坯，然后再进行切削加工处理。这类零件一般需要两个或两个以上的基本视图，并且必要时还要用到局部视图、局部剖视和重合断面等方式辅以表达。

本实例要完成的是某支架的零件图，完成的参考效果如图 9-156 所示。

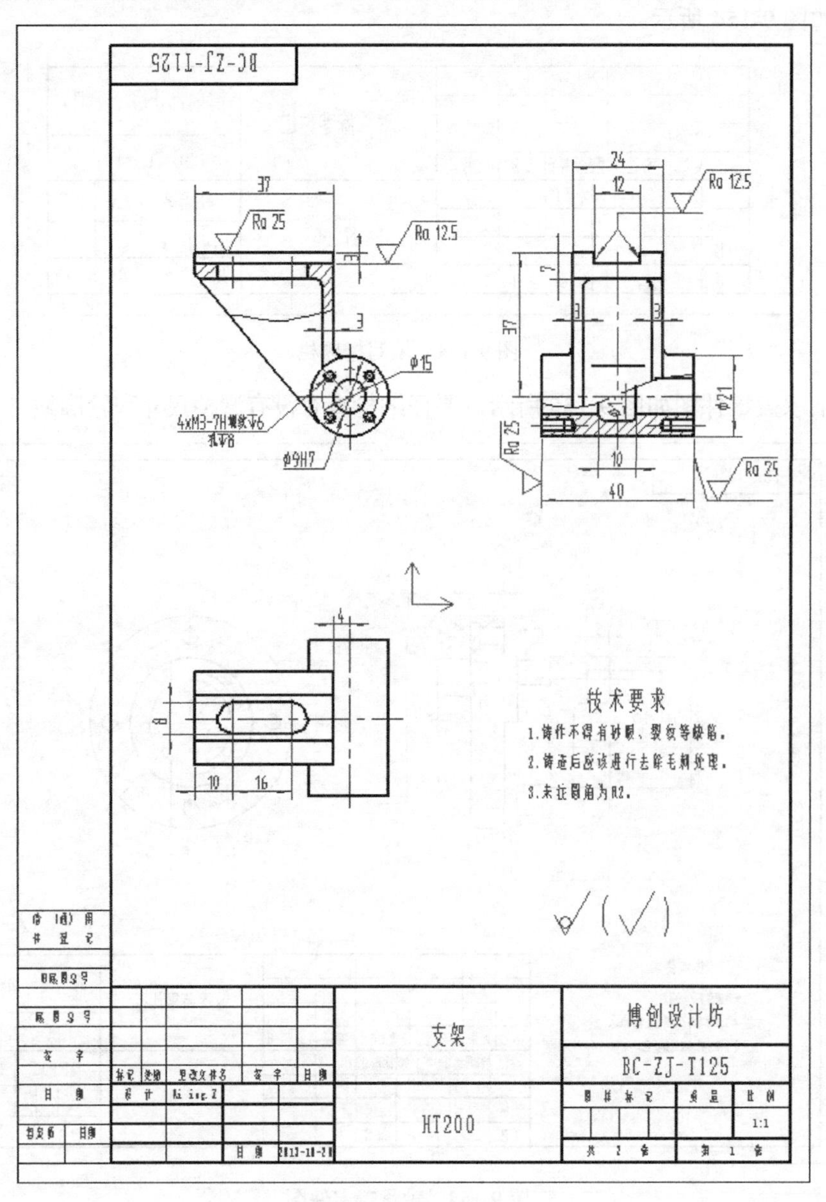

图 9-156　支架零件图

绘制该支架零件图的具体操作步骤如下。

（1）新建图形文件。

在 CAXA 电子图板 2018 的快速启动工具栏中单击“新建”按钮，系统弹出“新建”对话框，在“工程图模板”选项卡的“当前标准”下拉列表框中选择 GB 选项，从系统模板列表中选择如图 9-157 所示的模板，然后单击“确定”按钮。

图 9-157 “新建”对话框

（2）设置当前的文本风格与尺寸标注风格。

在功能区中切换至“标注”选项卡，从“标注样式”面板中单击“文本样式”按钮，打开“文本风格设置”对话框。从文本风格列表中选择“机械”，注意此文字风格的相关设置，接着单击“设为当前”按钮，如图 9-158 所示，然后单击“确定”按钮。

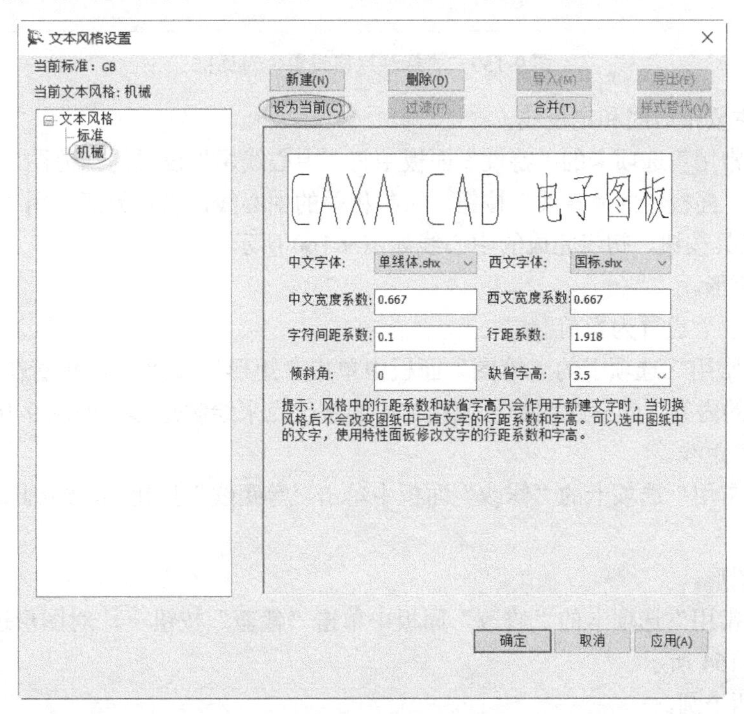

图 9-158 设置当前文本风格

在功能区“标注”选项卡的“标注样式”面板中单击“尺寸样式”按钮，打开“标注风格设置”对话框，选择“GB_尺寸”标注风格，可以切换到“文本”选项卡，从“文本风格”下拉列表框中选择“机械”，单击“应用”按钮。接着单击“设为当前”按钮将“GB_尺寸”标注风格设置为当前尺寸标注风格，如图 9-159 所示，然后单击“确定”按钮。

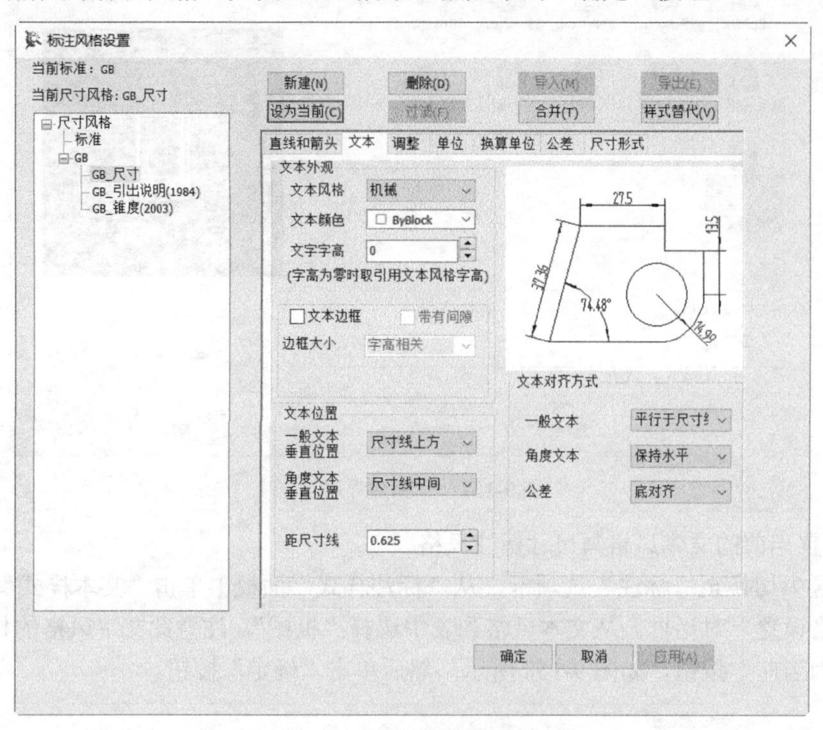

图 9-159 “标注风格设置”对话框

（3）绘制主要中心线和定位线。

在功能区“常用”选项卡的“特性”面板中将“中心线层”设置为当前图层，接着根据设计尺寸单击“绘图”面板中的“直线”按钮绘制相关的中心线，以及灵活使用“修改”面板中的“等距线”工具按钮，初步完成的中心线如图 9-160 所示。

（4）绘制矩形。

将“粗实线层”设置为当前图层。

在功能区“常用”选项卡的“绘图”面板中单击“矩形”按钮，接着在立即菜单中设置如图 9-161 所示的内容，然后在图形区域指定中心定位点来绘制矩形，如图 9-162 所示。

（5）绘制等距线。

在功能区“常用”选项卡的“修改”面板中单击“等距线”按钮，绘制如图 9-163 所示的等距线。

（6）裁剪图形。

在功能区“常用”选项卡的“修改”面板中单击“裁剪”按钮，对图形进行第一次裁剪，裁剪结果如图 9-164 所示。

（7）绘制两个圆。

在功能区“常用”选项卡的“绘图”面板中单击“圆”按钮，使用“圆心_半径”方式绘

制两个直径均为8mm的圆，如图9-165所示。

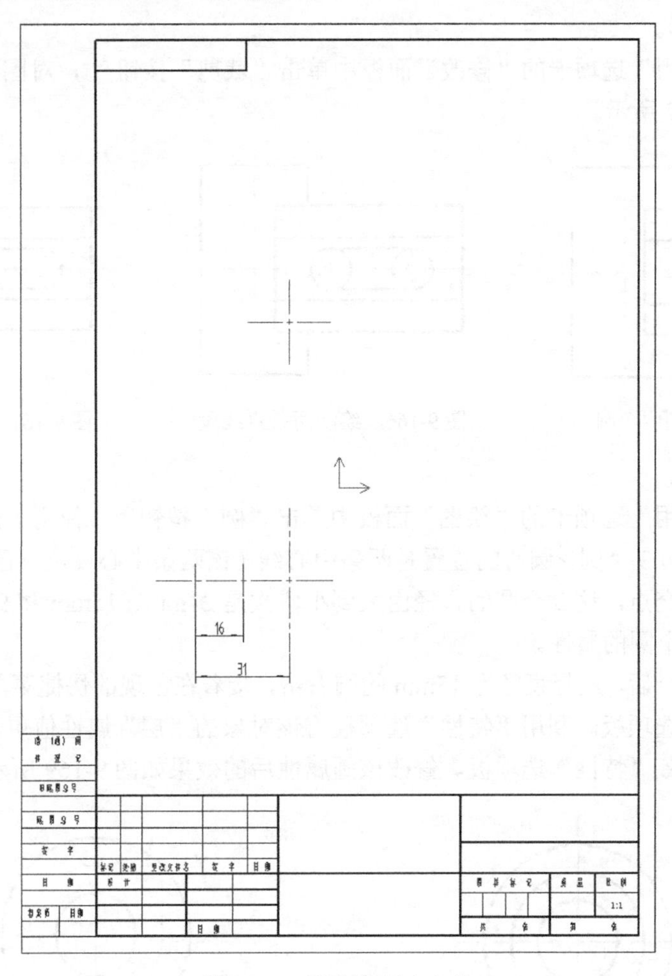

图9-160 绘制主要中心线

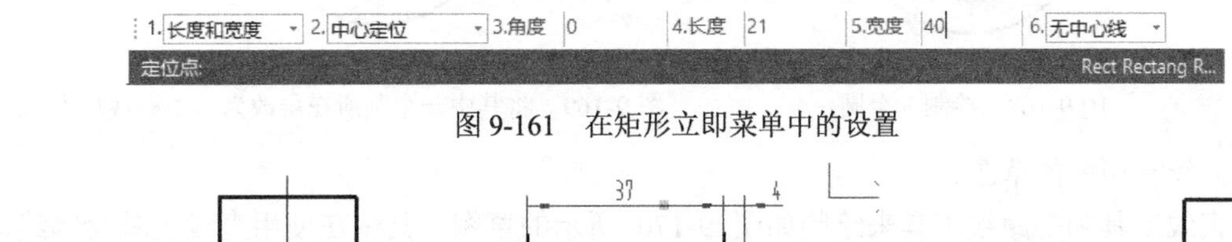

图9-161 在矩形立即菜单中的设置

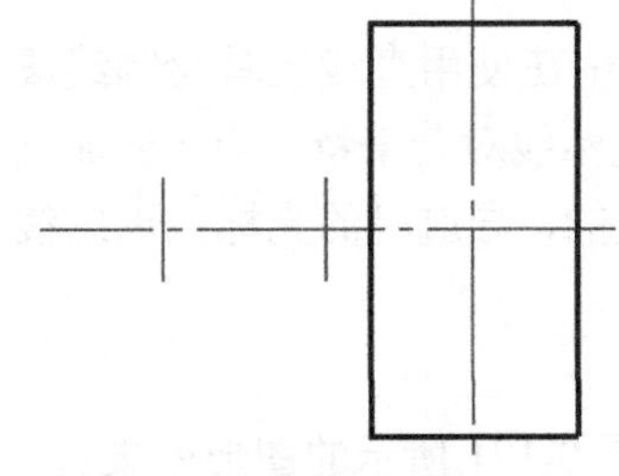

图9-162 绘制矩形

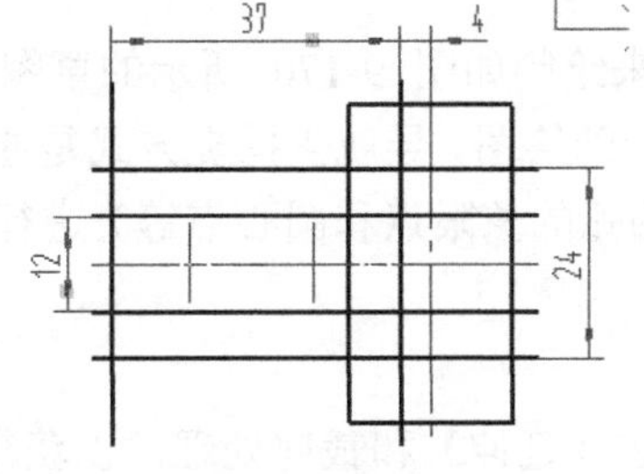

图9-163 绘制等距线

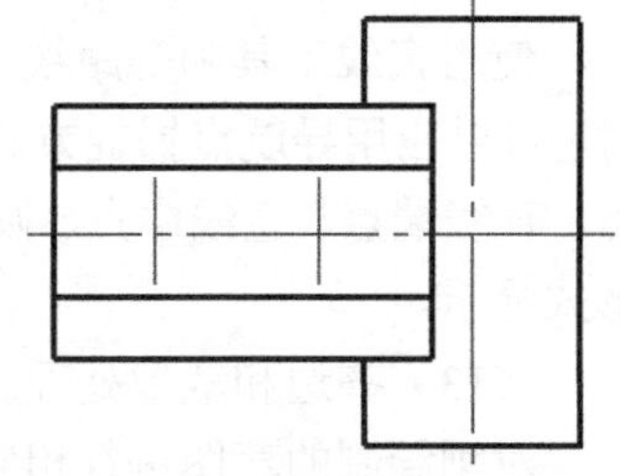

图9-164 裁剪图形后的效果

（8）绘制两条直线段。

在功能区“常用”选项卡的“绘图”面板中单击“直线”按钮⁄，以“两点线”方式绘制如

图 9-166 所示的两条直线段。

（9）裁剪图形。

在功能区“常用”选项卡的“修改”面板中单击“裁剪”按钮，对图形进行第二次裁剪，裁剪结果如图 9-167 所示。

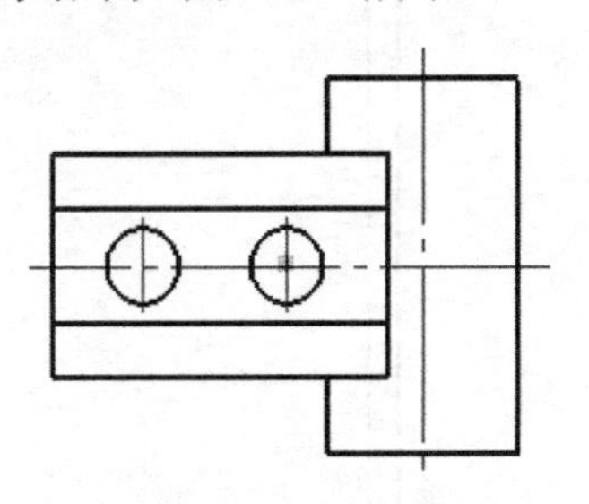

图 9-165　绘制两个圆

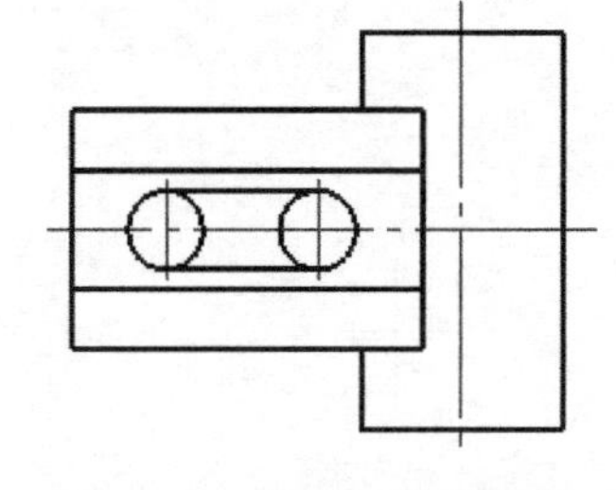

图 9-166　绘制两条直线段

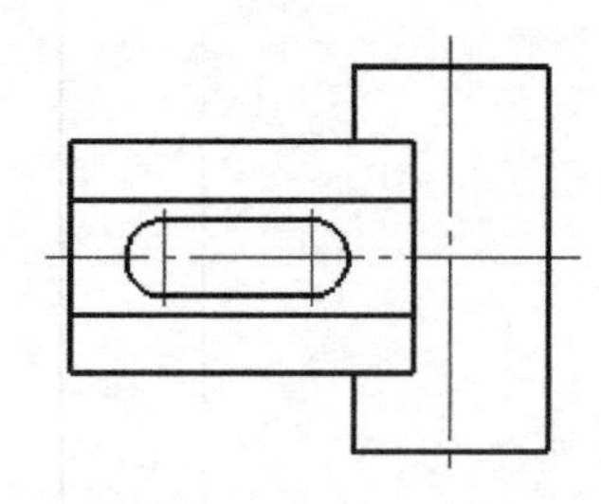

图 9-167　裁剪图形的结果

（10）绘制圆。

在功能区“常用”选项卡的“绘图”面板中单击“圆”按钮，使用“圆心_半径”方式绘制如图 9-168 所示的 3 个圆，圆心的位置是两条中心线（该两条中心线位于已绘制好轮廓的第一个视图的上方）的交点，这 3 个圆的直径由大到小依次是 21mm、15mm 和 9mm。

（11）修改一个圆的属性。

结束圆绘制命令后，选择直径为 15mm 的圆右击，接着在出现的快捷菜单中选择“特性”命令，打开“特性”选项板。利用“特性”选项板将该对象的“层”属性值更改为“中心线层”，然后关闭或自动隐藏“特性”选项板。修改该圆属性后的效果如图 9-169 所示。

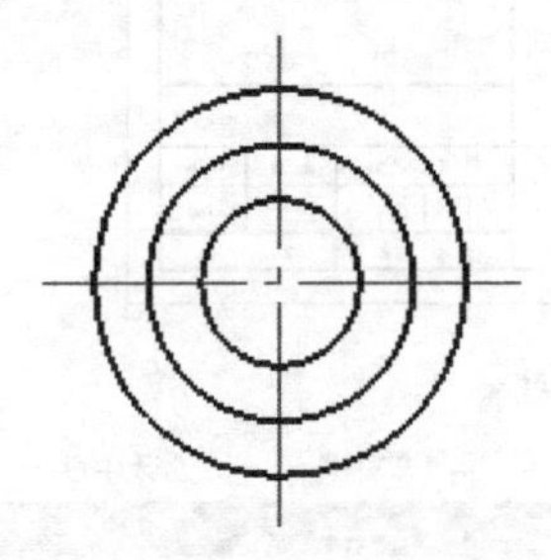

图 9-168　绘制 3 个圆

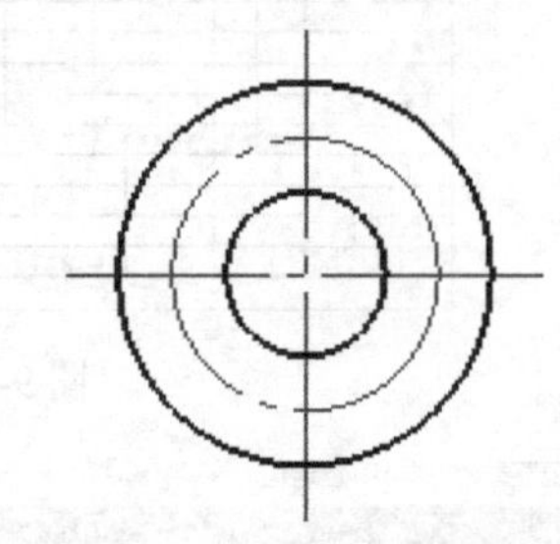

图 9-169　将其中一个圆所在层改为“中心线层”

（12）绘制相关的草图。

使用直线工具和等距线工具来绘制如图 9-170 所示的草图。其中在使用直线工具绘制线段时，可以应用导航点捕捉方式来辅助绘图。导航点捕捉方式是通过光标线对若干特征点（如孤立点、直线端点、直线中点、圆或圆弧的象限点和圆心点等）进行导航的，导航时的光标线以虚线形式显示。

（13）齐边和裁剪处理。

对刚绘制的草图进行相应齐边（延伸）和裁剪处理，以获得如图 9-171 所示的图形效果。

（14）补齐中心线。

将“中心线层”设置为当前图层，接着在功能区“常用”选项卡的“绘图”面板中单击“直线”按钮，以“两点线”方式并结合导航点捕捉功能来补齐如图 9-172 所示的两条中心线。绘

制好这两条中心线后，重新将“粗实线层”设置为当前图层。

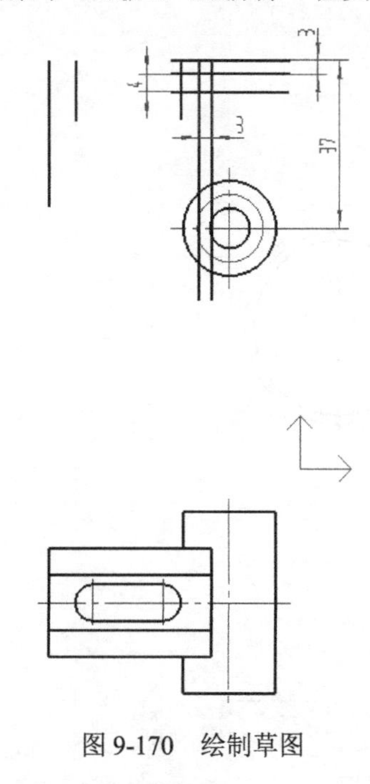

图 9-170 绘制草图

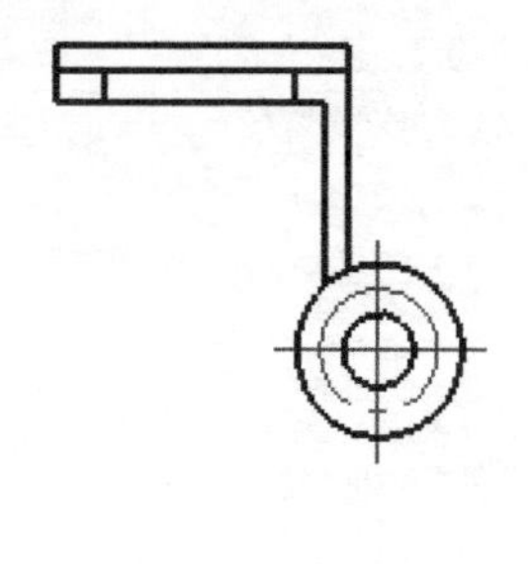

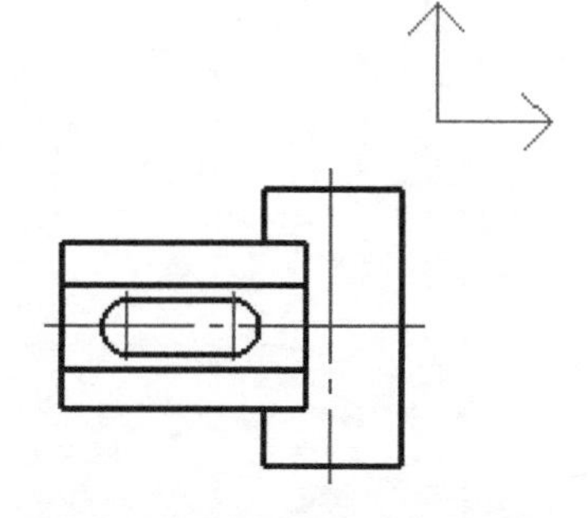

图 9-171 齐边和裁剪得到的效果

（15）创建圆角过渡。

在功能区“常用”选项卡的“修改”面板中单击“过渡”按钮，在过渡立即菜单中选择“圆角”选项，设置圆角半径为2，并根据已知设计要求选择圆角裁剪选项和拾取要倒圆角的曲线，创建的圆角过渡如图 9-173 所示。

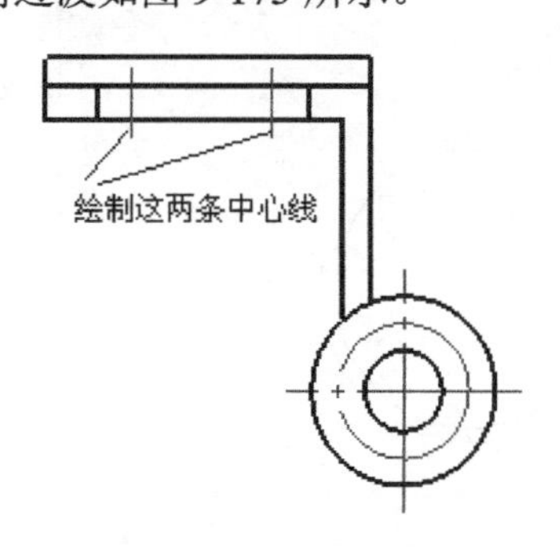

图 9-172 绘制两条中心线

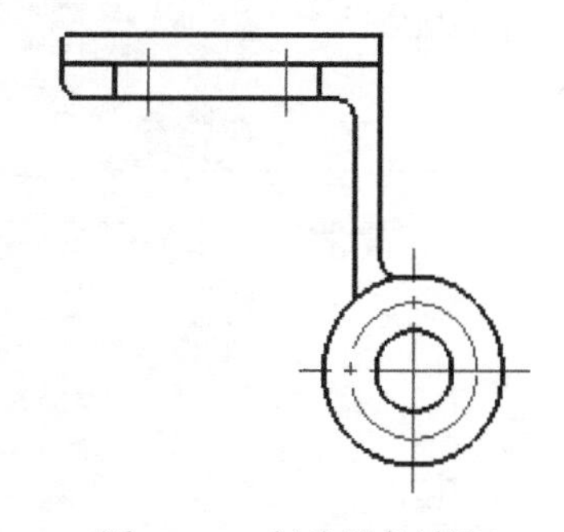

图 9-173 创建圆角过渡

（16）绘制粗牙内螺纹图形。

在功能区“插入”选项卡的“图库”面板中单击“插入（提取）图符”按钮，系统弹出“插入图符”对话框，通过路径栏指定图符目录路径为“zh-CN\常用图形\螺纹\”，接着选择“内螺纹-粗牙”，如图 9-174 所示。

在“插入图符”对话框中单击“下一步”按钮，系统弹出“图符预处理”对话框，从“尺寸规格选择”列表中选择尺寸规格，在“尺寸开关”选项组中选中“关”单选按钮，如图 9-175 所示。

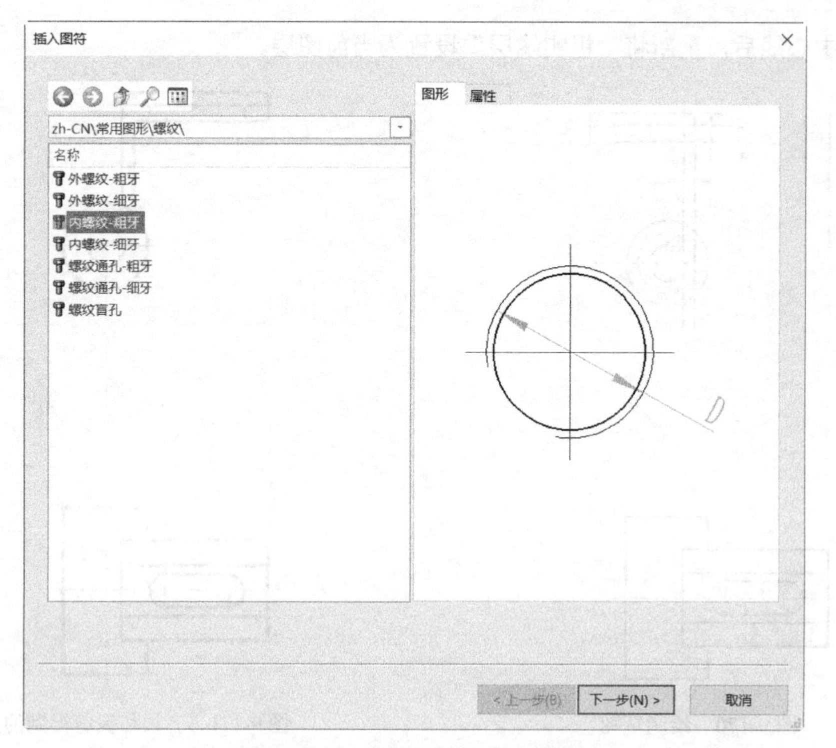

图 9-174 “插入图符”对话框

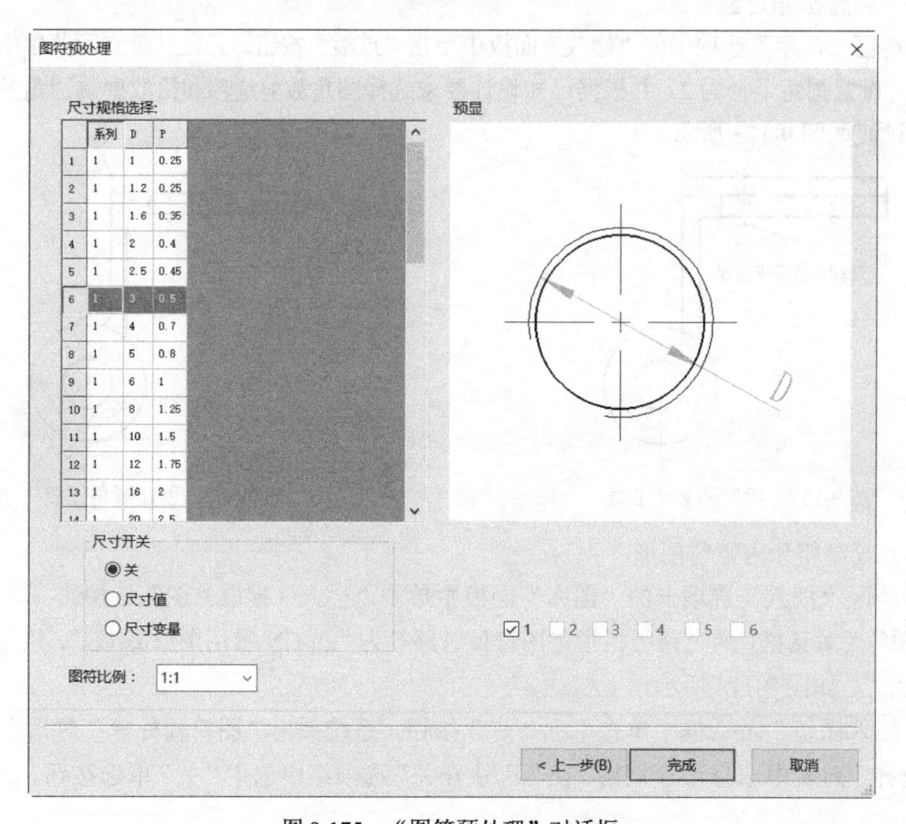

图 9-175 “图符预处理”对话框

在“图符预处理”对话框中单击“完成”按钮，接着在出现的立即菜单中将“1.”的选项切换为“打散”，然后在视图中指定图符定位点，并输入图符旋转角度为 0，右击结束操作。完成第一个螺纹孔图形的效果如图 9-176 所示。

（17）旋转图形。

在功能区“常用”选项卡的“修改”面板中单击“旋转”按钮，接着在旋转立即菜单中设置“1.”为“给定角度”、“2.”为“旋转”，在状态栏中设置不启用“正交”模式，使用鼠标框选整个螺纹孔图形，右击确认拾取操作，然后拾取如图 9-177 所示的圆心作为基点，并输入旋转角度为 45。旋转图形后，可以删除螺纹孔图形中不需要的中心线，并可以适当调整其剩下中心线的延伸长度，效果如图 9-178 所示。

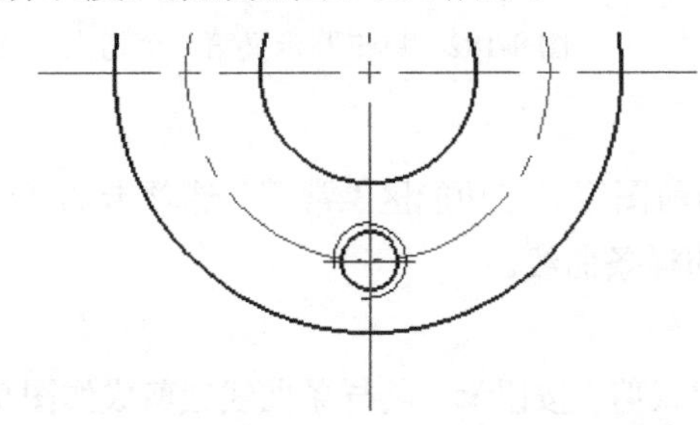

图 9-176　完成调用第一个螺纹孔图形

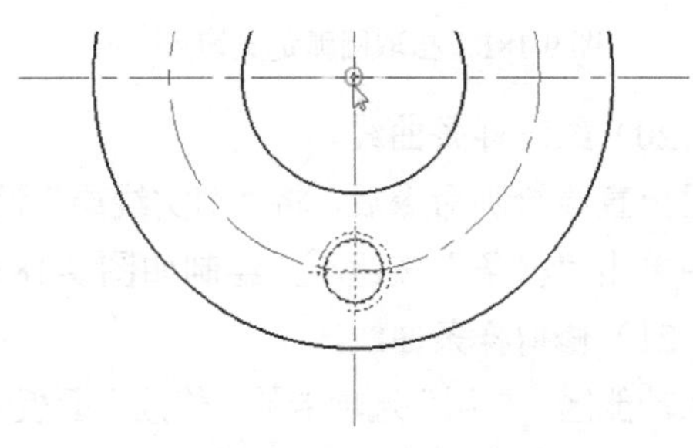

图 9-177　拾取基点

（18）进行圆形阵列操作。

在功能区“常用”选项卡的“修改”面板中单击“阵列”按钮，在阵列立即菜单中设置“1.”为“圆形阵列”、“2.”为“旋转”、“3.”为“均布”选项，并设置“4.份数”为 4。

拾取螺纹孔的整个图形并右击确认对象拾取。接着选择如图 9-179 所示的圆心作为圆形阵列的中心，得到的圆形阵列结果如图 9-180 所示。

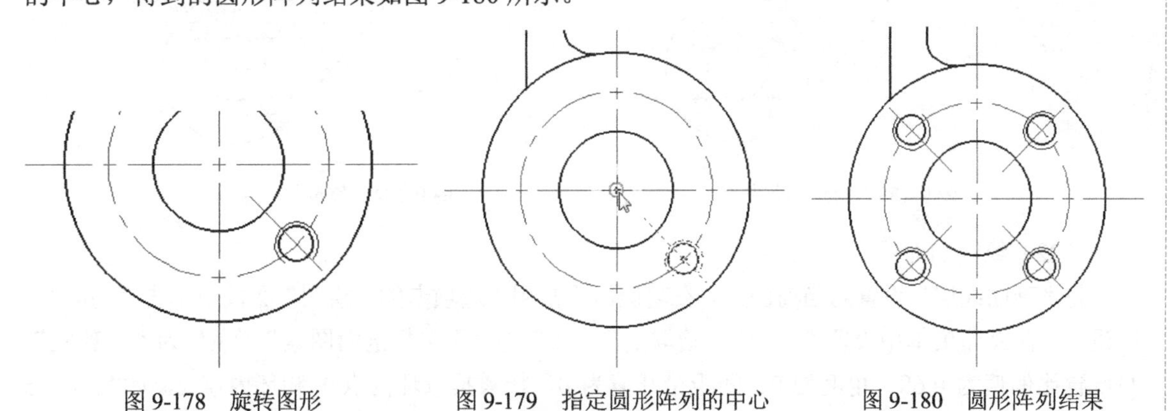

图 9-178　旋转图形　　图 9-179　指定圆形阵列的中心　　图 9-180　圆形阵列结果

（19）绘制相切直线。

在功能区“常用”选项卡的“绘图”面板中单击“直线”按钮，在立即菜单中设置“1.”为“两点线”和“2.”为“单根”。按空格键，在弹出的工具点菜单中选择“切点”选项，单击如图 9-181 所示的圆弧；在“第二点：”提示下按空格键，在弹出的工具点菜单中选择“切点”选项，然后单击如图 9-182 所示的圆，从而完成绘制一条相切直线。

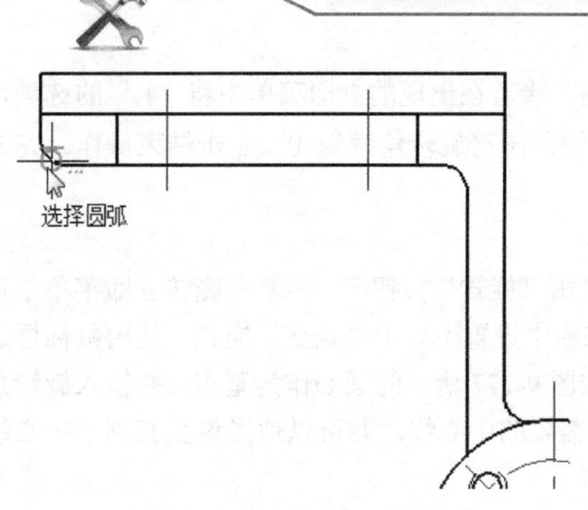

图 9-181　拾取圆弧定义切点

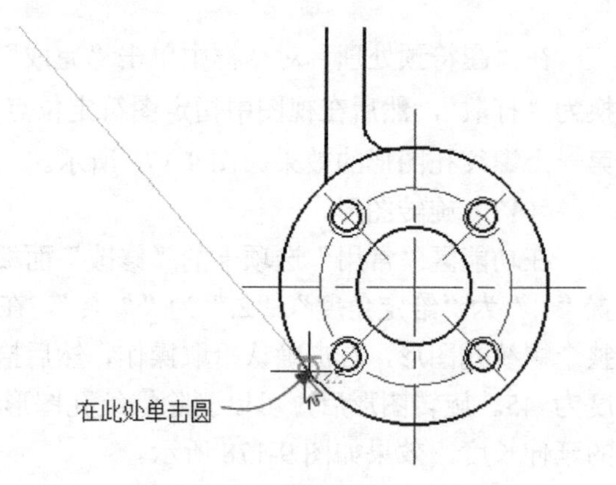

图 9-182　单击圆定义第 2 个切点

（20）绘制样条曲线。

退出直线绘制命令后，将“细实线层”设置为当前图层。在功能区“常用”选项卡的“绘图”面板中单击“样条”按钮，绘制如图 9-183 所示的样条曲线。

（21）修剪样条曲线。

在功能区“常用”选项卡的“修改”面板中单击“裁剪”按钮，将样条曲线裁剪成如图 9-184 所示。

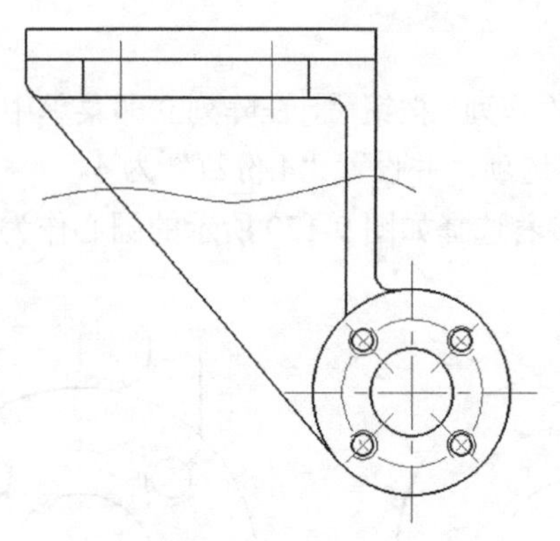

图 9-183　绘制样条曲线

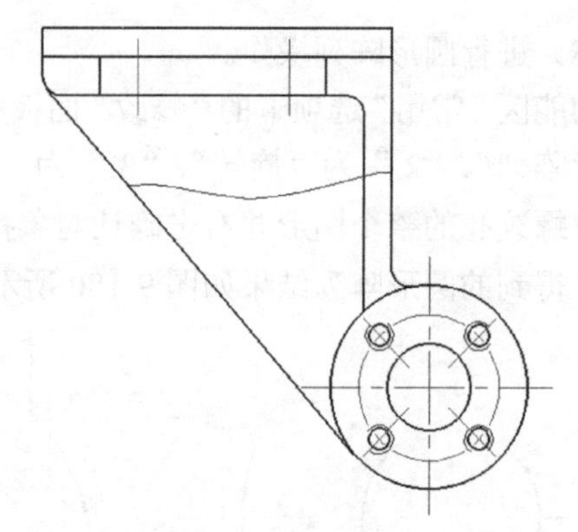

图 9-184　修剪样条曲线

（22）绘制剖面线。

将“剖面线层”设置为当前图层。在功能区“常用”选项卡的“绘图”面板中单击“剖面线”按钮，在立即菜单中设置“1.”为“拾取点”、“2.”为“不选择剖面图案”、“3.”为“非独立”，并设置比例值为 0.68、角度为 0、间距错开值为 0，接着拾取环内点 1 和环内点 2，如图 9-185 所示，然后右击以完成绘制该剖面线，效果如图 9-186 所示。

（23）启用三视图导航。

按 F7 键启动三视图导航功能（或者从主菜单中选择“工具”→“三视图导航”），接着分别指定两点绘制一条 45° 的浅色（如黄色，与设置有关）导航线，如图 9-187 所示。

从屏幕右下角的下拉列表框中选择“导航”选项时，启动导航模式，在这种状态下系统以定义的导航线为视图转换线进行三视图导航。

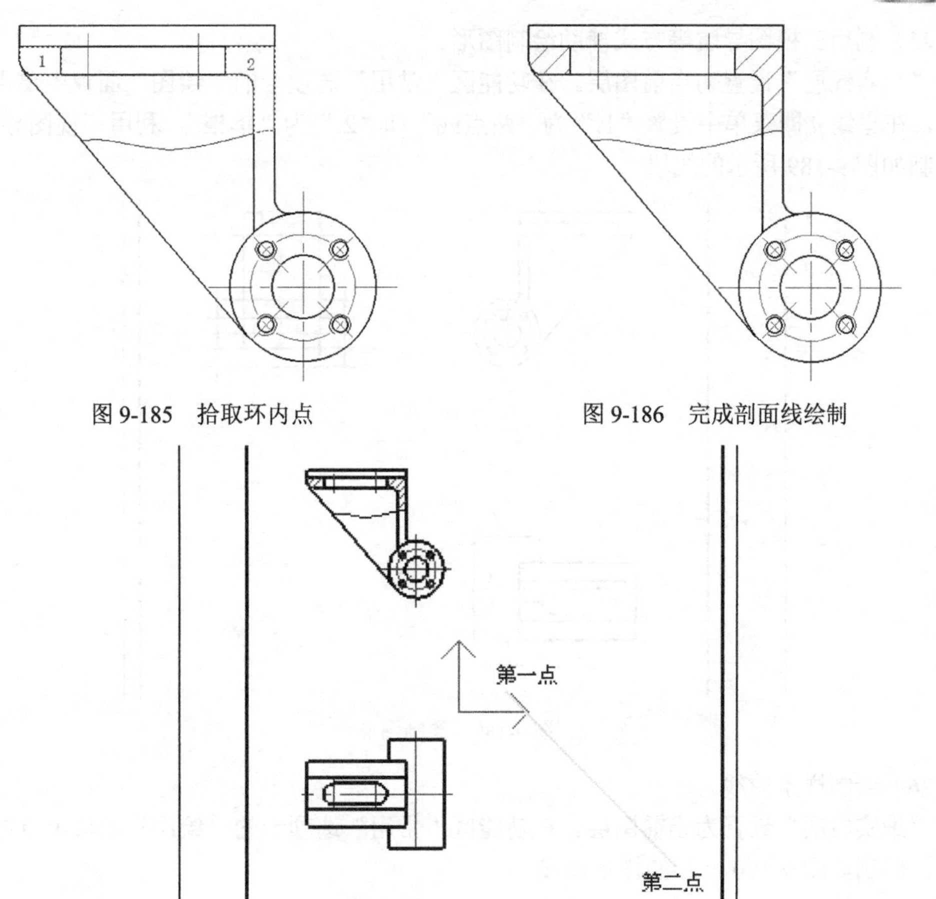

图 9-185 拾取环内点

图 9-186 完成剖面线绘制

图 9-187 绘制黄色导航线

（24）绘制第 3 个视图中的主中心线。

将“中心线层”设置为当前图层。在功能区“常用”选项卡的“绘图”面板中单击“直线”按钮⁄，在直线立即菜单中设置“1.”为“两点线”、“2.”为“单根”，并通过状态栏启用“正交”模式。利用三视图导航辅助绘制如图 9-188 所示的两条中心线。

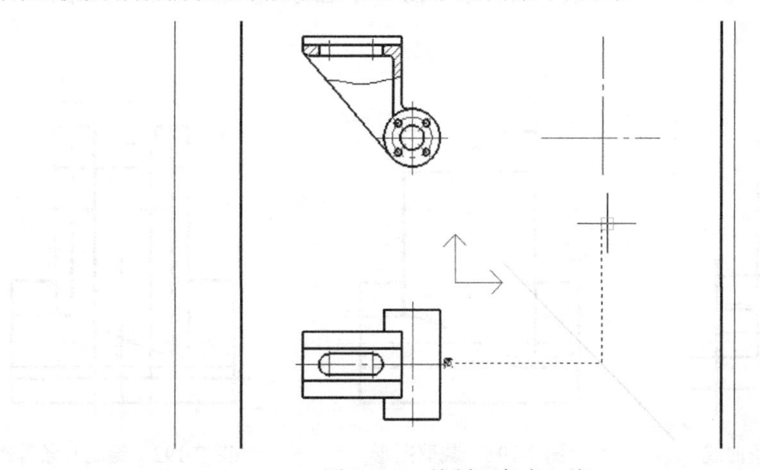

图 9-188 绘制两条中心线

（25）利用三视图导航等方式辅助绘制图形。

将“粗实线层”设置为当前图层。在功能区“常用”选项卡的“绘图”面板中单击“直线”按钮，在直线立即菜单中设置“1.”为“两点线”和“2.”为“单根”，利用三视图导航等方式辅助绘制如图 9-189 所示的线段。

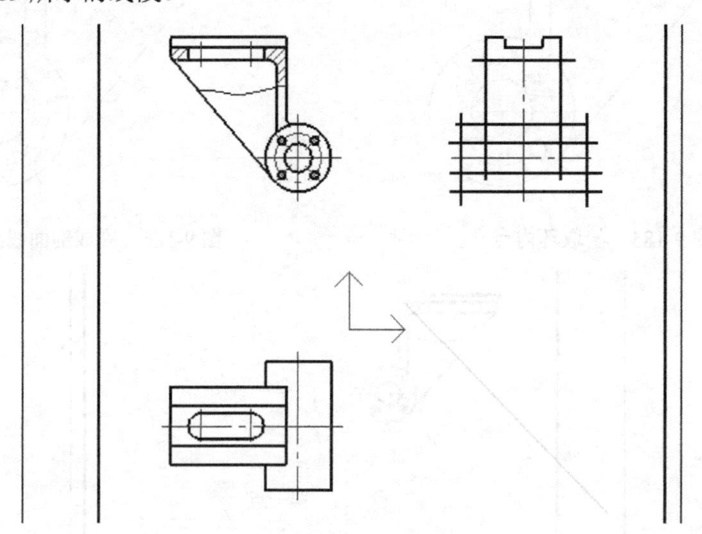

图 9-189　绘制图形

（26）绘制样条曲线。

将“细实线层”设置为当前图层。在功能区“常用”选项卡的“绘图”面板中单击“样条”按钮，绘制如图 9-190 所示的样条曲线。

绘制好该样条曲线后，重新将“粗实线层”设置为当前图层。

（27）裁剪图形。

在功能区“常用”选项卡的“修改”面板中单击“裁剪”按钮，对新视图进行裁剪处理。裁剪得到的新视图如图 9-191 所示。

（28）创建等距线。

在功能区“常用”选项卡的“修改”面板中单击“等距线”按钮，绘制如图 9-192 所示的几条等距线。

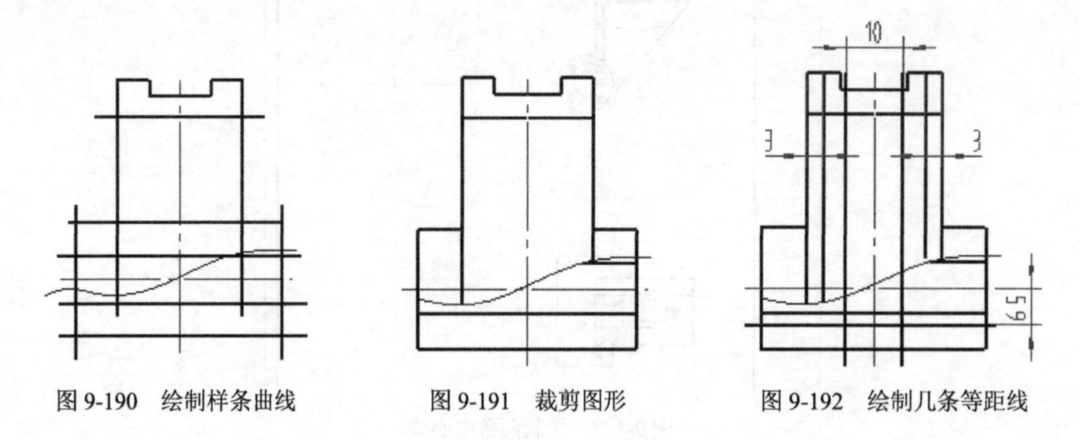

图 9-190　绘制样条曲线　　图 9-191　裁剪图形　　图 9-192　绘制几条等距线

（29）进行齐边（延伸）和裁剪处理。

对新视图进行齐边（延伸）和裁剪处理，得到的初步处理结果如图 9-193 所示。

（30）绘制过渡圆角。

在功能区“常用”选项卡的“修改”面板中单击“过渡”按钮，在立即菜单的“1.”中选择“圆角”选项，根据需要在新视图中绘制如图 9-194 所示的几个圆角，圆角半径为 2。

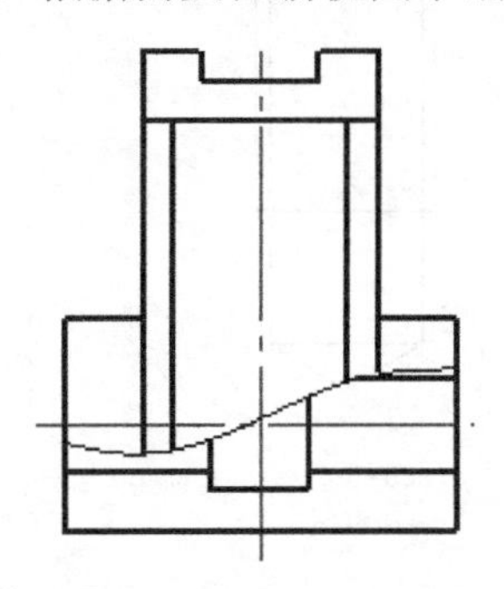

图 9-193　齐边和裁剪处理

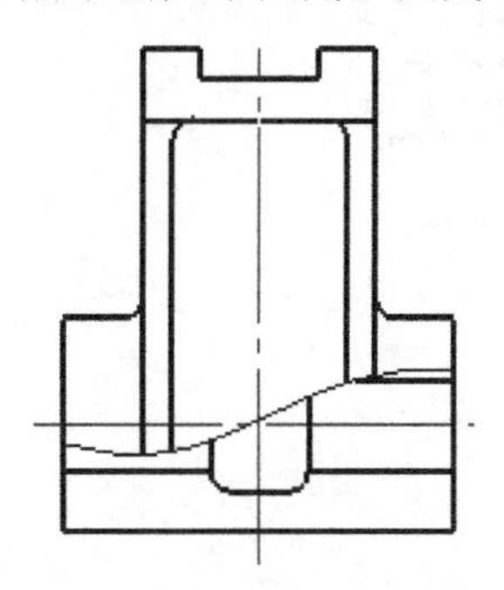

图 9-194　绘制过渡圆角

（31）绘制过渡轮廓线。

在功能区“常用”选项卡的“绘图”面板中单击“直线”按钮，在直线立即菜单中设置“1.”为“两点线”、“2.”为“单根”，并在状态栏中设置启用“正交”模式，接着利用导航捕捉模式指定两点绘制一条水平的过渡轮廓线，如图 9-195 所示，即该条过渡轮廓线的两个端点（端点 1 和端点 2）与位于旁边视图中的 A 点同在一条水平导航线上。

（32）绘制局部旋转剖视图中的螺纹孔中心线。

将“中心线层”设置为当前图层。单击功能区“常用”选项卡的“绘图”面板中的“直线”按钮，以“两点线”方式绘制表示螺纹孔位置的中心线（注意视图间的对应关系），如图 9-196 所示。

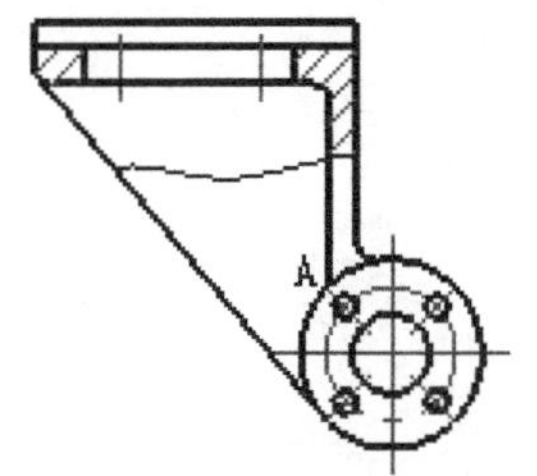

图 9-195　绘制一条过渡轮廓线

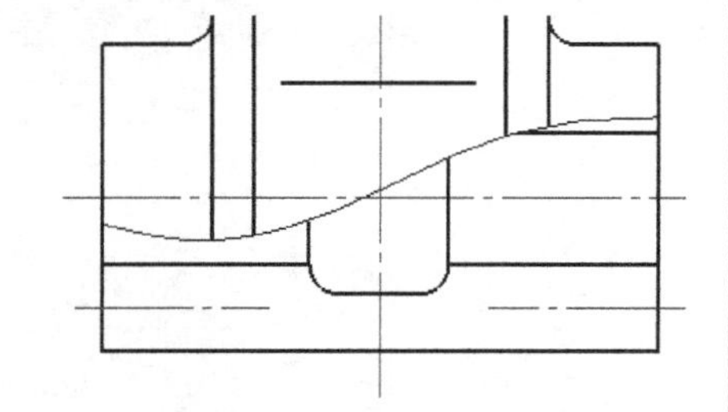

图 9-196　绘制表示螺纹孔位置的中心线

（33）绘制局部旋转剖视图中的螺纹孔图形。

在功能区中切换至“插入”选项卡，从“图库”面板中单击“插入图符”按钮，打开“插入图符”对话框。在图符目录框中单击“下三角”按钮，指定图符路径目录为“zh-CN\常用图形\螺纹\”，从中选择“螺纹盲孔”，如图 9-197 所示。

单击“下一步”按钮，系统弹出“图符预处理”对话框，从中选择尺寸规格和修改其尺寸参数值，如图 9-198 所示，并在“尺寸开关”选项组中选中“关”单选按钮。

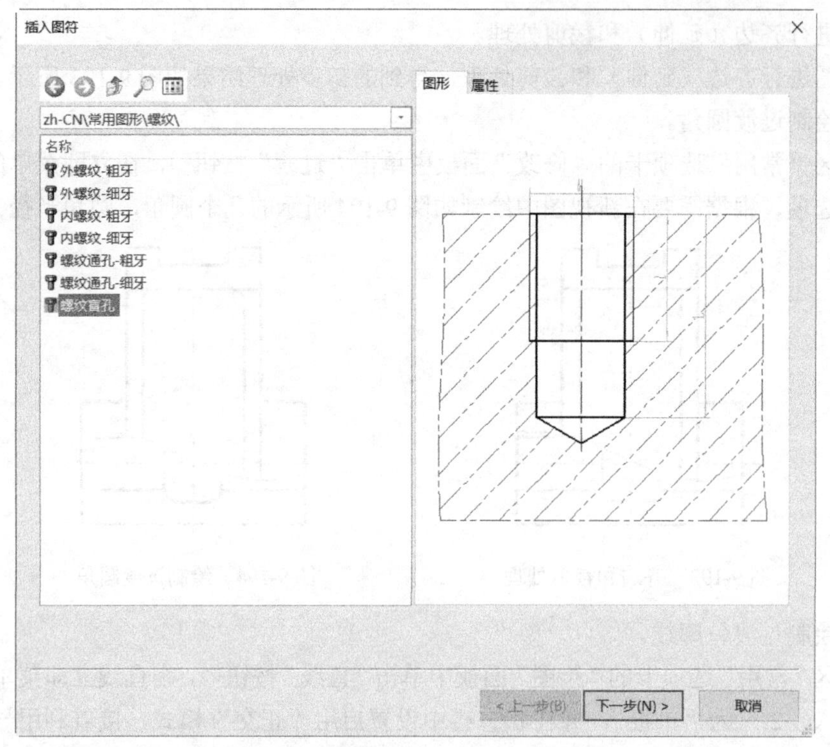

图 9-197 通过“插入图符”对话框选择“螺纹盲孔”图符

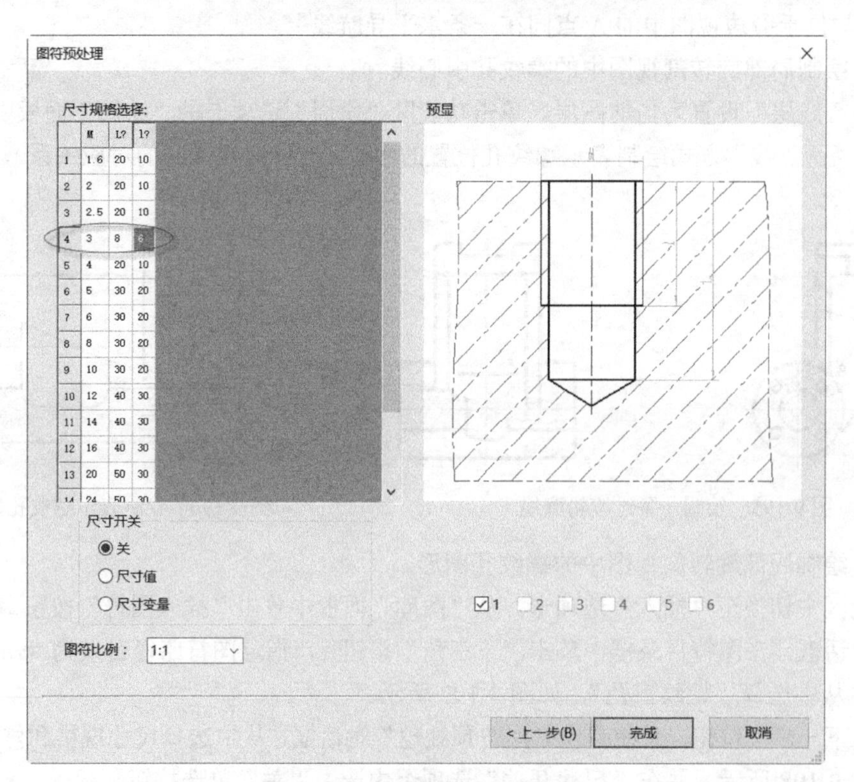

图 9-198 “图符预处理”对话框

在“图符预处理”对话框中单击“完成”按钮，在出现的立即菜单中设置为“打散”选项，在图形中指定图符定位点和旋转角度来放置螺纹盲孔图形，可以继续放置第二个同样规格的螺纹盲孔图形。一共放置两个螺纹盲孔图形，效果如图 9-199 所示。

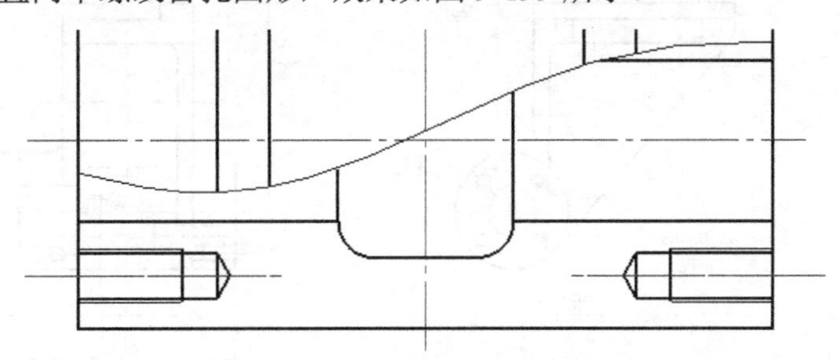

图 9-199　放置两个螺纹孔图形

（34）绘制剖面线。

将“剖面线层”设置为当前图层。在功能区“常用”选项卡的“绘图”面板中单击“剖面线”按钮▧，采用之前的剖面线设置参数，绘制如图 9-200 所示的剖面线。

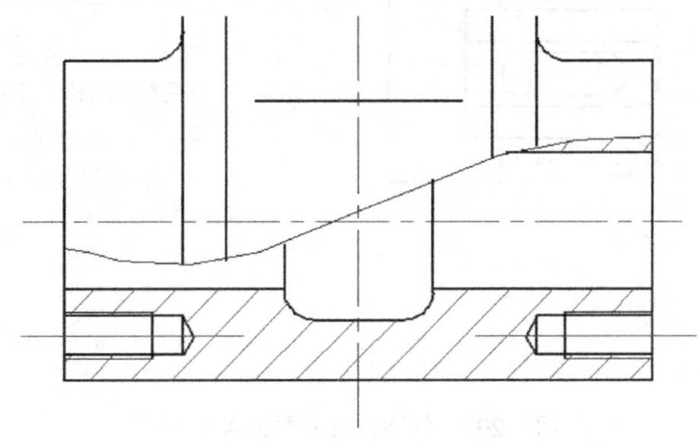

图 9-200　绘制剖面线

（35）关闭三视图导航线。

再次按 F7 键以关闭三视图导航功能，也可以从主菜单中选择“工具”→“三视图导航”命令来关闭三视图导航功能。

（36）标注尺寸和技术要求等。

将“尺寸线层”设置为当前图层。使用相关的标注工具来为零件图标注所需的尺寸、表面结构要求和技术要求等，标注的参考结果如图 9-201 所示。其中，注意“引出说明”按钮的巧妙应用。

（37）填写标题栏。

在功能区的“图幅”选项卡的“标题栏”面板中单击“填写标题栏”按钮，或者在绘图区双击标题栏，在弹出的“填写标题栏”对话框中填写相关的属性值内容，然后单击“确定”按钮。填写好的标题栏如图 9-202 所示。

Ra 25
Ra 12.5
37
24
12
4xM3-7H螺纹↧6
孔↧8
φ15
φ9H7
φ21
10
40
技术要求
1.铸件不得有砂眼、裂纹等缺陷。
2.铸造后应该进行去除毛刺处理。
3.未注圆角为R2。
借（通）用
件 登 记

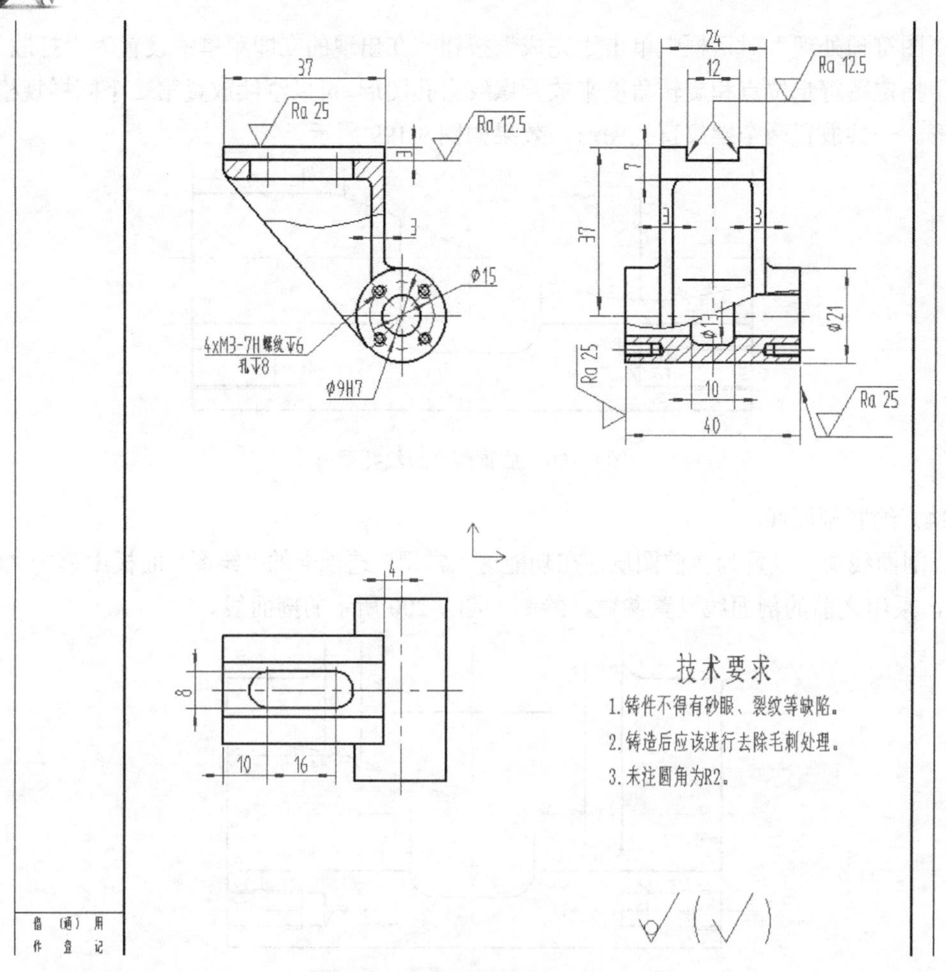

图 9-201　标注尺寸和技术要求等

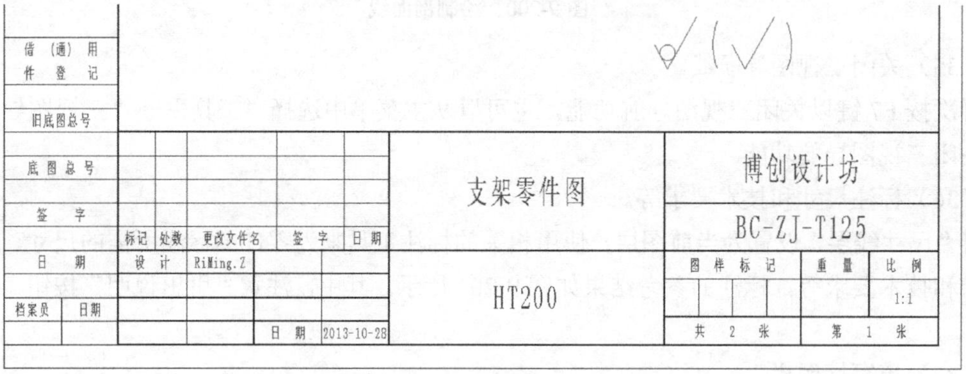

借（通）用
件 登 记
旧底图总号
底图总号
签 字
日 期
档案员
日期
标记
处数
更改文件名
签 字
日 期
设 计
RiMing.Z
日 期
2013-10-28
支架零件图
HT200
博创设计坊
BC-ZJ-T125
图样标记
重量
比例
1:1
共 2 张
第 1 张

图 9-202　填写标题栏

（38）保存文件。

本范例完成的支架零件图如图 9-203 所示，检查图形是否有疏漏，然后保存文件。

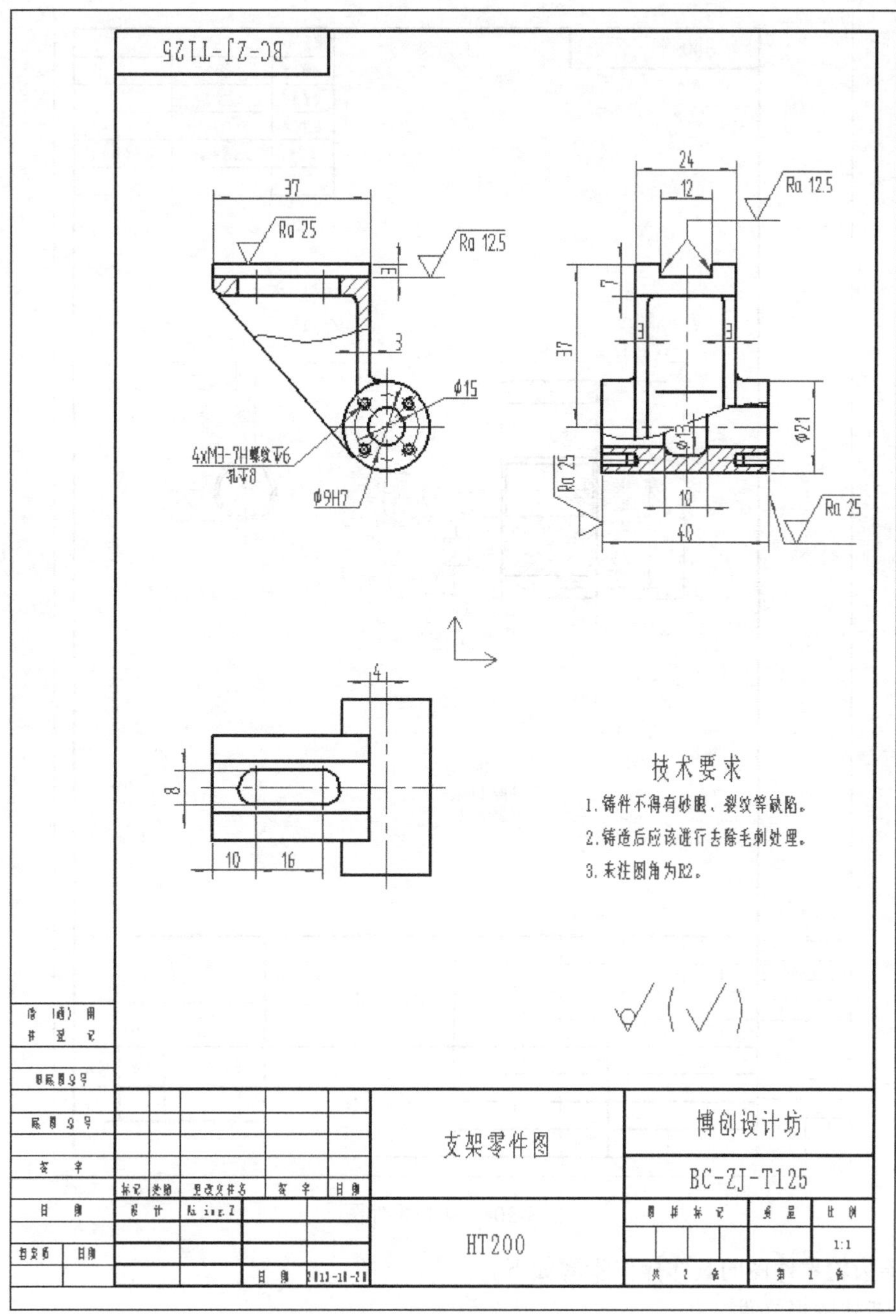

图 9-203　完成的支架零件图

9.6　绘制齿轮零件图

本实例要完成的是某齿轮的零件图，完成效果如图 9-204 所示。

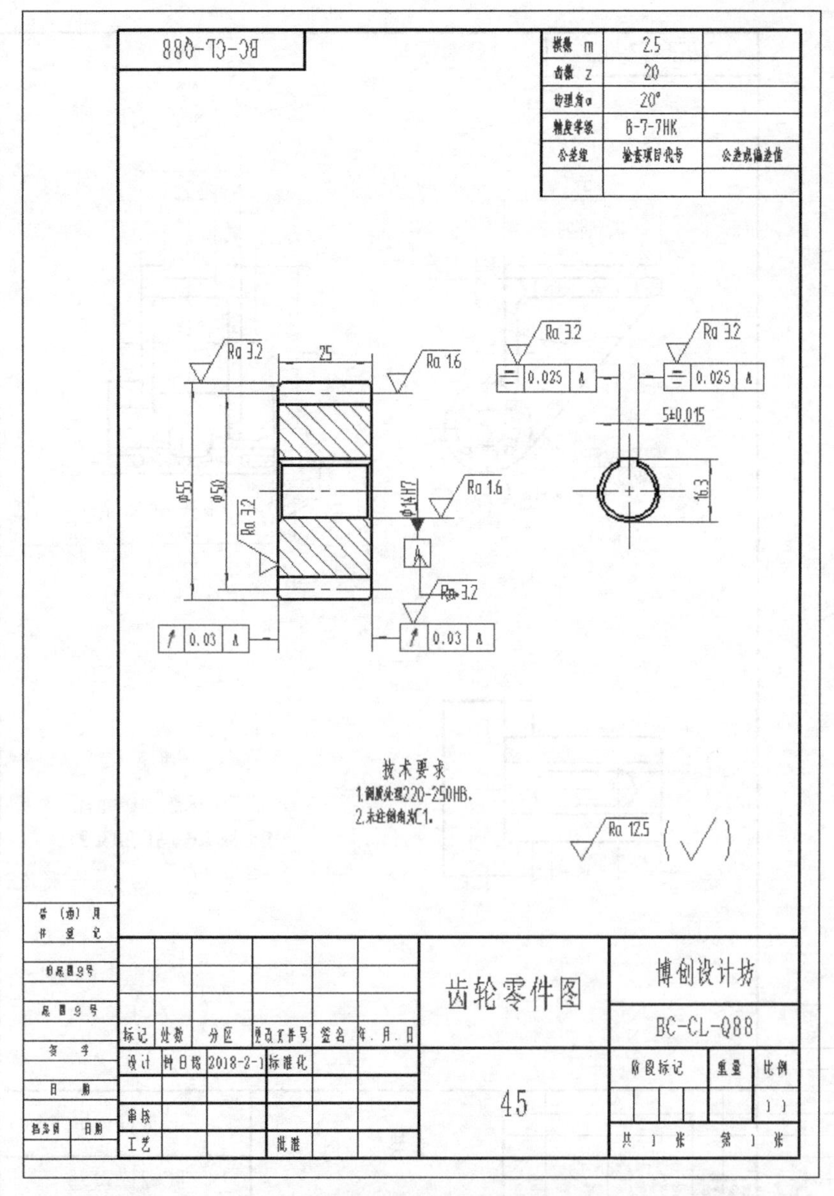

图 9-204 齿轮零件图

绘制该齿轮零件图的具体操作步骤如下。

（1）新建图形文件。

启动 CAXA 电子图板 2018 软件后，在快速启动工具栏中单击“新建”按钮，弹出“新建”对话框，在“工程图模板”选项卡的模板列表中选择如图 9-205 所示的模板，然后单击“确定”按钮。

（2）设置当前的文本风格和标注风格。

在功能区“标注”选项卡的“标注样式”面板中，从“文本样式”下拉菜单中选择“机械”文本风格以将其设置为当前的文本风格。

在功能区“标注”选项卡的“标注样式”面板中单击“尺寸样式”按钮，系统弹出“标注风格设置”对话框。利用此对话框新建一个符合相关机械制图标准的“机械”尺寸风格，并单击

“设为当前”按钮将其设置为当前的尺寸标注风格。

图 9-205　“新建”对话框

用户也可以采用默认的“标准”文本风格作为当前文本风格，以及采用系统自带的“标准”或 GB 尺寸风格作为当前尺寸标注风格。

（3）绘制主要中心线。

将“中心线层”设置为当前层，接着根据设计尺寸绘制出相关的中心线，如图 9-206 所示。

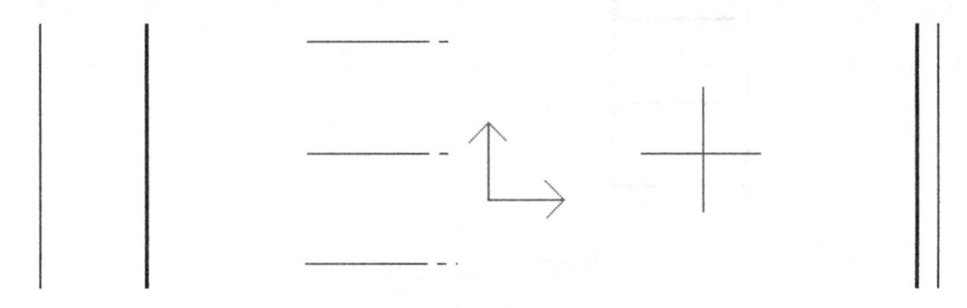

图 9-206　绘制主要中心线

（4）绘制矩形。

将“粗实线层”设置为当前层。在功能区“常用”选项卡的“绘图”面板中单击“矩形”按钮，接着在立即菜单中设置如图 9-207 所示的内容。

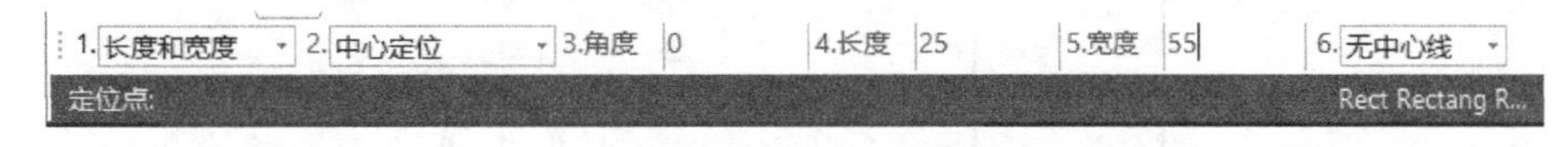

图 9-207　矩形立即菜单

在图形区域拾取如图 9-208 所示的中点作为矩形定位点，从而绘制如图 9-209 所示的矩形。

（5）绘制等距线。

在功能区“常用”选项卡的“修改”面板中单击“等距线”按钮，绘制如图 9-210 所示的

几条等距线。

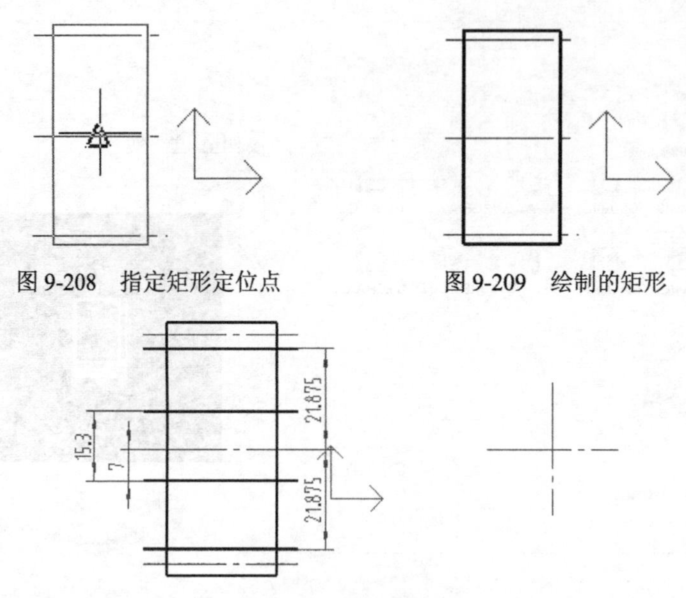

图 9-208　指定矩形定位点　　图 9-209　绘制的矩形

图 9-210　绘制等距线

（6）裁剪图形。

在功能区“常用”选项卡的“修改”面板中单击“裁剪”按钮，对图形进行裁剪，裁剪结果如图 9-211 所示。

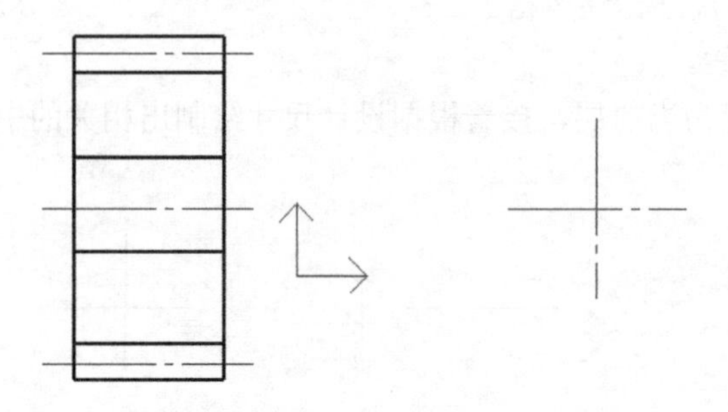

图 9-211　裁剪图形

（7）绘制圆。

在功能区“常用”选项卡的“绘图”面板中单击“圆”按钮，使用“圆心_半径”方式绘制如图 9-212 所示的两个圆，它们的直径分别为 14mm 和 16mm。

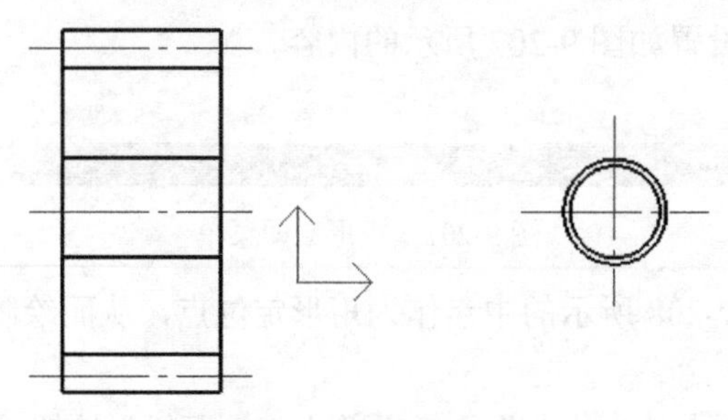

图 9-212　绘制两个圆

（8）绘制等距线。

在功能区“常用”选项卡的“修改”面板中单击“等距线”按钮，绘制如图 9-213 所示的等距线。

（9）裁剪图形。

在功能区“常用”选项卡的“修改”面板中单击“裁剪”按钮，对上两个步骤所绘制的图形进行裁剪，裁剪结果如图 9-214 所示。

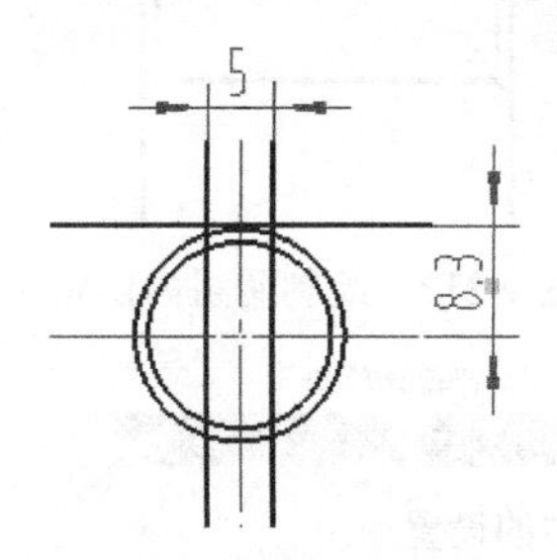

图 9-213　绘制等距线

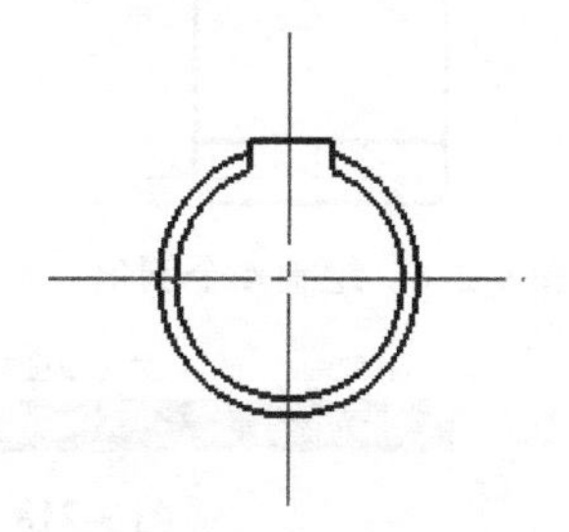

图 9-214　裁剪图形

（10）结合导航功能在主视图中补全键槽轮廓线。

在功能区“常用”选项卡的“绘图”面板中单击“直线”按钮，以“两点线”方式并结合导航功能，在主视图中补全键槽轮廓线，如图 9-215 所示。

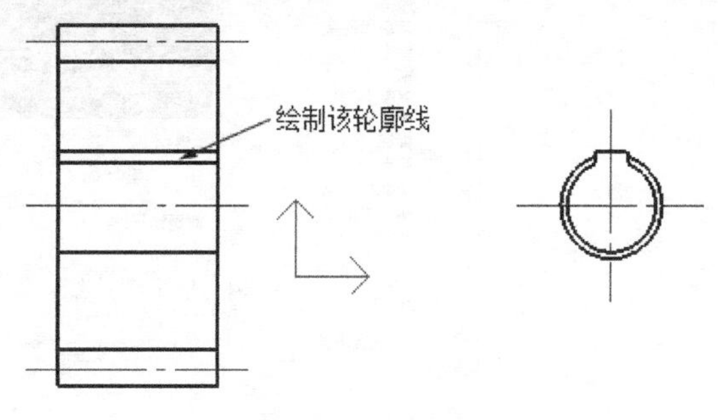

图 9-215　绘制示意

（11）绘制倒角。

在功能区“常用”选项卡的“修改”面板中单击“过渡”按钮，接着在过渡立即菜单中设置“1.”为“倒角”、“2.”为“长度和角度方式”、“3.”为“裁剪”，设置倒角长度为 1，倒角角度为 45°，然后在提示下拾取相应直线来绘制倒角，绘制的 4 个倒角如图 9-216 所示。

在过渡立即菜单中设置“1.”为“内倒角”、“2.”默认为“长度和角度方式”，并设置倒角长度为 1，倒角角度为 45°，接着在提示下拾取元素来创建内倒角，一共创建两组内倒角，如图 9-217 所示。

（12）绘制剖面线。

将“剖面线层”设置为当前图层。在功能区“常用”选项卡的“绘图”面板中单击“剖面线”按钮，在立即菜单中设置“1.”为“拾取点”、“2.”为“选择剖面图案”、“3.”为“非独立”，如图 9-218 所示。接着拾取环内点 1 和环内点 2，如图 9-219 所示，然后右击确认。

系统弹出“剖面图案”对话框，从图案列表中选择 ANSI31 剖面图案，接着设置比例值、旋转角度值和间距错开值，并选中“关联”复选框，如图 9-220 所示，然后单击“确定”按钮，完

成绘制的剖面线如图 9-221 所示。

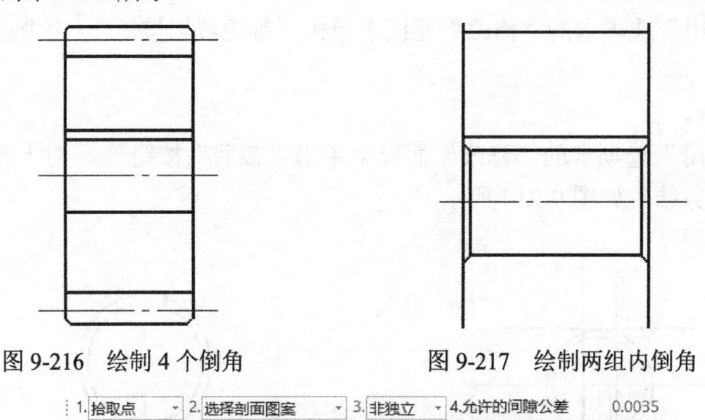

图 9-216　绘制 4 个倒角　　　　图 9-217　绘制两组内倒角

1. 拾取点　2. 选择剖面图案　3. 非独立　4.允许的间隙公差　0.0035

拾取环内一点:　　H BH Hatch

图 9-218　在立即菜单中的设置

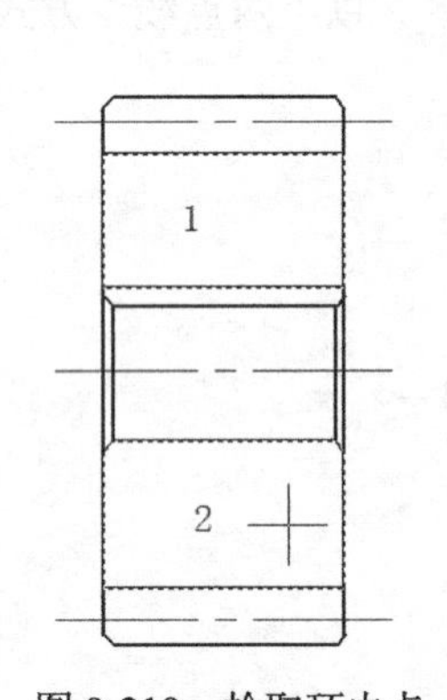

图 9-219　拾取环内点

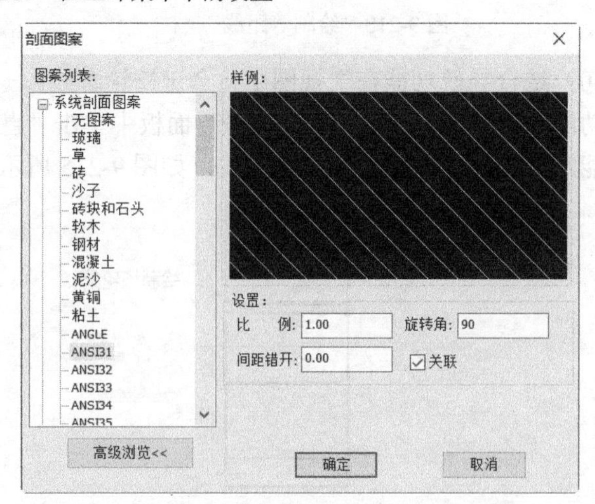

图 9-220　选择剖面图案及设定其参数

（13）绘制表格和填写内容。

将“细实线层”设置为当前图层。使用直线工具和等距线工具在图框右上角合适的位置处完成如图 9-222 所示的表格，注意将左侧竖直外框线的所在层更改为“粗实线层”。

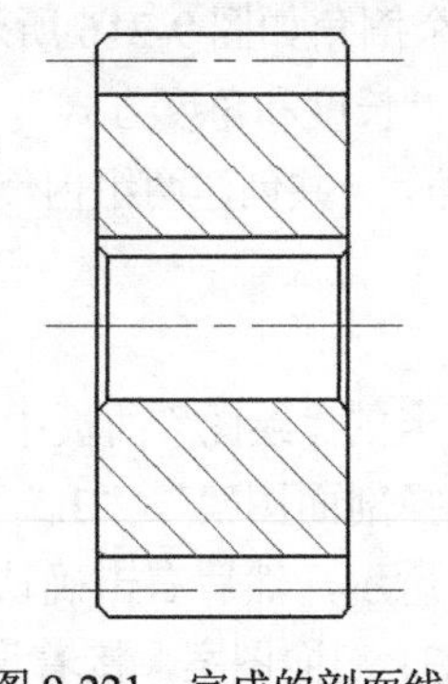

图 9-221　完成的剖面线

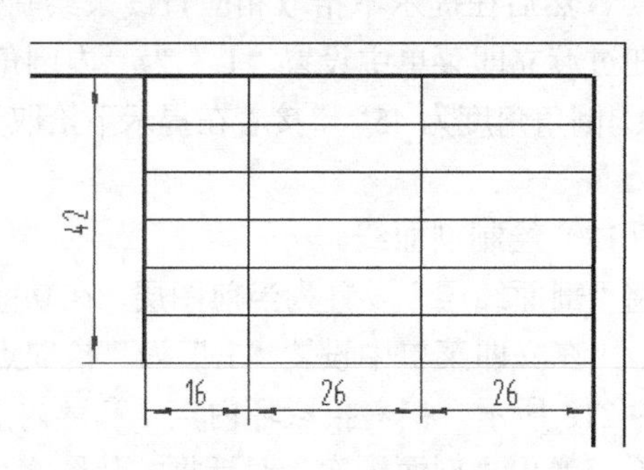

图 9-222　绘制表格

使用功能区“常用”选项卡的“标注”面板中的“文字”按钮A，以“指定两点”的方式在相关的矩形区域内输入文本，注意设置文本的对齐方式为“居中对齐”，字高为3.5。填写的文本信息如图9-223所示。

模数 m	2.5	
齿数 z	20	
齿型角α	20°	
精度等级	8-7-7HK	
公差组	检查项目代号	公差或偏差值

图9-223 填写文本信息

知识点拨： 可以在空白区域绘制好上述表格后，再使用平移工具将整个表格精确地平移到图框内右上角位置。

（14）标注尺寸、技术要求等。

将“尺寸线层”设置为当前图层。在标注之前，可以设置基准代号、形位公差、粗糙度等标注项目的标注样式（标注风格）。使用相关的标注工具为零件图标注所需的尺寸、表面结构要求和技术要求等。可以适当调整视图在图框内位置，标注的参考结果如图9-224所示。

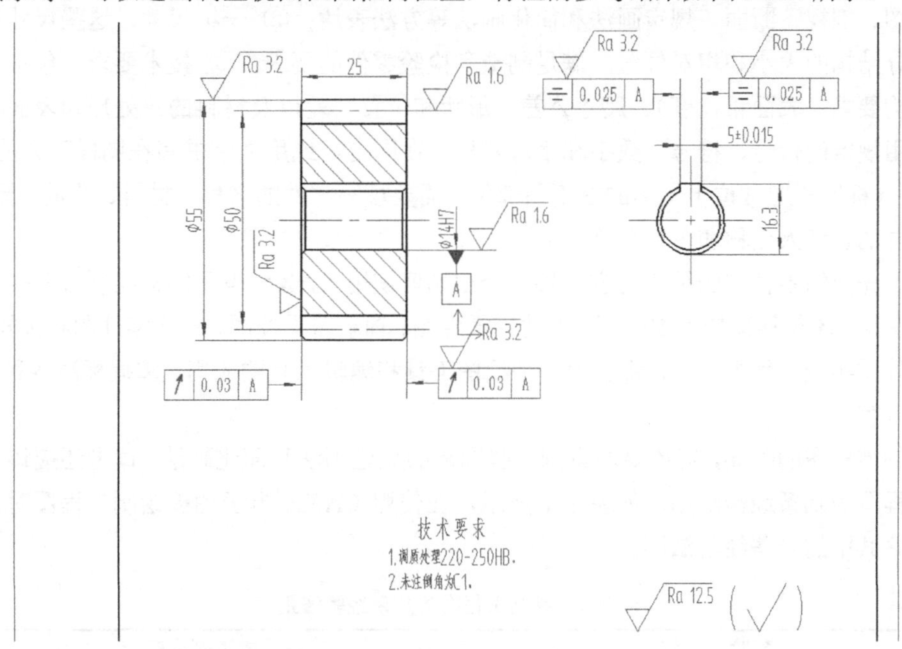

图9-224 标注的参考结果

（15）填写标题栏。

在功能区“图幅”选项卡的“标题栏”面板中单击“填写标题栏”按钮，或者在绘图区双击标题栏，在弹出的“填写标题栏”对话框中填写相关的内容，然后单击“确定”按钮。填写好的标题栏如图 9-225 所示。

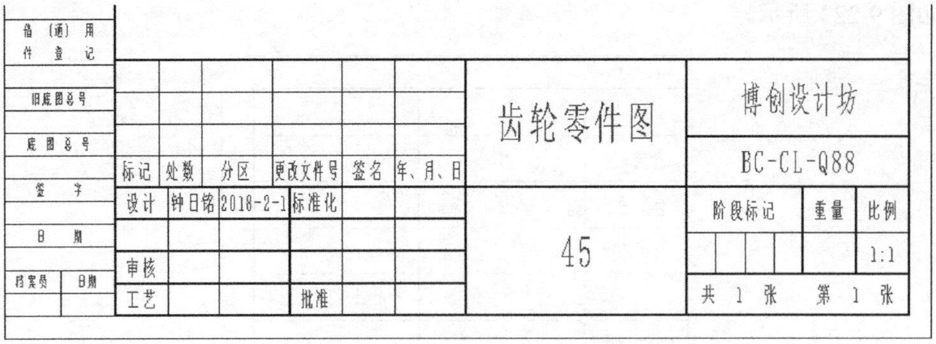

借（通）用件登记							
旧底图总号						齿轮零件图	博创设计坊
底图总号	标记	处数	分区	更改文件号	签名	年、月、日	BC-CL-Q88
签字	设计	钟日铭	2018-2-1	标准化		45	阶段标记 | 重量 | 比例
日期							1:1
档案员 日期	审核						
	工艺			批准			共 1 张 第 1 张

图 9-225　填写好的标题栏

（16）检查零件图是否有疏漏，如果有及时更正。满意后，保存文件。

9.7　本 章 小 结

在工程制图中，零件图是极其常见的。一张完整的零件图应该包括这些内容：① 一组表达清楚的图形，即使用一组图形正确、清晰、完整地表达零件的结构形状，在这些图形中，可以采用一般视图、剖视、断面、规定画法和简化画法等方法表达；② 一组尺寸，这些尺寸用来反映零件各部分结构的大小和相对位置，满足制造和检验零件的要求；③ 技术要求，包括注写零件的表面结构要求（表面粗糙度）、尺寸公差、形状和位置公差以及材料的热处理和表面处理等要求，一般用规定的代号、符号、数字和字母等标注在图上，或用文字书写在图样下方的空白处；④ 标题栏（标题栏通常位于图框的右下角部位，需要填写零件的名称、材料、数量、图样比例、代号、图样的责任人名称和单位名称等）。

本章首先介绍零件图的组成内容，接着介绍如何使用 CAXA 电子图板绘制若干个典型的零件图，这些零件图包括顶杆帽零件图、主动轴零件图、轴承盖零件图、支架零件图和齿轮零件图。在这些零件图实践过程中，读者将学习各种绘图工具和编辑工具的应用，掌握标注各种尺寸、技术说明等内容。

在绘制零件图的时候，应该要注意到一些图形的规定画法和简化画法。读者还应该要熟知手工绘制工程图的几条经验法则，如表 9-1 所示，在使用 CAXA 电子图板绘制工程图时可根据实际情况借鉴其中的一些经验法则。

表 9-1　绘制工程图的几条经验法则

序　　号	经 验 法 则	备注或举例说明
1	避免不必要的图形，采用尽少的视图表达完整的零件信息	例如，合理标注尺寸后，可以根据零件结构省略某视图
2	避免使用虚线	在不致引起误解时，应避免使用虚线表示不可见结构

续表

序　　号	经 验 法 则	备注或举例说明
3	避免相同结构和要素重复	若干相同结构，如齿、槽等，并按一定规律分布时，可以只画几个完整的结构，其余用细实线连接，但要标明个数
		若干直径相同且成规律分布的孔，可以仅画一个或少量几个，其余用细点画线表示其中心位置
		成组重复要素(多出现在装配图中),可以将其中一组表示清楚，其余各组仅用点画线表示中心位置
4	倾斜圆或圆弧简化画法	与投影面倾斜角度小于或等于 30 度的圆或圆弧,其投影可用圆或圆弧代替
5	极小结构及倾斜简化画法	当机件上较小的结构及斜度等已在一个图形中表达清楚，在其他图形中可以简化或省略
6	圆角及倒角简化画法	除确实需要表达的某些结构圆角或倒角外，其余圆角或倒角可以不画出来，但必须注明尺寸或在技术要求中加以说明
7	滚花简化画法	滚花一般采用在轮廓线附近用粗实线局部画出的方法表示；也可以省略不画，但要标注
8	平面简化画法	当回转体零件上的平面在图形中不能充分表达时，可用两条相交的细实线表示这些平面
9	圆柱法兰简化画法	圆柱形法兰和类似零件上均匀分布的孔，由机件外向该法兰端面方向投影
10	断裂画法	较长机件沿长度方向的形状一致或均匀变化时，可用波浪线、中断线或双折线断裂绘制，但需标注真实长度尺寸
11	表面交线简化画法	在不致于引起误解时，非圆曲线的过渡线及相贯线允许简化为圆弧或直线
12	被放大部位简化画法	在局部放大图表达完整的前提下，允许在原视图中简化被放大部位的图形
13	剖切面前的结构画法	在需要表示位于剖切平面前的结构时，这些结构按假想投影的轮廓线绘制
14	槽和孔小结构简化画法	在零件上个别的孔、槽等结构可用简化的局部视图表示其轮廓实形

9.8　思考与练习

（1）一张完整的零件图应该包括哪些内容？

（2）扩展知识：基本视图是将物件向 6 个基本投影面投影所得到的视图，包括主视图、左视图、右视图、俯视图、仰视图和后视图，在什么情况下不需要标出视图名称？什么是局部视图？在绘制局部视图时需要注意哪些细节？

（3）将机件的部分结构用大于原始图形所采用的比例画出的图形，称为局部放大图。请问

如何创建局部放大图？局部放大图的尺寸标注和一般视图的尺寸标注相同吗？

（4）课外加油：总结或参照其他的机械制图教程资料，了解有哪些简化画法？

（5）上机操作：按照图 9-226 中提供的图形尺寸绘制该轴承闷盖的零件图，可以自行添加表面结构要求等。

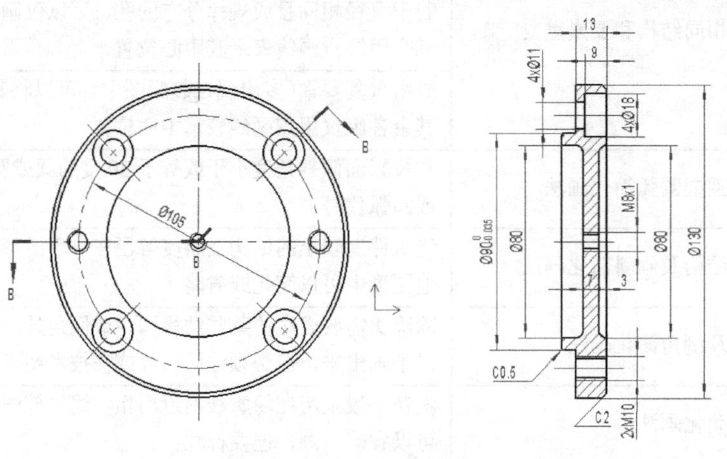

图 9-226　零件图绘制练习

第10章　装配图绘制

本章导读

装配图是用来表达机器或部件的图样。本章介绍装配图绘制的实用知识，包括装配图概述和装配图绘制实例。

10.1　装配图概述

在介绍使用 CAXA 电子图板绘制装配图的实例之前，先简单地对装配图进行概述。所谓的装配图是指用来表达机器或部件的图样，它可以表达机器或部件的工作原理、零件之间的装配关系、零件的主要结构形状以及在装配、检查、安装时所需要的尺寸数据和技术要求等。装配图中还包含了零件序号和明细栏注写。

在绘制装配图时，需要熟知一些规定画法、简化画法和特定画法等，还需要掌握零部件序号编排的相关内容。

1. 规定画法

例如接触面与配合面的规定画法是这样的：相邻两个零件的接触表面，或基本尺寸相同且相互配合的工作面，只画一条轮廓线，否则应该画两条线表示各自的轮廓。

对于装配图中的剖面线，相邻两个零件的剖面线要画成不同的方向或不等的间距，并且在同一个装配图的各个视图中，同一个零件的剖面线的方向与间距必须是一致的。

在装配图中，对于一些标准件（如螺钉、螺母、螺栓、垫圈和销等）和一些实心零件（如球、轴、钩等），若剖切平面通过它们的轴线或对称平面时，则在剖视图中按不剖绘制。若这些零件上有孔、凹槽等结构则根据需要采用局部剖来表达。

2. 简化画法

装配图中的简化画法主要包括以下几点。

☑ 零件的工艺结构，如倒角、圆角、退刀槽等，可以不画。

☑ 螺母和螺栓的头部允许采用简化画法。

☑ 当遇到螺纹连接件等相同的零件组时，在不影响理解的前提下，允许只绘制出一处，其余可采用点画线表示其中心位置。

☑ 在装配图的剖视图中，如果表示滚动轴承时，允许画出对称图形的一半，而另一半可以采用通用画法或特定画法。

3. 特定画法

装配图中的特定画法主要有拆卸画法、单独画法、假想画法和沿结合面剖切画法等。

☑ 拆卸画法：当某一个或几个零件在装配图的某一个视图中遮挡了大部分装配关系或其他零件时，可以假想拆去一个或几个零件，只画出所表达部分的视图。

☑ 单独画法：用于在装配图中单独表达某个零件。在装配图中，当某个零件的主要结构形状未表达清楚而又对理解装配关系有影响时，可以另外单独画出该零件的某一个视图，这就是典型的单独画法。

☑ 假想画法：为了表示与本部件有装配关系但又不属于本部件的其他相邻零、部件时，可以采用假想画法，用双点画线将其画出。还有就是为了表示运动零件的运动范围或极限位置时，可以在一个极限位置上画出该零件，再在另一个极限位置上用双点画线绘制出其轮廓。

☑ 沿结合面剖切画法：该画法通常用于表达装配部件的内部结构。

4. 装配图中零部件序号

具体内容详见本书第 7 章的“零件序号”一节（7.4 节）。

装配图的示例如图 10-1 所示，它是某二位四通阀产品部件的装配图。从该图例中，读者可以了解到装配图的基本组成，这些基本组成包括必要的视图、技术要求、零部件序号、标题栏和明细栏等。

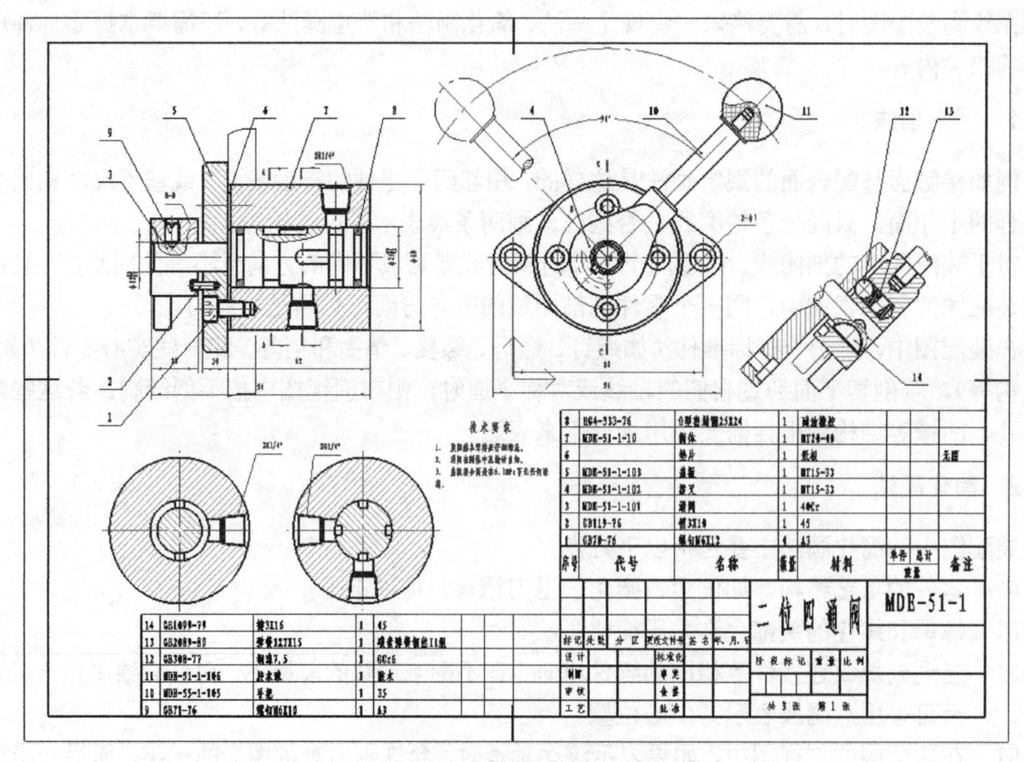

图 10-1 装配图的示例

10.2　绘制装配图实例

本实例要完成的装配图是某蜗轮部件装配图，如图 10-2 所示。

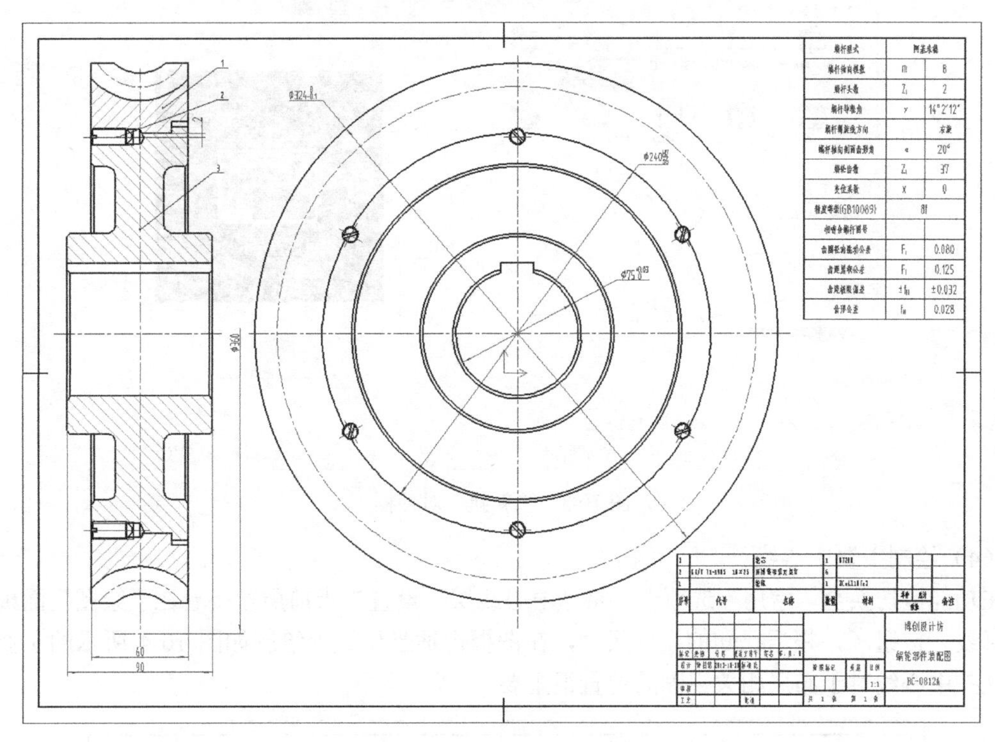

图 10-2　蜗轮部件装配图

下面介绍该蜗轮部件装配图的绘制步骤。

（1）新建图形文件。

在 CAXA 电子图板 2018 的快速启动工具栏中单击“新建”按钮，弹出“新建”对话框，在“工程图模块”选项卡的“当前标准”下拉列表框中选择 GB，在系统模板列表中选择 GB-A2(CHS) 模板，如图 10-3 所示，然后单击“确定”按钮。

（2）设置当前的文本风格和尺寸标注风格。

在功能区“标注”选项卡的“标注样式”面板中，从“文本样式”下拉列表框中选择“机械”，从而将“机械”文本样式设置为当前的文本样式（即当前文本风格）。

在功能区“标注”选项卡的“标注样式”面板中单击“尺寸样式”按钮，打开“标注风格设置”对话框。利用该对话框建立所需的尺寸风格（尺寸样式），例如建立一个名为“机械”的尺寸样式并按照机械制图标准设置其相应的参数和选项，然后单击“设为当前”按钮将其设置为当前尺寸样式，然后单击“确定”按钮。也可以从“标注样式”下拉列表框中选择一个已有的 GB 标注样式作为当前标注样式。

（3）重新进行图幅设置。

在功能区“图幅”选项卡的“图幅”面板中单击“图幅设置”按钮，打开“图幅设置”对

话框。在“图框”选项组的“调入图框”下拉列表框中选择 A2A-D-Sighted(CHS)，其他采用默认设置，如标题栏默认为GB-A(CHS)，然后单击“确定”按钮。

图 10-3 “新建”对话框

（4）绘制主要中心线。

在功能区切换至“常用”选项卡，将“中心线层”设置为当前层，接着在“绘图”面板中单击“直线”按钮，根据已知的设计尺寸，在图框内适当位置处绘制如图 10-4 所示的主要中心线。这些中心线对于布局相关视图的位置很重要。

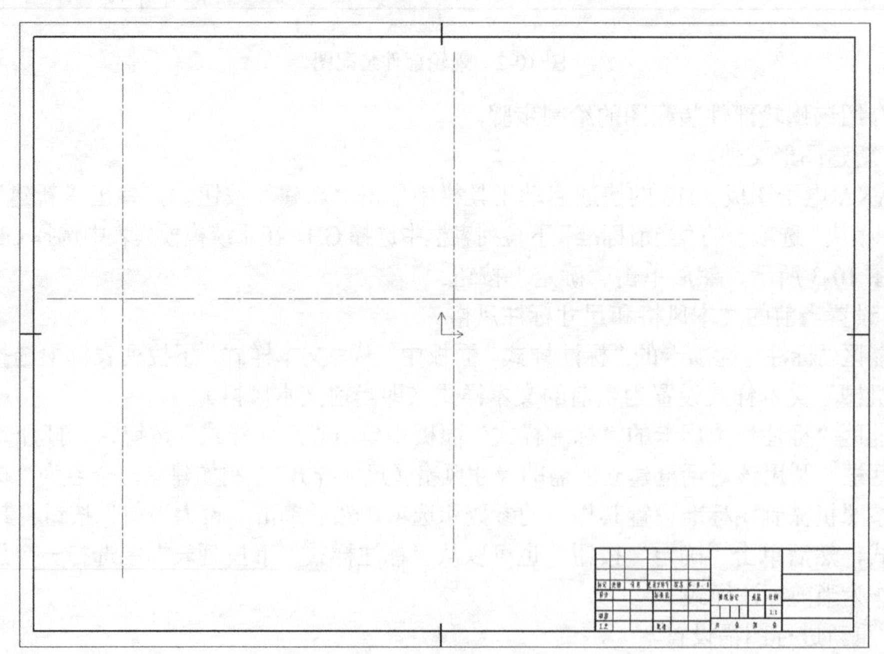

图 10-4 绘制主要中心线

（5）绘制等距线。

在功能区“常用”选项卡的“修改”面板中单击“等距线”按钮，绘制如图 10-5 所示的等距线作为辅助中心线，图中给出了相关的偏移距离。

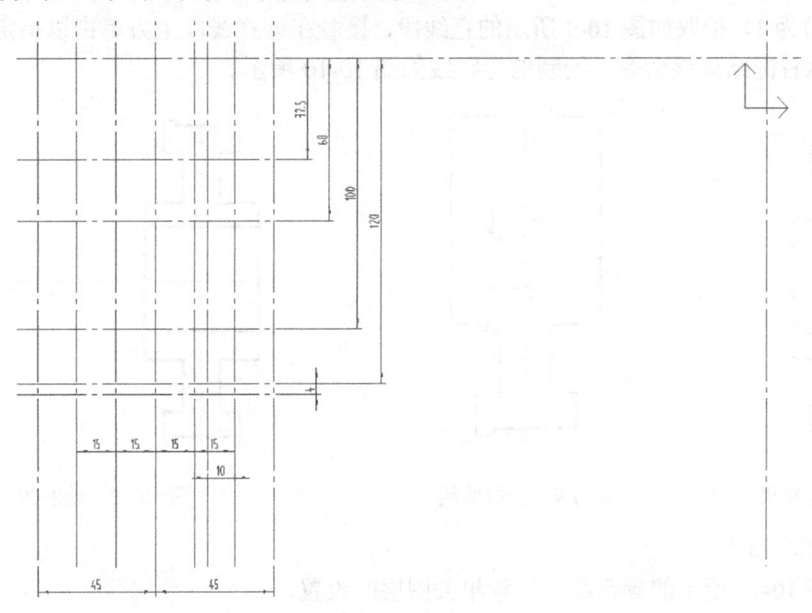

图 10-5　绘制等距线

此时将“0 层”或“粗实线层”设置为当前图层，方法是在“属性”面板中的“图层”下拉列表框中选择“0 层”或“粗实线层”。“0 层”和“粗实线层”这两个图层的默认线宽是一样的，本例以选择“0”层为例。

（6）根据现有辅助中心线绘制相关的轮廓线。

在功能区“常用”选项卡的“绘图”面板中单击“直线”按钮，在出现的立即菜单中设置“1.”为“两点线”、“2.”为“单根”，启用“正交”模式，分别连接相关辅助线的交点来绘制直线，绘制好相关的直线后，将不再需要的辅助中心线删除，结果如图 10-6 所示。

（7）镜像图形。

在功能区“常用”选项卡的“修改”面板中单击“镜像”按钮，在立即菜单中设置“1.”为“选择轴线”和“2.”为“拷贝”，接着使用鼠标拾取要镜像的对象，如图 10-7 所示（图中以虚线显示的为选中的要镜像的图形对象），右击，然后拾取水平中心线作为轴线，镜像结果如图 10-8 所示。

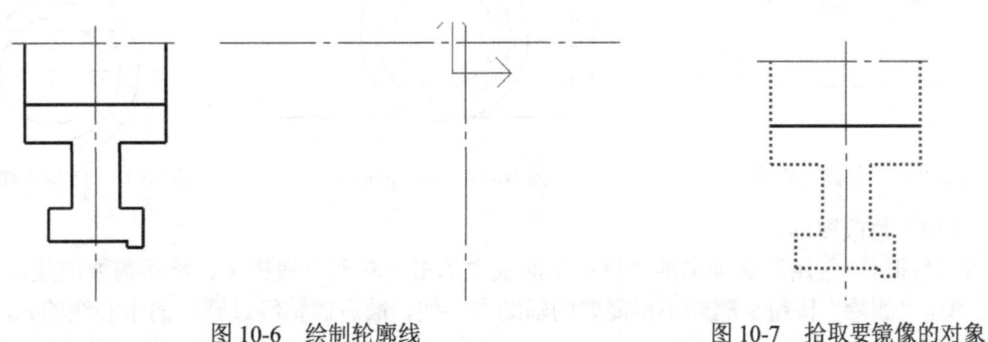

图 10-6　绘制轮廓线　　图 10-7　拾取要镜像的对象

（8）创建等距线。

在功能区“常用”选项卡的“修改”面板中单击“等距线”按钮，接着在立即菜单中设置“1.”为“单个拾取”、“2.”为“指定距离”、“3.”为“单向”、“4.”为“空心”，并设置距离为79.9mm，份数为1，拾取如图10-9所示的直线段，接着在该直线段上方单击以指定所需的方向，最后单击鼠标右键结束该命令，绘制的等距线如图10-10所示。

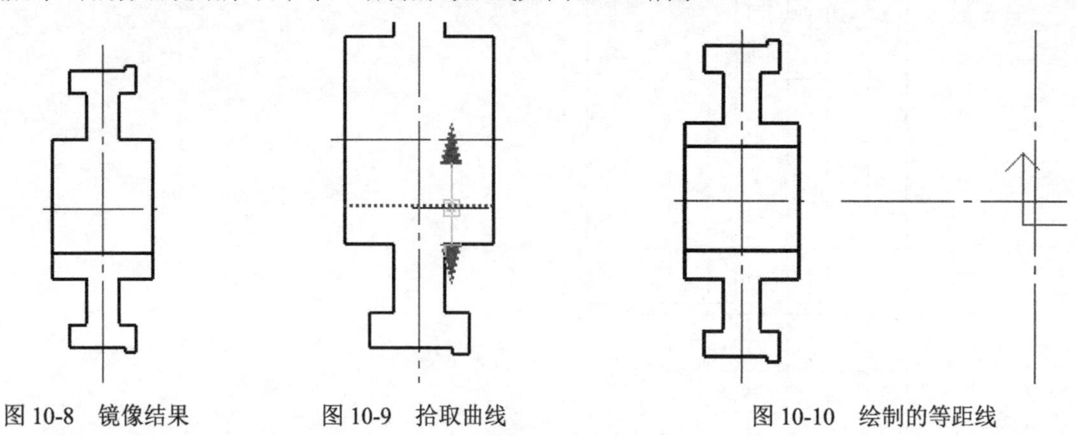

图10-8　镜像结果　　图10-9　拾取曲线　　图10-10　绘制的等距线

（9）创建等距线。

创建如图10-11所示的等距线，注意相关图层的设置。

（10）绘制若个圆。

确保当前图层为“0 层”。在功能区“常用”选项卡的“绘图”面板中单击“圆”按钮，分别绘制如图10-12所示的3个圆，这3个圆的直径从大到小依次是81mm、64mm和48mm。

（11）绘制轮缘轮廓线。

在功能区“常用”选项卡的“绘图”面板中单击“直线”按钮，以“两点线”方式绘制如图10-13所示的轮缘轮廓线。

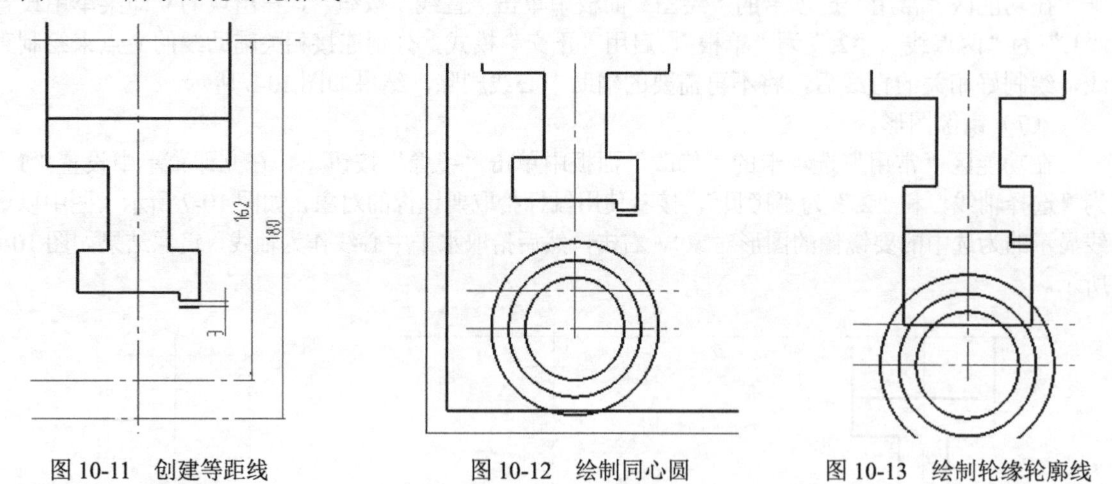

图10-11　创建等距线　　图10-12　绘制同心圆　　图10-13　绘制轮缘轮廓线

（12）修改图形。

在功能区“常用”选项卡的“修改”面板中单击“裁剪”按钮，将不需要的线段裁剪掉。接着单击“删除”按钮删除不再需要的辅助中心线，最后调整经过圆心的中心线的长度。修改结果如图10-14所示。

（13）属性修改操作。

选择如图 10-15 所示的圆弧后右击，在弹出的快捷菜单中选择“特性”命令，打开“特性”选项板（亦可按 Ctrl+Q 快捷键打开“特性”选项板），将圆弧所在层更改为“中心线层”，如图 10-16 所示，然后关闭或隐藏“特性”选项板。

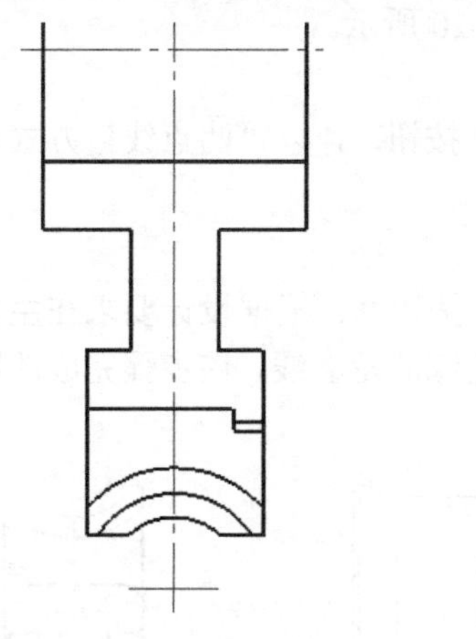

图 10-14 修改结果

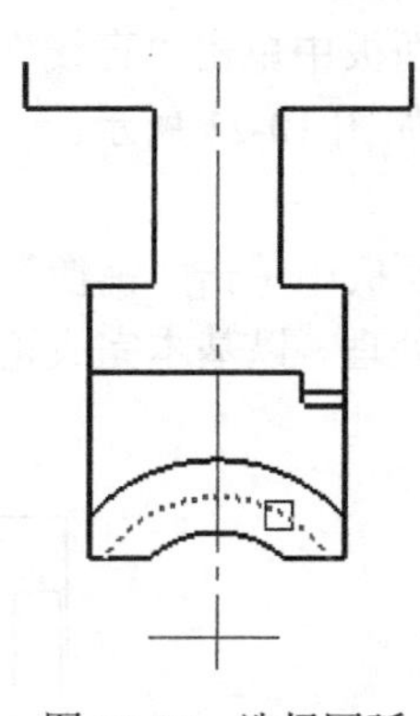

图 10-15 选择圆弧

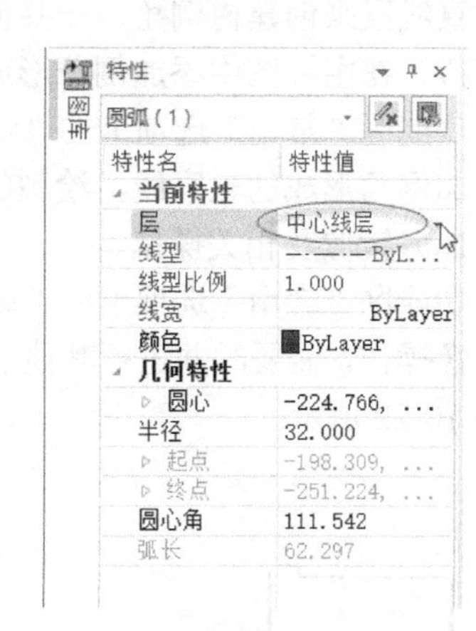

图 10-16 修改圆弧的当前属性

（14）绘制带键槽的轴孔。

使用所需的绘图工具和编辑工具绘制如图 10-17 所示的带有键槽的轴孔。

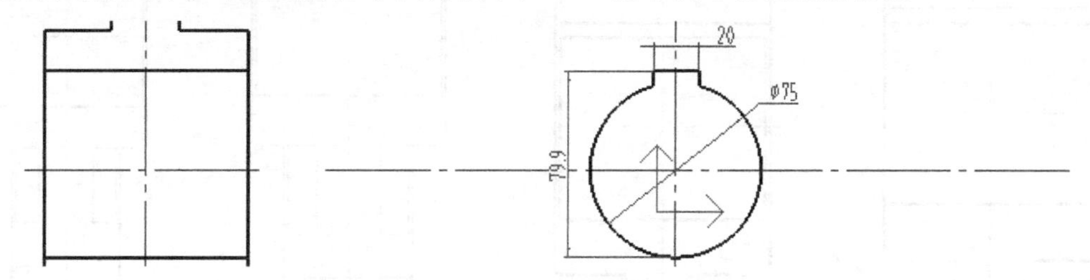

图 10-17 绘制带键槽的轴孔

（15）在主视图中补齐键槽对应的轮廓线。

结合导航功能，使用直线工具在主视图中补齐键槽对应的轮廓线，如图 10-18 所示。

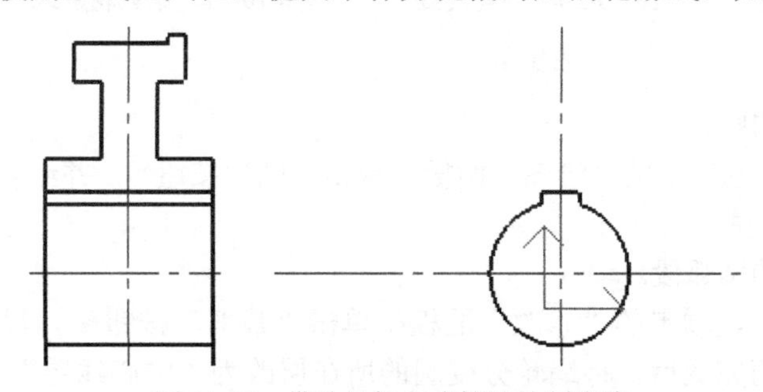

图 10-18 借助导航方式辅助绘制直线

（16）创建倒角过渡。

单击功能区“常用”选项卡的“修改”面板中的“过渡”按钮，在过渡立即菜单中设置“1.”为“倒角”、“2.”为“长度和角度方式”、“3.”为“裁剪”，并设置“4.长度”值为 2、“5.角度”

值为 45，拾取第一条直线和第二条直线创建一个倒角，可以继续拾取元素创建倒角，一共创建 8 个此类规格的倒角过渡，如图 10-19 所示。

在过渡立即菜单中设置“1.”为“内倒角”、“2.”为“长度和角度方式”，设置“3.长度”值为 2 和“4.角度”值为 45，接着使用鼠标拾取 3 条有效直线创建一个内倒角，可以继续拾取所需的有效直线段来创建内倒角，一共创建两处内倒角，如图 10-20 所示。

（17）在主视图中添加倒角形成的轮廓线。

在功能区“常用”选项卡的“绘图”面板中单击“直线”按钮⁄，以“两点线”方式在主视图中添加倒角形成的轮廓线，绘制的结果如图 10-21 所示。

（18）镜像及相关操作。

在功能区“常用”选项卡的“修改”面板中单击“镜像”按钮，根据设计要求在主视图中进行镜像操作，需要时并进行其他的编辑处理，以基本完成轮缘的轮廓线，该步骤完成的图形效果如图 10-22 所示。

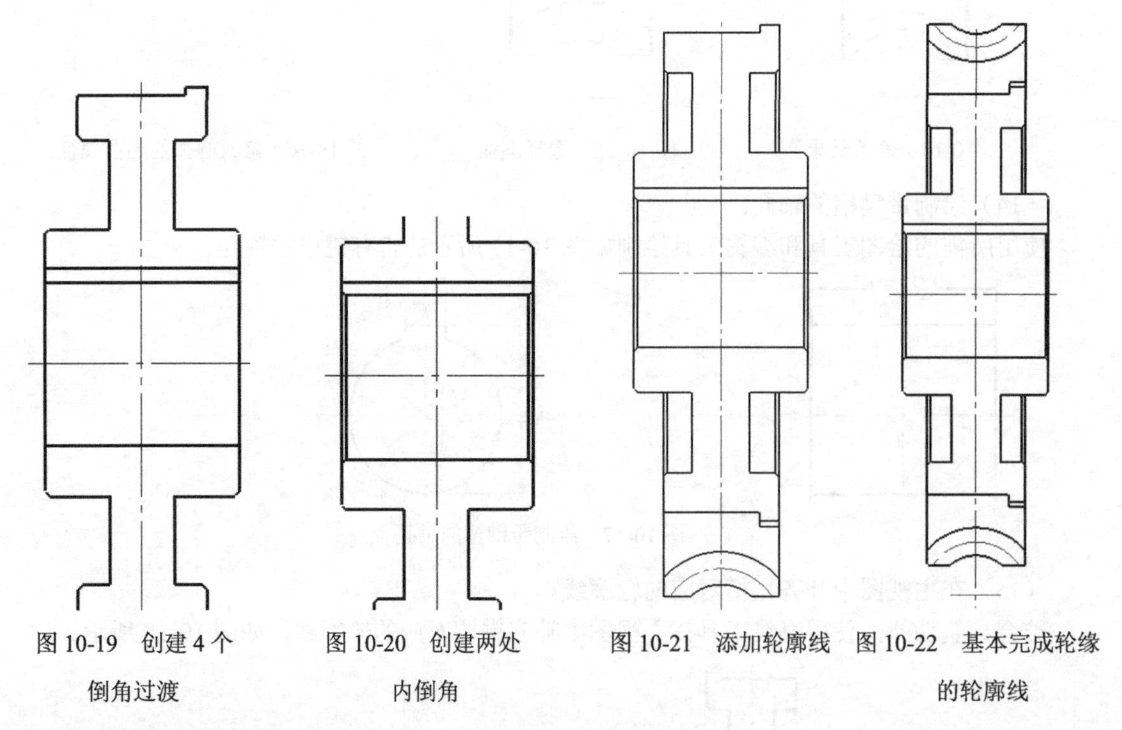

图 10-19　创建 4 个倒角过渡　　图 10-20　创建两处内倒角　　图 10-21　添加轮廓线　　图 10-22　基本完成轮缘的轮廓线

（19）绘制相关的圆。

在功能区“常用”选项卡的“绘图”面板中单击“圆”按钮，并结合导航功能，分别绘制如图 10-23 所示的同心圆。

（20）裁剪多余的圆弧段。

在功能区“常用”选项卡的“修改”面板中单击“裁剪”按钮，以“快速裁剪”方式裁剪多余的圆弧段。裁剪完成后，将蜗轮分度圆的所在层改为“中心线层”，修改结果如图 10-24 所示。

（21）绘制等距线。

在功能区“常用”选项卡的“修改”面板中单击“等距线”按钮，绘制如图 10-25 所示的等距线。

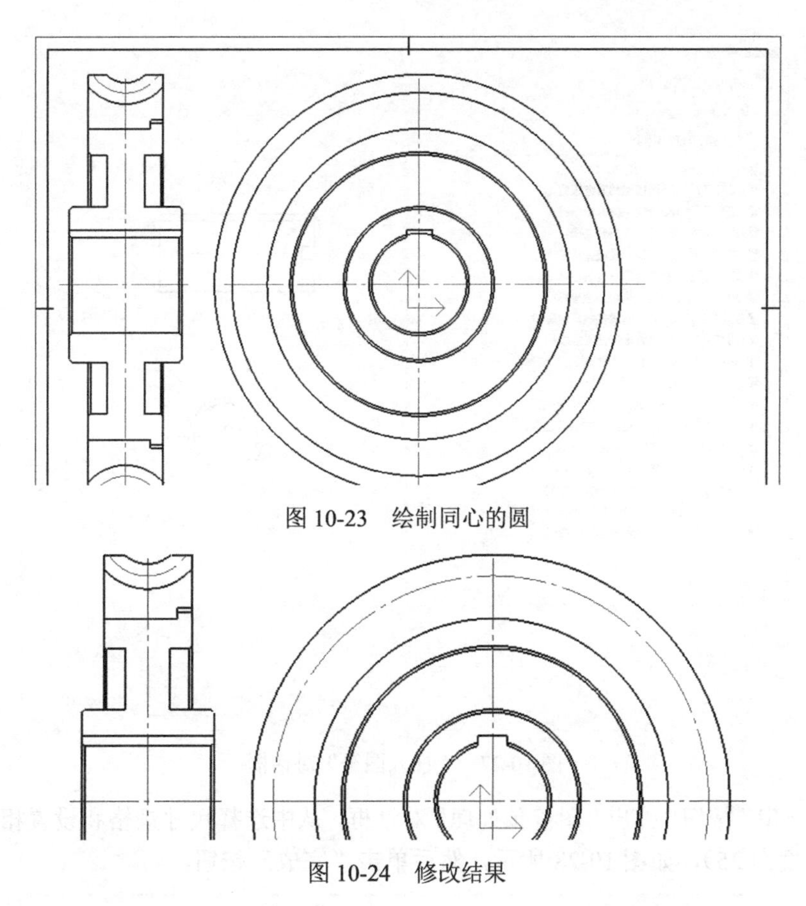

图 10-23　绘制同心的圆

图 10-24　修改结果

（22）修改等距线的层属性。

选择步骤（21）绘制的等距线，接着右击，在弹出的快捷菜单中选择“特性”命令，打开“特性”选项板，从中将该图形所在的层更改为“中心线层”，然后关闭该选项板。可以使用“拉伸”按钮稍微调整该中心线的长度。修改结果如图 10-26 所示。

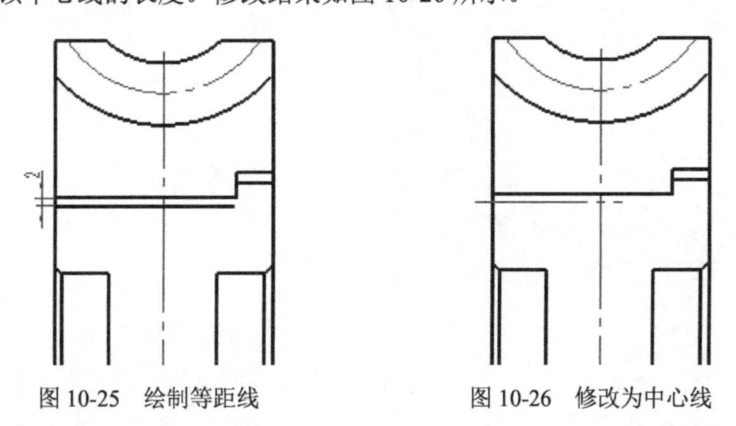

图 10-25　绘制等距线　　　　图 10-26　修改为中心线

（23）使用图库调用紧定螺钉。

在功能区中切换至“插入”选项卡，在“图库”面板中单击“插入图符”按钮，弹出“插入图符”对话框，在目录路径框右侧单击“下三角”按钮，将目录路径指定为“zh-CN\螺钉\紧定螺钉\”，从“紧定螺钉”图符列表中选择“GB/T 71-1985 开槽锥端紧定螺钉”，如图 10-27 所示。

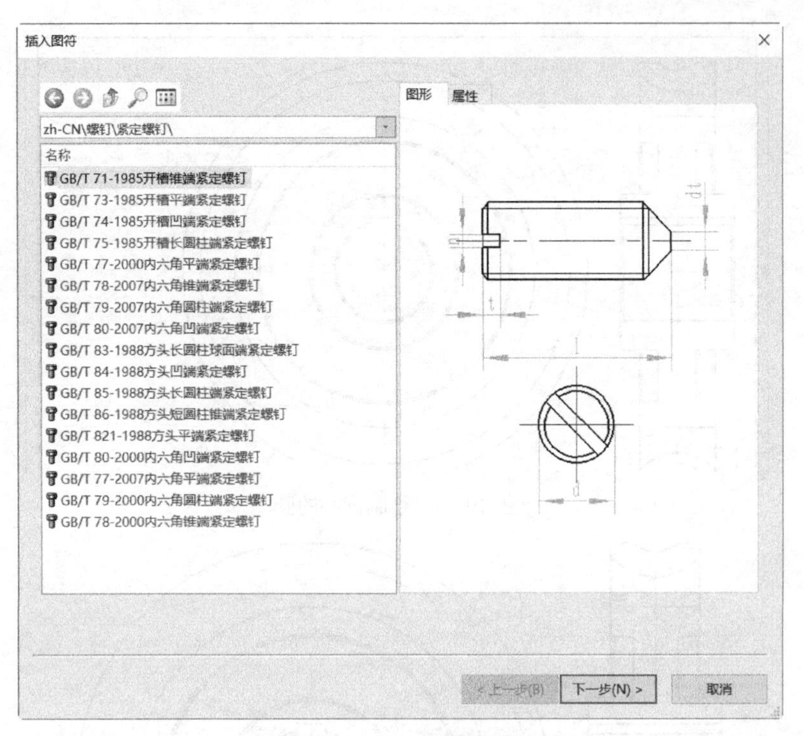

图 10-27 “插入图符”对话框

单击“下一步”按钮，弹出“图符预处理”对话框，从中选择尺寸规格和设置相关的选项（注意选定螺钉长度为 25），如图 10-28 所示，然后单击“完成”按钮。

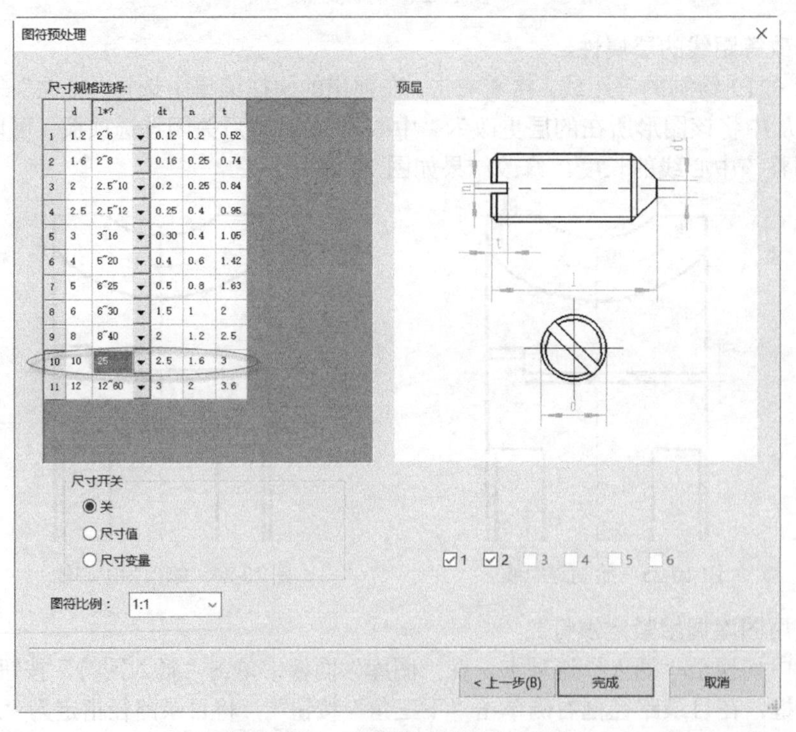

	d	l*?	dt	n	t
1	1.2	2~6	0.12	0.2	0.52
2	1.6	2~8	0.16	0.25	0.74
3	2	2.5~10	0.2	0.25	0.84
4	2.5	2.5~12	0.25	0.4	0.95
5	3	3~16	0.30	0.4	1.05
6	4	5~20	0.4	0.6	1.42
7	5	6~25	0.5	0.8	1.63
8	6	6~30	1.5	1	2
9	8	8~40	2	1.2	2.5
10	10	25	2.5	1.6	3
11	12	12~60	3	2	3.6

图 10-28 “图符预处理”对话框

在立即菜单中确保选项为“打散”。选择如图 10-29 所示的交点作为图符定位点，接着输入图符旋转角度为 0，从而插入紧定螺钉的第 1 个视图，如图 10-30 所示。

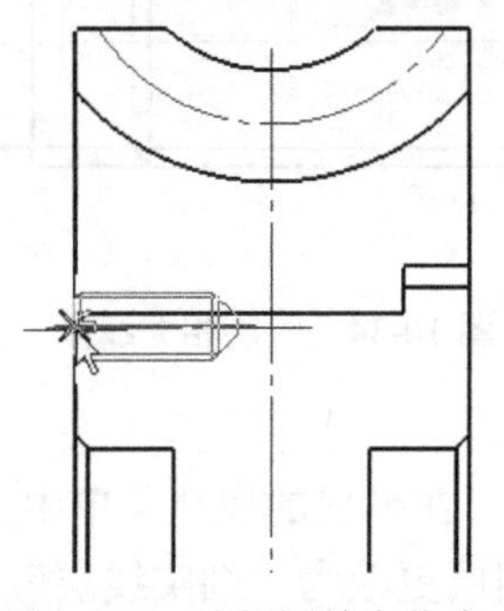

图 10-29　选择图符定位点

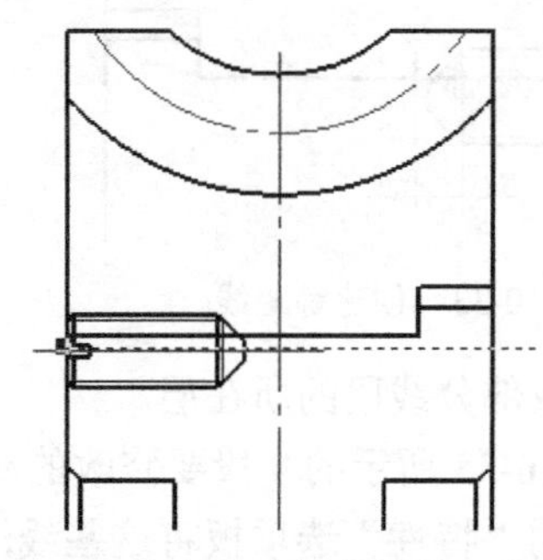

图 10-30　插入紧定螺钉的第一个视图

在工作界面右下角处的“切换捕捉方式”下拉列表框中确保选择“导航”选项以启用导航捕捉方式，由螺钉中心线端点引出一条水平导航线，捕捉该水平导航线与右侧视图竖直主中心线的交点单击，如图 10-31 所示，从而确定螺钉图符第 2 个视图的定位点。

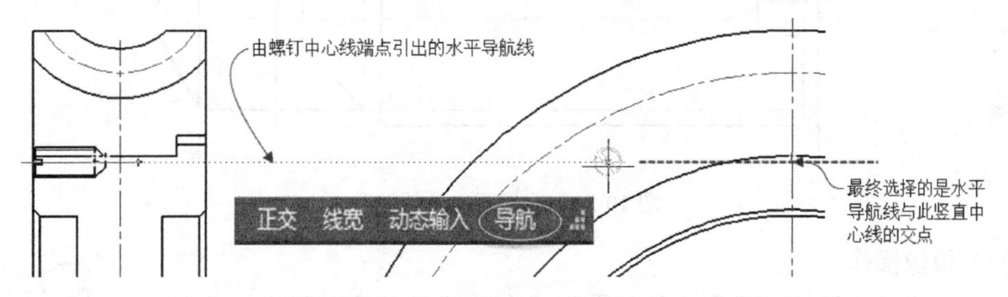

图 10-31　借助导航捕捉方式指定螺钉图符第 2 个视图的定位点

输入图符旋转角度为 0，完成第 2 个视图的插入。此时 系统继续提示指定图符定位点。右击结束提取图符的命令操作。

提取紧定螺钉两个视图的效果如图 10-32 所示。

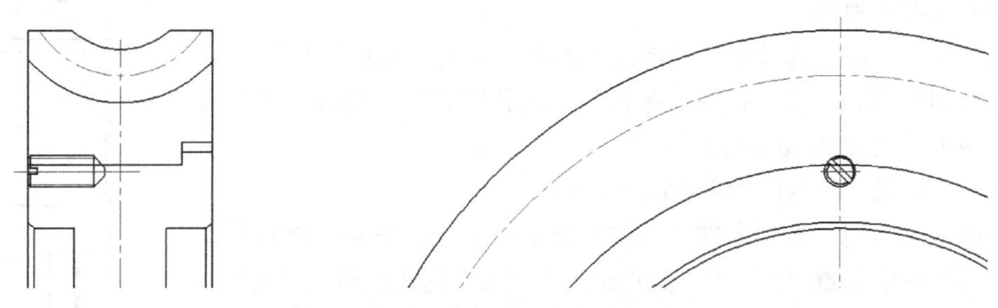

图 10-32　提取紧定螺钉的两个视图

（24）创建等距线表示孔的螺纹末端终止线。

在功能区“常用”选项卡的“修改”面板中单击“等距线”按钮，绘制如图 10-33 所示的一条等距线。

（25）绘制若干直线段。

在功能区“常用”选项卡的“绘图”面板中单击“直线”按钮，绘制如图 10-34 所示的线段。采用的直线绘制方式有“两点线”和“角度线”。

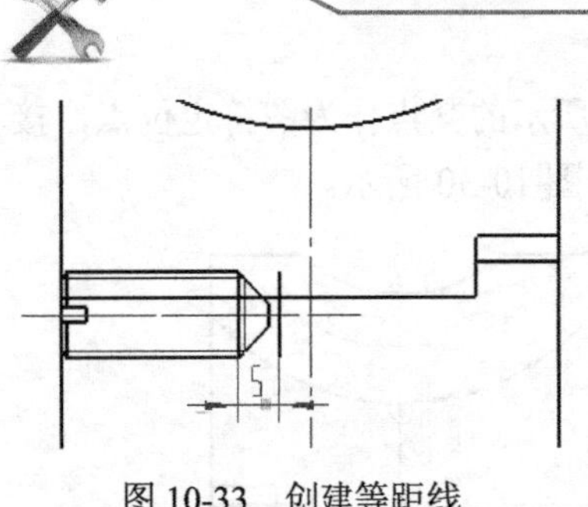

图 10-33 创建等距线

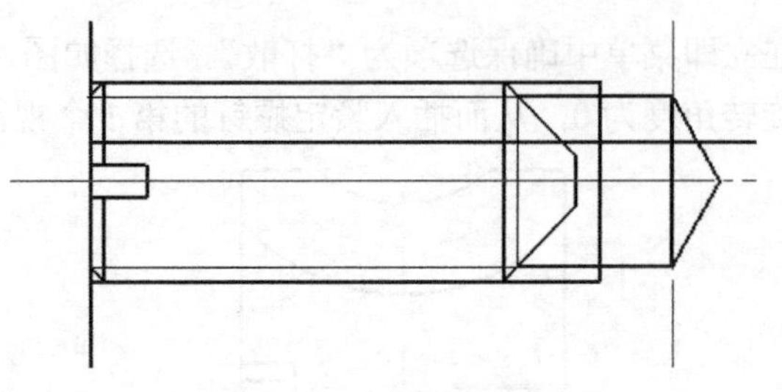

图 10-34 绘制相关线段

（26）修改部分线段的所在层。

选择如图 10-35 所示的 4 段要修改的线段，接着右击，在弹出的快捷菜单中选择“特性”命令，利用打开的“特性”选项板将这些线段所在的当前图层更改为“细实线层”，然后关闭“特性”选项板。

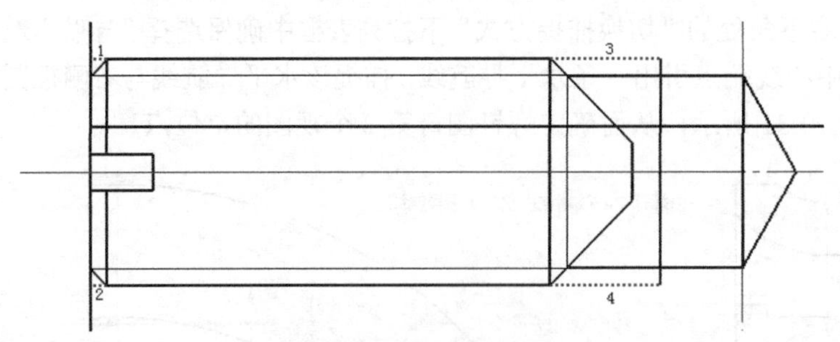

图 10-35 选择要修改的线段

（27）镜像操作。

在主视图中框选紧定螺钉和螺纹孔图形，在功能区“常用”选项卡的“修改”面板中单击“镜像”按钮，接着在立即菜单中设置“1.”为“选择轴线”和“2.”为“拷贝”，然后拾取主中心线作为镜像轴线。镜像操作后使主视图如图 10-36 所示。

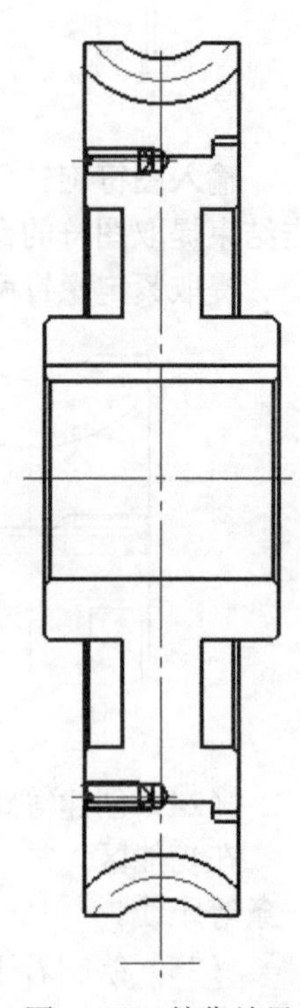

图 10-36 镜像结果

（28）裁剪主视图。

在功能区“常用”选项卡的“修改”面板中单击“裁剪”按钮，以“快速裁剪”方式，将主视图中螺钉与螺纹孔安装的结构部分进行合理裁剪。裁剪结果如图 10-37 所示。

（29）在以另一个视图中创建圆形阵列。

在功能区“常用”选项卡的“修改”面板中单击“阵列”按钮，在阵列立即菜单中设置“1.”为“圆形阵列”、“2.”为“旋转”、“3.”为“均布”，并设置“4.份数”为 6，拾取紧定螺钉第 2 个视图的全部图形，右击以确认，接着在提示下拾取圆心作为圆形阵列的中心点，阵列结果如图 10-38 所示。

（30）裁剪第 2 个视图。

在功能区“常用”选项卡的“修改”面板中单击“裁剪”按钮，以“快速裁剪”方式，在第 2 个视图中将被螺钉遮挡的圆弧段裁剪掉。图 10-39 给出了其中 3 处裁剪结果。

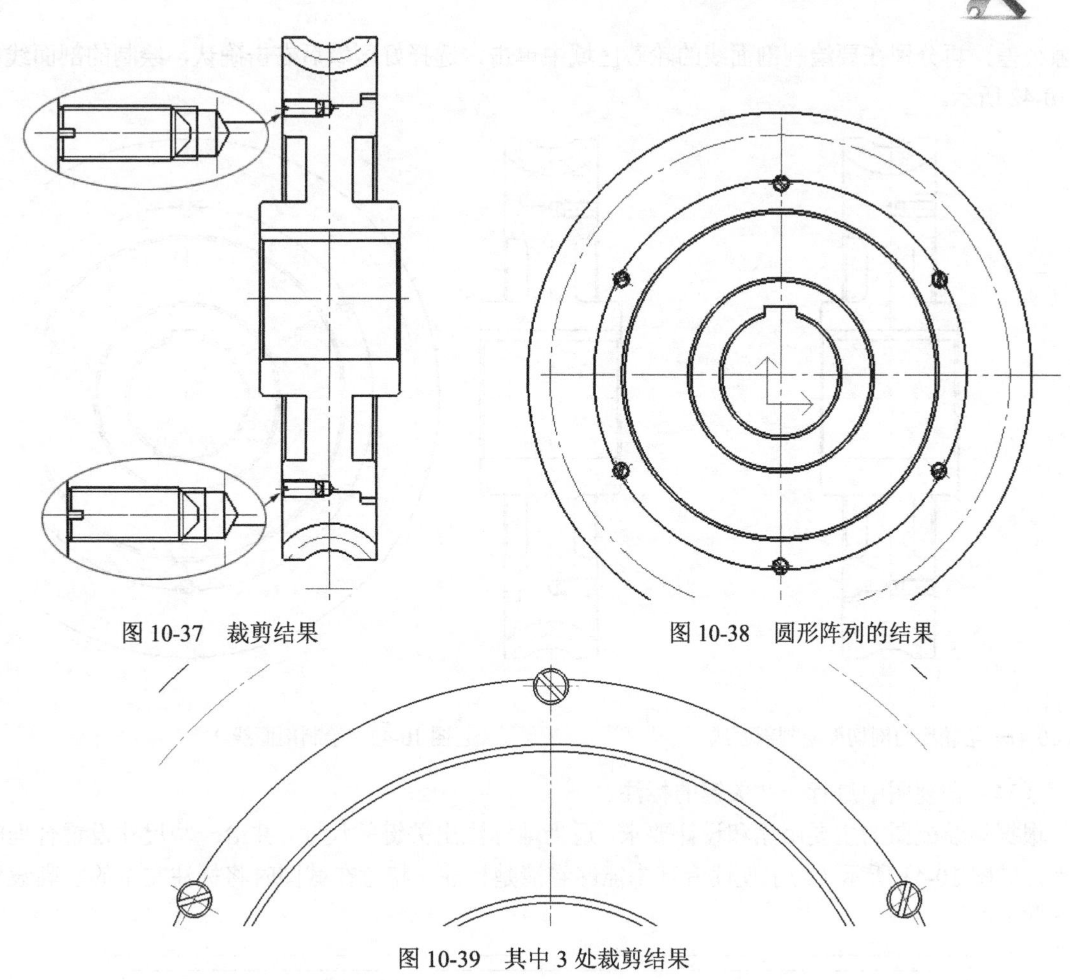

图 10-37 裁剪结果

图 10-38 圆形阵列的结果

图 10-39 其中 3 处裁剪结果

（31）在主视图中创建过渡圆角轮廓。

在功能区“常用”选项卡的“修改”面板中单击“过渡”按钮，接着在过渡立即菜单中设置“1.”为“圆角”、“2.”为“裁剪”，并设置“3.半径”为 6，分别拾取曲线组来创建过渡圆角轮廓，一共创建 8 处圆角，如图 10-40 所示。

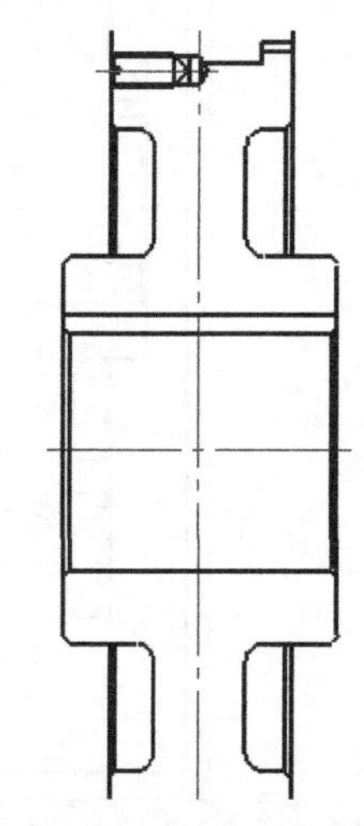

图 10-40 创建 8 处圆角

（32）绘制剖面线 1。

将“剖面线层”设置为当前图层。在功能区“常用”选项卡的“绘图”面板中单击“剖面线”按钮，在立即菜单中设置“1.”为“拾取点”、“2.”为“不选择剖面图案”和“3.”为“非独立”，以及设置“4.比例”为 1.68、“5.角度”为 0 和“6.间距错开”为 0，并接受默认的允许间隙公差，接着分别在要绘制剖面线的轮缘区域中单击，选择好区域后右击确认。绘制的剖面线如图 10-41 所示。

（33）绘制剖面线 2。

确保“剖面线层”为当前图层。在功能区“常用”选项卡的“绘图”面板中单击“剖面线”按钮，在立即菜单中设置“1.”为“拾取点”、“2.”为“不选择剖面图案”和“3.”为“非独立”，并设置“4.比例”为 1.8、“4.角度”为 90 和“5.间距错开”为 0，接受默认的允许间隙公差，再分别在要绘制剖面线的轮芯区域中单击，选择好区域后右击确认，绘制的剖面线如图 10-42 所示。

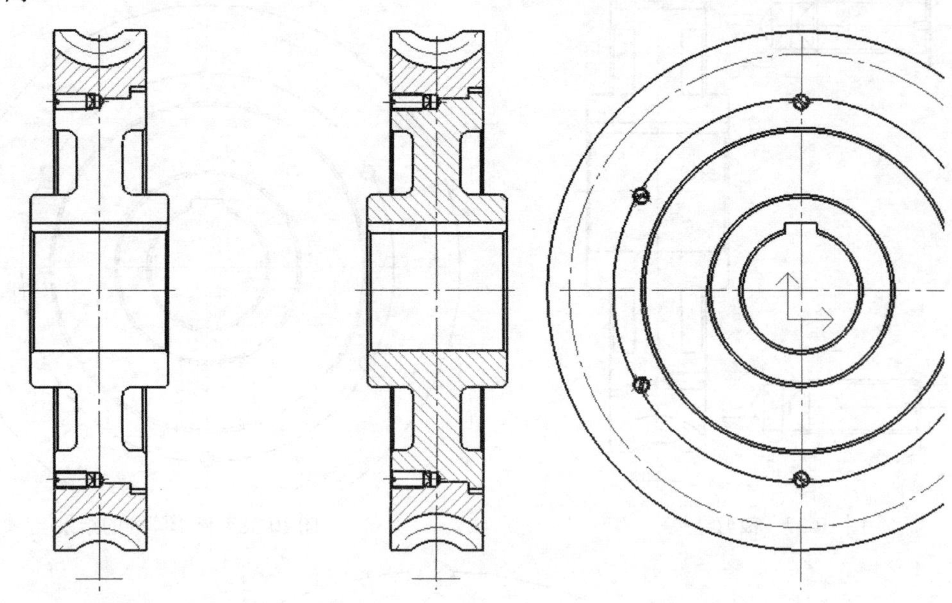

图 10-41　给轮缘的剖切面绘制剖面线　　　　图 10-42　绘制剖面线 2

（34）在视图中进行一些关键的标注。

根据该装配图的主要用途和设计要求，适当地标注出关键的尺寸，并给一些尺寸设置合理的公差，如图 10-43 所示（为了使读者基本能够看清楚标注，特意在截图时将标注文本的字高设置高一些）。

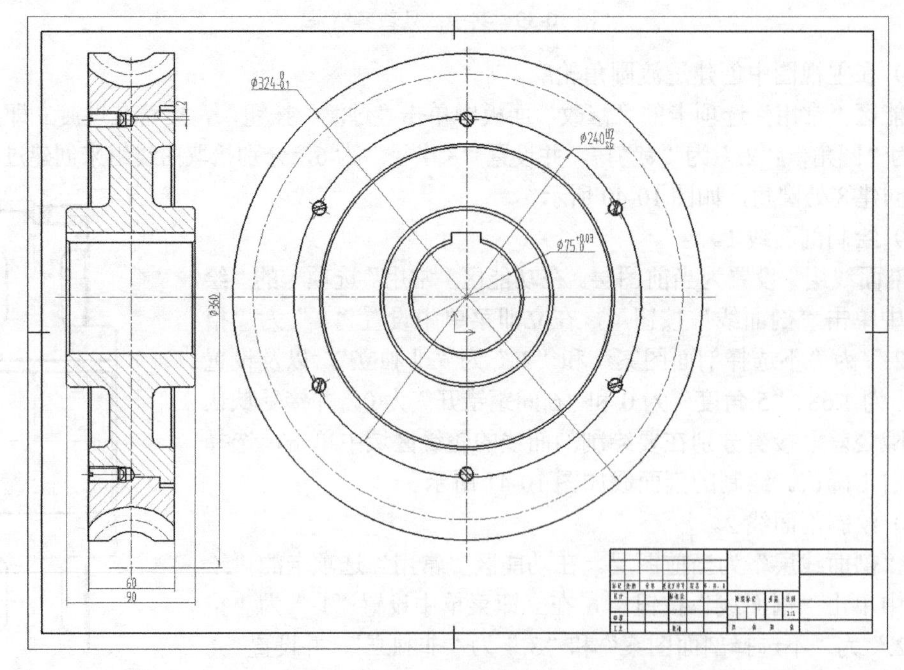

图 10-43　视图标注

（35）绘制表格和填写其内容。

将“细实线层”设置为当前图层。使用直线工具、等距线工具和裁剪工具在图框内右上角区域的合适位置处完成如图 10-44 所示的表格，注意将左、右侧外框线的所在层更改为“0 层”（线宽为粗线）。

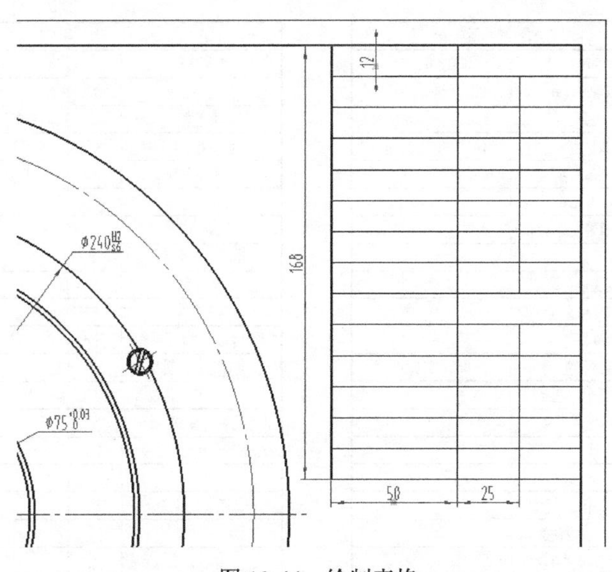

图 10-44　绘制表格

使用功能区“常用”选项卡的“标注”面板或功能区“标注”选项卡的“文字”面板中的“文字”按钮A，以指定两点的方式在相关的矩形区域内输入文本，注意文本的对齐方式为“居中对齐”，字高为 5，填写的文本信息如图 10-45 所示。

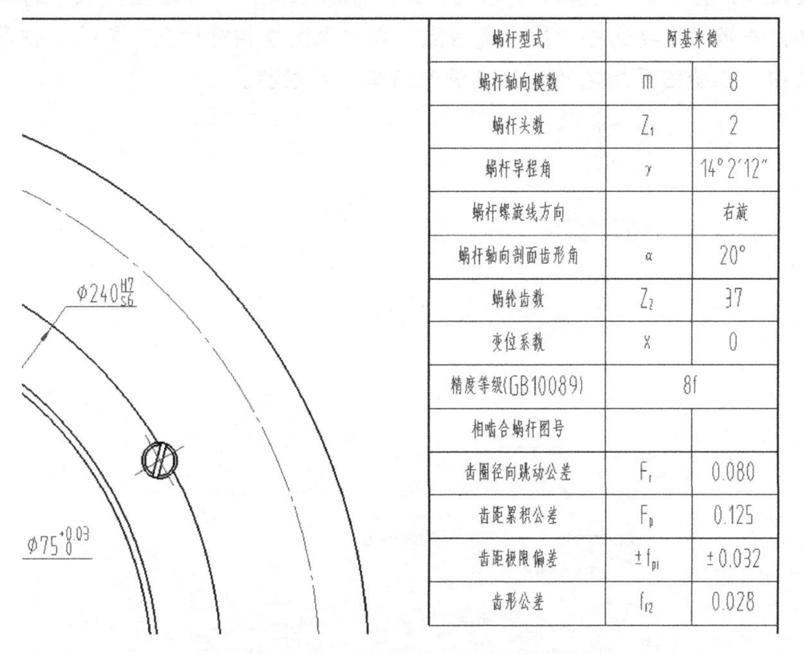

蜗杆型式	阿基米德	
蜗杆轴向模数	m	8
蜗杆头数	Z_1	2
蜗杆导程角	γ	14°2′12″
蜗杆螺旋线方向		右旋
蜗杆轴向剖面齿形角	α	20°
蜗轮齿数	Z_2	37
变位系数	x	0
精度等级(GB10089)	8f	
相啮合蜗杆图号		
齿圈径向跳动公差	F_r	0.080
齿距累积公差	F_p	0.125
齿距极限偏差	$\pm f_{pt}$	±0.032
齿形公差	f_{f2}	0.028

图 10-45　在表格中添加的文本信息

知识点拨：用户可以绘制表格和在表格中注写固定的文字和符号，一些参数值可以采用属性定义的方法来定义，然后将这些内容生成块，定义成参数栏，待需要时调用并填写即可。系统也提供了常用的锥齿轮参数表和圆柱齿轮参数表，如图 10-46 所示。在这里简单地介绍如何调入参数表和填写参数。

锥 齿 轮 参 数 表			
齿制		GB12369-90	
大端端面模数		m_e	
齿数		z	
齿形角		α	20°
齿顶高系数		h_a^*	1
齿顶隙系数		c^*	0.25
中点螺旋角		β	0
旋向			
切向变位系数		x_i	0
径向变位系数		x_t	0
大端齿高		h_e	
精度等级		6cB GB11365	
配对齿轮	图号		
	齿数		
Ⅰ		F_i'	
Ⅱ		f_i'	
Ⅲ	沿齿长接触率		
	沿齿高接触率		
大端分度圆弦齿厚		S	
大端分度圆弦齿高		h_{ae}	

圆 柱 齿 轮 参 数 表			
法向模数		m_n	
齿数		z	
齿形角		α	20°
齿顶高系数		h_a^*	1
齿顶隙系数		c^*	0.25
螺旋角		β	0
旋向			
径向变位系数		x	0
全齿高		h	
精度等级		887FH GB10095-88	
齿轮副中心距及其极限偏差		$a \pm f_a$	
配对齿轮	图号		
	齿数		
齿圈径向跳动公差		F_r	
公法线长度变动公差		F_w	
齿形公差		f_f	
齿距极限偏差		f_{pt}	
齿向公差		$F_β$	
公法线	公法线长度	W_{kn}	
	跨测齿数	k	

图 10-46　系统提供的锥齿轮参数表和圆柱齿轮参数表

☑ 调入参数表（参数栏）：在功能区“图幅”选项卡的“参数栏”面板中单击“调入参数栏”按钮▦，打开如图 10-47 所示的“读入参数栏文件”对话框，从中选择所需的参数栏文件，并根据需要选中“指定定位点”或“取图框相对位置”单选按钮等，单击“导入”按钮，在绘图区指定的定位点调入所需的参数栏。

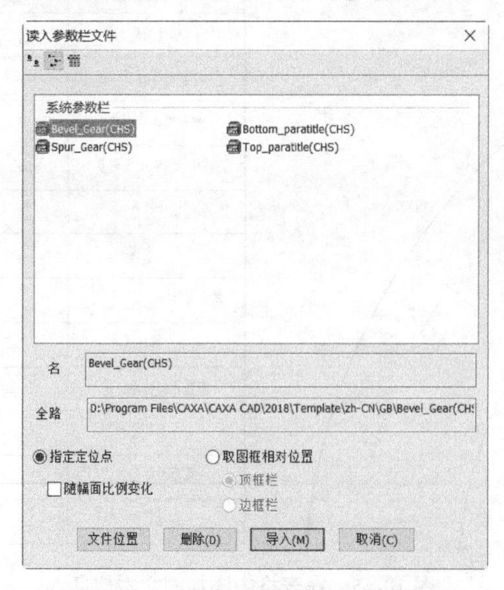

图 10-47　“读入参数栏文件”对话框

☑ 填写参数表（参数栏）：双击要填写的参数栏，或者在功能区“图幅”选项卡的“参数栏”面板中单击“填写参数栏”按钮并选择要填写的参数栏（绘图中存有多个参数栏时），系统弹出如图 10-48 所示的“填写参数栏”对话框，从中设置相关项目的属性值，单击“确定”按钮即可。

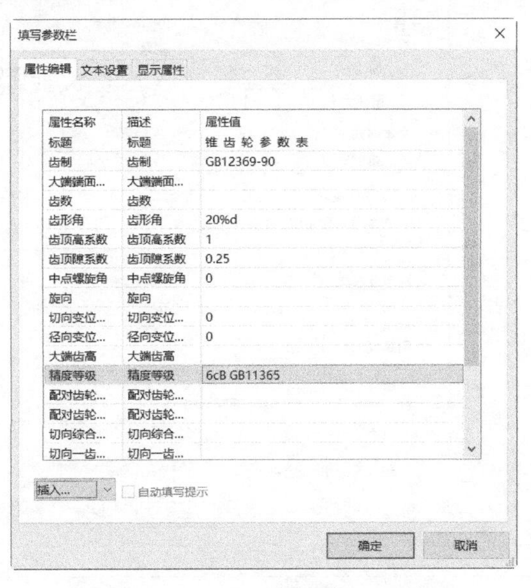

图 10-48　“填写参数栏”对话框

（36）填写标题栏。

在功能区“图幅”选项卡的“标题栏”面板中单击“填写标题栏”按钮，或者在绘图区双击标题栏，在弹出的“填写标题栏”对话框中填写相关的属性值内容，然后单击“确定”按钮。初步填写好的标题栏如图 10-49 所示。

									博创设计坊
标记	处数	分区	更改文件号	签名	年、月、日				蜗轮部件装配图
设计	钟日铭	2013-10-30	标准化			阶段标记	重量	比例	
								1:1	BC-0812A
审核									
工艺			批准			共 1 张		第 1 张	

图 10-49　填写标题栏

（37）序号设置。

在功能区“图幅”选项卡的“序号”面板中单击“序号样式”按钮，打开“序号风格设置”对话框。选择“标准”序号风格，在“序号基本形式”选项卡中，设置箭头样式为“圆点”，文本样式为“机械”，文字字高为 7 或 5，如图 10-50 所示。将“标准”序号风格设置为当前序号风格，单击“确定”按钮。

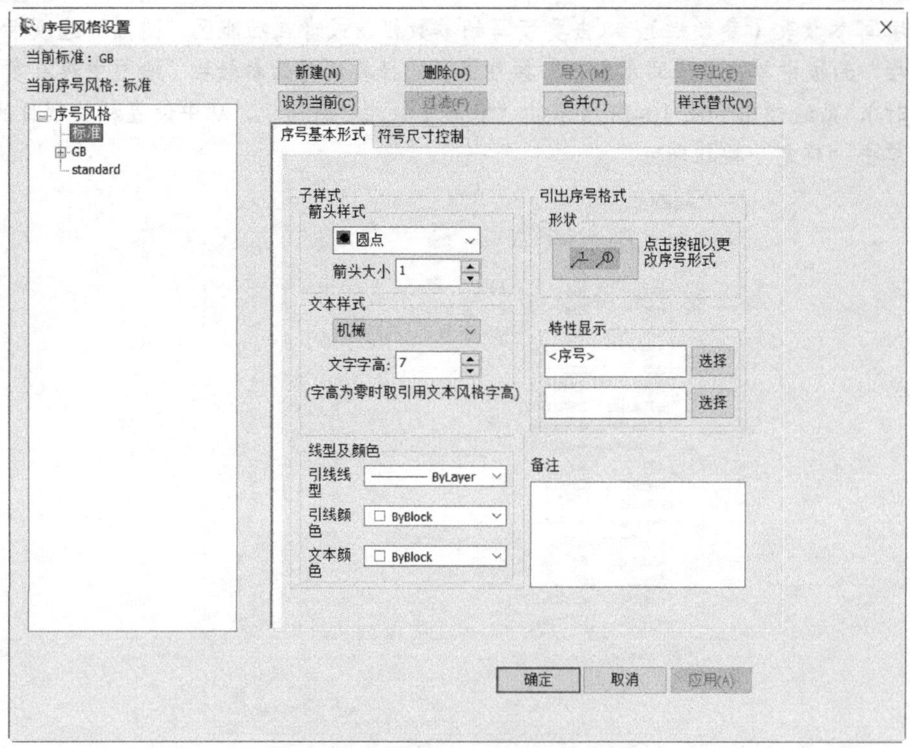

图 10-50 “序号风格设置”对话框

（38）生成序号和明细表。

在功能区“图幅”选项卡的“序号”面板中单击“生成序号”按钮，接着在出现的立即菜单中设置如图 10-51 所示的选项和参数值。

图 10-51 在立即菜单中的设置

指定引出点和转折点来生成第一个序号，如图 10-52 所示。

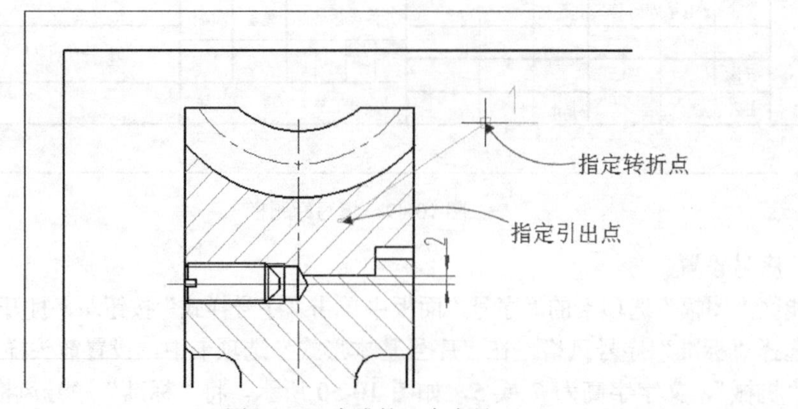

图 10-52 生成第一个序号

同时系统弹出“填写明细表”对话框。在该对话框中，填写序号为 1 的零件名称、数量和材

料等，如图 10-53 所示，然后单击“确定”按钮。

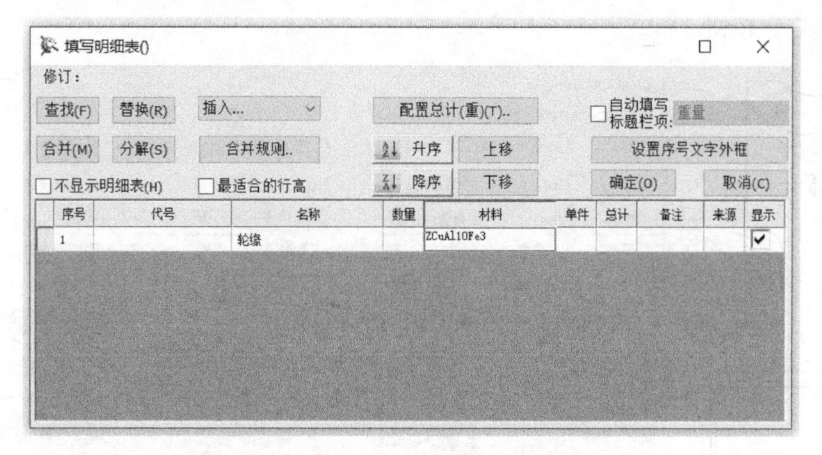

图 10-53　“填写明细表”对话框

接着开始第 2 个零部件序号的注写工作。在提示下在紧定螺钉中心处指定引出点，并指定合适的位置点作为转折点，如图 10-54 所示。

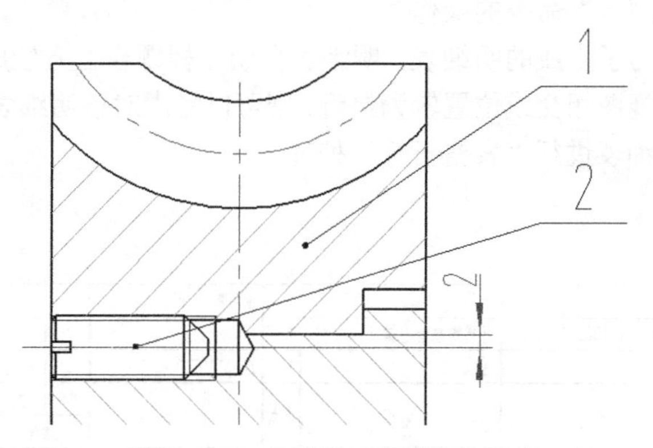

图 10-54　生成第二个零件序号

同时系统弹出“填写明细表”对话框。在该对话框中，填写序号为 2 的零件代号、名称和数量，如图 10-55 所示，然后单击“确定”按钮。

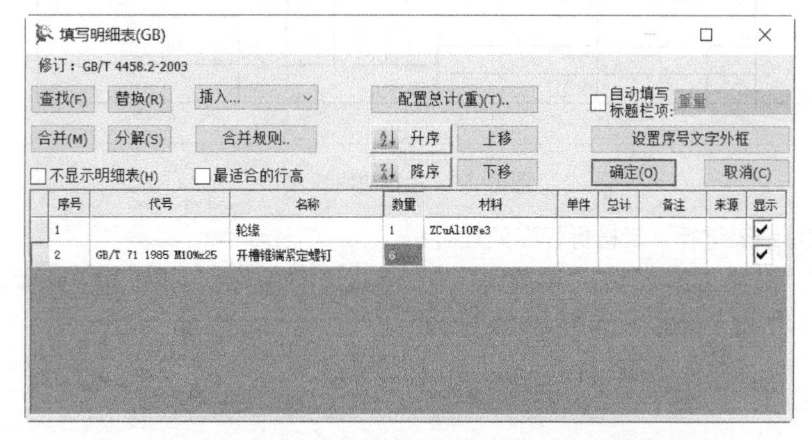

图 10-55　在“填写明细表”对话框中填写序号 2 零件的信息

在提示下为第 3 个零件注写序号，包括指定引出点、转折点和填写明细表，如图 10-56 所示，然后单击“确定”按钮。

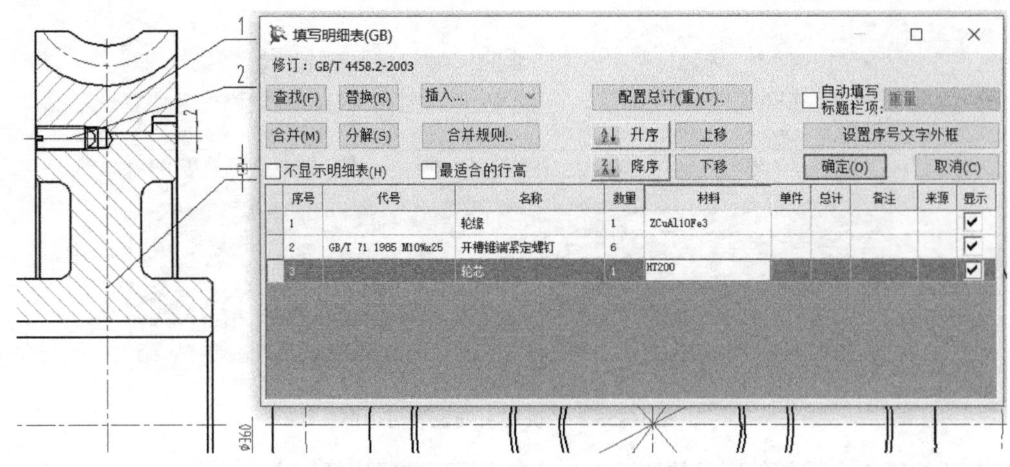

图 10-56　注写第 3 个序号

右击，结束“生成序号”命令的操作。

注写序号的同时填写了生成的明细表，明细表自动在标题栏上方生成，如图 10-57 所示。如果自动生成的明细表与视图相交或位置较为接近，则可以考虑对该明细表进行“表格折行”处理。本例特意介绍如何对明细表进行“表格折行”处理。

3		轮芯	1	HT200			
2	GB/T 71 1985 M10×25	开槽锥端紧定螺钉	6				
1		轮缘	1	ZCuAl10Fe3			
序号	代号	名称	数量	材料	单件 重量	总计	备注

标记	处数	分区	更改文件号	签名	年、月、日		博创设计坊
设计	钟日铭	2013-10-30	标准化			阶段标记 / 重量 / 比例	蜗轮部件装配图
						1:1	BC-0812A
审核							
工艺			批准			共 1 张 第 1 张	

图 10-57　生成的明细表

（39）对明细表进行“表格折行”处理。

在功能区“图幅”选项卡的“明细表”面板单击“表格折行”按钮，接着在出现的立即菜单中设置“1.”为“左折”，如图 10-58 所示。

图 10-58　在立即菜单中的设置

在“请拾取表项”的提示下单击明细表中的序号2表项，然后右击结束操作。表格折行操作后的效果如图10-59所示。

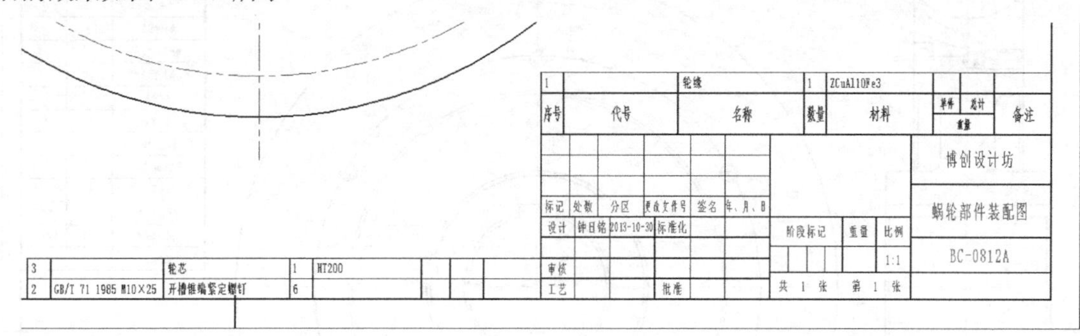

图10-59 表格折行的明细表效果

（40）显示全部。

在功能区“视图”选项卡的“显示”面板中单击“显示窗口”下方的▼（下三角）按钮，并从其下拉列表中单击“显示全部”按钮，或者按F3键，使装配图全部显示在当前屏幕窗口中，如图10-60所示。

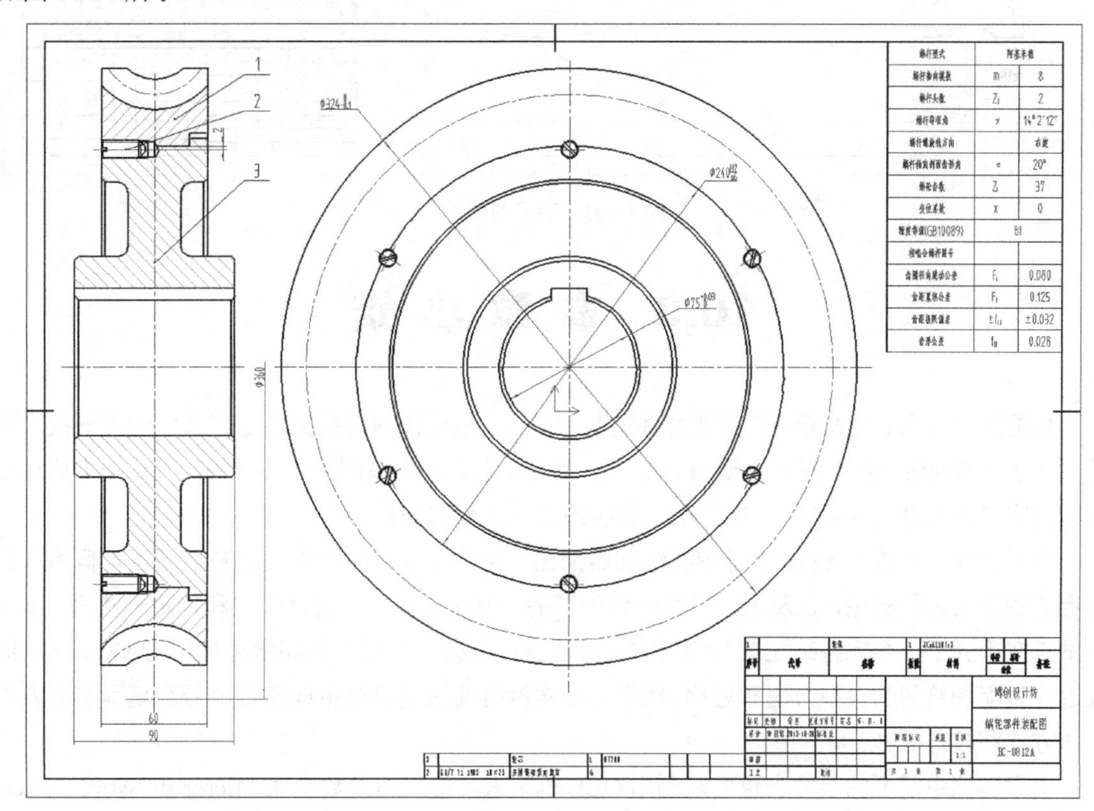

图10-60 显示全部

如果不对明细表进行“表格折行”操作，那么显示全部时的装配图效果如图10-61所示。

（41）保存文件。

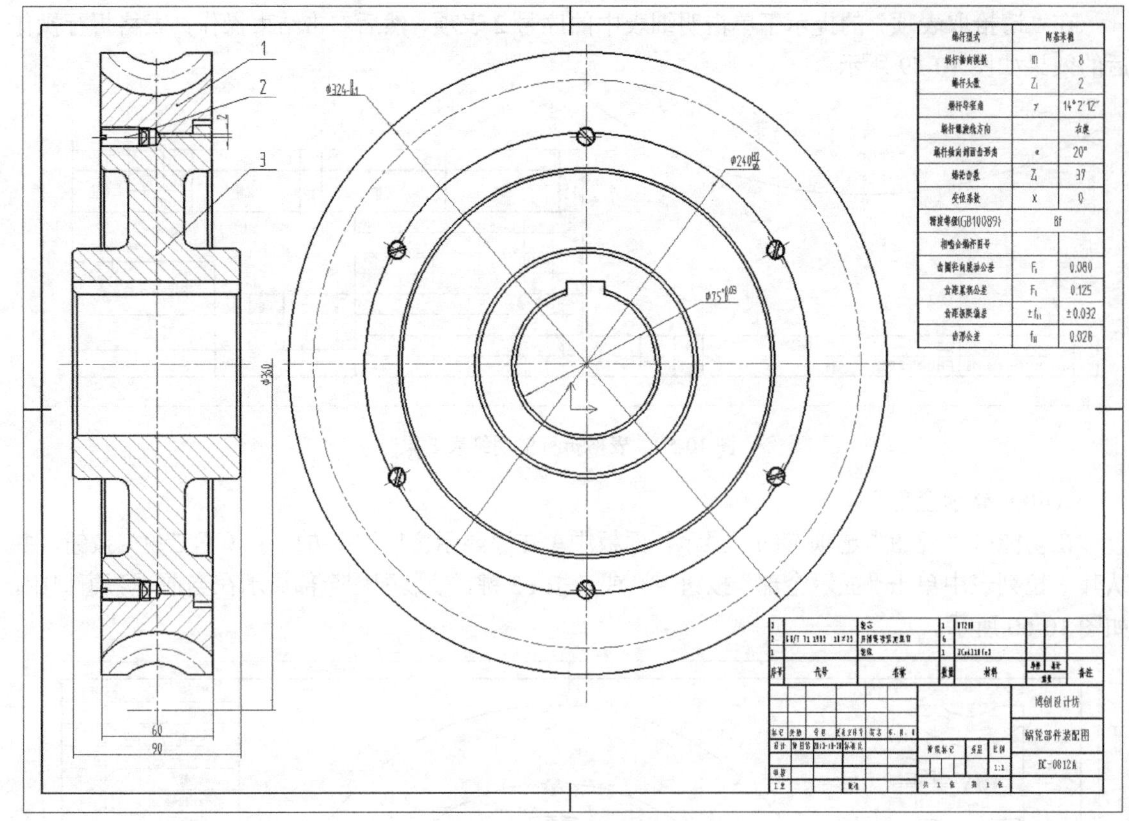

图 10-61　装配图效果

10.3　本 章 小 结

装配图是用来表达机器、产品或部件的技术图样，是设计部门提交给生产部门的重要技术图样。一张完整的装配图包括的主要内容有：一组装配起来的机械图样；必要的尺寸；技术要求或装配说明（需要时）；标题栏、零件序号和明细表（或称明细栏）等。

本章在介绍使用 CAXA 电子图板绘制装配图的实例之前，先简单地对装配图进行概述，让读者了解什么是装配图，以及了解或掌握装配图的一些规定画法、简化画法和特定画法等。本章的重点在于介绍一个完整装配图的绘制方法及步骤，让读者全面了解和掌握使用 CAXA 电子图板进行装配图绘制的典型方法和思路。在学习该实例时要深刻总结生成零件序号和填写明细表的操作方法和技巧等。

本章实例中需要的参数表也可以利用 OLE 机制来实现，即参数表在 Microsoft Word、Excel 或其他软件中创建和编辑，然后将该编辑好的参数表插入到 CAXA 电子图板中。有兴趣的读者，可以自己去研习并尝试一下。

通过本章的学习，并加以一定时间的实践操作，读者的实战能力便能得到更进一步的提升。

10.4 思考与练习

（1）什么是装配图？装配图主要用来表达什么内容？

（2）请列举您所了解到的关于装配图的规定画法、简化画法以及特定画法？

（3）在什么情况下使用假想画法？

（4）如何注写零件序号和明细表？

（5）在功能区“图幅”选项卡的“序号”面板中提供了用于零部件序号操作的工具按钮，如图 10-62 所示。请说出这些工具按钮的功能和应用特点。

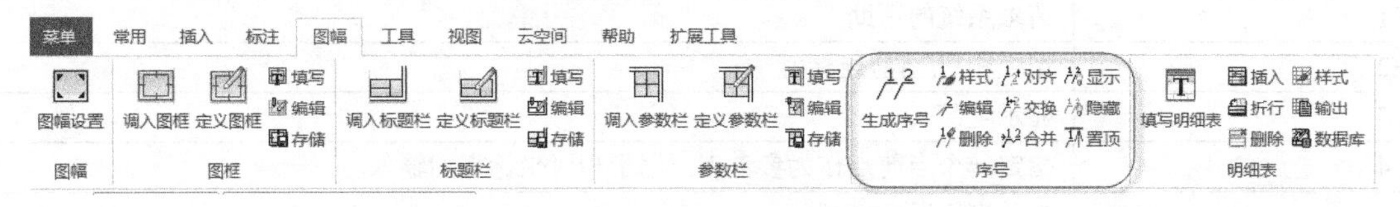

图 10-62 “序号”面板中的序号操作按钮

（6）上机练习：自行设计一台简单的减速器，绘制其主要的总装配图。

附录A　CAXA电子图板中的常用快捷键列表

常用快捷键	功能用途或操作说明
F1	请求系统的帮助
F2	切换相对/当前坐标值
F3	显示全部
F4	指定一个当前点作为参考点，用于相对坐标点的输入
F5	当前坐标系切换开关
F6	点捕捉方式切换开关，它的功能是进行捕捉方式的切换，即按此快捷键，可以在“自由”“智能”“栅格”“导航”之间切换捕捉方式
F7	三视图导航开关
F8	正交与非正交切换开关
F9	切换界面风格
Delete	删除
方向键（↑、↓、→、←）	在输入框中用于移动光标的位置，其他情况下用于显示平移图形
PageUp	显示放大
PageDown	显示缩小
Home	在输入框中用于将光标移至行首，其他情况下用于显示复原